设施农业气象灾害及风险区划

——黄淮海与环渤海设施蔬菜优势区域

薛晓萍 等 著

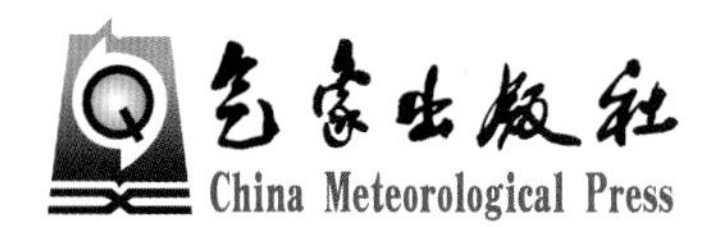

内容简介

本书基于气象行业专项“设施农业气象灾害预警及防御关键技术”研究成果，构建了日光温室、塑料大棚黄瓜、番茄、芹菜等设施蔬菜生产中低温、寡照、大风、暴雪等气象灾害主要致灾因子等级指标，以黄淮海与环渤海设施蔬菜优势区域内的河南、山东、安徽、江苏、上海、河北、天津七省（市）为研究区域，分析了低温、寡照、暴雪、大风及复合性灾害的时空分布特征；引入信息扩散理论，研究了设施农业气象灾害致灾因子危险性区划方法与指标确定技术，克服了因灾害资料少而无法进行风险评估的困难，从设施农业发展气候适应性角度评价了不同区域设施蔬菜生产遭受气象灾害的风险，并进行了区划。本书可为我国设施农业发展规划提供科技支撑。

图书在版编目（CIP）数据

设施农业气象灾害及风险区划 ：黄淮海与环渤海设施蔬菜优势区域 / 薛晓萍等著. — 北京 ：气象出版社，2021.1

ISBN 978-7-5029-7345-2

Ⅰ.①设… Ⅱ.①薛… Ⅲ.①设施农业-农业气象灾害-研究-中国②设施农业-农业气象灾害-气候区划-研究-中国 Ⅳ.①S42②S162.22

中国版本图书馆 CIP 数据核字(2020)第 243830 号

设施农业气象灾害及风险区划——黄淮海与环渤海设施蔬菜优势区域

Sheshi Nongye Qixiang Zaihai ji Fengxian Quhua——Huanghuaihai yu huan Bohai Sheshi Shucai Youshi Quyu

出版发行：气象出版社

地　　址：北京市海淀区中关村南大街 46 号　　**邮政编码：**100081

电　　话：010-68407112（总编室）　010-68408042（发行部）

网　　址：http://www.qxcbs.com　　**E-mail：**qxcbs@cma.gov.cn

责任编辑：张　媛　　**终　　审：**吴晓鹏

责任校对：张硕杰　　**责任技编：**赵相宁

封面设计：楠竹文化

印　　刷：三河市君旺印务有限公司

开　　本：787 mm×1092 mm　1/16　　**印　　张：**19.25

字　　数：480 千字

版　　次：2021 年 1 月第 1 版　　**印　　次：**2021 年 1 月第 1 次印刷

定　　价：155.00 元

本书编写组

组　长：薛晓萍

副组长：陈　辰

成　员：李　楠　李鸿怡　张继波　黎贞发　魏瑞江　杨再强
杨光仙　李　军　李文科　杜子璇　田宏伟　李曼华
冯建设　李　春　王　鑫　薛正平

前　言

设施农业是以园艺作物高效生产和反季节栽培为产业定向，通过对工程技术、生物技术和信息技术的综合应用，实现农业高产、优质、高效、安全和周年生产。其较高的投入产出比和高效生产模式，极大地促进了区域农业提效、农民增收，属于我国现代农业的典型代表之一，近年来呈现出强劲的发展态势。据有关报道，截至2019年，全国大中拱棚以上的设施种植面积达370万 hm^2，占世界设施种植面积的80%。但由于农业设施结构相对简陋，抗御自然灾害及抵御逆境的能力较弱，其生产对外界气象条件依赖性较大，而我国又是自然灾害多发国家，尤其是在气候变化背景下，各种极端气候事件发生频率增大、强度增强，一旦出现低温、暴雪、连阴天等恶劣天气，设施作物产量和品质即受到严重冲击，同时次生和衍生灾害对产量品质均有较大影响，农业气象灾害已成为设施农业可持续发展的主要制约因素之一。

本书在收集大量设施农业气象灾害资料、主要设施蔬菜农业气象指标基础上，针对我国生产上普遍使用的日光温室、塑料大棚两类设施，以番茄和黄瓜为茄果类蔬菜代表，芹菜为叶菜类代表，基于其生产中的低温、寡照、大风和暴雪灾害等级指标（气象灾害分为轻度、中度、重度3个等级），统计分析了黄淮海与环渤海设施蔬菜优势区域内的河南、山东、安徽、江苏、上海、河北、天津七省（市）低温、寡照、大风、暴雪及复合性灾害的时空分布特征；利用设施农业主要气象灾害致灾因子的危险性，通过信息扩散法对区域内温室、大棚蔬菜生产可能遭受气象灾害的风险进行分析评估与区划，为设施农业生产趋利避害、防灾减灾服务提供了参考，为我国设施农业发展规划提供了依据。

本书是根据公益性行业（气象）科研专项“设施农业气象灾害预警及防御关键技术”的研究成果编写而成的。薛晓萍为本书主要著作人，负责书籍内容及框架的总体设计。全书具体分工如下：主要设施农业气象灾害指标的确定由薛晓萍、李楠、李鸿怡、陈辰、张继波、黎贞发、魏瑞江、杨再强、杨光仙、李军、李曼华、冯建设、李春、王鑫、薛正平完成；历史气象数据处理由李楠、陈辰、张继波、杜子璇、田宏伟、李文科完成；基于ArcGIS下的气象灾害发生规律及风险图集制作由杜子璇、田宏伟、陈辰完成；各类气象灾害发生规律及风险分析由陈辰、李楠、李文科、杜子璇完成。全书由薛晓萍和陈辰统稿。

由于编写组水平有限，本书难免有不足之处，敬请读者批评指正。

作者

2020年8月

目　录

第 1 章　方法说明

1.1　灾害指标的确定

通过在南京信息工程大学以及河北、天津、山东、上海等省（市）开展一系列试验研究，确定了日光温室和塑料大棚主要蔬菜（番茄、黄瓜和芹菜）生产农业气象灾害指标。试验手段包括人工气候箱光、温控制栽培，日光温室光、温控制栽培，风洞控制实验，计算流体动力学（Computational Fluid Dynamics，CFD）模拟以及大田观测调查。气象灾害为低温、寡照、大风和暴雪。灾害分为轻度、中度、重度 3 个等级。

1.1.1　低温冷害等级指标

低温冷害是指农作物在生育期间，遭受低于其生长发育所需的环境温度，引起农作物生育期延迟，或使其生殖器官的生理机能受到损害，导致农业减产的气象灾害[1-4]。

根据不同低温条件下蔬菜生理生态特征参数的变化特征，低温影响指数可由式（1.1）表达[5-6]：

$$LTI = \frac{P'_{\mathrm{gmax}}}{P_{\mathrm{gmax}}} \times \frac{(F_{\mathrm{v}}/F_{\mathrm{m}})'}{F_{\mathrm{v}}/F_{\mathrm{m}}} \times 10 \tag{1.1}$$

式中，LTI 为低温胁迫指标，P_{gmax} 和 P'_{gmax} 分别表示最适温度及低温状态下的最大光合速率，$F_{\mathrm{v}}/F_{\mathrm{m}}$ 和 $(F_{\mathrm{v}}/F_{\mathrm{m}})'$ 分别表示最适温度及低温状态下的光系统 II(PSII)潜在光化学效率。

根据 LTI 的计算值，结合低温处理对蔬菜最大光合速率、荧光参数及酶活性的影响以及大田控制试验低温处理对蔬菜作物的形态参数影响，可获得各类蔬菜轻、中、重 3 个等级低温冷害致灾等级指标。

利用日光温室和塑料大棚内、日光温室和塑料大棚外对应的最低气温观测资料，可分别获取黄瓜、番茄、芹菜不同等级低温冷害指标条件下设施外对应的最低气温相关数据，按 80%保证率方法对不同灾害等级的设施外最低气温的分布范围进行筛选确定[1,7]，得到日光温室和塑料大棚低温冷害环境等级指标（表 1.1 和表 1.2）。

表 1.1　日光温室低温灾害指标　　单位：℃

灾害程度	黄瓜		番茄		芹菜	
	苗期	花果期	苗期	花果期	苗期	丛叶期
轻度	−6～−2	−7～−3	−5～0	−5～−2	−9～−6	−10～−5
中度	−8～−6	−10～−7	−7～−5	−9～−5	−15～−9	−15～−10
重度	≤−8	≤−10	≤−7	≤−9	≤−15	≤−15

表 1.2 塑料大棚低温灾害指标 单位：℃

灾害程度	黄瓜		番茄		芹菜	
	苗期	花果期	苗期	花果期	苗期	丛叶期
轻度	6～8	5～8	6～9	6～9	0～4	−2～5
中度	−1～6	−2～5	−2～6	−3～6	−5～0	−5～−2
重度	≤−1	≤−2	≤−2	≤−3	≤−5	≤−5

1.1.2 寡照灾害等级指标

寡照灾害是指农作物在生长期间，缺少阳光照射，影响作物生长发育的现象[8−13]。

根据不同寡照条件试验获取的蔬菜生理生态特征和参数变化特征，寡照影响指数可由式(1.2)表达：

$$SLI = \frac{P'_{\mathrm{gmax}}}{P_{\mathrm{gmax}}} \times \frac{(F_v/F_m)'}{F_v/F_m} \tag{1.2}$$

式中，SLI 为寡照胁迫指标，P_{gmax} 和 P'_{gmax} 分别表示最适光照和寡照状态下的最大光合速率，F_v/F_m 和 $(F_v/F_m)'$ 分别表示最适光照和寡照状态下的 PSII 潜在光化学效率。

根据 SLI 的计算值，结合不同寡照试验条件下蔬菜生长发育与产量表现特征，将影响指数分为 3 个等级，分别与轻、中、重灾害等级相对应，获得了主要设施蔬菜寡照灾害等级指标(表 1.3)。

表 1.3 日光温室和塑料大棚寡照灾害指标 单位：d

灾害程度	黄瓜		番茄		芹菜	上海青
	苗期	花果期	苗期	花果期		
轻度	4～7	4～9	4～7	4～6	7～12	3～4
中度	8～14	10～14	8～9	7～9	13～29	5～7
重度	≥15	≥15	≥10	≥10	≥30	>7

注：芹菜和上海青苗期及丛叶期寡照指标一致，因此寡照灾害指标不再划分生育期。

1.1.3 大风灾害等级指标

大风灾害通常是一种突发性的灾害，大风会给设施造成压力，当压力超过设施表面可承受的实际压力后，即会造成设施大风灾害[14−16]。

利用几何缩尺比为 1∶6 的日光温室和塑料大棚模型(图 1.1)，通过风洞试验，对设施模型不同区域不同风向条件下的风压系数 C_{pi} 进行测定。

根据风压系数的物理意义，通过贝努力方程和《建筑结构荷载规范》(GB 50009—2001)中的风速风压间换算关系，风的来流动压与风压系数、风速的关系可由(1.3)式表达：

$$W = 0.625 C_{pi} v^2 \tag{1.3}$$

依据实际生产中使用的日光温室和塑料大棚设计规范，其最大负载取值分别为 30 kg/m² 和 20 kg/m²，由(1.3)式可获得日光温室和塑料大棚表面不同区域所能承受的最小临界风速。

用于风洞试验风的高度为 4.5 m，而常规气象站测风高度为 10 m，通过构建 4.5 m、10 m

高度间风速的关系模型，可获得10 m高度的临界风速。根据日光温室、塑料大棚表面不同区域的临界风速值，结合历史灾情资料的统计分析，将大风灾害分为轻度、中度、重度3个等级。考虑到无论设施结构哪个区域受损均已构成严重灾害，故选取最小临界风速值作为重度灾害的临界风速值；将温室、大棚结构出现变形或者温室南侧/侧面局部棚膜被风吹起定为中灾；温室、大棚结构顶部棚膜或草苫被风吹起，定为轻灾，确定了大风灾害等级指标（表1.4）。

(a)塑料大棚

(b)日光温室

图1.1　风洞试验的塑料大棚和日光温室模型

表1.4　日光温室和塑料大棚风灾指标　单位：m/s

	日光温室	塑料大棚
轻度	13.9～18.8	10.8～14.5
中度	18.9～22.7	14.6～17.4
重度	>22.7	>17.4

1.1.4　暴雪灾害等级指标

暴雪灾害是由于长时间大规模降雪以至积雪，使得压力超过设施承重成灾，影响设施农业生产的自然现象[17-19]。

基于风洞试验所获得的表面风压系数，利用能量平衡原理和计算流体力学理论，分析温室和大棚不同风速条件下表面积雪率区域分布规律，确定了设施表面不同区域不同风速条件下达到设施垮塌临界积雪厚度的时间，从而获得日光温室和塑料大棚的暴雪灾害预警等级指标（表1.5）。

表1.5　日光温室和塑料大棚雪灾指标

温室种类	Ⅰ级(轻灾)	Ⅱ级(中灾)	Ⅲ级(重灾)	Ⅳ级(特重灾)
日光温室	日降雪量<2.4 mm，持续7 d以上	日降雪量2.5～4.9 mm，持续4～7 d	日降雪5.0～9.9 mm，持续2～4 d	日降雪量5.0～9.9 mm，持续2 d以上
塑料大棚	日降雪量<2.4 mm，持续5 d以上	日降雪量2.5～4.9 mm，持续2～5 d	日降雪5.0～9.9mm，持续1～2 d	日降雪量5.0～9.9 mm，持续1 d以上

1.1.5 复合灾害等级指标

本书对低温寡照和大风低温复合灾害也进行了分析，低温寡照、大风低温复合灾害数据是按同时满足两个灾害指标提取的。

1.2 区划方法

1.2.1 数据处理方法

利用黄淮海与环渤海设施蔬菜优势区域内的河南、山东、安徽、江苏、上海、河北、天津七省(市)的104个站点，1971—2010年40年的气象资料，基于研究所得到的各类灾害等级指标，对设施农业各种灾害进行历史统计，统计各灾种季节、年代际变化规律，并利用ArcGIS平台进行空间分布分析，分析其空间分布规律。采用的空间插值方法主要包括克里金插值、反距离权重插值等，具体插值方法视灾害数据分布情况而定。

1.2.2 风险区划方法

通常气象灾害的风险区划是综合考虑致灾因子的危险性、承灾体的暴露性和脆弱性以及地方的防灾减灾能力4个因子[20-21]。由于设施农业的发展始于20世纪80年代后期，尚处于发展阶段，设施农业生产在不同区域的气候适应性，即极端性气象条件对其产生的威胁性还不明确，部分区域盲目发展、扩大日光温室和塑料大棚的面积，设施蔬菜生产常因低温、寡照、大风、暴雪等天气现象导致减产或绝产。为此，本书仅考虑设施农业气象灾害致灾因子的危险性因素，研究、评估不同气候区域温室、大棚蔬菜生产可能遭受气象灾害的风险。另外，设施农业气象灾害发生次数相对较少，且累积时间短，无法用传统的方法对其进行风险区划。为此，通过引入信息扩散理论方法，对我国设施农业主要种植区域的日光温室和塑料大棚番茄、黄瓜、芹菜等生产的气象灾害风险进行分析与区划。

信息扩散方法是为了弥补信息不足而优化利用样本模糊信息的一种对样本进行集值化的模糊数学处理方法[22-25]。当给定的样本不完备时，所有样本点提供的信息并不完善，具有模糊不确定性，此时不应该把样本信息看作确切的观测值，而应该通过设定灾害指数论域、利用适当的扩散函数，构建信息扩散理论评估模型对单值观测样本点进行信息扩散，将传统的样本点转化成模糊集样本点，使得扩散估计比非扩散估计更靠近真实关系，最终得到样本点概率估算值。将信息扩散的模糊数学方法引入设施农业气象灾害风险分析领域，可有效地解决因设施农业气象灾害观测样本量过少而制约风险分析结果的可靠性问题。

基于信息扩散理论的评估模型具体如下：

将某区域内过去m年内各年自然灾害实际记录分别为$y_1, y_2, \cdots, y_m$，则观测样本集合为

$$\boldsymbol{Y} = \{y_1, y_2, \cdots, y_m\} \tag{1.4}$$

设灾害指数论域为

$$\boldsymbol{U} = \{u_1, u_2, \cdots, u_n\} \tag{1.5}$$

将一个单值观测样本y依式(1.6)把其所携带的信息扩散给灾害指数论域$\boldsymbol{U}$中的所有点。

$$f_i(u_j) = \frac{1}{h\sqrt{2\pi}}\exp\left[-\frac{(y_i - u_j)^2}{2h^2}\right] \tag{1.6}$$

式中，u_j 为灾害论域中所有点，h 称为扩散系数，h 可根据样本最大值 b 和最小值 a 及样本点个数 m 来确定，其公式为

$$h = \begin{cases} 0.6841(b-a) & (m=5) \\ 0.5404(b-a) & (m=6) \\ 0.4482(b-a) & (m=7) \\ 0.3839(b-a) & (m=8) \\ 2.6851(b-1)/(m-1) & (m \geqslant 9) \end{cases} \tag{1.7}$$

相应的模糊子集的隶属函数为

$$\mu_{yi}(u_j) = \frac{f_i(u_j)}{\sum_{j=1}^{n} f_i(u_j)} \tag{1.8}$$

$\mu_{yi}(u_j)$为样本 y_i 的归一化信息分布，对其进行处理，令

$$q(u_j) = \sum_{i=1}^{m} \mu_{yi}(u_j) \tag{1.9}$$

$q(u_j)$为经信息扩散推断出观测值为 u_j 的样本个数。

样本落在 u_j 出现的频率值为

$$q(u_j) = \frac{q(u_j)}{\sum_{j=1}^{n} q(u_j)} \tag{1.10}$$

$p(u_j)$即为所求灾害风险指数估计值。

灾害发生风险依据风险指数的大小分为5个等级，风险指数值 $0<P\leqslant 0.2$ 为低风险；$0.2<P\leqslant 0.4$ 为中风险；$0.4<P\leqslant 0.6$ 为高风险；$0.6<P\leqslant 0.8$ 为较高风险；$0.8<P\leqslant 1.0$ 为极高风险。

第2章　低温冷害

2.1　日光温室低温冷害

2.1.1　日光温室番茄低温冷害分布规律和风险区划

(1)日光温室番茄低温冷害分布规律

1)日光温室番茄低温冷害各季节分布规律

①日光温室番茄苗期低温冷害各季节分布规律

按照日光温室番茄苗期低温冷害指标，利用区域内[①]各站点1971—2010年40年气象观测资料，按春、秋、冬3个生长季节，分别统计番茄苗期发生轻、中、重度灾害的总日数。

从日光温室番茄苗期轻度低温冷害日数各季节分布图(图2.1)上看，冬季日光温室番茄苗期轻度低温冷害的日数较多，除河北和北京北部地区在500～1000 d，其他地区在1000～2000 d。春、秋两季，河北和北京北部地区在500～1000 d，其他地区在100～500 d。

综上所述，春、秋、冬季，河北和北京北部地区日光温室番茄发生轻度低温冷害的日数均在500～1000 d；其他地区冬季日光温室番茄发生轻度低温冷害的日数较春、秋季多。

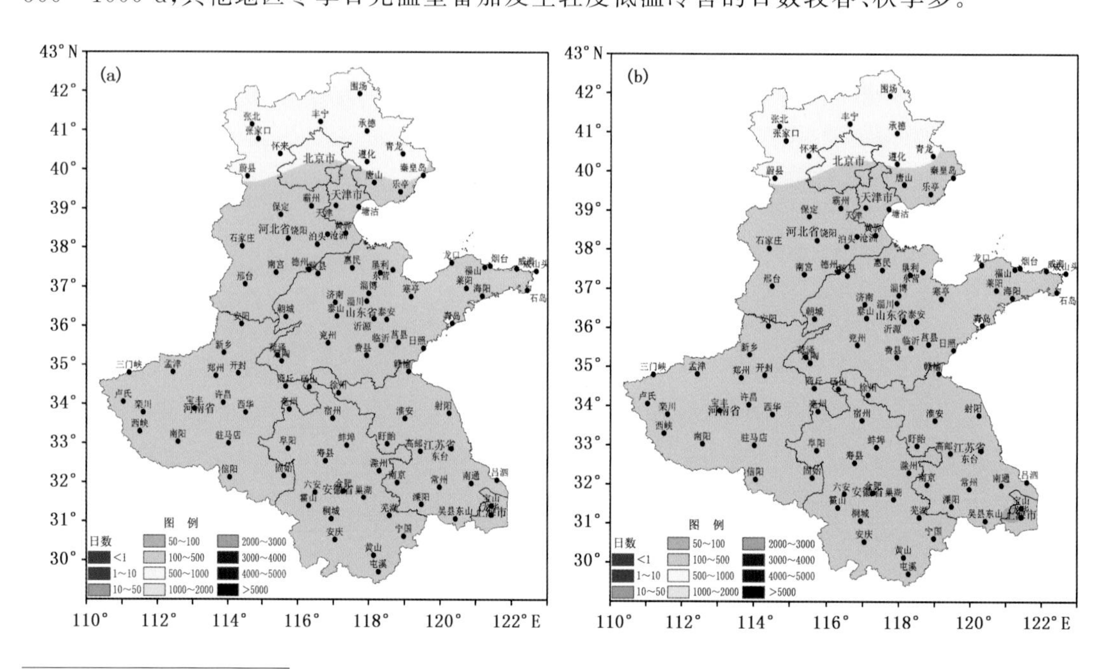

---

① 区域内指黄淮海与环渤海设施蔬菜优势区域内，即河南、山东、安徽、江苏、上海、河北、天津七省(市)，下同。

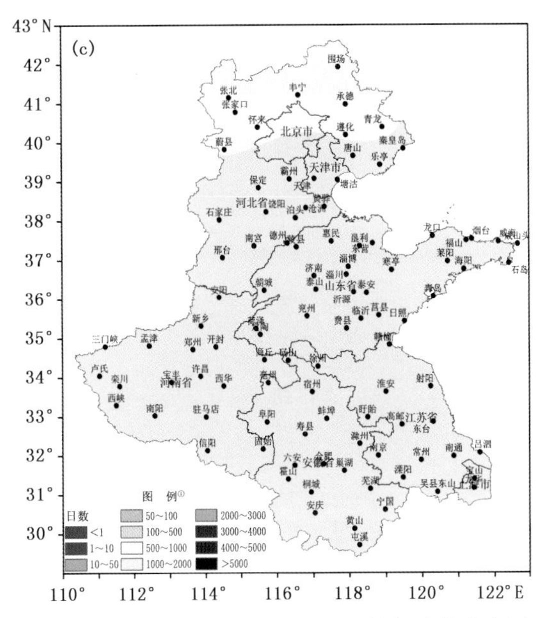

图 2.1　日光温室番茄苗期轻度低温冷害日数各季节分布图(单位:d)
(a. 春季、b. 秋季、c. 冬季)

从日光温室番茄苗期中度低温冷害日数各季节分布图(图 2.2)上看,日光温室番茄发生中度低温灾日次数明显少于轻度低温灾害。春季和秋季,天津、河北大部、北京和山东部分地区,日光温室番茄苗期发生中度低温冷害总日数在 50 d 以上,其中蔚县—遵化—青龙一线以北在 100～500 d;其他地区在 50 d 以下,其中上海、安徽和江苏部分地区不足 10 d。冬季河南局部、河北和山东大部以及天津地区在 500～1000 d;其他地区在 100～500 d。

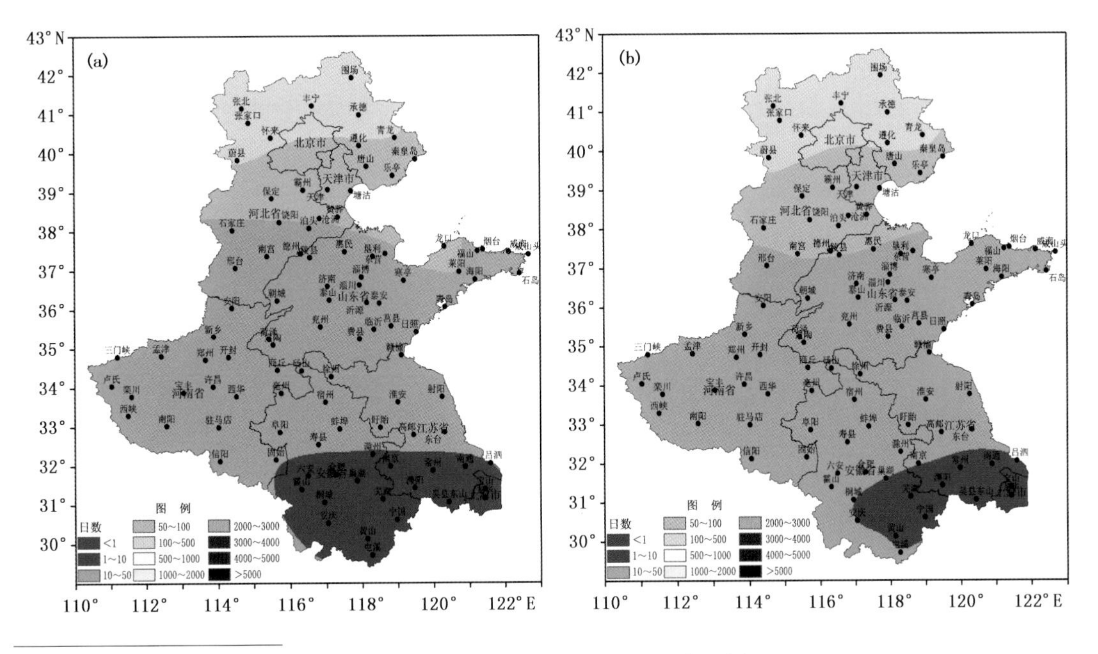

① 图例中,1～10 代表[1,10];10～15 代表(10,50];50～100 代表(50,100];下同。

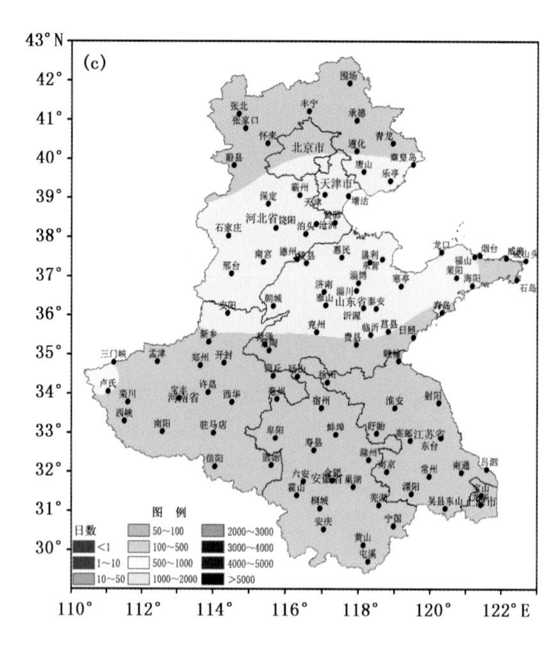

图 2.2　日光温室番茄苗期中度低温冷害日数各季节分布图(单位:d)

(a. 春季、b. 秋季、c. 冬季)

在春、秋两季,北部地区,日光温室番茄苗期发生中度低温冷害的日数较多;在冬季,河北、天津、山东地区发生日数较多。

从日光温室番茄苗期重度低温冷害日数各季节分布图(图 2.3)上看,春、秋两季日光温室番茄发生重度低温冷害总日数的分布大体一致,均表现为河北和天津大部分地区在 50 d 以上,其中石家庄一保定一霸州一唐山一秦皇岛以北日数在 100～500 d;其他地区在 50 d 以下,其中河南部分、安徽和江苏大部以及上海地区在 10 d 以下,发生重度低温冷害的概率很小。

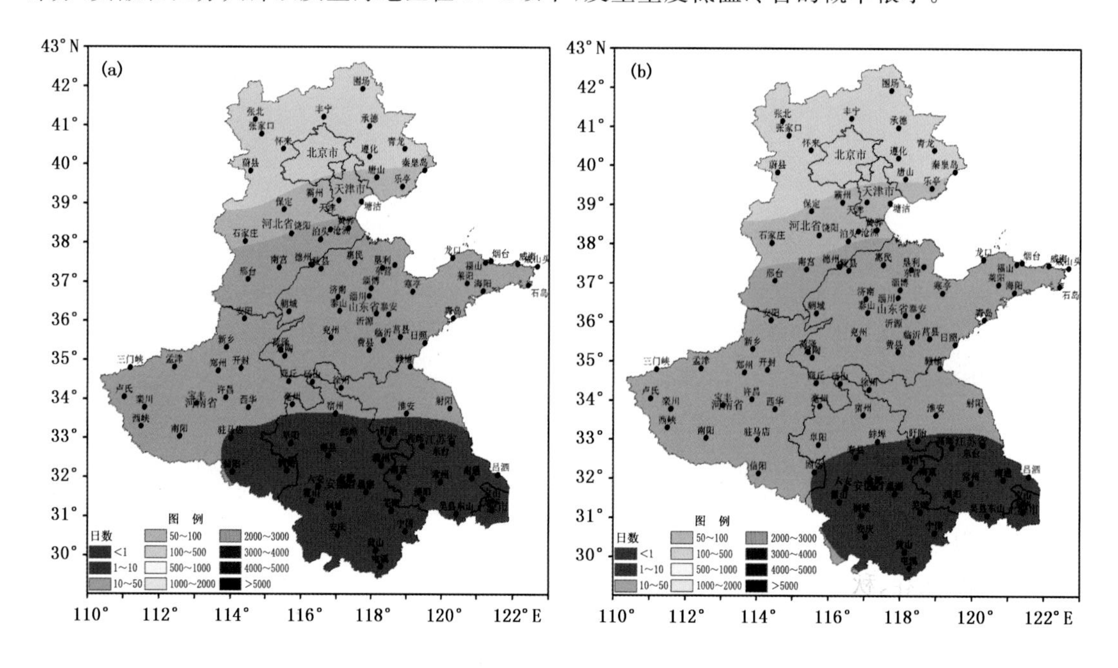

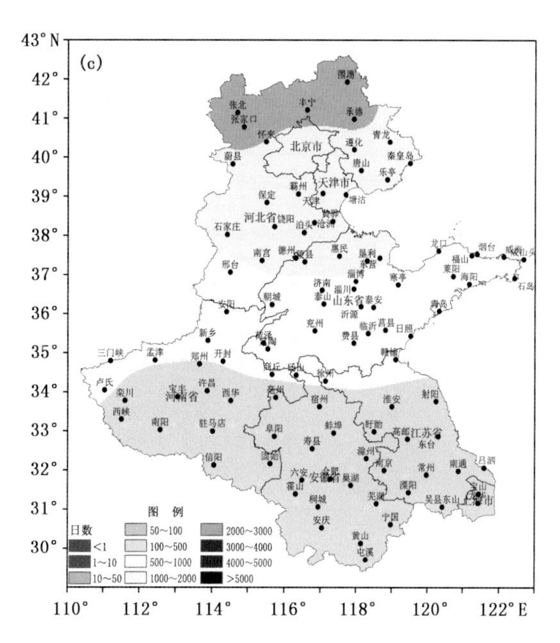

图 2.3　日光温室番茄苗期重度低温冷害日数各季节分布图(单位:d)
(a. 春季、b. 秋季、c. 冬季)

冬季河南、安徽和江苏大部以及上海地区日光温室番茄苗期重度低温冷害发生日数在 100～500 d;山东部分以及河北、北京、天津地区在 1000～3000 d;其他地区在 500～1000 d。

春、秋、冬 3 个生长季节日光温室番茄苗期重度低温冷害总日数均呈自南向北增加趋势,冬季整个研究区域发生日数均在 100 d 以上,其中河北北部边界地区在 2000～3000 d。

总体看来,春、秋两季日光温室番茄苗期发生轻度低温冷害较多;冬季发生重度低温冷害日数最多,轻度冷害次之,中度冷害最少。

②日光温室番茄花果期低温冷害各季节分布规律

按照日光温室番茄花果期低温冷害指标,利用区域内各站点 1971—2010 年 40 年气象观测资料,按春、秋、冬 3 个生长季节,分别统计番茄花果期发生轻、中、重度灾害的总日数。

从日光温室番茄花果期轻度低温冷害日数各季节分布图(图 2.4)上看,春、秋两季研究区一半以上地区日光温室番茄花果期轻度低温冷害总日数在 100 d 以下,平均 2.5 d/a。春季河北北部、山东中部和东部部分地区低温总日数在 200 d 以上,其中河北北部边界的张北、丰宁、围场等地总日数超过 500 d;河北南部和山东大部分地区在 100～200 d;其他地区在 100 d 以下,其中河南、安徽、江苏南部部分地区在 10 d 以下。秋季河北大部分地区轻度低温总日数在 200 d 以上,其中北部边界地区在 500 d 以上;河北南部、山东大部和河南卢氏地区在 100～200 d;其他地区在 100 d 以下,其中安徽和江苏南部局部地区在 10 d 以下,低温总日数小于 10 d 的范围较春季小。

冬季西峡—南阳—西华—亳州—宿州—淮安—射阳以北大部分地区低温总日数在 1000～2000 d;此线以南在 1000 d 以下,其中安徽、江苏南部局部地区在 500 d 以下。

综上所述,在春、秋两季,河北北部地区日光温室番茄花果期发生轻度低温冷害的日数较多;在冬季,除河北北部地区外,大部分地区日光温室番茄发生轻度低温冷害的日数均较多。

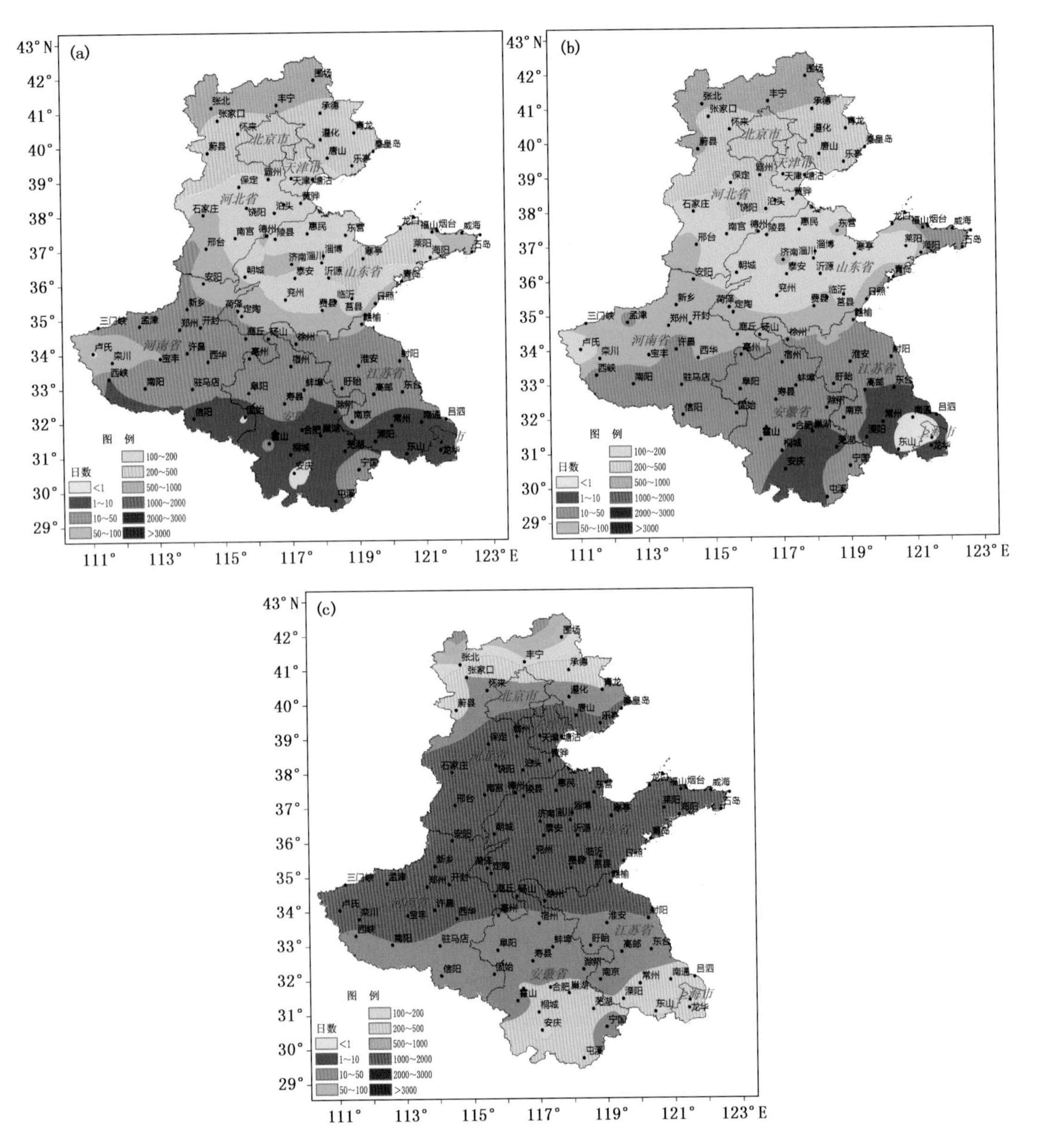

图 2.4　日光温室番茄花果期轻度低温冷害日数各季节分布图(单位:d)

(a. 春季、b. 秋季、c. 冬季)

从日光温室番茄花果期中度低温冷害日数各季节分布图(图 2.5)上看,日光温室番茄花果期发生中度低温灾害日数明显少于轻度低温灾害。春、秋两季发生中度低温冷害总日数的分布大体一致,均表现为石家庄—保定—霸州—唐山—乐亭以北日数在 50 d 以上,其中北部边界地区在 200~500 d;此线以南在 50 d 以下,研究区南部部分地区发生中度低温冷害的概率很小,在 1 d 以下。

冬季河北、山东大部分地区在 500~1000 d;其他地区在 500 d 以下,其中河南南部、安徽和江苏大部分地区在 200 d 以下。

在春、秋两季，河北北部边界地区，日光温室番茄花果期发生中度低温冷害的日数较多；在冬季，河北、天津、山东以及河南北部发生日数较多。

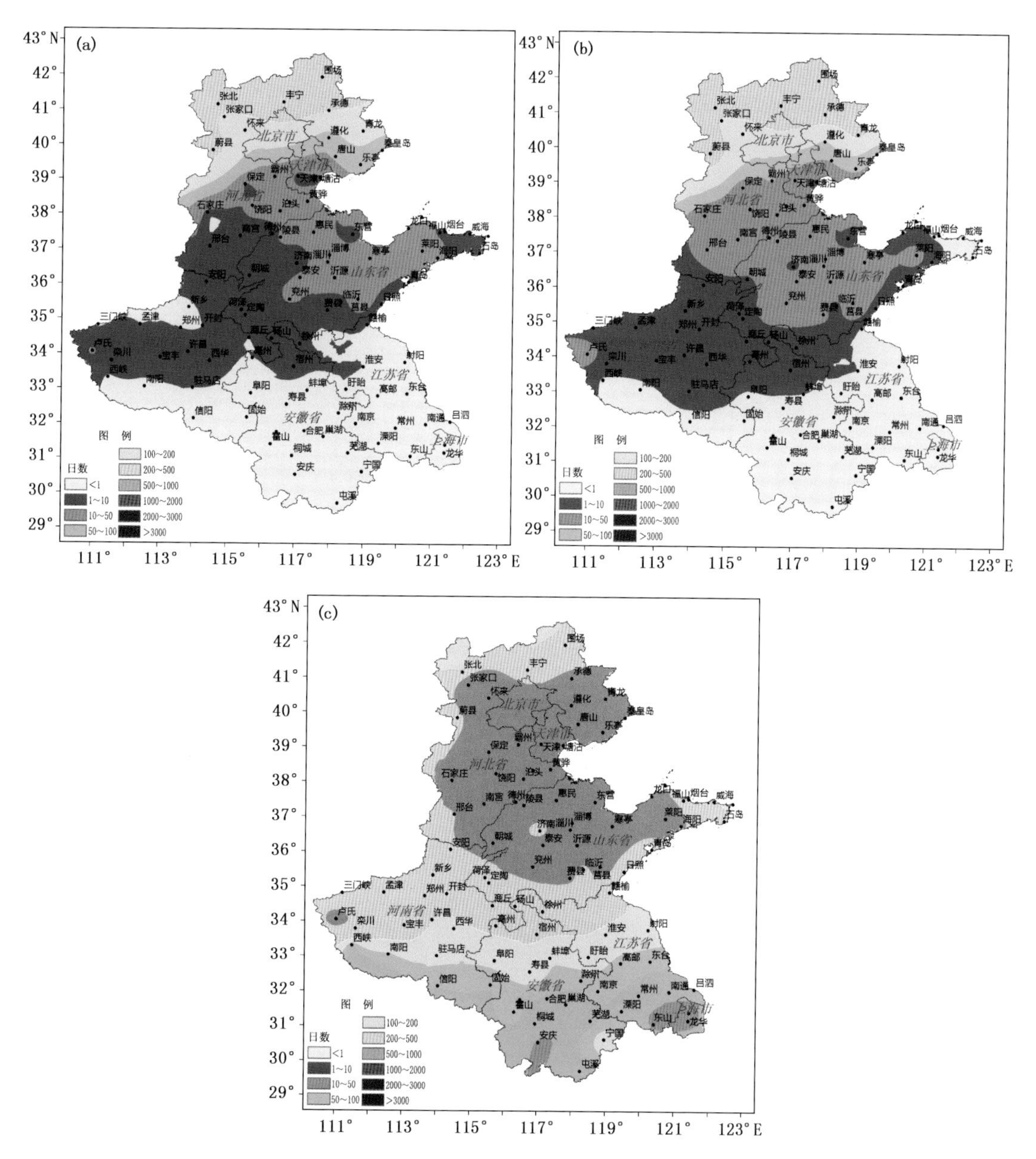

图 2.5　日光温室番茄花果期中度低温冷害日数各季节分布图(单位：d)
(a. 春季、b. 秋季、c. 冬季)

从日光温室番茄花果期重度低温冷害日数各季节变化分布图(图 2.6)上看，春、秋两季日光温室番茄发生重度低温冷害总日数的分布大体一致，均表现为石家庄—保定—霸州—唐山—乐亭以北日数在 10 d 以上，其中张北地区在 500 d 以上；此线以南在 10 d 以下，发生重度低温冷害的概率很小。

冬季山东部分和河北大部分地区在 500 d 以上，其中石家庄—保定—霸州—唐山—乐亭以北在 1000 d 以上，北部边界可达到 3000 d 以上，即平均 75 d/a 以上，这些地区冬季应分外注意，防止设施农业受重度低温冷害的侵袭；西峡—宝丰—郑州—开封—亳州—徐州—赣榆—线以南在 100 d 以下，平均 2.5 d/a；其他地区在 100～500 d。

在春、秋两季，河北北部边界地区日光温室番茄花果期发生重度低温冷害的日数较多；在冬季，河北、天津、北京以及山东地区是日光温室番茄重度低温冷害的多发地。

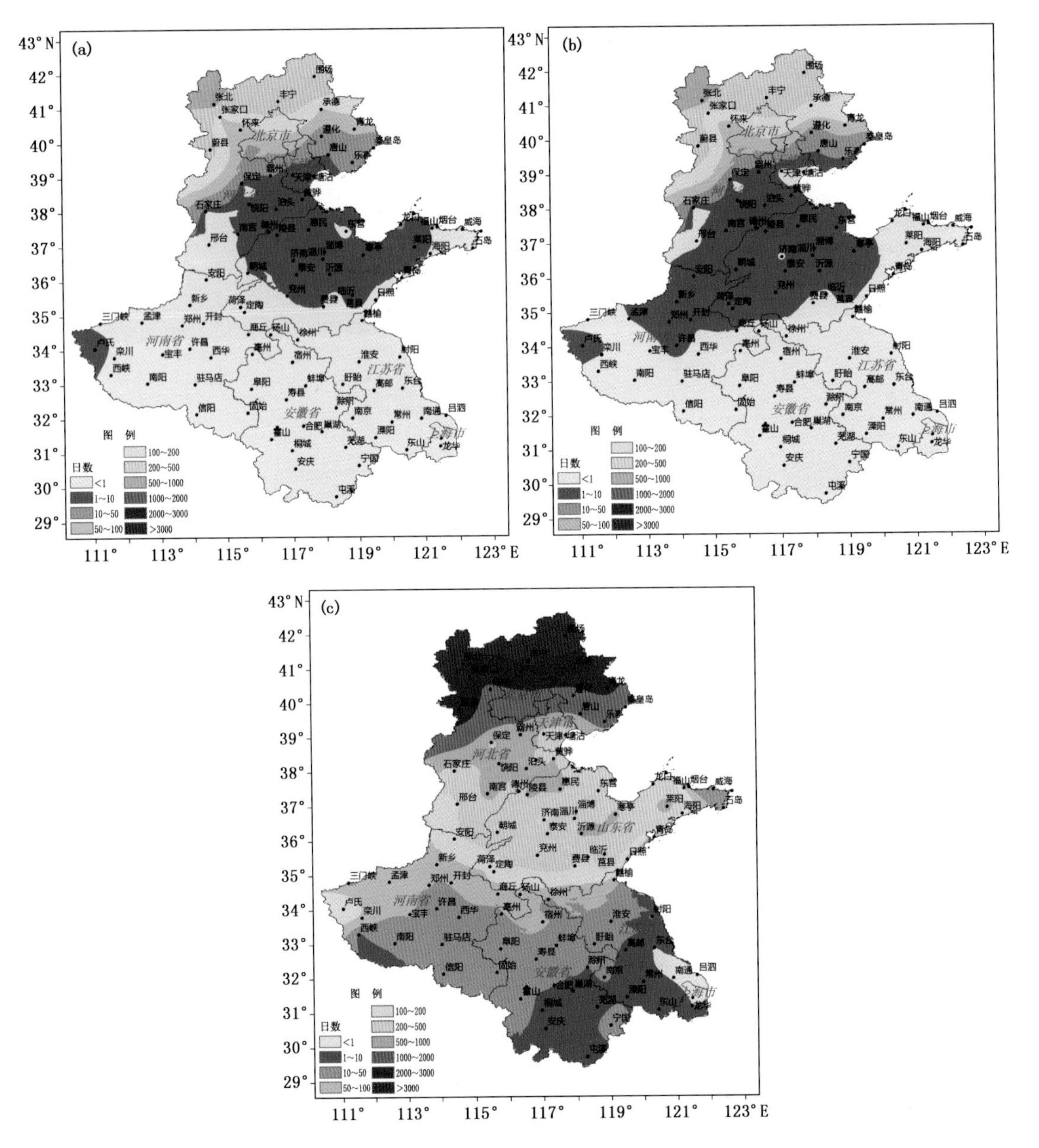

图 2.6　日光温室番茄花果期重度低温冷害日数各季节分布图(单位:d)
(a. 春季、b. 秋季、c. 冬季)

总之，在春、秋两季，除河北北部地区日光温室番茄花果期发生轻度低温冷害日数较多外，其他地区低温灾害发生日数较少。在冬季，河北北部地区发生重度低温冷害日数多；河北大部和山东大部轻度和中度低温冷害发生均较多；其他地区轻度低温冷害发生日数较多。

2）日光温室番茄低温冷害各年代分布规律

①日光温室番茄苗期低温冷害各年代分布规律

按照日光温室番茄苗期低温冷害指标，利用区域内各站点 1971—2010 年 40 年气象观测资料，按年代分别统计番茄苗期发生轻、中、重度灾害的总日数。

从日光温室番茄苗期轻度低温冷害日数各年代分布图（图 2.7）上看，各年代中研究区大部分地区番茄发生轻度低温冷害的日数在 500～1000 d；河北和北京北部、安徽和江苏南部以及上海地区在 100～500 d。

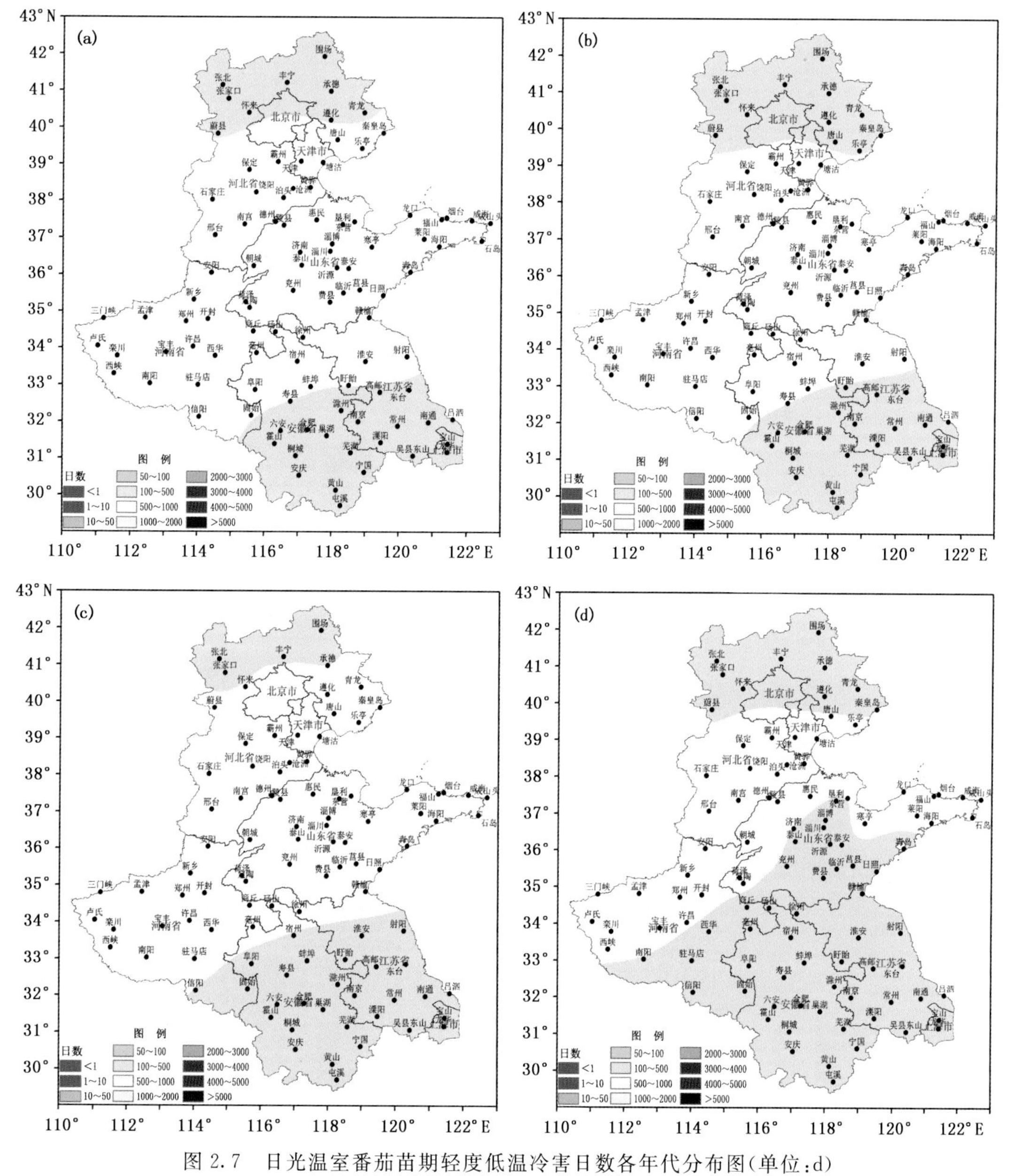

图 2.7　日光温室番茄苗期轻度低温冷害日数各年代分布图（单位：d）

（a. 20 世纪 70 年代、b. 20 世纪 80 年代、c. 20 世纪 90 年代、d. 21 世纪前 10 年）

随着年代的推移，发生日数在 100～500 d 的范围逐渐扩大，番茄轻度低温冷害发生总日数有所减少。

从日光温室番茄苗期中度低温冷害日数各年代分布图(图 2.8)上看，各年代中研究区大部分地区日光温室番茄苗期发生中度低温冷害的日数在 100～500 d，安徽和江苏南部以及上海地区在 50～100 d。

随着年代的推移，江苏、安徽、河南三省在 50～100 d 的区域逐渐扩大，且 20 世纪 90 年代后上海、安徽、江苏部分地区发生日数在 50 d 以下，番茄苗期中度低温冷害的发生日数呈减少趋势。

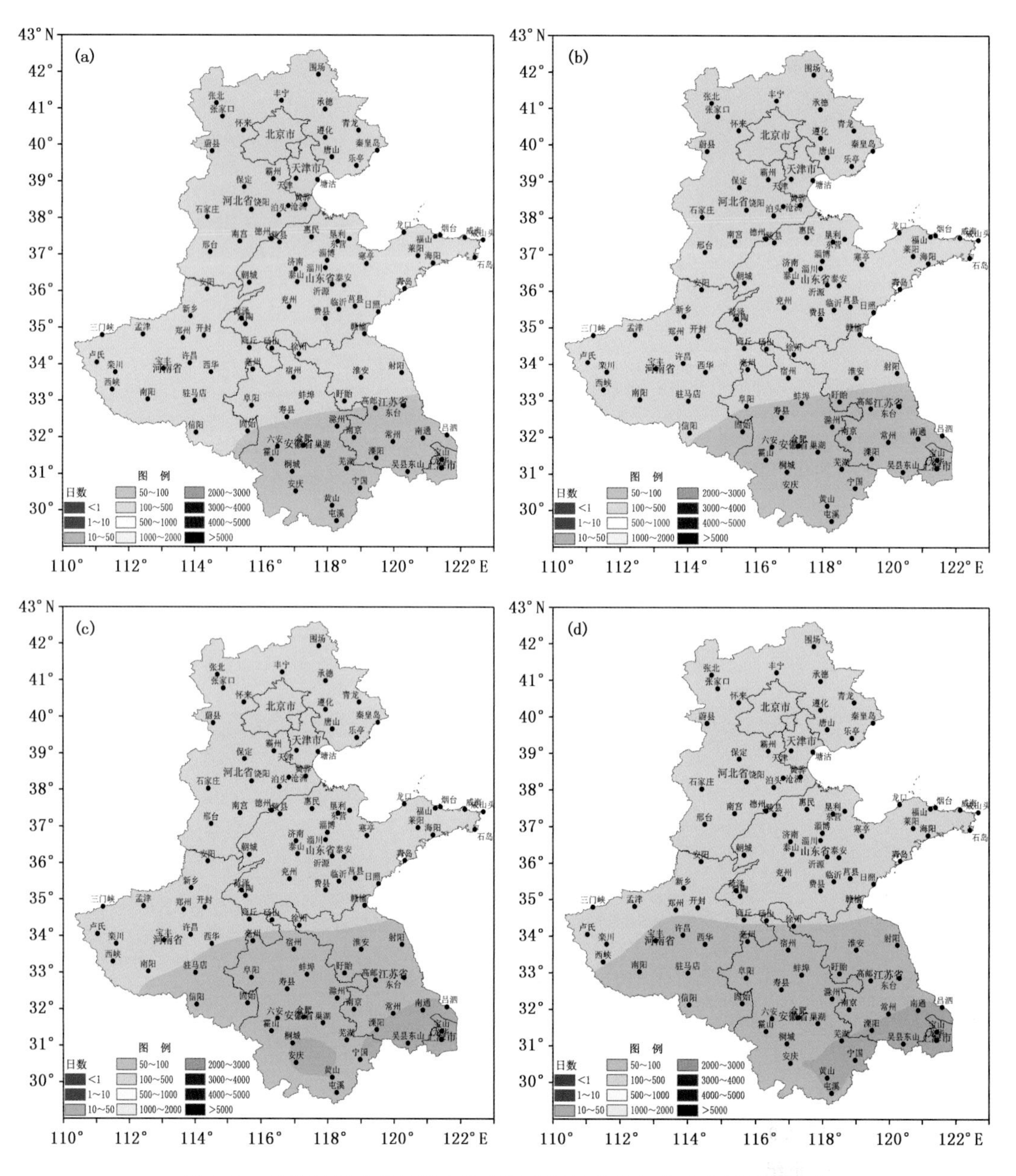

图 2.8　日光温室番茄苗期中度低温冷害日数各年代分布图(单位:d)

(a. 20 世纪 70 年代、b. 20 世纪 80 年代、c. 20 世纪 90 年代、d. 21 世纪前 10 年)

从日光温室番茄苗期重度低温冷害日数各年代分布图(图 2.9)上看,各年代中研究区大部分地区番茄苗期发生重度低温冷害的日数在 100～500 d,研究区北部地区在 500～1000 d,南部地区较少,在 100 d 以下。

随着年代的推移,研究区北部区域 500～1000 d 的区域逐渐减少,100～500 d 的区域增加;南部区域 50～100 d 的界限逐渐北移,20 世纪 90 年代后出现总日数在 10～50 d 的区域,且范围逐渐增大,番茄苗期发生重度低温冷害的总日数呈减少趋势。

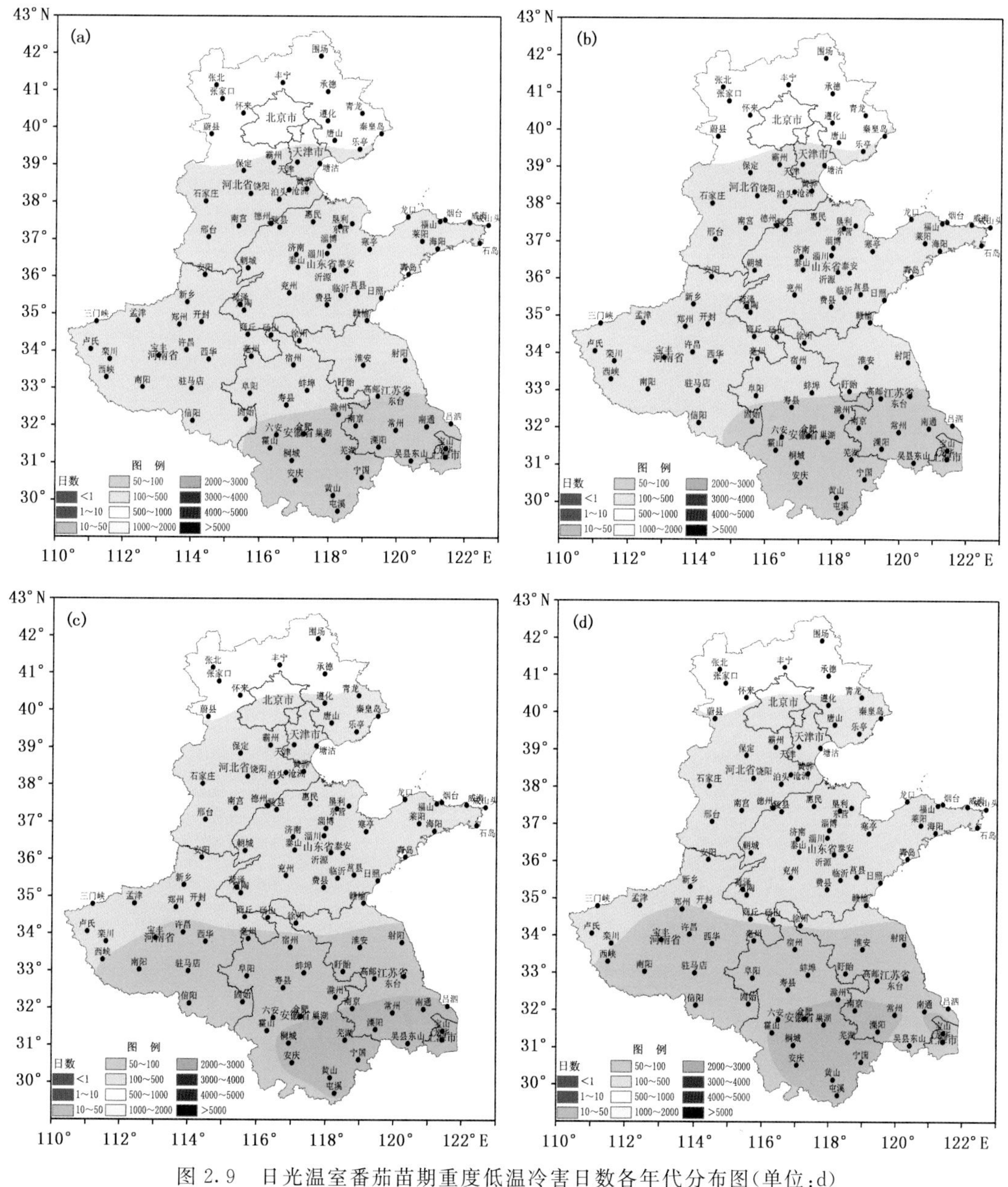

图 2.9　日光温室番茄苗期重度低温冷害日数各年代分布图(单位:d)
(a. 20 世纪 70 年代、b. 20 世纪 80 年代、c. 20 世纪 90 年代、d. 21 世纪前 10 年)

总体看来,日光温室番茄苗期在研究区北部地区发生重度低温冷害的日数较多;其他地区发生轻度低温冷害的日数较多。但随着年代的推移,各灾害发生日数较多的区域范围逐渐减小。

②日光温室番茄花果期低温冷害各年代分布规律

按照日光温室番茄花果期低温冷害指标,利用区域内各站点 1971—2010 年 40 年气象观测资料,按年代分别统计番茄苗期发生轻、中、重度灾害的总日数。

从日光温室番茄花果期轻度低温冷害日数各年代分布图(图 2.10)上看,各年代中研究区大部分地区番茄花果期发生轻度低温冷害的日数在 200～500 d,南部部分地区在 200 d 以下。

随着年代的推移,南部 200 d 以下的范围在逐步向北移动,范围逐渐扩大,番茄轻度低温冷害发生总日数有所减少。

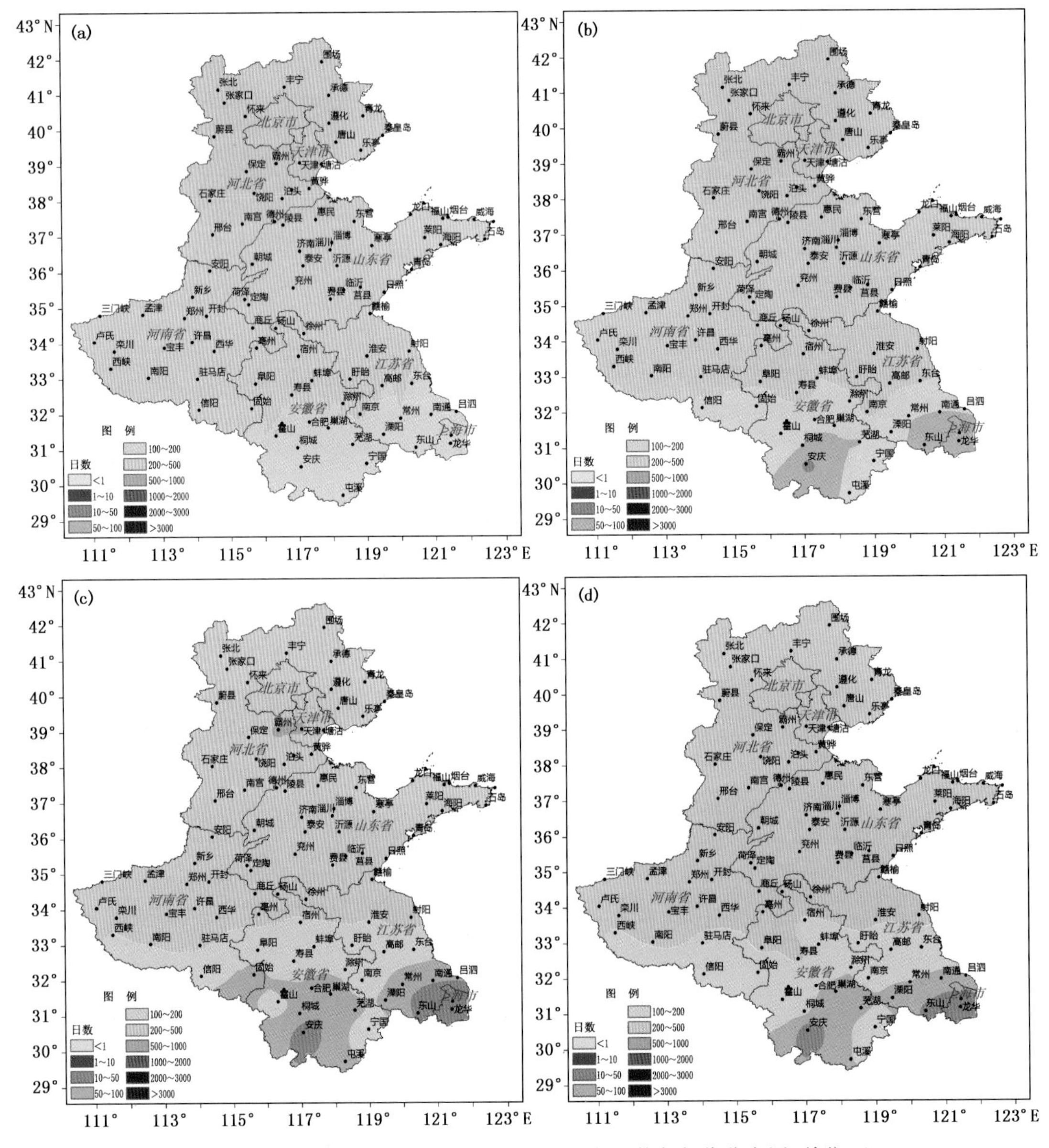

图 2.10　日光温室番茄花果期轻度低温冷害日数各年代分布图(单位:d)

(a. 20 世纪 70 年代、b. 20 世纪 80 年代、c. 20 世纪 90 年代、d. 21 世纪前 10 年)

从日光温室番茄花果期中度低温冷害日数各年代分布图(图 2.11)上看,各年代中研究区北部地区日光温室番茄发生中度低温冷害的日数在 200～500 d。

随着年代的推移,北部 200～500 d 的区域逐渐减少,100～200 d 的区域增加;50～100 d 的界限逐渐北移,总日数低于 10 d 的区域逐渐增大,番茄花果期发生中度低温冷害的总日数呈减少趋势。

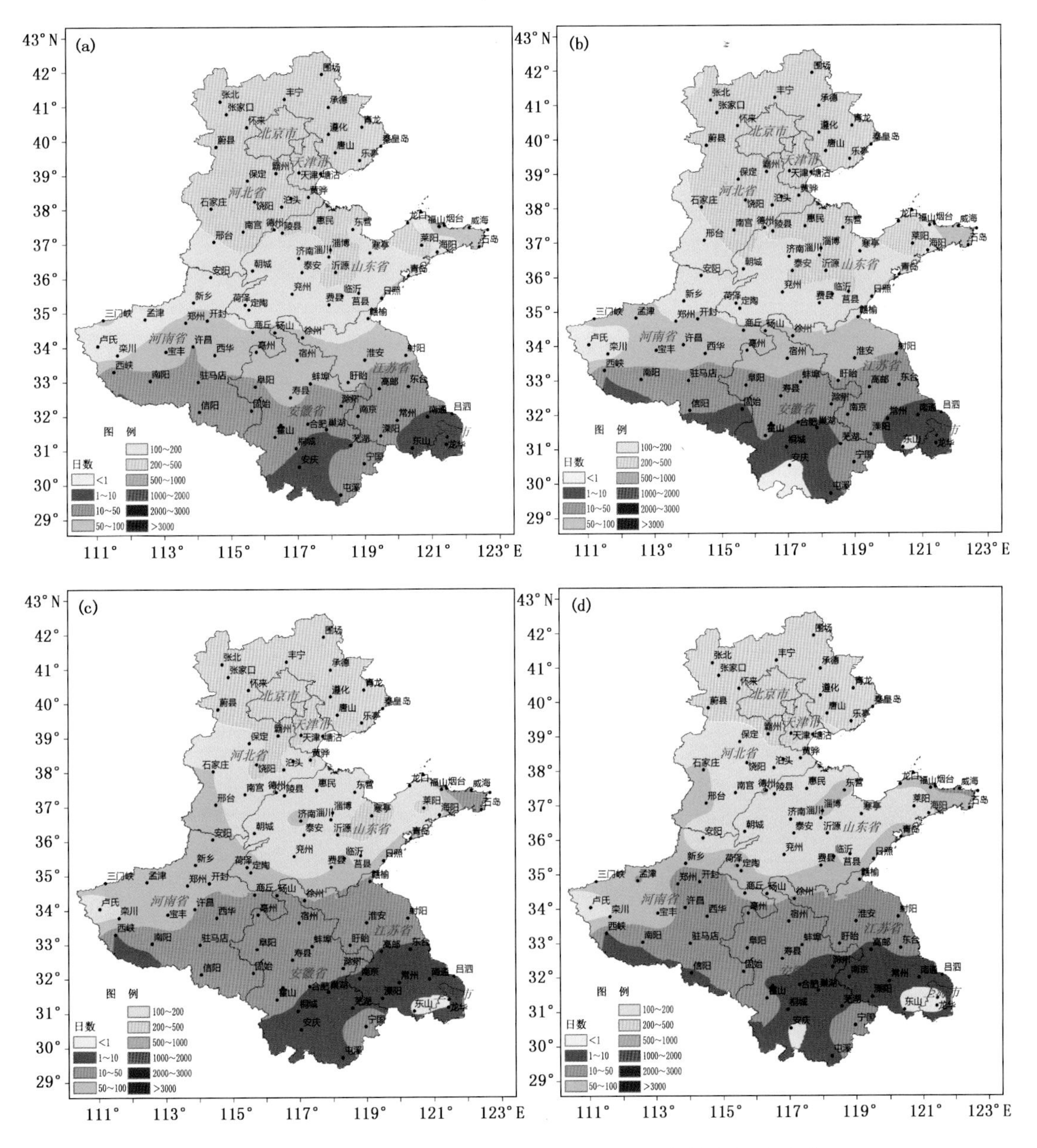

图 2.11　日光温室番茄花果期中度低温冷害日数各年代分布图(单位:d)
(a. 20 世纪 70 年代、b. 20 世纪 80 年代、c. 20 世纪 90 年代、d. 21 世纪前 10 年)

从日光温室番茄花果期重度低温冷害日数各年代分布图(图 2.12)上看,各年代中研究区北部大部分地区番茄发生重度低温冷害的日数在 50 d 以上,其中河北北部地区在 500 d 以上。

随着年代的推移，研究区北部区域 100～200 d 的区域逐渐减少，50～100 d 的区域增加；南部区域 1～50 d 的界限逐渐北移，总日数少于 1 d 的区域逐渐增大，番茄花果期发生重度低温冷害的总日数呈减少趋势。

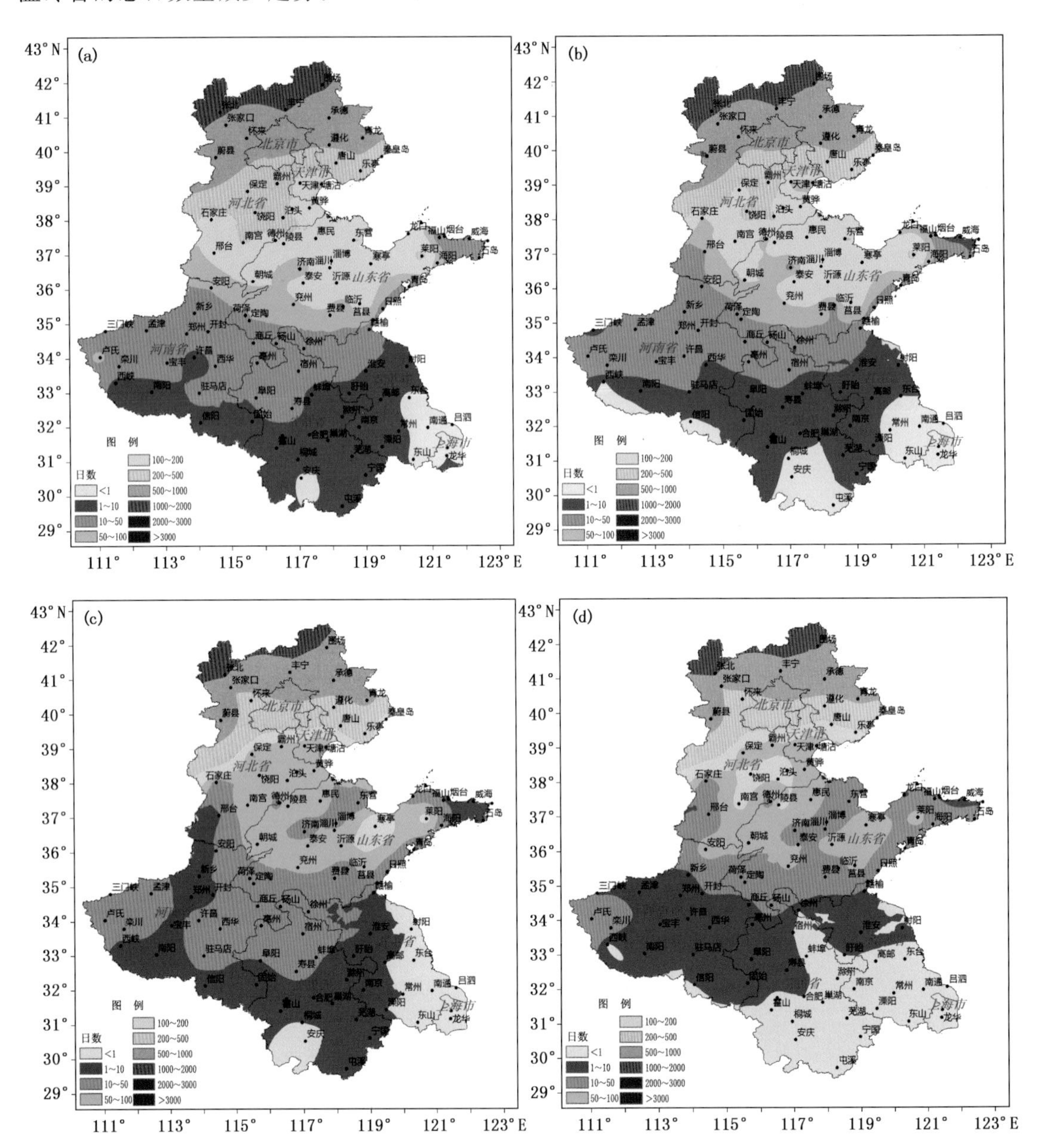

图 2.12 日光温室番茄花果期重度低温冷害日数各年代分布图(单位：d)
(a. 20 世纪 70 年代、b. 20 世纪 80 年代、c. 20 世纪 90 年代、d. 21 世纪前 10 年)

总体看来，日光温室番茄花果期在河北北部边界地区发生重度低温冷害的日数较多；天津、河北北部以及山东局部地区中度和轻度低温冷害的日数均较多；其他地区除上海、安徽南部和江苏南部外，发生轻度低温冷害的日数多。但随着年代的推移，各灾害发生日数较多的区域范围逐渐减小。

3)日光温室番茄低温冷害 40 年来总日数分布规律

①日光温室番茄苗期低温冷害 40 年来总日数分布规律

研究表明,七省(市)日光温室番茄苗期发生轻度低温冷害的总日数分布为:蔚县—遵化—青龙和信阳—阜阳—宿州—淮安—射阳两线之间在 2000～3000 d;其他地区在 1000～2000 d。

发生中度低温冷害总日数分布为:西峡—宝丰—许昌—商丘—徐州—赣榆—线以南在 100～500 d;其他地区在 500～1000 d。

发生重度低温冷害总日数分布为:邢台—济南—淄川—寒亭以北在 1000 d 以上,其中北部边界地区在 2000 d 以上;栾川—宝丰—许昌—亳州—宿州—淮安—射阳—线以南在 100～500 d;其他地区在 500～1000 d。

综合分析日光温室番茄苗期低温冷害 40 年来总日数分布规律(图 2.13)可知,研究区日光温室番茄苗期中度低温冷害发生日数最少,轻度低温冷害发生日数较多,重度低温冷害的发生主要集中在山东北部、河北、北京以及天津地区。

②日光温室番茄花果期低温冷害 40 年来总日数分布规律

研究表明,七省(市)日光温室番茄花果期发生轻度低温冷害的总日数分布为:西峡—南阳—驻马店—宿州—淮安—射阳—线以北在 1000～2000 d;此线以南在 1000 d 以下,其中安徽和江苏南部局部地区在 500 d 以下。

发生中度低温冷害总日数分布为:邢台—安阳—菏泽—兖州—费县—临沂—青岛—海阳—线以北在 500 d 以上,其中河北北部部分地区可达 1000 d 以上;西峡—许昌—西华—宿州—淮安—线以南在 200 d 以下;其他地区在 200～500 d。

发生重度低温冷害总日数分布为:河北大部和山东局部地区在 500 d 以上,其中河北北部边界可达到 3000 d 以上;邢台—安阳—菏泽—费县—莒县—日照—线以南在 200 d 以下,其中江苏南部局部地区在 1 d 以下。

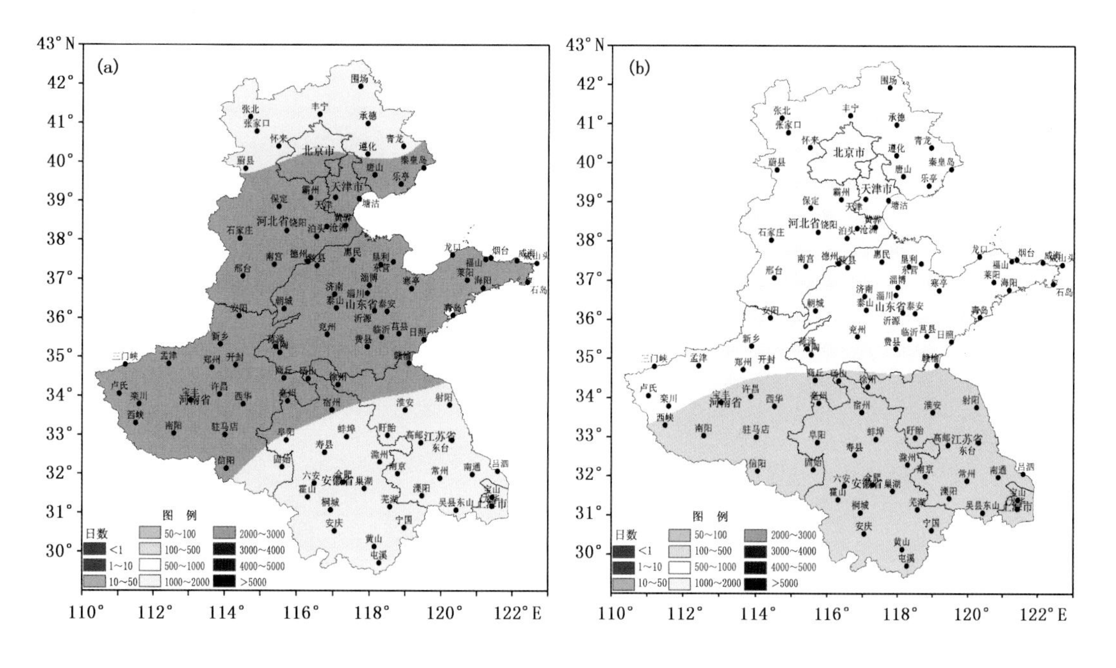

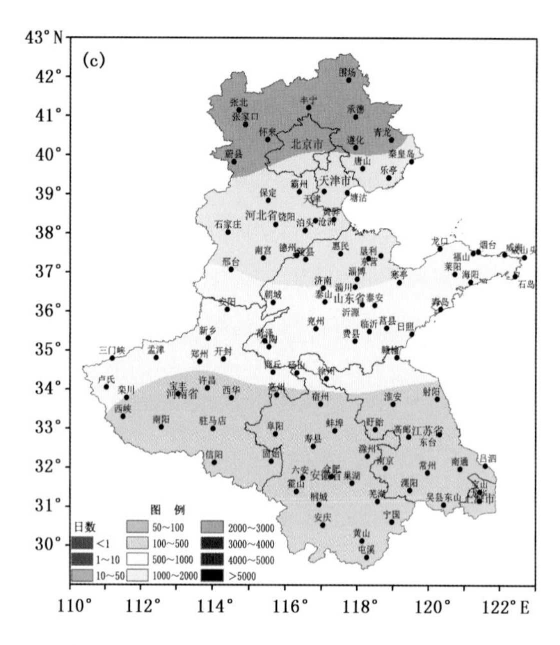

图 2.13　日光温室番茄苗期低温冷害 40 年来总日数分布图(单位:d)
(a. 轻度、b. 中度、c. 重度)

综合分析日光温室番茄花果期低温冷害 40 年来总日数分布规律(图 2.14)可知,日光温室番茄重度低温冷害的发生主要集中在河北北部地区;河北部分地区中度和轻度灾害发生日数均较多;其他地区则轻度低温冷害发生日数多。

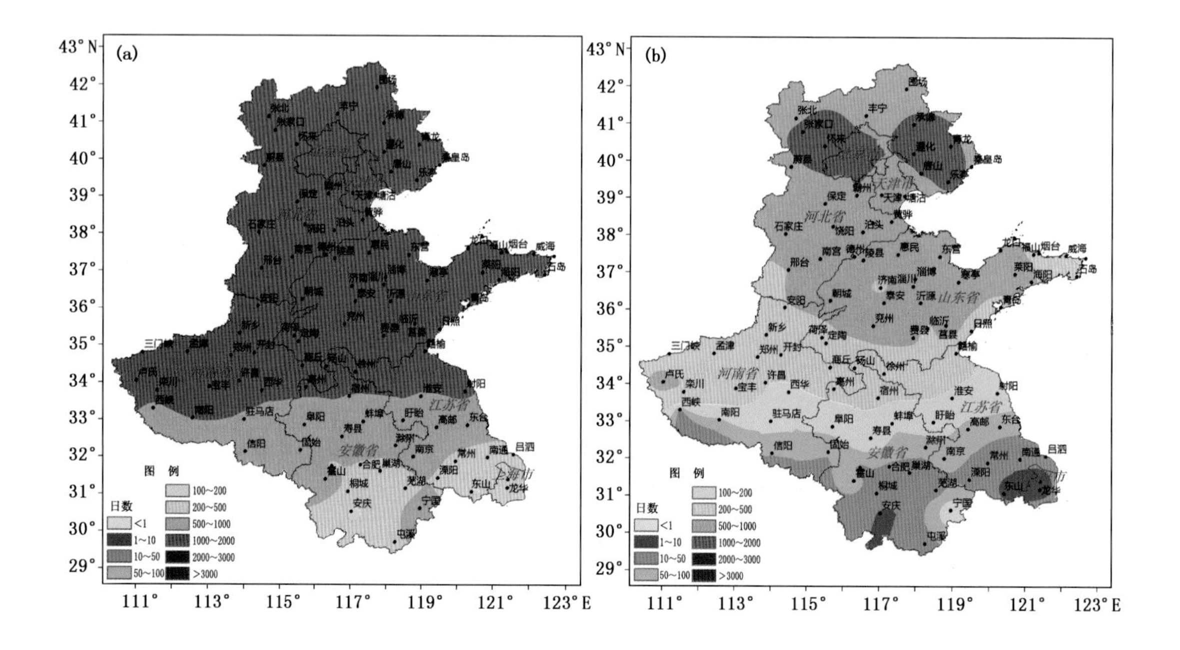

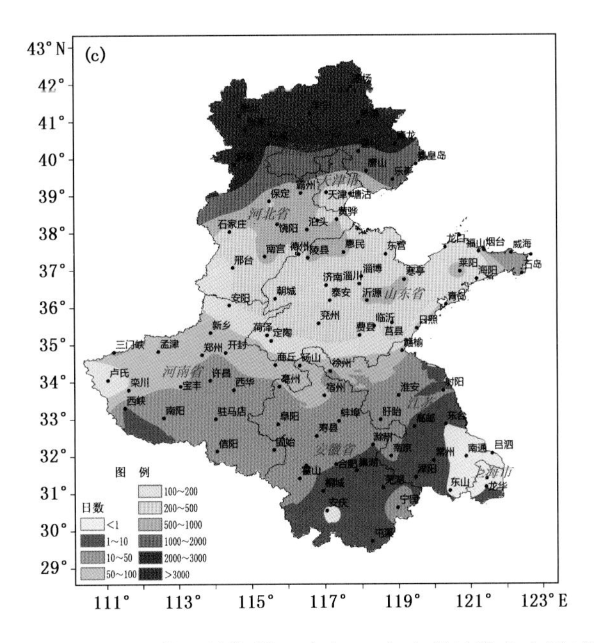

图 2.14　日光温室番茄花果期低温冷害 40 年来总日数分布图(单位:d)

(a. 轻度、b. 中度、c. 重度)

(2)日光温室番茄低温冷害风险区划

1)日光温室番茄低温冷害各季节风险区划

①日光温室番茄苗期低温冷害各季节风险区划

从日光温室番茄苗期轻度低温冷害风险季节分布图(图 2.15)上看,春、秋两季,整个研究区域均为低风险,安阳—兖州—费县—赣榆一线以南风险低于 0.1,此线以北在 0.1~0.2。

冬季风险呈现中部高,南部和北部均相对较低的分布趋势,河北部分,山东、江苏、安徽大部,以及河南地区为高风险区;其他地区为中风险区。

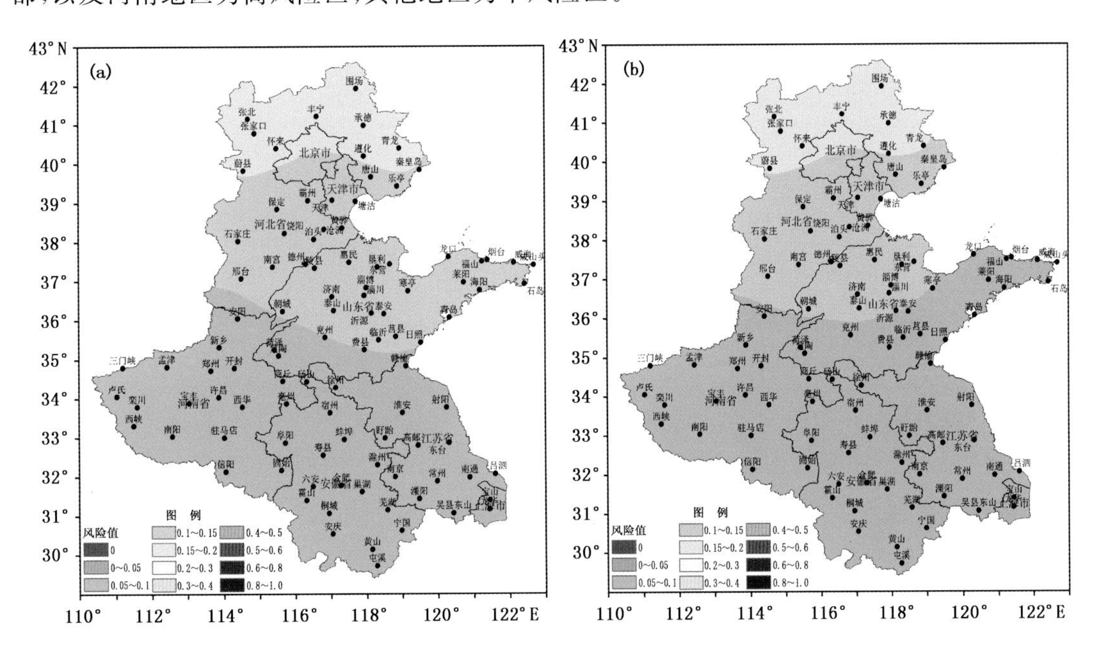

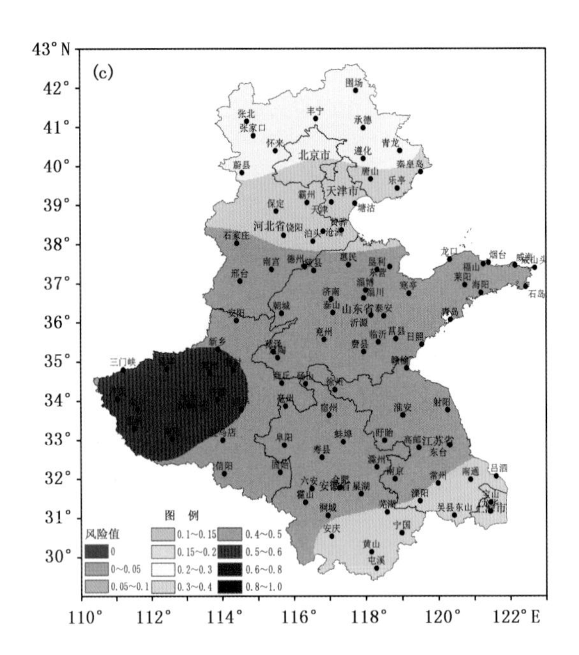

图 2.15 日光温室番茄苗期轻度低温冷害各季节风险分布图
（a. 春季、b. 秋季、c. 冬季）

日光温室番茄苗期在春、秋两季发生轻度低温冷害的风险较小；但在冬季发生轻度低温冷害的风险较大。

从日光温室番茄苗期中度低温冷害风险季节分布图（图 2.16）上看，春、秋两季研究区域均为低风险区，其中大部分区域风险均低于 0.05，河北北部边界地区风险值可达 0.1～0.15。

冬季山东、河北和天津部分地区为高风险区，风险值在 0.4～0.5；其他大部分地区为中风险区。

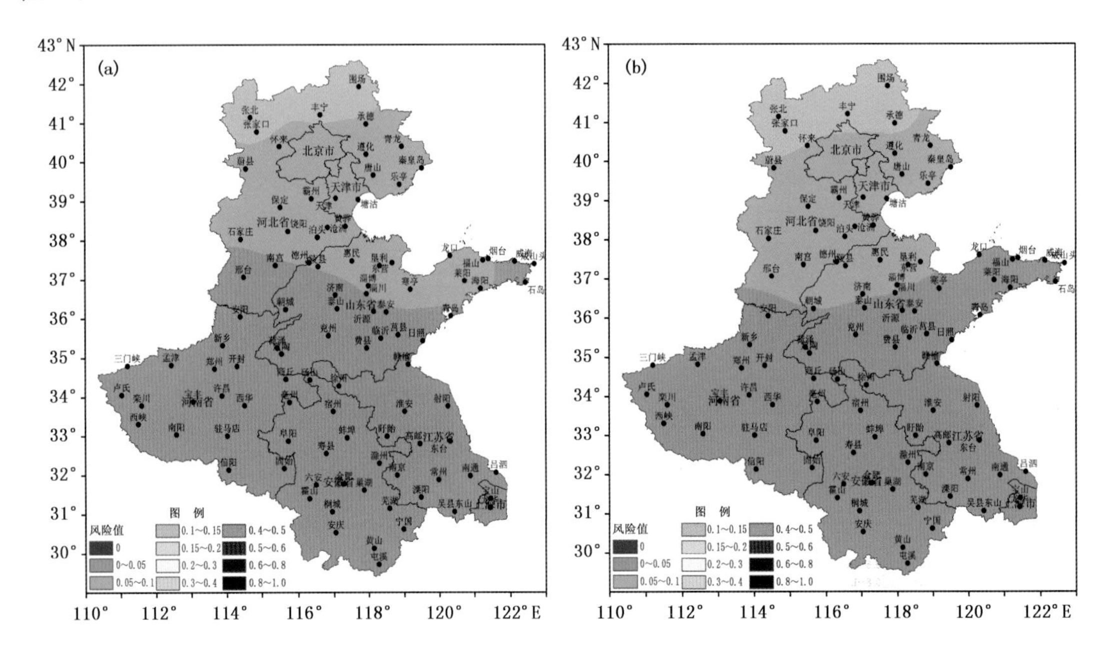

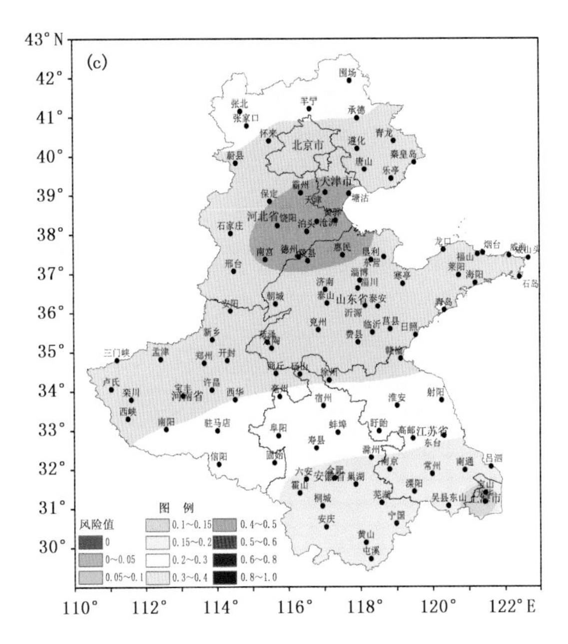

图 2.16　日光温室番茄苗期中度低温冷害各季节风险分布图
(a. 春季、b. 秋季、c. 冬季)

在春、秋两季，日光温室番茄苗期发生中度低温冷害的风险较小；但在冬季，天津南部、河北部分以及山东北部区域发生中度低温冷害的风险相对较大。

从日光温室番茄苗期重度低温冷害风险季节分布图(图 2.17)上看，春、秋两季研究区域均为低风险区，其中大部分区域风险均低于 0.05。

冬季安阳－兖州－费县－临沂－莒县－日照一线以南以及山东半岛局部地区为低风险区；保定－霸州－天津－塘沽一线以北为高风险区；两线之间为中风险区。

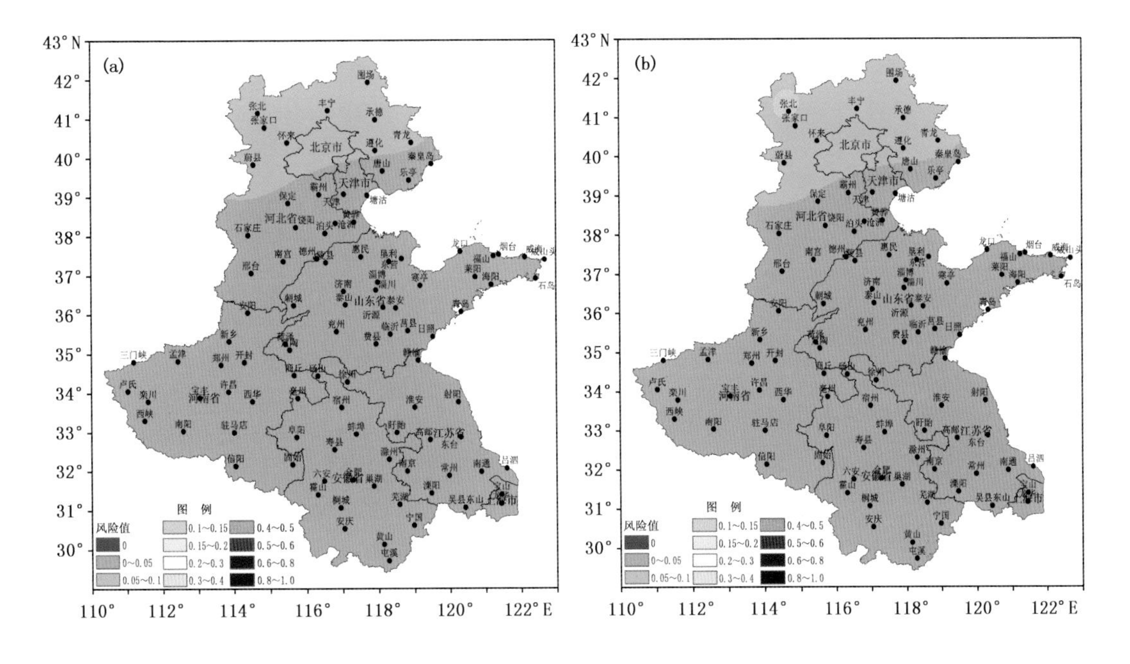

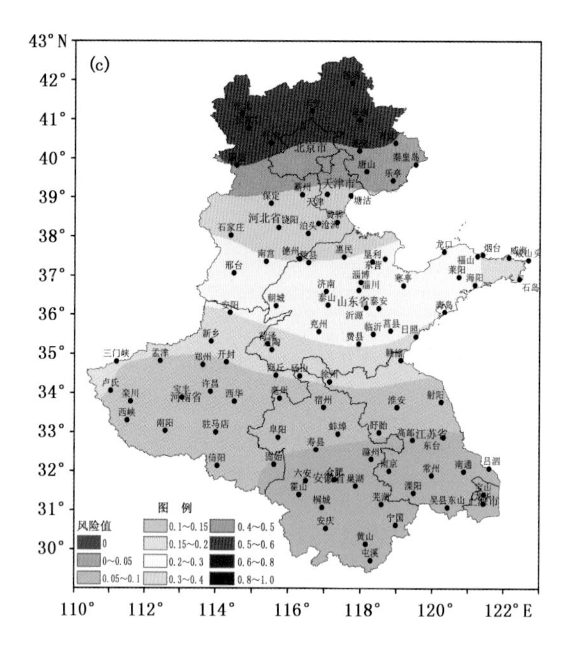

图 2.17　日光温室番茄苗期重度低温冷害各季节风险分布图
(a. 春季、b. 秋季、c. 冬季)

在春、秋两季，整个研究区域日光温室番茄苗期发重度低温冷害的风险较小；冬季，发生风险相对较大，且北部地区风险大于南部地区。

综上所述，春、秋两季研究区日光温室番茄苗期不易发生低温冷害；冬季研究区北部地区易发生重度低温冷害；中部地区中度和轻度低温冷害均较易发生。

②日光温室番茄花果期低温冷害各季节风险区划

从日光温室番茄花果期轻度低温冷害风险季节分布图(图 2.18)上看，春、秋两季，整个研究区域均为低风险区，其中大部分区域风险均低于 0.05，河北北部地区风险可达 0.15～0.2。

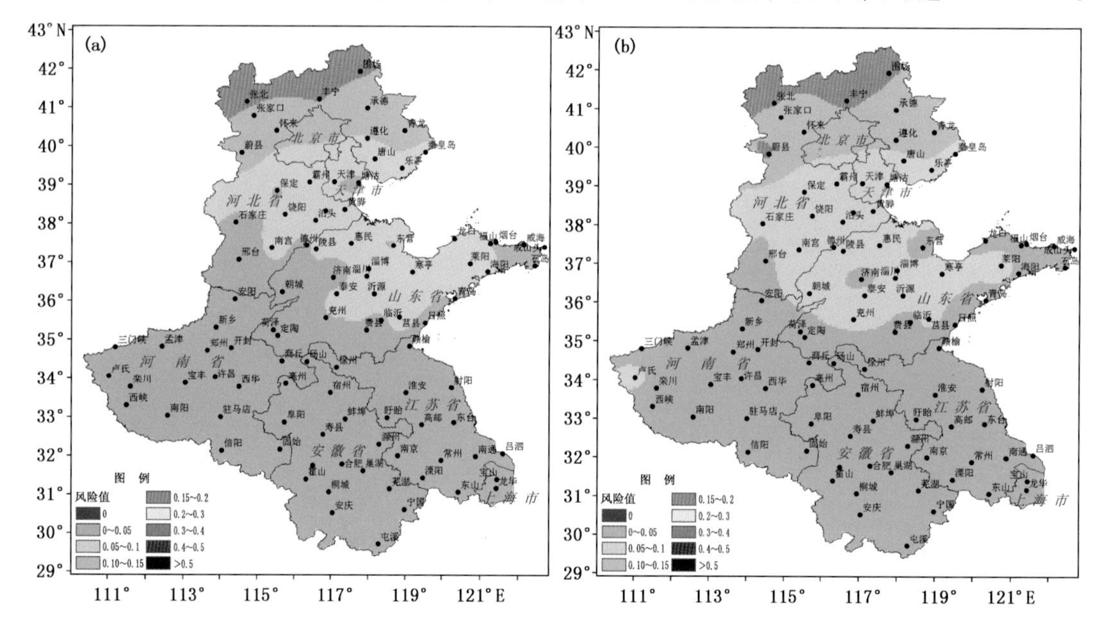

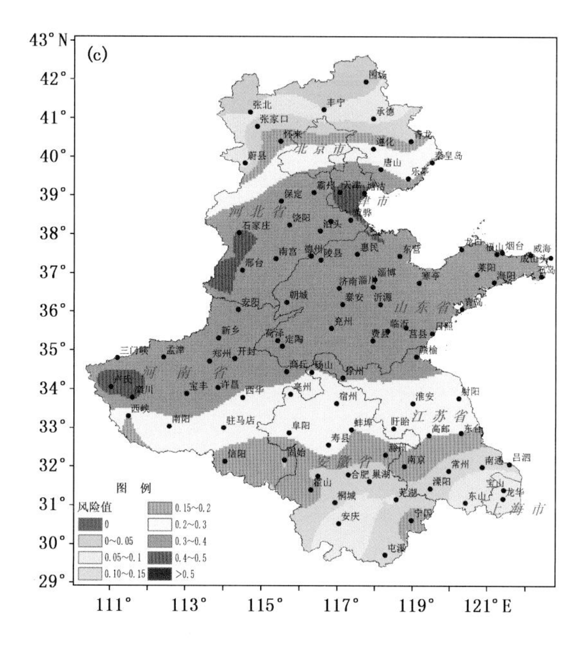

图2.18　日光温室番茄花果期轻度低温冷害各季节风险分布图
（a. 春季、b. 秋季、c. 冬季）

冬季风险呈现中部高，南部和北部均相对较低的分布，河南西部、山东西南部和天津地区为高风险区，风险值在0.4～0.5；河南北部、山东全部和河北南部大部分区域为中风险区；河北北部、河南东南部、安徽南部、江苏南部和上海为低风险区。

日光温室番茄花果期在春、秋两季发生轻度低温冷害的风险较小；但在冬季，天津、河北南部、河南北部以及山东大部发生轻度低温冷害的风险较大。

从日光温室番茄花果期中度低温冷害风险季节分布图（图2.19）上看，春、秋两季研究区域均为低风险区，其中大部分区域风险均低于0.05，河北西北部局部地区风险值可达0.1～0.15。

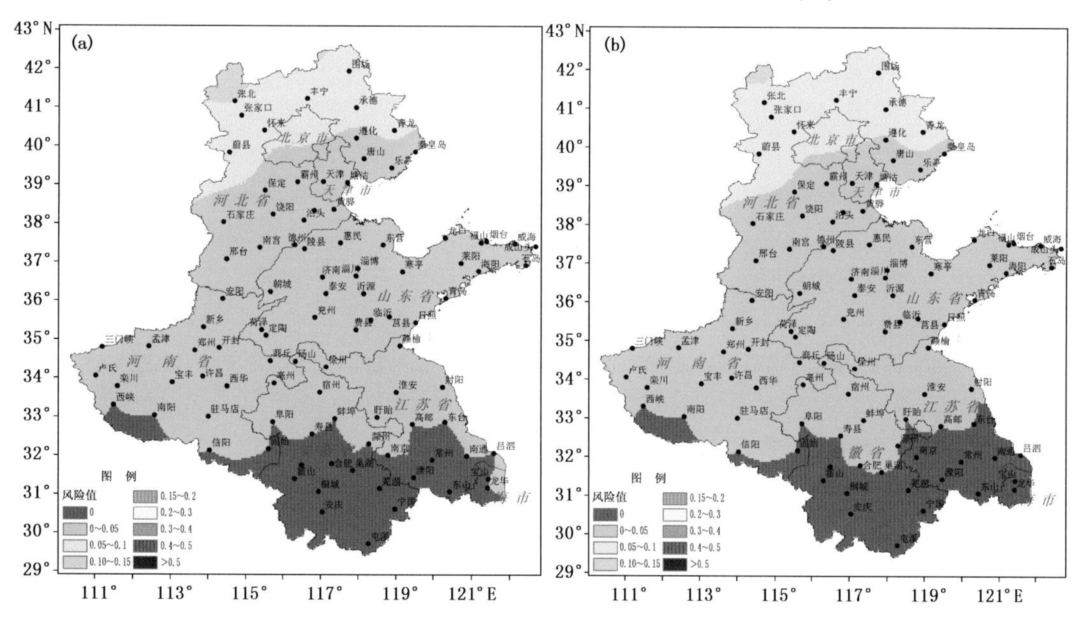

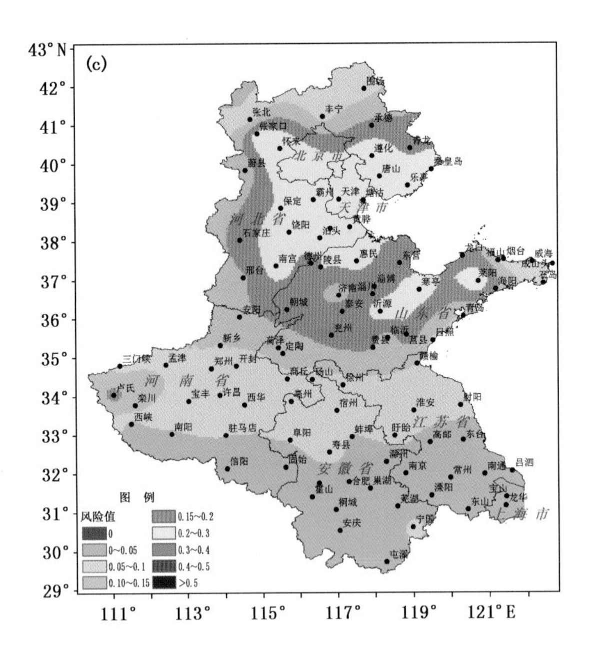

图 2.19　日光温室番茄花果期中度低温冷害各季节风险分布图

（a. 春季、b. 秋季、c. 冬季）

冬季环渤海区域和山东中部区域为中风险区，风险值在 0.2～0.3；其余地区均为低风险区。

在春、秋两季，日光温室番茄花果期发生中度低温冷害的风险较小；但在冬季，河北部分以及山东中部区域发生中度低温冷害的风险相对较大。

从日光温室番茄花果期重度低温冷害风险季节分布图（图 2.20）上看，春、秋两季研究区域均为低风险区，其中大部分区域风险均低于 0.05，河北西北部局部地区风险值可达 0.15～0.2。

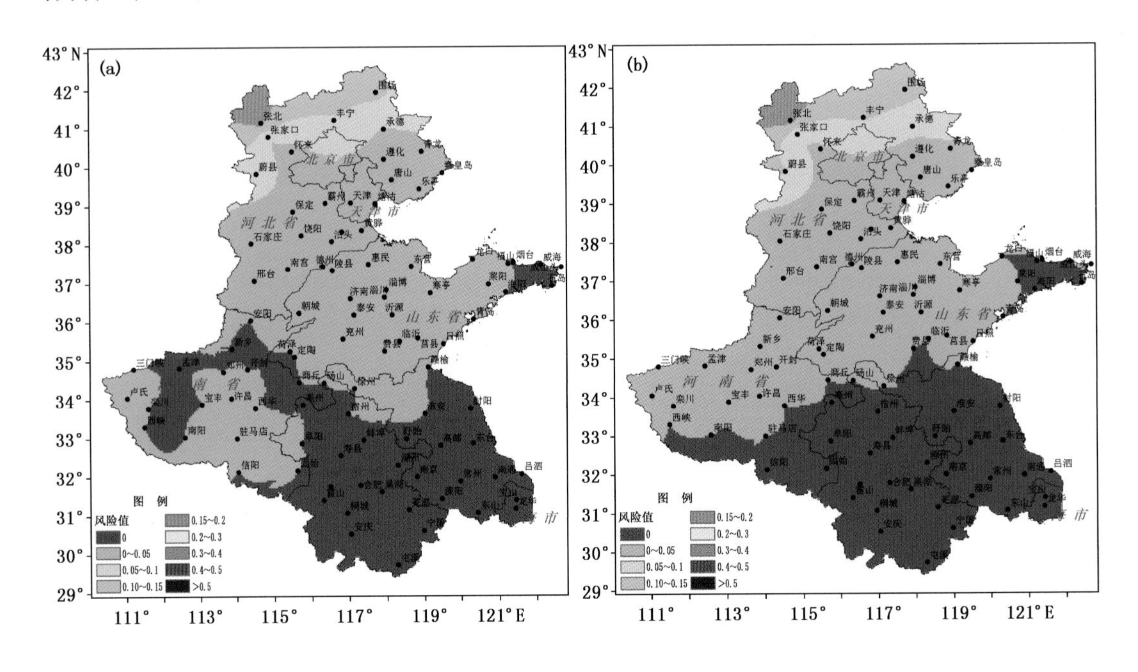

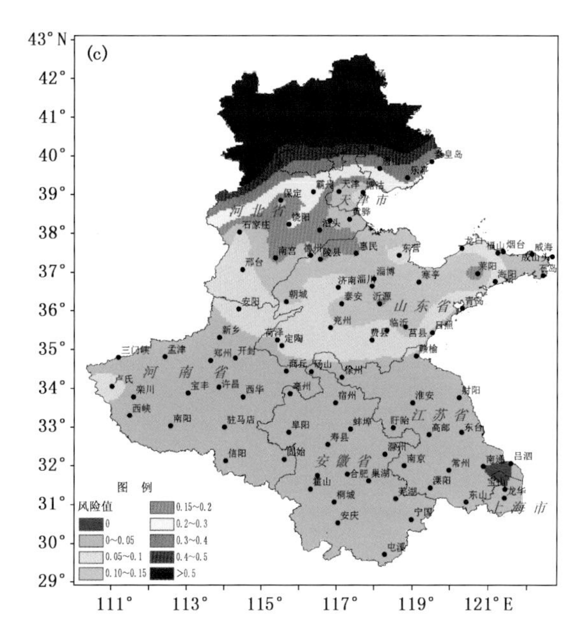

图 2.20　日光温室番茄花果期重度低温冷害各季节风险分布图
（a. 春季、b. 秋季、c. 冬季）

冬季河北北部风险值可达 0.5 以上，为重风险区；而其余大部分地区为低风险区，其中河南、江苏、安徽和上海风险值低于 0.05。

在春、秋两季，整个研究区域日光温室番茄花果期发重度低温冷害的风险较小；在冬季，除河北北部地区发生风险相对较大外，其他地区风险较小。

总体看来，春、秋两季研究区日光温室番茄花果期不易发生低温冷害；冬季河北北部地区易发生重度低温冷害，河北部分地区和山东部分地区较易发生中度或轻度低温冷害；其他地区除河南局部、江苏南部、安徽南部和上海地区外，均较易发生轻度低温冷害。

2）日光温室番茄低温冷害各年代风险区划

①日光温室番茄苗期低温冷害各年代风险区划

从日光温室番茄轻度低温冷害各年代风险分布图（图 2.21）上看，4 个年代研究区大部分地区风险值均为高风险，其中河南大部、山东部分以及河北局部地区为较高风险区。20 世纪 70 年代到 90 年代，随着年代的推移，研究区北部地区较高风险区域逐渐扩大，南部地区风险值呈减小趋势，90 年代，上海、江苏局部地区变为中风险区。21 世纪前 10 年，研究区风险值逐渐减小，较高风险区消失，安徽－芜湖－常州－南通一线以北为高风险区，此线以南为中风险区，风险值在 0.3～0.4。

4 个年代中，研究区南部地区风险值较低，随着年代的推移，中风险区域范围增加。中部地区较高风险区范围从 20 世纪 70 年代到 90 年代逐渐向北扩展，到 21 世纪前 10 年变为高风险区，风险值在 0.5～0.6。

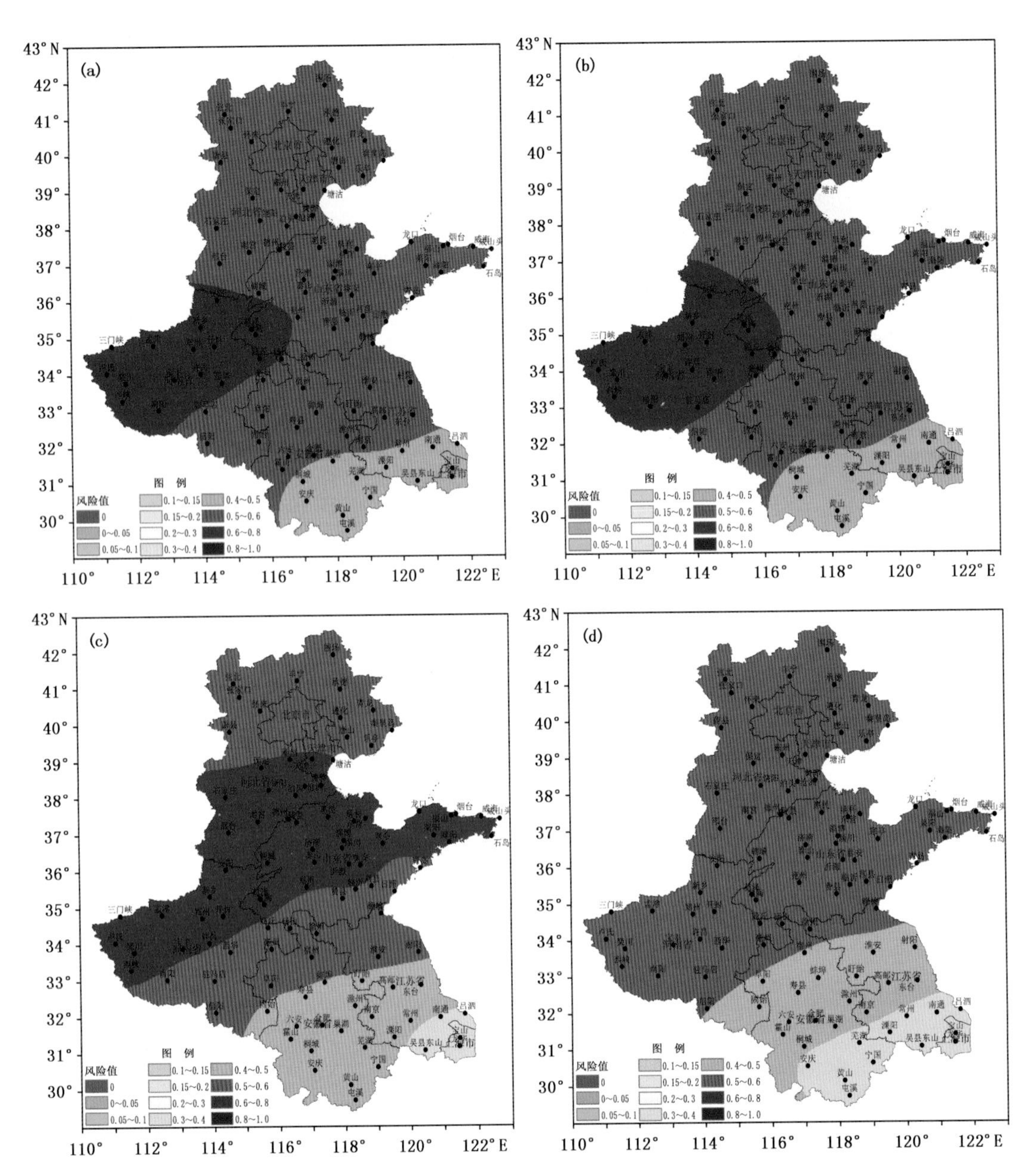

图 2.21 日光温室番茄苗期轻度低温冷害各年代风险分布图

（a. 20 世纪 70 年代、b. 20 世纪 80 年代、c. 20 世纪 90 年代、d. 21 世纪前 10 年）

从日光温室番茄苗期中度低温冷害风险分布图(图 2.22)上看，20 世纪 70 年代三门峡—郑州—开封—赣榆一线以南，除上海和江苏局部地区为低风险区外，其他区域为中风险区；此线以北大部分地区为高风险区，随着年代的推移，高风险区界限北移，范围逐渐缩小，中风险区和低风险区范围向北扩展。

随着年代的推移，高风险区域范围逐渐缩小，中风险和低风险区域扩大，日光温室番茄苗期中度低温冷害发生风险呈减小趋势。

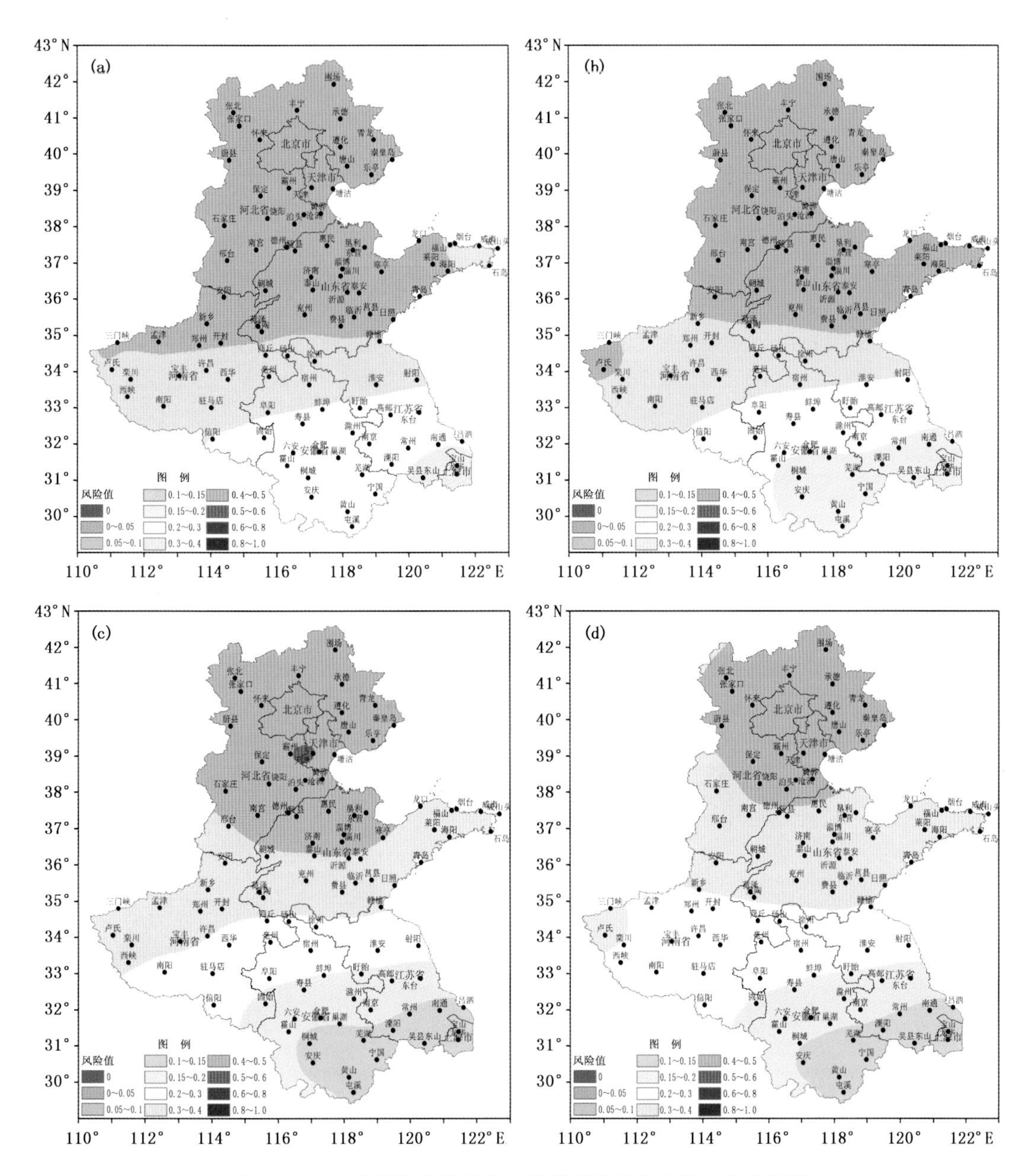

图 2.22　日光温室番茄苗期中度低温冷害各年代风险分布图
（a. 20 世纪 70 年代、b. 20 世纪 80 年代、c. 20 世纪 90 年代、d. 21 世纪前 10 年）

从日光温室番茄苗期重度低温冷害风险分布图(图 2.23)上看,20 世纪 70 年代,石家庄—南宫—淄博—垦利一线以北为中风险区,此线以南为低风险区,随着年代的推移,中风险区界限北移,面积逐渐减小,到 21 世纪前 10 年,仅天津局部、北京和河北部分地区为中风险区,其他地区均为低风险区。

研究区大部分地区日光温室番茄苗期发生重度低温冷害的风险为低风险,随着年代的推移,低风险区逐渐增加,中风险区逐渐减少。

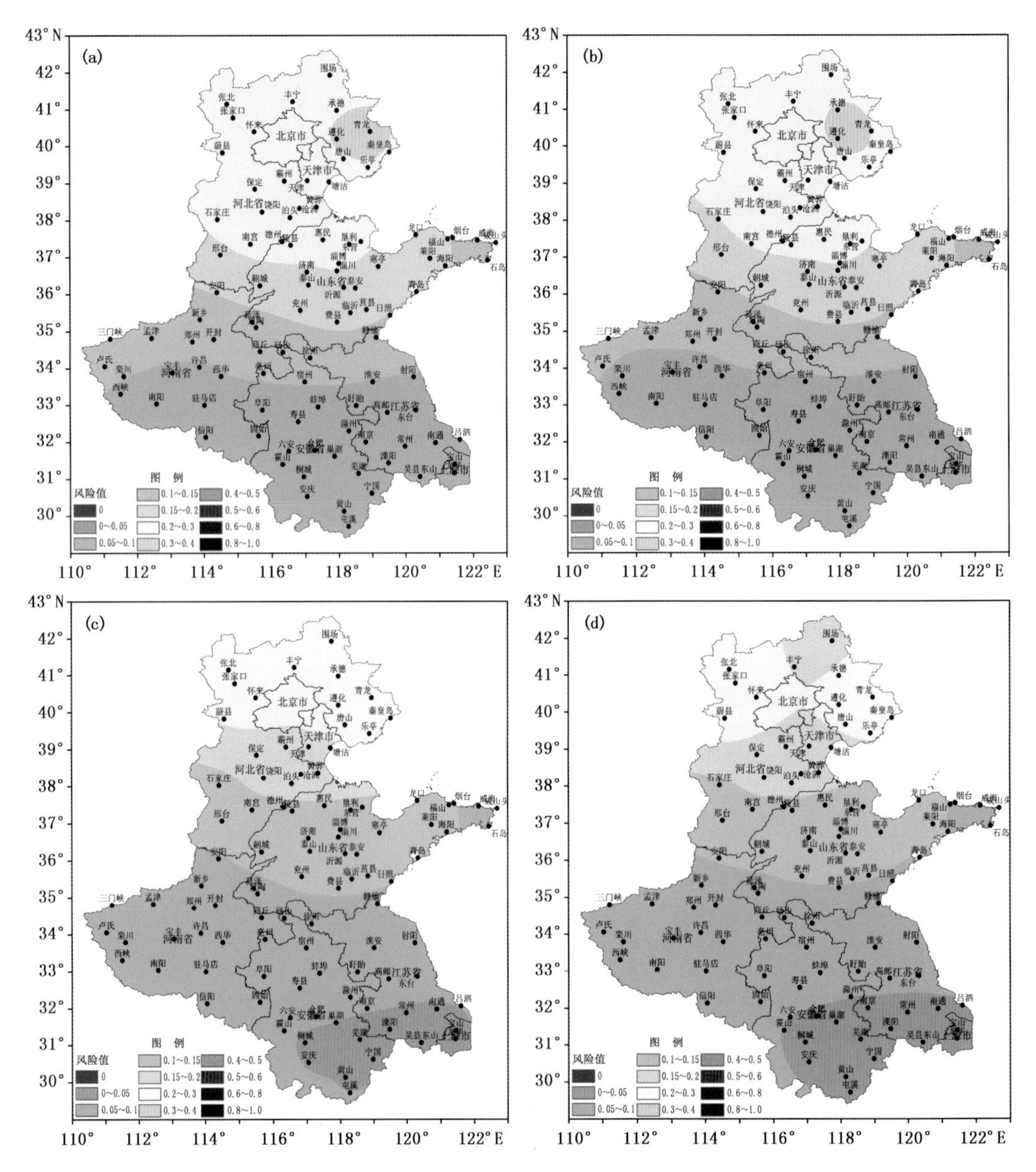

图 2.23　日光温室番茄苗期重度低温冷害各年代风险分布图

（a. 20 世纪 70 年代、b. 20 世纪 80 年代、c. 20 世纪 90 年代、d. 21 世纪前 10 年）

总体分析可知，除 20 世纪 70 年代到 90 年代研究区中部地区日光温室番茄苗期轻度低温冷害发生风险值呈增大趋势外，其他地区、其他灾害发生风险均呈现减小趋势。

②日光温室番茄花果期低温冷害各年代风险区划

从日光温室番茄花果期轻度低温冷害各年代风险分布图（图 2.24）上看，4 个年代研究区风险值均为低风险和中风险，即发生番茄轻度低温冷害的风险值在 0.4 以下。

低风险即风险值低于 0.2 的地区，尤其是风险值小于 0.1 的范围，从 20 世纪 70 年代到 21 世纪前 10 年逐渐扩大，风险值在 0.1～0.2 的区域随年代发展也有增大的趋势。

4 个年代中，研究区中部和北部地区风险值均在 0.2～0.4，即为中风险，有所不同的是风险值在 0.3～0.4 的区域分布位置及范围大小不同，20 世纪 90 年代，该风险值分布面积最广，主要分布于河北中部、山东西北部及天津一带。

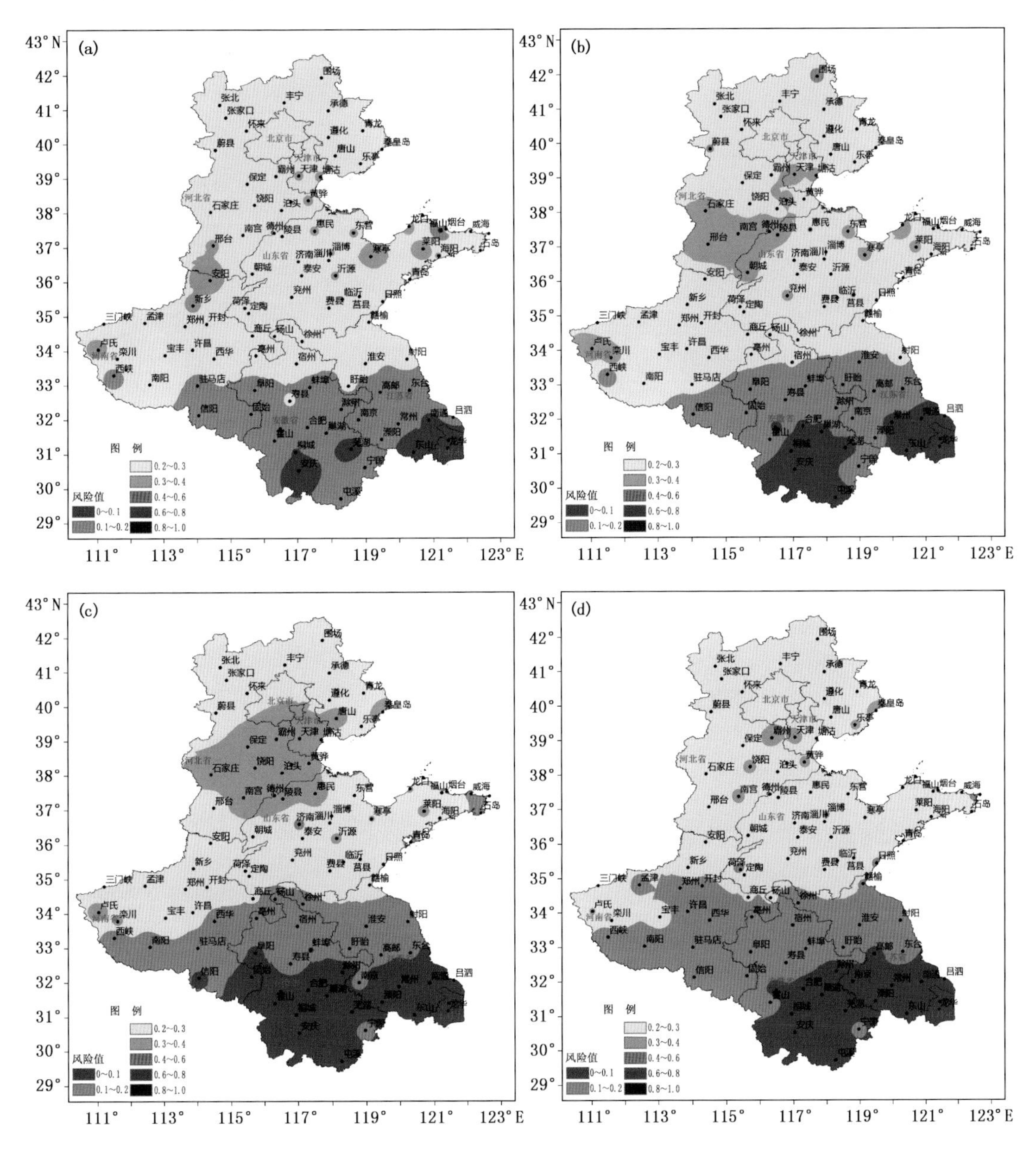

图 2.24　日光温室番茄花果期轻度低温冷害各年代风险分布图

(a. 20 世纪 70 年代、b. 20 世纪 80 年代、c. 20 世纪 90 年代、d. 21 世纪前 10 年)

从日光温室番茄花果期中度低温冷害风险分布图(图 2.25)上看，各个年代发生中度低温冷害的风险较低。20 世纪 70 年代整个研究区为低风险区，80，90 年代及 21 世纪前 10 年，个别站点出现中风险。

随着年代的推移，低风险区中，风险值小于 0.1 的边界向北延伸，区域范围有逐渐增加的趋势。

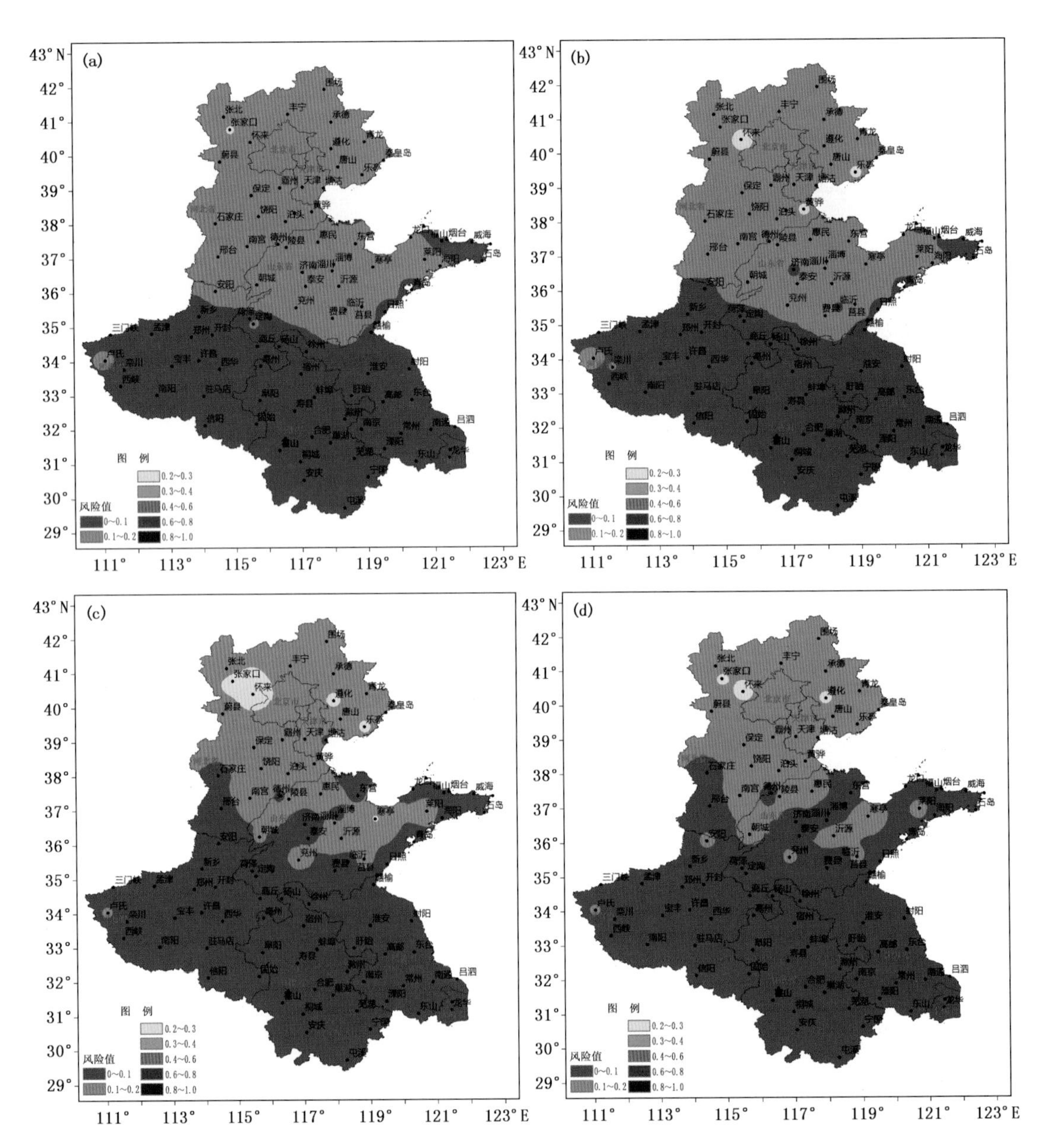

图 2.25　日光温室番茄花果期中度低温冷害各年代风险分布图

(a. 20 世纪 70 年代、b. 20 世纪 80 年代、c. 20 世纪 90 年代、d. 21 世纪前 10 年)

从日光温室番茄花果期重度低温冷害风险分布图(图 2.26)上看,各年代中,除研究区北部部分地区发生重度低温冷害的风险较高外,研究区绝大部分地区发生该类灾害的风险均较小。

研究区绝大部分地区为低风险区,尤其是风险值低于 0.1 的地区范围随着年代的推移边界逐渐向北扩展;中风险及以上风险分布区域均集中在河北北部地区,随着年代的推移也有向北推移的趋势,分布范围逐渐减小。

总体分析可知,各年代河北北部地区日光温室番茄花果期易发生重度低温冷害;其他地区除上海、安徽南部和江苏南部地区以外,较易发生轻度低温冷害;各地发生中度低温冷害的可

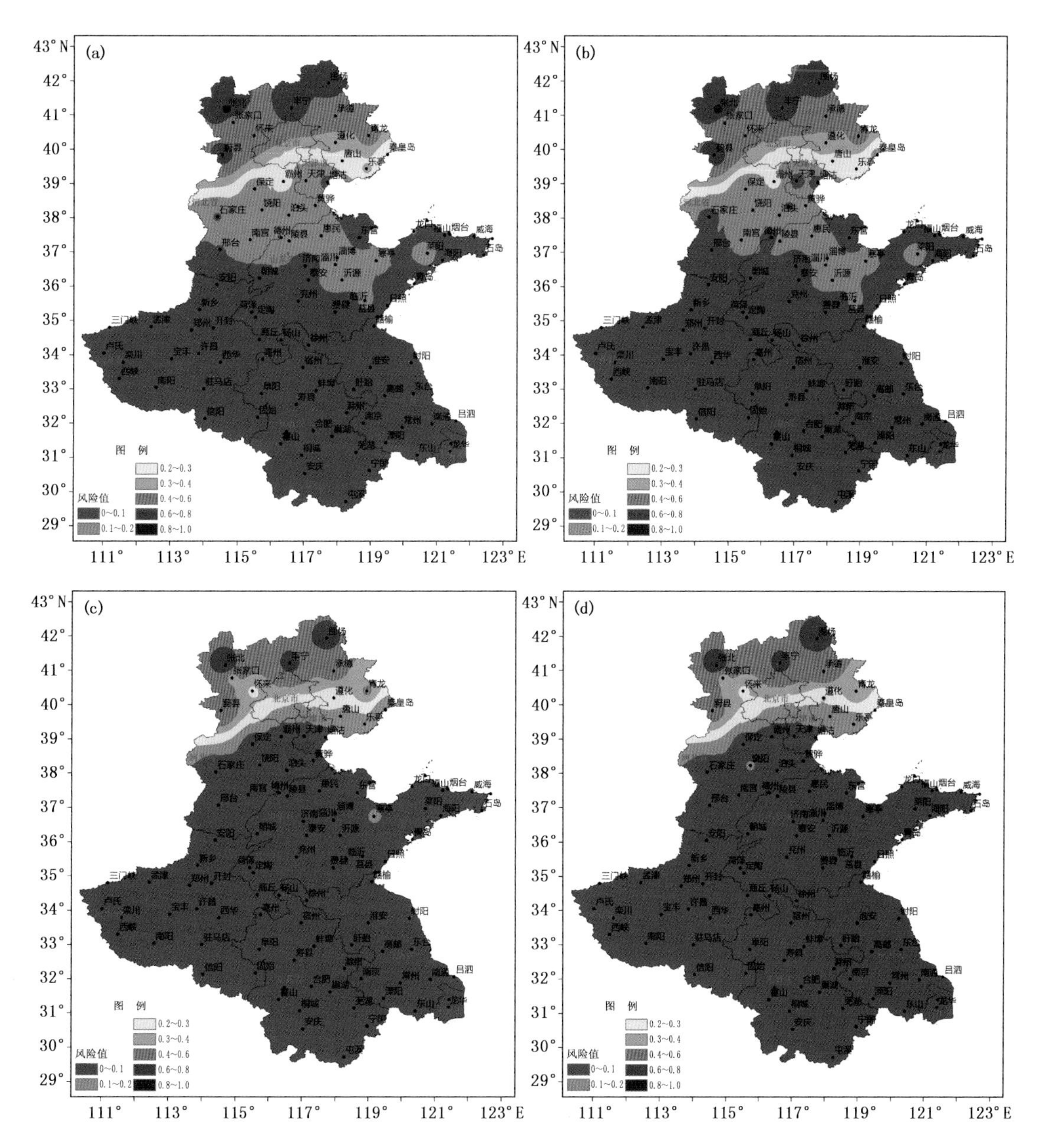

图 2.26　日光温室番茄花果期重度低温冷害各年代风险分布图

（a. 20 世纪 70 年代、b. 20 世纪 80 年代、c. 20 世纪 90 年代、d. 21 世纪前 10 年）

能性均较小，随着年代的推移，各灾害易发生区域大体呈现减小的趋势。

3）日光温室番茄低温冷害综合风险区划

①日光温室番茄苗期低温冷害综合风险区划

研究表明，七省（市）日光温室番茄苗期发生轻度低温冷害的风险分布为：河南部分、山东和河北局部地区为较高风险区；其他地区除上海部分区域为中风险区外，均为高风险区。

发生中度低温冷害风险分布为：朝城－沂源－泰安－莱阳一线以北为高风险区；此线以南除上海、安徽和江苏北部地区为低风险区外，其他地区为中风险区。

发生重度低温冷害的风险分布除饶阳—泊头—沧州一线以北为中风险区外，其他地区均为低风险区。

综合分析日光温室番茄苗期低温冷害综合风险分布图(图 2.27)可知，研究区发生轻度低温冷害的风险较大，中度低温冷害的风险次之，重度低温冷害最不易发生。

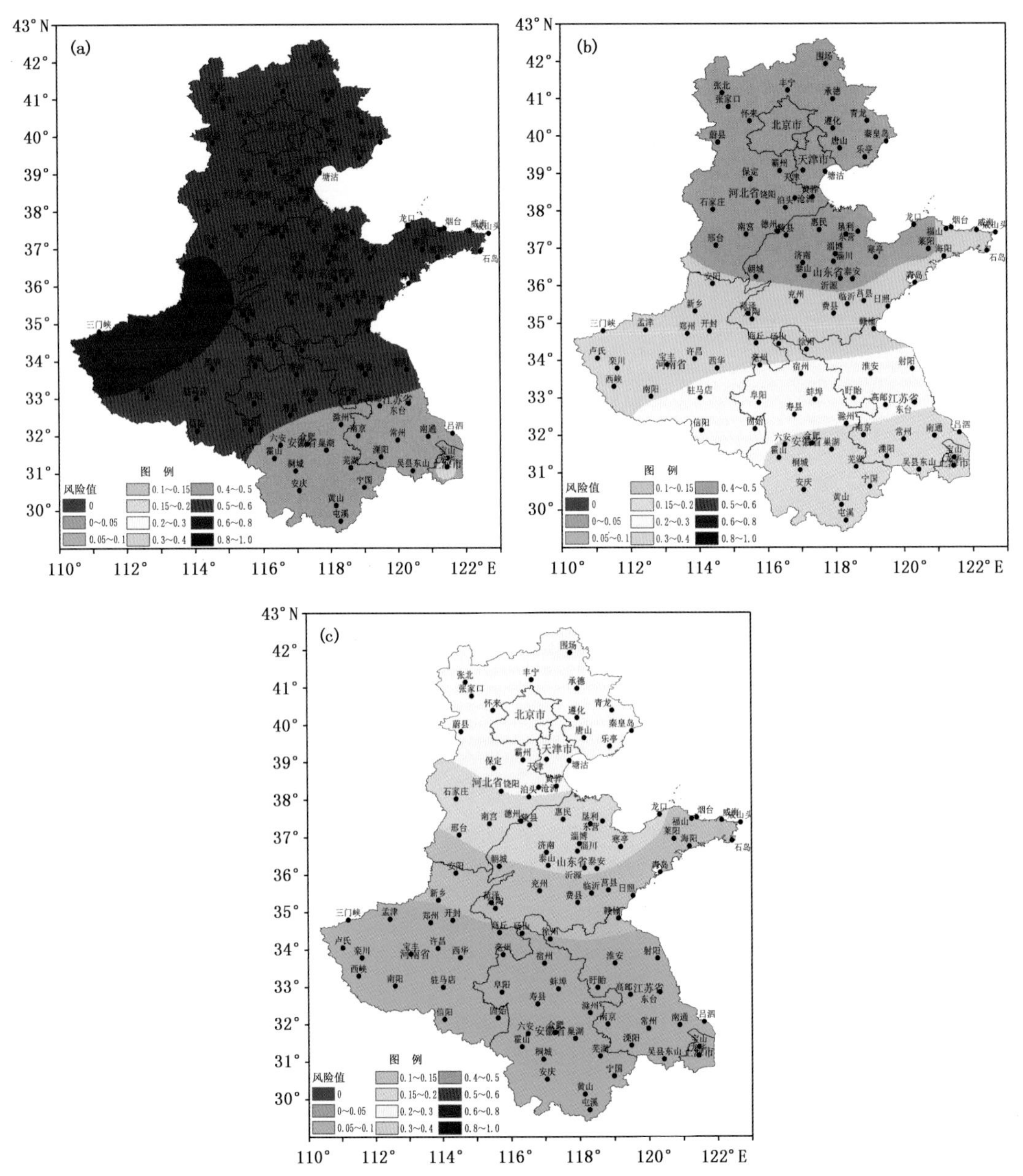

图 2.27 日光温室番茄苗期低温冷害综合风险分布图

(a. 轻度、b. 中度、c. 重度)

②日光温室番茄花果期低温冷害综合风险区划

研究表明，七省(市)日光温室番茄花果期发生轻度低温冷害的风险分布为：南部区域的河南东南部、安徽和江苏的大部分地区为低风险区；其余则均为中风险区。

发生中度低温冷害风险分布为:整个区域除张家口、怀来两地为中风险区外,其余地区均为低风险区,整个区域发生中度低温冷害的风险极低。

发生重度低温冷害的风险分布为:北部区域的石家庄—保定—霸州—唐山—乐亭以北为中风险或更高风险区,而该线以南均为低风险区,研究区大部分地区发生重度低温冷害的风险较低,仅北部地区易发生该类灾害。

综合分析日光温室番茄花果期低温冷害综合风险分布图(图 2.28)可知,河北北部地区日光温室番茄易发生重度低温冷害;其他地区除上海、安徽南部和江苏南部地区以外,较易发生轻度低温冷害;整个研究区均不易发生中度低温冷害。

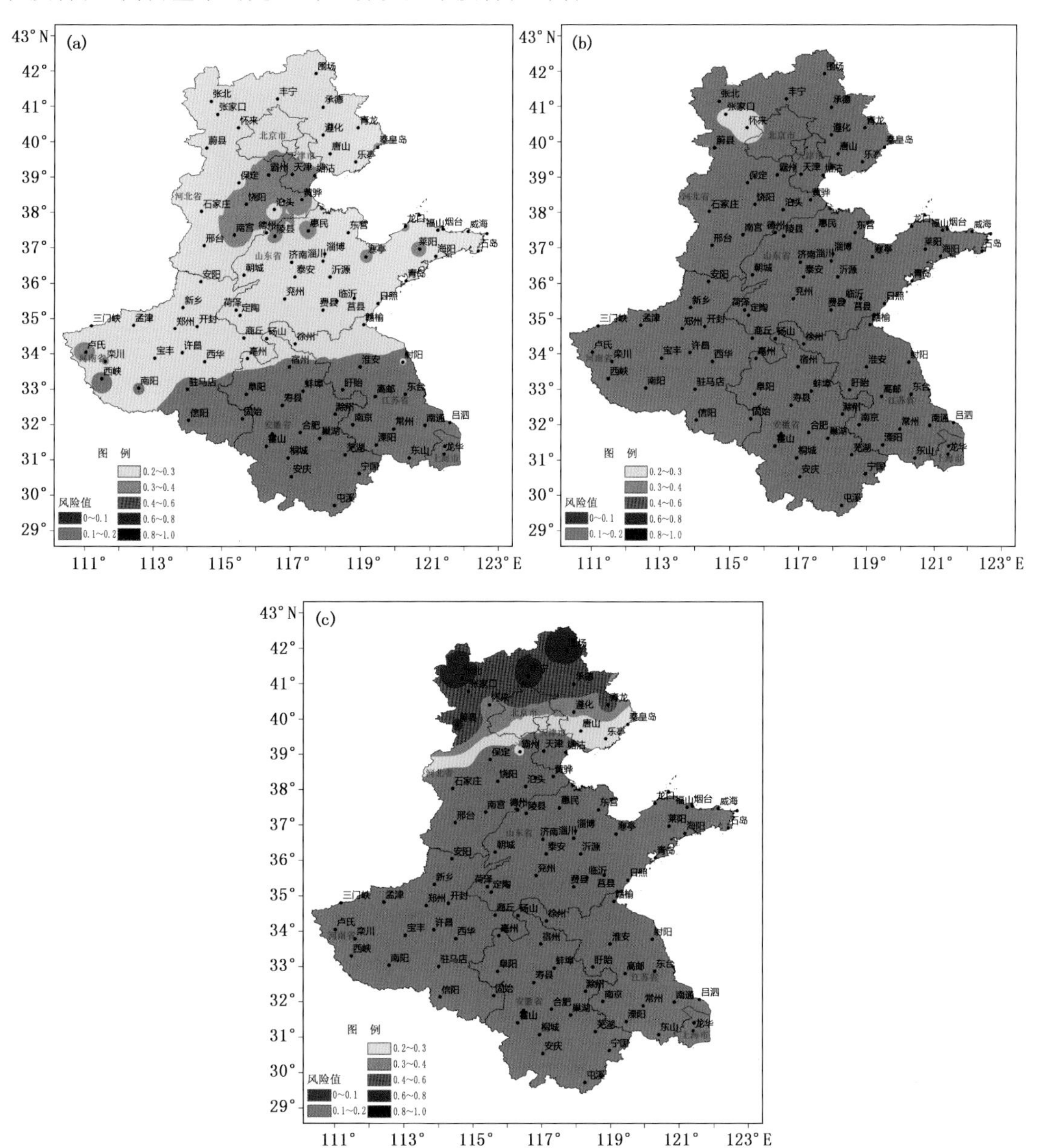

图 2.28　日光温室番茄花果期低温冷害综合风险分布图

(a. 轻度、b. 中度、c. 重度)

2.1.2 日光温室黄瓜低温冷害分布规律和风险区划

(1)日光温室黄瓜低温冷害分布规律

1)日光温室黄瓜低温冷害各季节分布规律

①日光温室黄瓜苗期低温冷害各季节分布规律

按照日光温室黄瓜苗期低温冷害指标，利用区域内各站点1971—2010年40年气象观测资料，按春、秋、冬3个生长季节，分别统计黄瓜苗期发生轻、中、重度灾害的总日数。

从日光温室黄瓜苗期轻度低温冷害日数各季节分布图(图2.29)上看，春、秋两季黄瓜轻度低温冷害总日数分布趋势较为一致，河南、安徽和江苏大部以及上海地区在50～100 d，其他区域在100～500 d。

冬季河北、北京和天津北部部分地区以及固始－寿县－盱眙－射阳一线以南在500～1000次，其他地区在1000～2000 d。

综上所述，春、秋两季，日光温室黄瓜苗期发生轻度低温冷害的日数较少；冬季日数较多，且研究区中间地区较南北地区发生日数多。

从日光温室黄瓜苗期中度低温冷害日数各季节分布图(图2.30)上看，春、秋两季黄瓜苗期发生中度低温冷害的日数较少，除河北和天津北部以及北京地区在50 d以上，其他地区均在50 d以下。

冬季除天津大部、河北部分以及北京和山东局部地区在500～1000 d外，其他地区在100～500 d。

春、秋两季，日光温室黄瓜苗期发生中度低温冷害的日数较少；冬季较多。

从日光温室黄瓜苗期重度低温冷害日数各季节分布图(图2.31)上看，春、秋两季大部分地区日光温室黄瓜生产不易发生重度低温冷害，且两季总日数分布趋势较为一致，石家庄－保定－霸州－天津－塘沽一线以北在50 d以上，其中北部边界地区可达100 d以上；此线以南大部分地区在50 d以下，春季少于1 d的范围大于秋季。

冬季石家庄－饶阳－沧州一线以北在1000 d以上，北部边界局部地区可达2000 d以上；山东部分、河南大部以及安徽、江苏和上海地区在100～500 d，其他地区在500～1000 d。

春、秋两季，日光温室黄瓜在河北北部地区发生重度低温冷害的日数较多；冬季，河北、天津、北京是日光温室黄瓜苗期重度低温冷害的多发地。

总体看来，春、秋两季，日光温室黄瓜苗期发生轻度低温冷害的日数较多，且越往北低温冷害的发生日数越多。冬季，研究区北部发生重度低温冷害的日数多；中部发生轻度冷害的日数较多；中度冷害发生日数最少。

②日光温室黄瓜花果期低温冷害各季节分布规律

按照日光温室黄瓜花果期低温冷害指标，利用区域内各站点1971—2010年40年气象观测资料，按春、秋、冬3个生长季节，分别统计黄瓜花果期发生轻、中、重度灾害的总日数。

从日光温室黄瓜花果期轻度低温冷害日数各季节变化分布图(图2.32)上看，春、秋两季黄瓜轻度低温冷害总日数分布趋势较为一致，河北北部和山东局部地区低温总日数在200 d以上，秋季范围大于春季；上海、河南、安徽和江苏大部分地区在100 d以下，其中上海、河南和江苏局部地区在10 d以下，其他地区在100～200 d。

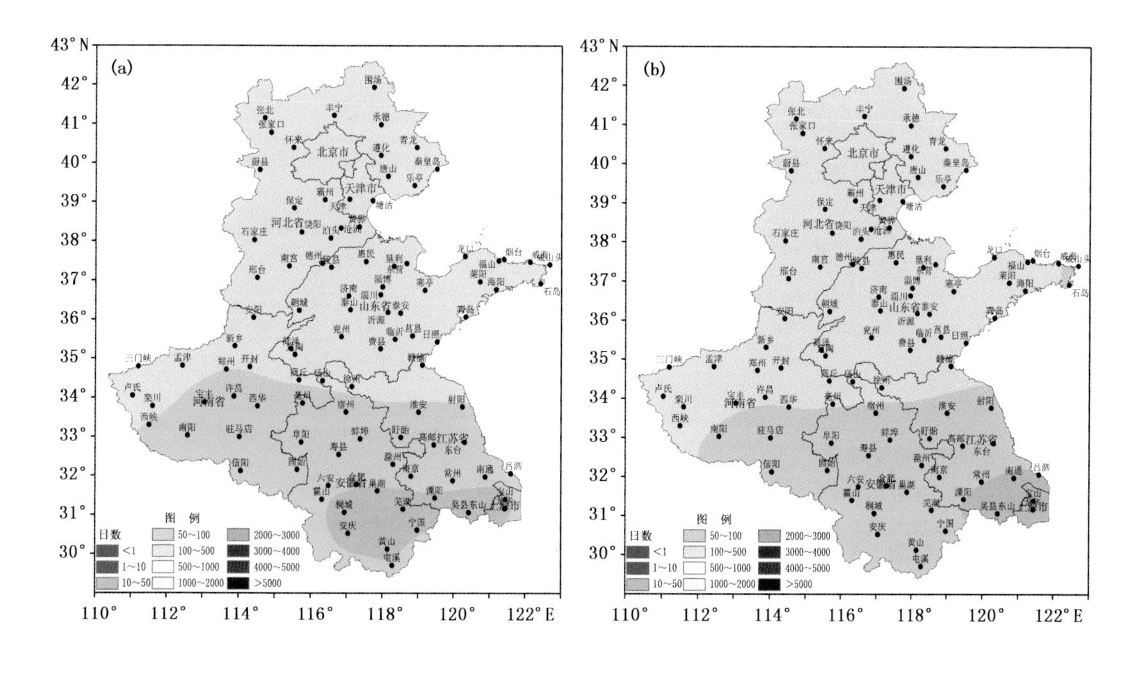

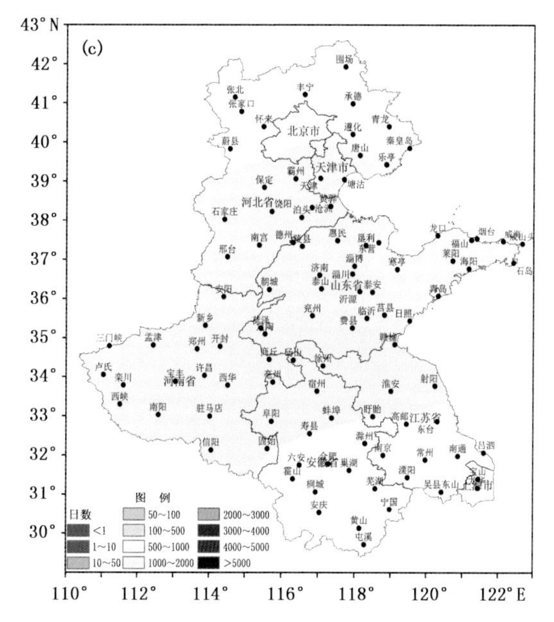

图 2.29　日光温室黄瓜苗期轻度低温冷害日数各季节分布图(单位:d)
(a. 春季、b. 秋季、c. 冬季)

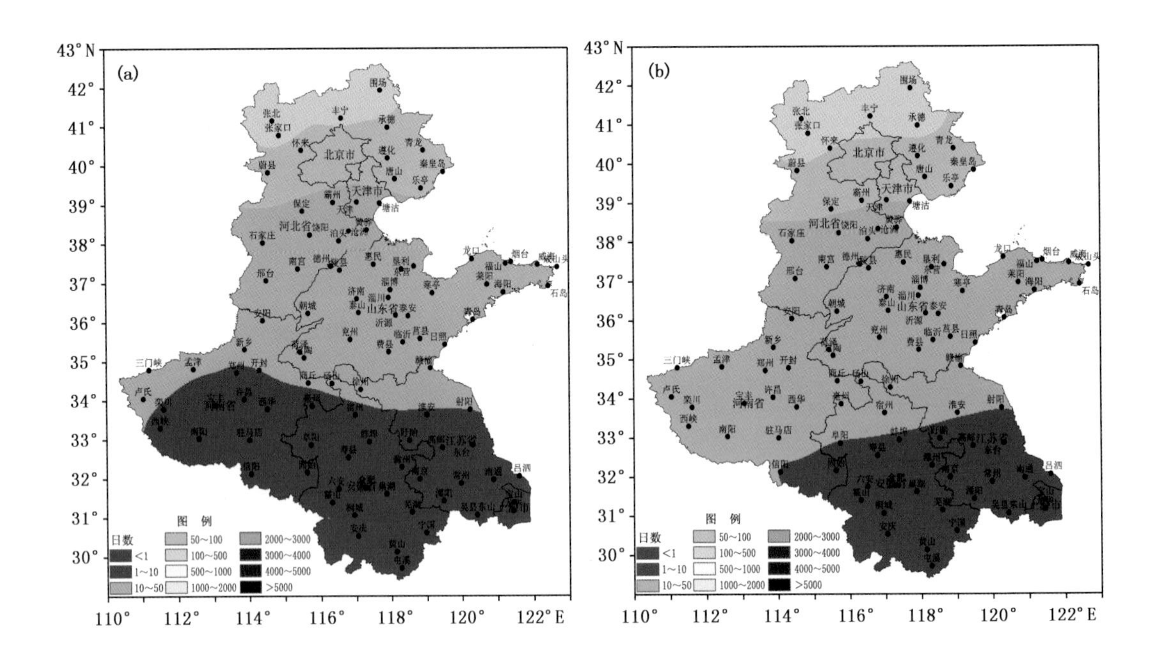

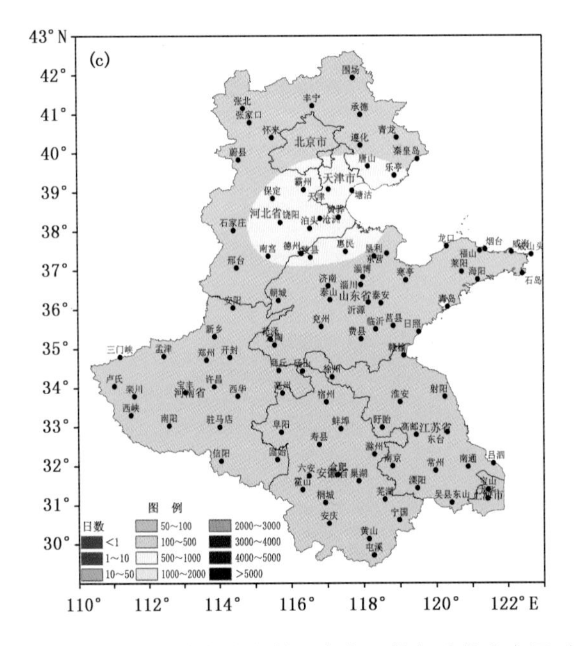

图 2.30　日光温室黄瓜苗期中度低温冷害日数各季节分布图(单位:d)

(a. 春季、b. 秋季、c. 冬季)

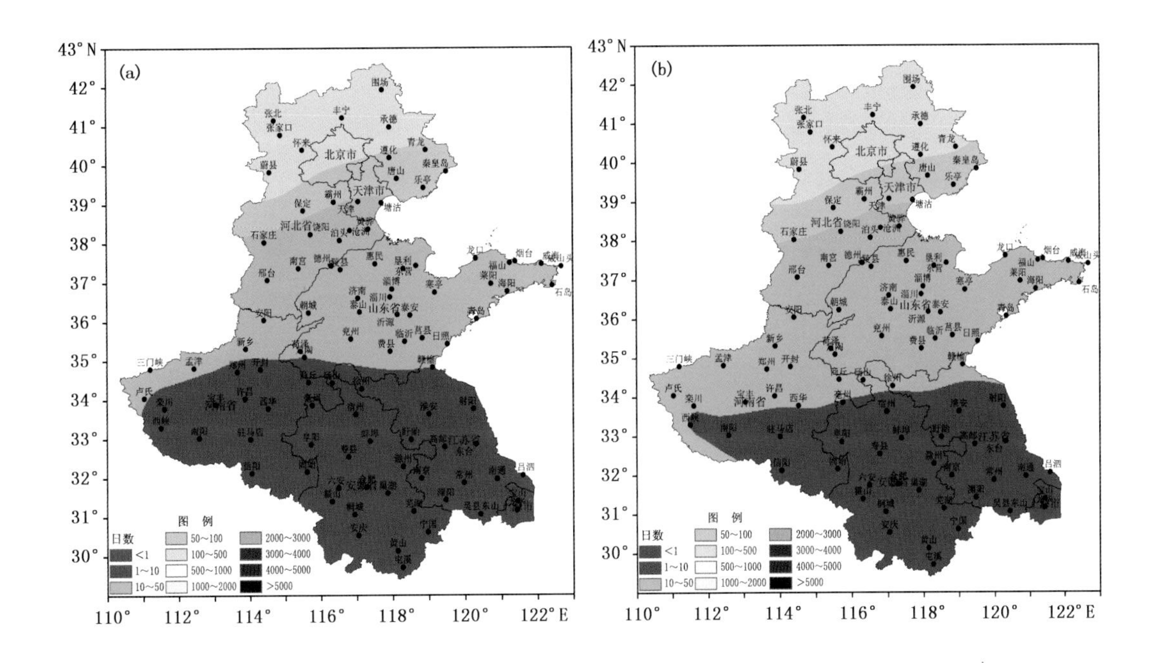

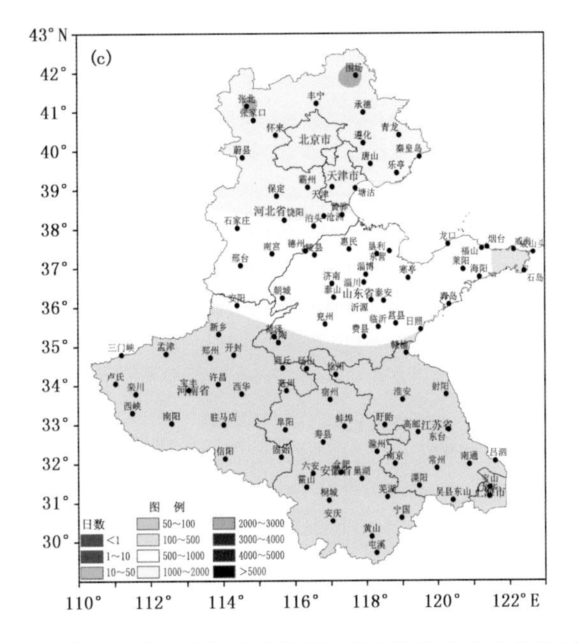

图 2.31　日光温室黄瓜苗期重度低温冷害日数各季节分布图(单位:d)
(a. 春季、b. 秋季、c. 冬季)

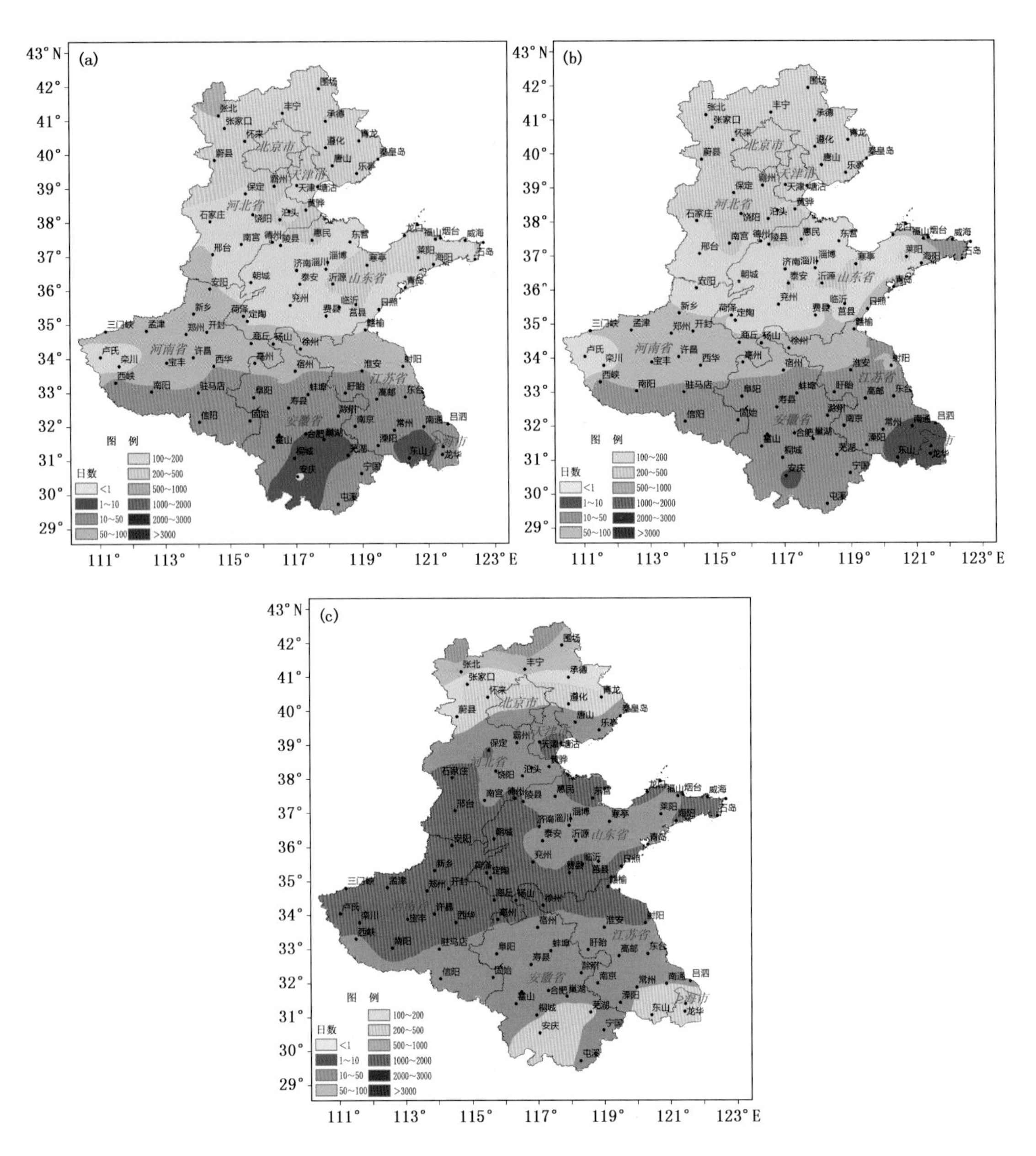

图 2.32　日光温室黄瓜花果期轻度低温冷害日数各季节分布图(单位:d)
(a. 春季、b. 秋季、c. 冬季)

冬季河北南部、山东部分、河南大部、安徽和江苏北部局部地区在 1000～2000 d;河北北部、安徽和江苏南部局部地区在 500 d 以下。

综上所述,在春、秋两季,日光温室黄瓜花果期发生轻度低温冷害的日数较少,且发生区域主要集中在天津以及河北大部分地区;在冬季,除河北北部地区发生日数较少外,其他地区均较多。

从日光温室黄瓜花果期中度低温冷害日数各季节分布图(图 2.33)上看,春、秋两季黄瓜中度低温冷害总日数分布趋势较为一致,且春季灾害发生日数少于秋季,河北北部地区低温总日数在 200 d 以上,其中北部边界地区可达 500 d 以上;河北南部和山东部分地区在 50～100 d,秋季范围大于春季;其他地区在50 d以下,其中南部部分地区在1 d以下,春季范围大于秋季。

冬季西峡—南阳—西华—宿州—淮安—射阳一线以北大部分地区在500 d以上,其中河南卢氏、河北和山东大部分地区在1000～2000 d;此线以南在500 d以下,其中安徽南部、江苏南部以及上海地区在100 d以下。

在春、秋两季,河北北部地区日光温室黄瓜花果期发生中度低温冷害的日数较多;在冬季,除河北北部边界、安徽南部、江苏南部以及上海地区发生日数较少外,其他地区,尤其是河北、山东和天津地区发生日数较多。

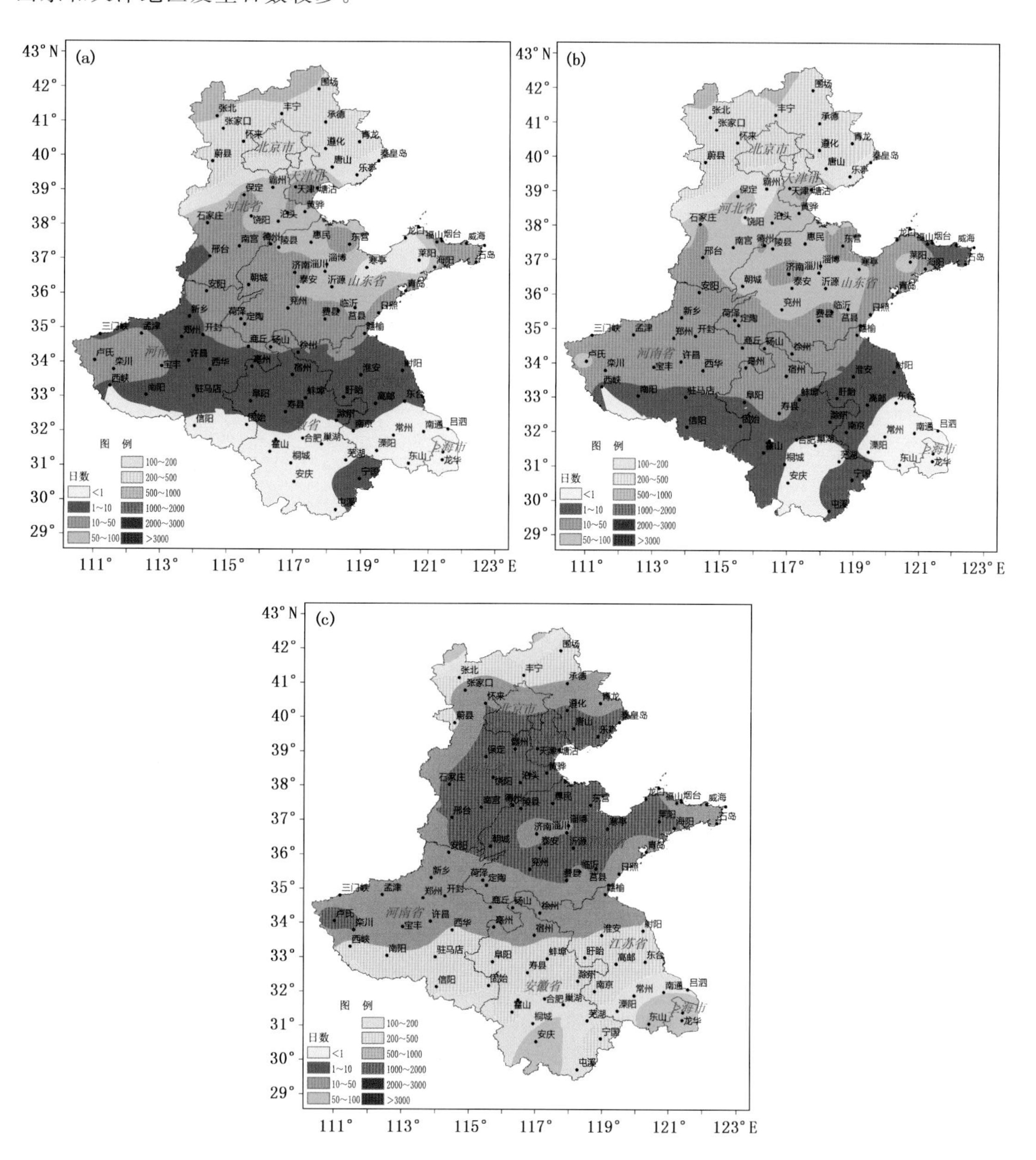

图2.33　日光温室黄瓜花果期中度低温冷害日数各季节分布图(单位:d)

(a.春季、b.秋季、c.冬季)

从日光温室黄瓜花果期重度低温冷害日数各季节分布图(图 2.34)上看,春、秋两季大部分地区日光温室黄瓜生产不易发生重度低温冷害,且春季灾害发生日数少于秋季,但两季总日数分布趋势较为一致,石家庄－保定－霸州－天津－塘沽一线以北在 50 d 以上,其中北部边界地区可达 500 d 以上;此线以南大部分地区在 50 d 以下,春季少于 1 d 的范围大于秋季。

冬季石家庄－保定－霸州－天津－塘沽一线以北在 1000 d 以上,北部边界地区可达 3000 d 以上;西峡－宝丰－郑州－开封－亳州－徐州－赣榆一线以北以及山东半岛局部地区在 100 d 以下;其他地区在 100～1000 d,其中河北和山东部分地区在 500～1000 d。

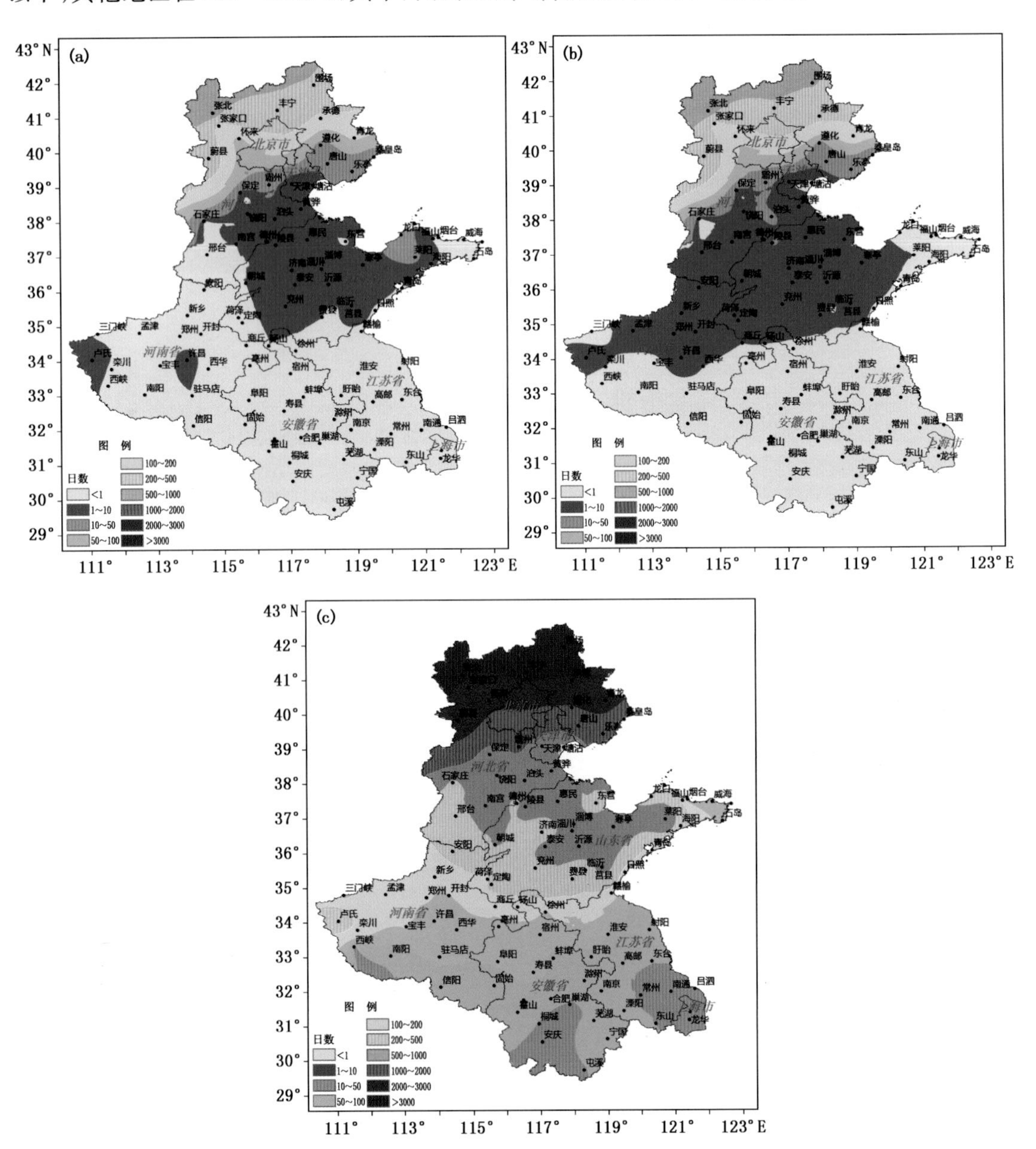

图 2.34　日光温室黄瓜花果期重度低温冷害日数各季节分布图(单位:d)

(a. 春季、b. 秋季、c. 冬季)

春、秋两季，日光温室黄瓜花果期在河北北部地区发生重度低温冷害的日数较多；冬季，河北和山东，尤其是河北北部边界地区，是日光温室黄瓜重度低温冷害的多发地。

总体看来，在春、秋两季，河北地区日光温室黄瓜花果期发生低温冷害的日数较多，且越往北，中度和重度灾害的发生日数越多。在冬季，河北北部地区发生重度低温冷害的日数多；河南南部、安徽北部和江苏北部地区发生中度低温冷害的日数多；其他地区发生轻度和中度低温冷害的日数均较多。

2）日光温室黄瓜低温冷害各年代分布规律

①日光温室黄瓜苗期低温冷害各年代分布规律

按照日光温室黄瓜苗期低温冷害指标，利用区域内各站点1971—2010年40年气象观测资料，按年代分别统计黄瓜苗期发生轻、中、重度灾害的总日数。

从各年代日光温室黄瓜苗期轻度低温冷害总日数分布图（图2.35）上看，各年代中研究区大部分地区黄瓜发生轻度低温冷害的日数在100～500 d。

从各年代日光温室黄瓜苗期中度低温冷害总日数分布图（图2.36）上看，20世纪70年代，西峡—西华—许昌—亳州—徐州—射阳一线以北，黄瓜苗期发生中度低温冷害的日数在100～500 d，随着年代的推移，此界限逐渐北移，100～500 d的区域逐渐减少，100 d以下的区域逐渐增大，黄瓜苗期发生中度低温冷害的总日数呈减少趋势。

从各年代日光温室黄瓜苗期重度低温冷害总日数分布图（图2.37）上看，20世纪70年代西峡—宝丰—许昌—西华—淮安—射阳一线以北，黄瓜苗期发生重度低温冷害的日数在100 d以上，其中河北和北京北部地区在500～1000 d，随着年代的推移，发生日数在100 d以上的区域范围逐渐缩小，100 d以下的区域逐渐扩大，50 d以下的区域面积所占比例增加明显，黄瓜苗期发生重度低温冷害的总日数呈减少趋势。

总体看来，河北和北京北部地区日光温室黄瓜苗期发生重度低温冷害的日数较多；研究区南部发生轻度低温冷害的日数较多；其他地区轻、中、重低温冷害的发生日数均在100～500 d，随着年代的推移，研究区各灾害发生日数呈减少趋势。

②日光温室黄瓜花果期低温冷害各年代分布规律

按照日光温室黄瓜花果期低温冷害指标，利用区域内各站点1971—2010年40年气象观测资料，按年代分别统计黄瓜花果期发生轻、中、重度灾害的总日数。

从各年代日光温室黄瓜花果期轻度低温冷害总日数分布图（图2.38）上看，各年代中研究区大部分地区黄瓜花果期发生轻度低温冷害的日数在200～500 d，南部部分地区在200 d以下。

随着年代的推移，南部200 d以下的范围在逐步向北移动，范围逐渐扩大，发生日数在100 d以下的区域也在增加，黄瓜花果期轻度低温冷害发生总日数有所减少。

从各年代日光温室黄瓜花果期中度低温冷害总日数分布图（图2.39）上看，20世纪70年代，栾川—宝丰—许昌—亳州—宿州—射阳一线以北地区黄瓜发生中度低温冷害的日数在200～500 d，随着年代的推移，此界限逐渐北移，200～500 d的区域逐渐减少，200 d以下的区域逐渐增大，其中100 d以下的区域增加更为明显，黄瓜花果期发生中度低温冷害的总日数呈减少趋势。

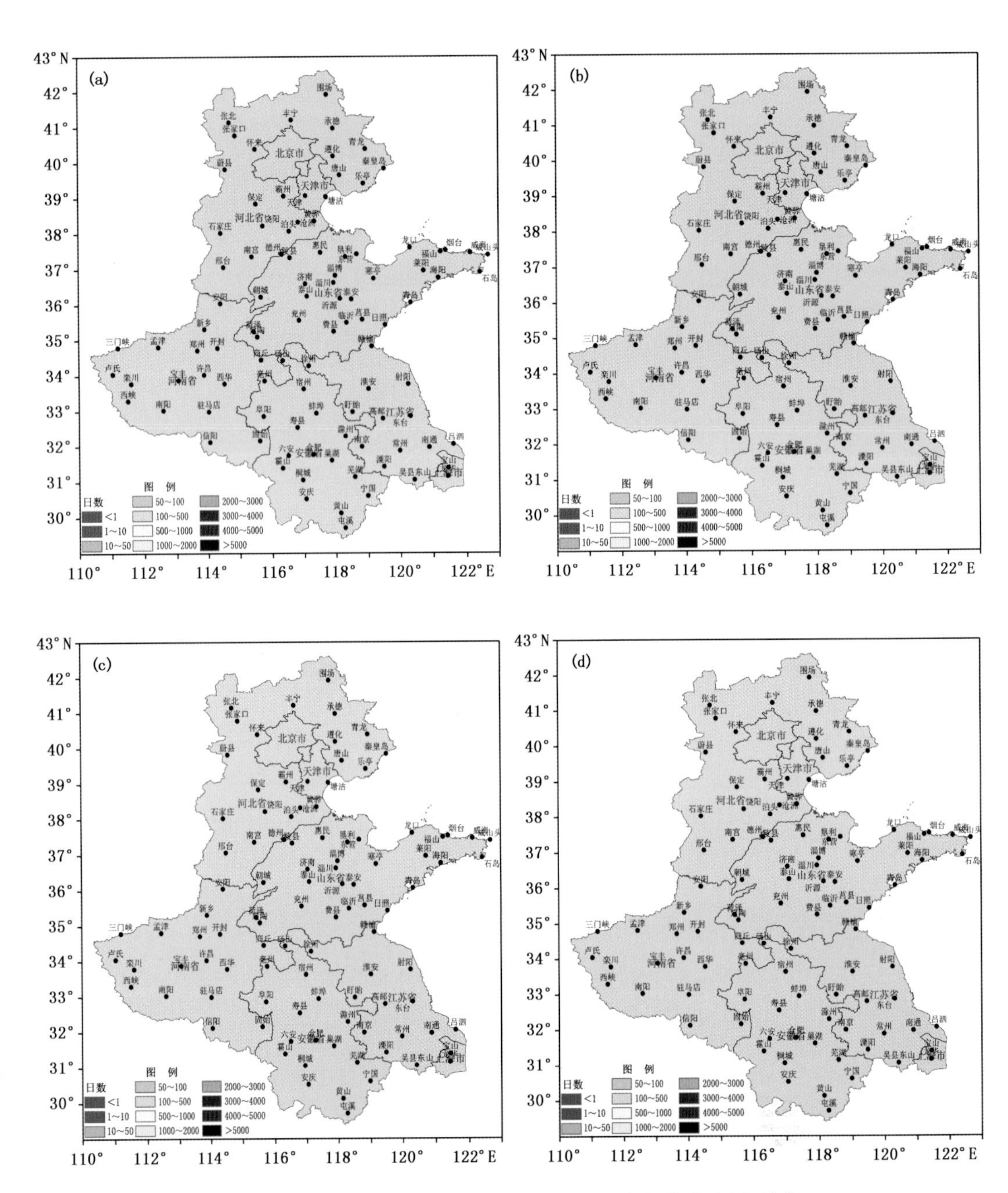

图 2.35　日光温室黄瓜苗期轻度低温冷害日数各年代分布图(单位:d)
(a.20 世纪 70 年代、b.20 世纪 80 年代、c.20 世纪 90 年代、d.21 世纪前 10 年)

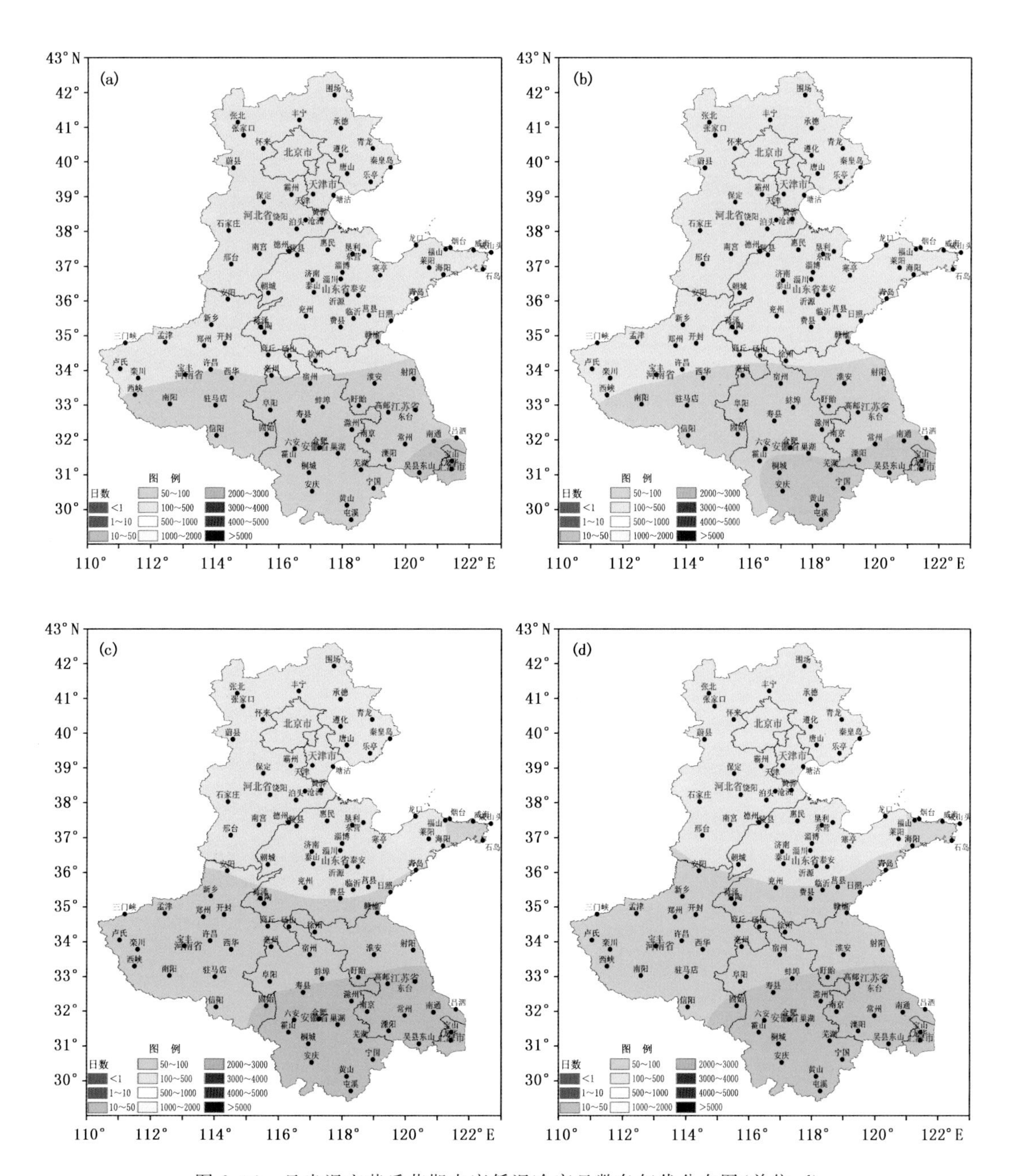

图 2.36　日光温室黄瓜苗期中度低温冷害日数各年代分布图(单位:d)
(a. 20 世纪 70 年代、b. 20 世纪 80 年代、c. 20 世纪 90 年代、d. 21 世纪前 10 年)

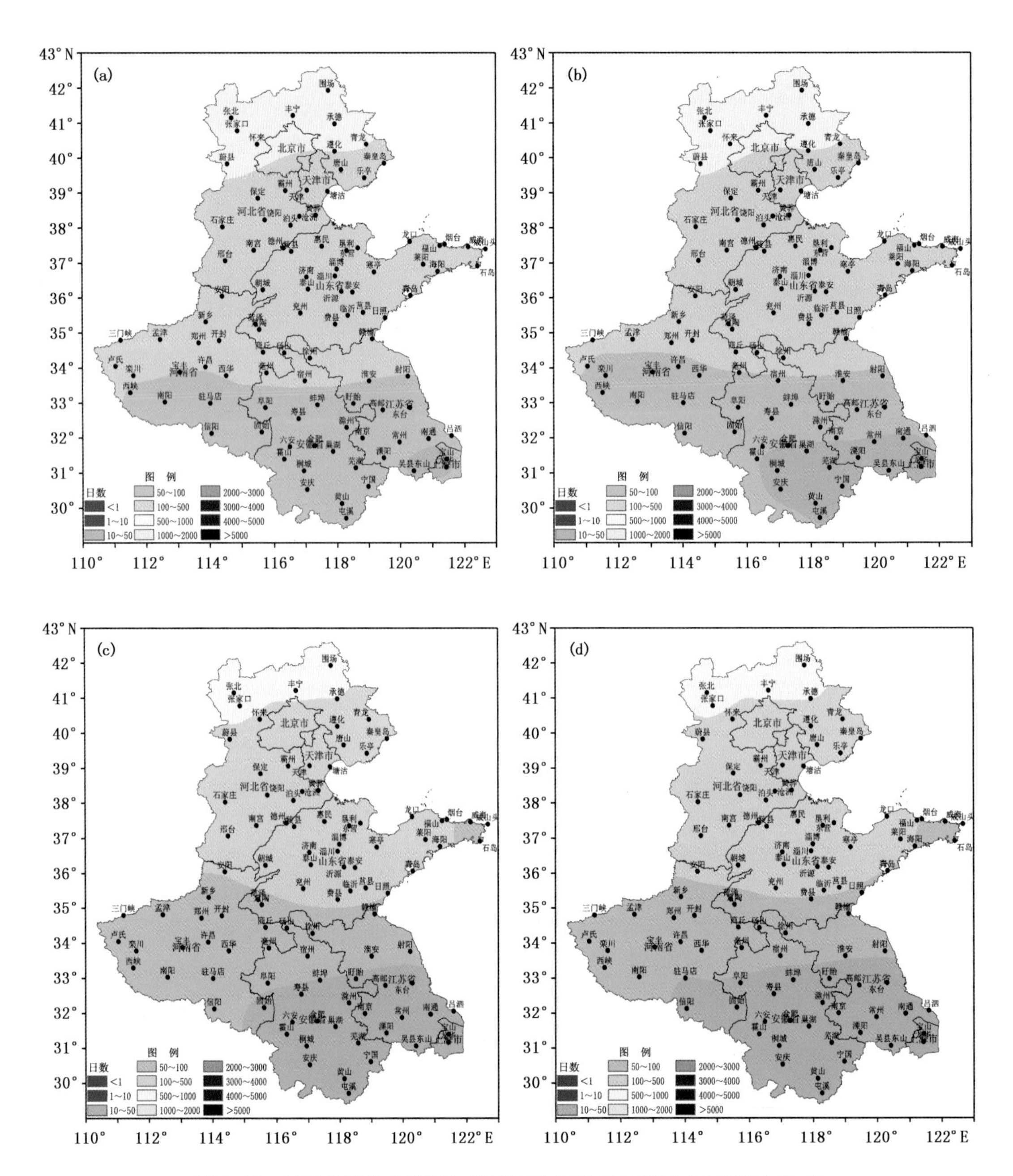

图 2.37　日光温室黄瓜苗期重度低温冷害日数各年代分布图(单位:d)
(a. 20 世纪 70 年代、b. 20 世纪 80 年代、c. 20 世纪 90 年代、d. 21 世纪前 10 年)

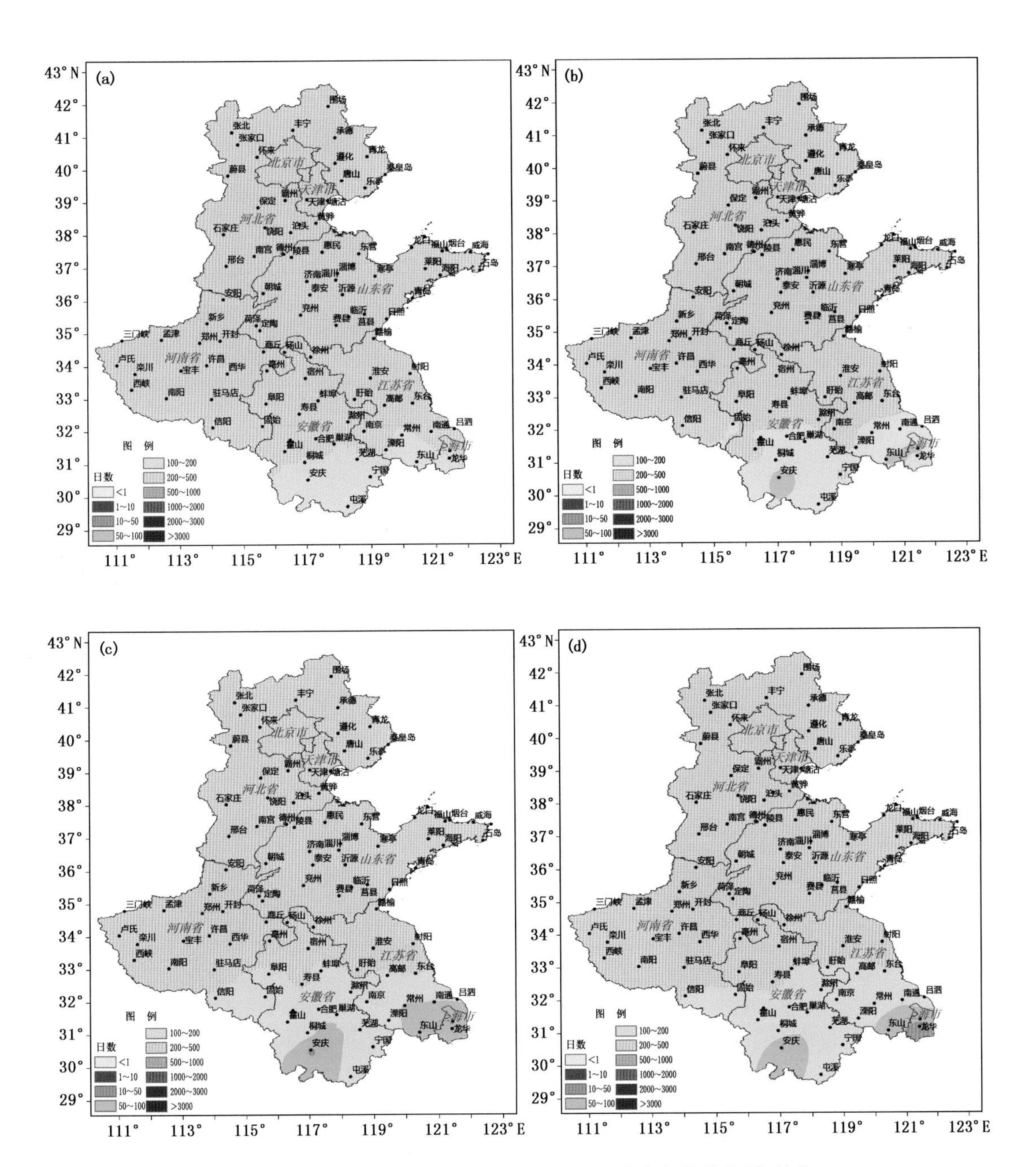

图 2.38　日光温室黄瓜花果期轻度低温冷害日数各年代分布图(单位:d)

(a. 20 世纪 70 年代、b. 20 世纪 80 年代、c. 20 世纪 90 年代、d. 21 世纪前 10 年)

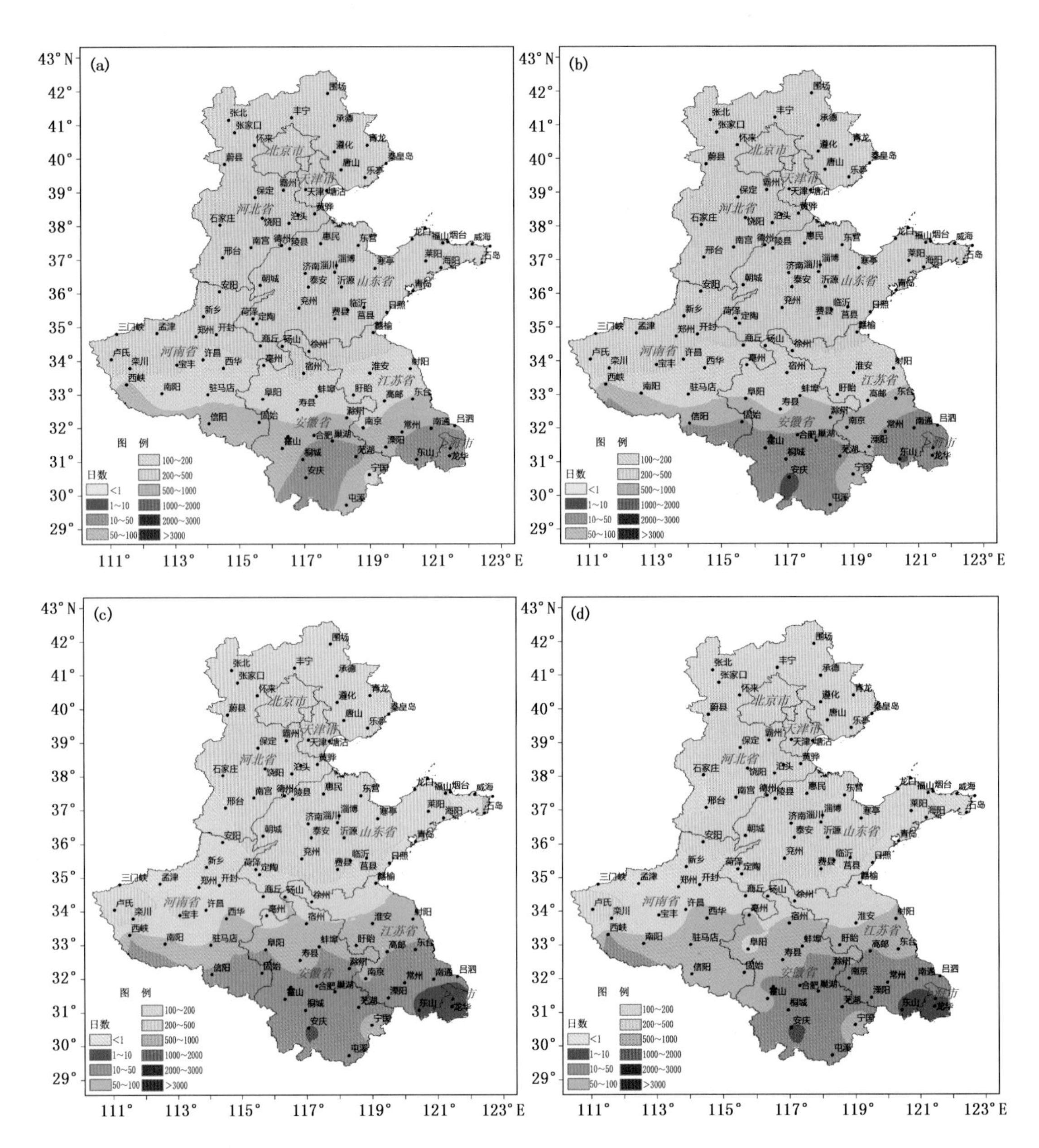

图 2.39 日光温室黄瓜花果期中度低温冷害日数各年代分布图(单位:d)
(a. 20 世纪 70 年代、b. 20 世纪 80 年代、c. 20 世纪 90 年代、d. 21 世纪前 10 年)

从各年代日光温室黄瓜花果期重度低温冷害总日数分布图(图 2.40)上看,20 世纪 70 年代和 80 年代,研究区北部大部分地区黄瓜花果期发生重度低温冷害的日数在 200 d 以上,随着年代的推移,该区域逐渐缩小;其中河北北部部分地区发生日数在 500 d 以上,该界限虽有北移,但面积减少的范围较小。100 d 以下的区域逐渐扩大,10 d 以下的区域面积所占比例增加明显,黄瓜花果期发生重度低温冷害的总日数呈减少趋势。

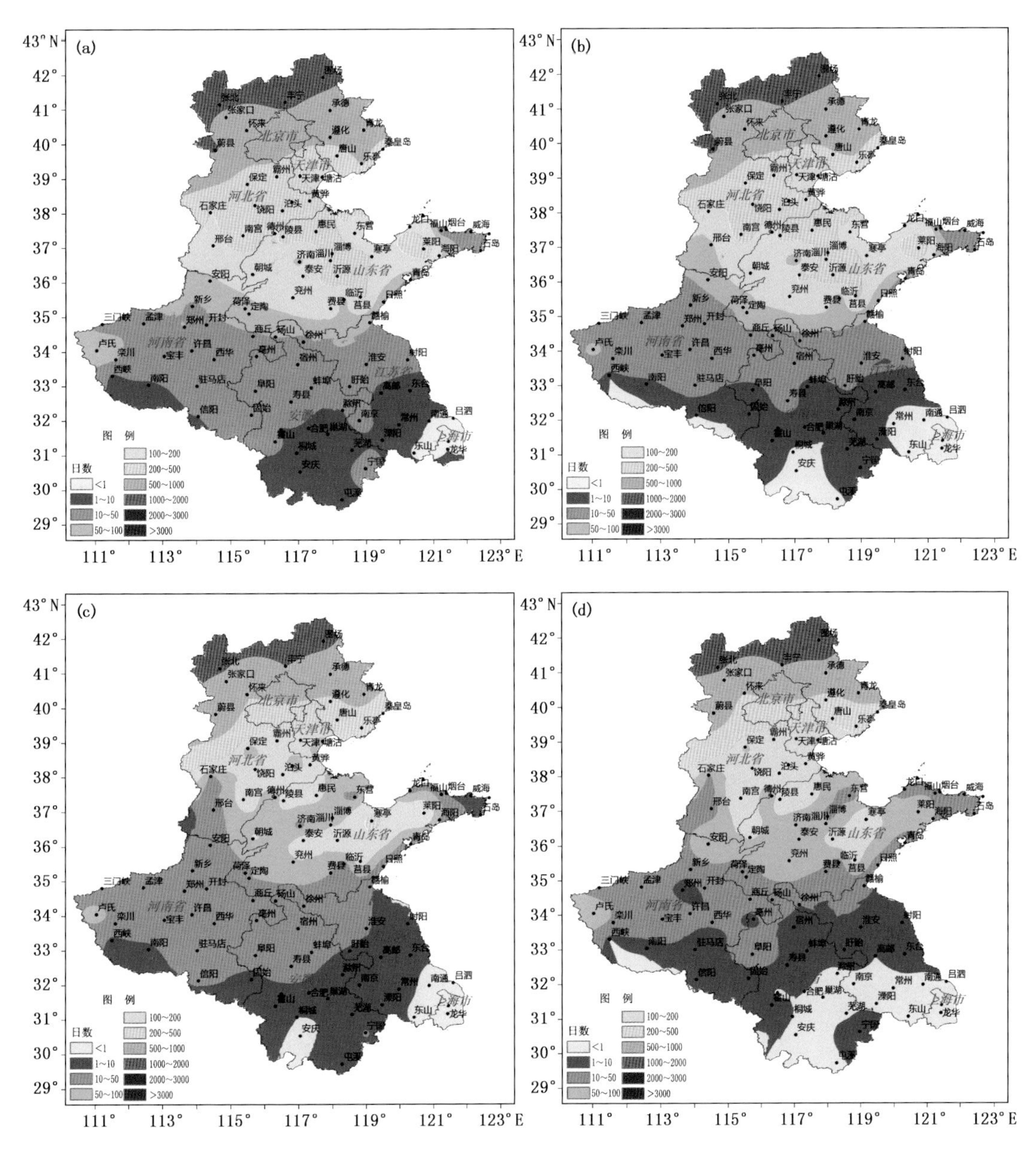

图 2.40　日光温室黄瓜花果期重度低温冷害日数各年代分布图(单位:d)
(a. 20 世纪 70 年代、b. 20 世纪 80 年代、c. 20 世纪 90 年代、d. 21 世纪前 10 年)

总体看来,日光温室黄瓜重度低温冷害的发生主要集中在河北北部地区;河北、天津和山东发生中度和轻度低温冷害的日数均较多;其他地区除上海、安徽南部和江苏南部部分地区外,轻度低温冷害的发生日数较多,随着年代的推移,各灾害发生日数较多的区域范围逐渐减小。

3)日光温室黄瓜低温冷害 40 年来总日数分布规律

①日光温室黄瓜苗期低温冷害 40 年来总日数分布规律

研究表明,七省(市)日光温室黄瓜苗期发生轻度低温冷害的总日数分布为:安徽和江苏南部以及上海地区在 500～1000 d,其他地区在 1000～2000 d。

发生中度低温冷害总日数分布为:河北和山东大部、北京、天津地区在 500～1000 d,其他地区在 100～500 d。

发生重度低温冷害总日数分布为:新乡－菏泽－赣榆一线以南以及山东半岛局部地区在 100～500 d;石家庄－泊头－沧州一线以北在 1000 d 以上,其中北部边界地区在 2000 d 以上;其他地区在 500～1000 d。

综合分析日光温室黄瓜苗期低温冷害 40 年来总日数分布规律(图 2.41)可知,除研究区北部边界地区发生重度低温冷害的日数最多外,其他地区轻度低温冷害发生的日数最多,中度和重度低温冷害的发生日数较少。

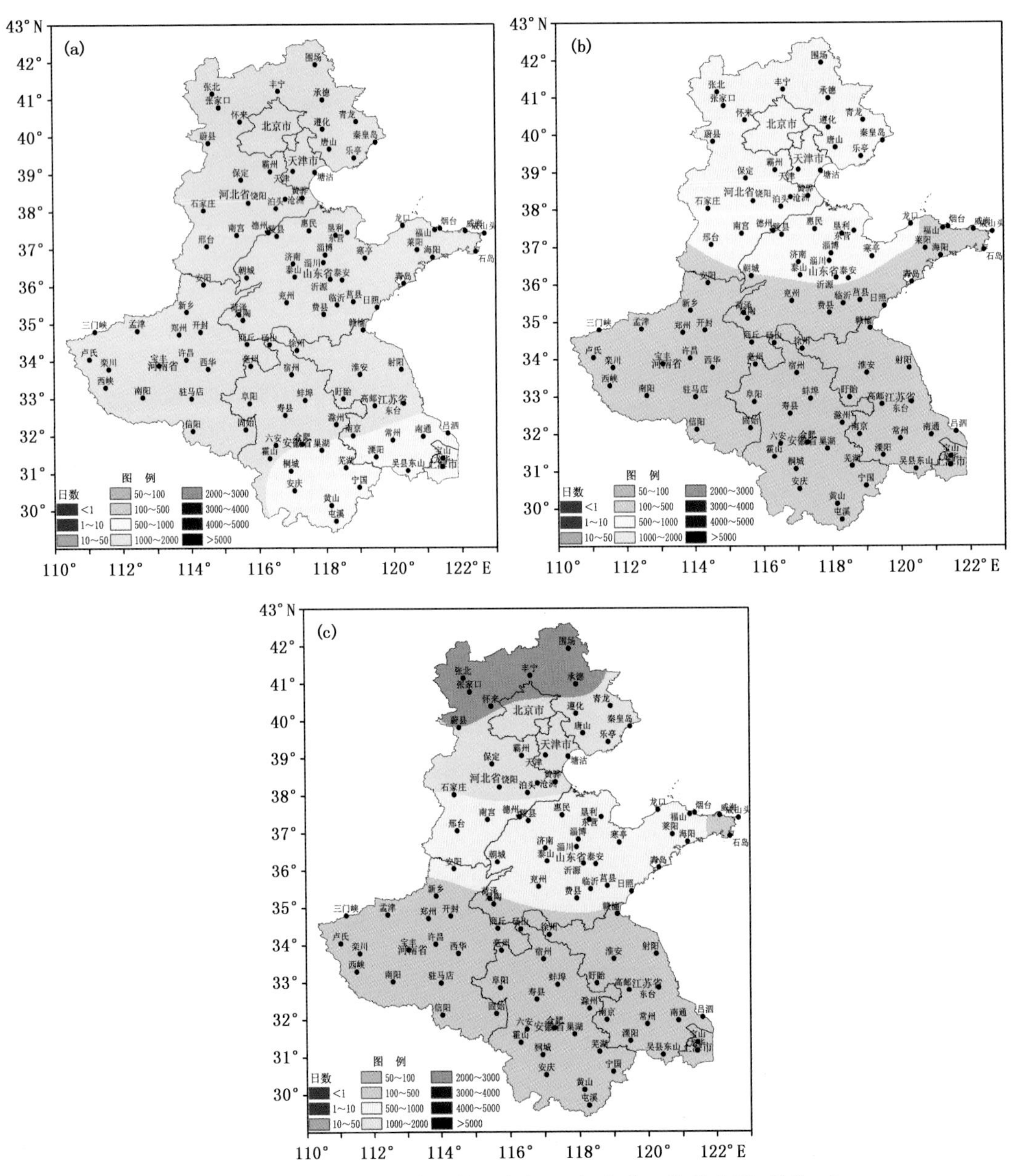

图 2.41 日光温室黄瓜苗期低温冷害 40 年来总日数分布图(单位:d)

(a. 轻度、b. 中度、c. 重度)

②日光温室黄瓜花果期低温冷害 40 年来总日数分布规律

研究表明，七省(市)日光温室黄瓜花果期发生轻度低温冷害的总日数分布为：西峡—南阳—驻马店—阜阳—盱眙—东台一线以南以及河北北部边界地区在 1000 d 以下，其中安徽和江苏南部局部地区在 500 d 以下；其他地区在 1000～2000 d。

发生中度低温冷害总日数分布为：西峡—南阳—西华—宿州—淮安—射阳一线以北在 500 d 以上，其中研究区北部大部分地区在 1000 d 以上；此线以南在 500 d 以下，其中安徽和江苏南部局部地区在 100 d 以下。

发生重度低温冷害总日数分布为：河北大部和山东部分地区在 500 d 以上，其中河北北部边界可达到 3000 d 以上；西峡—宝丰—开封—亳州—徐州—赣榆一线以南在 100 d 以下，其中江苏南部局部地区在 1 d 以下。

综合分析日光温室黄瓜花果期低温冷害 40 年来总日数分布规律(图 2.42)可知，日光温室黄瓜重度低温冷害的发生主要集中在河北北部地区；上海、安徽大部、江苏大部和河南南部地区以轻度低温冷害为主外；其他地区发生中度和轻度低温冷害的日数均较多。

(2)日光温室黄瓜低温冷害风险区划

1)日光温室黄瓜低温冷害各季节风险区划

①日光温室黄瓜苗期低温冷害各季节风险区划

从日光温室黄瓜苗期轻度低温冷害风险季节分布图(图 2.43)上看，春、秋两季研究区域均为低风险，其中大部分区域风险值在 0.1 以下。

冬季风险呈现中部高，南部和北部均相对较低的分布，河北和北京北部、安徽和江苏南部以及上海地区，风险值在 0.2～0.4，属于中风险区；其他地区均为高风险区，其中石家庄—泊头—垦利和南阳—驻马店—亳州—砀山—费县—莒县—寒亭两线之间，以及山东半岛部分地区，风险值在 0.5～0.6。

春、秋两季，日光温室黄瓜发生轻度低温冷害的风险较小；冬季风险相对较大。

从日光温室黄瓜中度低温冷害风险季节分布图(图 2.44)上看，春、秋两季研究区域均为低风险，其中大部分区域风险均低于 0.05。

冬季南阳—驻马店—宿州—淮安—射阳一线以北为中风险，其中河北、山东、北京大部以及天津地区风险值在 0.3～0.4；此线以南为低风险。

春、秋两季，日光温室黄瓜发生中度低温冷害的风险较小；冬季，河南部分、安徽和江苏大部以及上海地区发生中度低温冷害的风险较小，其他地区为中风险区。

从日光温室黄瓜重度低温冷害风险季节分布图(图 2.45)上看，春、秋两季整个研究区域为低风险，且大部分地区风险值在 0.05 以下。

冬季风险呈现北部高南部低的分布，河北和北京北部地区风险值在 0.4～0.6，为高风险区；邢台—济南—淄川—寒亭一线以南为低风险区；其余地区均为中风险区。

春、秋两季，日光温室黄瓜苗期发生重度低温冷害的风险较小；冬季，河北大部和山东部分地区，发生重度低温冷害的风险相对较大，尤其是研究区北部地区，最易发生重度低温冷害。

总体看来，春、秋两季，研究区日光温室黄瓜苗期不易发生低温冷害；冬季河北北易发生重度低温冷害；其他地区轻度低温冷害发生风险较大，中度低温冷害的发生风险较小。

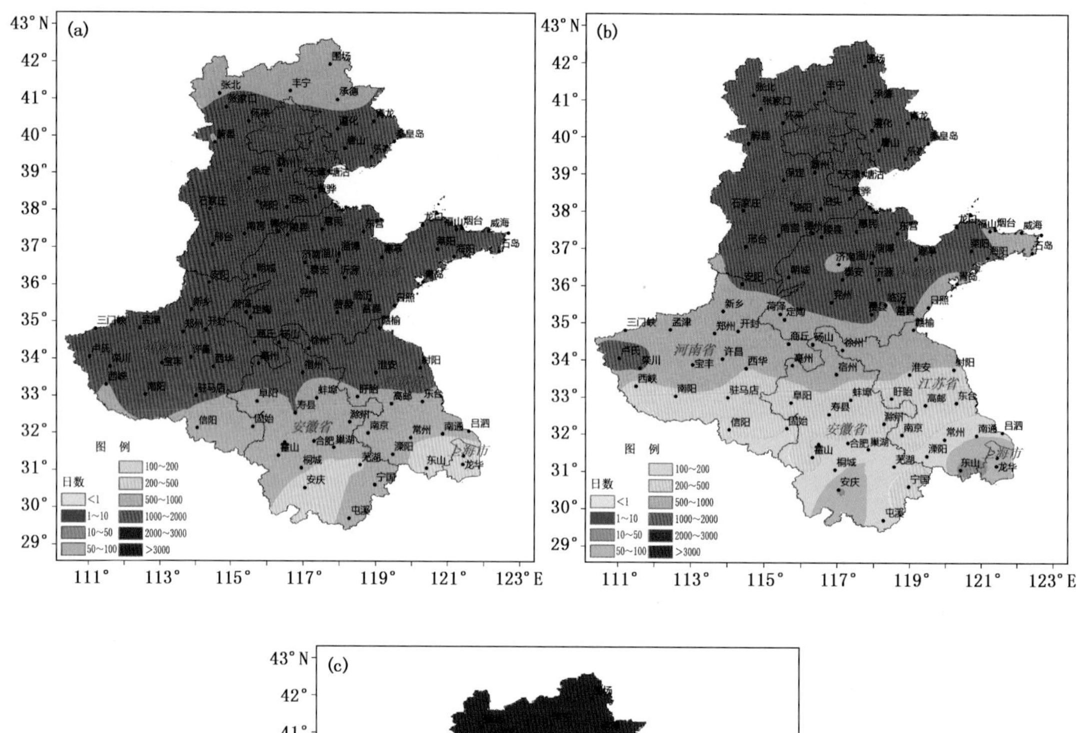

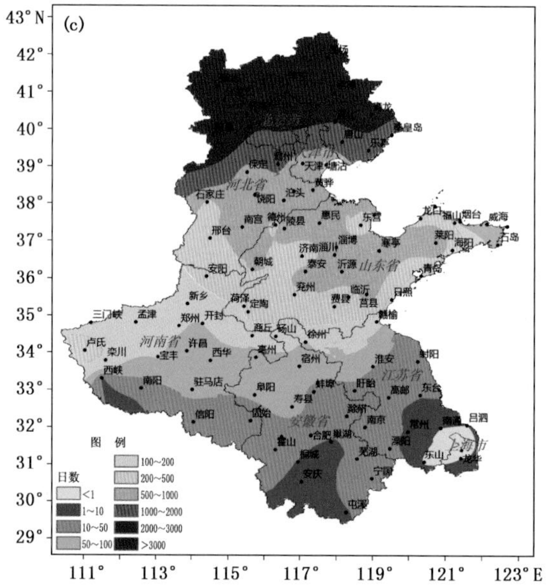

图 2.42　日光温室黄瓜花果期低温冷害 40 年来总日数分布图(单位:d)

(a. 轻度、b. 中度、c. 重度)

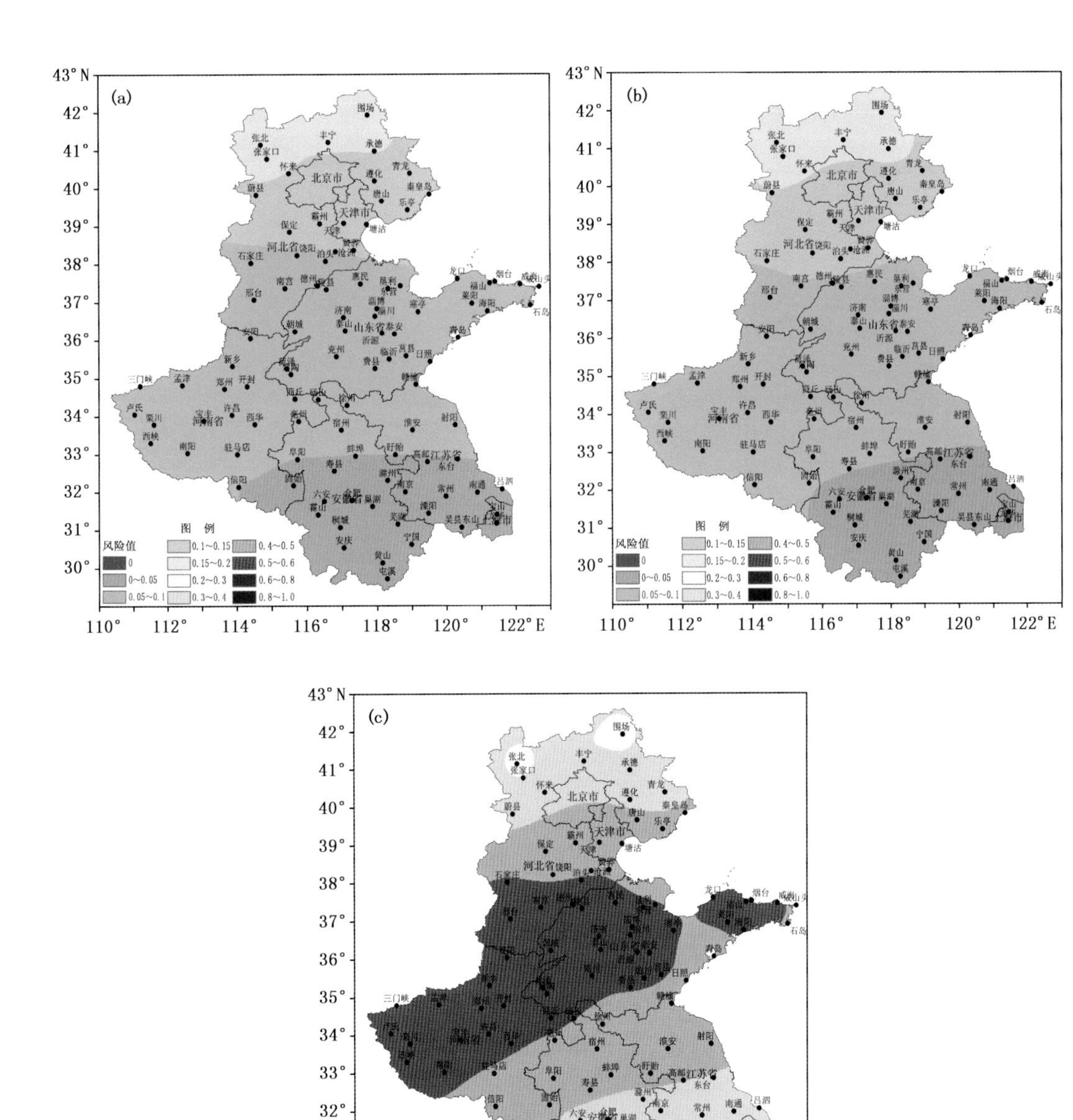

图 2.43　日光温室黄瓜苗期轻度低温冷害各季节风险分布图

（a. 春季、b. 秋季、c. 冬季）

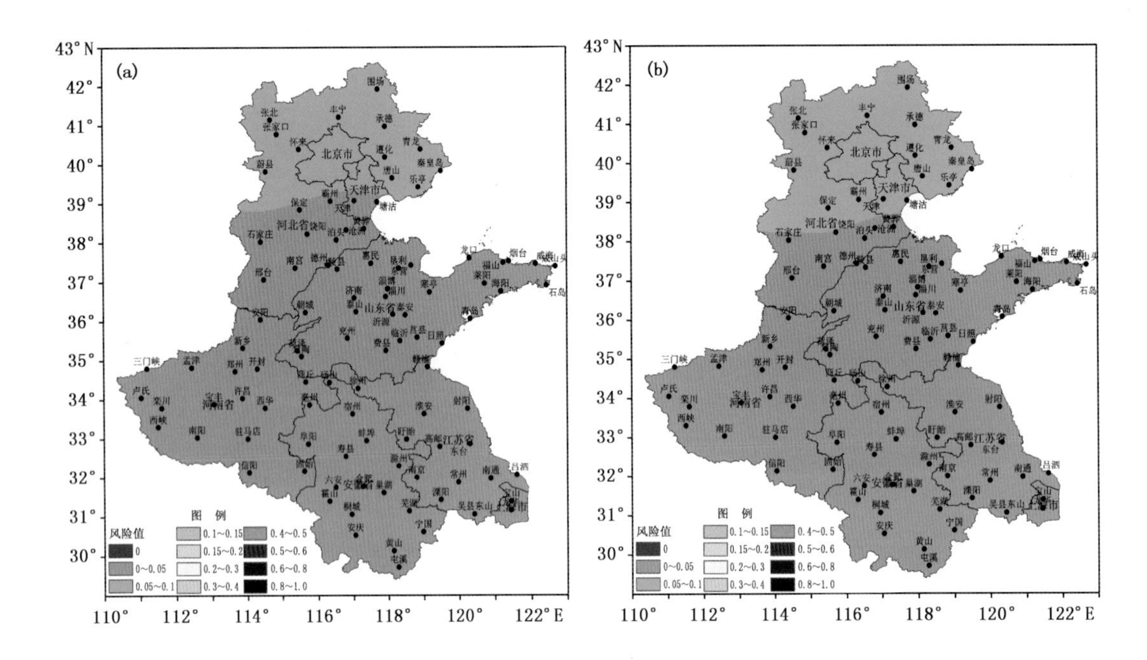

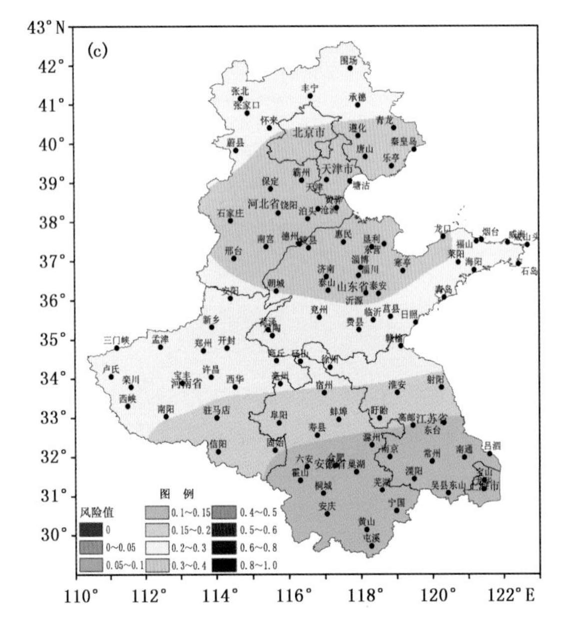

图 2.44　日光温室黄瓜苗期中度低温冷害各季节风险分布图
（a. 春季、b. 秋季、c. 冬季）

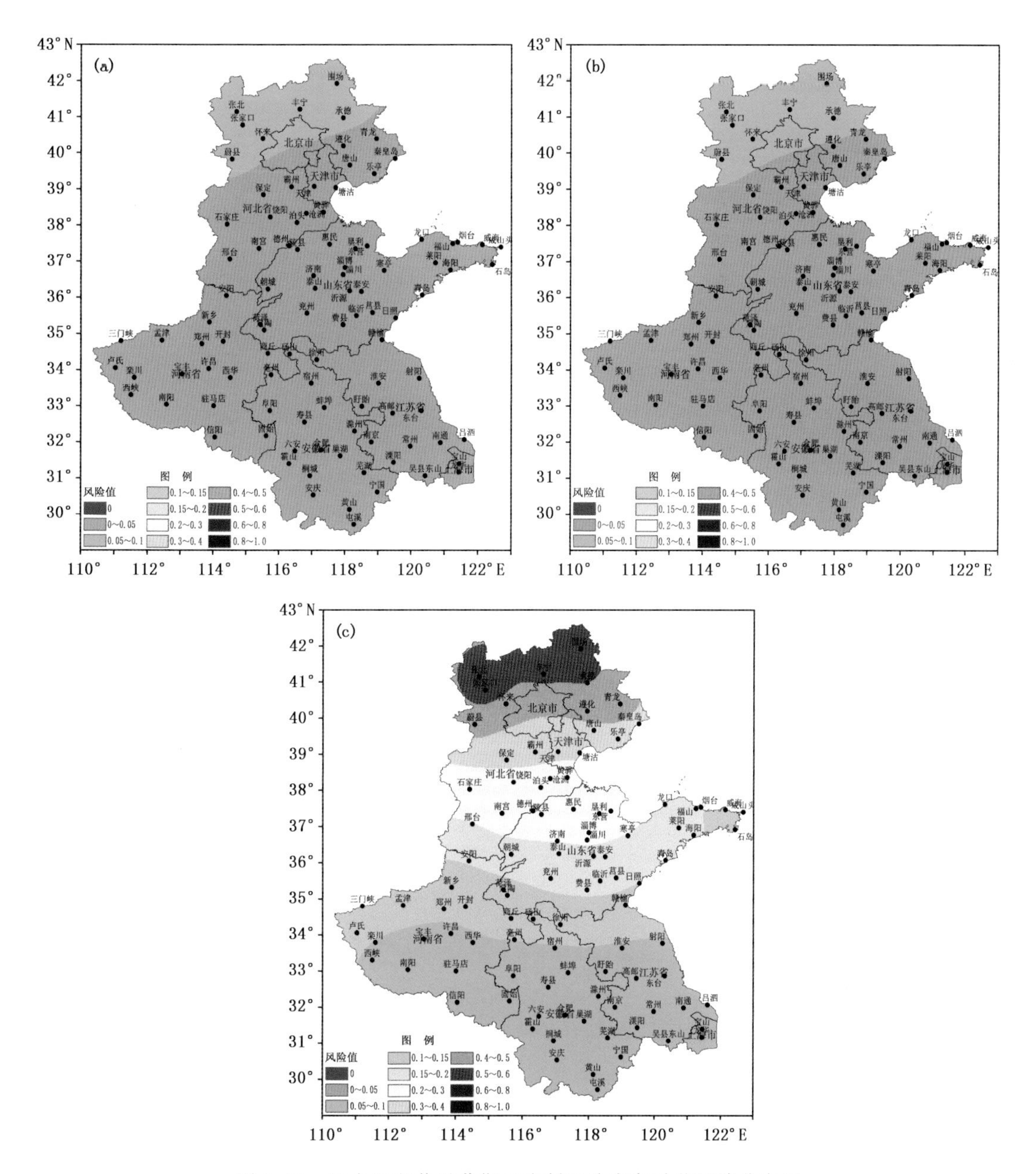

图 2.45　日光温室黄瓜苗期重度低温冷害各季节风险分布图

(a. 春季、b. 秋季、c. 冬季)

②日光温室黄瓜花果期低温冷害各季节风险区划

从日光温室黄瓜花果期轻度低温冷害风险季节分布图(图 2.46)上看,春、秋两季研究区域均为低风险,其中大部分区域风险均低于 0.05,春季河北西北部局部地区风险值可达 0.15～0.2。

冬季风险呈现中部高,南部和北部均相对较低的分布,河南北部、山东全部和河北南部大部分区域为中风险区,其中环渤海地区风险值可达 0.3～0.4;河北北部、河南东南部、安徽南部、江苏南部和上海为低风险区。

在春、秋两季，日光温室黄瓜花果期发生轻度低温冷害的风险较小；但在冬季，天津、河北、山东以及河南大部分地区发生轻度低温冷害的风险相对较大。

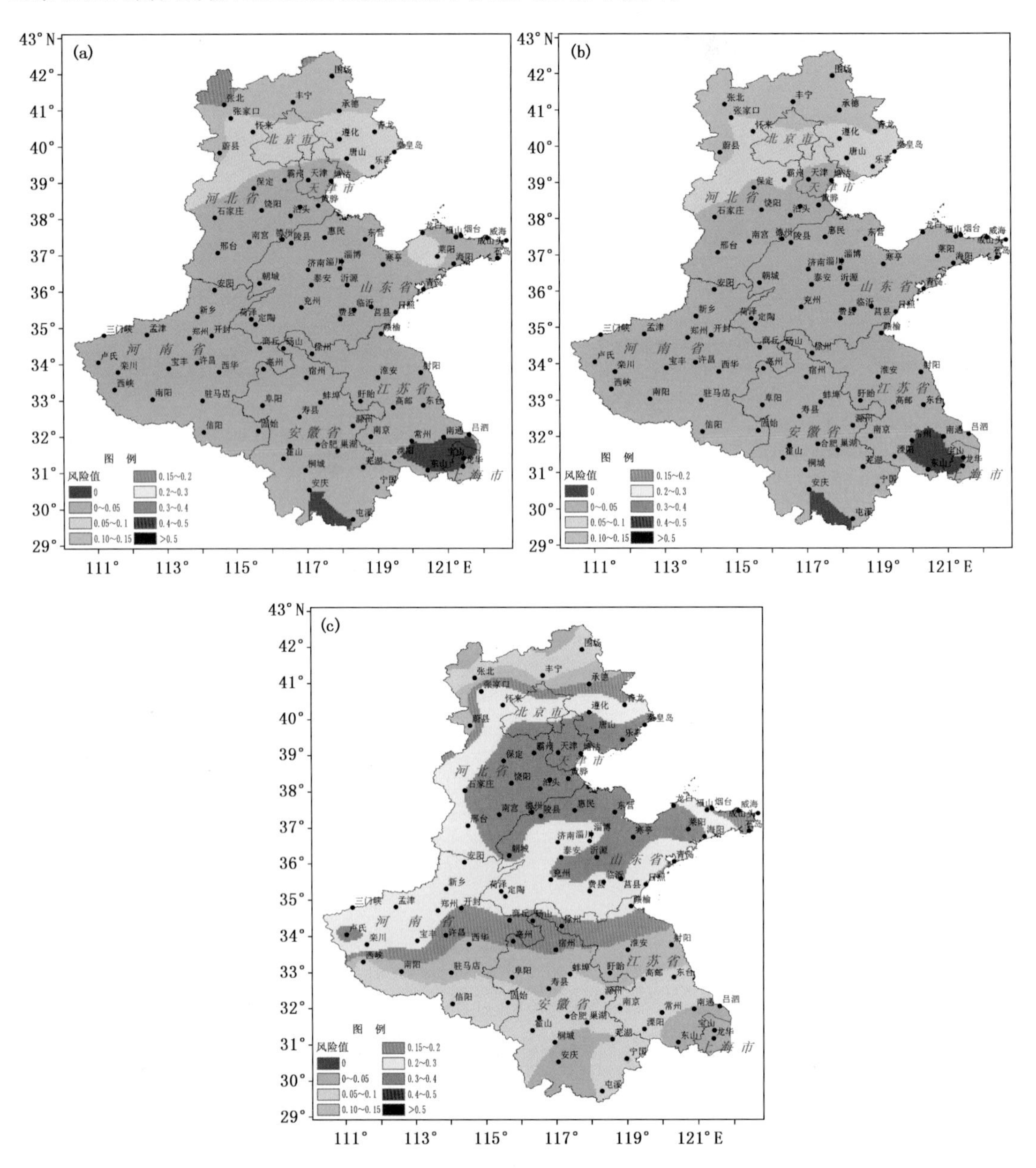

图 2.46　日光温室黄瓜花果期轻度低温冷害各季节风险分布图

（a. 春季、b. 秋季、c. 冬季）

从日光温室黄瓜花果期中度低温冷害风险季节分布图（图 2.47）上看，春、秋两季研究区域均为低风险，其中大部分区域风险均低于 0.05，河北北部地区风险值可达 0.1～0.15。

冬季风险呈现中部高，南部和北部均相对较低的分布，中部大部分地区为中风险区，其中河南北部、山东西南部、河北西南部风险值在 0.3～0.4；河北北部、河南东南部、安徽南部、江苏南部和上海为低风险区。

在春、秋两季，日光温室黄瓜花果期发生中度低温冷害的风险较小；在冬季，除河北北部、安徽南部、江苏南部和上海地区外，其他地区发生中度低温冷害的风险均较大。

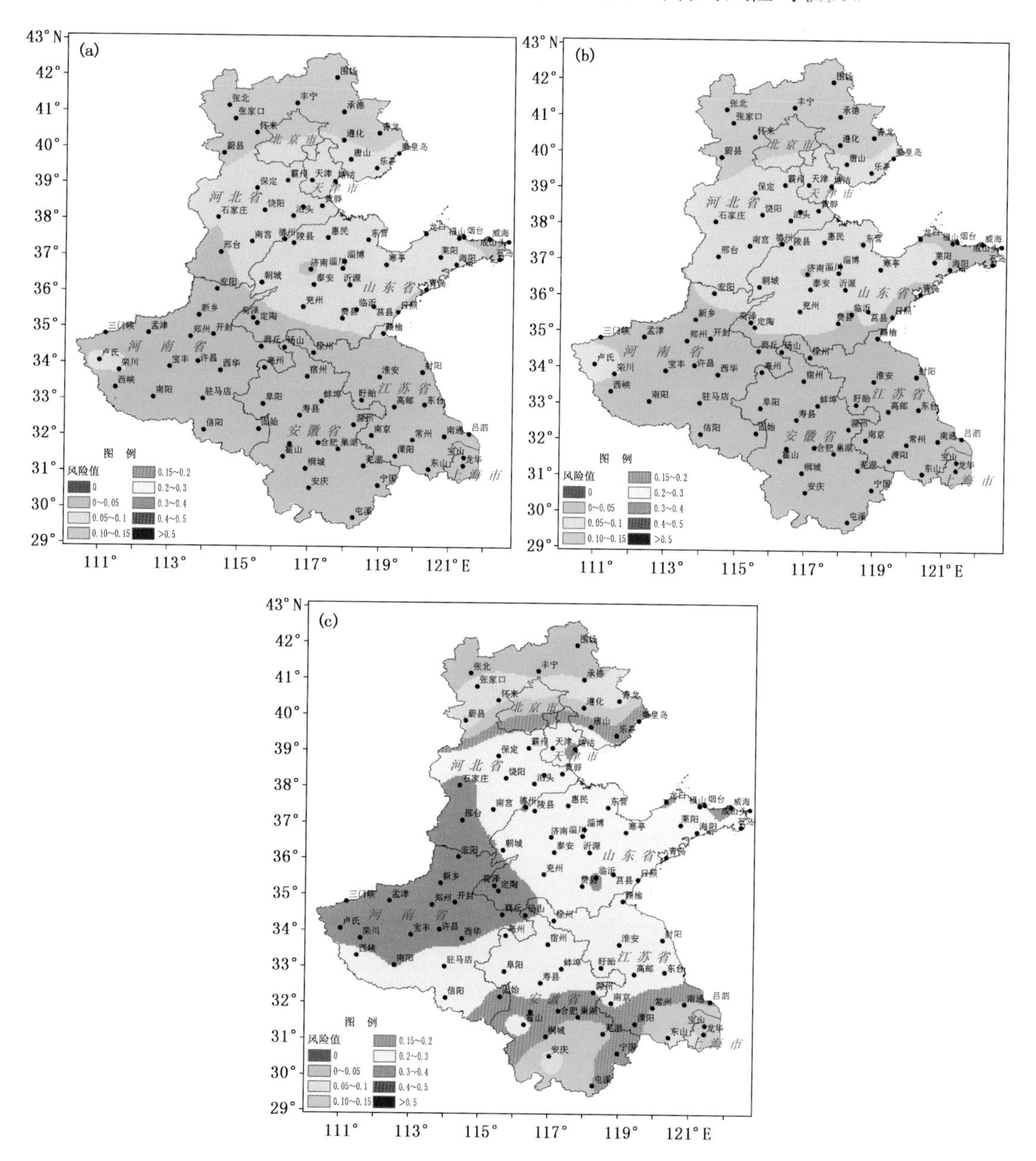

图 2.47　日光温室黄瓜花果期中度低温冷害各季节风险分布图

(a. 春季、b. 秋季、c. 冬季)

从日光温室黄瓜花果期重度低温冷害风险季节分布图(图 2.48)上看，春、秋两季研究区域绝大部分为低风险区，河北西北局部地区风险值可达 0.2～0.3，为中风险区。

冬季风险呈现北部高南部低的分布，河北北部地区风险值可达 0.5 以上，为重风险区；河北中部、山东局部为中风险区；其余地区均为低风险区。

在春、秋两季，河北张北局部地区，日光温室黄瓜花果期发生重度低温冷害的风险较大，其他地区风险较小；在冬季，河北大部和山东部分地区，发生重度低温冷害的风险相对较大，尤其是河北北部地区，最易发生重度低温冷害。

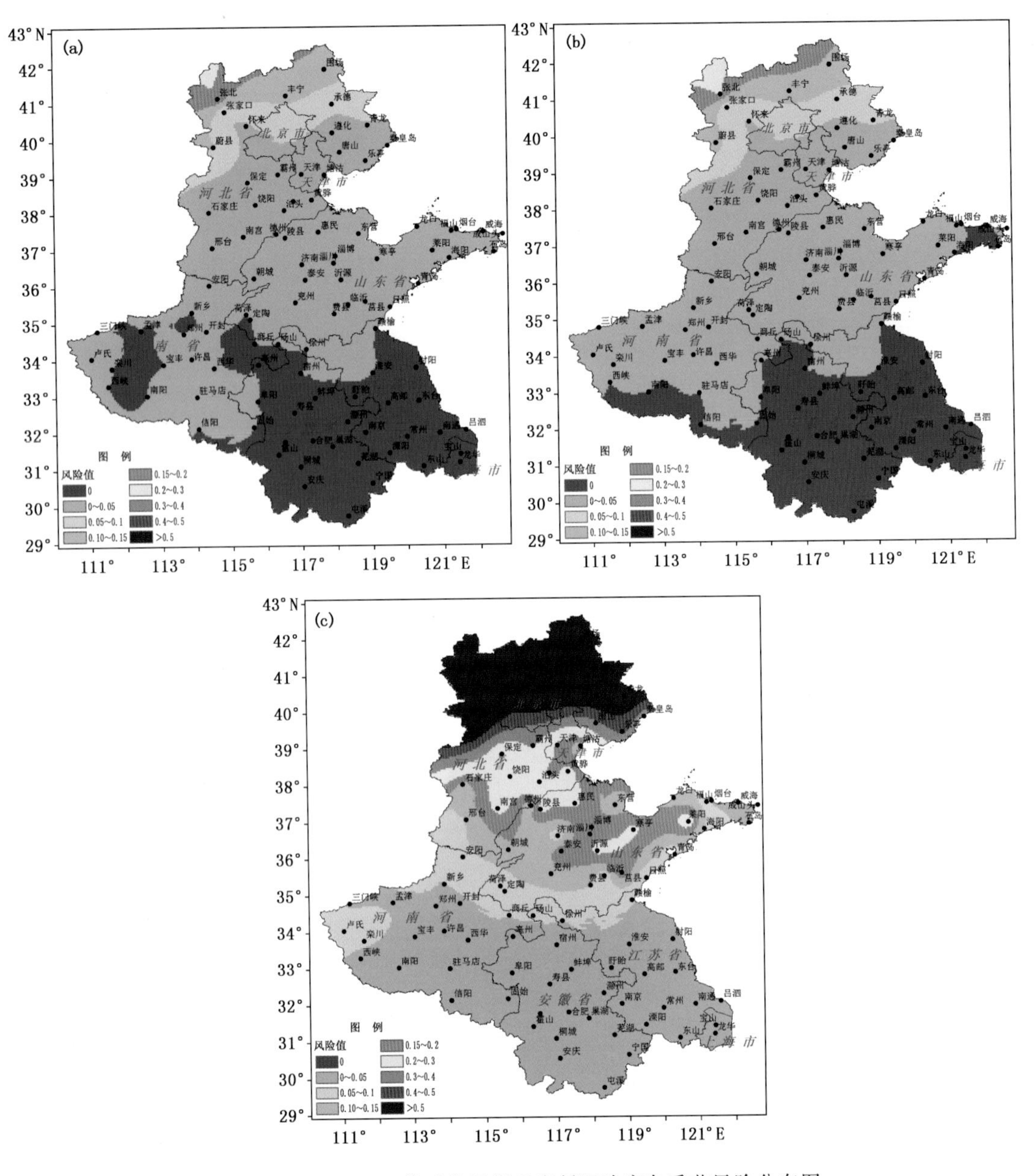

图 2.48　日光温室黄瓜花果期重度低温冷害各季节风险分布图

（a. 春季、b. 秋季、c. 冬季）

总体看来，春、秋两季，研究区日光温室黄瓜花果期不易发生低温冷害；冬季河北北部易发生重度低温冷害，安徽北部、江苏北部以及河南南部部分地区易发生中度低温冷害，其他地区除安徽南部、江苏南部和上海地区外，轻度和中度低温冷害均较易发生。

2）日光温室黄瓜低温冷害各年代风险区划

①日光温室黄瓜苗期低温冷害各年代风险区划

从各年代日光温室黄瓜苗期轻度低温冷害风险分布图(图 2.49)上看,除研究区南部部分地区为中风险区外,大部分地区为高风险区。随着年代的推移,中风险区范围向北扩展,面积逐渐增加,高风险区范围减小。

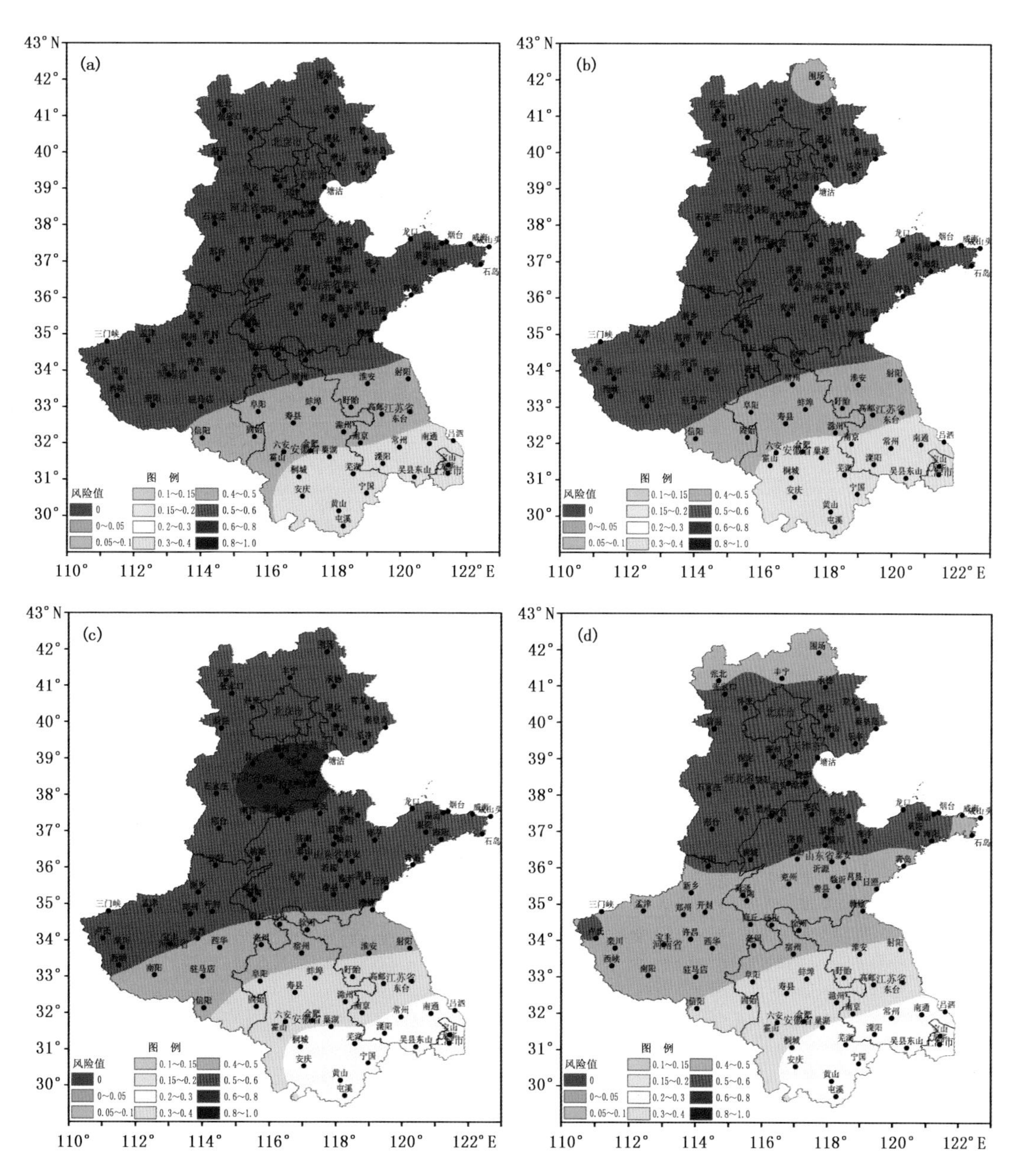

图 2.49　日光温室黄瓜苗期轻度低温冷害各年代风险分布图
(a. 20 世纪 70 年代、b. 20 世纪 80 年代、c. 20 世纪 90 年代、d. 21 世纪前 10 年)

从日光温室黄瓜苗期中度低温冷害各年代风险分布图(图 2.50)上看,20 世纪 70 年代,山东局部、河北大部以及北京、上海地区为高风险区,风险值在 0.4~0.5;河南局部、安徽和江苏大部以及上海地区为低风险区,风险值在 0.1~0.2;其他地区为中风险区。20 世纪 80 年代,北部高风险区及南部低风险区范围均呈扩大趋势。但 20 世纪 90 年代以后，高风险区范围逐渐减少，低风险区域逐渐向北扩展。21 世纪前 10 年，高风险区消失，研究区为中风险区和低风险区。

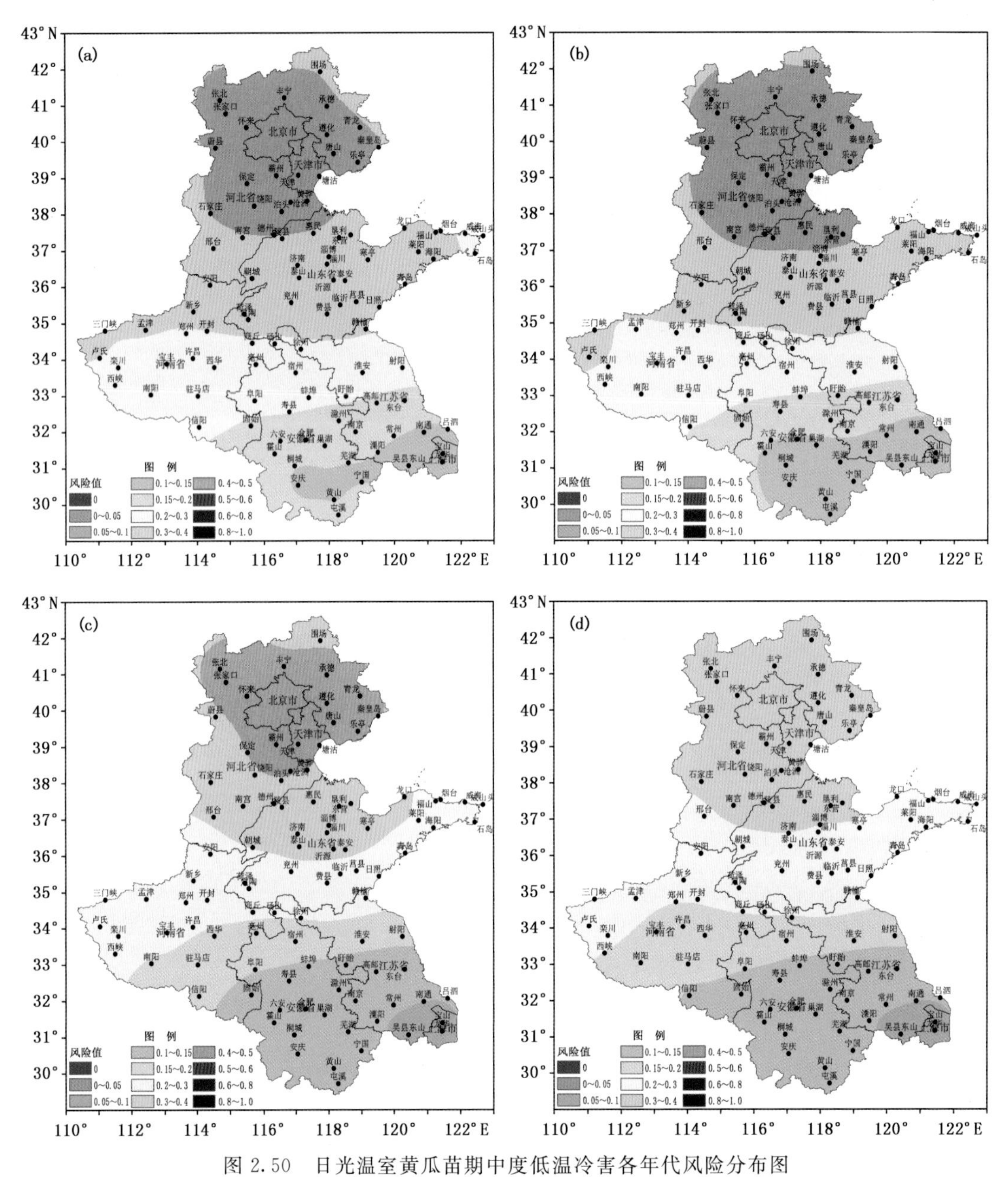

图 2.50　日光温室黄瓜苗期中度低温冷害各年代风险分布图

（a. 20 世纪 70 年代、b. 20 世纪 80 年代、c. 20 世纪 90 年代、d. 21 世纪前 10 年）

从日光温室黄瓜苗期重度低温冷害风险分布图（图 2.51）上看，20 世纪 70 年代，河北大部以及北京、天津地区为中风险区，风险值在 0.2～0.3；其他地区为低风险区，随着年代的推移，中风险区逐渐减少，到 21 世纪前 10 年，仅河北北部部分地区为中风险区；低风险区域范围增加，且从 20 世纪 80 年代开始出现零风险区，研究区黄瓜苗期重度低温冷害的风险值呈减少趋势。

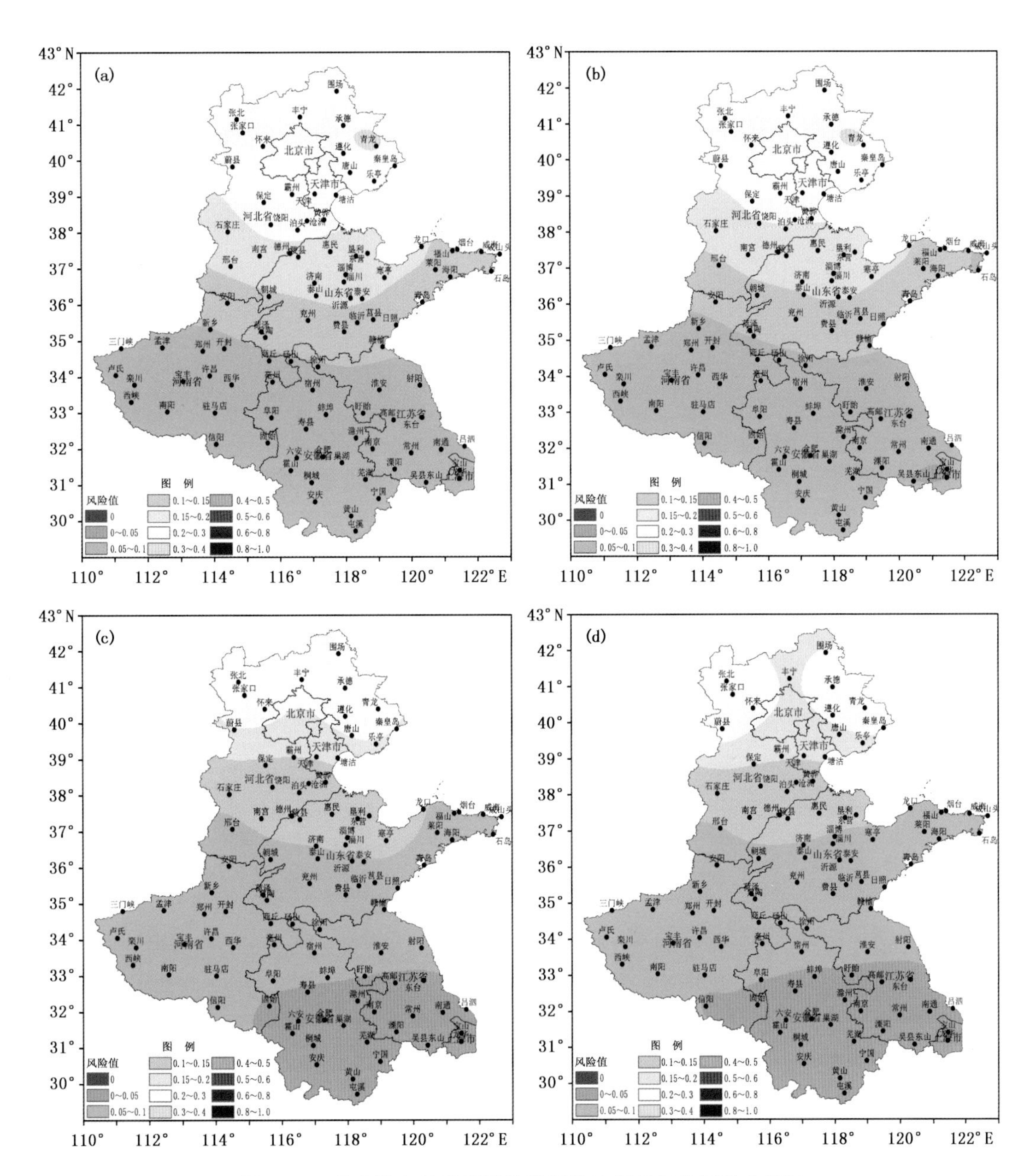

图 2.51　日光温室黄瓜苗期重度低温冷害各年代风险分布图

(a. 20 世纪 70 年代、b. 20 世纪 80 年代、c. 20 世纪 90 年代、d. 21 世纪前 10 年)

总体分析可知，研究区日光温室黄瓜苗期以轻度低温冷害为主，重度低温冷害发生较少，且大部分地区轻度低温冷害的风险为高风险；河北和山东地区，中度低温冷害的发生概率也相对较大，随着年代的推移，各灾害易发生区域范围逐渐缩小，风险值呈减小趋势。

②日光温室黄瓜花果期低温冷害各年代风险区划

从各年代日光温室黄瓜花果期轻度低温冷害风险分布图(图 2.52)上看，研究区中部为中风险区，北部和南部为低风险区，整个研究区遭遇黄瓜轻度低温冷害的风险值在 0.4 以下。

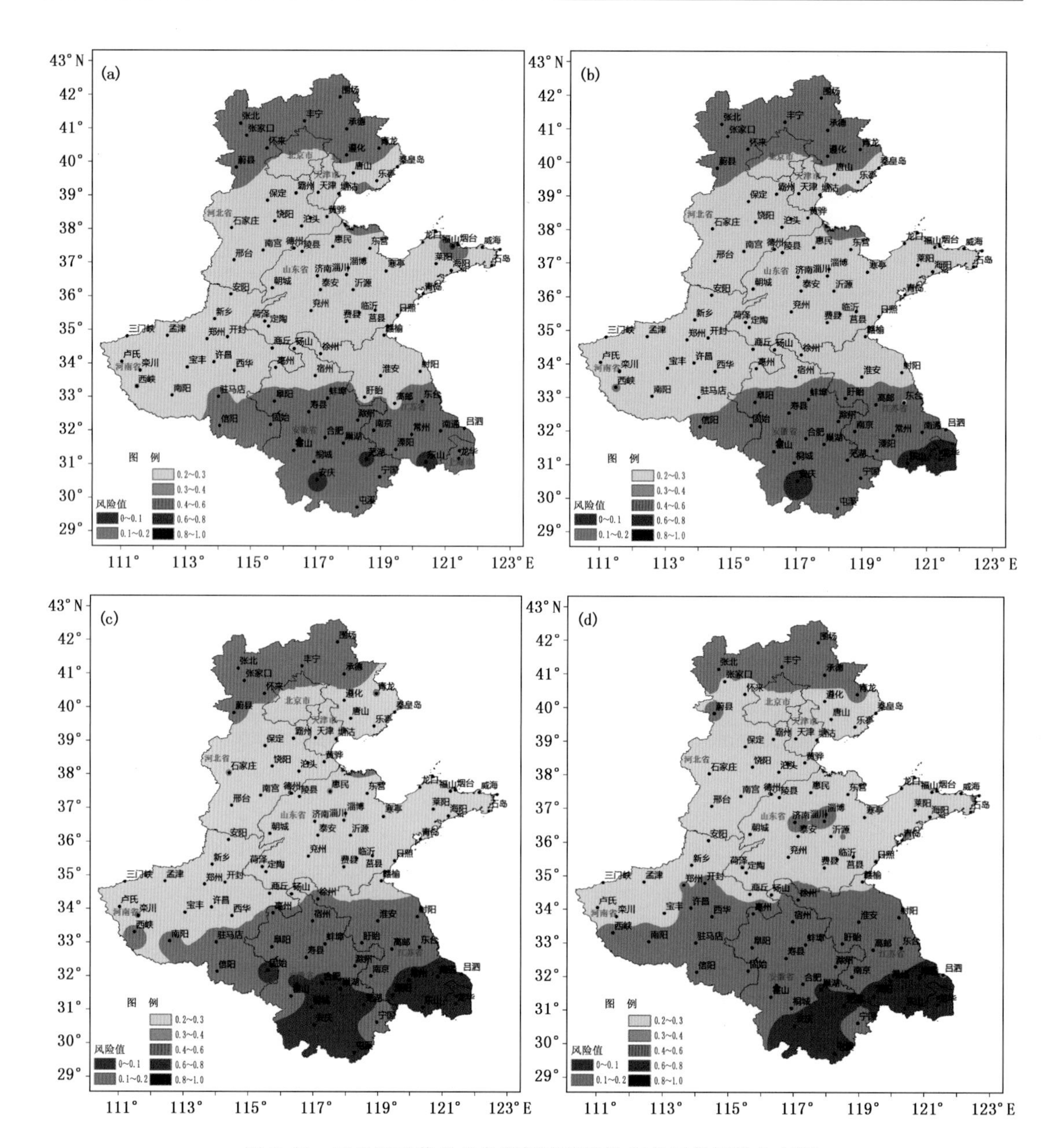

图 2.52　日光温室黄瓜花果期轻度低温冷害各年代风险分布图

(a. 20 世纪 70 年代、b. 20 世纪 80 年代、c. 20 世纪 90 年代、d. 21 世纪前 10 年)

20 世纪 70 年代，驻马店—阜阳—蚌埠—盱眙—高邮—东台一线以南及河北北部地区为低风险区，随着年代的推移，该界限有向北推移的趋势，南部区域低风险范围增加，但河北北部低风险范围减少，中风险范围增加。

从日光温室黄瓜花果期中度低温冷害各年代风险分布图(图 2.53)上看，4 个年代，研究区北部多为中风险区，而中部和南部为低风险区。

20 世纪 70 年代，新乡—菏泽—兖州—莒县—日照一线以南及山东部分地区为低风险区，随着年代的推移，低风险区域的界限逐渐向北推进，面积逐渐增加，中风险区域面积减少，说明南部区域黄瓜花果期遭受中度低温冷害的风险有所降低。

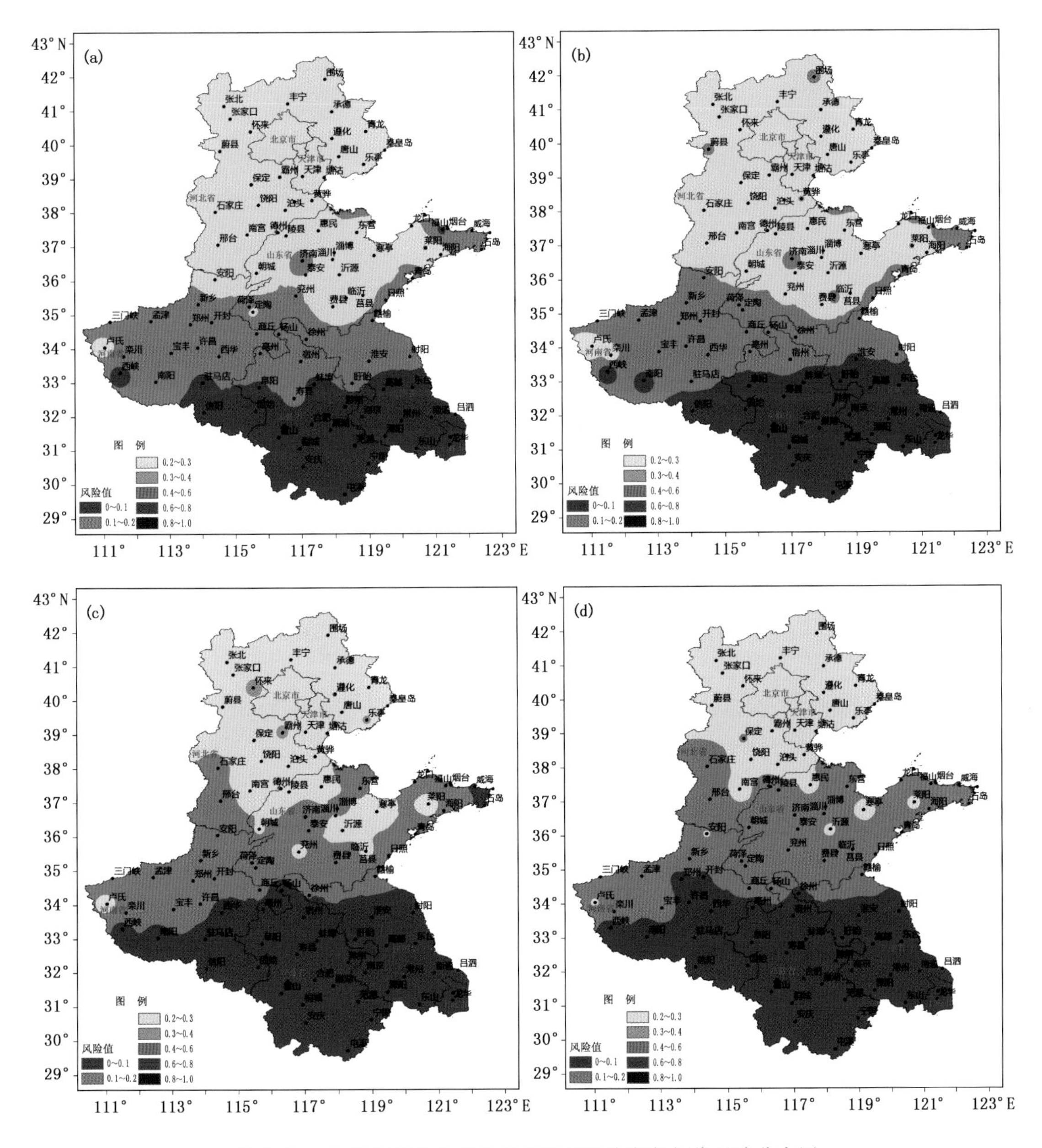

图 2.53　日光温室黄瓜花果期中度低温冷害各年代风险分布图
(a. 20 世纪 70 年代、b. 20 世纪 80 年代、c. 20 世纪 90 年代、d. 21 世纪前 10 年)

从日光温室黄瓜花果期重度低温冷害风险分布图(图 2.54)上看，研究区绝大部分地区遭受黄瓜重度低温冷害的风险较低，大部分地区为低风险区，仅河北省最北部的地区分布有较高风险区、高风险区和中风险区，设施农业需要防范重度低温冷害的侵袭。

较高风险主要分布在张北、丰宁、围场一带，随着年代的推移，该区域范围有所减小；中风险的分布区域也随年代发展向北推进且范围逐渐减少；低风险的区域逐渐增加，尤其是零风险或较低风险区域，向北推进更为明显。

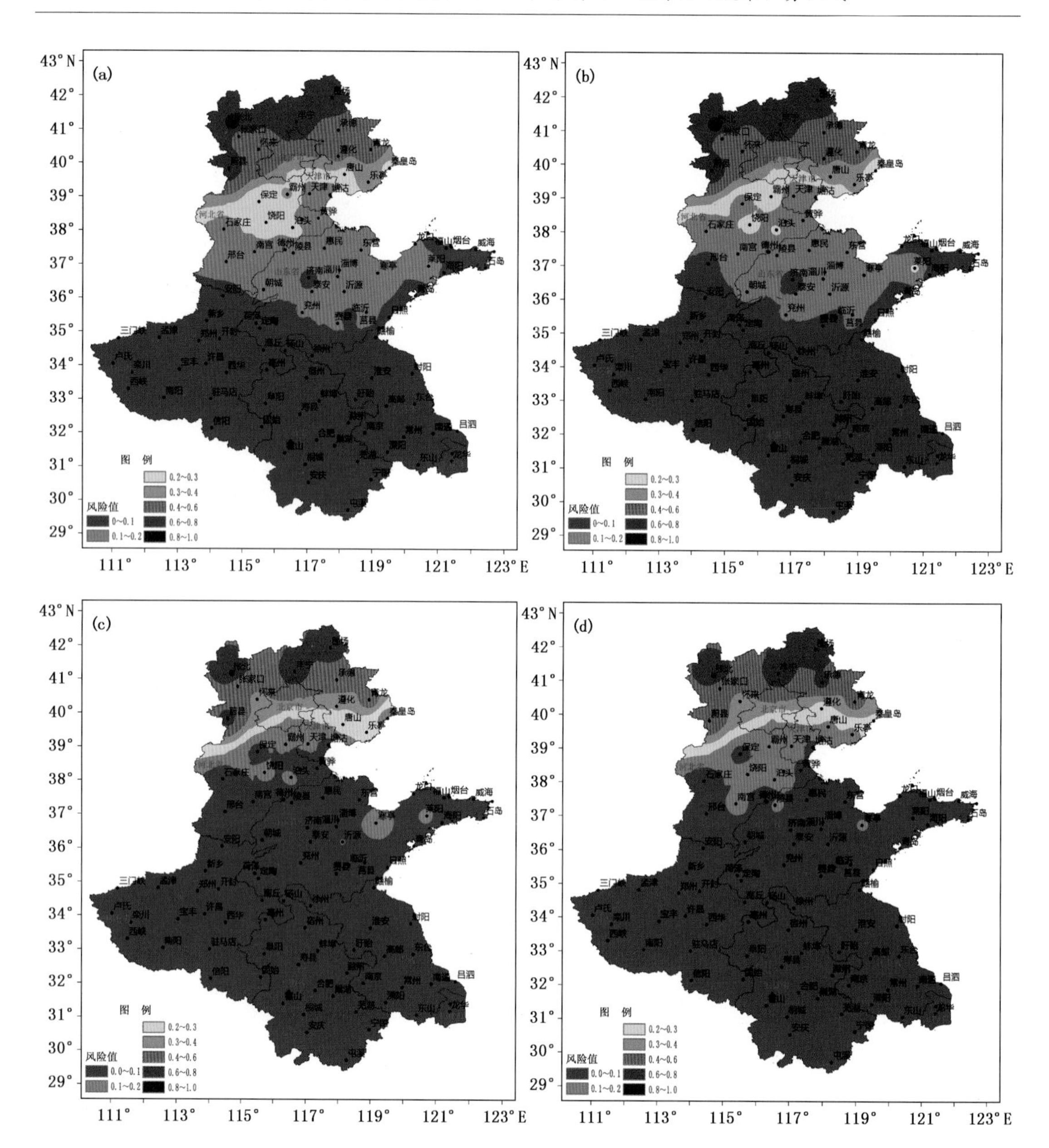

图 2.54 日光温室黄瓜花果期重度低温冷害各年代风险分布图

(a. 20 世纪 70 年代、b. 20 世纪 80 年代、c. 20 世纪 90 年代、d. 21 世纪前 10 年)

总体分析可知，各年代河北北部地区日光温室黄瓜花果期易发生重度和中度低温冷害；其他地区除河南局部、安徽大部、江苏大部和上海地区外，易发生轻度低温冷害，其中河北大部和山东部分地区发生中度低温冷害的可能性也较大，随着年代的推移，各灾害易发生区域范围逐渐缩小。

3) 日光温室黄瓜低温冷害综合风险区划

①日光温室黄瓜苗期低温冷害综合风险区划

研究表明，七省(市)日光温室黄瓜苗期发生轻度低温冷害的风险分布为：固始—寿县—盱眙一线以南为中风险区，其他地区均为高风险区。

发生中度低温冷害风险分布为：驻马店—阜阳—淮安—射阳一线以南为低风险区；河北部分地区以及北京、天津地区为高风险区；其他地区为中风险区。

发生重度低温冷害的风险分布为：除河北和天津北部以及北京地区为中风险区外，其他地区均为低风险区。

综合分析日光温室黄瓜苗期低温冷害综合风险分布图(图 2.55)可知，研究区北部地区，各类灾害发生概率较南部地区大，且以轻度和中度灾害为主。南部地区以轻度低温冷害为主，中度和重度低温冷害发生概率较小。

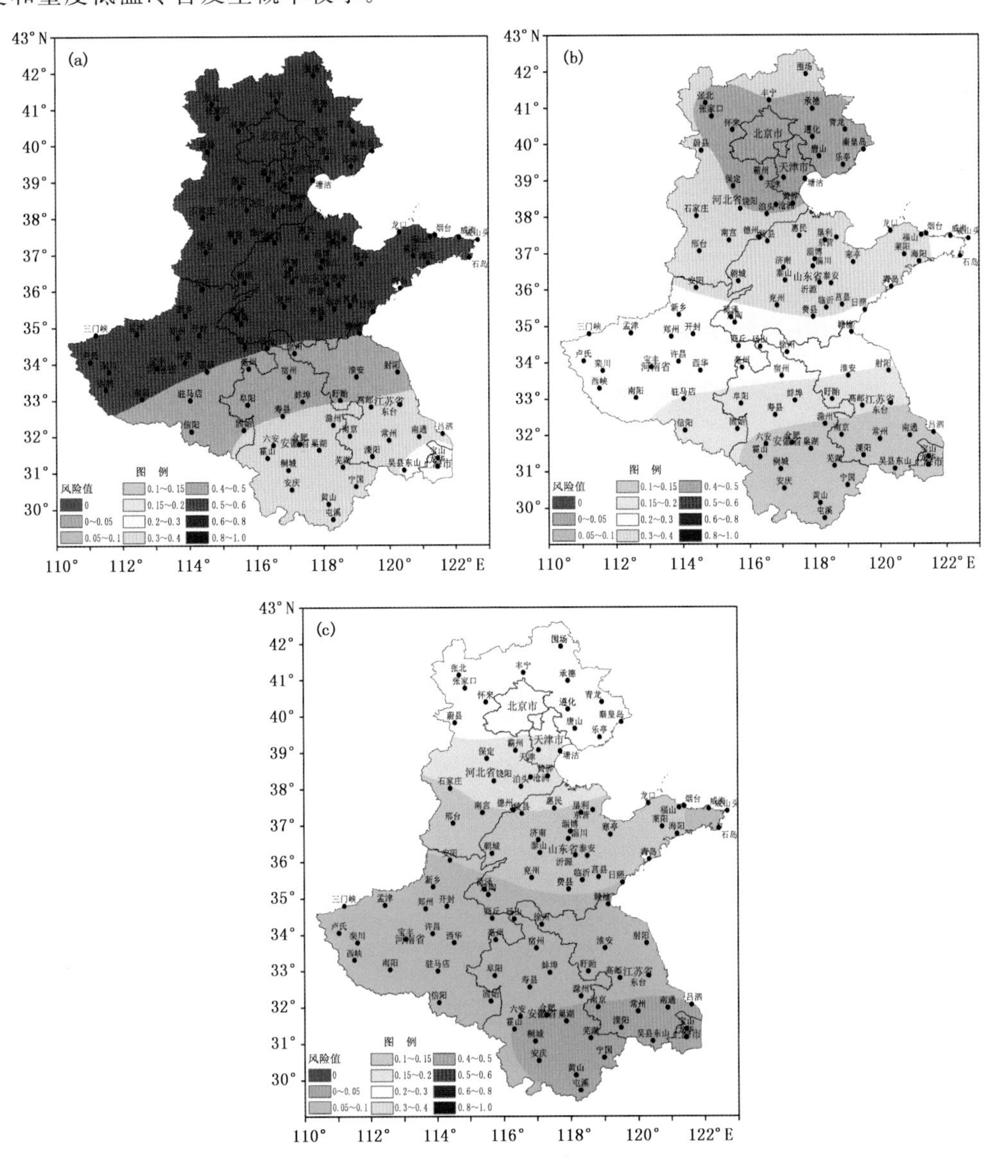

图 2.55　日光温室黄瓜苗期低温冷害综合风险分布图

(a. 轻度、b. 中度、c. 重度)

②日光温室黄瓜花果期低温冷害综合风险区划

研究表明，七省(市)日光温室黄瓜花果期发生轻度低温冷害的风险分布为：北部区域的河北北部、南部区域的河南东南部、安徽和江苏大部以及整个上海地区为低风险区，其余则均为中风险区。

发生中度低温冷害风险分布为：河北南部、山东东部及南部部分地区、河南大部以及整个安徽、江苏、上海地区为低风险区，其余则均为中风险区。

发生重度低温冷害的风险分布为：北部区域的石家庄－保定－霸州－塘沽以北分布有中风险区、高风险区和较高风险区，以及该线以南的饶阳地区是中风险区外，其他地区均为低风险区，研究区大部分地区发生重度低温冷害的风险较低，仅北部地区易发生该类灾害。

综合分析日光温室黄瓜花果期低温冷害综合风险分布图（图 2.56）可知，河北北部地区日光温室黄瓜花果期易发生重度和中度低温冷害；河北大部和山东大部分地区易发生轻度和中度低温冷害；其他地区除上海、安徽南部和江苏南部地区以外，较易发生轻度低温冷害。

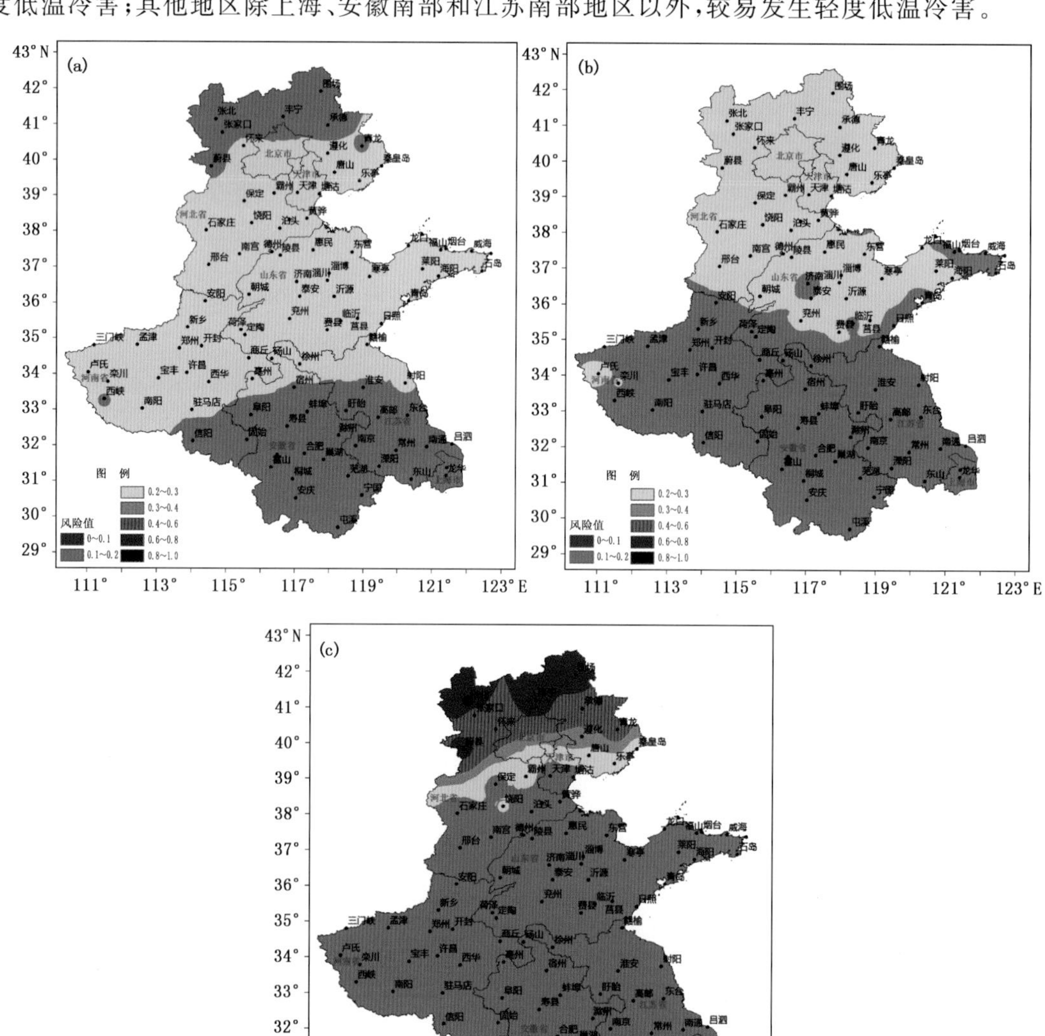

图 2.56　日光温室黄瓜花果期低温冷害综合风险分布图

（a. 轻度、b. 中度、c. 重度）

2.1.3　日光温室芹菜低温冷害分布规律和风险区划

(1)日光温室芹菜低温冷害分布规律

1)日光温室芹菜低温冷害各季节分布规律

①日光温室芹菜苗期低温冷害各季节分布规律

按照日光温室芹菜苗期低温冷害指标,利用区域内各站点 1971—2010 年 40 年气象观测资料,按春、秋、冬 3 个生长季节,分别统计芹菜苗期发生轻、中、重度灾害的总日数。

从日光温室芹菜苗期轻度低温冷害日数各季节分布图(图 2.57)上看,春、秋两季芹菜轻度低温冷害总日数分布趋势较为一致,整个研究区域芹菜轻度低温冷害的发生日数都在 500 d 以下,且除河北北部地区在 50～500 d 外,其他地区均在 100 d 以下;且春季发生日数较秋季少。

冬季新乡—定陶—赣榆一线以南以及山东半岛局部地区在 100～500 d;此线以北在 500～1000 d。

综上所述,在春、秋两季,日光温室芹菜苗期轻度低温冷害的发生日数较少;冬季较多,且北部地区发生日数多于南部。

从日光温室芹菜苗期中度低温冷害日数各季节分布图(图 2.58)上看,春、秋两季芹菜中度低温冷害总日数分布趋势较为一致,安阳—朝城—济南—淄博—寒亭—莱阳—福山一线以南在 10 d 以下,此线以北在 10～500 d;且春季灾害发生日数少于秋季。

冬季山东部分、河北大部以及北京、天津地区在 500 d 以上,其中河北北部部分地区在 100～2000 d;其他地区在 500 d 以下,其中安徽和江苏部分以及上海地区在 50～100 d。

春、秋两季,日光温室芹菜苗期中度低温冷害发生日数较少,冬季较多。

从日光温室芹菜苗期重度低温冷害日数各季节分布图(图 2.59)上看,春、秋两季研究区日光温室芹菜苗期不易发生重度低温冷害,仅张北地区在 50～100 d,其他大部分地区在 10 d 以下。

冬季山东部分、河北大部以及北京、天津地区,发生日数在 100 d 以上,其中河北和北京北部地区在 500～1000 d;其他地区在 100 d 以下。

春、秋两季除河北张北地区日光温室芹菜苗期重度低温冷害发生日数相对较多以外,其他地区发生日数较少;冬季,日光温室芹菜苗期重度低温冷害的发生主要集中在河北和北京北部地区。

总体看来,春、秋两季,研究区各类低温冷害的发生日数均较少,都在 100 d 以下;冬季河北和山东,日光温室芹菜苗期轻度和中度低温冷害的发生日数较多,其中河北北部地区重度低温冷害的发生日数也较多,在 500～1000 d。

②日光温室芹菜丛叶期低温冷害各季节分布规律

按照日光温室芹菜丛叶期低温冷害指标,利用区域内各站点 1971—2010 年 40 年气象观测资料,按春、秋、冬 3 个生长季节,分别统计芹菜丛叶期发生轻、中、重度灾害的总日数。

从日光温室芹菜丛叶期轻度低温冷害日数各季节分布图(图 2.60)上看,春、秋两季芹菜丛叶期轻度低温冷害总日数分布趋势较为一致,整个研究区域芹菜丛叶期轻度低温冷害的发生日数都在 1000 d 以下,200 d 以上的区域均为河北北部地区,其中北部边界地区在 500 d 以上;其他地区在 200 d 以下,且春季 10 d 以下的范围大于秋季,秋季 10～50 d 的范围较春季大。

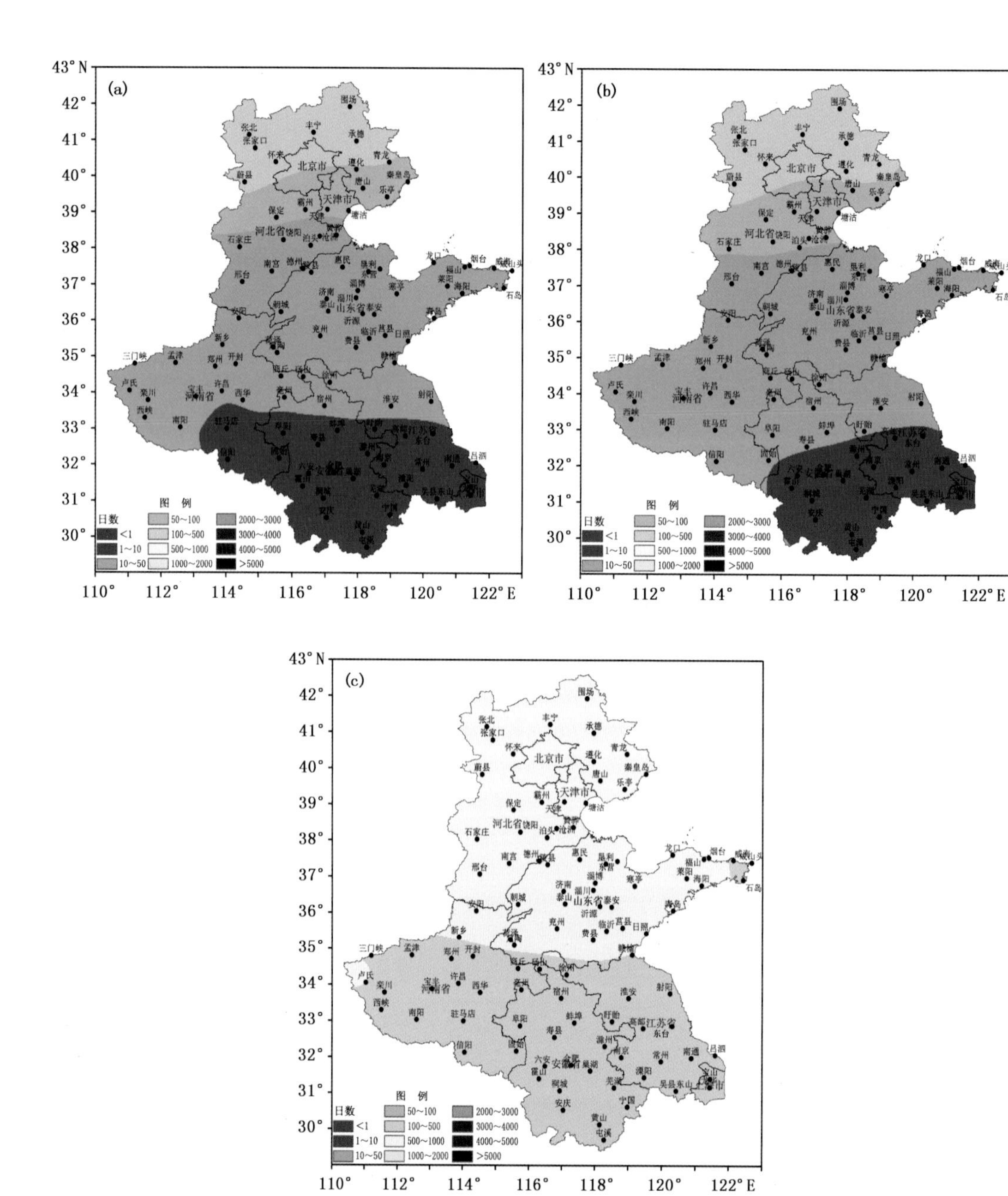

图 2.57　日光温室芹菜苗期轻度低温冷害日数各季节分布图(单位:d)
(a. 春季、b. 秋季、c. 冬季)

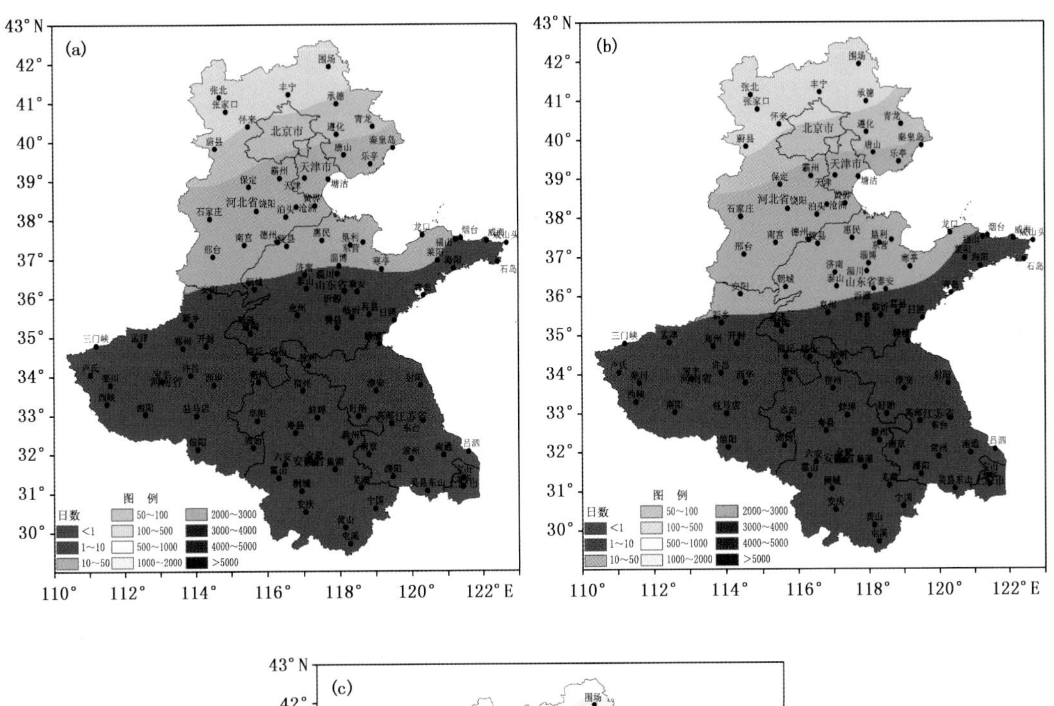

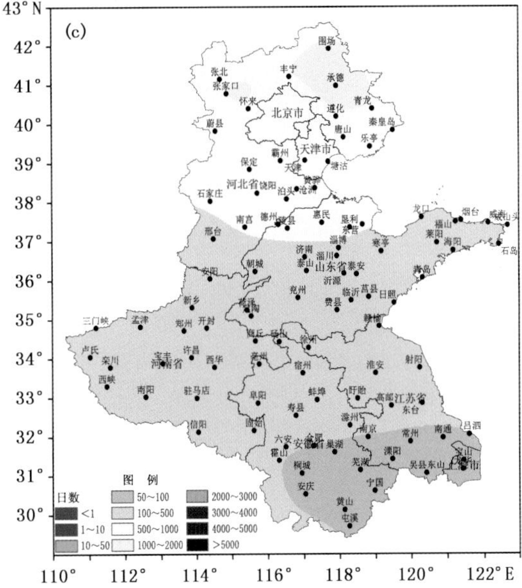

图 2.58 日光温室芹菜苗期中度低温冷害日数各季节分布图(单位:d)

(a. 春季、b. 秋季、c. 冬季)

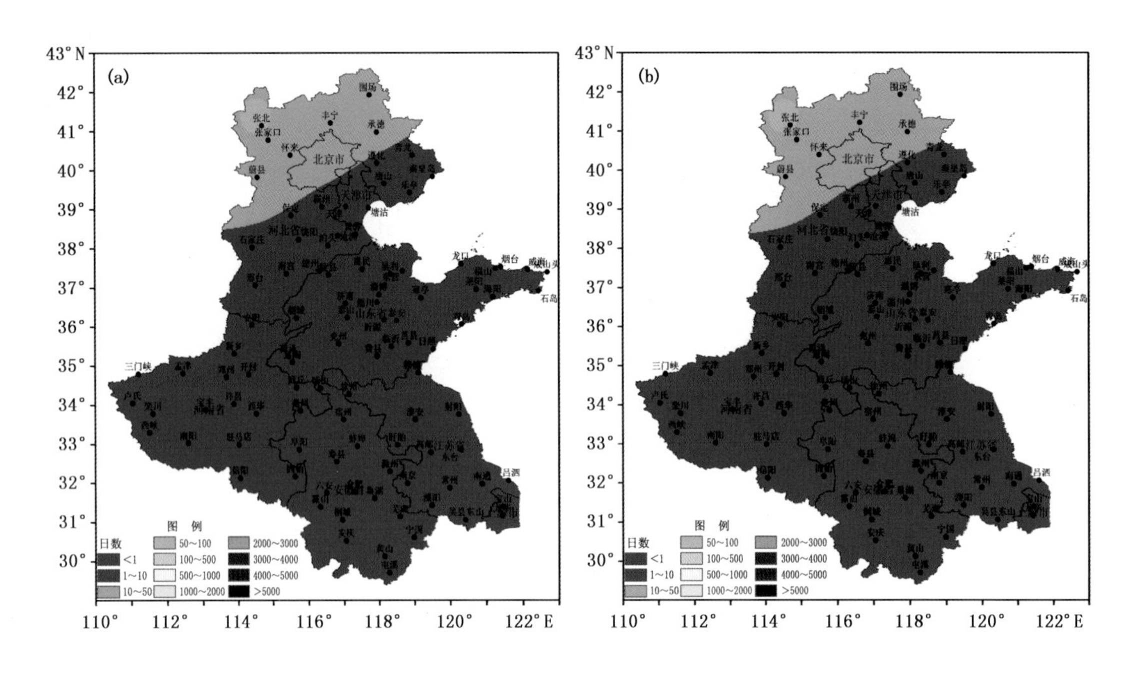

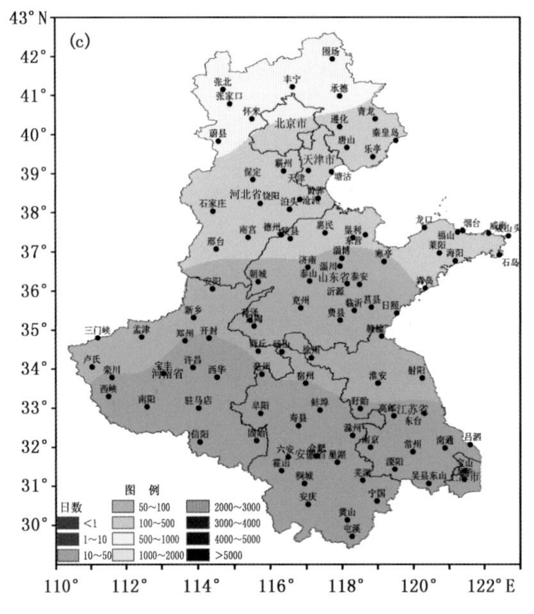

图 2.59　日光温室芹菜苗期重度低温冷害日数各季节分布图(单位:d)
(a. 春季、b. 秋季、c. 冬季)

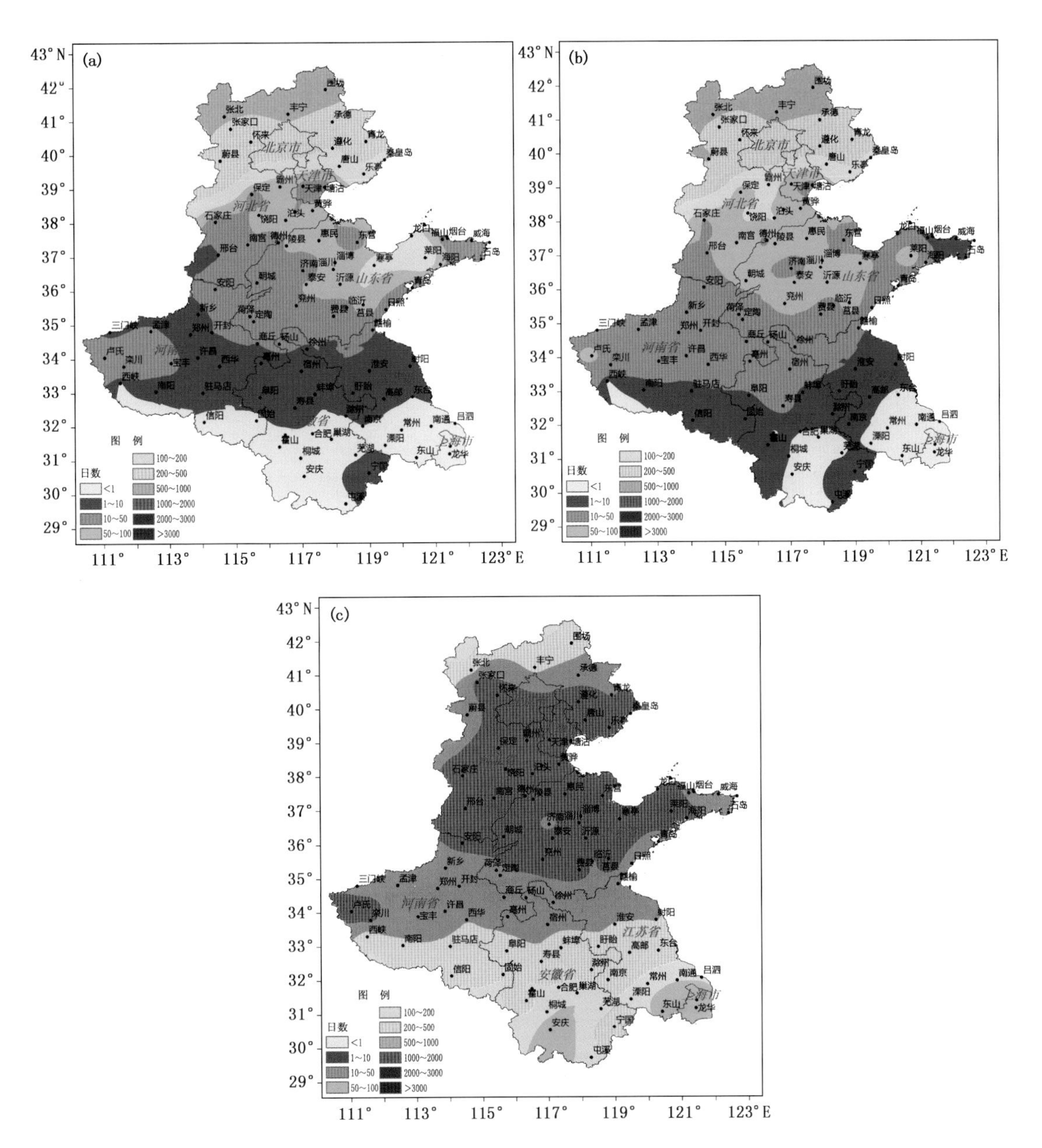

图 2.60　日光温室芹菜丛叶期轻度低温冷害日数各季节分布图(单位:d)

(a. 春季、b. 秋季、c. 冬季)

冬季西峡－南阳－西华－宿州－淮安－射阳一线以南和河北北部边界地区在 50～500 d，其中安徽和江苏南部局部地区在 100 d 以下;其他地区在 500～2000 d,河南卢氏、河北和山东大部分地区在 1000 d 以上。

综上所述,在春、秋两季,日光温室芹菜丛叶期轻度低温冷害在河北北部地区发生日数较多;冬季除上海、安徽南部和江苏南部部分地区发生日数较少外,其他地区发生日数均较多。

从日光温室芹菜丛叶期中度低温冷害总日数季节变化分布图(图 2.61)上看,春、秋两季芹菜中度低温冷害总日数分布趋势较为一致,石家庄－保定－霸州－唐山－乐亭一线以北在 10

～500 d,北部边界地区在 200 d 以上;此线以南在 10 d 以下,春季 1 d 以下的区域较秋季大,春季灾害发生日数少于秋季。

冬季河北和山东大部分地区在 200 d 以上,其中河北北部部分地区在 1000 d 以上;新乡—菏泽—商丘—砀山—徐州—赣榆一线以南以及山东半岛局部地区在 100 d 以下。

在春、秋两季,河北北部边界地区,日光温室芹菜丛叶期中度低温冷害发生日数较多;在冬季,天津、河北大部和山东大部发生日数较多。

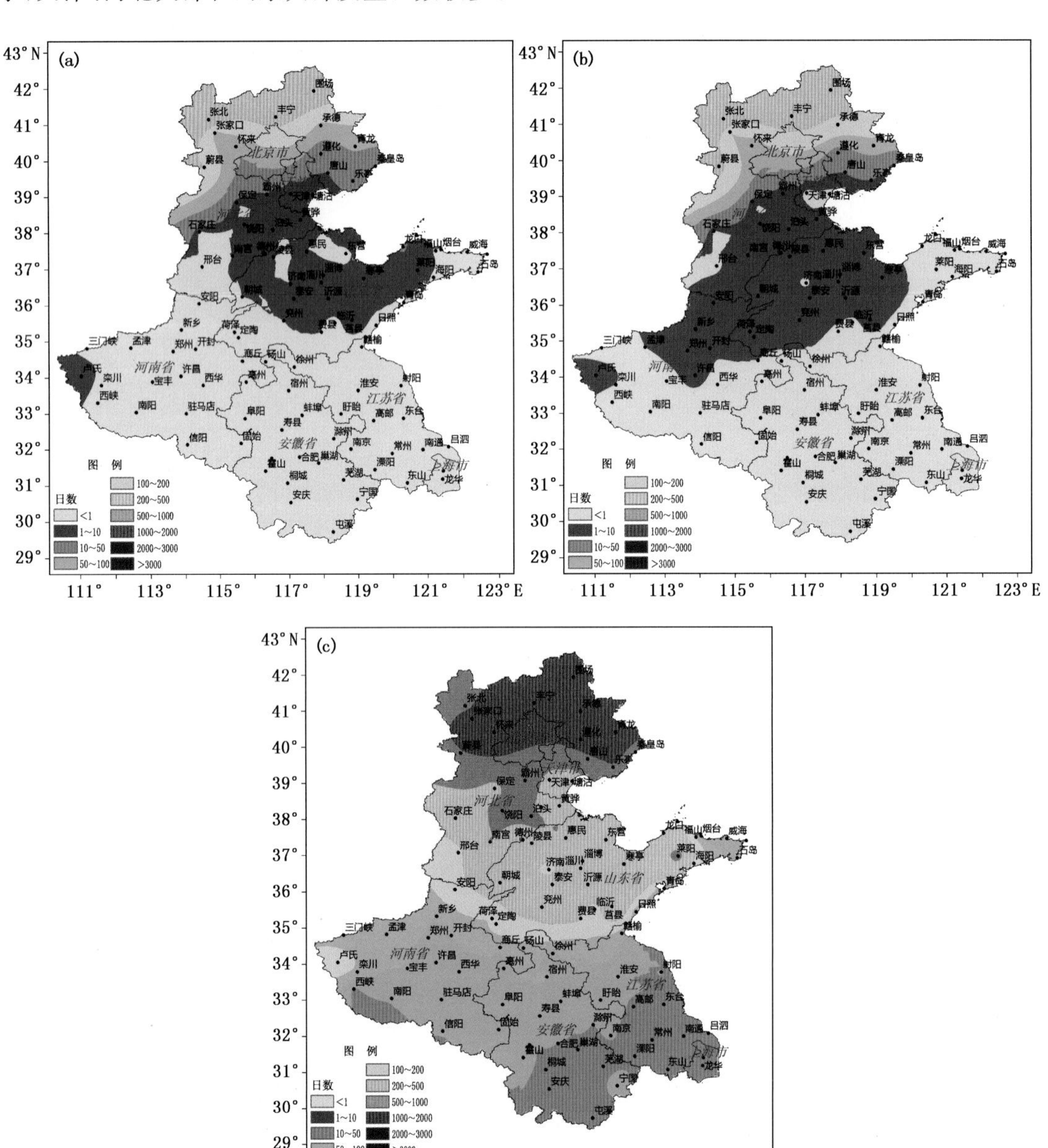

图 2.61　日光温室芹菜丛叶期中度低温冷害日数各季节分布图(单位:d)

(a. 春季、b. 秋季、c. 冬季)

从日光温室芹菜重度低温冷害总日数季节变化分布图(图 2.62)上看，春、秋两季大部分地区日光温室不易发生芹菜重度低温冷害，仅北部边界地区在 50 d 以上，其中张北地区在 200 d 以上；其他大部分地区在 1 d 以下。

冬季石家庄—保定—霸州—天津—塘沽一线以北在 100 d 以上，北部边界地区可达 2000 d 以上；此线以北均在 10～100 d。

在春、秋两季除河北张北地区日光温室芹菜重度低温冷害发生日数相对较多以外，其他地区发生日数较少；在冬季，日光温室芹菜重度低温冷害的发生主要集中在河北北部地区。

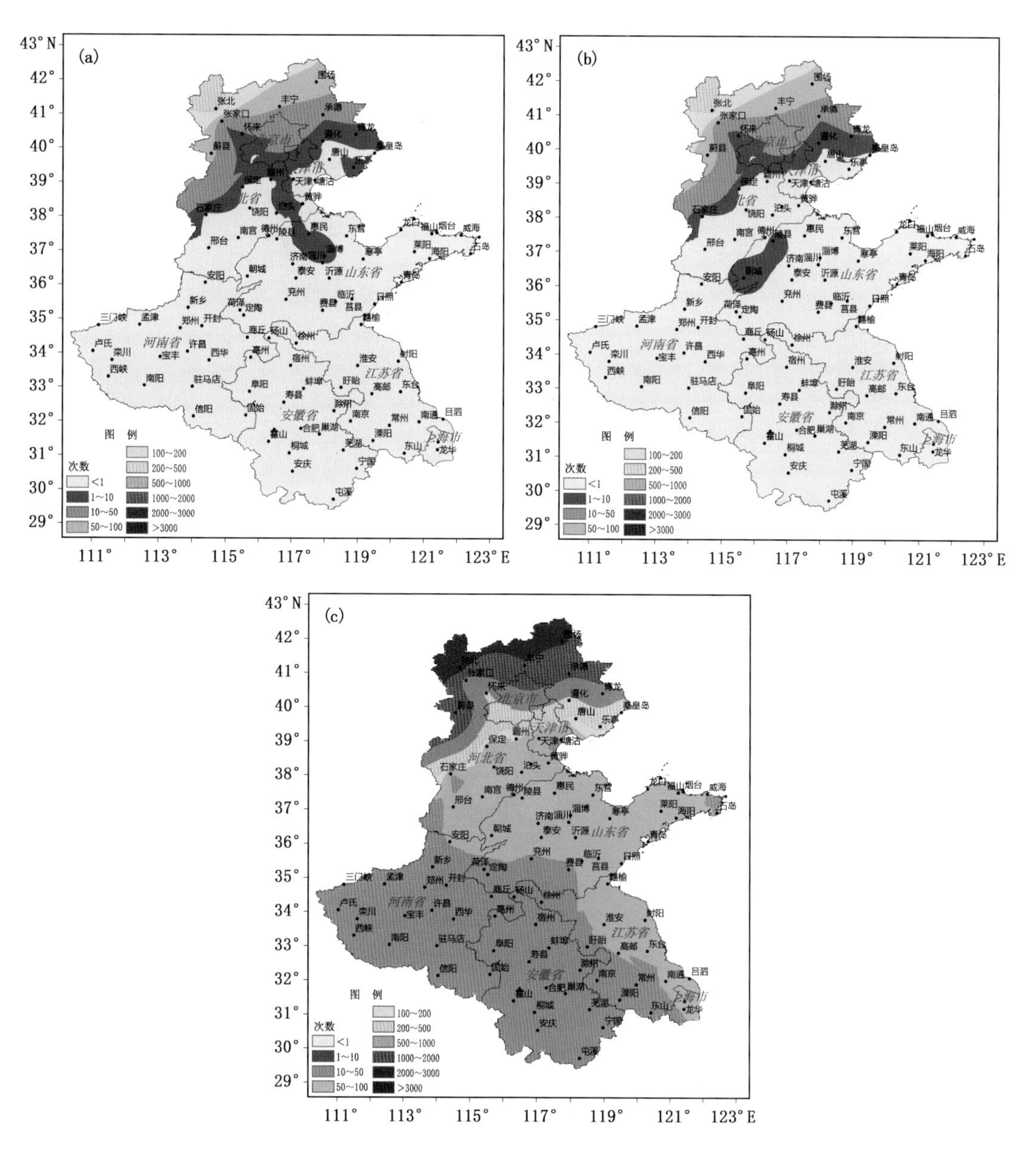

图 2.62　日光温室芹菜丛叶期重度低温冷害日数各季节分布图(单位：d)
(a. 春季、b. 秋季、c. 冬季)

总体看来，春、秋两季，除河北北部地区轻度和中度低温冷害的发生日数较多外，其他地区低温冷害的发生日数较少。冬季河北和山东，日光温室芹菜丛叶期轻度和中度低温冷害的发生日数较多，其中河北北部地区重度低温冷害的发生日数也较多；其他地区除上海、安徽南部和江苏南部部分地区以外，其他地区以轻度低温冷害的发生为主。

2)日光温室芹菜低温冷害各年代分布规律

①日光温室芹菜苗期低温冷害各年代分布规律

按照日光温室芹菜苗期低温冷害指标，利用区域内各站点 1971—2010 年 40 年气象观测资料，按年代分别统计芹菜苗期发生轻、中、重度灾害的总日数。

从各年代日光温室芹菜苗期轻度低温冷害总日数分布图(图 2.63)上看，20 世纪 70 年代信阳—固始—寿县—盱眙一线以南在 50～100 d，此线以北在 100～500 d。

随着年代的推移，南部 100 d 以下的范围逐步向北移动，范围逐渐扩大，且 20 世纪 90 年代以后出现 10～50 d 的区域，灾害发生日数呈减少趋势。

从各年代日光温室芹菜苗期中度低温冷害总日数分布图(图 2.64)上看，20 世纪 70 年代新乡—菏泽—赣榆一线以南以及山东半岛局部地区在 100 d 以下，其他地区在 100～500 d。

随着年代的推移，发生日数在 100 d 以上的范围逐渐缩小，100 d 以下的范围逐渐扩大。

从各年代日光温室芹菜苗期重度低温冷害总日数分布图(图 2.65)上看，20 世纪 70 年代，除河北和天津大部以及北京地区，发生日数在 50 d 以上外，其他地区发生日数均在 50 d 以下。

随着年代的推移，50 d 以上的地区逐渐减少，50 d 以下的范围逐渐扩大，南部地区从 20 世纪 80 年代开始出现 1～10 d 的区域，且范围呈扩大趋势；芹菜苗期发生重度低温冷害的总日数呈减少趋势。

总体看来，研究区日光温室芹菜苗期轻度低温冷害的发生日数最多，中度次之，重度日数最少，北部地区发生日数多于南部地区，随着年代的推移，各灾害发生较多的区域范围逐渐缩小。

②日光温室芹菜丛叶期低温冷害各年代分布规律

按照日光温室芹菜丛叶期低温冷害指标，利用区域内各站点 1971—2010 年 40 年气象观测资料，按年代分别统计芹菜丛叶期发生轻、中、重度灾害的总日数。

从各年代日光温室芹菜丛叶期轻度低温冷害总日数分布图(图 2.66)上看，各年代中研究区大部分地区芹菜丛叶期发生轻度低温冷害的日数在 200～500 d，南部部分和山东半岛局部地区在 200 d 以下。

随着年代的推移，南部 200 d 以下的范围在逐步向北移动，范围逐渐扩大，但 21 世纪前 10 年，200～500 d 范围又有所增加，100 d 以下的范围缩小。

从各年代日光温室芹菜丛叶期中度低温冷害总日数分布图(图 2.67)上看，20 世纪 70 年代和 80 年代，河北大部分地区在 200～500 d，河北部分和山东大部分地区在 100～200 d，其他地区在 100 d 下，南部局部地区在 1 d 以下。

随着年代的推移，100～500 d 的范围逐渐缩小，大部分集中在河北北部地区，10 d 以下的范围逐渐扩大，其中 1 d 以下的区域增加明显。

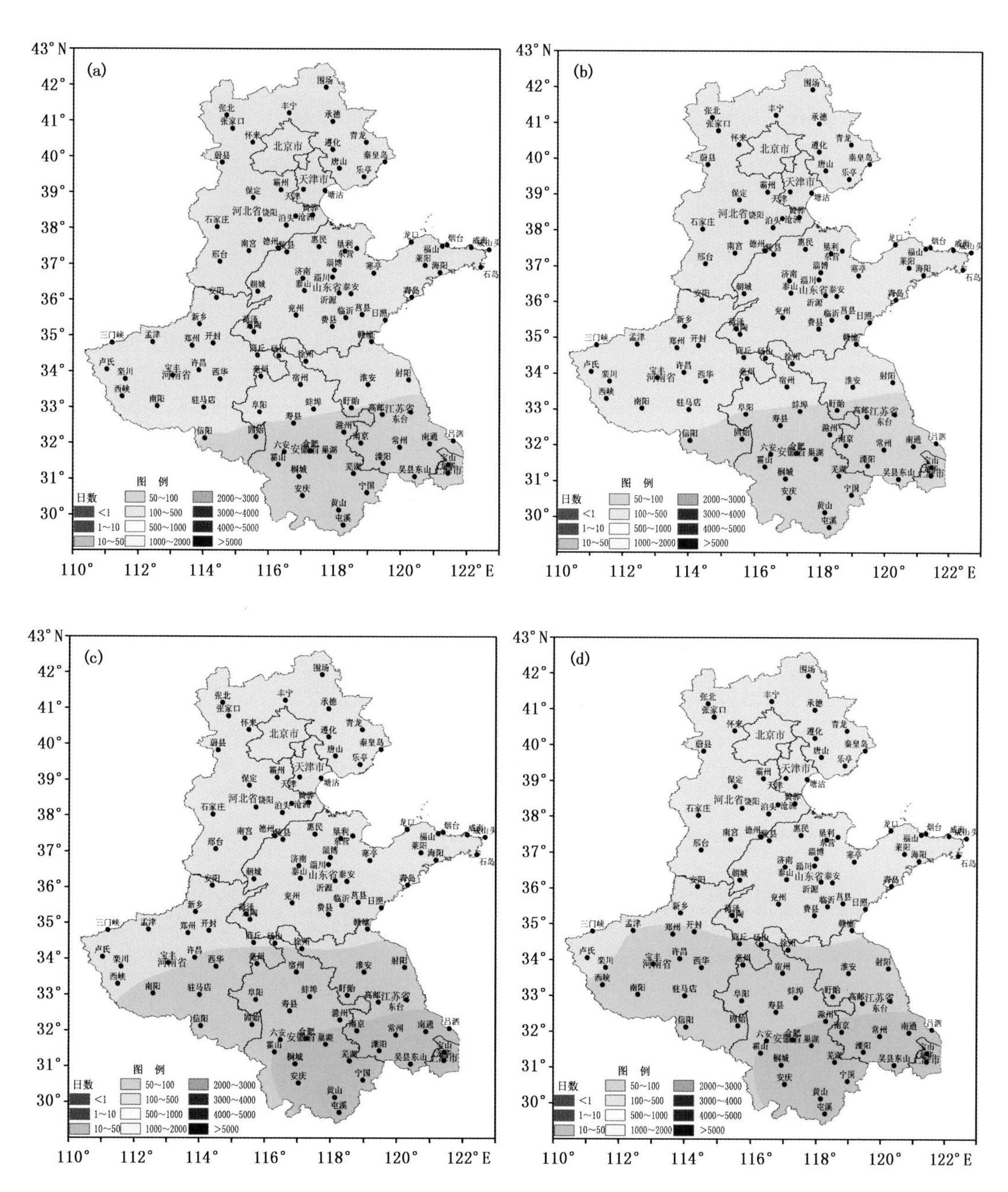

图2.63 日光温室芹菜苗期轻度低温冷害日数各年代分布图(单位:d)
(a.20世纪70年代、b.20世纪80年代、c.20世纪90年代、d.21世纪前10年)

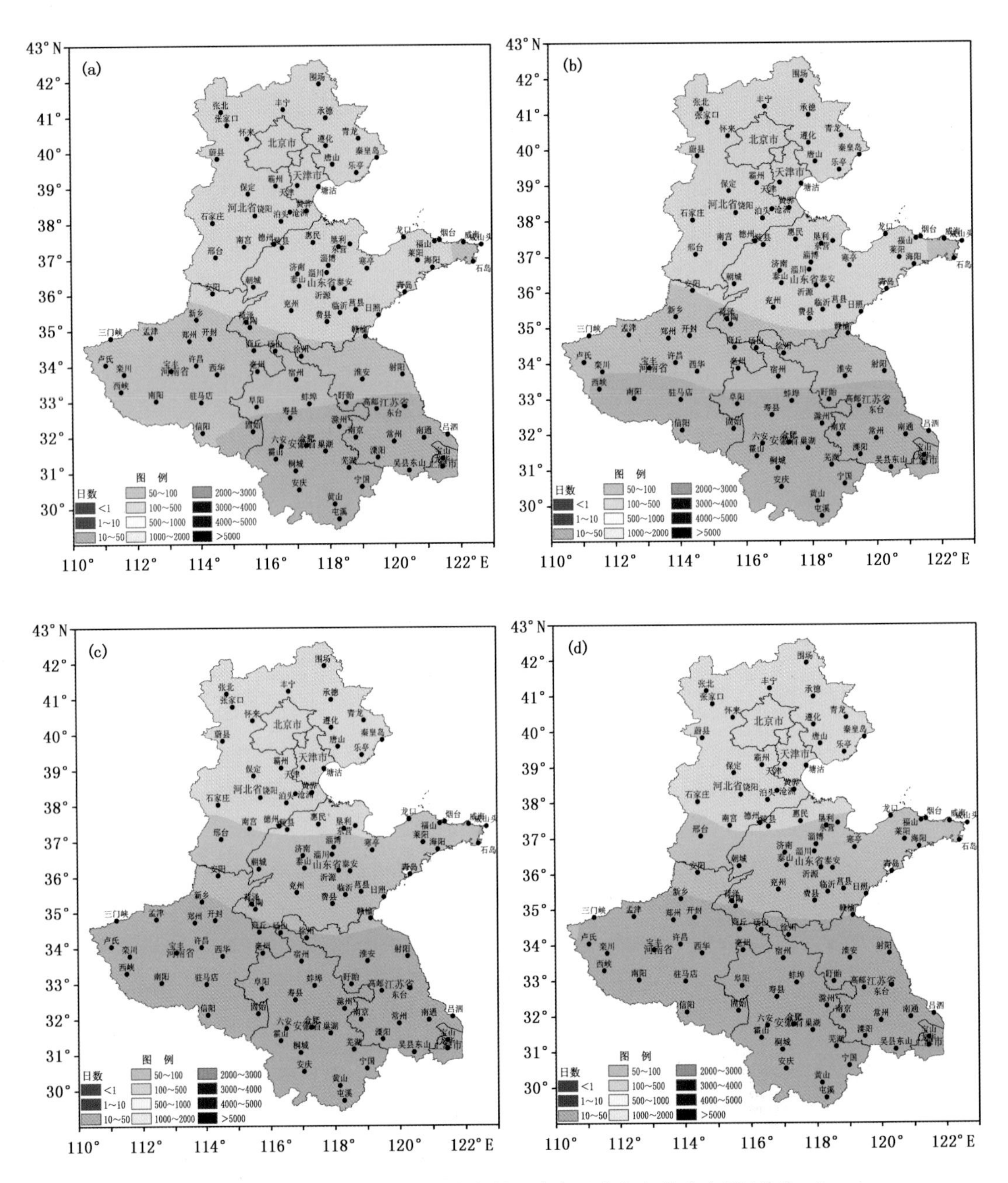

图 2.64　日光温室芹菜苗期中度低温冷害日数各年代分布图(单位:d)
(a. 20 世纪 70 年代、b. 20 世纪 80 年代、c. 20 世纪 90 年代、d. 21 世纪前 10 年)

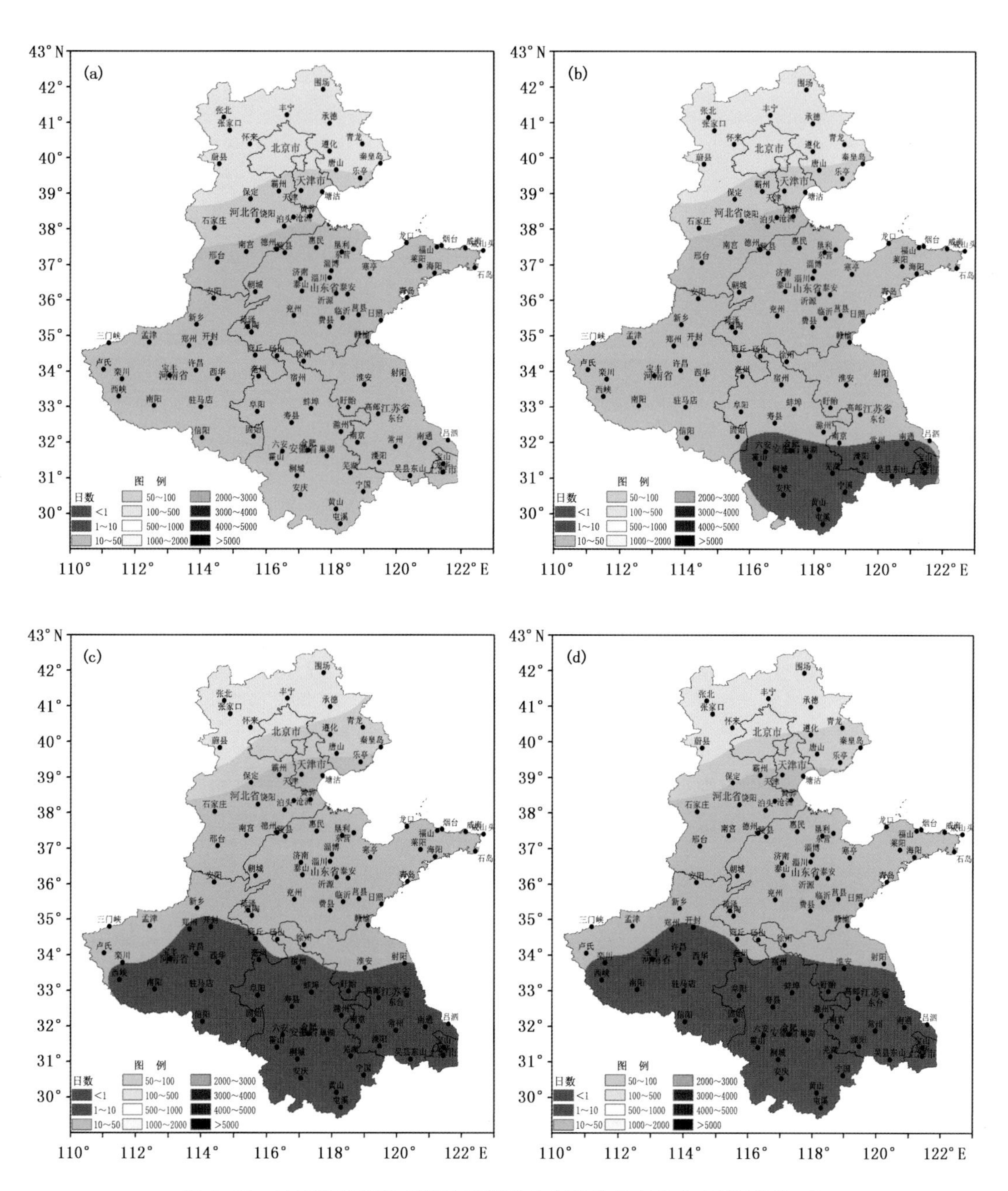

图 2.65　日光温室芹菜苗期重度低温冷害日数各年代分布图(单位:d)
(a. 20 世纪 70 年代、b. 20 世纪 80 年代、c. 20 世纪 90 年代、d. 21 世纪前 10 年)

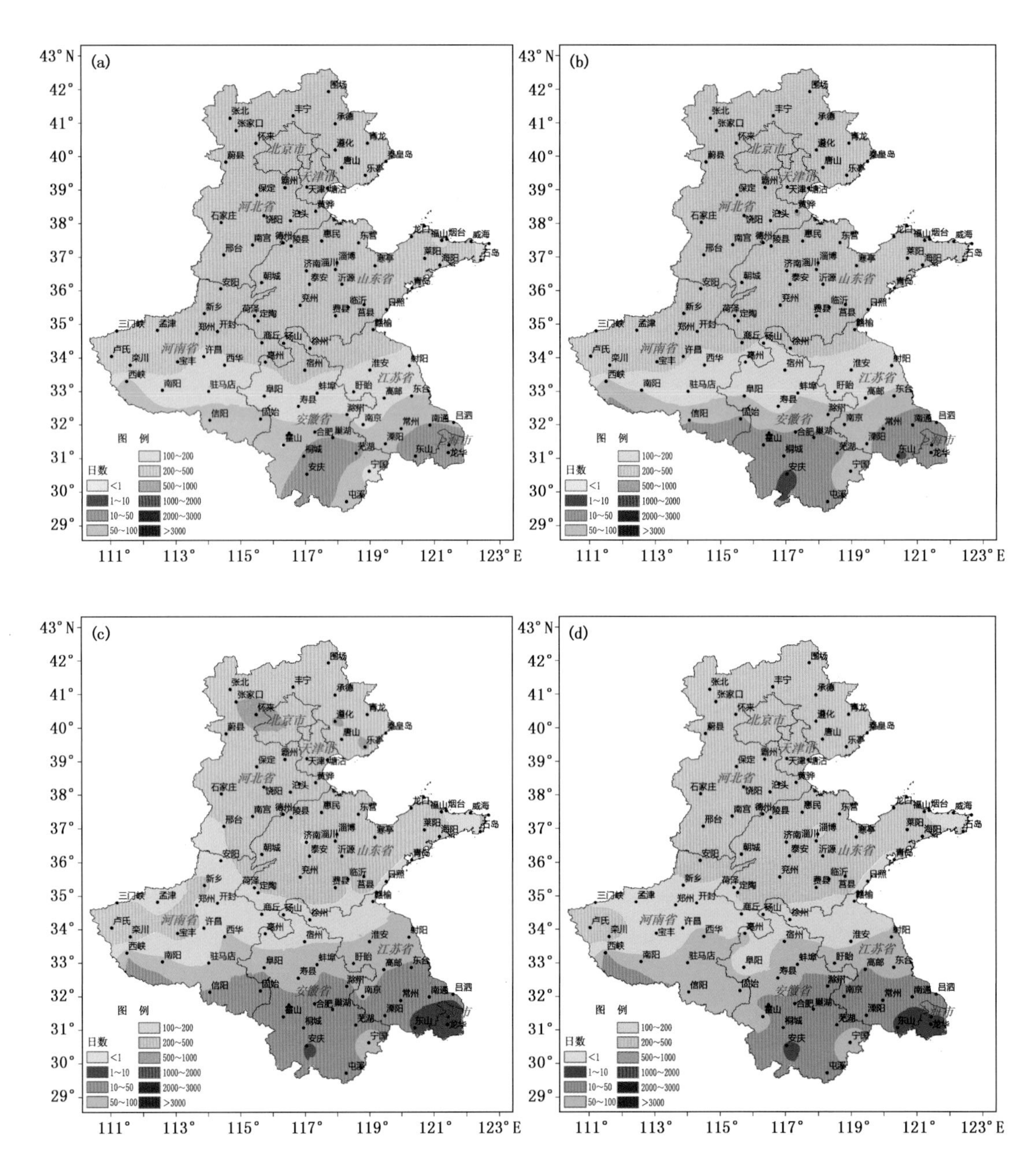

图 2.66　日光温室芹菜丛叶期轻度低温冷害日数各年代分布图(单位:d)
(a. 20 世纪 70 年代、b. 20 世纪 80 年代、c. 20 世纪 90 年代、d. 21 世纪前 10 年)

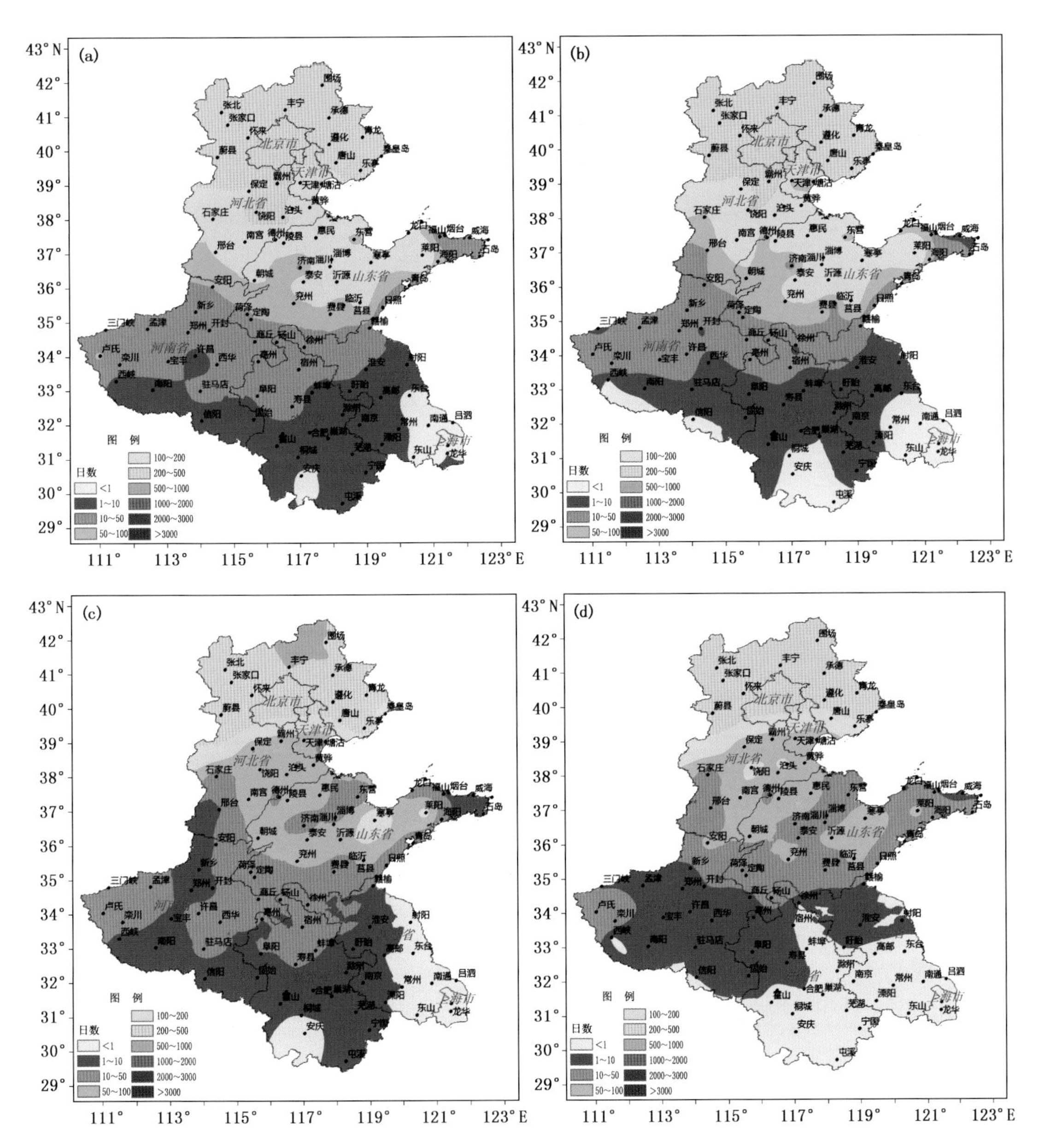

图 2.67　日光温室芹菜丛叶期中度低温冷害日数各年代分布图(单位:d)
(a. 20 世纪 70 年代、b. 20 世纪 80 年代、c. 20 世纪 90 年代、d. 21 世纪前 10 年)

从各年代日光温室芹菜重度低温冷害总日数分布图(图 2.68)上看,相对于其他程度的低温冷害而言,芹菜重度低温冷害发生的日数较少,大部分地区在 10 d 以下,仅河北北部地区在 100 d 以上。

随着年代的推移,100 d 以上的地区逐渐减少,10 d 以下的范围逐渐扩大,芹菜发生重度低温冷害的总日数呈减少趋势。

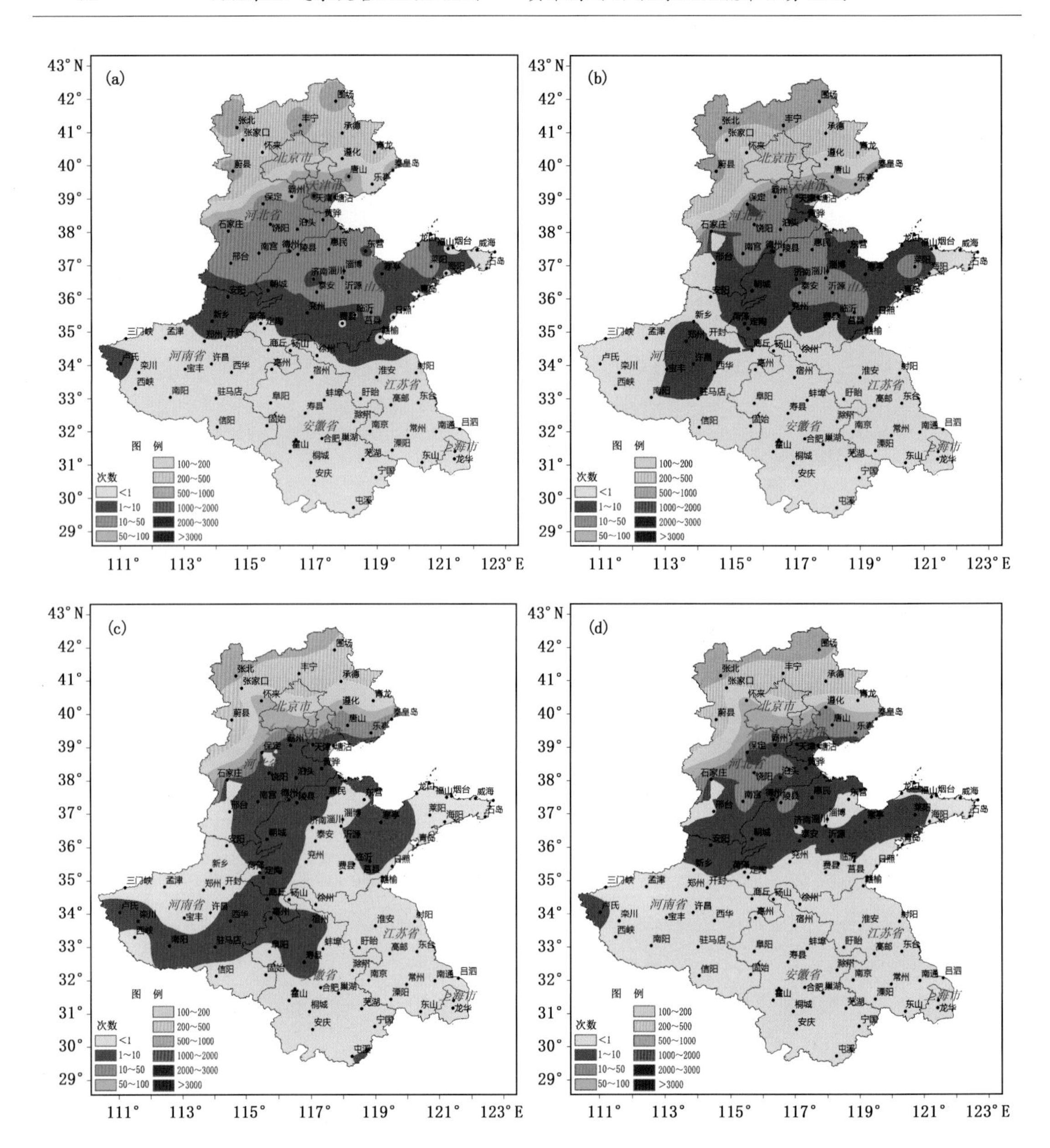

图 2.68　日光温室芹菜丛叶期重度低温冷害日数各年代分布图(单位:d)

(a. 20 世纪 70 年代、b. 20 世纪 80 年代、c. 20 世纪 90 年代、d. 21 世纪前 10 年)

总体看来,河北北部地区日光温室芹菜丛叶期轻度、中度和重度低温冷害的发生日数均较多;其他地区除河南、安徽、江苏和上海外,以轻度低温冷害的发生为主,随着年代的推移,各灾害发生较多的区域范围逐渐缩小。

3)日光温室芹菜低温冷害 40 年来总日数分布规律

①日光温室芹菜苗期低温冷害 40 年来总日数分布规律

研究表明,七省(市)日光温室芹菜苗期发生轻度低温冷害的总日数分布为:栾川—郑州—开封—商丘—砀山—徐州—赣榆一线以北在 500～1000 d;此线以南在 100～500 d。

发生中度低温冷害总日数分布为:邢台—济南—淄川—寒亭一线以南在500 d以下,其中安徽和江苏部分以及上海大部分地区在50~100 d;此线以北在500 d以上,其中河北和北京北部地区在1000~2000 d。

发生重度低温冷害总日数分布为:山东部分、河北大部以及北京和天津地区在100 d以上,其中河北北部和北京北部地区在500~1000 d;其他地区在100 d以下。

综合分析日光温室芹菜苗期低温冷害40年来总日数分布规律(图2.69)可知,研究区北部地区日光温室芹菜轻度、中度和重度低温冷害的发生日数均较多;河北大部和山东大部分地区中度和轻度灾害的发生日数较多;河南、安徽北部和江苏北部以轻度低温冷害为主。

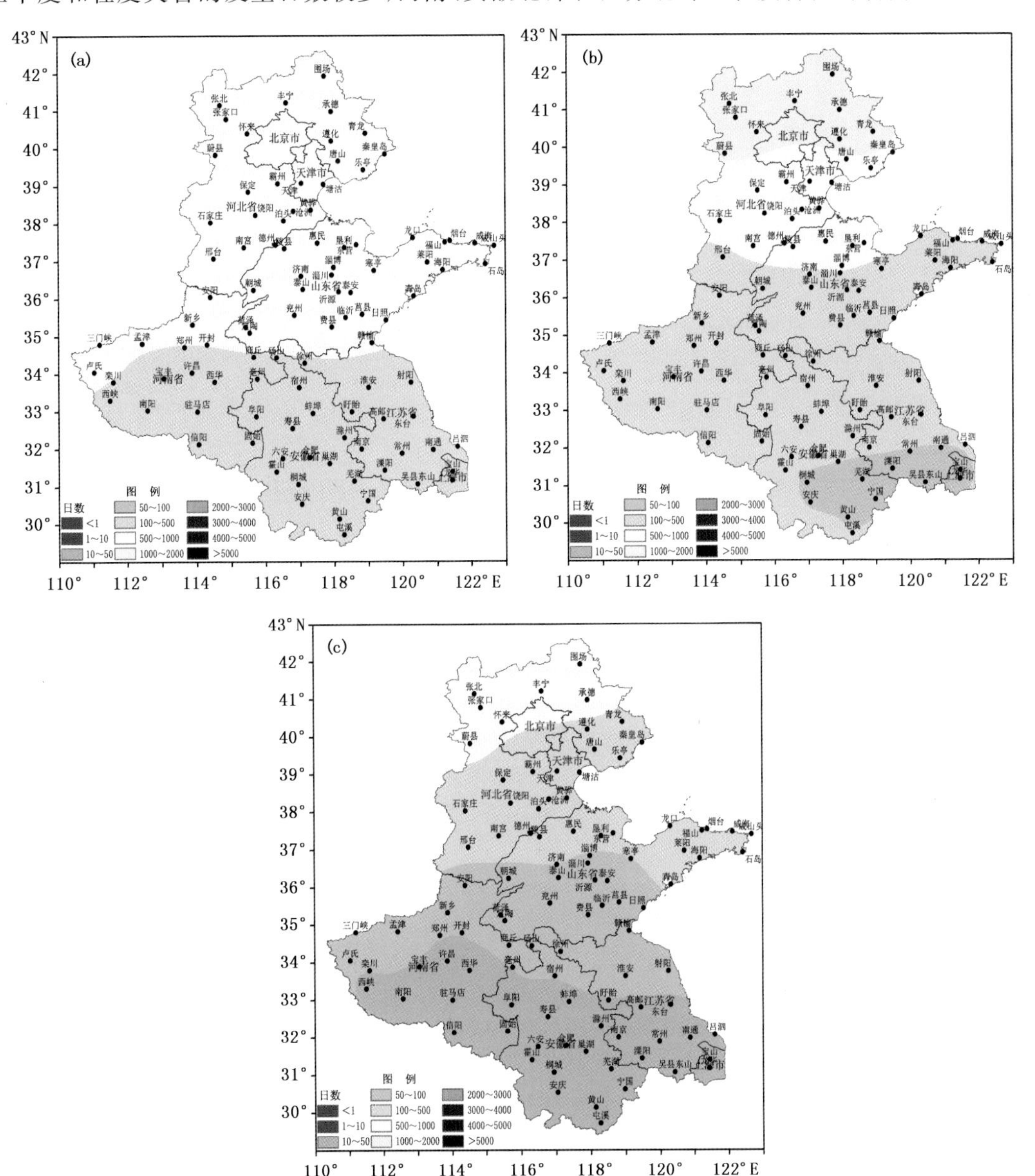

图2.69 日光温室芹菜苗期低温冷害40年来总日数分布图(单位:d)
(a.轻度、b.中度、c.重度)

②日光温室芹菜丛叶期低温冷害40年来总日数分布规律

研究表明，七省(市)日光温室芹菜丛叶期发生轻度低温冷害的总日数分布为：西峡—南阳—驻马店—阜阳—淮安—射阳一线以北在500～2000 d；此线以南在500 d以下，其中安徽和江苏南部局部地区在100 d以下。

发生中度低温冷害总日数分布为：河北和山东大部分地区在200 d以上，其中河北北部地区在1000～2000 d；西峡—宝丰—郑州—开封—亳州—徐州—赣榆一线以南以及山东半岛局部地区在50 d以下，其中安徽和江苏南部局部地区在1 d以下；其他地区在50～200 d。

发生重度低温冷害总日数分布为：石家庄—保定—霸州—天津—塘沽一线以北在100 d以上，其中北部边界地区可达2000 d以上；其他地区在100 d以下，安阳—菏泽—兖州—临沂—日照一线以南以及半岛局部地区在10 d以下；其他地区在10～100 d。

综合分析日光温室芹菜低温冷害40年来总日数分布规律(图2.70)可知，河北北部地区日光温室芹菜轻度、中度和重度低温冷害的发生日数均较多；河北大部和山东大部分地区中度和轻度灾害的发生日数较多；河南、安徽北部和江苏北部轻度低温冷害的发生日数较多。

(2)日光温室芹菜低温冷害风险区划

1)日光温室芹菜低温冷害各季节风险区划

①日光温室芹菜苗期低温冷害各季节风险区划

从日光温室芹菜苗期轻度低温冷害风险季节分布图(图2.71)上看，春、秋两季研究区域均为低风险区；除秋季张北、丰宁、围场等地风险值在0.1～0.15外，其他地区春、秋两季风险值均在0.1以下。

冬季驻马店—宿州—淮安—射阳一线以南为低风险区，此线以北河北局部以及天津南部地区为高风险区，风险值在0.4～0.5，其他地区为中风险区。

日光温室芹菜苗期在春、秋两季发生轻度低温冷害的风险较小；但在冬季发生风险较大，且北部地区风险值大于南部地区。

从日光温室芹菜中度低温冷害风险季节分布图(图2.72)上看，春、秋两季研究区域均为低风险，其中大部分区域风险值均低于0.05，河北北部地区风险值可达0.05～0.1。

冬季风险呈现北部高、南部低的分布，石家庄—南宫—东营一下以北为中风险区，此线以南为低风险区。

日光温室芹菜在春、秋两季发生中度低温冷害的风险较小；但在冬季，山东部分、河北大部以及北京、天津等地发生的风险较大。

从日光温室芹菜苗期重度低温冷害风险季节分布图(图2.73)上看，春、秋两季研究区域均为低风险区，风险均低于0.05。

冬季风险呈现北部高、南部低的分布，河北北部边界地区为中风险区，风险值在0.2～0.3，其他地区均为低风险区。

日光温室芹菜苗期在春、秋两季发生重度低温冷害的风险较小；在冬季，河北北部边界地区发生的风险大。

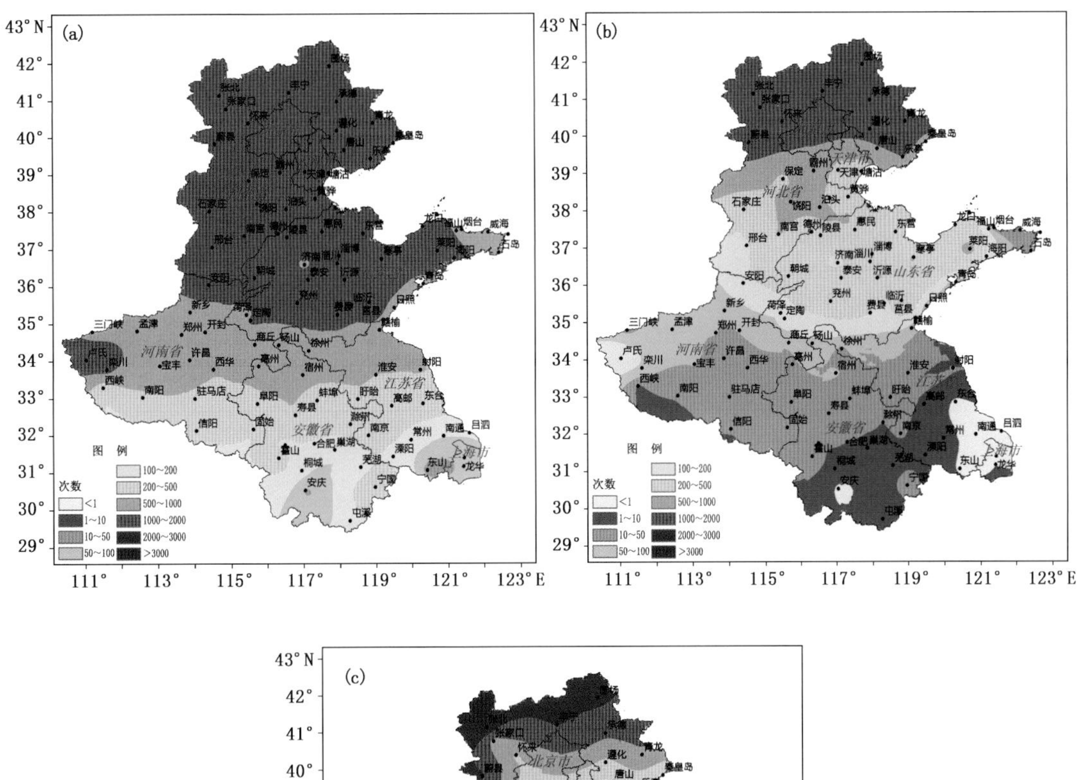

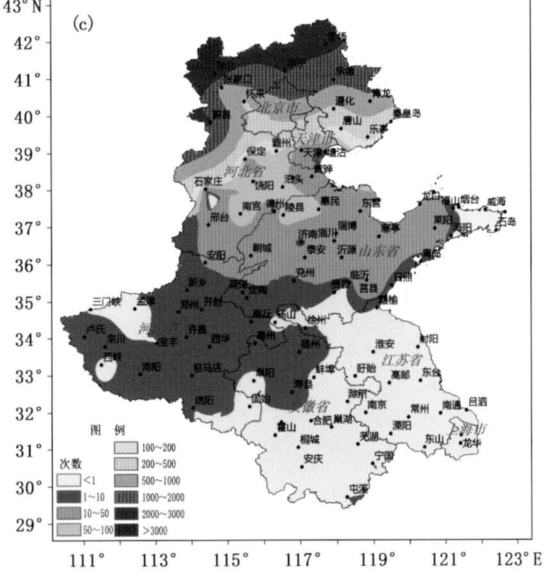

图 2.70　日光温室芹菜丛叶期低温冷害 40 年来总日数分布图(单位:d)
(a. 轻度、b. 中度、c. 重度)

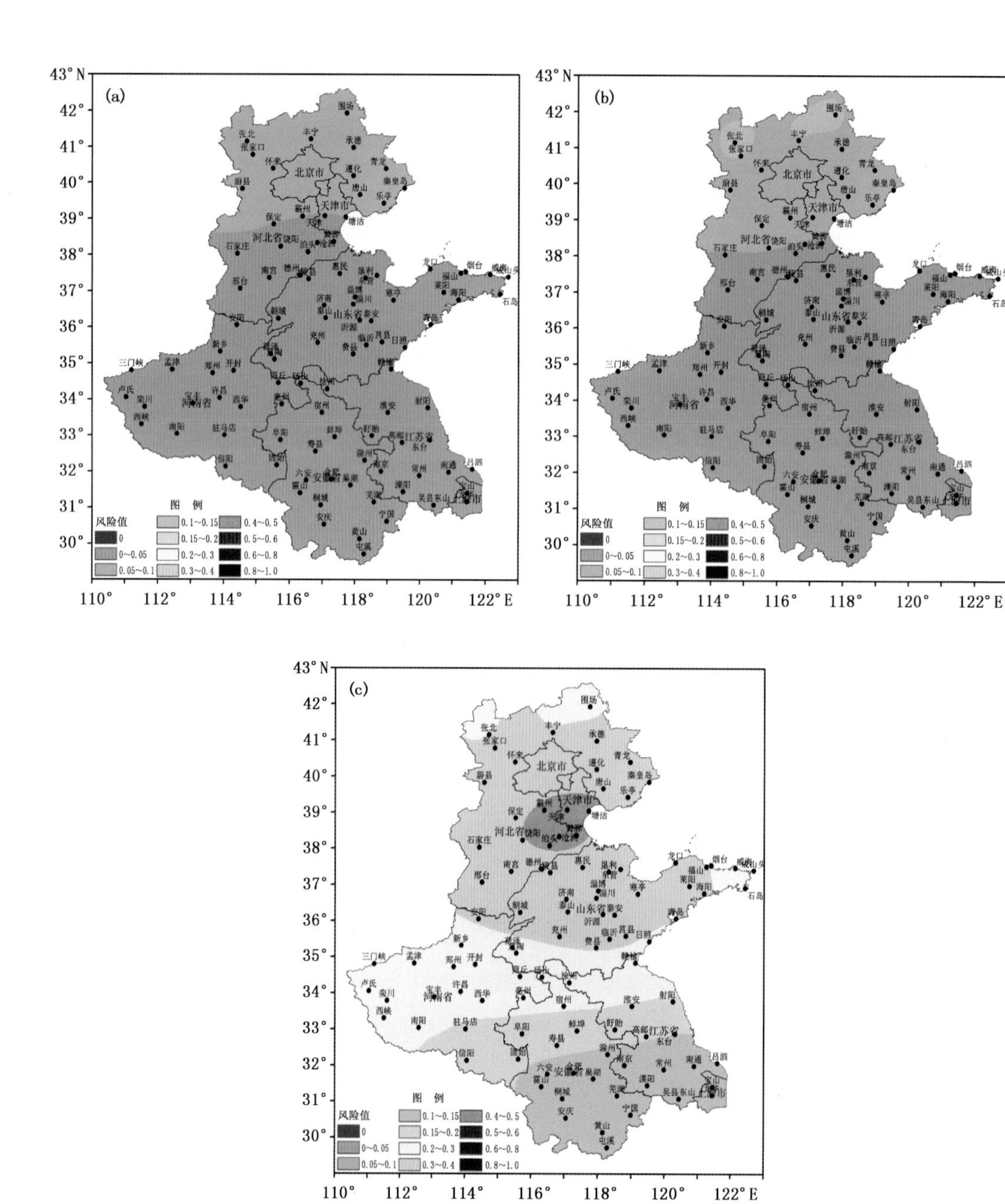

图 2.71　日光温室芹菜苗期轻度低温冷害各季节风险分布图
(a. 春季、b. 秋季、c. 冬季)

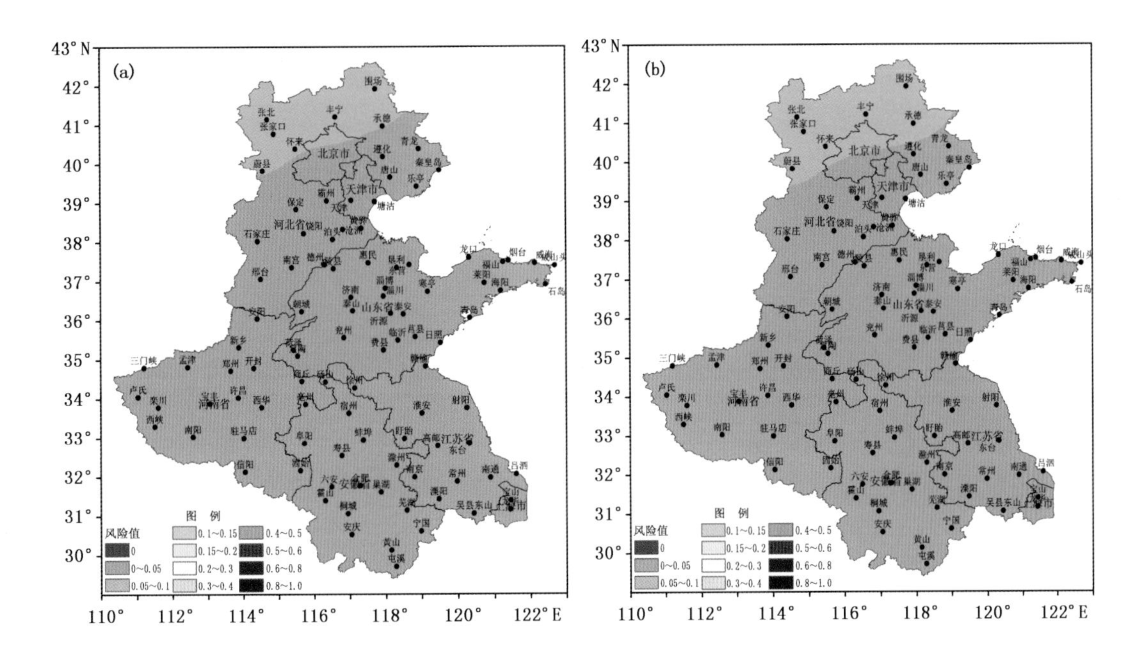

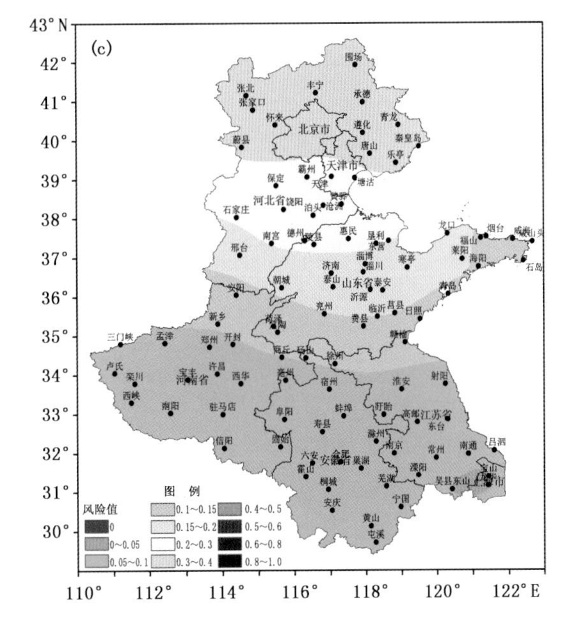

图 2.72　日光温室芹菜苗期中度低温冷害各季节风险分布图

（a. 春季、b. 秋季、c. 冬季）

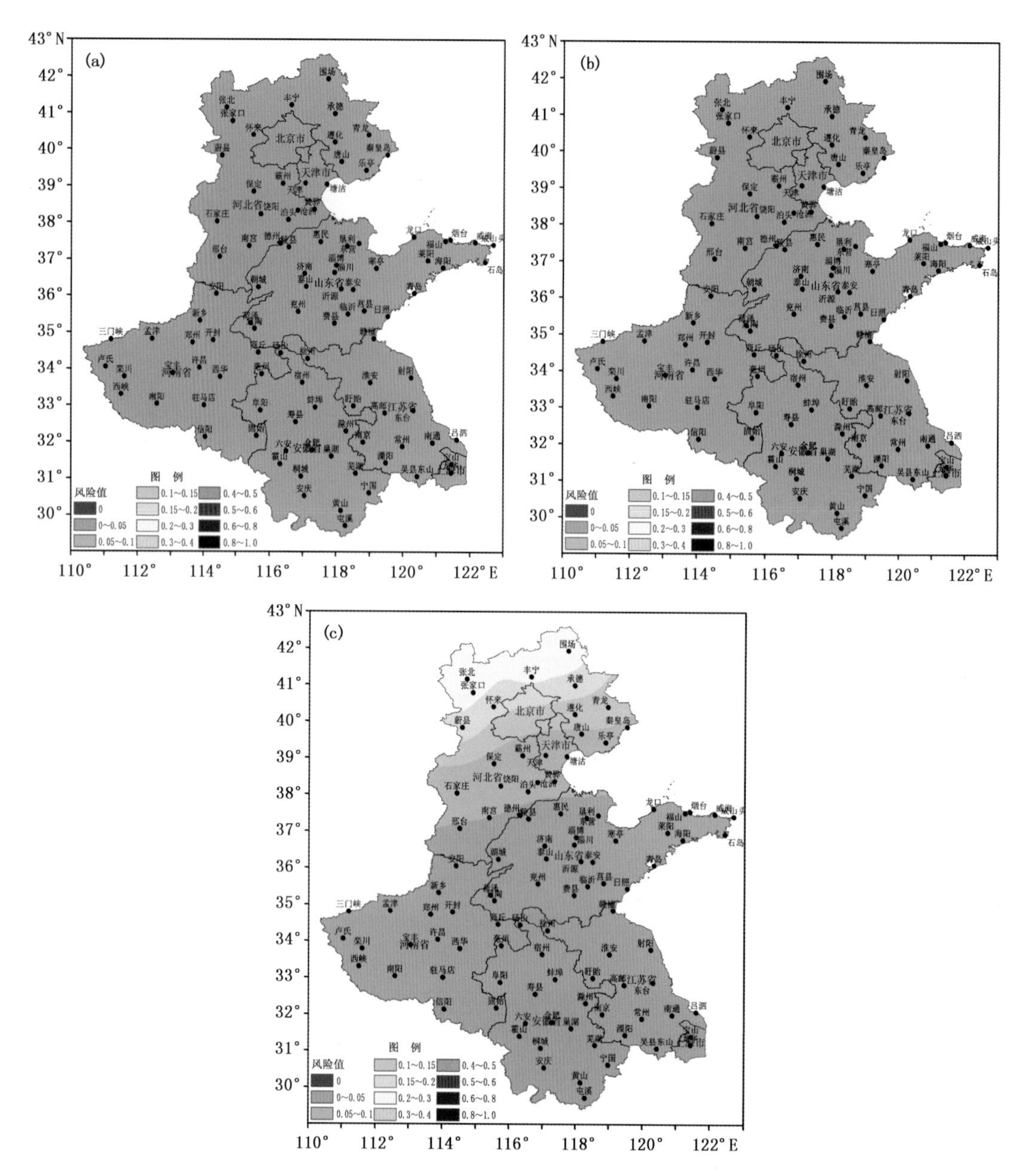

图 2.73　日光温室芹菜苗期重度低温冷害各季节风险分布图

(a. 春季、b. 秋季、c. 冬季)

总体看来，春、秋两季研究区日光温室芹菜苗期不易发生低温冷害；冬季河北北部地区轻度、中度和重度低温冷害均易发生；其他地区以轻度和中度低温冷害为主。

②日光温室芹菜丛叶期低温冷害各季节风险区划

从日光温室芹菜丛叶期轻度低温冷害风险季节分布图（图 2.74）上看，春、秋两季研究区域均为低风险区，其中大部分区域风险均低于 0.05，河北北部地区风险值可达 0.15～0.2。

冬季风险呈现中部高、南部和北部均相对较低的分布，其中河北环渤海地区风险值可达 0.4～0.5，为重风险区；河南北部、山东全部和河北大部区域为中风险区；河北北部、河南南部、安徽大部、江苏大部和上海为低风险区。

日光温室芹菜丛叶期在春、秋两季发生轻度低温冷害的风险较小；但在冬季，除河北北部边界、河南南部、安徽大部、江苏大部和上海地区以外，其他地区发生轻度低温冷害的风险较大。

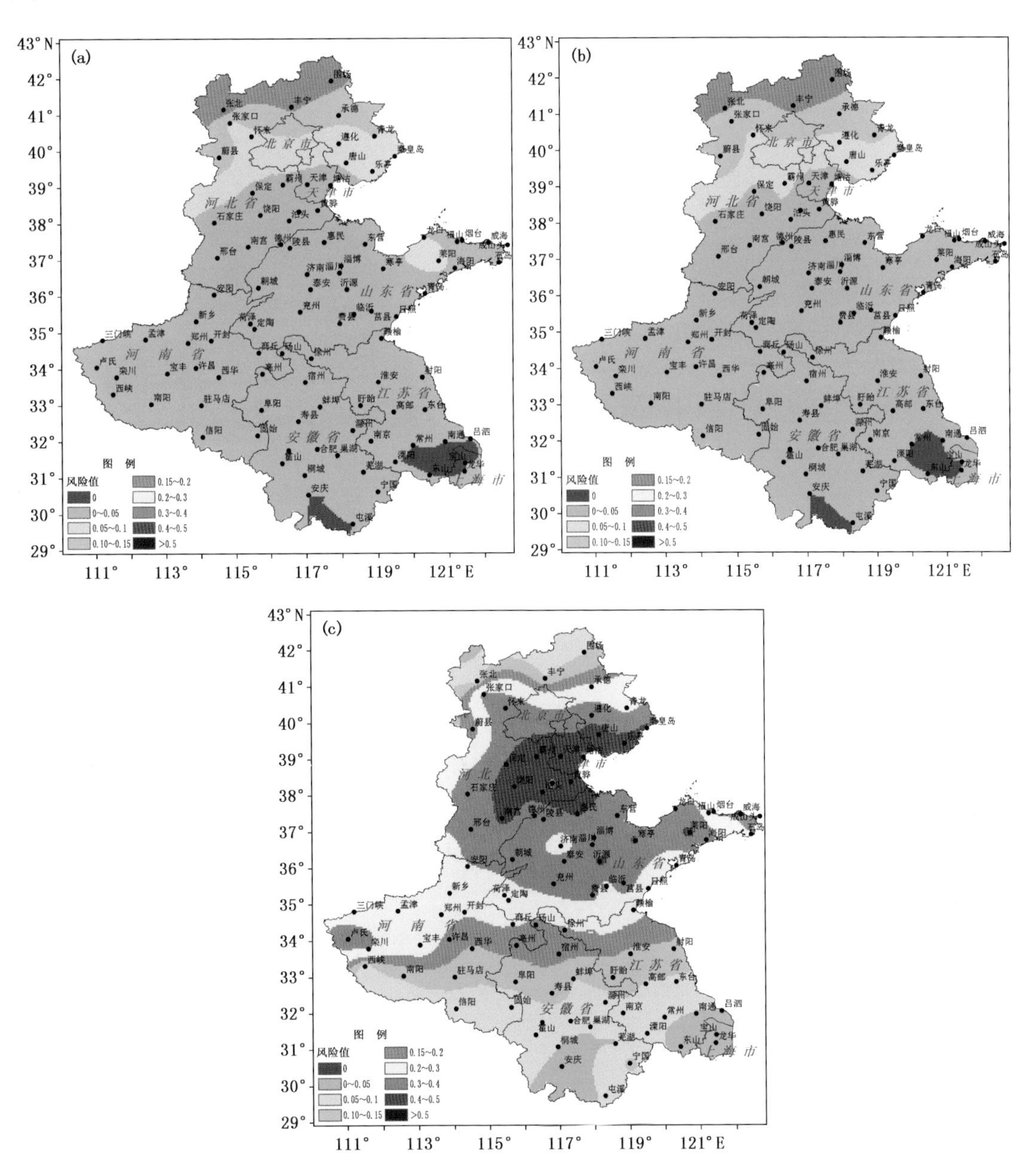

图 2.74　日光温室芹菜丛叶期轻度低温冷害各季节风险分布图

(a. 春季、b. 秋季、c. 冬季)

从日光温室芹菜丛叶期中度低温冷害风险季节分布图(图 2.75)上看，春、秋两季研究区域均为低风险区，其中大部分区域风险均低于 0.05，河北北部地区风险值可达 0.1～0.15。

冬季风险呈现北部高、南部低的分布，河北北部为中风险区，其中承德地区为重风险区，风险值在0.4～0.5；其余部分为低风险区。

日光温室芹菜丛叶期在春、秋两季发生中度低温冷害的风险较小；但在冬季，河北北部地区发生的风险较大。

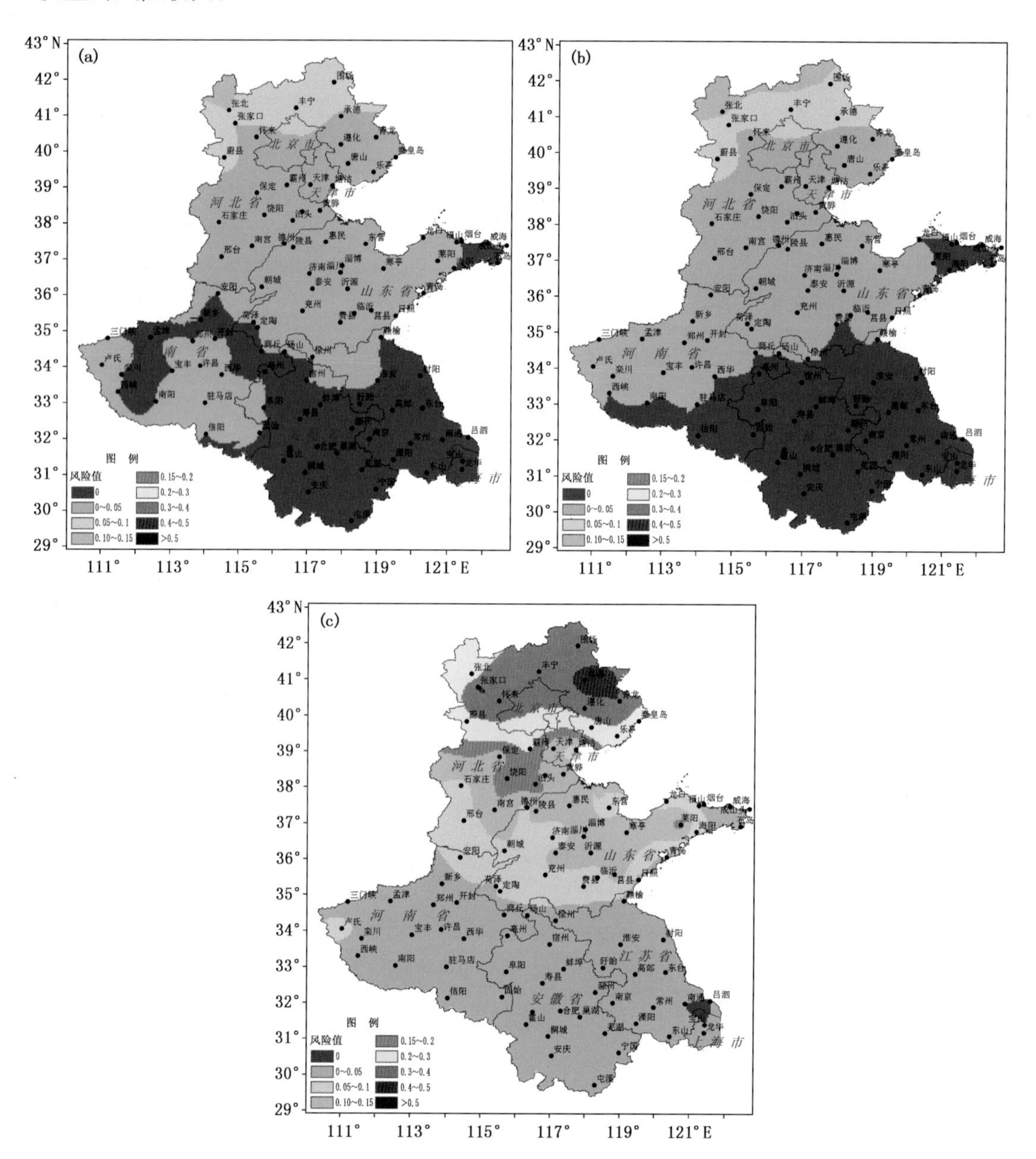

图2.75　日光温室芹菜丛叶期中度低温冷害各季节风险分布图
（a. 春季、b. 秋季、c. 冬季）

从日光温室芹菜重度低温冷害风险季节分布图（图2.76）上看，春、秋两季研究区域均为低风险区，其中大部分区域风险均低于0.05，河北北部地区风险值可达0.1～0.15。

冬季风险呈现北部高、南部低的分布，河北北部为中风险区，其中北部边界地区为重风险区，风险值在 0.4～0.5；其余部分为低风险区。

日光温室芹菜在春、秋两季发生重度低温冷害的风险较小；在冬季，河北北部边界地区发生的风险大。

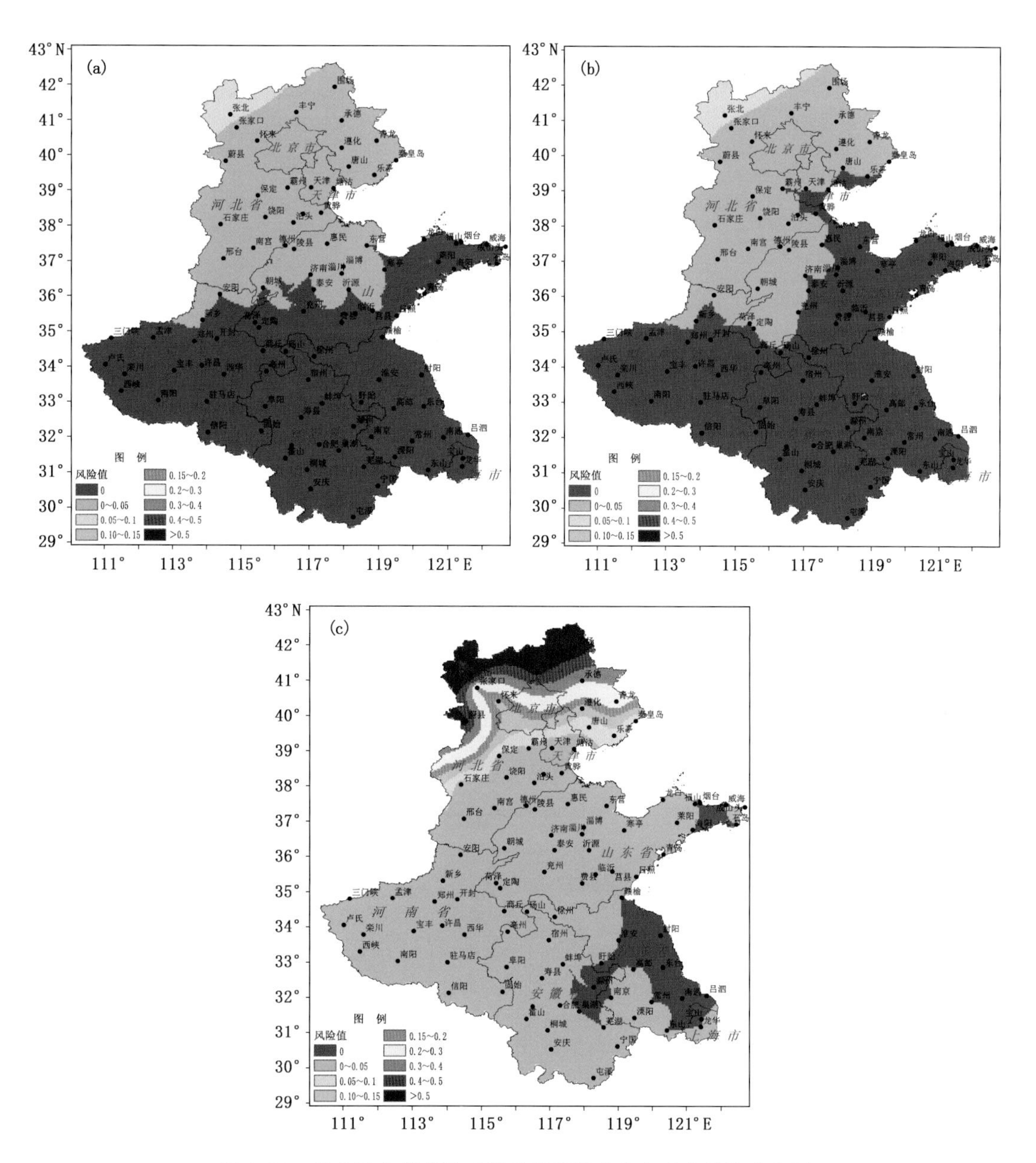

图 2.76　日光温室芹菜丛叶期重度低温冷害各季节风险分布图
（a. 春季、b. 秋季、c. 冬季）

总体看来，春、秋两季研究区日光温室芹菜不易发生低温冷害；冬季河北北部地区轻度、中度和重度低温冷害均易发生；其他地区除河南南部、安徽大部、江苏大部和上海地区以外，易发生轻度低温冷害。

2)日光温室芹菜低温冷害各年代风险区划

①日光温室芹菜苗期低温冷害各年代风险区划

从各年代日光温室芹菜苗期轻度低温冷害风险分布图(图 2.77)上看,20 世纪 70 年代,驻马店—阜阳—蚌埠—淮安—射阳一线以南为低风险区;此线以北除河北部分、北京大部以及天津地区为高风险区,风险值在 0.4～0.5 外,其他地区均为中风险区。

20 世纪 80 年代,高风险区域范围扩大,但 90 年代后又逐渐减少,21 世纪前 10 年无高风险区,随着年代的推移,低风险区向北扩展,范围逐渐增加;各地区风险值呈减小趋势。

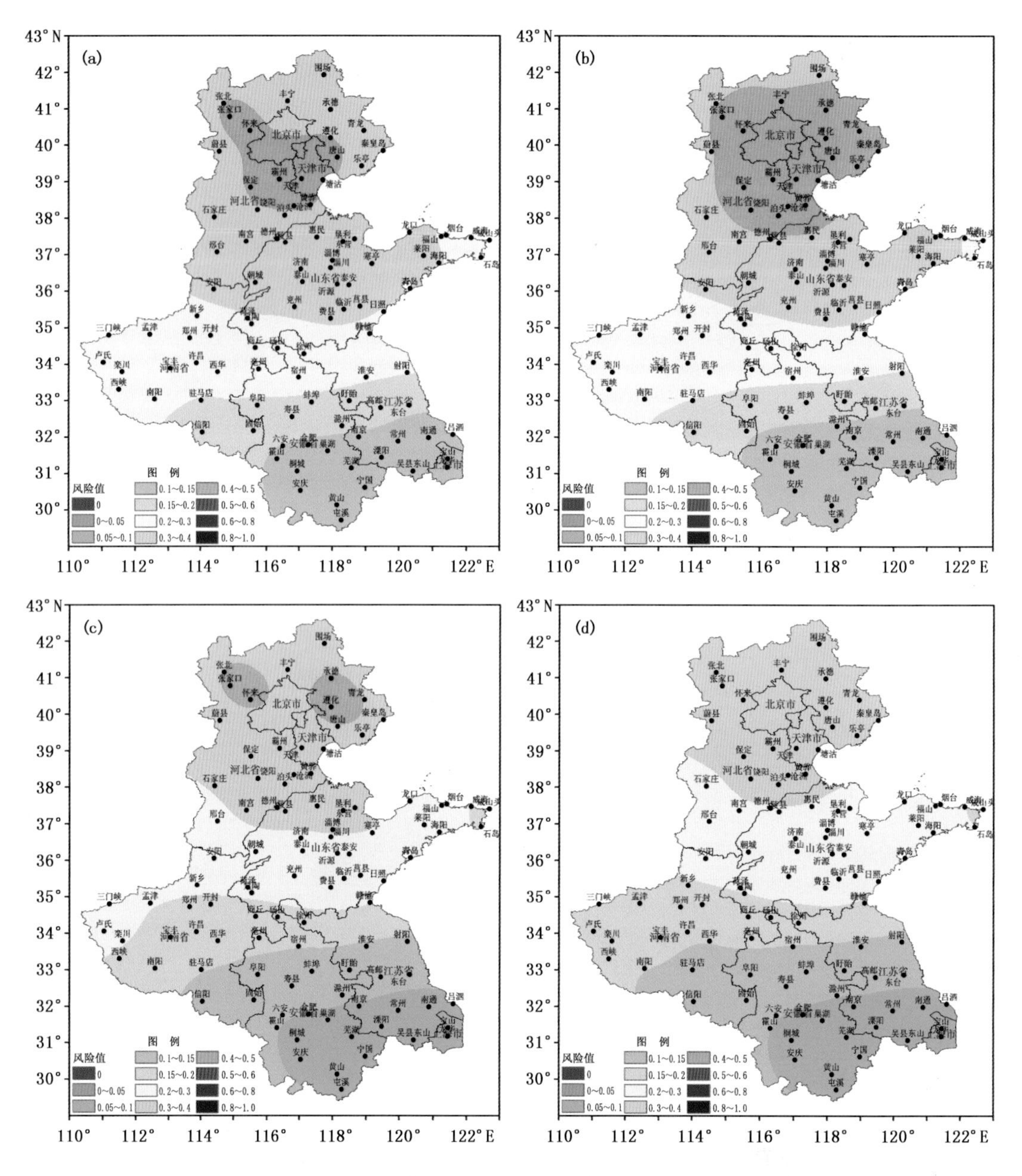

图 2.77　日光温室芹菜苗期轻度低温冷害各年代风险分布图

(a. 20 世纪 70 年代、b. 20 世纪 80 年代、c. 20 世纪 90 年代、d. 21 世纪前 10 年)

从各年代日光温室芹菜中度低温冷害风险分布图(图 2.78)上看，邢台一济南一淄川一寒亭一线以南为低风险区，此线以北除河北北部边界地区为高风险区外，其他地区均为中风险区。

随着年代的推移，低风险区逐渐向北扩展，高风险区范围逐渐缩小，21 世纪前 10 年高风险区消失。各地日光温室芹菜苗期发生低温冷害的风险值呈减小趋势。

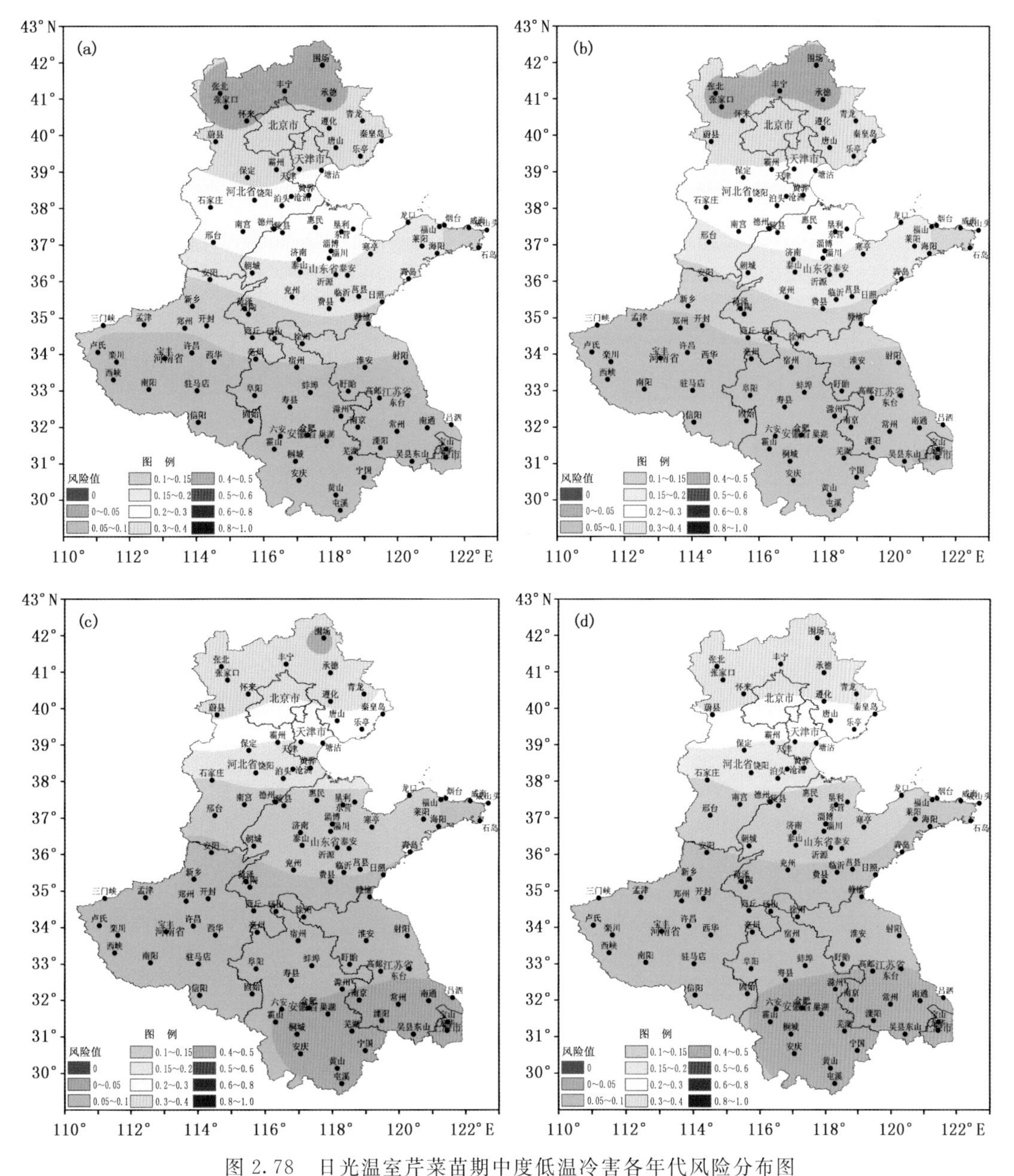

图 2.78　日光温室芹菜苗期中度低温冷害各年代风险分布图

(a. 20 世纪 70 年代、b. 20 世纪 80 年代、c. 20 世纪 90 年代、d. 21 世纪前 10 年)

从各年代日光温室芹菜苗期重度低温冷害风险分布图(图 2.79)上看，20 世纪 70 年代，除河北北部边界地区日光温室芹菜重度低温冷害的发生为中度风险外，其他地区均为低风险区，随着年代的推移，各地风险值呈减小趋势，中风险区域逐渐缩小，到 90 年代，中风险区域消失；

但21世纪前10年，河北张北和围场两地为中风险区，其他地区为低风险区。

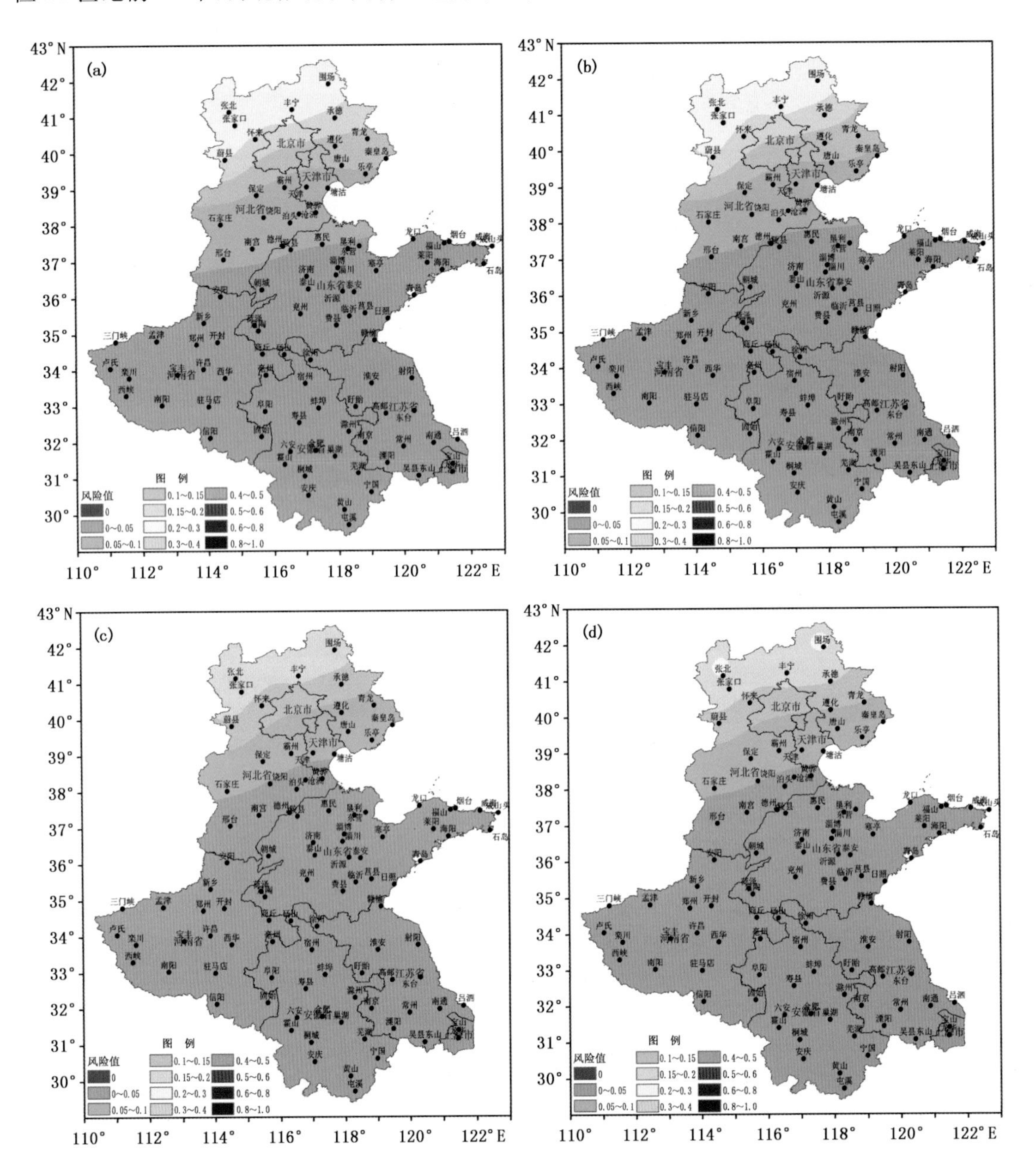

图 2.79　日光温室芹菜苗期重度低温冷害各年代风险分布图

（a. 20世纪70年代、b. 20世纪80年代、c. 20世纪90年代、d. 21世纪前10年）

总体分析可知，各年代北京、天津、河北、山东大部以及河南局部地区，日光温室芹菜易发生轻度低温冷害，其中河北北部地区重度和中度低温冷害发生的可能性也较大；其他地区各类低温冷害的发生风险均较低，随着年代的推移，各灾害易发生区域呈现减少的趋势。

②日光温室芹菜丛叶期低温冷害各年代风险区划

从各年代日光温室芹菜丛叶期轻度低温冷害风险分布图（图 2.80）上看，各年代研究区均为低风险区和中风险区。随着年代的推移,低风险北部边界逐渐向北推移,且低风险的范围逐渐增加,中风险的范围逐渐减少。

中风险区域内,风险值在 0.3～0.4 的区域,与 20 世纪 70 年代相比,80 年代,其范围增大且向东南发展连成一成片区域,山东中部个别站点风险值有所增大;90 年代,该区域向西北方向移动;21 世纪前 10 年,该区域范围明显减少。

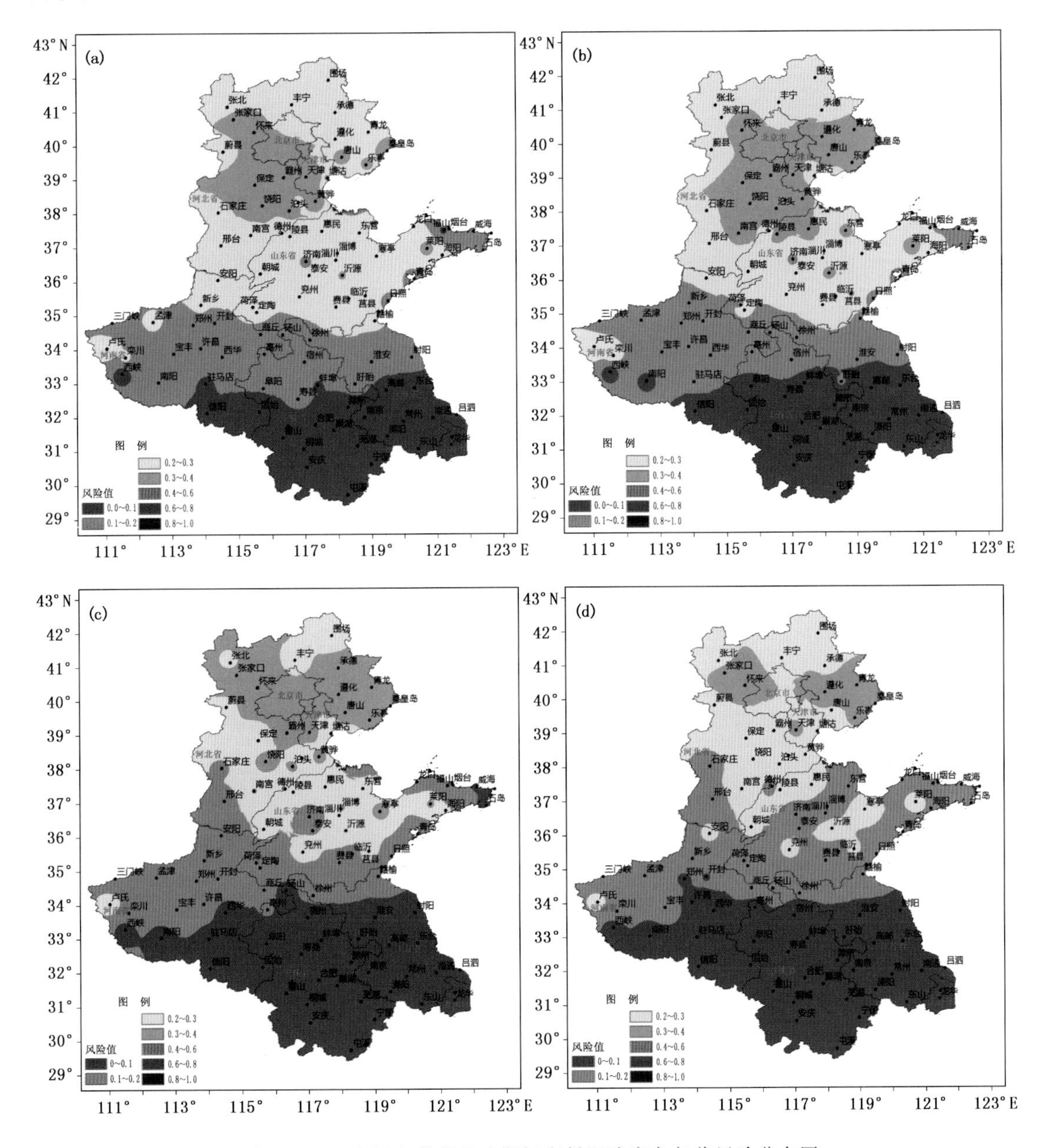

图 2.80　日光温室芹菜丛叶期轻度低温冷害各年代风险分布图

(a. 20 世纪 70 年代、b. 20 世纪 80 年代、c. 20 世纪 90 年代、d. 21 世纪前 10 年)

从各年代日光温室芹菜丛叶期中度低温冷害风险分布图(图 2.81)上看,仅从气象因子考虑,可以认为研究区发生芹菜中度低温冷害的风险较低。

4 个年代研究区风险程度均为低风险区和中风险区，以低风险分布为主，且低风险区域中，零风险或较低风险的区域，随年代范围向北部逐渐增大，而风险值在 0.1～0.2 的低风险区域范围则逐渐减小；随着低风险区域范围的增大，中风险分布区域随着年代的推移逐渐减小，各地日光温室芹菜丛叶期发生低温冷害的风险值呈减小趋势。

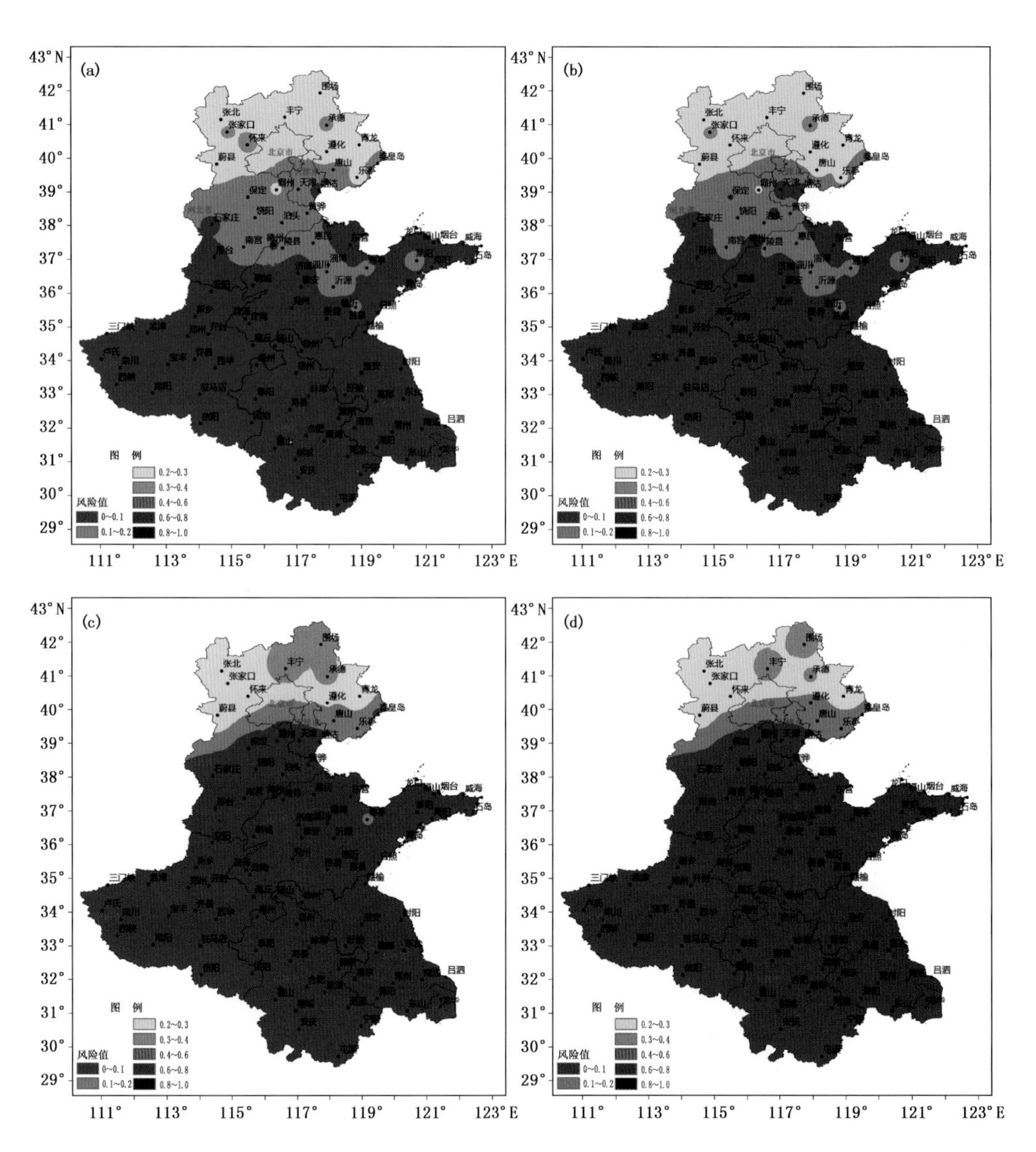

图 2.81 日光温室芹菜丛叶期中度低温冷害各年代风险分布图

(a. 20 世纪 70 年代、b. 20 世纪 80 年代、c. 20 世纪 90 年代、d. 21 世纪前 10 年)

从各年代日光温室芹菜丛叶期重度低温冷害风险分布图(图 2.82)上看，与各年代日光温室芹菜中度低温冷害风险分布相似，芹菜丛叶期重度低温冷害风险分布也是以低风险为主，尤其是零风险或较低风险区域占研究区绝大部分面积。整个研究区发生芹菜重度低温冷害的风险较低，仅最北部的几个地区有中风险分布，且随着年代的发展，中风险区域逐渐减少。

整个研究区发生芹菜重度低温冷害的风险较低，仅最北部的几个地区有中风险分布，随着年代的推移，中风险区域逐渐减少。

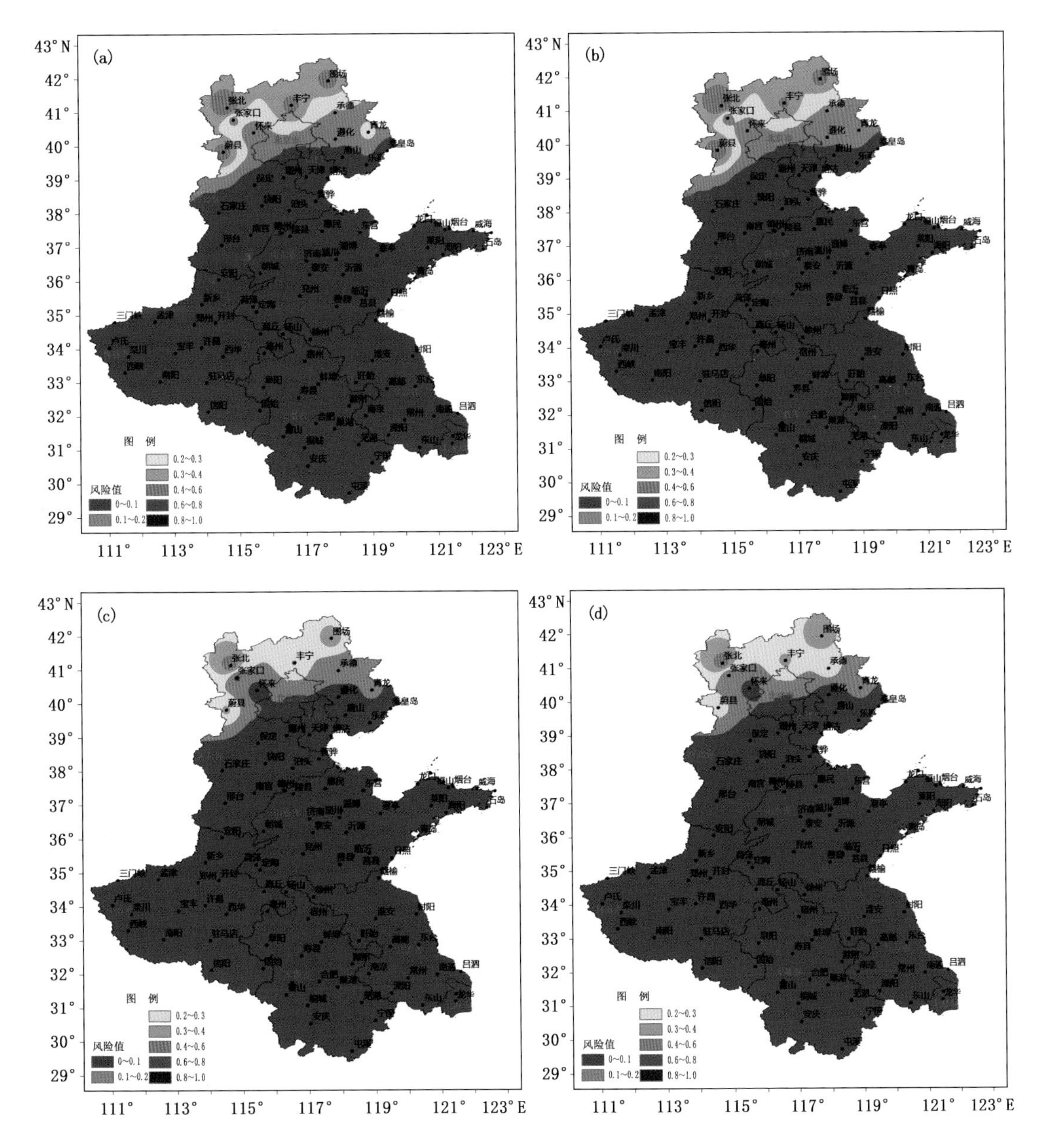

图 2.82　日光温室芹菜丛叶期重度低温冷害各年代风险分布图
（a. 20 世纪 70 年代、b. 20 世纪 80 年代、c. 20 世纪 90 年代、d. 21 世纪前 10 年）

总体分析可知，各年代天津、河北、山东大部以及河南局部地区，日光温室芹菜丛叶期易发生轻度低温冷害，其中河北北部边界地区重度和中度低温冷害发生的可能性较大，随着年代的推移，各灾害易发生区域呈现减少的趋势。

3)日光温室芹菜低温冷害综合风险区划

①日光温室芹菜苗期低温冷害综合风险区划

研究表明,七省(市)日光温室芹菜苗期发生轻度低温冷害的风险分布为:西峡—许昌—亳州—淮安—射阳一线以南为低风险区,此线以北除遵化、唐山和怀来三地为高风险区,风险值在0.4～0.5外,其他地区均为中风险区。

发生中度低温冷害风险分布为:河北大部以及北京、天津地区风险值在0.2以上,其中张北、张家界和围场三地风险值在0.4～0.5,属高风险区;其他地区均为低风险区。

发生重度低温冷害的风险分布为:张北、张家口和围场三地为中风险区,其他地区均为低风险区。

综合分析日光温室芹菜苗期低温冷害综合风险分布图(图2.83)可知,山东和河南地区日光温室芹菜苗期易发生轻度低温冷害;河北大部分地区轻度和中度低温冷害发生风险均较大;其他地区各类风险不易发生。

②日光温室芹菜丛叶期低温冷害综合风险区划

研究表明,七省(市)日光温室芹菜发生轻度低温冷害的风险分布为:整个安徽、江苏和上海地区,山东南部和东部,河南除卢氏、栾川和安阳三地外均为低风险区,其他地区为中风险区。

发生中度低温冷害风险分布为:河北北部地区为中风险区,其他地区为低风险区。

发生重度低温冷害的风险分布为:河北北部局部地区为中风险区和高风险区外,其他大部分地区为低风险区。

综合分析日光温室芹菜丛叶期低温冷害综合风险分布图(图2.84)可知,山东和河北地区日光温室芹菜易发生轻度低温冷害;中度和重度低温冷害则在河北北部地区的发生风险相对较大,其他地区不易发生。

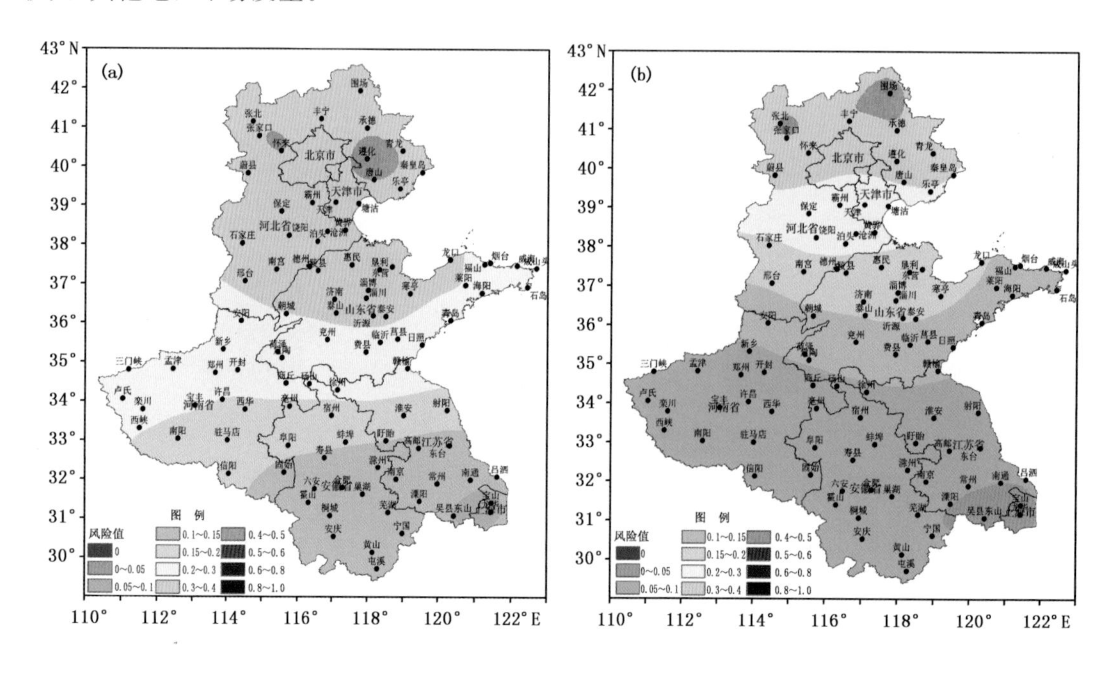

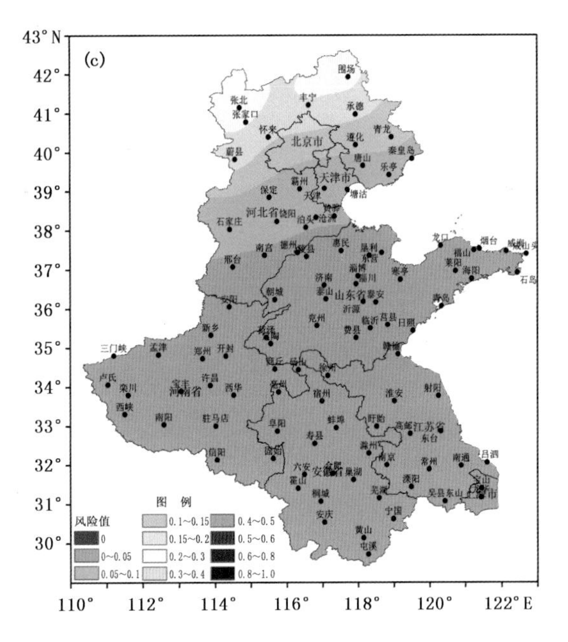

图 2.83　日光温室芹菜苗期低温冷害综合风险分布图

（a. 轻度、b. 中度、c. 重度）

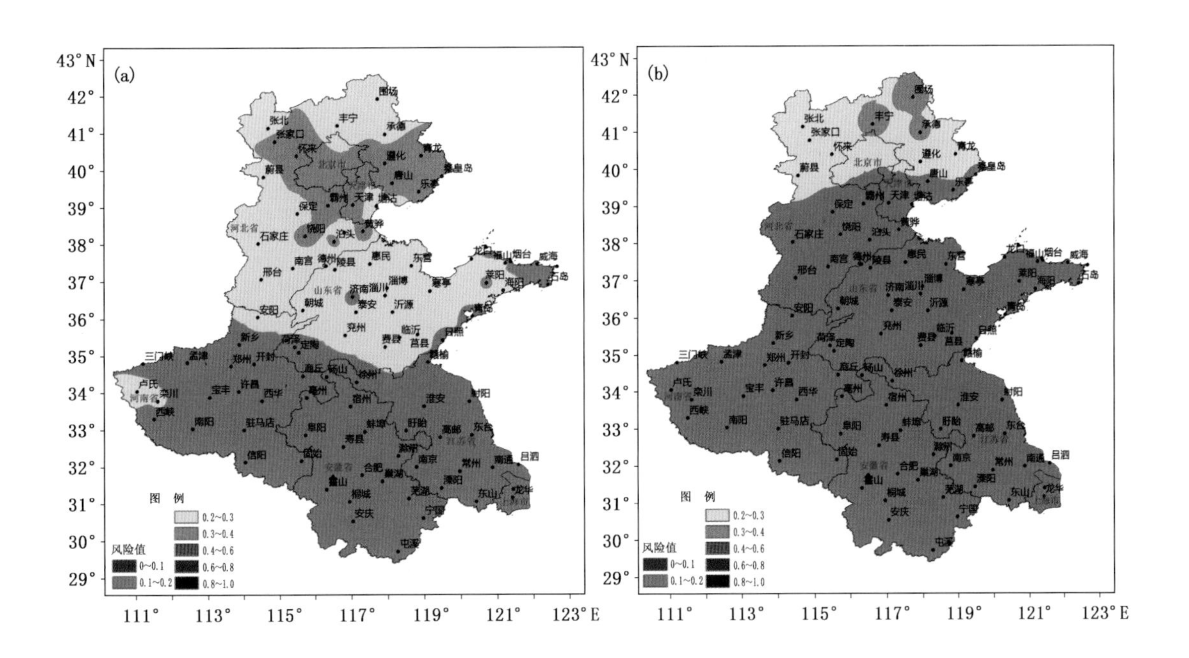

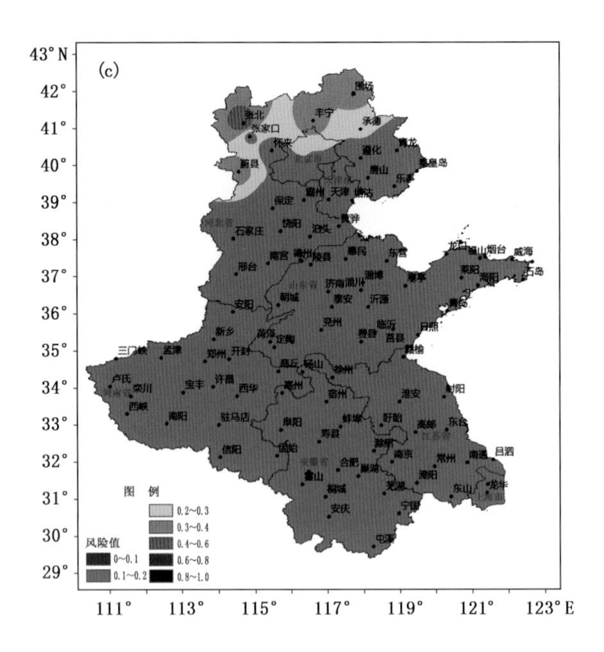

图 2.84 日光温室芹菜丛叶期低温冷害综合风险分布图
(a. 轻度、b. 中度、c. 重度)

2.2 塑料大棚低温冷害

2.2.1 塑料大棚番茄低温冷害分布规律和风险区划

(1)塑料大棚番茄低温冷害分布规律

1)塑料大棚番茄低温冷害各季节分布规律

①塑料大棚番茄苗期低温冷害各季节分布规律

按照塑料大棚番茄苗期低温冷害指标,利用区域内各站点 1971—2010 年 40 年气象观测资料,按春、秋、冬 3 个生长季节,分别统计番茄苗期发生轻、中、重度灾害的总日数。

从塑料大棚番茄苗期轻度低温冷害日数各季节分布图(图 2.85)上看,春、秋、冬 3 个生长季节研究区番茄苗期发生轻度低温冷害总日数均较少,在 1000 d 以下,平均 25 d/a;且冬季日数最少,秋季次之,春季最多。

春季除张北、张家口、怀来、丰宁、蔚县等地在 100～500 d 外,其他地区均在 500～1000 d。

秋季绝大部分区域在 100～500 d,仅三门峡、卢氏、栾川、西峡一带在 500～1000 d。

冬季信阳—阜阳—宿州—赣榆一线以南在 100 d 以上,此线以北在 100 d 以下。

从塑料大棚番茄苗期中度低温冷害日数各季节分布图(图 2.86)上看,塑料大棚番茄中度低温灾害日数明显高于轻度低温冷害。春季驻马店—宿州—淮安—射阳一线以南在 500～1000 d;其他大部分地区在 1000～2000 d。

秋季中度低温冷害日数除河北和天津北部以及北京地区在 1000～2000 d 外,其他地区在 1000 d 以下。

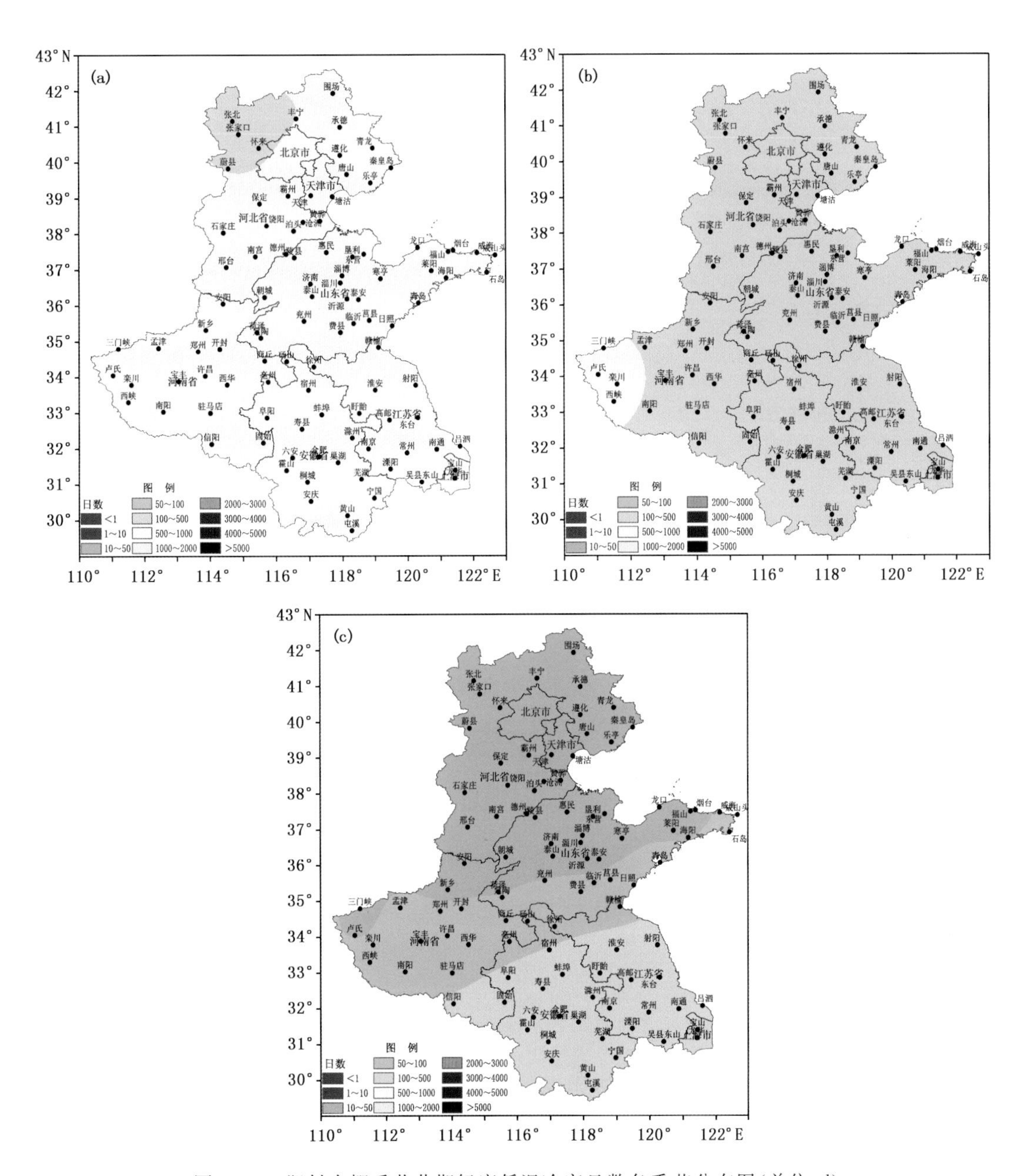

图 2.85　塑料大棚番茄苗期轻度低温冷害日数各季节分布图(单位:d)
(a.春季、b.秋季、c.冬季)

冬季中度低温冷害发生日数南部地区大于北部地区,山东局部、河北大部以及北京、天津地区在 1000 d 以下,其中张北、围场等地在 100～500 d;其他地区在 1000 d 以上,其中安徽和江苏南部以及上海地区在 2000～3000 d。

秋季中度低温冷害发生日数最少,春季次之,冬季最多,且春、秋两季北部地区日数多于南部地区;冬季南部地区发生日数多于北部地区。

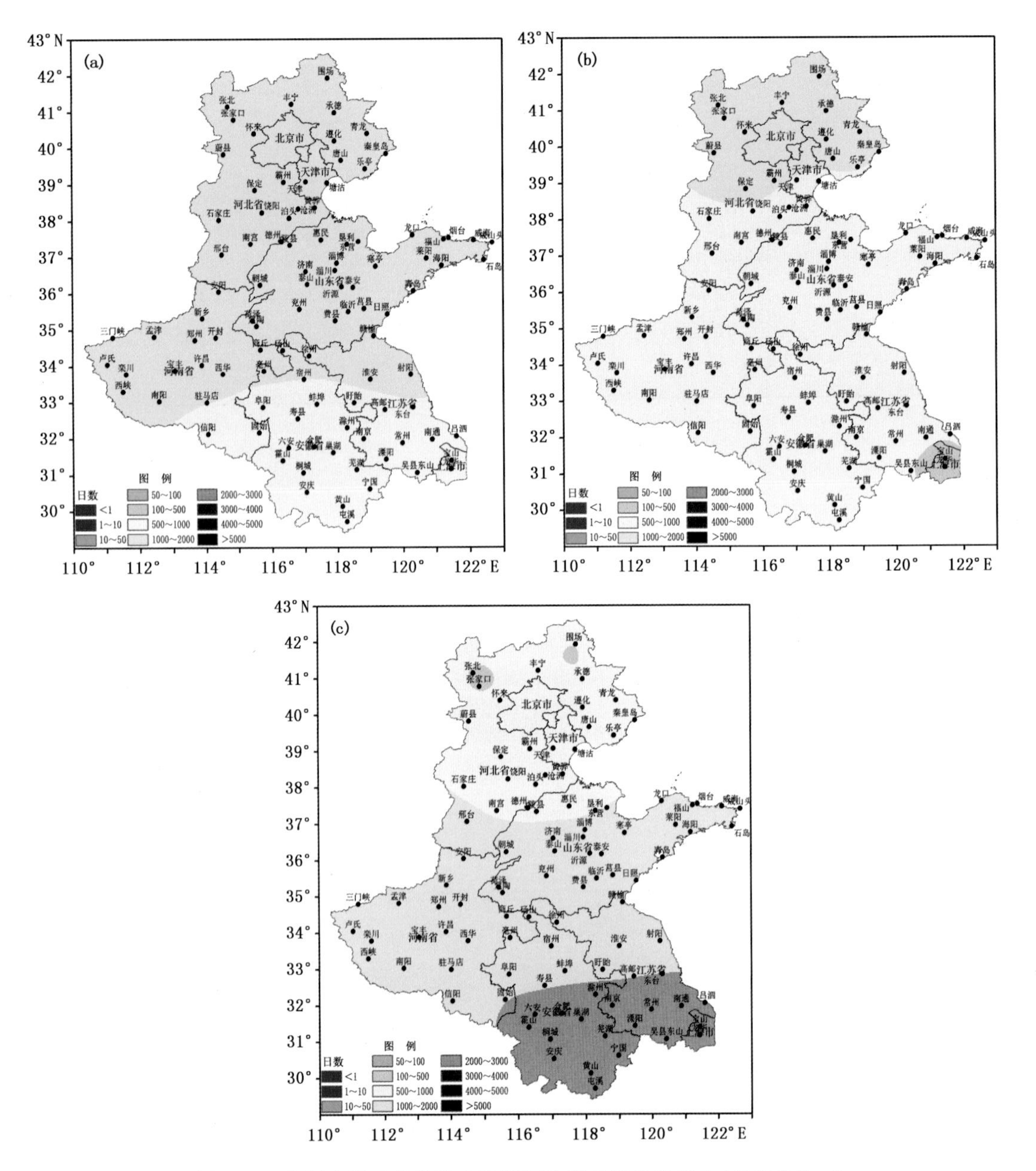

图 2.86　塑料大棚番茄苗期中度低温冷害日数各季节分布图(单位:d)

(a. 春季、b. 秋季、c. 冬季)

从塑料大棚番茄苗期重度低温冷害日数各季节分布图(图 2.87)上看,春、秋两季番茄发生重度低温冷害总日数的分布大体一致,均表现为河北和北京北部地区在 500～1000 d,其他地区在 500 d 以下。

冬季重度低温冷害栾川—郑州—开封—商丘—赣榆一线以南在 1000～2000 d,此线以北在 2000 d 以上,其中北部边界地区在 3000～4000 d 以下;其他地区在 1000～2000 d。

在春、秋两季塑料大棚番茄苗期重度低温冷害的发生日数较少;冬季较多,且北部地区多于南部地区。

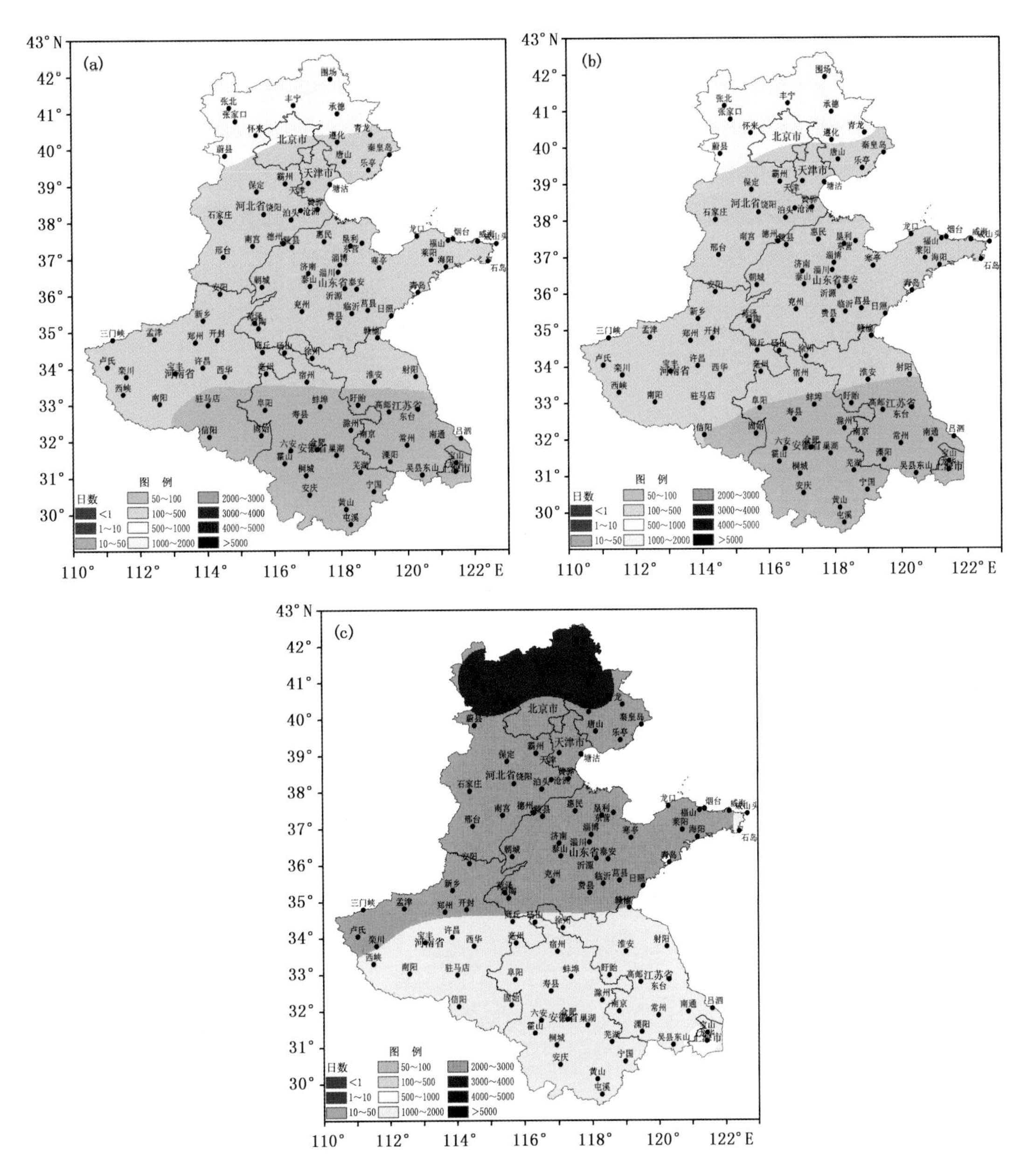

图 2.87　塑料大棚番茄苗期重度低温冷害日数各季节分布图(单位:d)
(a. 春季、b. 秋季、c. 冬季)

总体看来,春、秋两季,塑料大棚番茄苗期多发生中度低温冷害,轻度次之,重度最少,且春季发生日数多于秋季。冬季,重度低温冷害发生日数最多,中度次之,轻度最少;且轻度和中度低温冷害发生日数北部地区少于南部地区;重度低温冷害的发生日数则是北部地区多于南部地区。

②塑料大棚番茄花果期低温冷害各季节分布规律

按照塑料大棚番茄花果期低温冷害指标,利用区域内各站点 1971—2010 年 40 年气象观测资料,按春、秋、冬 3 个生长季节,分别统计番茄花果期发生轻、中、重度灾害的总日数。

从塑料大棚番茄花果期轻度低温冷害日数各季节分布图(图 2.88)上看，春、秋、冬 3 个生长季节研究区番茄花果期发生轻度低温冷害总日数均较少，在 1000 d 以下，平均 25 d/a；且冬季日数最少，秋季次之，春季最多。

春季轻度低温冷害除张北、张家口、怀来、丰宁、蔚县等地在 100～500 d 外，其他地区均在 500～1000 d。

秋季绝大部分区域在 100～500 d，仅三门峡、卢氏、栾川、西峡一带在 500～1000 d。

冬季信阳－阜阳－宿州－赣榆一线以南在 100 d 以上，此线以北在 100 d 以下。

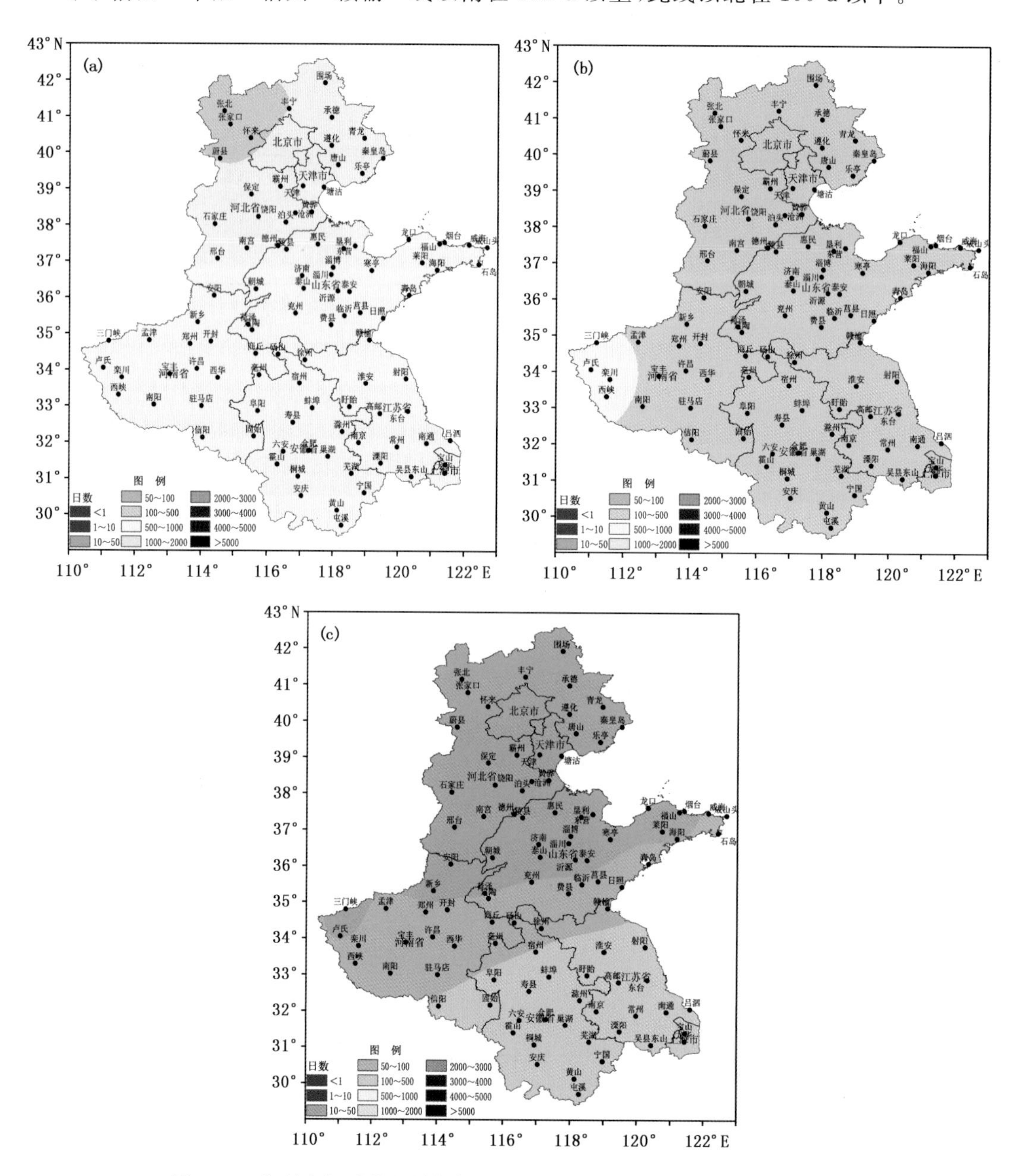

图 2.88 塑料大棚番茄花果期轻度低温冷害日数各季节分布图(单位：d)

(a. 春季、b. 秋季、c. 冬季)

从塑料大棚番茄花果期中度低温冷害日数各季节分布图(图 2.89)上看,塑料大棚番茄花果期中度低温冷害日数各季节均明显多于轻度低温冷害日数。春季信阳—阜阳—蚌埠—盱眙—高邮—东台一线以南在 1000 d 以下;其他大部分地区在 1000～2000 d。

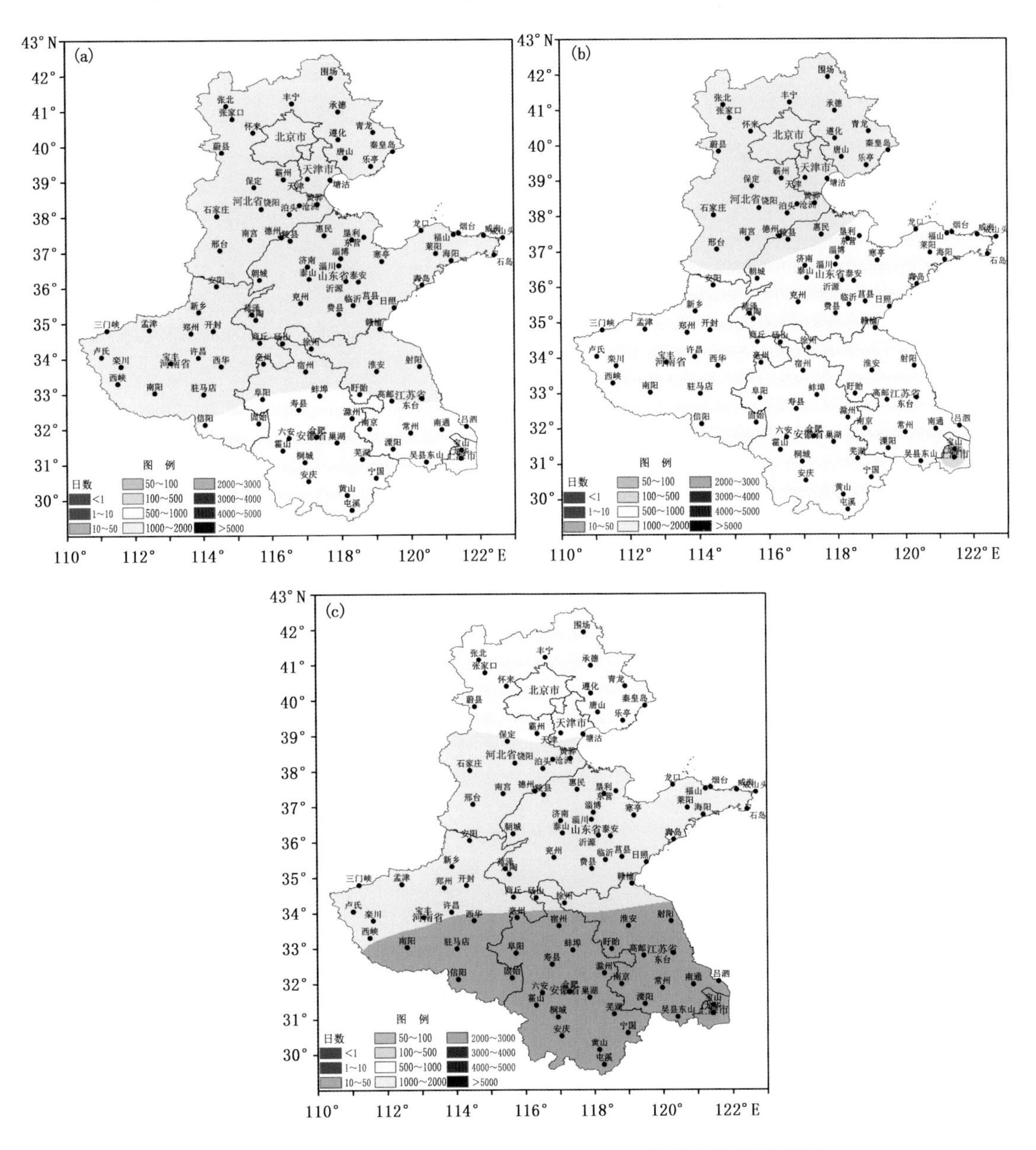

图 2.89　塑料大棚番茄花果期中度低温冷害日数各季节分布图(单位:d)
(a. 春季、b. 秋季、c. 冬季)

秋季中度低温冷害日数北京、天津、河北大部和山东西北部分地区在 1000～2000 d;其他地区在 1000 d 以下。

冬季西峡—西华—亳州—宿州—淮安—射阳一线以南以及山东半岛局部地区在 2000～3000 d;北京、天津大部和河北北部地区在 1000 d 以下,其他地区在 1000～2000 d。

研究区域发生中度冷害的日数从北到南呈增加趋势，且总体表现为冬季较多，其中冬季北部地区发生较春、秋季少，南部地区较多。

从塑料大棚番茄花果期重度低温冷害日数各季节分布图(图 2.90)上看，春、秋两季番茄发生重度低温冷害总日数的分布大体一致，均表现为河北北部地区在 500～1000 d，上海、安徽、河南和江苏大部、山东南部局部地区在 100 d 以下，其他地区在 100～500 d。

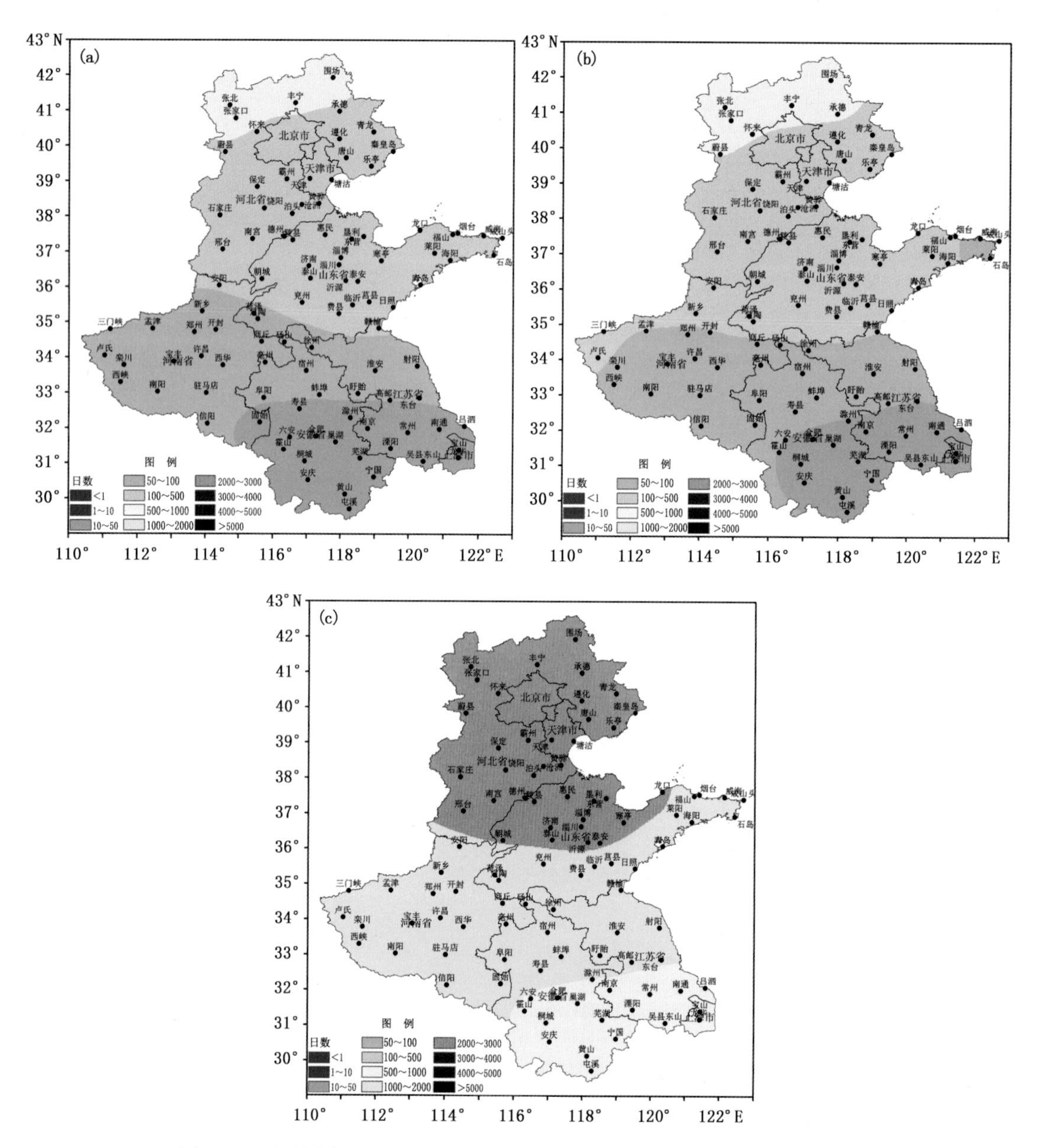

图 2.90　塑料大棚番茄花果期重度低温冷害日数各季节分布图(单位:d)

(a. 春季、b. 秋季、c. 冬季)

冬季重度低温冷害日数北京、天津、河北大部和山东北部地区在 2000～3000 d，上海、安徽和江苏部分地区在 500～1000 d；其他地区在 1000～2000 d。

冬季塑料大棚番茄花果期重度低温冷害日数明显多于春、秋两季，发生日数呈现自北向南减少趋势。

总体看来，春、秋两季，塑料大棚番茄花果期多发生中度低温冷害，春季发生区域较大，除上海、河南南部、安徽南部和江苏南部地区在1000 d以下外，其他地区发生均在1000 d以上；秋季则主要集中在北京、天津、河北和山东北部地区。冬季，北京、天津、河北大部分地区塑料大棚番茄花果期以重度低温冷害为主，上海、河南南部、安徽南部和江苏南部地区以中度低温冷害为主，发生日数在2000 d以上；其他地区则中度和重度低温冷害发生日数在1000～2000 d。

2)塑料大棚番茄低温冷害各年代分布规律

①塑料大棚番茄苗期低温冷害各年代分布规律

按照塑料大棚番茄苗期低温冷害指标，利用区域内各站点1971—2010年40年气象观测资料，按年代分别统计番茄苗期发生轻、中、重度灾害的总日数。

从各年代塑料大棚番茄苗期轻度低温冷害总日数分布图(图2.91)上看，研究区各年代塑料大棚番茄苗期发生轻度低温冷害的日数均在100～500 d。

从各年代塑料大棚番茄苗期中度低温冷害总日数分布图(图2.92)上看，研究区各年代塑料大棚番茄苗期发生轻度低温冷害的日数均在500～1000 d。

从各年代塑料大棚番茄苗期重度低温冷害总日数分布图(图2.93)上看，20世纪70年代，河南局部、安徽和江苏大部以及上海地区在100～500 d，其他地区在500 d以上，其中河北和天津北部以及北京大部分地区在1000～2000 d。

随着年代的推移，重度低温冷害日数500 d以下的区域向北扩展，面积逐渐增加，1000～2000 d的范围逐渐减少，番茄苗期发生重度低温冷害的总日数呈减少趋势。

总体看来，南部地区塑料大棚番茄苗期中度低温冷害发生的日数较多，其他地区则以中度和重度低温冷害为主，轻度低温冷害发生日数较少，随着年代的推移，重度低温冷害发生日数减少明显。

②塑料大棚番茄花果期低温冷害各年代分布规律

按照塑料大棚番茄花果期低温冷害指标，利用区域内各站点1971—2010年40年气象观测资料，按年代分别统计番茄花果期发生轻、中、重度灾害的总日数。

从各年代塑料大棚番茄花果期轻度低温冷害总日数分布图(图2.94)上看，研究区各年代塑料大棚番茄花果期发生轻度低温冷害的日数均在100～500 d。

从各年代塑料大棚番茄花果期中度低温冷害总日数分布图(图2.95)上看，各年代研究区番茄花果期发生中度低温冷害的日数在500～2000 d；随着年代的推移，1000～2000 d的区域呈先增加后减少的趋势，其中20世纪80年代主要出现在上海、安徽及江苏大部以及河南局部地区；90年代范围扩大至安徽、江苏和河南大部以及山东部分地区，21世纪前10年研究区域发生日数在1000 d以下。

从各年代塑料大棚番茄花果期重度低温冷害总日数分布图(图2.96)上看，20世纪70年代和80年代，河北北部地区在1000～2000 d，上海、江苏、安徽和河南大部分地区在500 d以下，其他地区在500～1000 d。随着年代的推移，1000 d以上的区域面积逐渐减少，500 d以下的地区逐渐增加，番茄花果期发生重度低温冷害的总日数呈减少趋势。

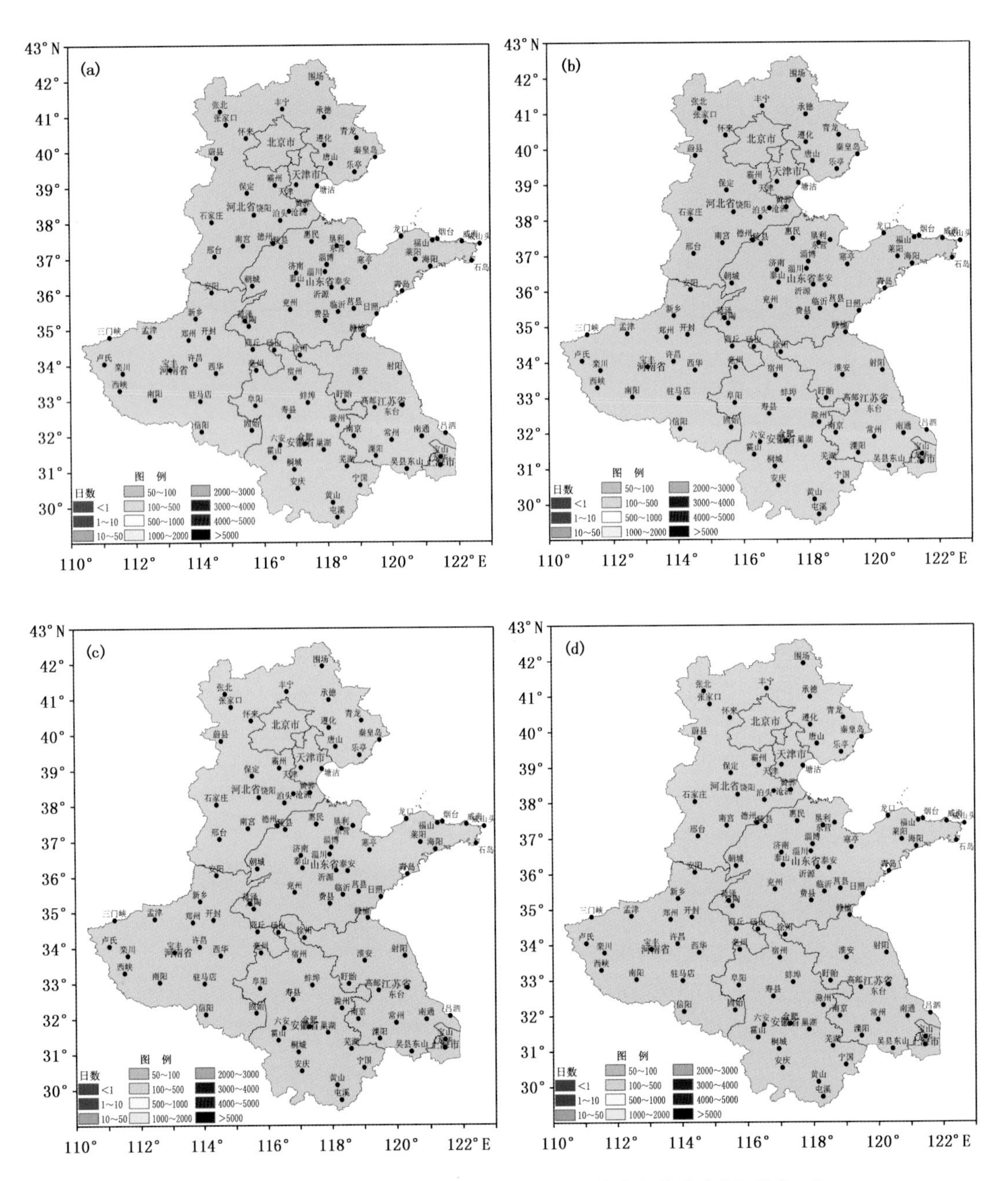

图 2.91　塑料大棚番茄苗期轻度低温冷害日数各年代分布图(单位:d)
(a. 20 世纪 70 年代、b. 20 世纪 80 年代、c. 20 世纪 90 年代、d. 21 世纪前 10 年)

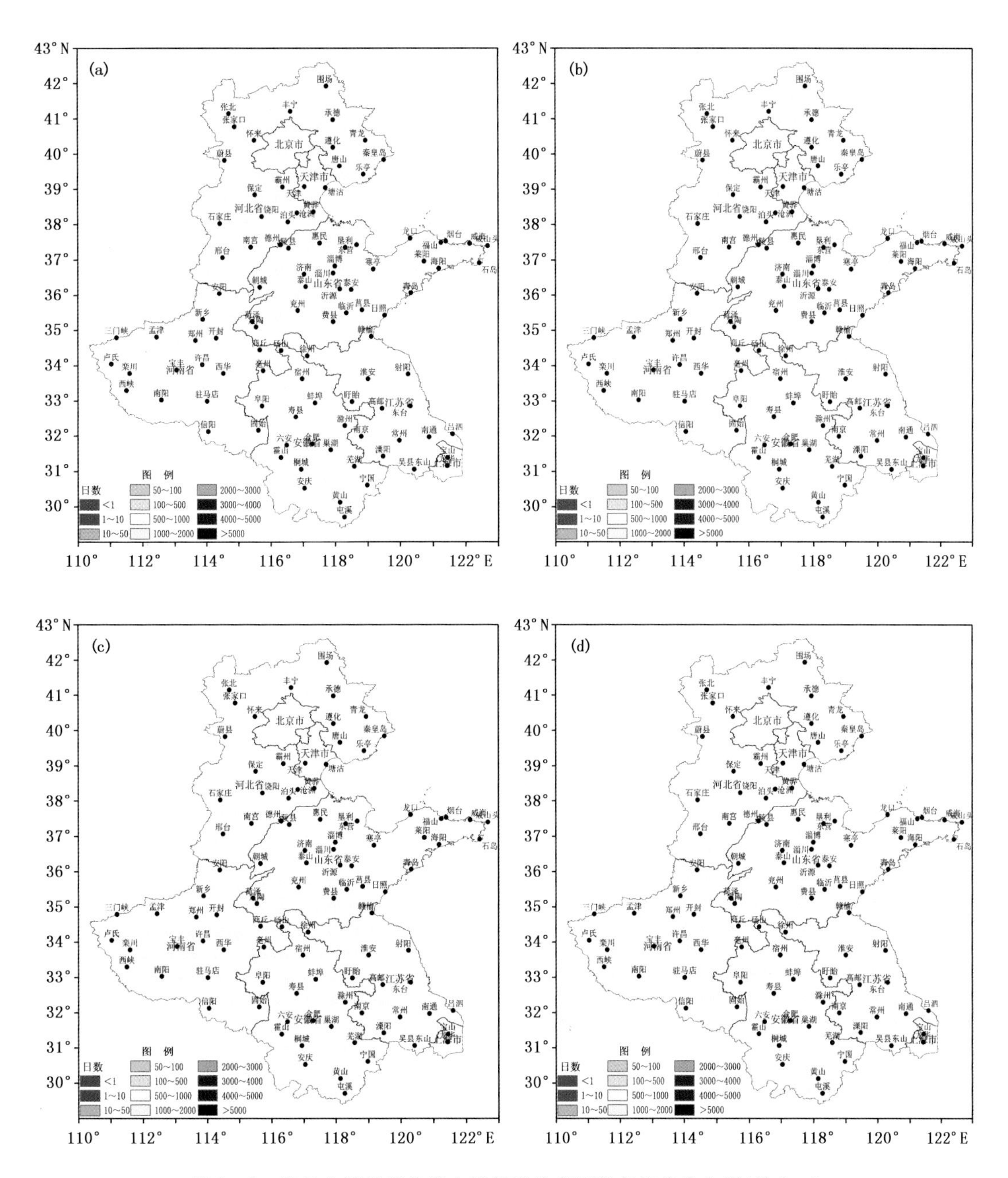

图 2.92　塑料大棚番茄苗期中度低温冷害日数各年代分布图(单位:d)
(a. 20 世纪 70 年代、b. 20 世纪 80 年代、c. 20 世纪 90 年代、d. 21 世纪前 10 年)

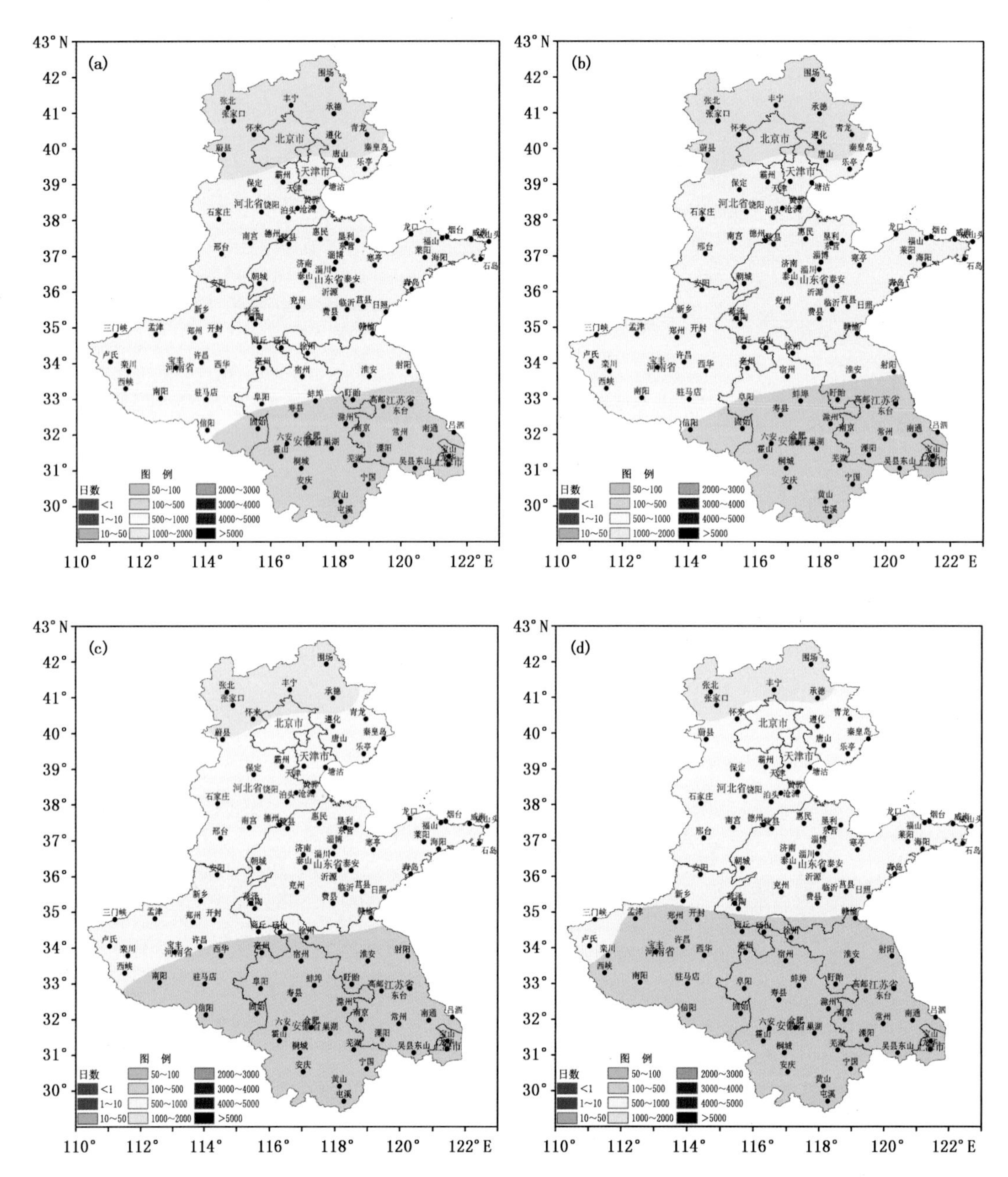

图 2.93　塑料大棚番茄苗期重度低温冷害日数各年代分布图(单位:d)
(a.20 世纪 70 年代、b.20 世纪 80 年代、c.20 世纪 90 年代、d.21 世纪前 10 年)

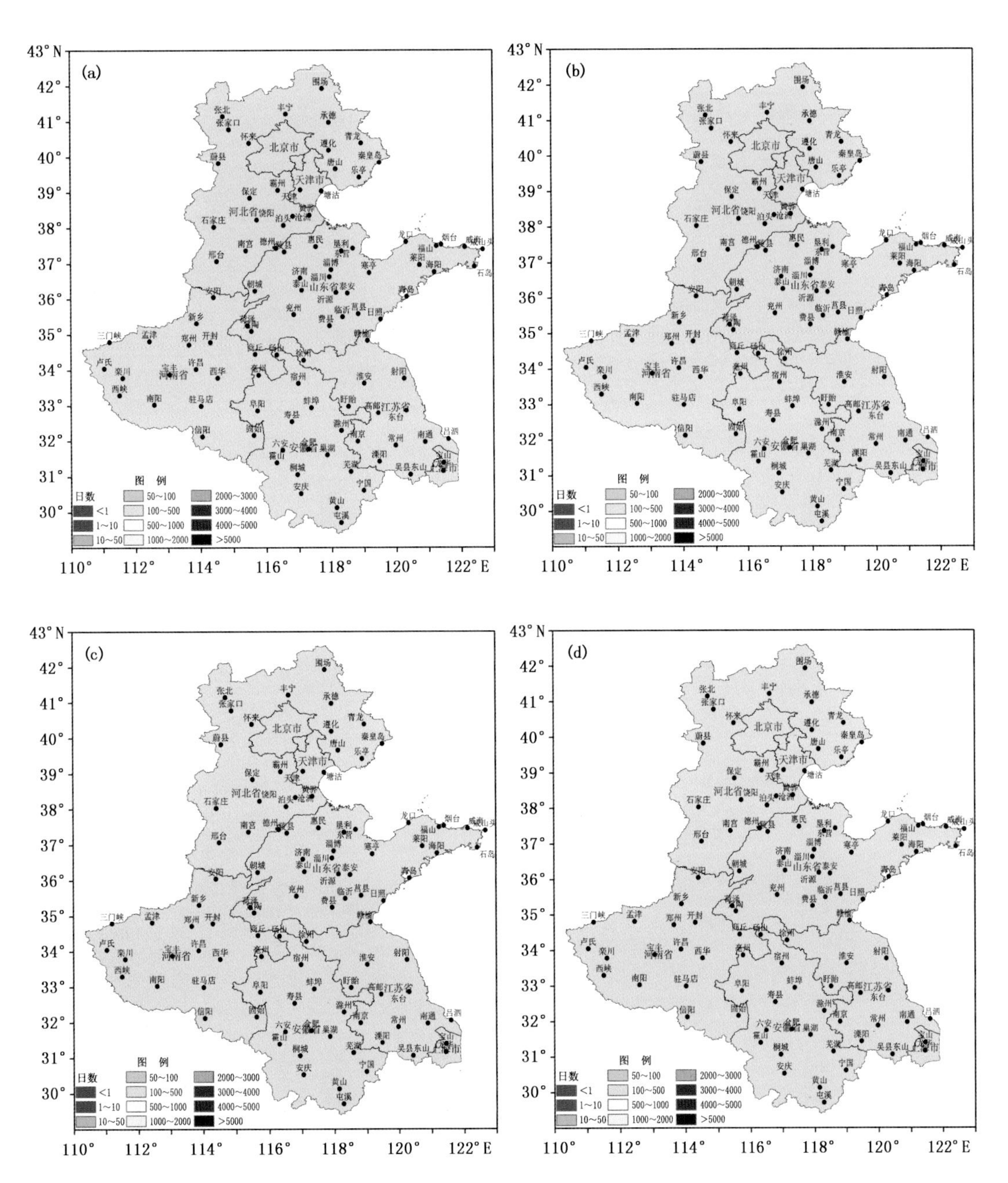

图 2.94　塑料大棚番茄花果期轻度低温冷害日数各年代分布图(单位:d)
(a. 20 世纪 70 年代、b. 20 世纪 80 年代、c. 20 世纪 90 年代、d. 21 世纪前 10 年)

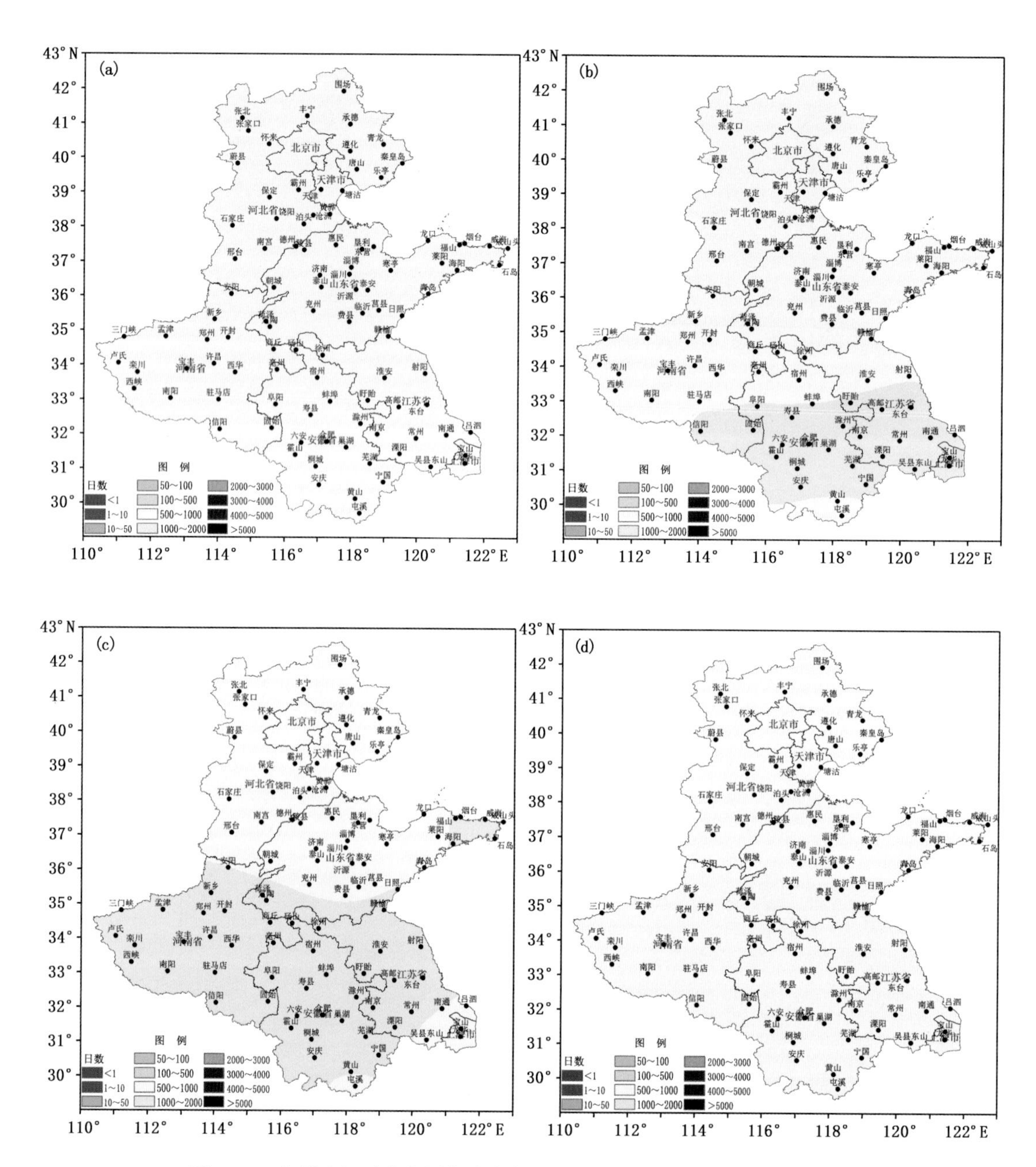

图 2.95 塑料大棚番茄花果期中度低温冷害日数各年代分布图(单位:d)

(a. 20 世纪 70 年代、b. 20 世纪 80 年代、c. 20 世纪 90 年代、d. 21 世纪前 10 年)

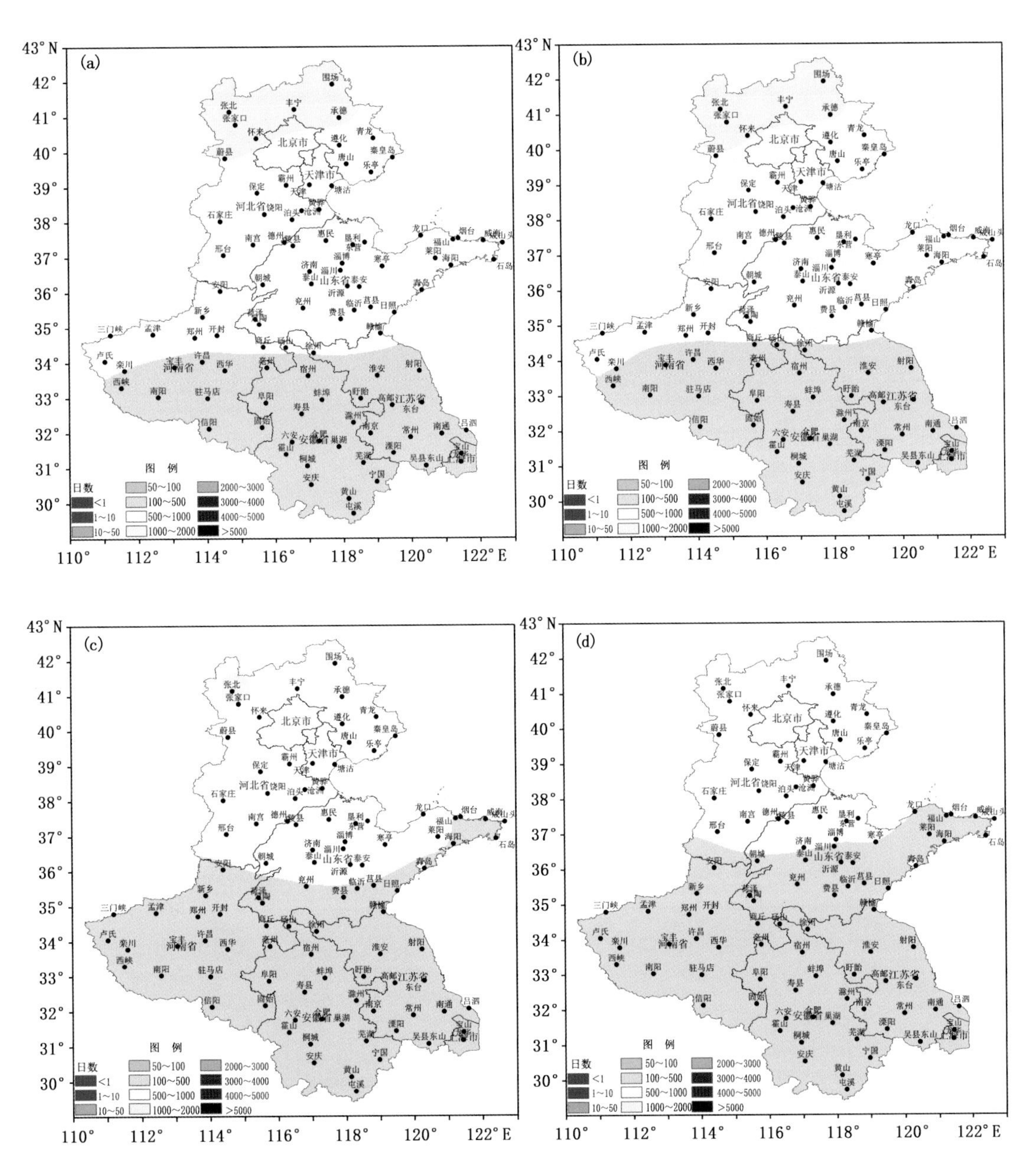

图2.96 塑料大棚番茄花果期重度低温冷害日数各年代分布图(单位:d)
(a.20世纪70年代、b.20世纪80年代、c.20世纪90年代、d.21世纪前10年)

总体看来,塑料大棚番茄花果期在河北和山东大部分地区发生重度和中度低温冷害的日数较多,其他地区则以中度低温冷害的发生为主。随着年代的推移,重度低温冷害发生日数较多的区域逐渐减少,中度低温冷害的日数呈先增加再减少的趋势,轻度冷害日数等级变化不大。

3)塑料大棚番茄低温冷害 40 年来总日数分布规律

①塑料大棚番茄苗期低温冷害 40 年来总日数分布规律

研究表明，七省(市)塑料大棚番茄苗期发生轻度低温冷害的总日数分布为：河北大部以及北京、天津地区发生日数在 500～1000 d，其他地区在 1000～2000 d，北部地区发生日数少于南部地区。

发生中度低温冷害总日数分布为：山东局部、河北大部以及北京、天津地区发生日数在 2000～3000 d，其他地区在 3000～4000 d，北部地区发生日数少于南部地区。

发生重度低温冷害总日数分布为：山东部分、河北大部以及北京、天津地区发生日数在 3000 d 以上，其中北部边界地区在 4000～5000 d；河南部分、安徽和江苏大部以及上海地区在 1000～2000 d；其他地区在 2000～3000 d。北部地区发生日数多于南部地区。

综合分析塑料大棚番茄苗期低温冷害 40 年来总日数分布规律(图 2.97)可知，北部地区重度低温冷害的发生日数最多、中度次之、轻度发生日数最少。南部和中部地区则以中度低温冷害为主，重度次之，轻度最少。

②塑料大棚番茄花果期低温冷害 40 年来总日数分布规律

研究表明，七省(市)塑料大棚番茄花果期发生轻度低温冷害的总日数分布为：河北大部以及北京、天津地区发生日数在 500～1000 d，其他地区在 1000～2000 d，北部地区发生日数少于南部地区。

发生中度低温冷害总日数分布为：整个研究区域均在 3000 d 以上，其中河南部分地区在 4000 d 以上。

发生重度低温冷害总日数分布为：北京、天津、河北和山东大部分地区在 2000 d 以上，其中河北北部地区可达到 5000 d 以上；新乡—定陶—日照一线以南在 2000 d 以下，其中南部部分地区在 1000 d 以下。

综合分析塑料大棚番茄花果期低温冷害 40 年来总日数分布规律(图 2.98)可知，除北京、天津和河北北部地区以重度低温发生日数较多外，其他地区以中度低温冷害为主。

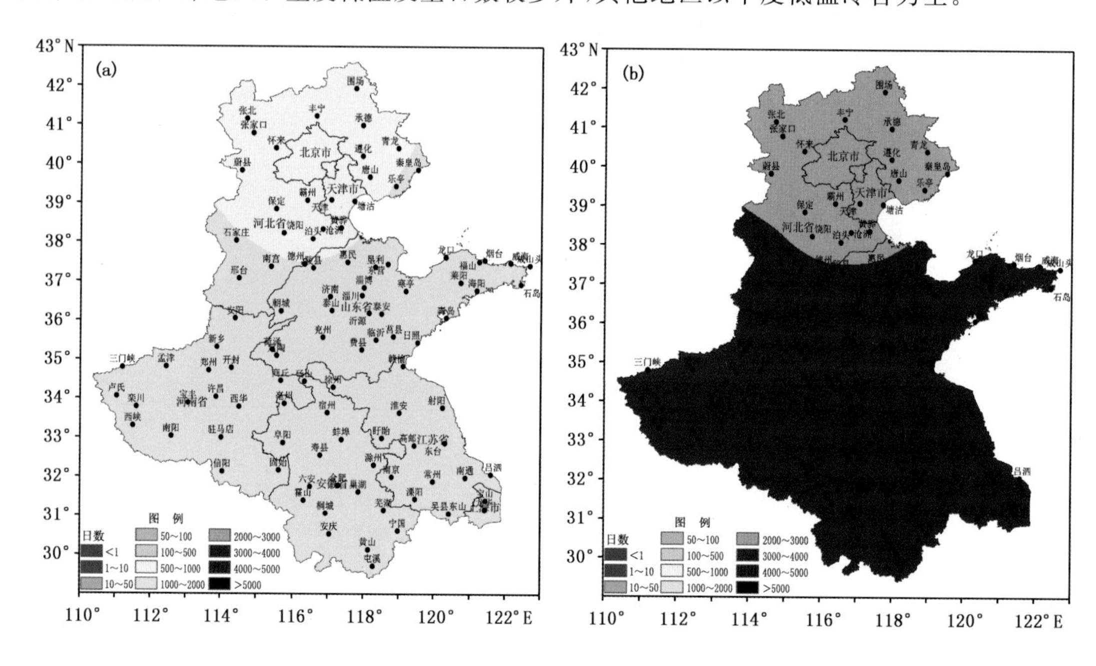

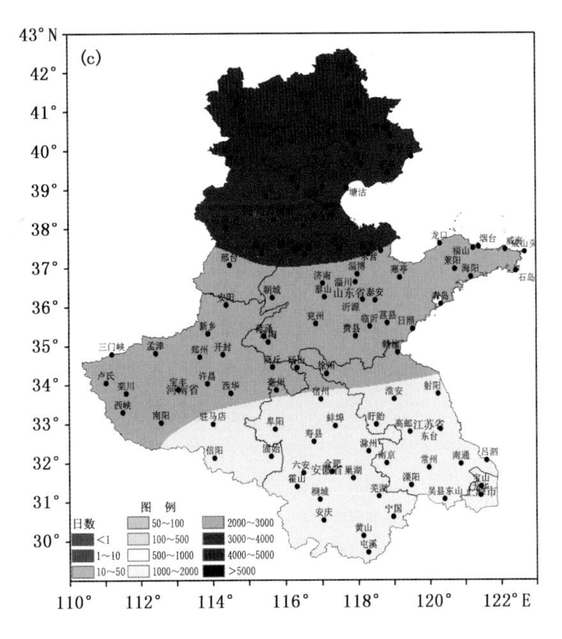

图 2.97　塑料大棚番茄苗期低温冷害 40 年来总日数分布图(单位:d)
(a. 轻度、b. 中度、c. 重度)

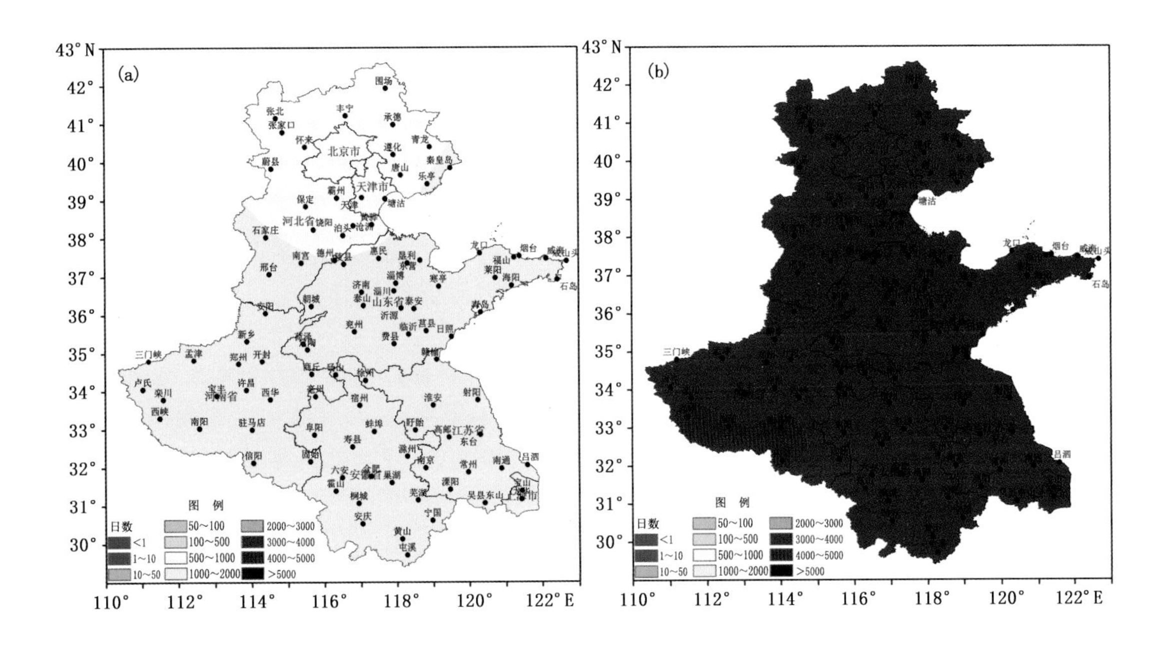

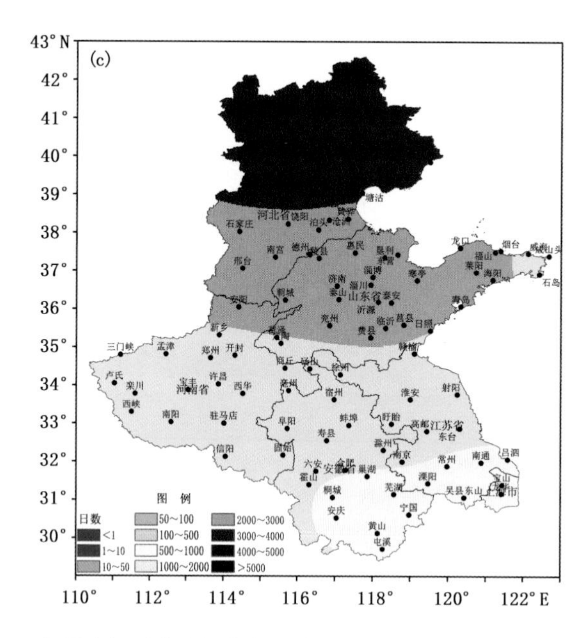

图 2.98　塑料大棚番茄花果期低温冷害 40 年来总日数分布图(单位:d)
(a. 轻度、b. 中度、c. 重度)

(2)塑料大棚番茄低温冷害风险区划

1)塑料大棚番茄低温冷害各季节风险区划

①塑料大棚番茄苗期低温冷害各季节风险区划

从塑料大棚番茄苗期轻度低温冷害风险季节分布图(图 2.99)上看,春季上海、江苏大部、河南和山东部分以及安徽局部地区为高风险区,风险值在 0.4～0.5,其他地区为中风险区,风险值在 0.3～0.4。秋季整个研究区均为中风险区。冬季仅江苏局部和上海地区为中风险区,风险值在 0.2～0.3,其他地区为低风险区。

春季塑料大棚番茄苗期轻度低温冷害的发生风险最大,秋季次之,冬季最低。

从塑料大棚番茄苗期中度低温冷害风险季节分布图(图 2.100)上看,春季整个研究区均为中风险,河南部分、江苏和安徽大部以及上海地区风险值在 0.2～0.3,其他地区在 0.3～0.4。

秋季江苏和安徽大部以及上海地区为低风险区,风险值在 0.15～0.2;其他地区为中风险区。

冬季风险呈现南高北低的趋势,新乡—菏泽—费县—日照以南以及山东半岛局部为高风险和较高风险区,其中安徽和江苏部分以及上海地区为较高风险区,风险值在 0.6～0.8,其他地区为高风险区;此线以北为中风险区和低风险区,其中河北、北京和天津北部地区为低风险区,其他地区为中风险区。

从塑料大棚番茄苗期重度低温冷害风险季节分布图(图 2.101)上看,春、秋两季河北北部边界局部地区为中风险区,风险值在 0.2～0.3,其他地区均为低风险区。

冬季固始—寿县—盱眙—射阳一线以南为中风险区;河南局部、山东大部以及河北、北京、天津地区为较高或极高风险区,其中研究区北部边界地区为极高风险区,风险值在 0.8～1.0;其他地区为高风险区。

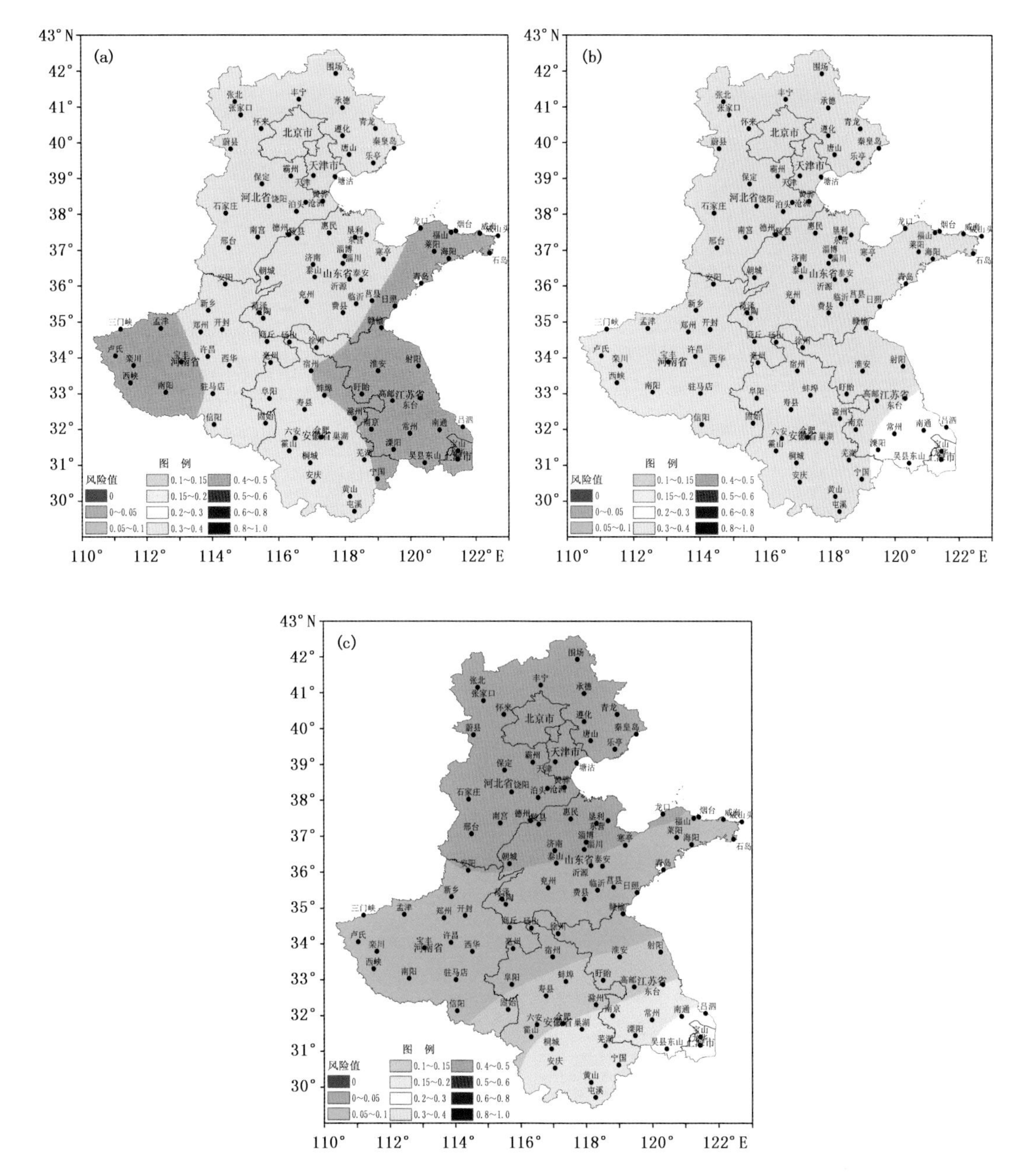

图 2.99 塑料大棚番茄苗期轻度低温冷害各季节风险分布图

(a. 春季、b. 秋季、c. 冬季)

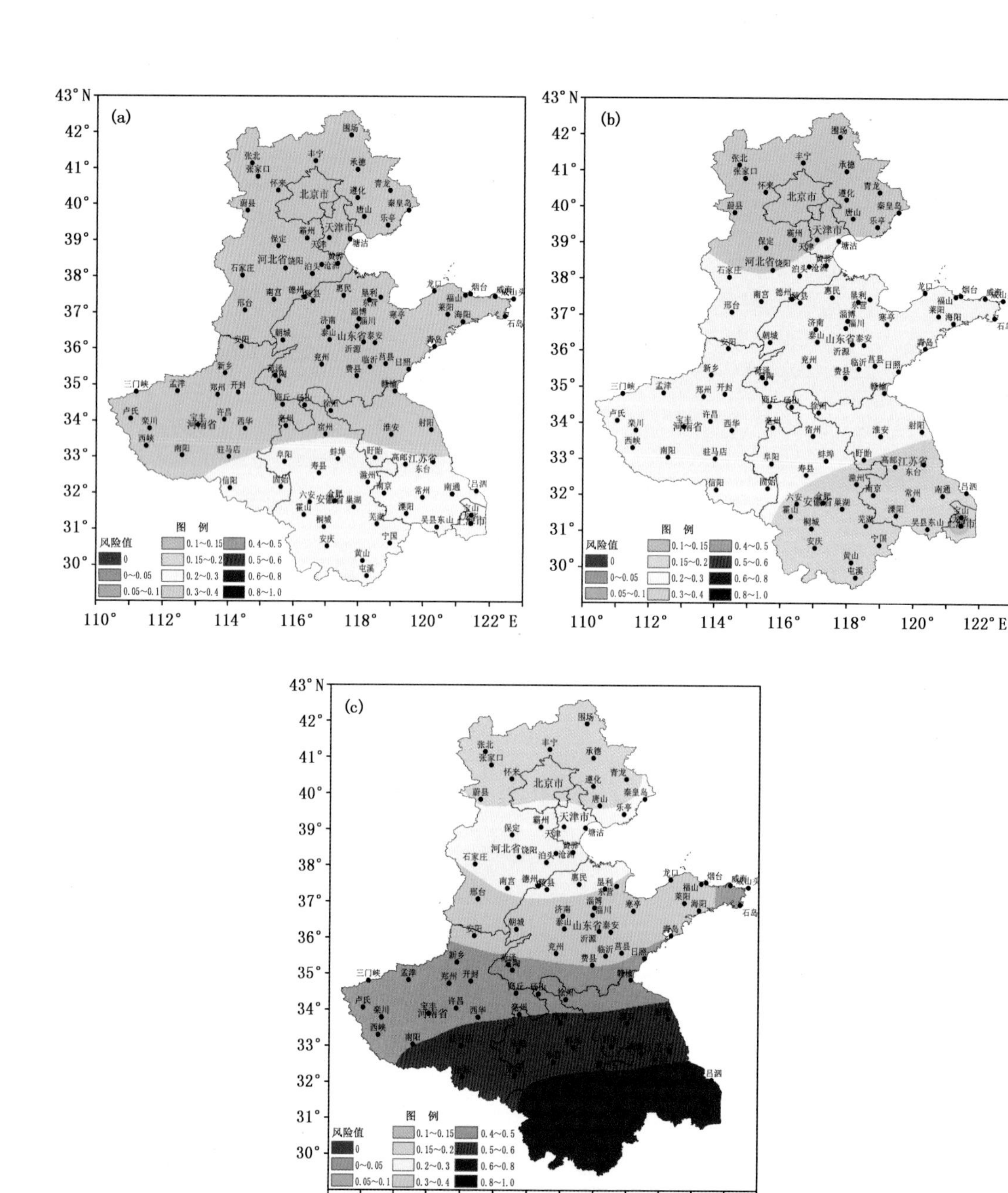

图 2.100　塑料大棚番茄苗期中度低温冷害各季节风险分布图
(a. 春季、b. 秋季、c. 冬季)

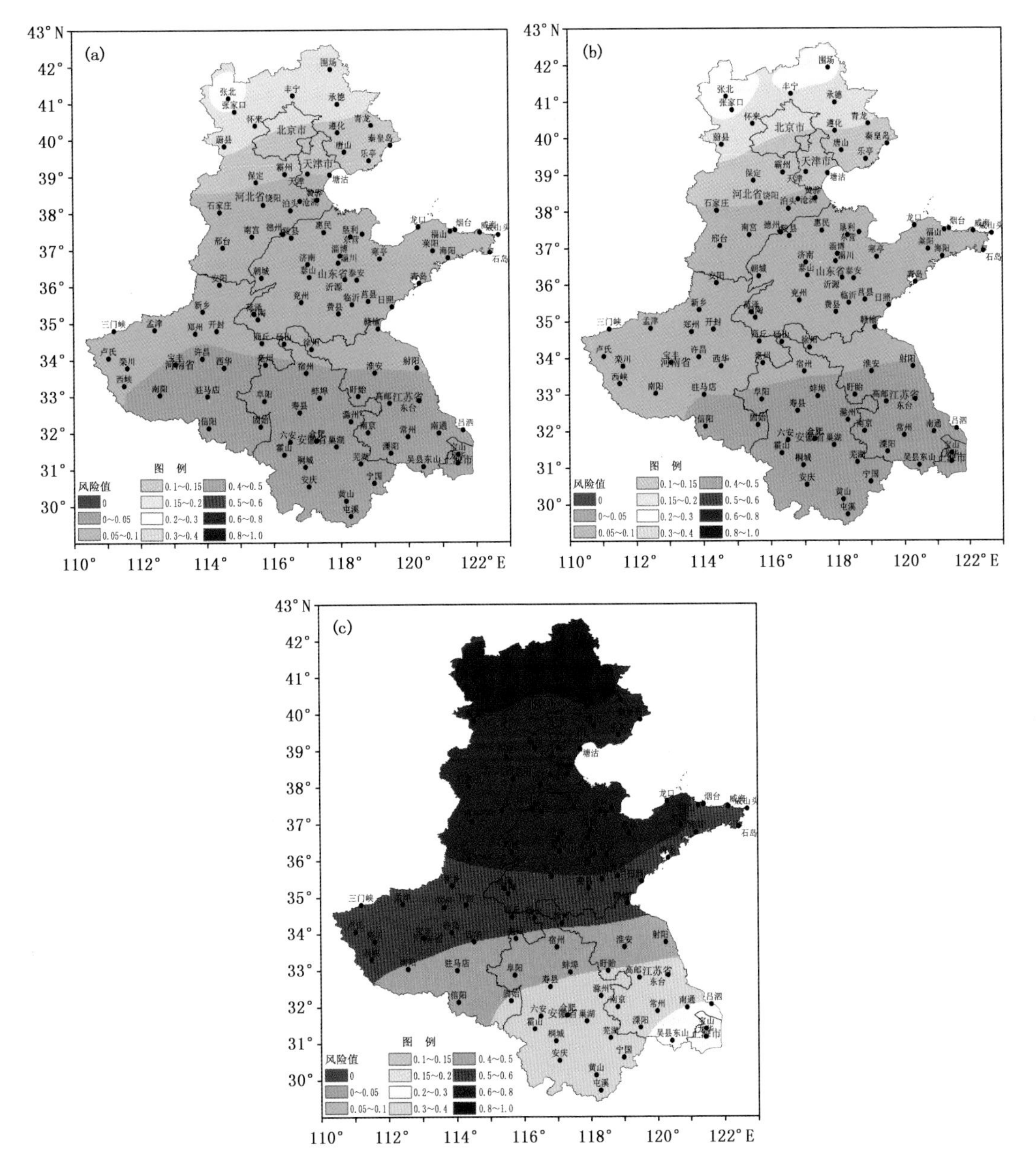

图 2.101　塑料大棚番茄苗期重度低温冷害各季节风险分布图
(a. 春季、b. 秋季、c. 冬季)

春、秋两季塑料大棚番茄苗期发生重度低温冷害的风险较小；冬季风险较大，风险值由南向北呈增加趋势，尤其是北部边界地区，风险极高。

总体看来，春、秋两季塑料大棚番茄苗期发生轻度低温冷害的风险较大，中度低温冷害次之，重度低温冷害发生风险最小。冬季北部地区重度低温冷害发生的风险值最大，中度次之；南部地区则以中度低温冷害为主，重度次之；轻度低温冷害发生风险最小。

②塑料大棚番茄花果期低温冷害各季节风险区划

从塑料大棚番茄花果期轻度低温冷害风险季节分布图(图 2.102)上看,春季上海、江苏大部、河南和山东部分以及安徽局部地区为高风险区,风险值在 0.4～0.5,其他地区为中风险区,风险值在 0.3～0.4。秋季整个研究区均为中风险区。冬季仅江苏局部和上海地区为中风险区,风险值在 0.2～0.3,其他地区为低风险区。

春季塑料大棚番茄花果期轻度低温冷害的发生风险最大,秋季次之,冬季最低。

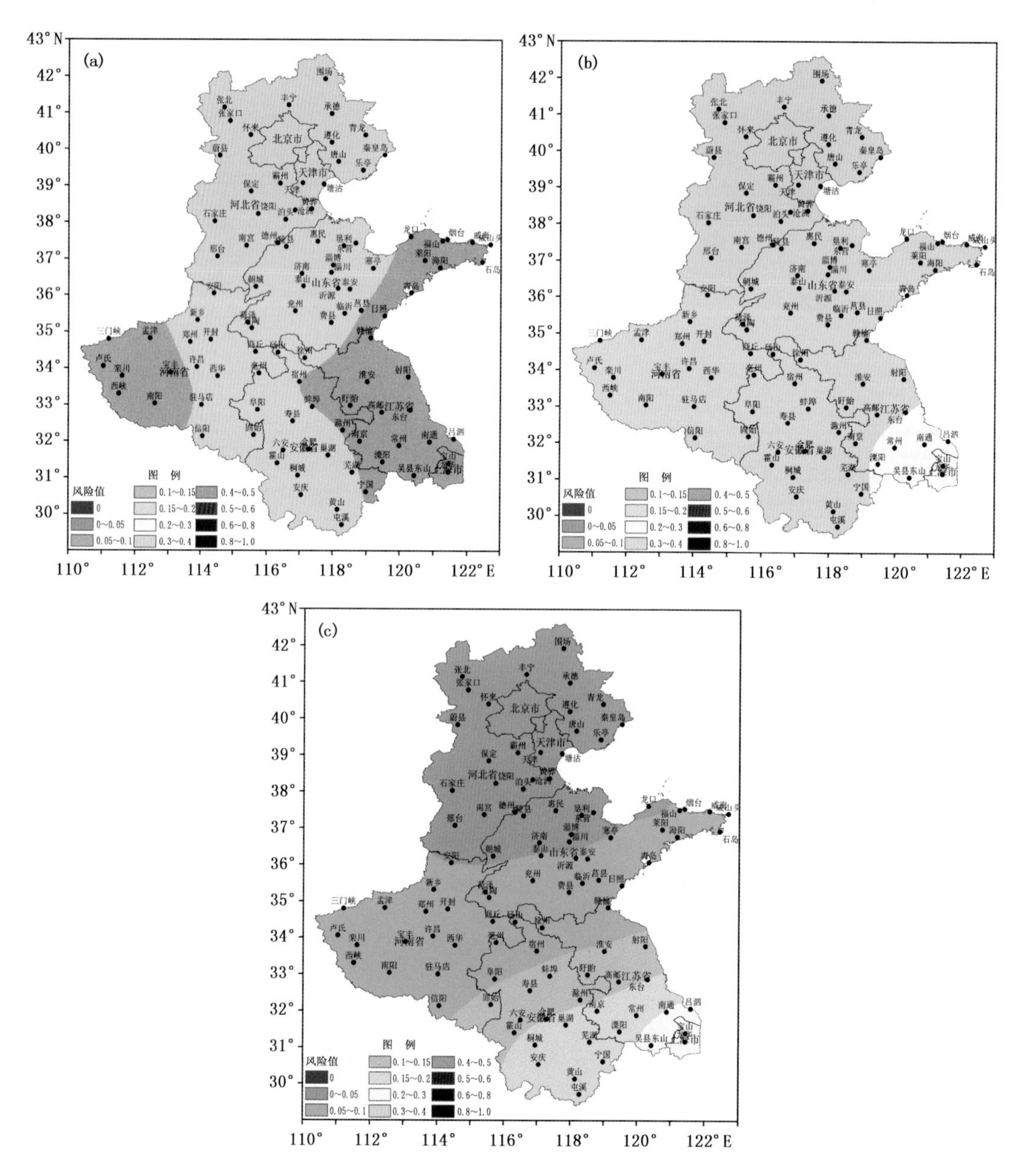

图 2.102　塑料大棚番茄花果期轻度低温冷害各季节风险分布图
(a. 春季、b. 秋季、c. 冬季)

从塑料大棚番茄花果期中度低温冷害风险季节分布图(图 2.103)上看，春季河北北部地区风险值可达 0.4～0.5，为高风险区；安徽南部和上海地区风险值在 0.2 以下，为低风险区；其余地区为中风险区。

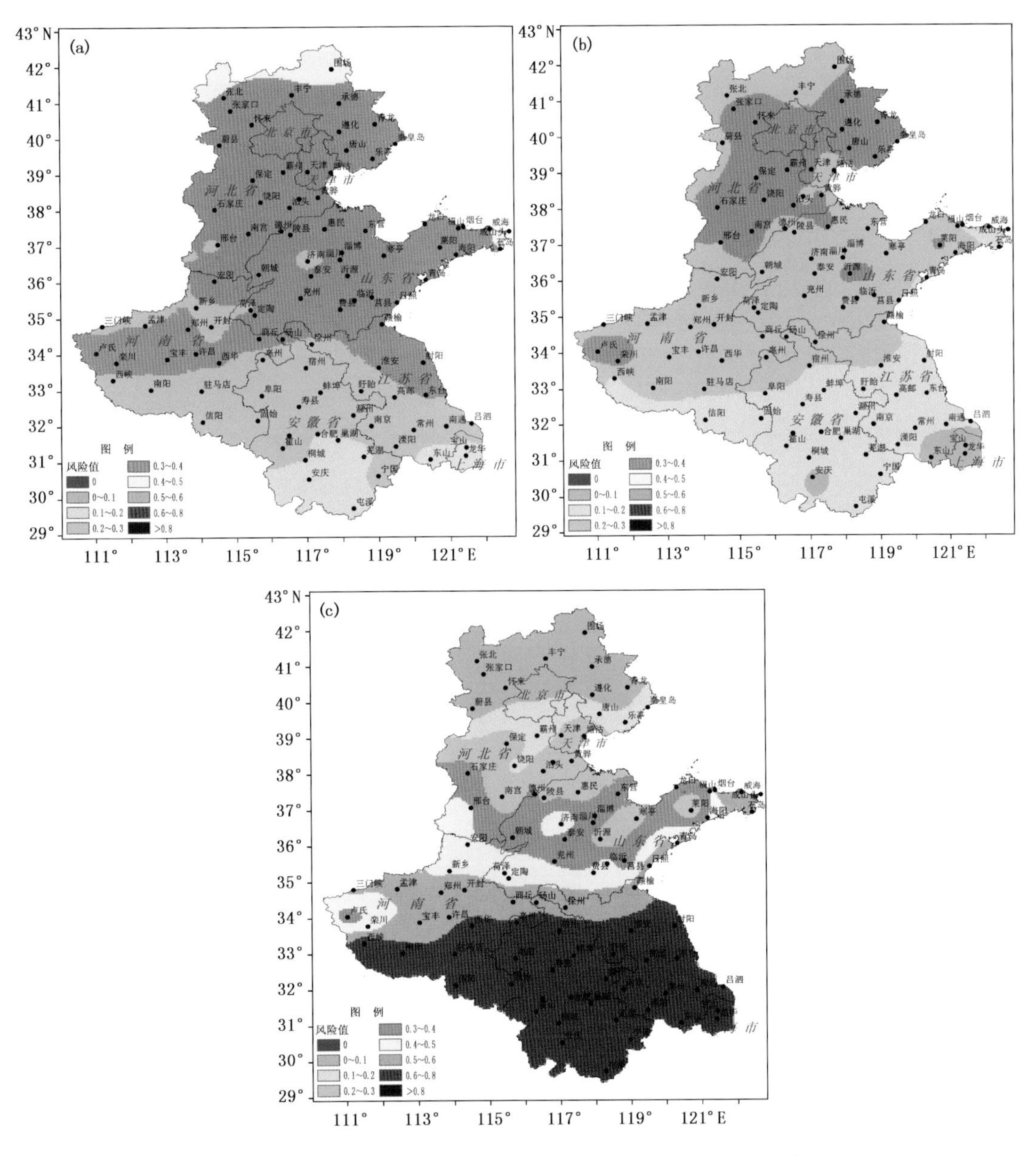

图 2.103　塑料大棚番茄花果期中度低温冷害各季节风险分布图

(a. 春季、b. 秋季、c. 冬季)

秋季河南南部、安徽大部、江苏大部和上海地区的风险值低于 0.2，为低风险区；其余地区风险值小于 0.4，为中风险区。

冬季河南南部、安徽和江苏大部、上海地区风险值在 0.6～0.8，为较高风险；河南北部、山东南部和江苏北部风险值在 0.4～0.6，为高风险；山东北部、河北南部风险值在 0.2～0.4，为中风险；河北北部区域为低风险。

在秋季，上海、河南南部、安徽南部、江苏南部地区，在冬季，河北北部地区，塑料大棚番茄花果期发生中度低温冷害的风险较小；其他地区，尤其是冬季研究区的南部地区，发生中度低温冷害的风险大。

从塑料大棚番茄花果期重度低温冷害风险季节分布图（图 2.104）上看，春、秋两季河北张北地区风险值可达 0.4～0.5，为高风险区；河北北部其他地区风险值在 0.2～0.4，为中风险区；其余地区为低风险区。

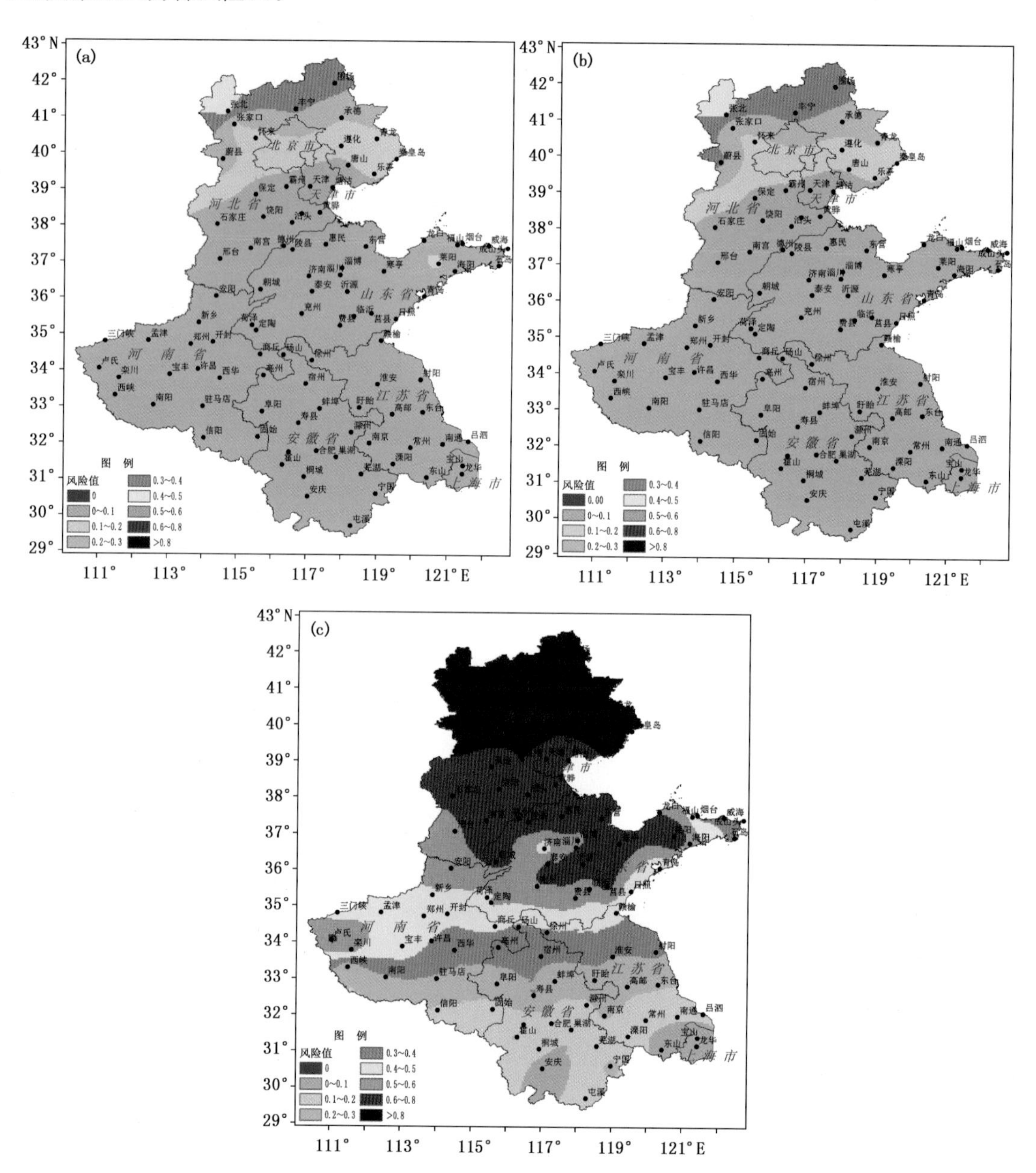

图 2.104　塑料大棚番茄花果期重度低温冷害各季节风险分布图

（a. 春季、b. 秋季、c. 冬季）

冬季河北北部低温冷害风险值可达 0.8 以上,为极高风险区;河北中部和山东北部风险值在 0.6～0.8,为较高风险区;山东南部、河北西南部、河南北部和江苏与山东交界地区风险值在0.4～0.6,为高风险区;河南中部、安徽北部和江苏北部为中风险区,河南信阳地区、安徽和江苏南部、上海为低风险区。

春、秋两季,塑料大棚番茄花果期在河北北部发生重度低温冷害的风险较大;在冬季,除上海、安徽南部和江苏南部发生重度低温冷害的风险较小以外,其他地区发生的风险均较大,尤其是河北北部地区,风险极高。

总体看来,春、秋两季塑料大棚番茄花果期较易发生中度低温冷害。冬季河北北部地区极易发生重度低温冷害;上海、河南南部、安徽南部和江苏南部易发生轻度和中度低温冷害;其他地区轻度、中度以及重度的低温冷害均易发生。

2)塑料大棚番茄低温冷害各年代风险区划

①塑料大棚番茄苗期低温冷害各年代风险区划

从塑料大棚番茄苗轻度低温冷害风险年代分布图(图 2.105)上看,20 世纪 70 年代整个研究区均为高风险区,其中河南、江苏和安徽部分以及上海地区风险值在 0.5～0.6;80 年代风险值在 0.5～0.6 的区域面积呈减少趋势;但 90 年代后面积逐渐扩大,且上海地区风险值为 0.6～0.8,为高风险区;到 21 世纪前 10 年,风险值在 0.5～0.6 的区域范围继续扩大,0.6～0.8 的区域消失,河南、安徽和江苏大部及上海地区风险值均在 0.5～0.6。

随着年代的推移,塑料大棚番茄苗期轻度低温冷害风险值呈增大趋势。

从塑料大棚番茄苗期中度低温冷害风险年代分布图(图 2.106)上看,20 世纪 70 年代整个研究区域均为高风险区,其中山东半岛和江苏、上海局部地区风险值在 0.4～0.5,其他地区在 0.5～0.6。80 年代和 90 年代,风险值在 0.4～0.5 的区域范围增加;但 21 世纪前 10 年,除山东半岛局部地区风险值在 0.4～0.5 外,其他地区风险值均在 0.5～0.6。

从塑料大棚番茄苗期重度低温冷害风险年代分布图(图 2.107)上看,20 世纪 70 年代,安徽和江苏部分以及上海地区为低风险区;其他地区为中风险区,其中河南和河北部分以及山东大部分地区风险值在 0.3～0.4,随着年代的推移,南部低风险区范围扩大,风险值在 0.3～0.4 的中风险区域范围缩小,研究区风险值整体呈减小趋势。

总体分析可知,研究区塑料大棚番茄苗期极易发生中度低温冷害,其次为轻度低温冷害,重度低温冷害发生风险较低,随着年代的推移,重度低温冷害易发生区域逐渐减少。

②塑料大棚番茄花果期低温冷害各年代风险区划

从塑料大棚番茄花果期轻度低温冷害风险年代分布图(图 2.108)上看,20 世纪 70 年代整个研究区均为高风险区,其中河南、江苏和安徽部分以及上海地区风险值在 0.5～0.6;80 年代风险值在 0.5～0.6 的区域面积呈减少趋势;但 90 年代后面积逐渐扩大,且上海地区风险值为 0.6～0.8,为高风险区;到 21 世纪前 10 年,风险值在 0.5～0.6 的区域范围继续扩大,0.6～0.8 的区域消失,河南、安徽和江苏大部及上海地区风险值均在 0.5～0.6。

随着年代的推移,塑料大棚番茄花果期轻度低温冷害风险值呈增大趋势。

从塑料大棚番茄花果期中度低温冷害风险年代分布图(图 2.109)上看,4 个年代河北北部均为中风险区,其中 21 世纪前 10 年区域最小,20 世纪 80 年代区域最大;其余地区风险值多在 0.4～0.6,为高风险区,其中 80 年代和 90 年代,江苏东台地区风险值可达较高风险。

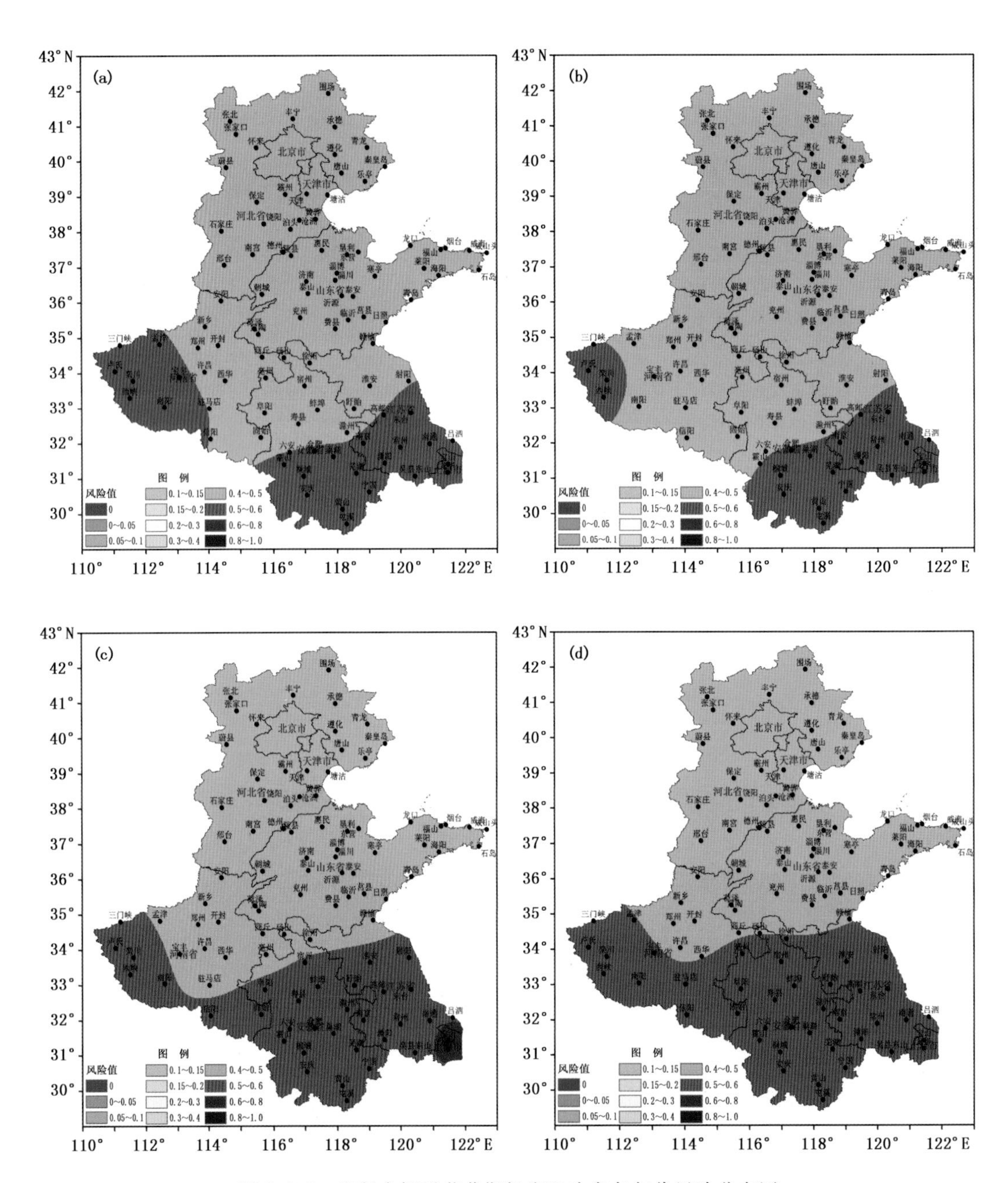

图 2.105　塑料大棚番茄苗期轻度温冷害各年代风险分布图

(a. 20 世纪 70 年代、b. 20 世纪 80 年代、c. 20 世纪 90 年代、d. 21 世纪前 10 年)

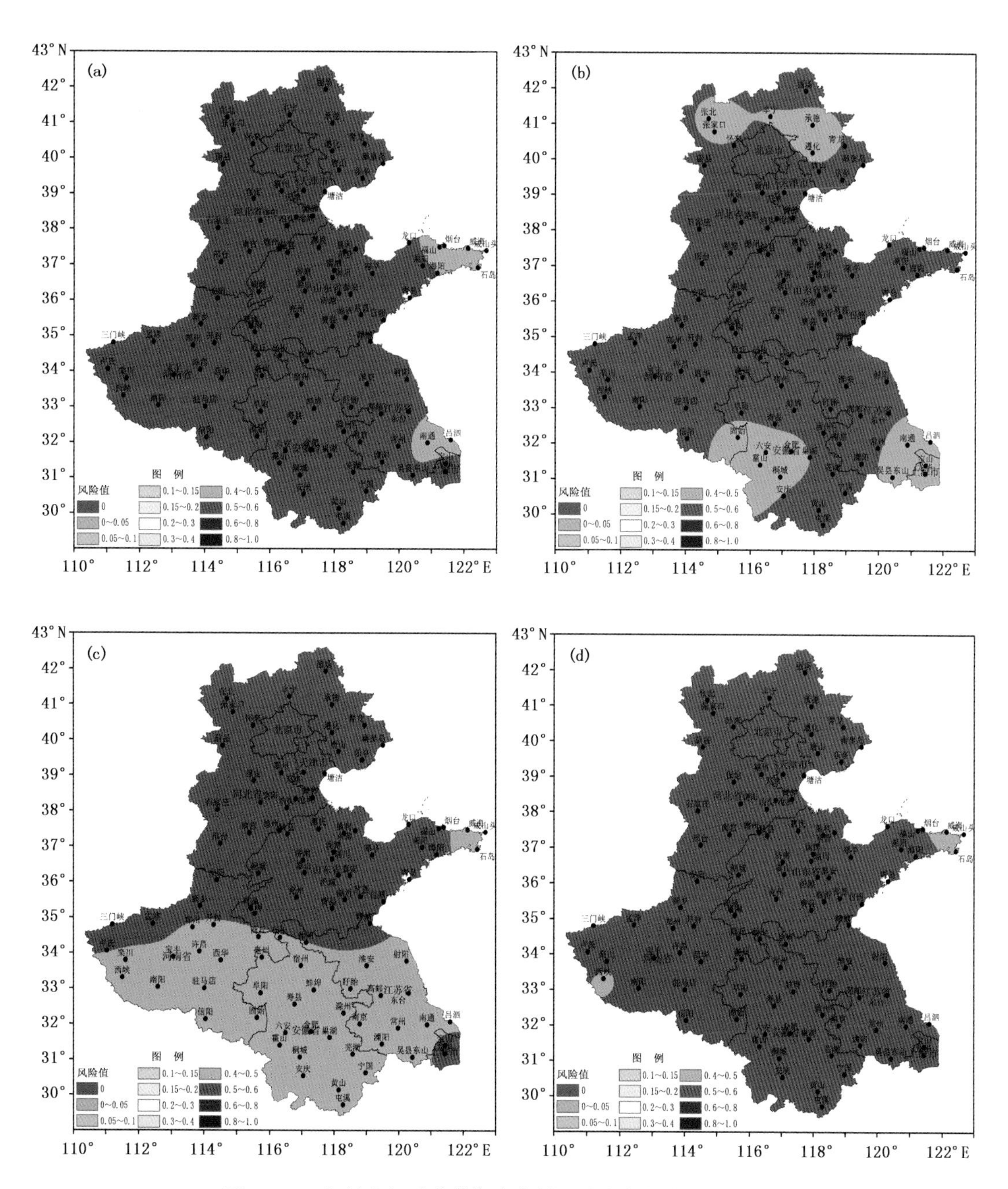

图 2.106　塑料大棚番茄苗期中度低温冷害各年代风险分布图

（a. 20 世纪 70 年代、b. 20 世纪 80 年代、c. 20 世纪 90 年代、d. 21 世纪前 10 年）

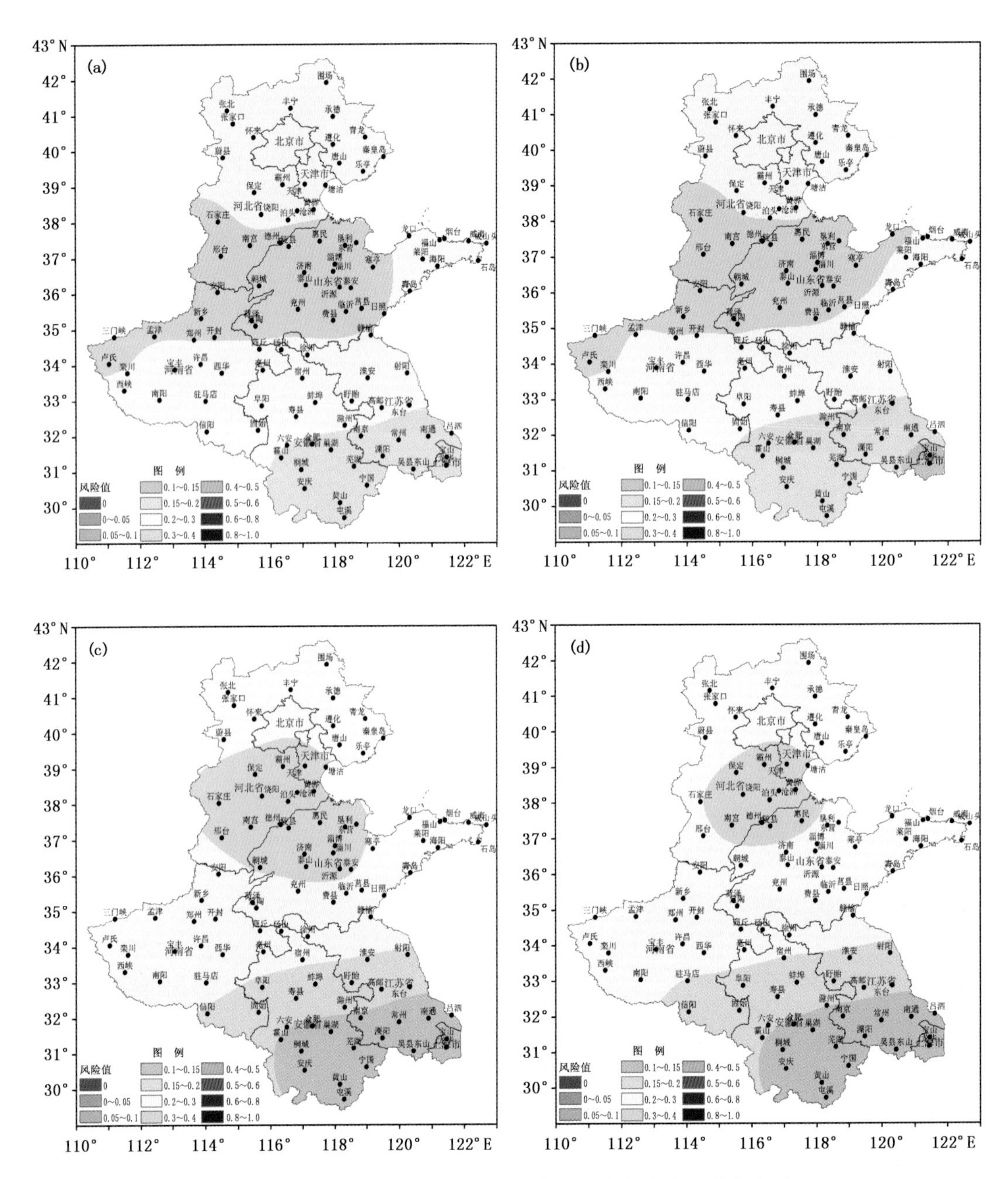

图 2.107　塑料大棚番茄苗期重度低温冷害各年代风险分布图

（a. 20 世纪 70 年代、b. 20 世纪 80 年代、c. 20 世纪 90 年代、d. 21 世纪前 10 年）

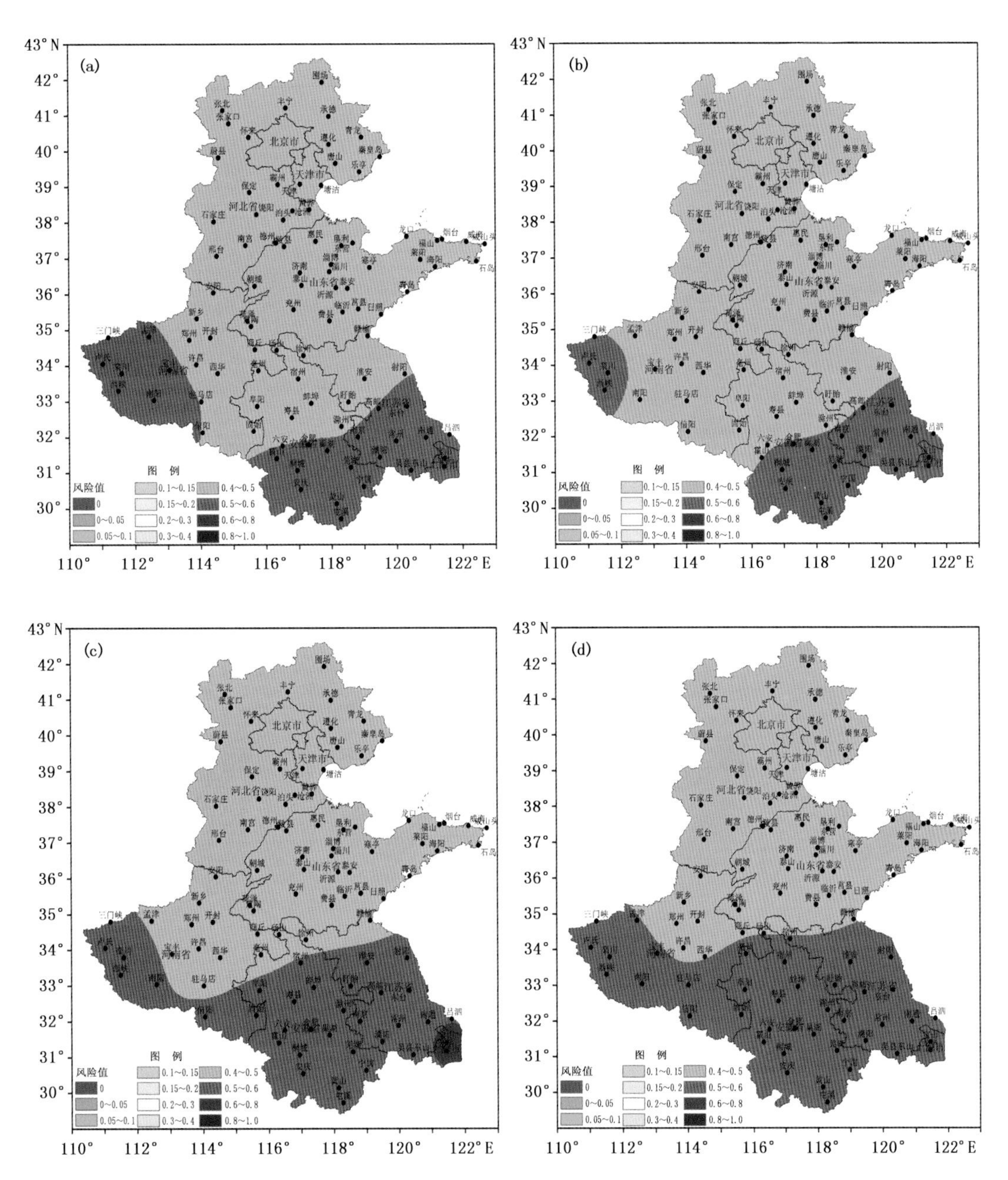

图 2.108　塑料大棚番茄花果期轻度温冷害年代风险分布图
（a. 20 世纪 70 年代、b. 20 世纪 80 年代、c. 20 世纪 90 年代、d. 21 世纪前 10 年）

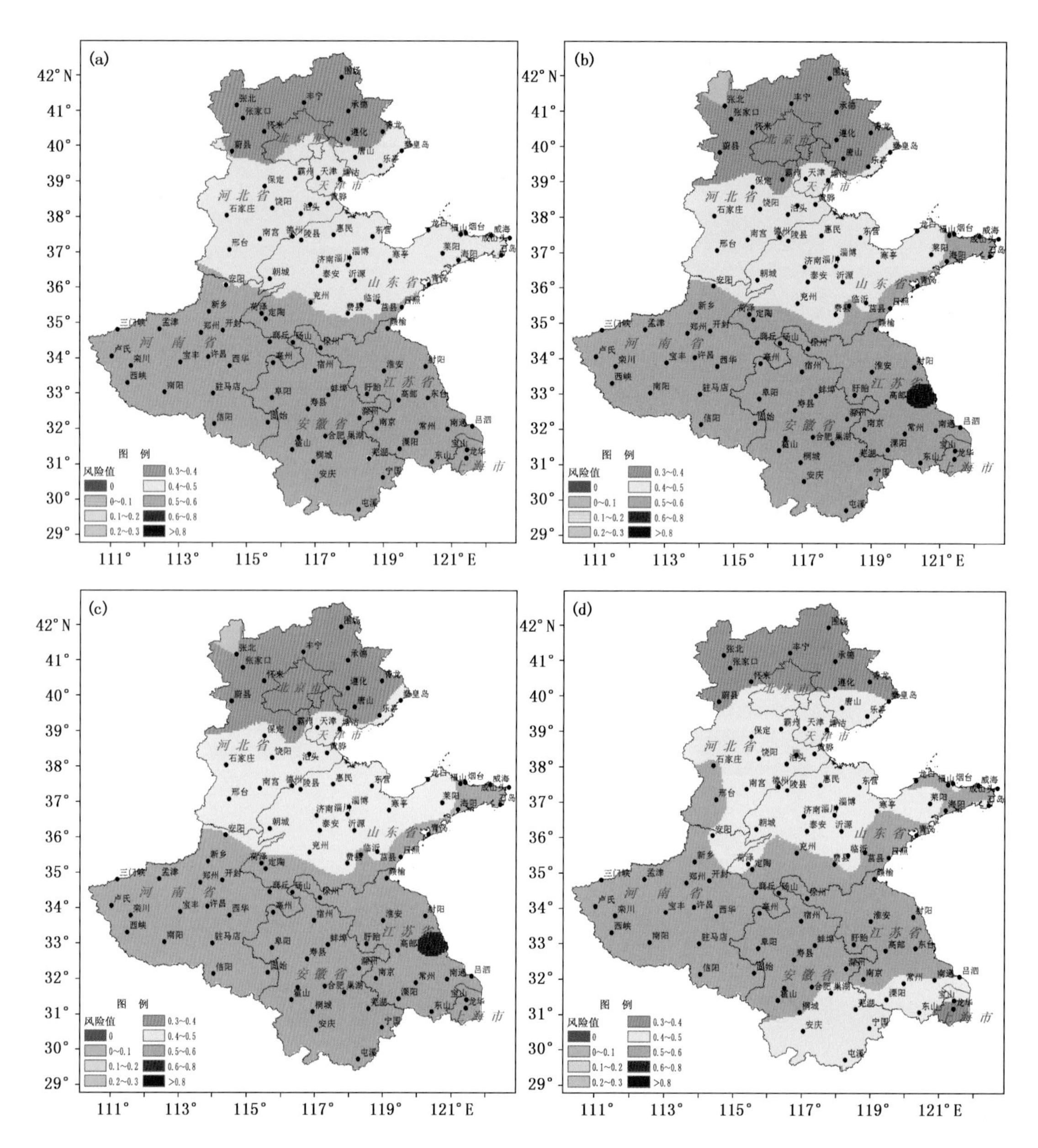

图 2.109　塑料大棚番茄花果期中度低温冷害年代风险分布图
（a. 20 世纪 70 年代、b. 20 世纪 80 年代、c. 20 世纪 90 年代、d. 21 世纪前 10 年）

从塑料大棚番茄花果期重度低温冷害风险年代分布图（图 2.110）上看，20 世纪 70 年代，西峡—南阳—西华—寿县—蚌埠—盱眙—淮安—射阳一线以南为低风险，河北及山东大部分地区为高风险或更高风险区域，其中河北北部边界地区可达到极高风险阈值。

随着年代的推移，高风险区域面积逐渐减少，变为中风险区；低风险边界线逐渐北移，低风险范围逐渐增加，番茄花果期发生重度低温冷害的风险有降低的趋势。

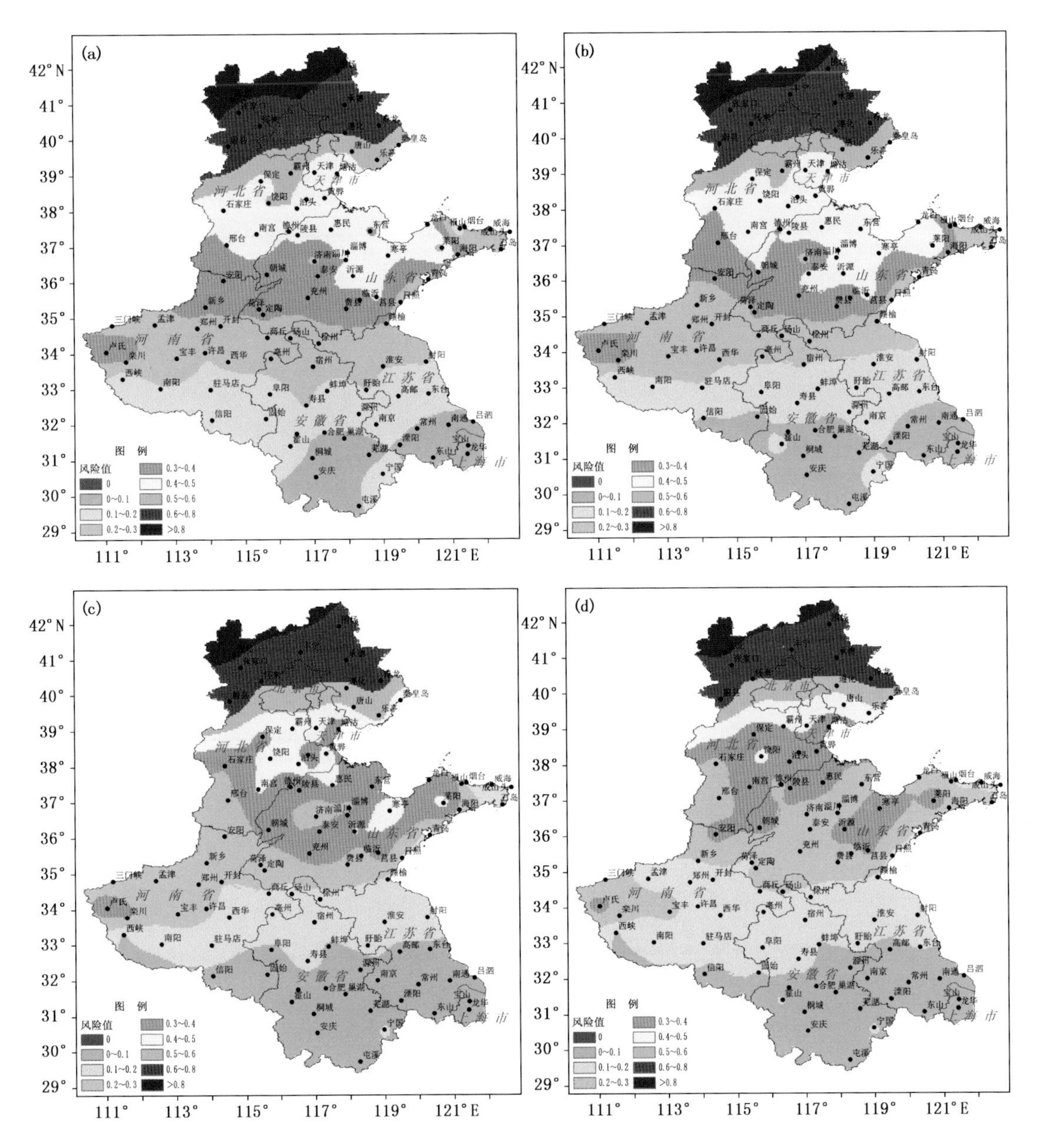

图2.110　塑料大棚番茄花果期重度低温冷害年代风险分布图
（a.20世纪70年代、b.20世纪80年代、c.20世纪90年代、d.21世纪前10年）

总体分析可知，各年代河北北部地区，塑料大棚番茄花果期极易发生重度低温冷害，其他地区均易发生中度低温冷害，随着年代的推移，重度低温冷害易发生区域逐渐减少。

3）塑料大棚番茄低温冷害综合风险区划

①塑料大棚番茄苗期低温冷害综合风险区划

研究表明，七省（市）塑料大棚番茄苗期发生轻度低温冷害的风险均为高风险，其中河南部分、安徽和江苏大部以及上海地区风险值在0.5～0.6，其他地区风险值在0.4～0.5。

整个研究区发生中度低温冷害风险均为高风险，且除信阳、威海等局部地区风险值在0.4～

0.5 外，其他地区风险值均在 0.5～0.6。

发生重度低温冷害的风险分布：固始—寿县—蚌埠—盱眙一线以南为低风险区；此线以北为中风险区，且山东大部和河北部分地区风险值在 0.3～0.4。

综合分析塑料大棚番茄苗期低温冷害综合风险分布图（图 2.111）可知，塑料大棚番茄苗期发生中度低温冷害的风险最大，轻度次之，重度最小。

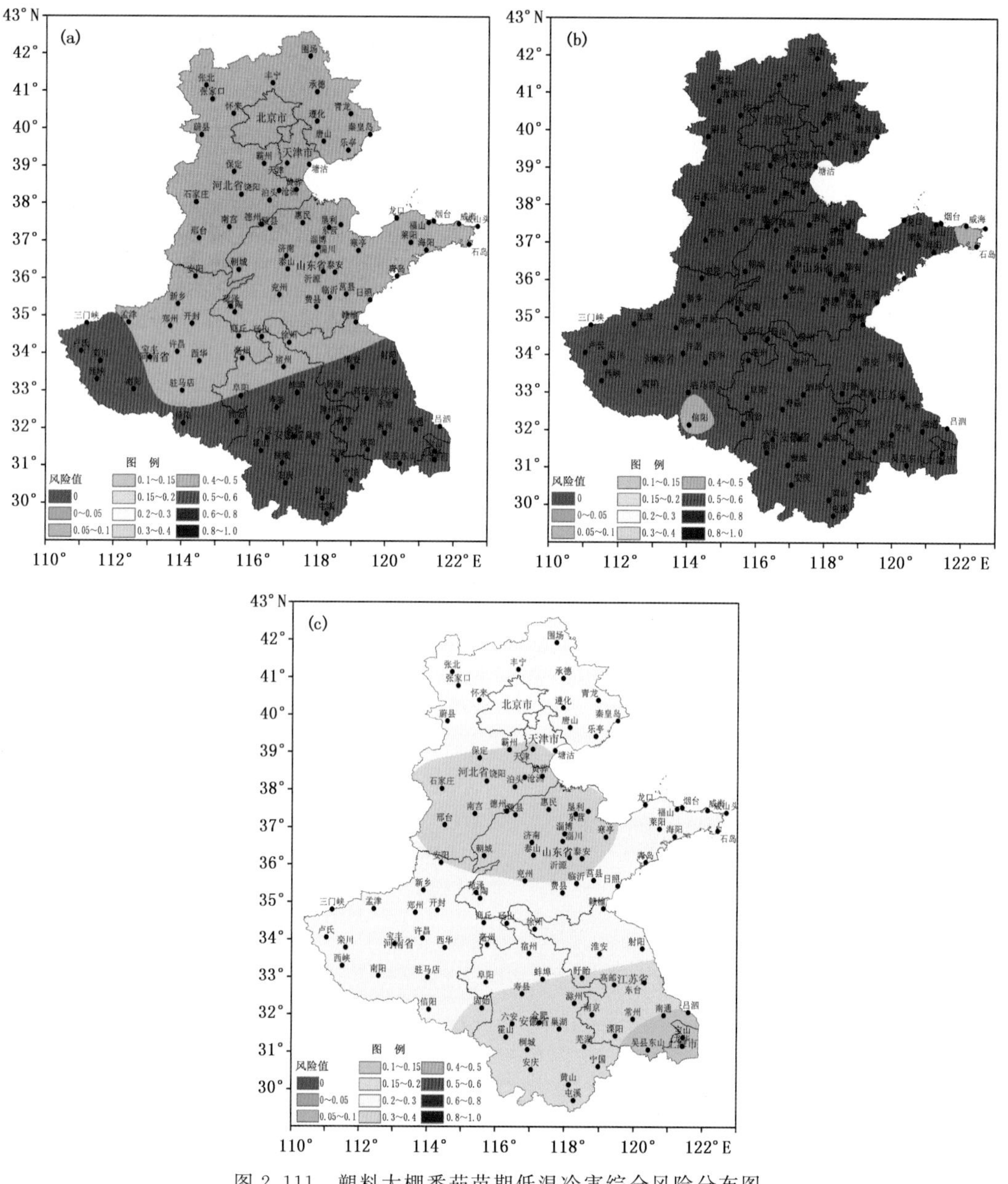

图 2.111　塑料大棚番茄苗期低温冷害综合风险分布图

（a. 轻度、b. 中度、c. 重度）

②塑料大棚番茄花果期低温冷害综合风险区划

研究表明，七省（市）塑料大棚番茄花果期发生轻度低温冷害的风险均为高风险，其中河南部分、安徽和江苏大部以及上海地区风险值在 0.5～0.6，其他地区风险值在 0.4～0.5。

发生中度低温冷害风险分布为：河北北部为中风险，其余地区均为高风险，整个区域发生中度低温冷害的风险较高。

发生重度低温冷害的风险分布：河南南部、安徽和江苏大部以及整个上海地区为低风险区，天津大部、河北中部以及山东局部为高风险区，河北北部地区为较高风险区，其中张北部边界地区为极高风险区，其余地区为中风险区。

综合分析塑料大棚番茄花果期低温冷害综合风险分布图（图 2.112）可知，河北北部地区极易发生重度低温冷害，其他地区则易发生轻度和中度低温冷害。

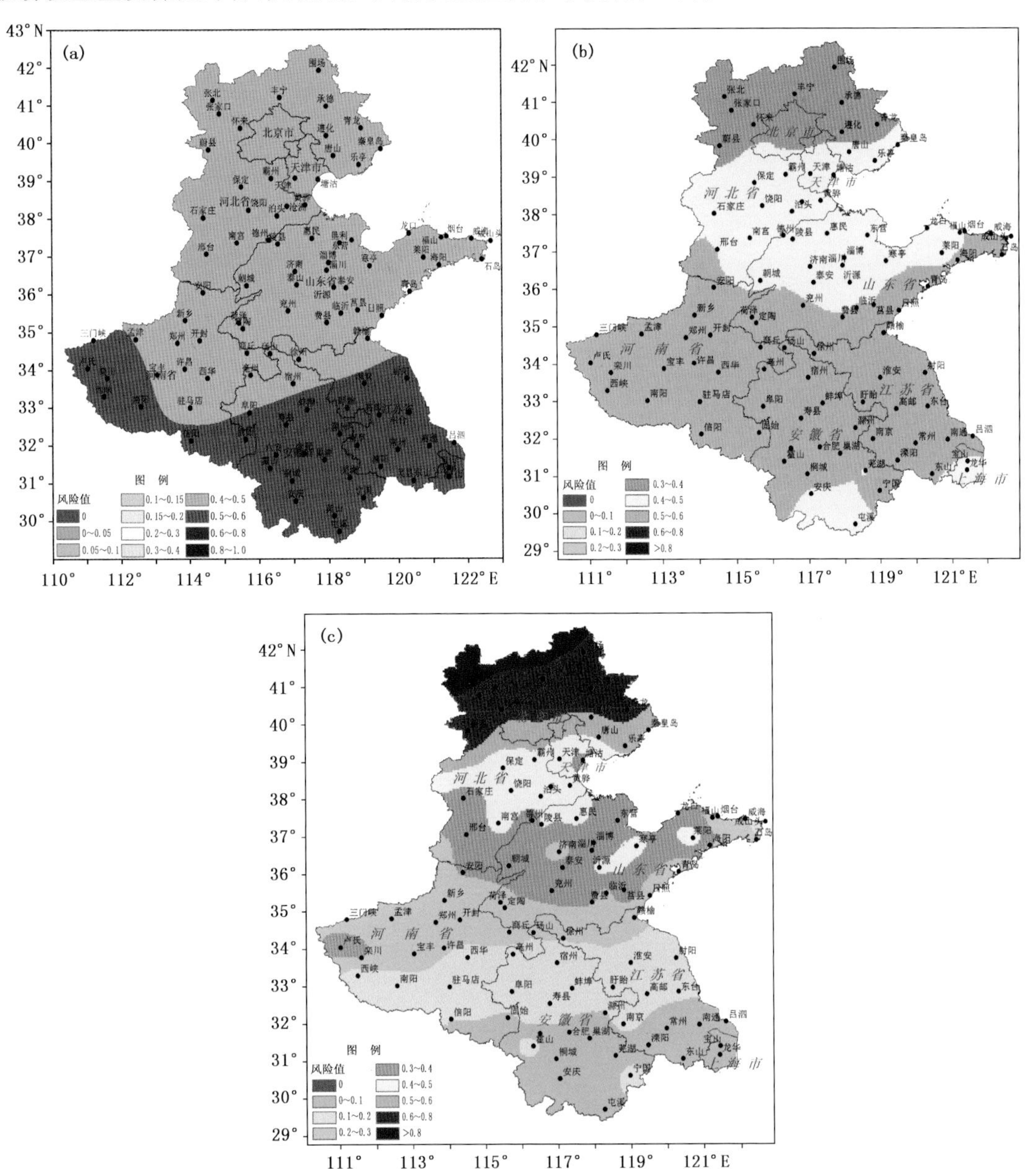

图 2.112　塑料大棚番茄花果期低温冷害综合风险分布图

（a. 轻度、b. 中度、c. 重度）

2.2.2 塑料大棚黄瓜低温冷害分布规律和风险区划

(1)塑料大棚黄瓜低温冷害分布规律

1)塑料大棚黄瓜低温冷害各季节分布规律

①塑料大棚黄瓜苗期低温冷害各季节分布规律

按照塑料大棚黄瓜苗期低温冷害指标,利用区域内各站点 1971—2010 年 40 年气象观测资料,按春、秋、冬 3 个生长季节,分别统计黄瓜苗期发生轻、中、重度灾害的总日数。

从塑料大棚黄瓜苗期轻度低温冷害日数各季节分布图(图 2.113)上看,春、秋两季研究区黄瓜苗期发生轻度低温冷害总日数均在 100～500 d。

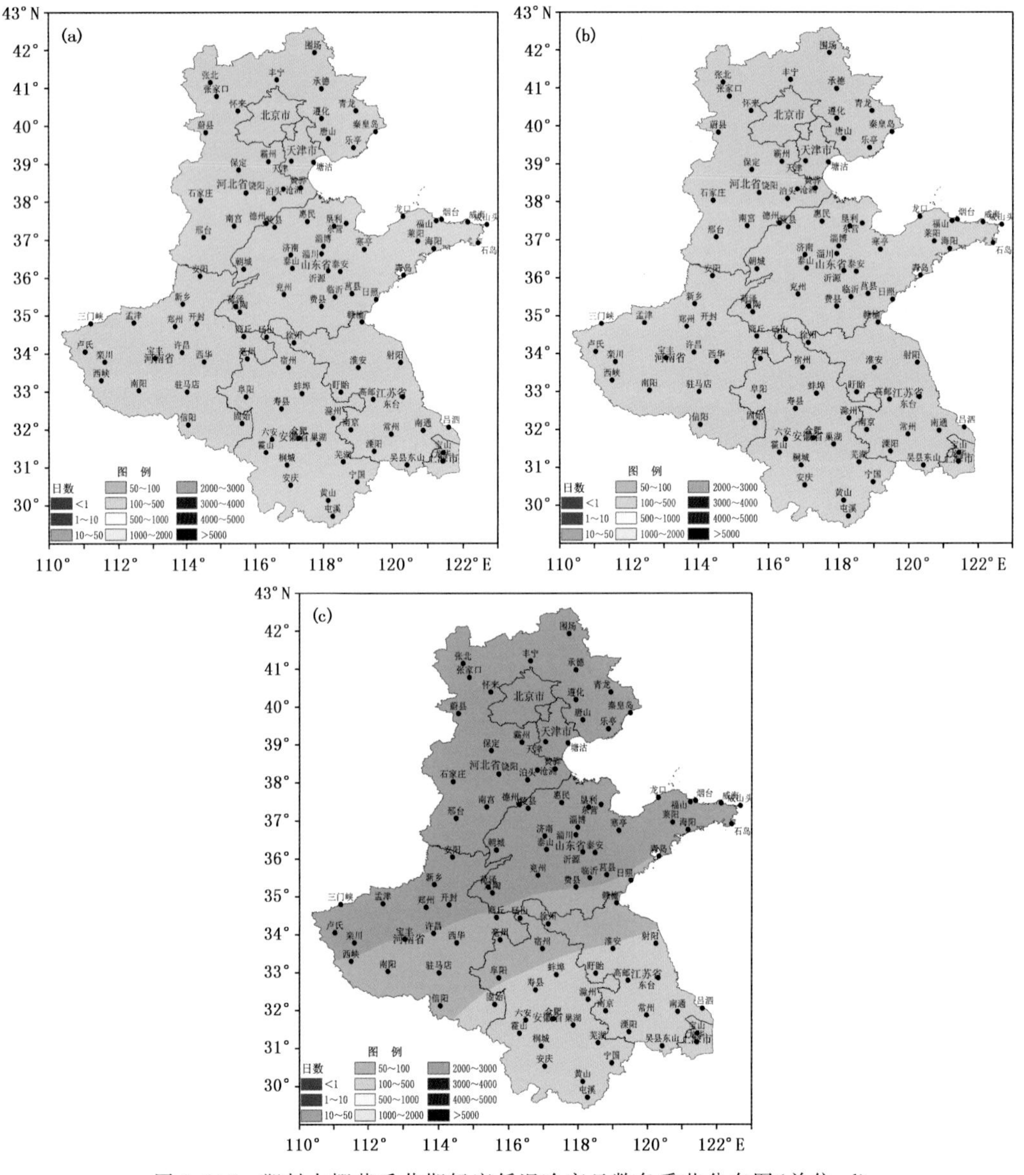

图 2.113 塑料大棚黄瓜苗期轻度低温冷害日数各季节分布图(单位:d)

(a. 春季、b. 秋季、c. 冬季)

冬季黄瓜苗期低温冷害的发生日数最少，信阳—阜阳—淮安—射阳一线以南在100～500 d，此线以北在100 d以下，呈现由南向北减少趋势。

从塑料大棚黄瓜苗期中度低温冷害日数各季节分布图(图2.114)上看，北部地区塑料大棚黄瓜苗期中度低温灾害冬季发生日数最少，秋季次之，春季最多；南部地区则冬季发生日数最多，春季次之，秋季最少。

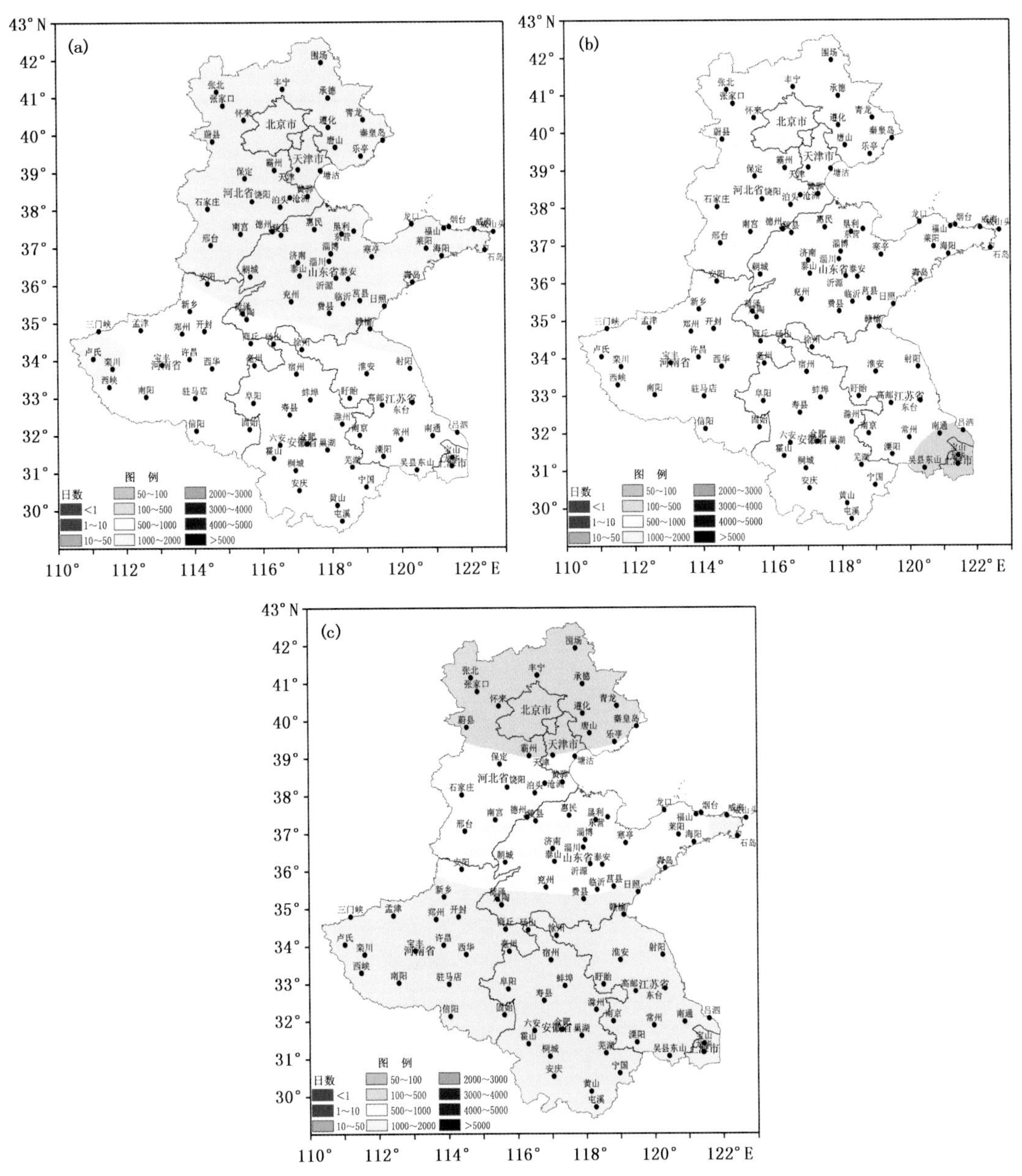

图2.114　塑料大棚黄瓜苗期中度低温冷害日数各季节分布图(单位:d)
(a. 春季、b. 秋季、c. 冬季)

春季山东局部、河南和江苏大部，以及安徽和上海地区发生日数在500～1000 d，其他地区在1000～2000 d。

秋季除上海、南通、吕泗等局部地区发生日数在 100～500 d 外，其他地区均在 500～1000 d。

冬季新乡－菏泽－费县－莒县－青岛一线以南以及威海局部地区发生日数在 1000～2000 d；此线以北在 1000 d 以下，其中河北和天津北部以及北京地区在 100～500 d。

从塑料大棚黄瓜苗期重度低温冷害日数各季节分布图（图 2.115）上看，春、秋两季黄瓜苗期发生重度低温冷害总日数的分布大体一致，均表现为河北和天津北部以及北京地区在 500～1000 d；其他地区在 500 d 以下，其中安徽、江苏和上海部分地区在 50～100 d。

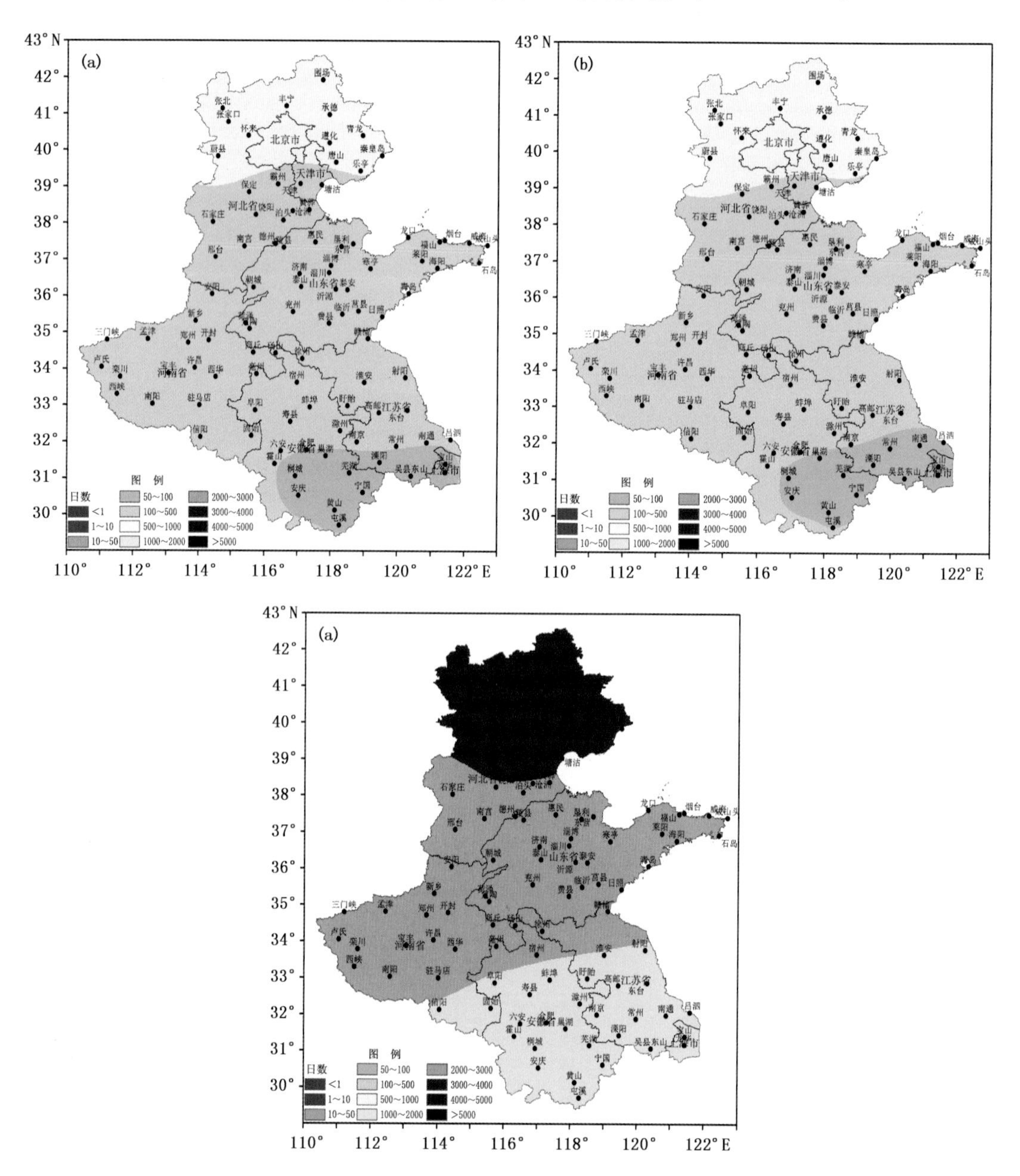

图 2.115　塑料大棚黄瓜苗期重度低温冷害日数各季节分布图（单位：d）

（a. 春季、b. 秋季、c. 冬季）

冬季黄瓜苗期重度低温冷害发生日数较多，且呈现南少北多的趋势，信阳—阜阳—宿州—淮安—射阳一线以南在1000～2000 d；此线以北在2000 d以上，其中河北北部以及北京、天津地区在3000～4000 d。

总体看来，春、秋两季，塑料大棚黄瓜苗期中度低温冷害发生日数较多；北部地区重度低温冷害次之，轻度冷害最少；南部地区重度低温冷害发生日数最少。冬季则以重度低温冷害为主，中度次之，轻度低温冷害发生日数最少。

②塑料大棚黄瓜花果期低温冷害各季节分布规律

按照塑料大棚黄瓜花果期低温冷害指标，利用区域内各站点1971—2010年40年气象观测资料，按春、秋、冬3个生长季节，分别统计黄瓜花果期发生轻、中、重度灾害的总日数。

从塑料大棚黄瓜花果期轻度低温冷害日数各季节分布图（图2.116）上看，春、秋、冬3个生长季节研究区黄瓜花果期发生轻度低温冷害总次数均较少，在1000 d以下，平均25 d/a；且冬季次数最少，秋季次之，春季最多；南部多于北部。

春季河北大部、安徽部分和山东局部地区低温冷害总日数在200～500 d；其他地区在500～1000 d。

秋季绝大部分区域低温冷害总日数在200～500 d；河北北部地区在200 d以下；河南局部地区在500～1000 d。

冬季西峡—南阳—亳州—徐州—赣榆一线以南低温冷害总日数在100 d以上，南部局部地区在500～1000 d；其他地区在100 d以下。

从塑料大棚黄瓜花果期中度低温冷害日数各季节分布图（图2.117）上看，塑料大棚黄瓜花果期中度低温灾害冬季发生日数最多，春季次之，秋季最少。春季河北大部、山东部分以及河南局部地区在1000～1500 d；其他地区在1000 d以下，南部局部地区在200～500 d。

秋季信阳—寿县—蚌埠—盱眙—射阳一线以南中度低温冷害总日数在500 d以下；其他大部分地区在500～100 d；仅河北局部地区发生日数较多，在1000～15000 d。

冬季西峡—南阳—驻马店—阜阳—寿县—蚌埠—盱眙—东台一线以南中度低温冷害总日数在2000～3000 d；河北大部和山东部分地区在1000 d以下，其中河北北部地区在100 d以下；其他地区在1000～2000 d。

在春季，塑料大棚黄瓜花果期中度低温冷害集中发生在河北和山东大部分地区；秋季发生较少；在冬季，除河北大部和山东部分地区外，其他地区均发生较多，且南方多于北方。

从塑料大棚黄瓜花果期重度低温冷害日数各季节分布图（图2.118）上看，春、秋两季黄瓜花果期发生重度低温冷害总日数的分布大体一致，均表现为河北和山东大部、河南局部地区在100 d以上，其中河北北部边界在1000 d以上，张北地区在1500 d以上；其他地区在0～100 d。

冬季河北和山东大部、河南部分地区重度低温冷害日数在2000 d以上；西峡—南阳—驻马店—宿州—淮安—射阳一线以南在1500 d以下，南部局部地区在500 d以下；其他地区在1500～2000 d。

在春、秋两季，塑料大棚黄瓜花果期重度低温冷害集中发生在河北北部边界地区；冬季除上海、安徽南部和江苏南部局部地区外，其他地区发生日数均较多。

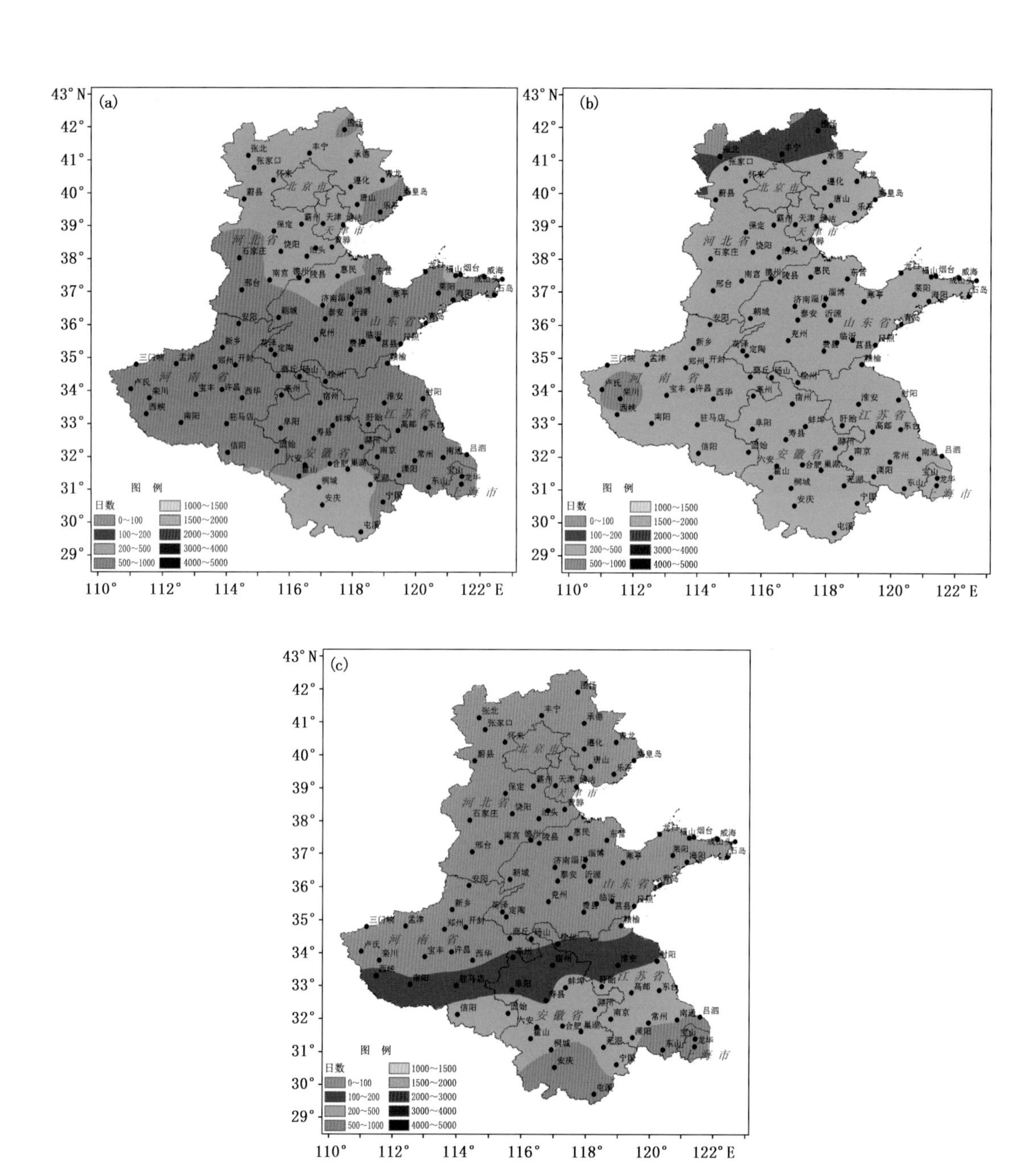

图 2.116　塑料大棚黄瓜花果期轻度低温冷害日数各季节分布图(单位:d)
(a. 春季、b. 秋季、c. 冬季)

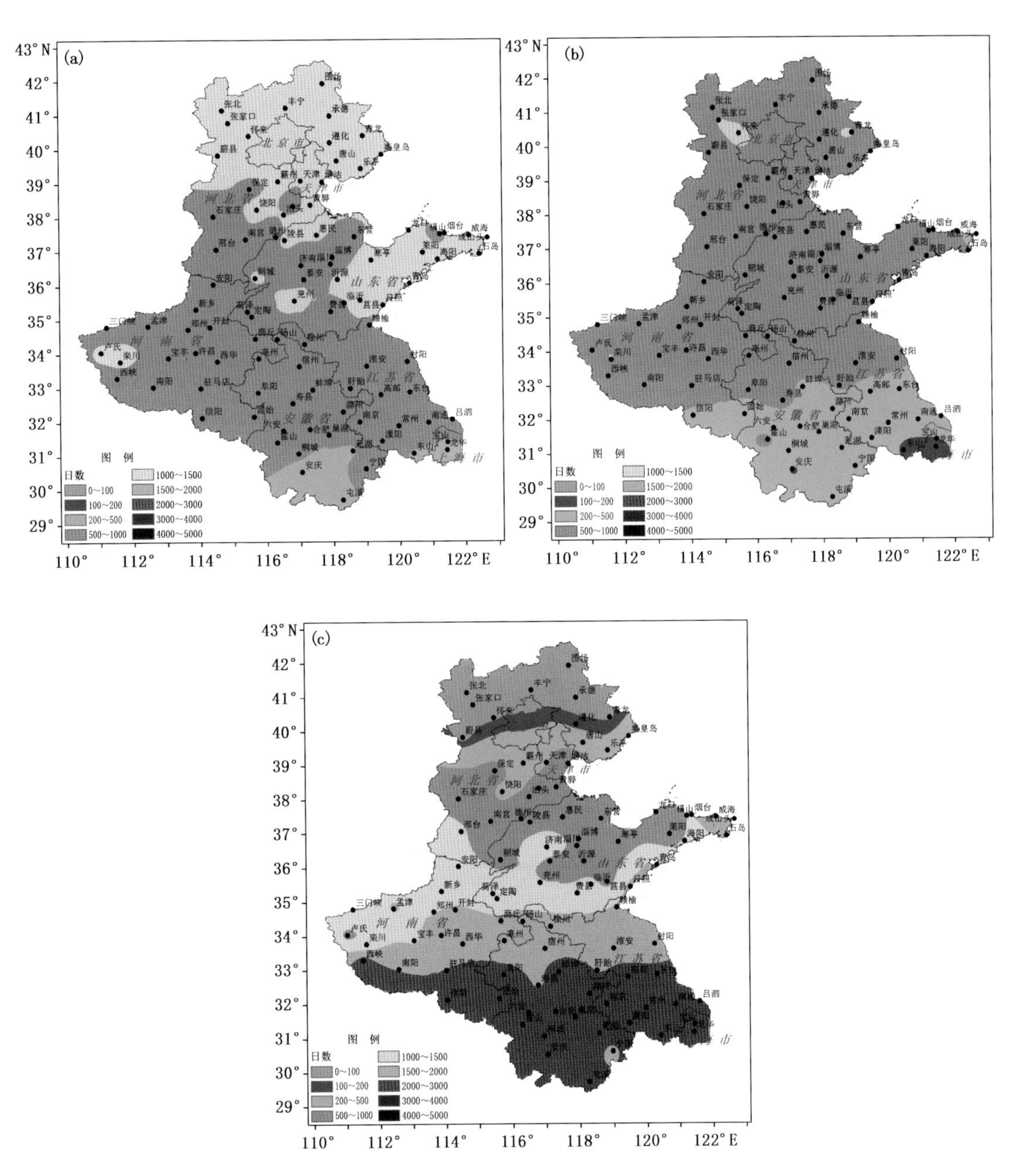

图 2.117　塑料大棚黄瓜花果期中度低温冷害日数各季节分布图(单位:d)
(a. 春季、b. 秋季、c. 冬季)

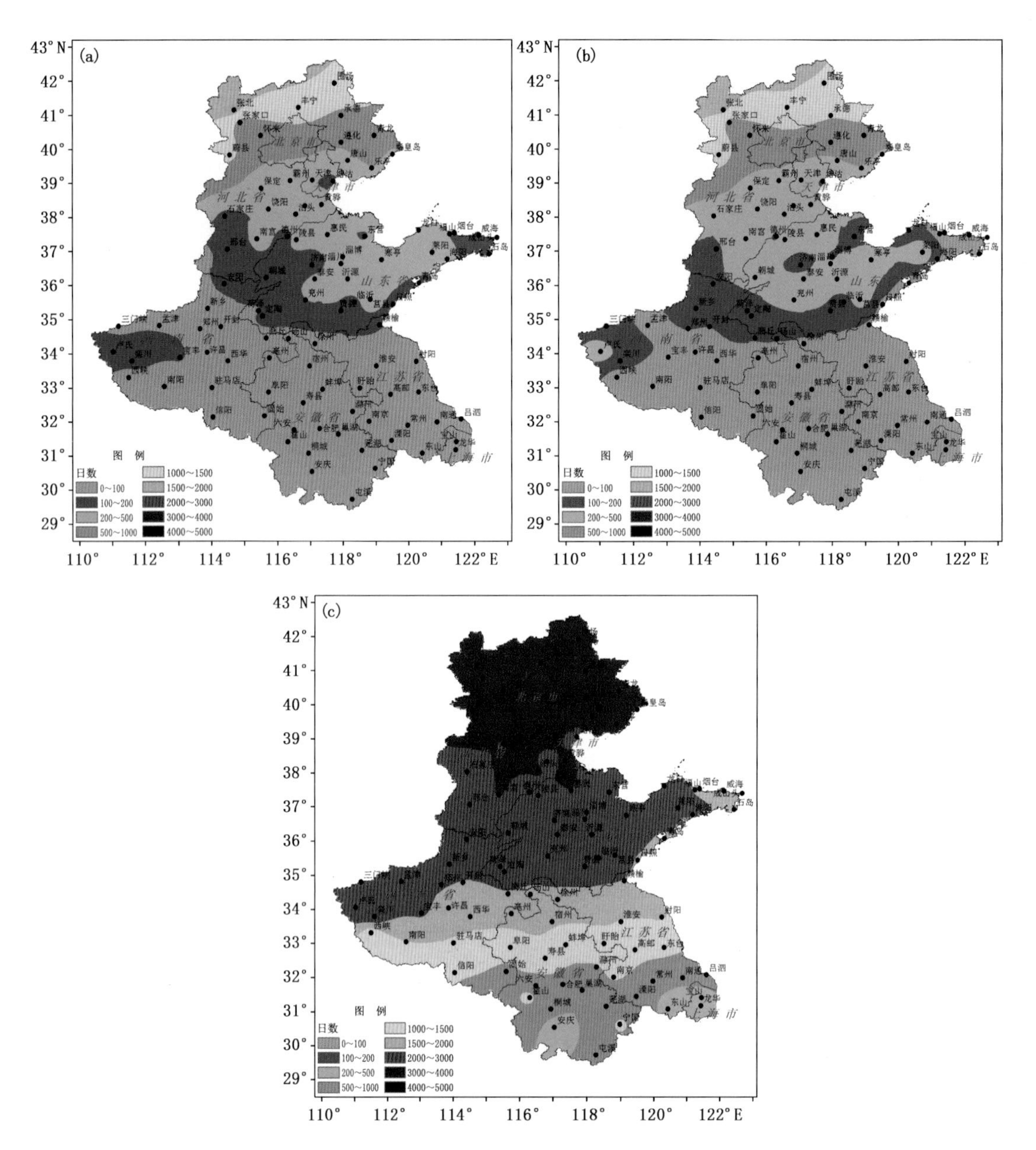

图 2.118 塑料大棚黄瓜花果期重度低温冷害日数各季节分布图(单位:d)

(a. 春季、b. 秋季、c. 冬季)

总体看来,春季,河北和山东大部分地区塑料大棚黄瓜花果期发生中度以上低温冷害的日数较多,其中河北北部边界地区重度低温冷害的发生日数较多;秋季,仅河北北部边界地区重度低温冷害的发生日数较多,其他地区低温冷害的发生日数较少;冬季,上海、河南南部、安徽南部以及江苏南部发生中度低温冷害的日数较多,其他地区发生重度低温冷害的日数较多。

2)塑料大棚黄瓜低温冷害各年代分布规律

①塑料大棚黄瓜苗期低温冷害各年代分布规律

按照塑料大棚黄瓜苗期低温冷害指标,利用区域内各站点 1971—2010 年 40 年气象观测资料，按年代分别统计黄瓜苗期发生轻、中、重度灾害的总日数。

从各年代塑料大棚黄瓜苗期轻度低温冷害总日数分布图(图 2.119)上看，各年代研究区黄瓜发生轻度低温冷害的日数均在 100～500 d。

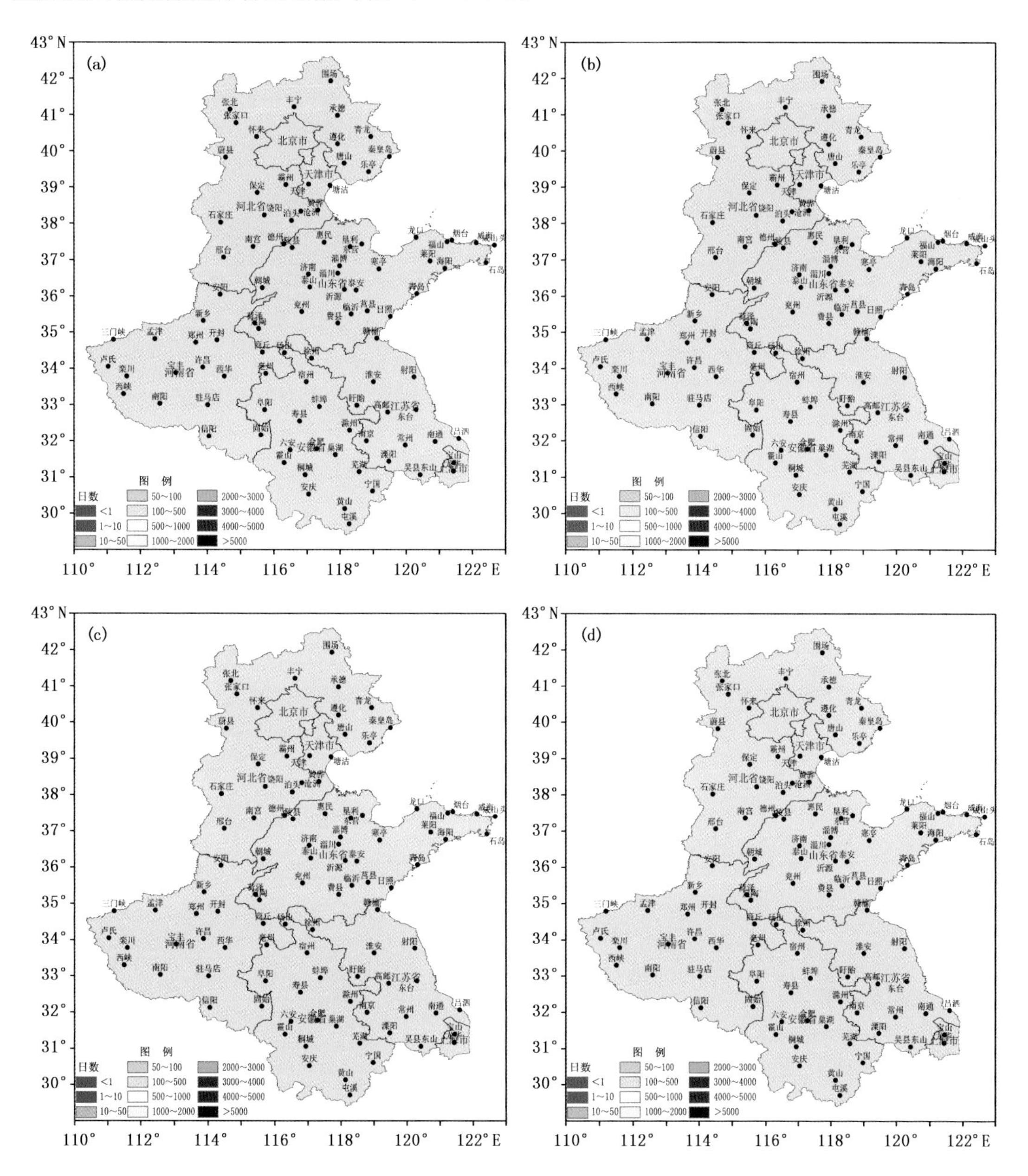

图 2.119　塑料大棚黄瓜苗期轻度低温冷害日数各年代分布图(单位:d)
(a. 20 世纪 70 年代、b. 20 世纪 80 年代、c. 20 世纪 90 年代、d. 21 世纪前 10 年)

从各年代塑料大棚黄瓜苗期中度低温冷害总日数分布图(图 2.120)上看，各年代研究区黄瓜发生轻度低温冷害的日数均在 500～1000 d。

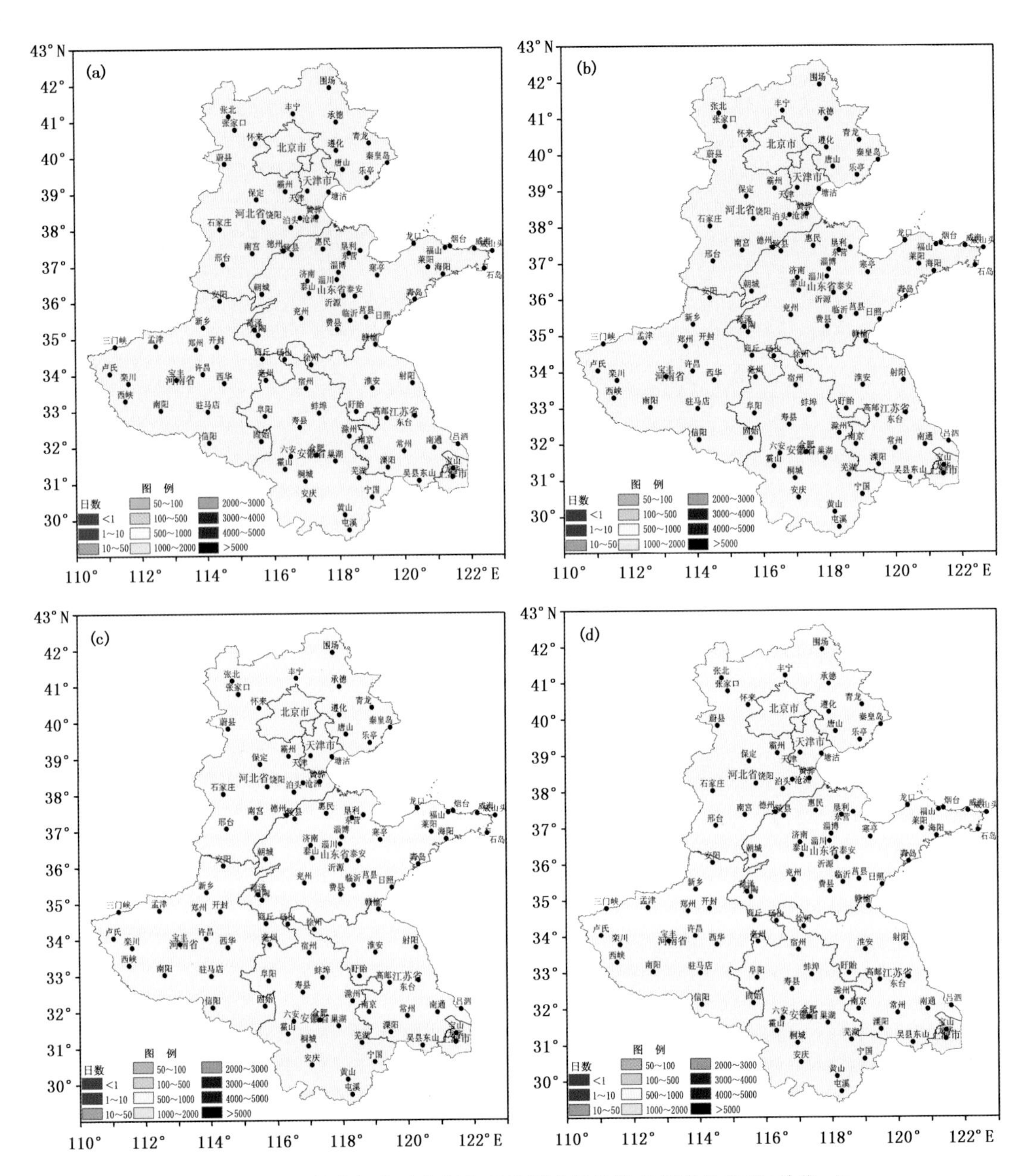

图 2.120　塑料大棚黄瓜苗期中度低温冷害日数各年代分布图(单位:d)

(a. 20 世纪 70 年代、b. 20 世纪 80 年代、c. 20 世纪 90 年代、d. 21 世纪前 10 年)

从各年代塑料大棚黄瓜苗期重度低温冷害总日数分布图(图 2.121)上看,20 世纪 70 年代,河北大部和北京、天津地区在 1000～2000 d;安徽和江苏部分以及上海地区在 100～500 d;其他地区在 500～1000 d。

随着年代的推移,1000 d 以上的区域面积逐渐减少,500 d 以下的地区逐渐增加,黄瓜苗期发生重度低温冷害的总日数呈减少趋势。

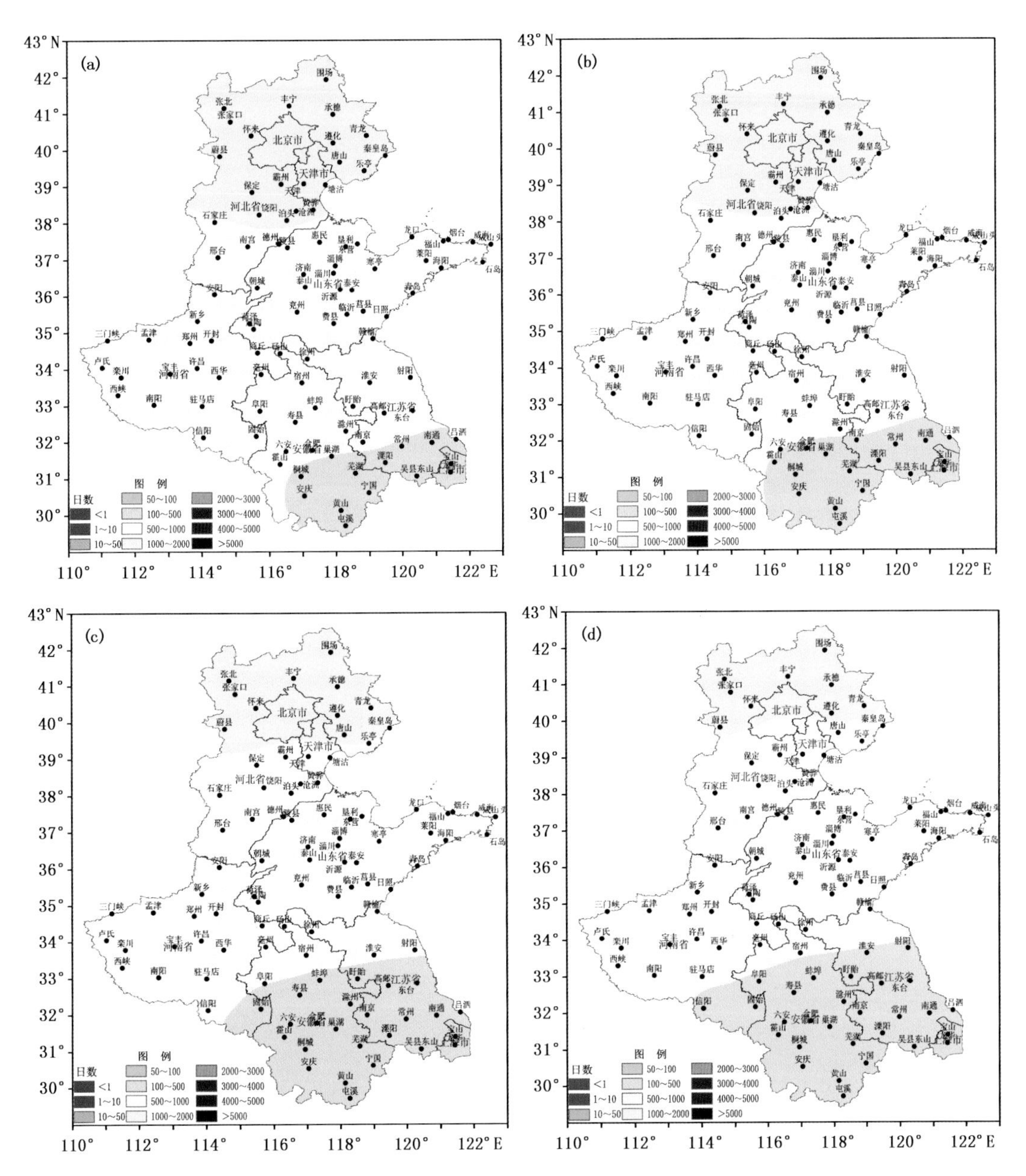

图 2.121　塑料大棚黄瓜苗期重度低温冷害日数各年代分布图(单位:d)
(a.20 世纪 70 年代、b.20 世纪 80 年代、c.20 世纪 90 年代、d.21 世纪前 10 年)

总体看来,南部地区塑料大棚黄瓜苗期中度低温冷害发生日数较多,重度和轻度低温冷害发生较少;北部地区则以重度低温冷害发生日数较多,中度次之,轻度最少,随着年代的推移,重度低温冷害发生日数较多的区域逐渐减少,各地轻度和中度低温冷害的发生日数变化不大。

②塑料大棚黄瓜花果期低温冷害各年代分布规律

按照塑料大棚黄瓜花果期低温冷害指标,利用区域内各站点 1971—2010 年 40 年气象观测资料,按年代分别统计黄瓜花果期发生轻、中、重度灾害的总日数。

从各年代塑料大棚黄瓜花果期轻度低温冷害总日数分布图(图 2.122)上看,各年代中,研究区大部分地区黄瓜花果期发生轻度低温冷害的日数在 350 d 以下,其中河北北部地区在 200 d 以下;研究区南部局部地区在 350～550 d。

随着年代的推移,200 d 以下的范围逐渐减少,南部 350 d 以上的区域逐渐扩大,黄瓜轻度低温冷害发生总日数有增加趋势。

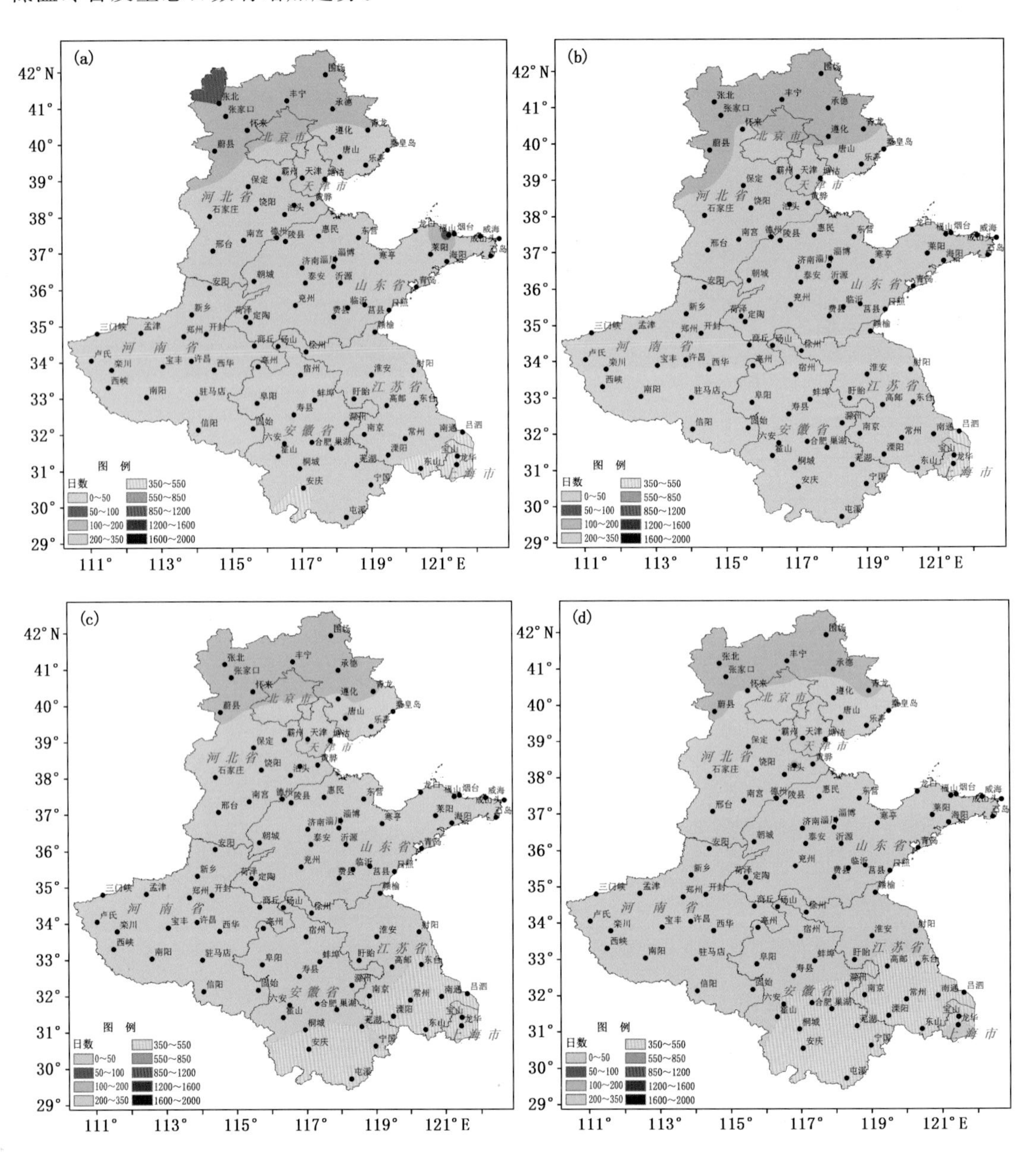

图 2.122　塑料大棚黄瓜花果期轻度低温冷害日数年代分布图(单位:d)
(a. 20 世纪 70 年代、b. 20 世纪 80 年代、c. 20 世纪 90 年代、d. 21 世纪前 10 年)

从各年代塑料大棚黄瓜花果期中度低温冷害总日数分布图(图 2.123)上看,各年代研究区黄瓜花果期发生中度低温冷害的日数在 350 d 以上。

20 世纪 70 年代，整个研究区发生日数在 350～850 d，其中河北北部局部地区在 350～550 d；80 年代，河南、安徽、江苏和上海局部地区开始出现 850～1200 d 的区域，且到 90 年代该区域面积明显增加，主要分布在河南、安徽和江苏大部分地区以及山东半岛局部地区；21 世纪前 10 年，灾害发生日数明显减少，仅山东半岛成山头极小部分在 850～1200 d，其他大部分地区在 550～850 d，河北北部地区在 350～550 d。

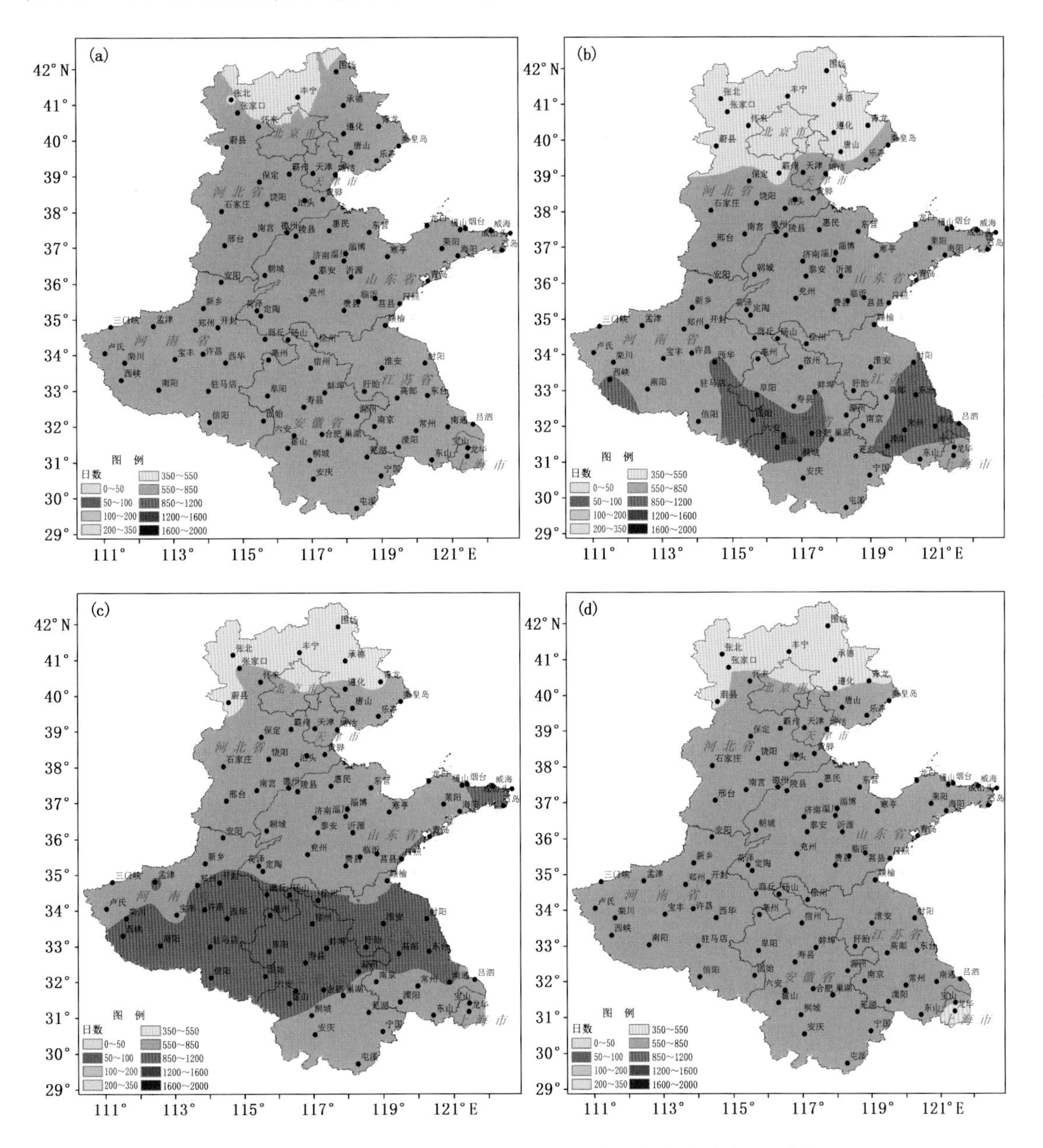

图 2.123　塑料大棚黄瓜花果期中度低温冷害日数年代分布图(单位:d)
(a. 20 世纪 70 年代、b. 20 世纪 80 年代、c. 20 世纪 90 年代、d. 21 世纪前 10 年)

从各年代塑料大棚黄瓜花果期重度低温冷害总日数分布图(图 2.124)上看，20 世纪 70 年代，河北大部和山东部分地区在 850 d 以上，其中北部边界地区在 1600 d 以上；河北、江苏和安徽局部，河南部分，以及山东大部分地区在 550～850 d；信阳－固始－滁州－南京－东台一线以南在 350 d 以下；其他地区在 350～550 d。

随着年代的推移，550 d 以上的区域面积逐渐减少，350 d 以下的地区逐渐增加，黄瓜花果期发生重度低温冷害的总日数呈减少趋势。

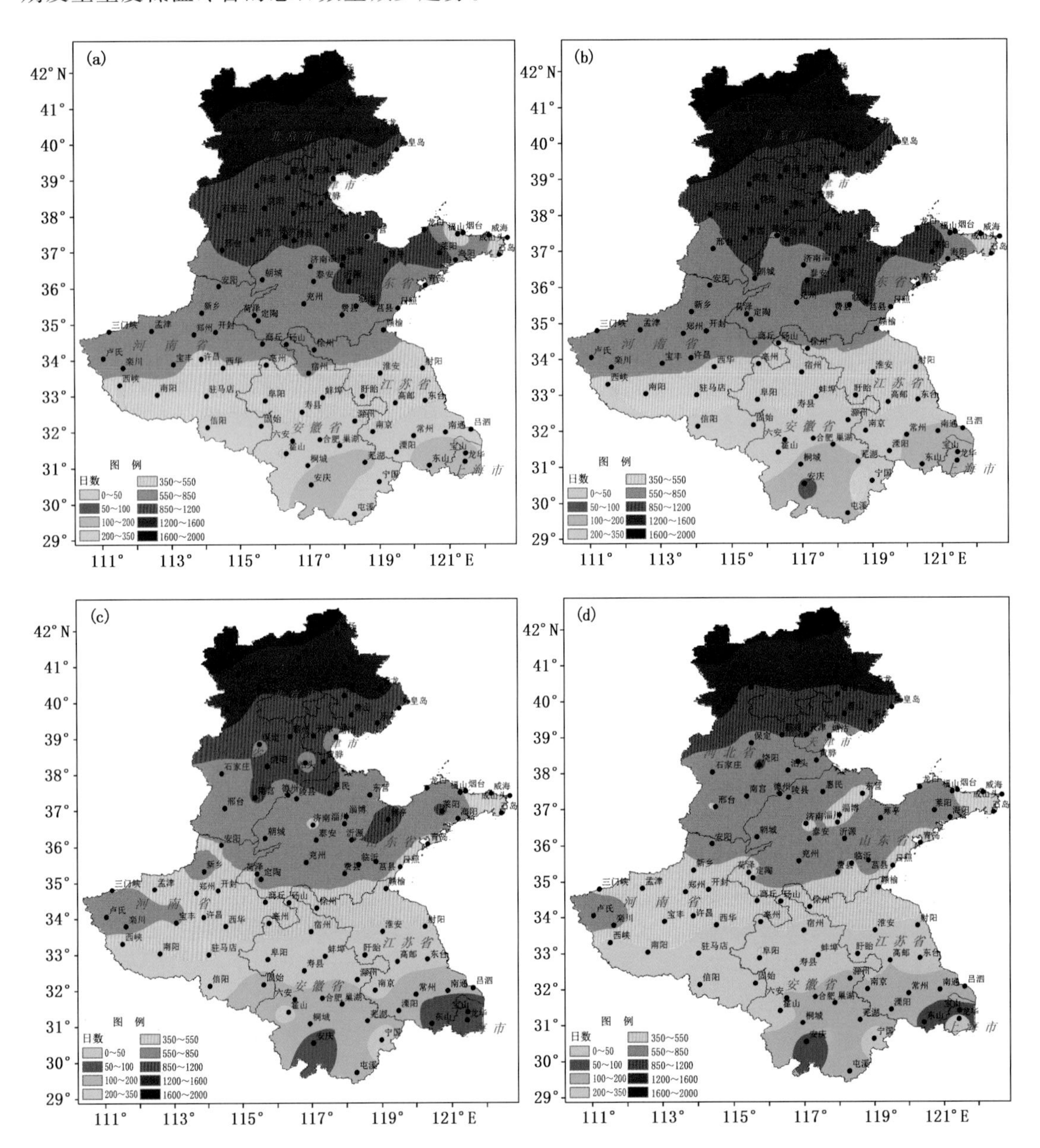

图 2.124　塑料大棚黄瓜花果期重度低温冷害日数年代分布图(单位：d)

(a. 20 世纪 70 年代、b. 20 世纪 80 年代、c. 20 世纪 90 年代、d. 21 世纪前 10 年)

总体看来，塑料大棚黄瓜花果期在河北和山东大部分地区发生重度和中度低温冷害的日数较多，其他地区则以中度低温冷害的发生为主，随着年代的推移，重度低温冷害发生日数较多的区域逐渐减少，轻度低温冷害的发生区域增加，各地发生中度低温冷害的日数先增加后减少。

3)塑料大棚黄瓜低温冷害40年来总日数分布规律

①塑料大棚黄瓜苗期低温冷害40年来总日数分布规律

研究表明,七省(市)塑料大棚黄瓜苗期发生轻度低温冷害的总日数均在500～1000 d。

发生中度低温冷害总日数分布为:栾川一宝丰一许昌一亳州一淮安一射阳一线以南在3000～4000 d,此线以北在2000～3000 d。

发生重度低温冷害总日数分布为:新乡一菏泽一费县一青岛一海阳一线以南以及山东半岛局部地区在3000 d以下,其中安徽和江苏大部以及上海地区在1000～2000 d;此线以北在3000 d以上,其中河北和天津北部以及北京地区在4000～5000 d。

综合分析塑料大棚黄瓜苗期低温冷害40年来总日数分布规律(图2.125)可知,研究区北部地区以重度低温冷害为主,中度次之,轻度发生日数最少;南部地区则以中度低温冷害发生日数最多,重度次之,轻度最少。

②塑料大棚黄瓜花果期低温冷害40年来总日数分布规律

研究表明,七省(市)塑料大棚黄瓜花果期发生轻度低温冷害的总日数分布为:河北北部地区在200～750 d,上海和江苏局部地区在1500～2500 d,研究区其他大部分地区在750～1500 d。

发生中度低温冷害总日数分布为:河北大部、山东局部地区在750 d以下;其他大部分地区在2500～3500 d;山东成山头极小部分地区在3500 d以上。

发生重度低温冷害总日数分布为:河北大部和山东局部地区在3500 d以上,其中河北北部边界地区可达到6500 d以上;西峡一南阳一驻马店一寿县一射阳一线以南在1500 d以下,其中南部部分地区在750 d以下;其他地区在1500～3500 d。

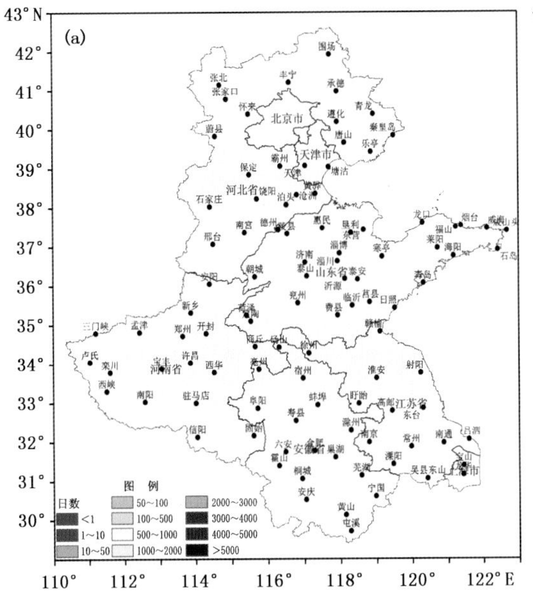

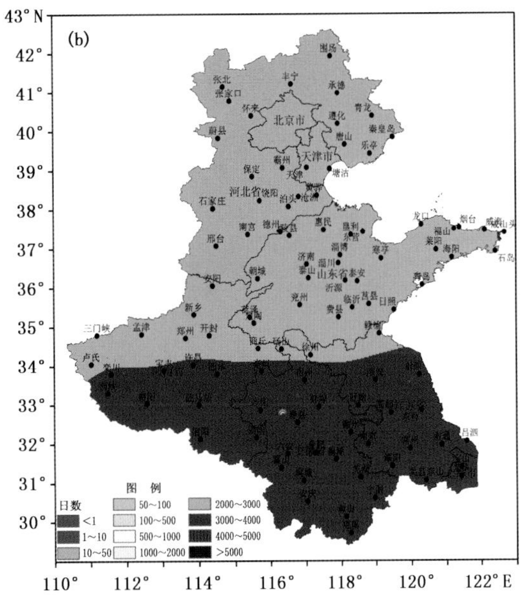

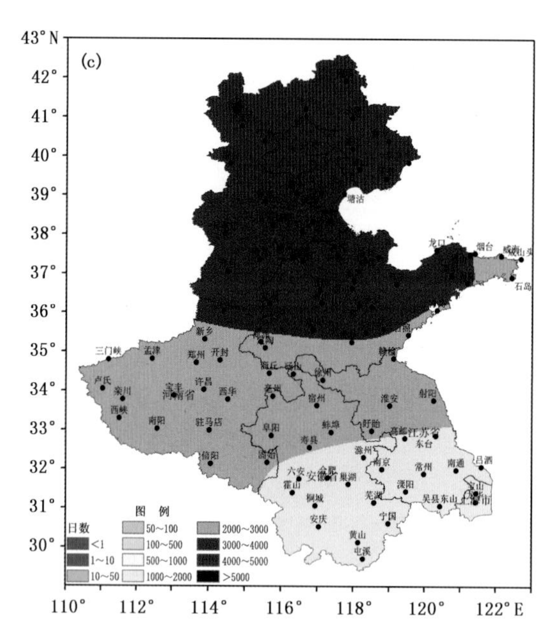

图 2.125　塑料大棚黄瓜苗期低温冷害 40 年来总日数分布图(单位:d)
(a. 轻度、b. 中度、c. 重度)

综合分析塑料大棚黄瓜花果期低温冷害 40 年来总日数分布规律(图 2.126)可知,山东地区发生中度和重度低温冷害的地区均较多;河北北部地区发生重度低温冷害的日数较多;其他地区发生中度低温冷害的日数较多;轻度低温冷害发生日数较少。

(2)塑料大棚黄瓜低温冷害风险区划

1)塑料大棚黄瓜低温冷害各季节风险区划

①塑料大棚黄瓜苗期低温冷害各季节风险区划

从塑料大棚黄瓜苗期轻度低温冷害风险季节分布图(图 2.127)上看,春季卢氏、宝山、吕泗等地位高风险区,风险值在 0.4～0.5,其他地区均为中风险区,风险值在 0.3～0.4。

秋季整个研究区域均为中风险,其中安徽局部、河北部分以及河南和山东大部分地区为中风险区,风险值在 0.3～0.4,其他地区风险值在 0.2～0.3。

冬季除安庆－芜湖－常州－南通一线以南的部分地区为中风险外,其他地区均为低风险。

研究区黄瓜苗期轻度低温冻害风险值春季最大、秋季次之、冬季最小。

从塑料大棚黄瓜苗期中度低温冷害风险季节分布图(图 2.128)上看,春季整个研究区域均为中风险区,其中信阳－阜阳－盱眙－东台一线以南风险值在 0.2～0.3,此线以北风险值在 0.3～0.4。

秋季除安徽和江苏大部以及上海地区为低风险区外,其他地区为中风险区,其中河北和北京北部地区风险值在 0.3～0.4。

冬季河北大部以及北京、天津地区为低风险区,风险值在 0.1～0.2;河南部分、安徽和江苏大部以及上海地区为高风险区,风险值在 0.4～0.6;其他地区为中风险区。

研究区南部地区塑料大棚黄瓜苗期中度低温冷害的发生主要集中在冬季,秋季发生风险最小;北部地区春季发生风险最大,秋季次之,冬季风险最小。

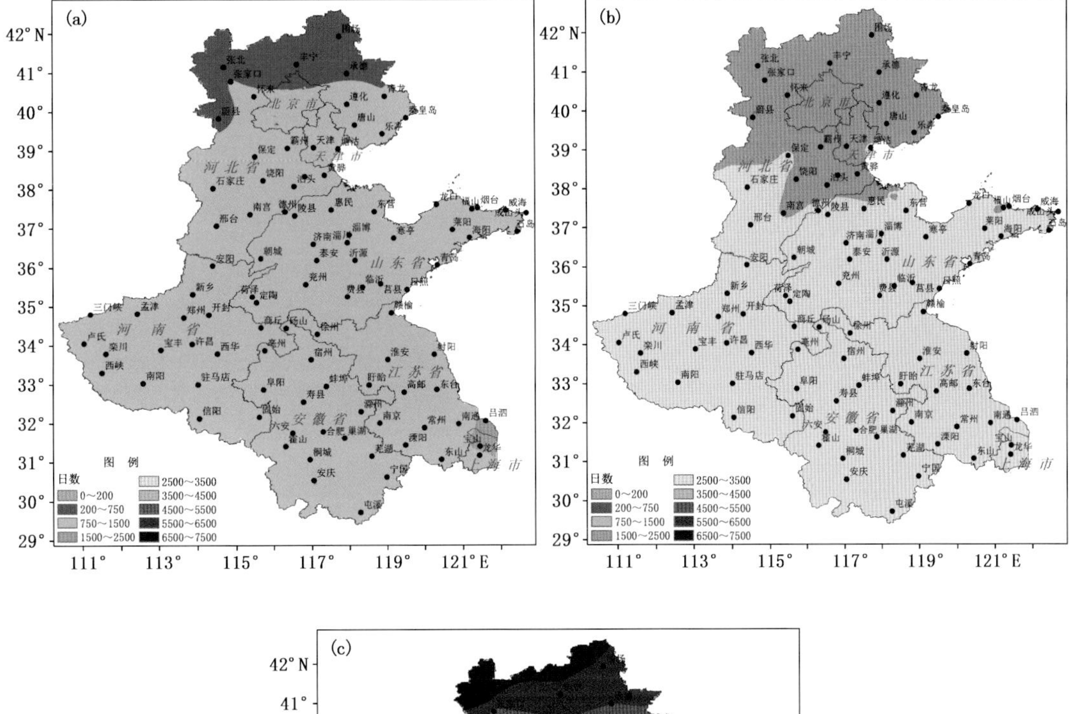

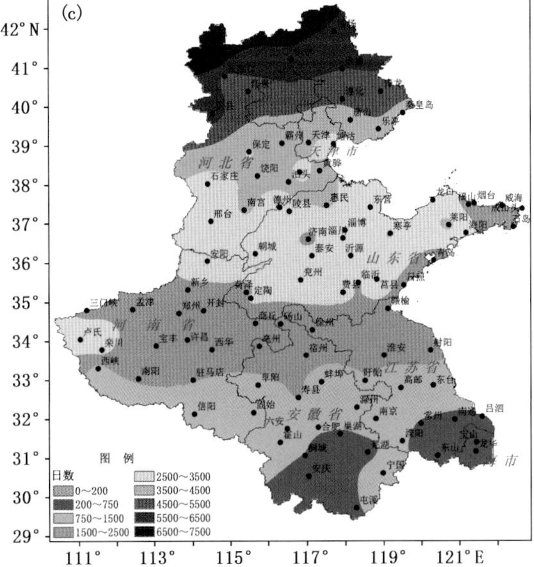

图 2.126　塑料大棚黄瓜花果期低温冷害 40 年来总日数分布图(单位:d)
(a.轻度、b.中度、c.重度)

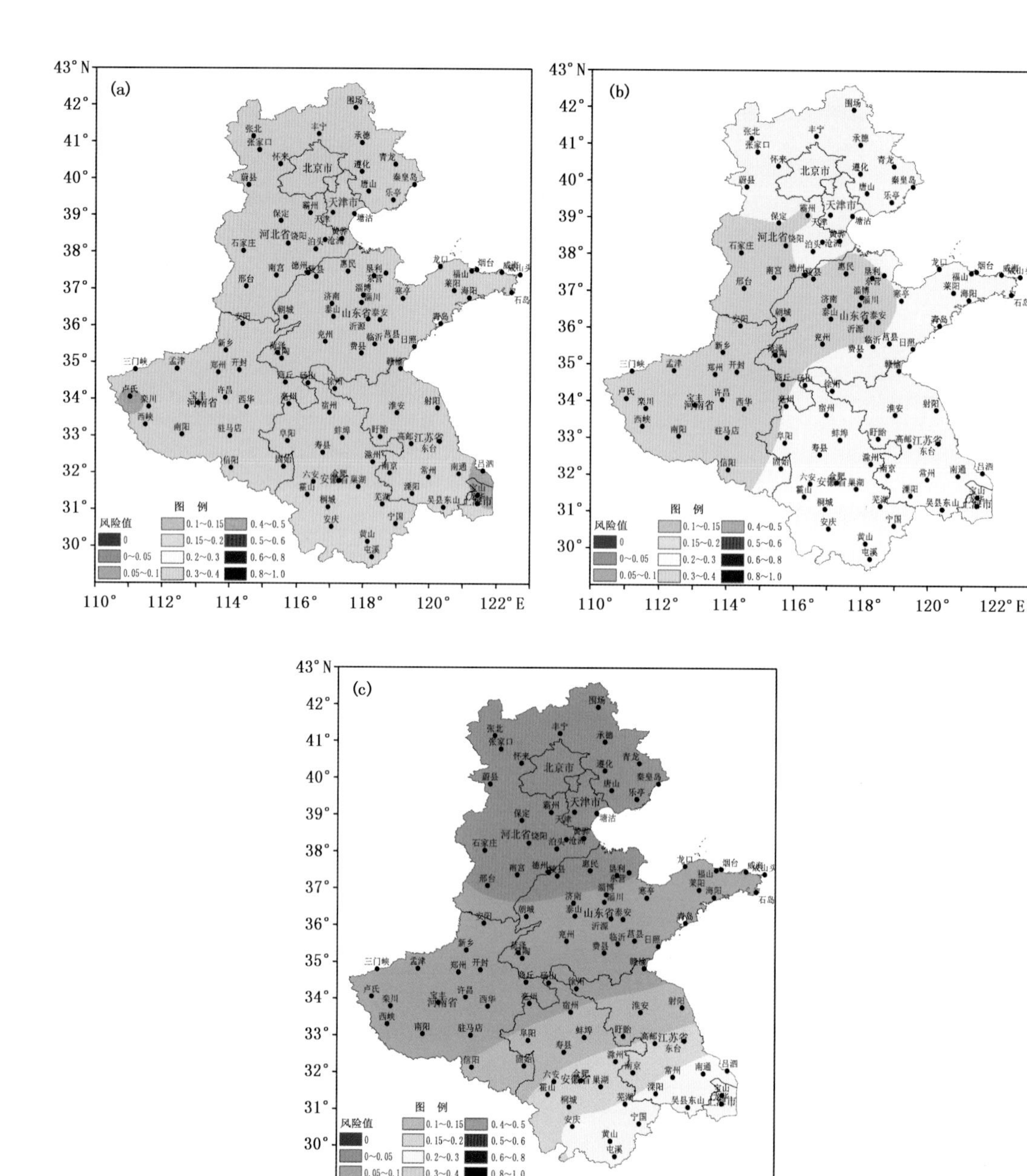

图 2.127　塑料大棚黄瓜苗期轻度低温冷害各季节风险分布图

（a. 春季、b. 秋季、c. 冬季）

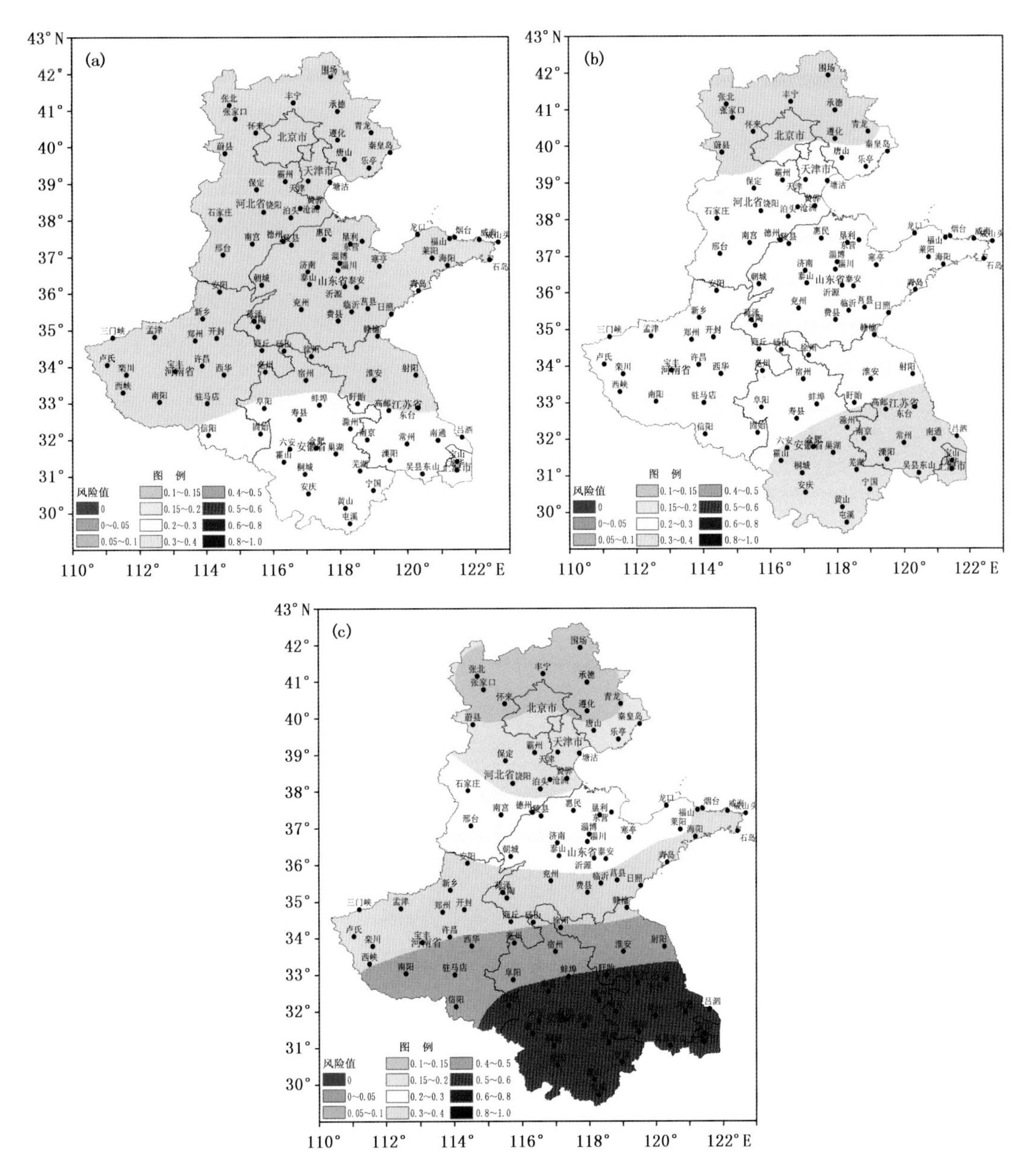

图 2.128　塑料大棚黄瓜苗期中度低温冷害各季节风险分布图
（a. 春季、b. 秋季、c. 冬季）

从塑料大棚黄瓜苗期重度低温冷害风险季节分布图（图 2.129）上看，春、秋两季河北北部为中风险，风险值在 0.2～0.3；其余地区为低风险。

冬季重度低温冷害风险值为南低北高，南阳－西华－徐州－赣榆一线以南为中风险区和高风险区，其中安徽和江苏部分以及上海地区为中风险区，风险值在 0.3～0.4；其他地区为高风险区。此线以北除河北大部以及北京、天津地区为极高风险区外，其他地区为较高风险区。

塑料大棚黄瓜苗期，在春、秋两季，河北北部发生重度低温冷害的风险较大；在冬季，除上海、安徽南部和江苏南部发生重度低温冷害的风险较小以外，其他地区发生风险均较大，尤其是河北北部地区，风险极高。

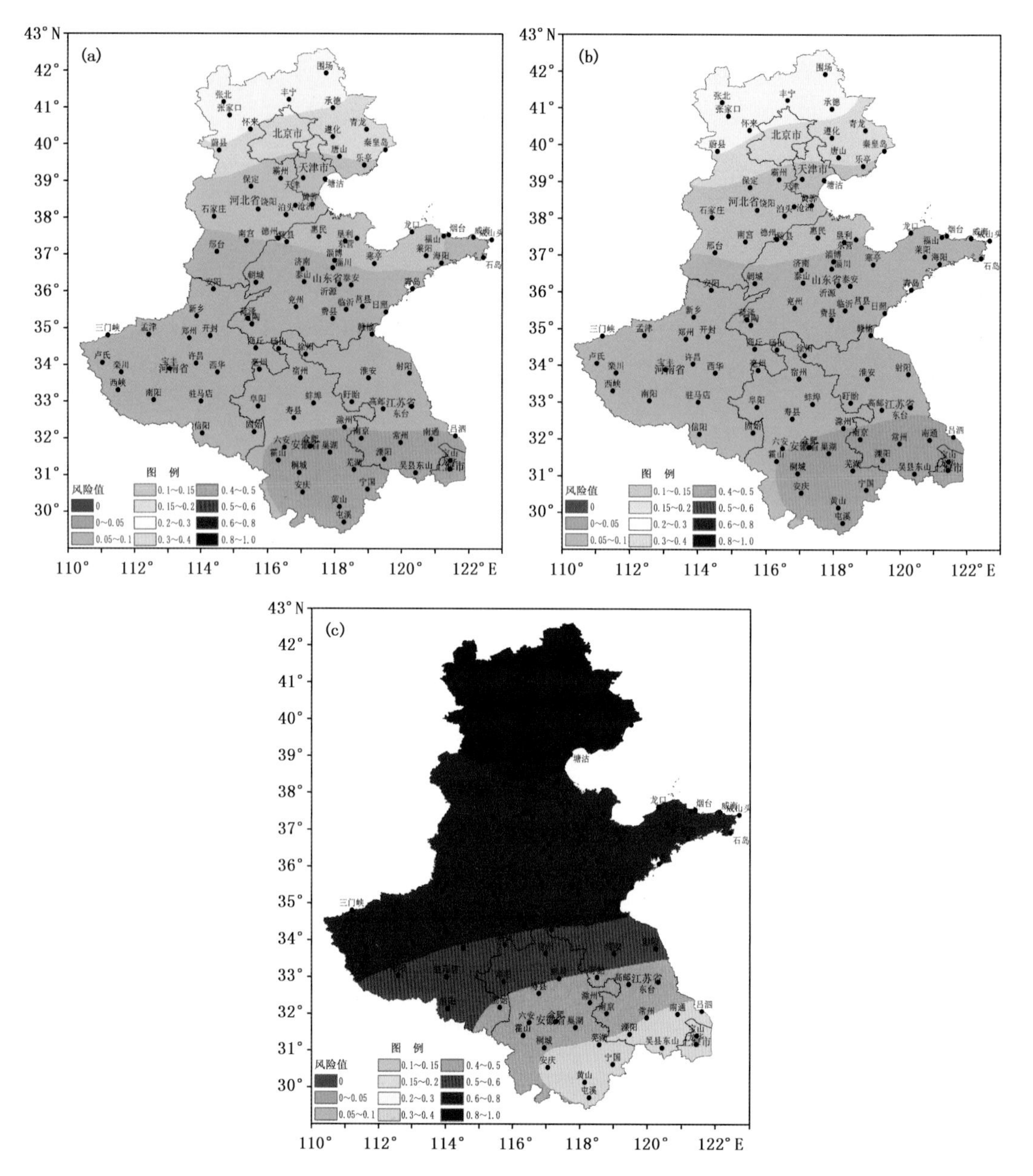

图 2.129　塑料大棚黄瓜苗期重度低温冷害各季节风险分布图

（a. 春季、b. 秋季、c. 冬季）

总体看来，春、秋两季塑料大棚黄瓜苗期较易发生轻度和中度低温冷害。冬季研究区南部发生中度低温冷害的风险最大，其次为重度低温冷害，轻度最小；北部则以重度低温冷害发生风险最大，中度次之，轻度最小。

②塑料大棚黄瓜花果期低温冷害各季节风险区划

从塑料大棚黄瓜花果期轻度低温冷害风险季节分布图（图 2.130）上看，春、秋、冬 3 个生长季节研究区域黄瓜花果期轻度低温冻害风险值均低于 0.2，为低风险区，即发生轻度低温冷害的风险较小，其中春季风险相对较大，冬季最小。

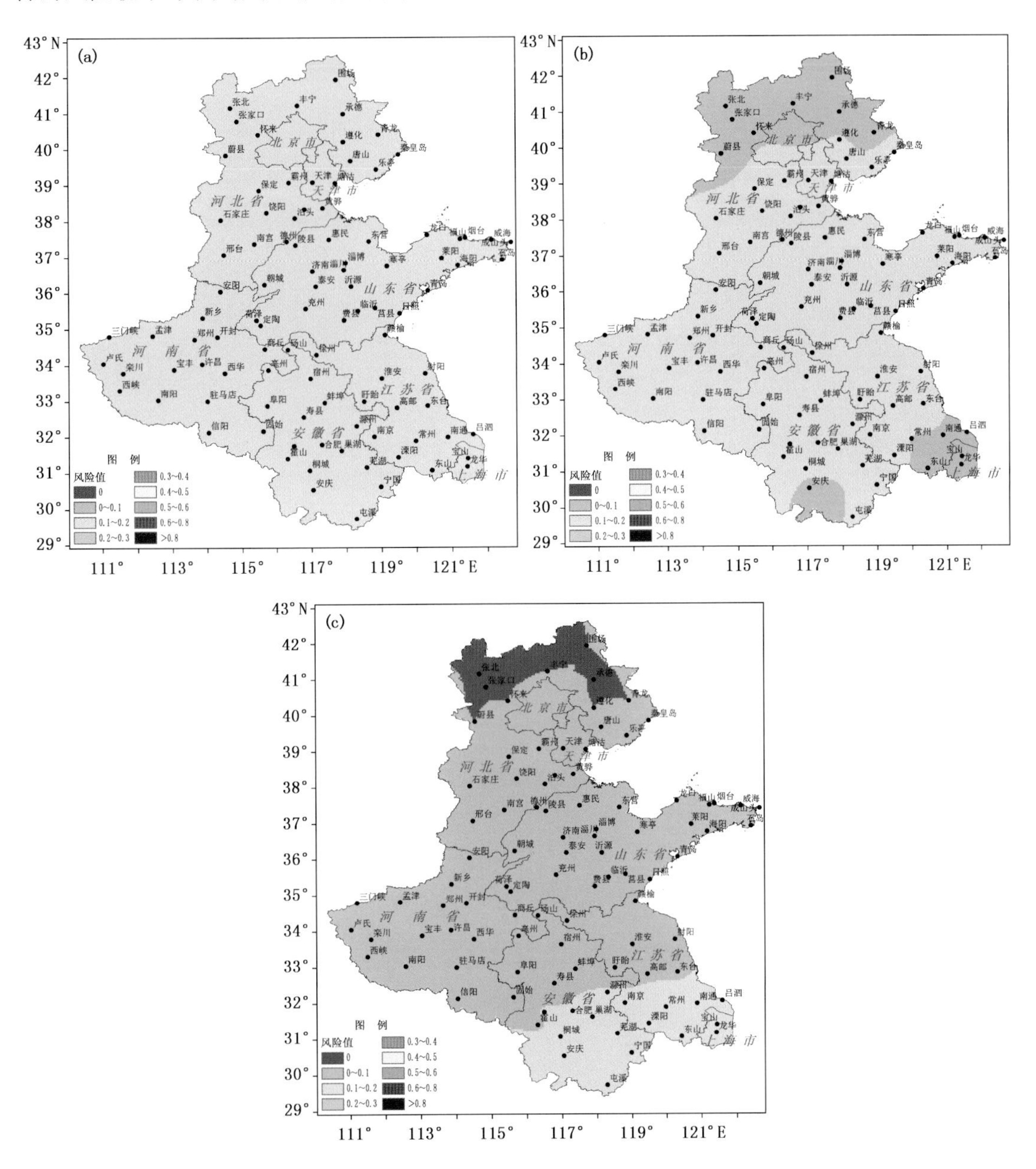

图 2.130　塑料大棚黄瓜花果期轻度低温冷害各季节风险分布图

(a. 春季、b. 秋季、c. 冬季)

从塑料大棚黄瓜花果期中度低温冷害风险季节分布图(图 2.131)上看，春季河南南阳和信阳地区、安徽和江苏南部以及上海地区为低风险区；其余地区均为中风险区。

秋季河南南部、安徽、江苏、上海、山东东南沿海地区均为低风险区；其余地区为中风险区。

冬季河南南阳南部边界、信阳地区、安徽西南部、江苏东南部为较高风险区；河南中南部、安徽大部、江苏大部、上海地区为高风险区；河南西部和北部、河北南部、山东大部为中风险区；河北中部和北部为低风险区。

在春季，除上海、河南南部、安徽南部和江苏南部部分地区以外，其他地区塑料大棚黄瓜花果期发生中度低温冷害的风险较大；在秋季，天津、河北、山东和河南大部分地区，发生中度低温冷害的风险较大；冬季除河北大部分地区以外，其他地区，尤其是研究区的南部，发生中度低温冷害的风险大。

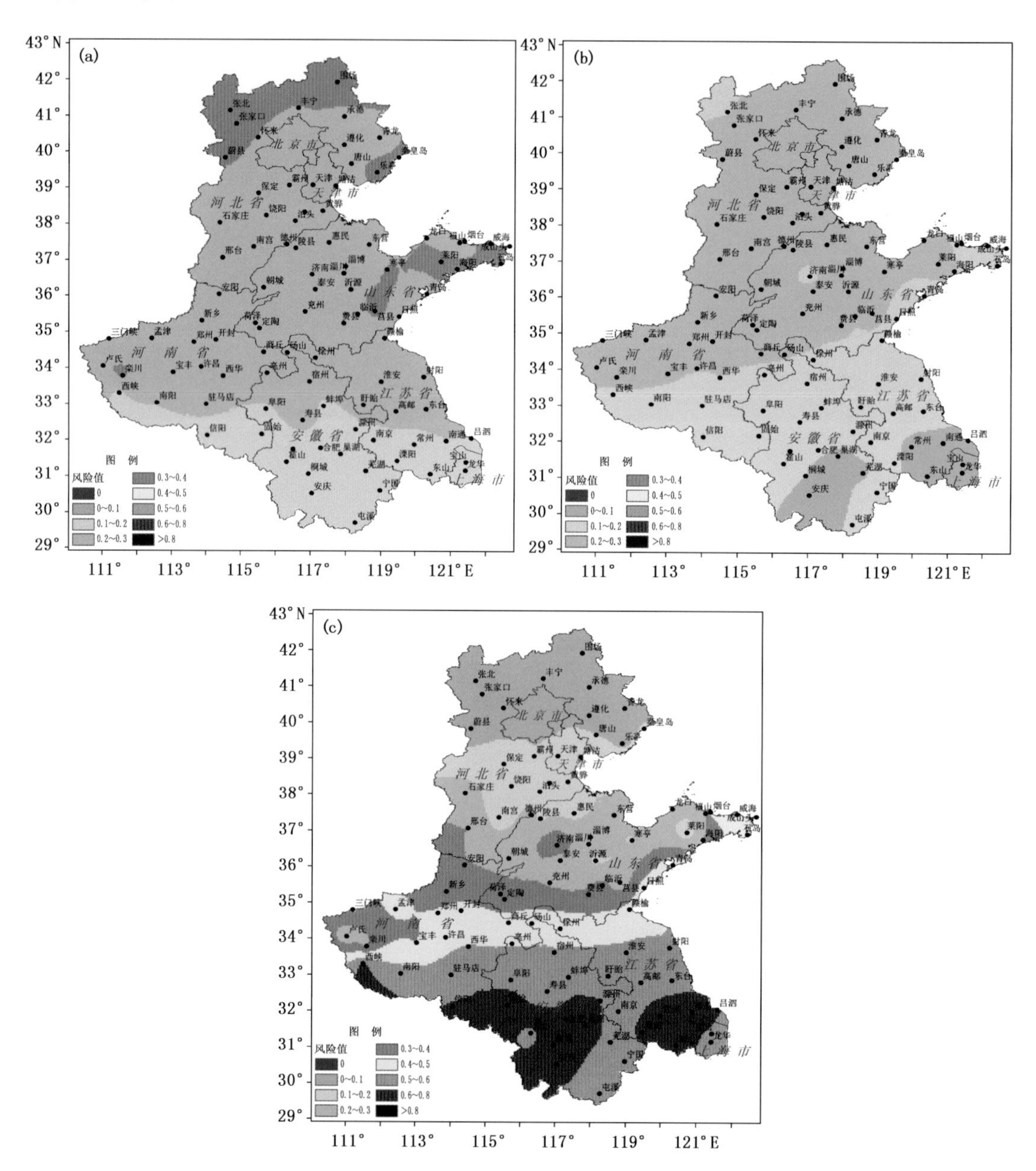

图 2.131　塑料大棚黄瓜花果期中度低温冷害各季节风险分布图
(a. 春季、b. 秋季、c. 冬季)

从塑料大棚黄瓜花果期重度低温冷害风险季节分布图(图 2.132)上看，春、秋两季河北北部为中风险区；其余地区为低风险区。

冬季河北北部为极高风险区；河北南部、山东大部、河南北部和西部局部为较高风险区；河南中北部、山东江苏两省交界地区及山东东南沿海地区为高风险区；河南中南部、安徽和江苏北部为中度风险区；河南信阳地区、安徽南部、江苏南部和上海地区为低风险区。

春、秋两季，塑料大棚黄瓜花果期，河北北部发生重度低温冷害的风险较大；在冬季，除上海、安徽南部和江苏南部发生重度低温冷害的风险较小外，其他地区发生风险均较大，尤其是河北北部地区，风险极高。

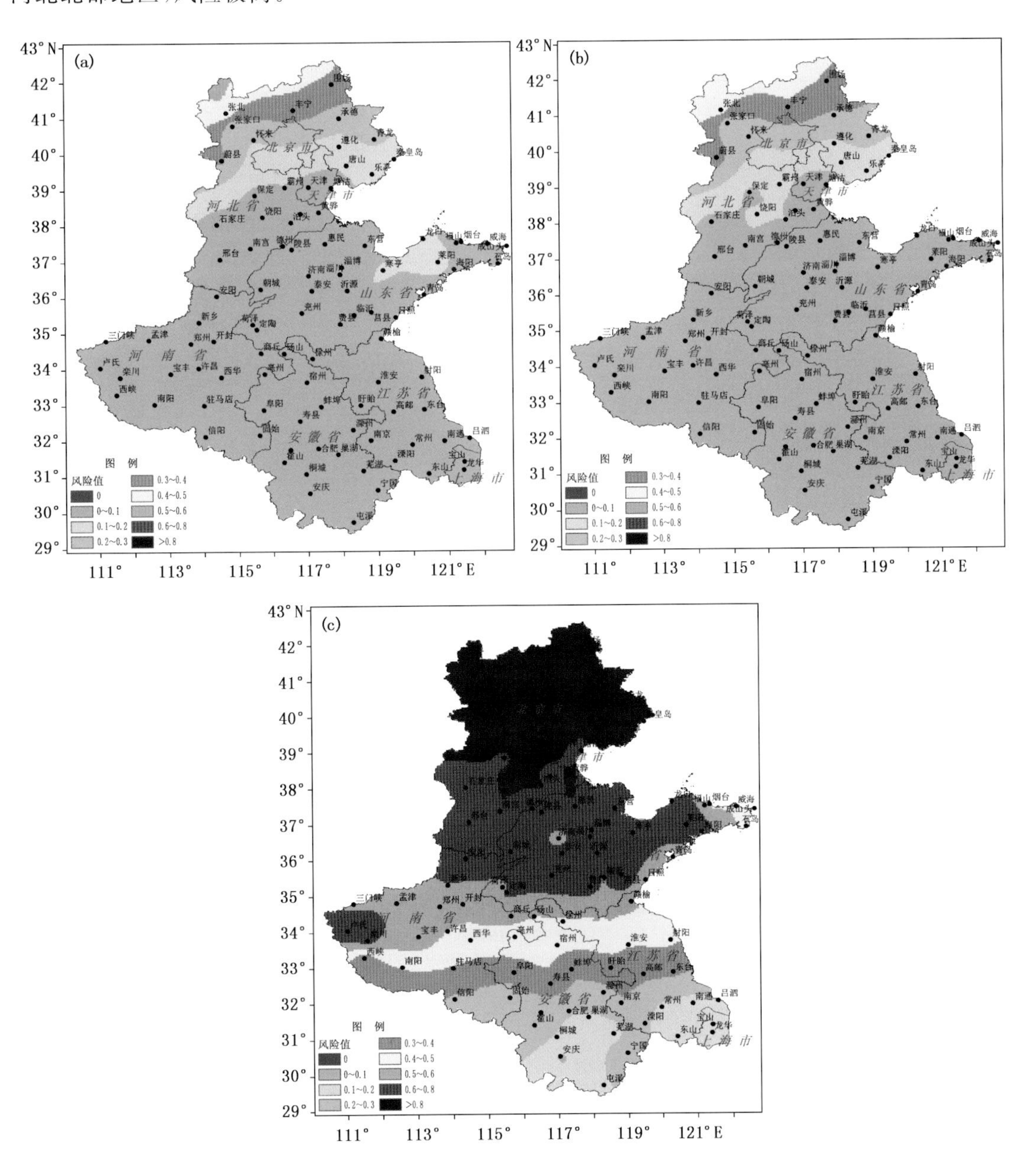

图 2.132　塑料大棚黄瓜花果期重度低温冷害各季节风险分布图
(a. 春季、b. 秋季、c. 冬季)

总体看来，春、秋两季塑料大棚黄瓜花果期较易发生中度低温冷害，其中河北北部发生重度低温冷害的可能性也较大。冬季河北、山东和河南大部分地区极易发生重度低温冷害；其他地区易发生中度低温冷害。

2)塑料大棚黄瓜低温冷害各年代风险区划

①塑料大棚黄瓜苗期低温冷害各年代风险区划

从塑料大棚黄瓜轻度低温冷害风险年代分布图(图 2.133)上看，20 世纪 70 年代河北大部以及北京、天津地区为中风险区，风险值在 0.3～0.4；其他地区为高风险区，风险值在 0.4～

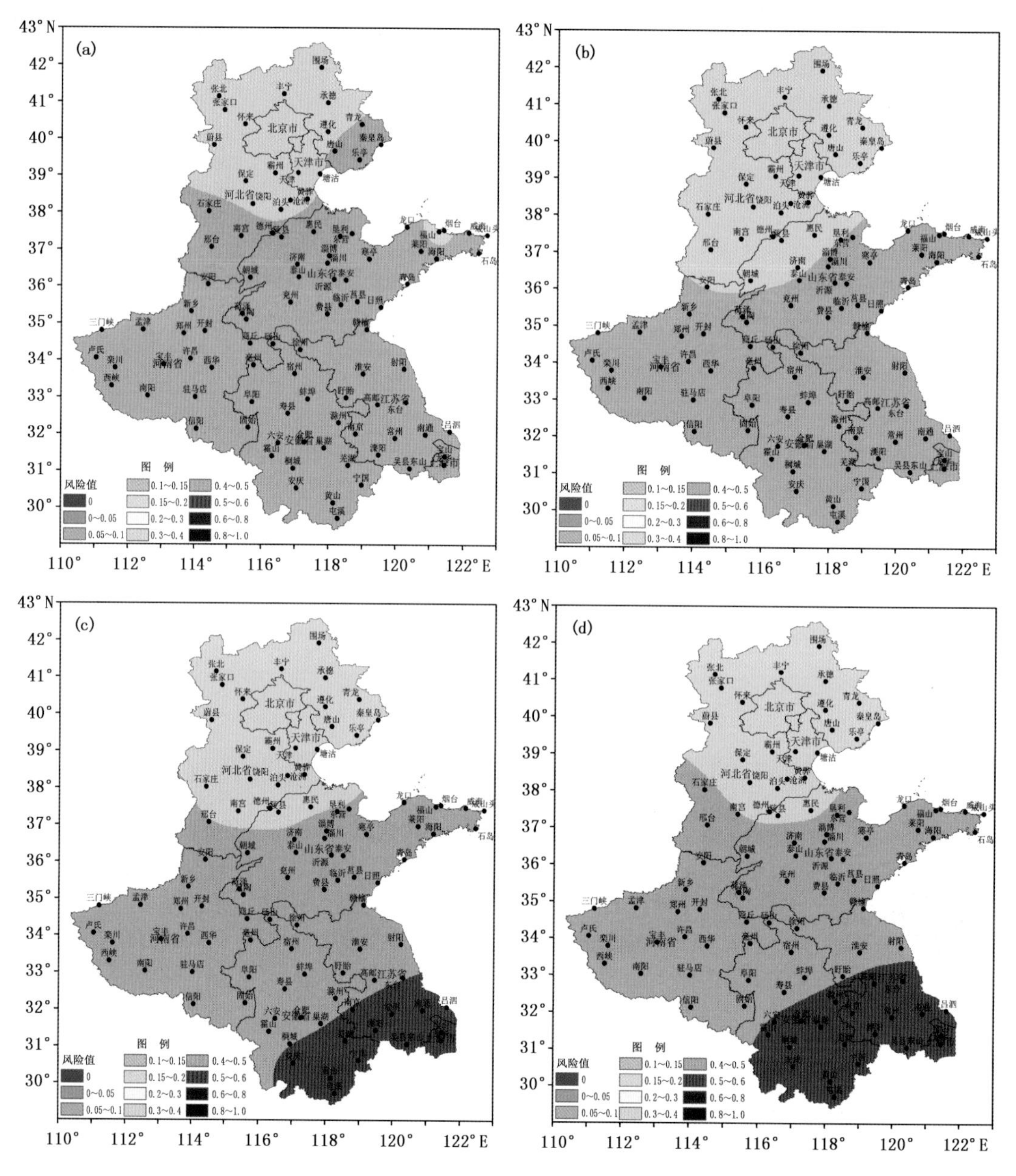

图 2.133 塑料大棚黄瓜苗期轻度低温冷害各年代风险分布图

(a. 20 世纪 70 年代、b. 20 世纪 80 年代、c. 20 世纪 90 年代、d. 21 世纪前 10 年)

0.5。80 年代中风险区域范围向南扩张，高风险区面积缩小。90 年代，中风险区域较 80 年代略有减少，南部地区风险值增加，安徽和江苏部分以及上海地区风险值在 0.5～0.6。90 年代，中风险区域范围继续缩小，高风险区范围增加，且南部地区风险值呈增大趋势。

从塑料大棚黄瓜苗期中度低温冷害风险年代分布图(图 2.134)上看：20 世纪 70 年代，信阳—阜阳—蚌埠—盱眙—东台一线以北为高风险区，其中河北大部、北京和天津地区以及山东半岛部分地区风险值在 0.4～0.5；此线以南为较高风险区。

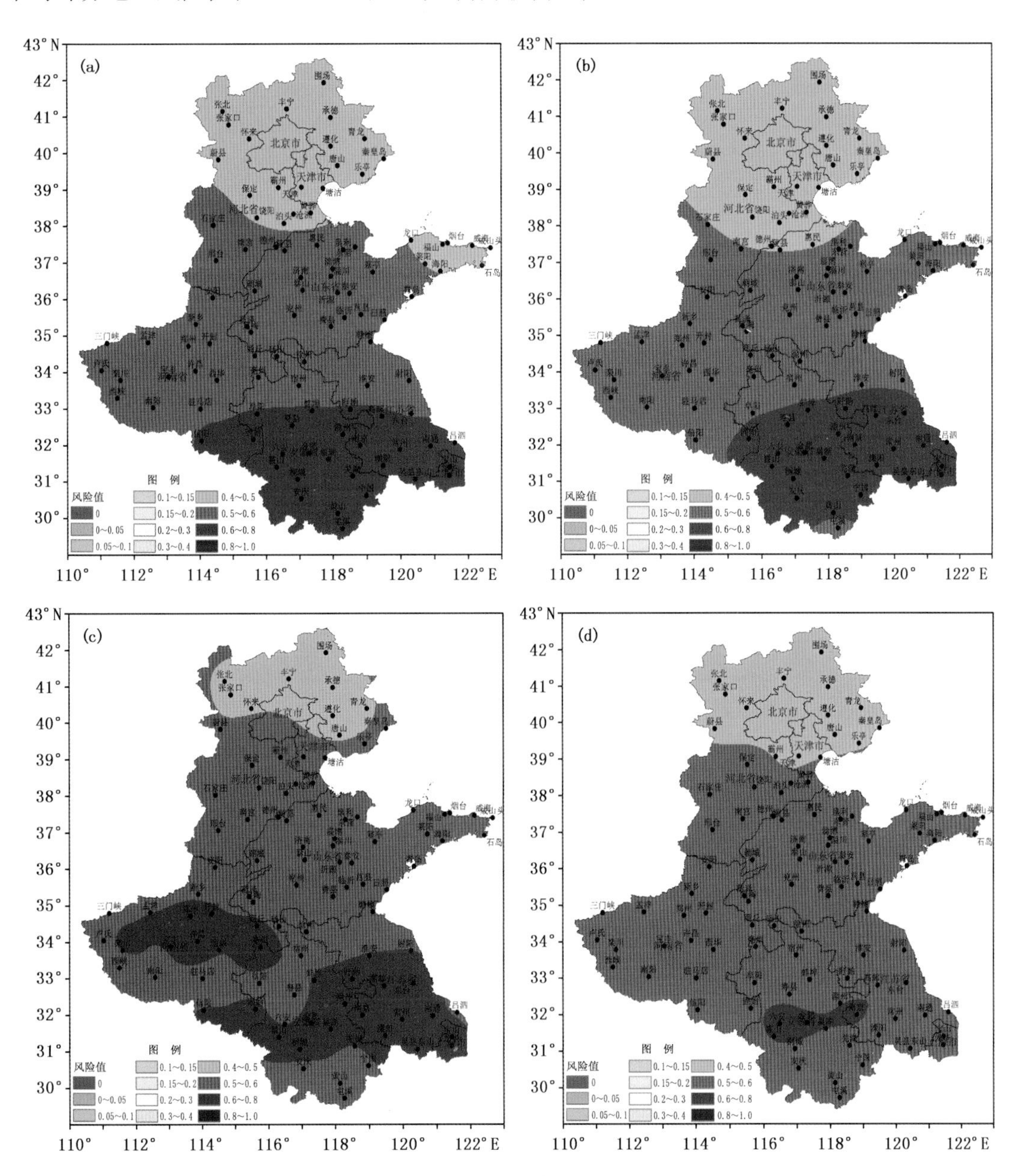

图 2.134　塑料大棚黄瓜苗期中度低温冷害各年代风险分布图

(a. 20 世纪 70 年代、b. 20 世纪 80 年代、c. 20 世纪 90 年代、d. 21 世纪前 10 年)

20 世纪 80 年代北部地区风险值在 0.4～0.5 的区域范围有所增加，南部地区风险值在 0.6～0.8 的范围减小，风险值较 20 世纪 70 年代呈减小趋势。

20 世纪 90 年代，风险值在 0.4～0.5 的区域范围减少，0.5～0.6 的范围向北扩展；河南风险值在 0.6～0.8 的区域范围增加，但安徽地区 0.6～0.8 的范围减少。

21 世纪前 10 年，风险值在 0.4～0.5 的区域范围较 20 世纪 90 年代有所增加，0.6～0.8 的区域范围明显减少，仅在安徽和江苏局部地区；其他大部分地区风险值在 0.5～0.6。

从塑料大棚黄瓜苗期重度低温冷害风险年代分布图(图 2.135)上看：20 世纪 70 年代，秦

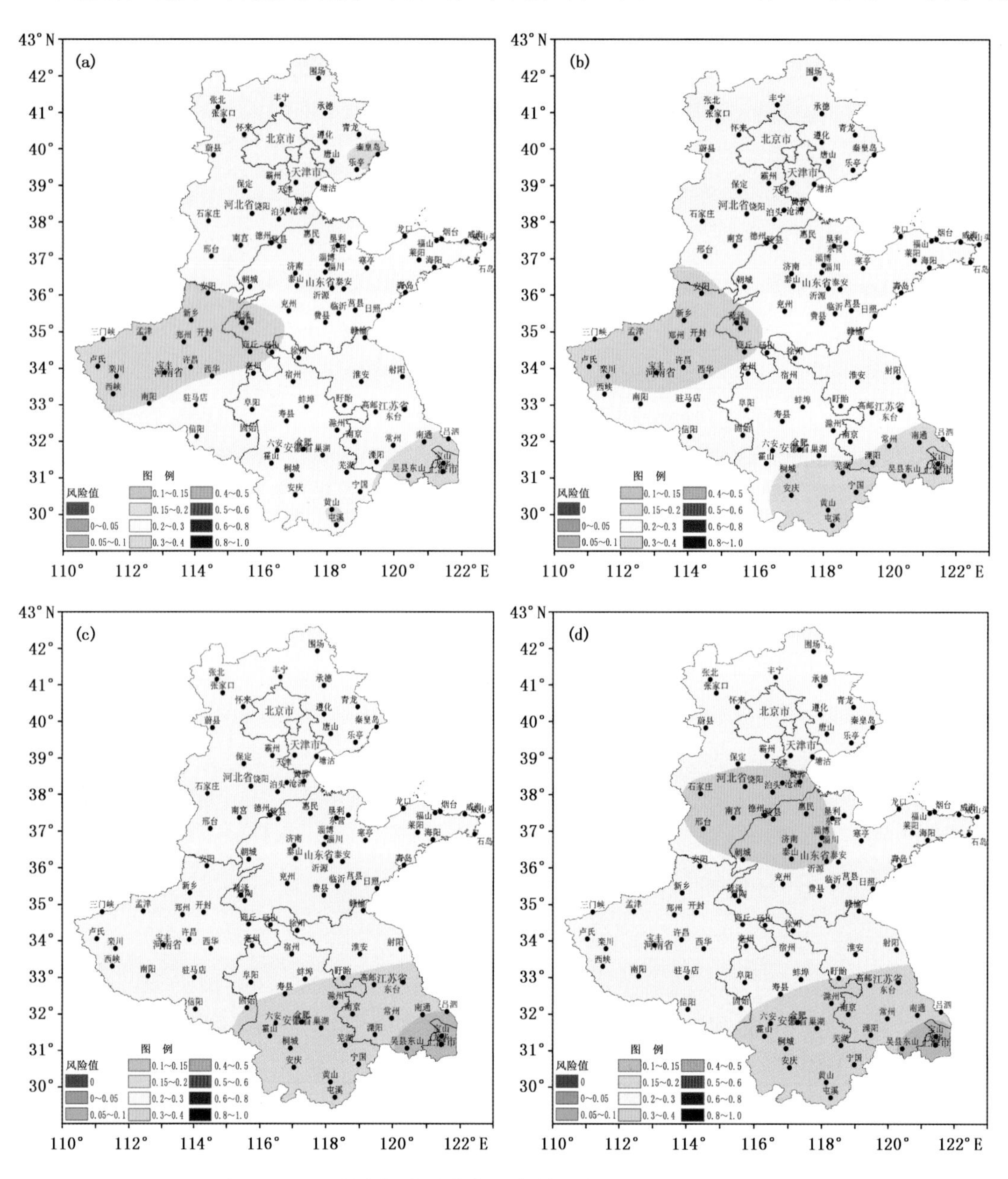

图 2.135　塑料大棚黄瓜苗期重度低温冷害各年代风险分布图

(a. 20 世纪 70 年代、b. 20 世纪 80 年代、c. 20 世纪 90 年代、d. 21 世纪前 10 年)

皇岛、乐亭、屯溪、吴中区、南通、吕泗和上海地区为低风险区，风险值在 0.15～0.2，其他地区均为中风险区，其中河南大部和山东部分地区风险值在 0.3～0.4。

随着年代的推移，低风险区逐渐扩大，到 20 世纪 90 年代，风险值在 0.3～0.4 的中风险区消失，风险值呈减小趋势。但到 21 世纪前 10 年，河北和山东部分地区出现风险值在 0.3～0.4 的区域。

总体看来 20 世纪 70 到 90 年代，塑料大棚黄瓜苗期重度低温冷害风险值呈减小趋势，但 21 世纪前 10 年河北和山东地区风险值略有增加。

总体看来，20 世纪 70 到 80 年代，各低温冷害的风险值呈减小趋势；90 年代南部地区轻度和中度冷害的风险值略有增加；21 世纪前 10 年，轻度和重度冷害的风险值呈增加趋势，中度冷害风险值减小。

②塑料大棚黄瓜花果期低温冷害各年代风险区划

从塑料大棚黄瓜花果期轻度低温冷害风险年代分布图（图 2.136）上看，20 世纪 70 年代和 80 年代，研究区域均为低风险区；90 年代安徽和江苏南部局部地区开始出现中风险区域，随着年代的推移，该区域范围有所扩大，但仅集中在安徽和江苏南部的局部地区。

从塑料大棚黄瓜花果期中度低温冷害风险年代分布图（图 2.137）上看：20 世纪 70 年代，三门峡－孟津－新乡－开封－菏泽－商丘－徐州－赣榆一线以南为高风险区；70 年代到 90 年代，随着年代的增加该界限北移，高风险区域增加，中风险区域减少；90 年代，安徽和江苏南部局部地区开始出现中风险区；21 世纪前 10 年，中风险区域明显增加，仅河南中南部、安徽和江苏北部、山东南部为高风险区，其余均为中风险区。

从塑料大棚黄瓜花果期重度低温冷害风险年代分布图（图 2.138）上看：20 世纪 70 年代，安阳－兖州－费县－临沂－莒县－青岛一线以北大部分地区为高风险或以上风险区，随着年代的推移，该区域面积逐渐减少，变为中风险区域；驻马店－阜阳－寿县－滁州－高邮－东台一线以南为低风险区，随着年代的推移，该界限逐渐北移，低风险区域面积增加，黄瓜发生重度低温冷害的风险降低。

总体看来，塑料大棚黄瓜花果期在河北北部地区发生重度低温冷害的日数多；在上海、河南南部、安徽南部和江苏南部地区发生中度低温冷害的日数多；其他地区发生中度和重度低温冷害的日数均较多，随着年代的推移，重度低温冷害发生日数较多的区域逐渐减少；20 世纪 70 年代到 90 年代，中度低温冷害发生日数较多的区域呈减少趋势，但 21 世纪前 10 年，各地发生日数明显增多。

3）塑料大棚黄瓜低温冷害综合风险区划

①塑料大棚黄瓜苗期低温冷害综合风险区划

研究表明，七省（市）塑料大棚黄瓜苗期发生轻度低温冷害的风险分布为：山东局部、河北大部以及北京、天津地区为中风险区，其他地区为高风险区。

发生中度低温冷害风险分布为：河北大部以及北京、天津地区为较高风险区，其他地区为极高风险区。

发生重度低温冷害的风险分布为：霍山－六安－滁州－东台一线以南为低风险区，此线以北为中风险区。

综合分析塑料大棚黄瓜苗期低温冷害综合风险分布图（图 2.139）可知，研究区发生中度低温冷害的风险最大，其次为轻度低温冷害，重度低温冷害的风险最小。

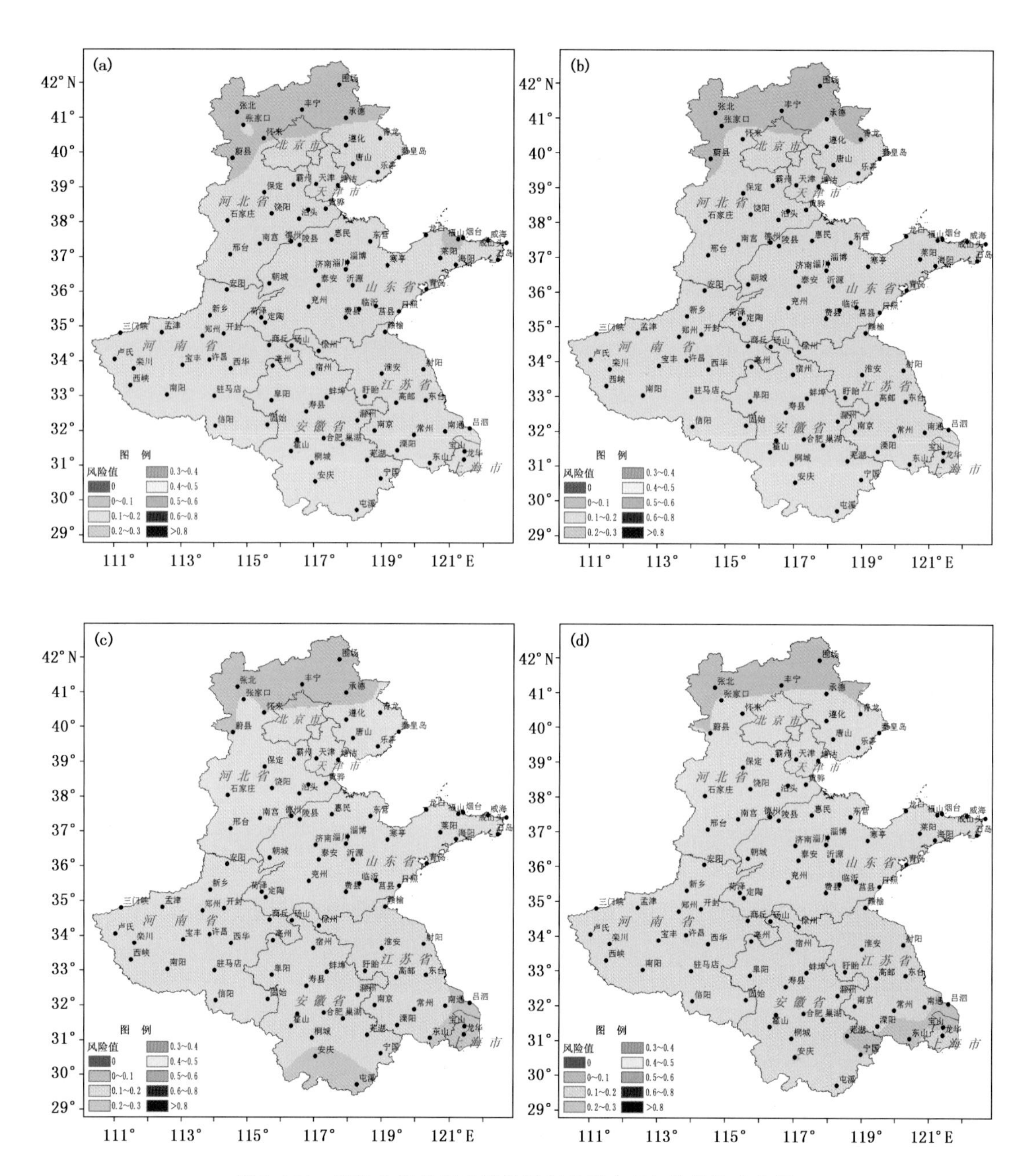

图 2.136　塑料大棚黄瓜花果期轻度低温冷害年代风险分布图

(a. 20 世纪 70 年代、b. 20 世纪 80 年代、c. 20 世纪 90 年代、d. 21 世纪前 10 年)

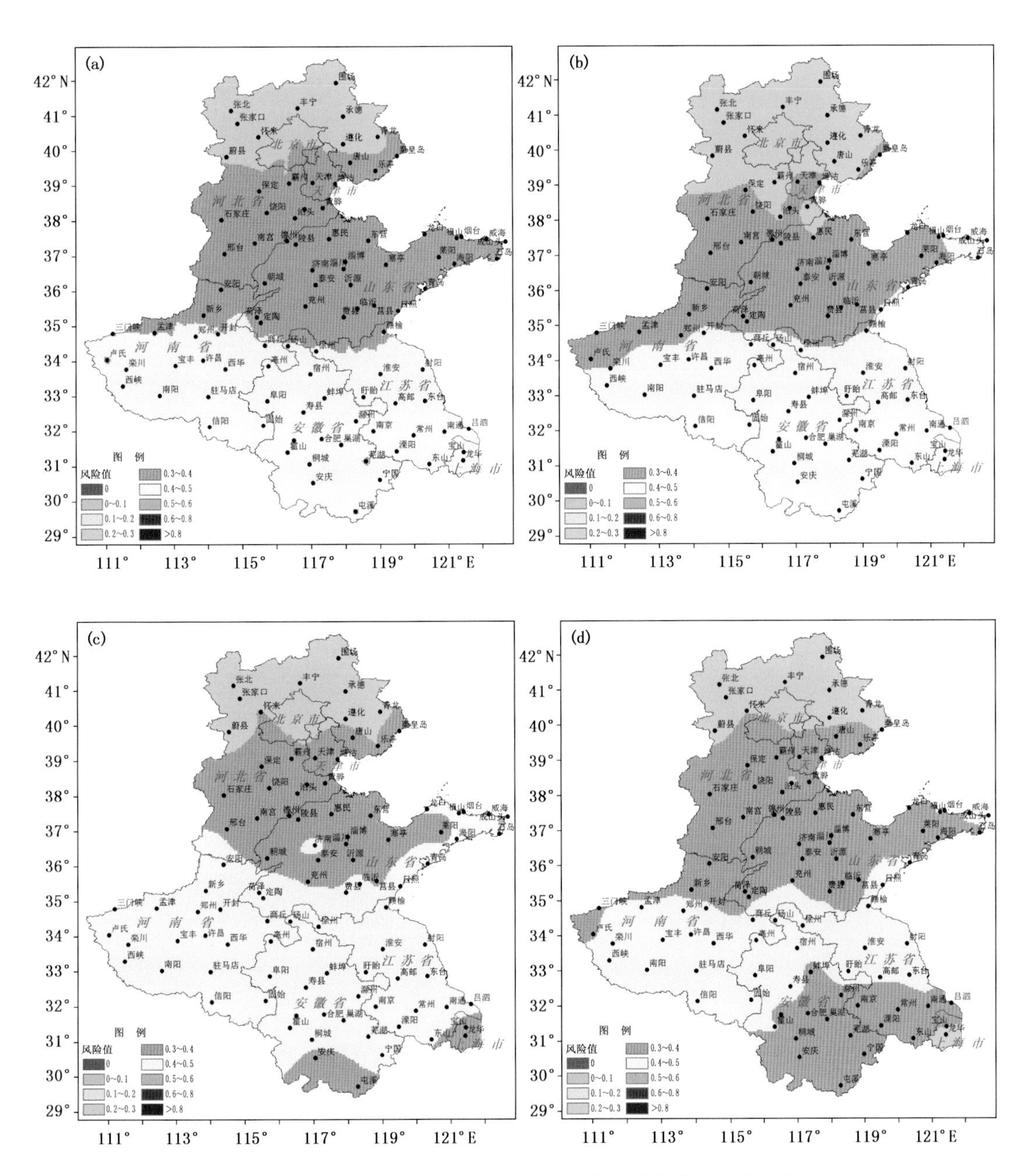

图 2.137　塑料大棚黄瓜花果期中度低温冷害年代风险分布图
（a. 20 世纪 70 年代、b. 20 世纪 80 年代、c. 20 世纪 90 年代、d. 21 世纪前 10 年）

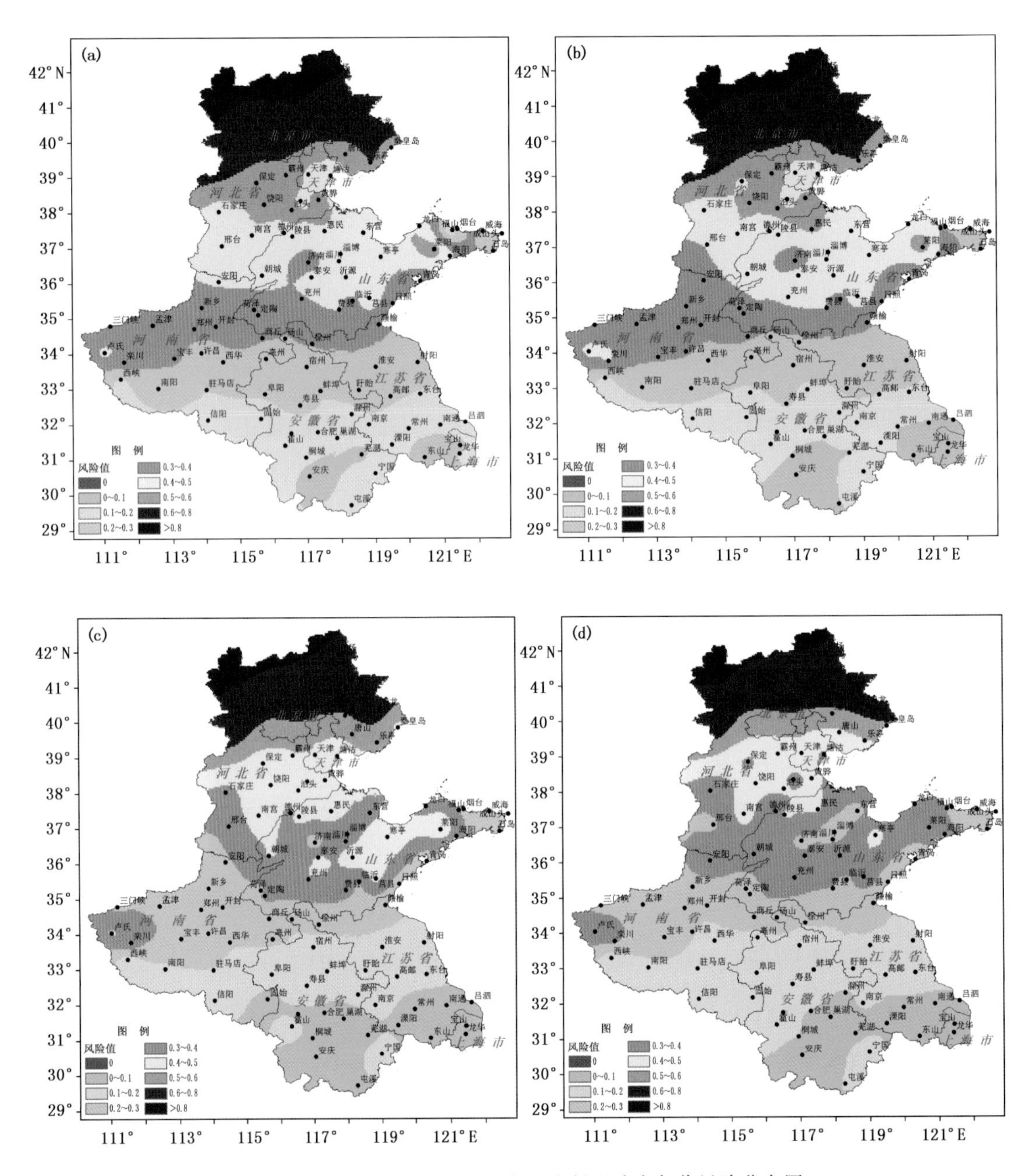

图 2.138　塑料大棚黄瓜花果期重度低温冷害年代风险分布图

（a. 20 世纪 70 年代、b. 20 世纪 80 年代、c. 20 世纪 90 年代、d. 21 世纪前 10 年）

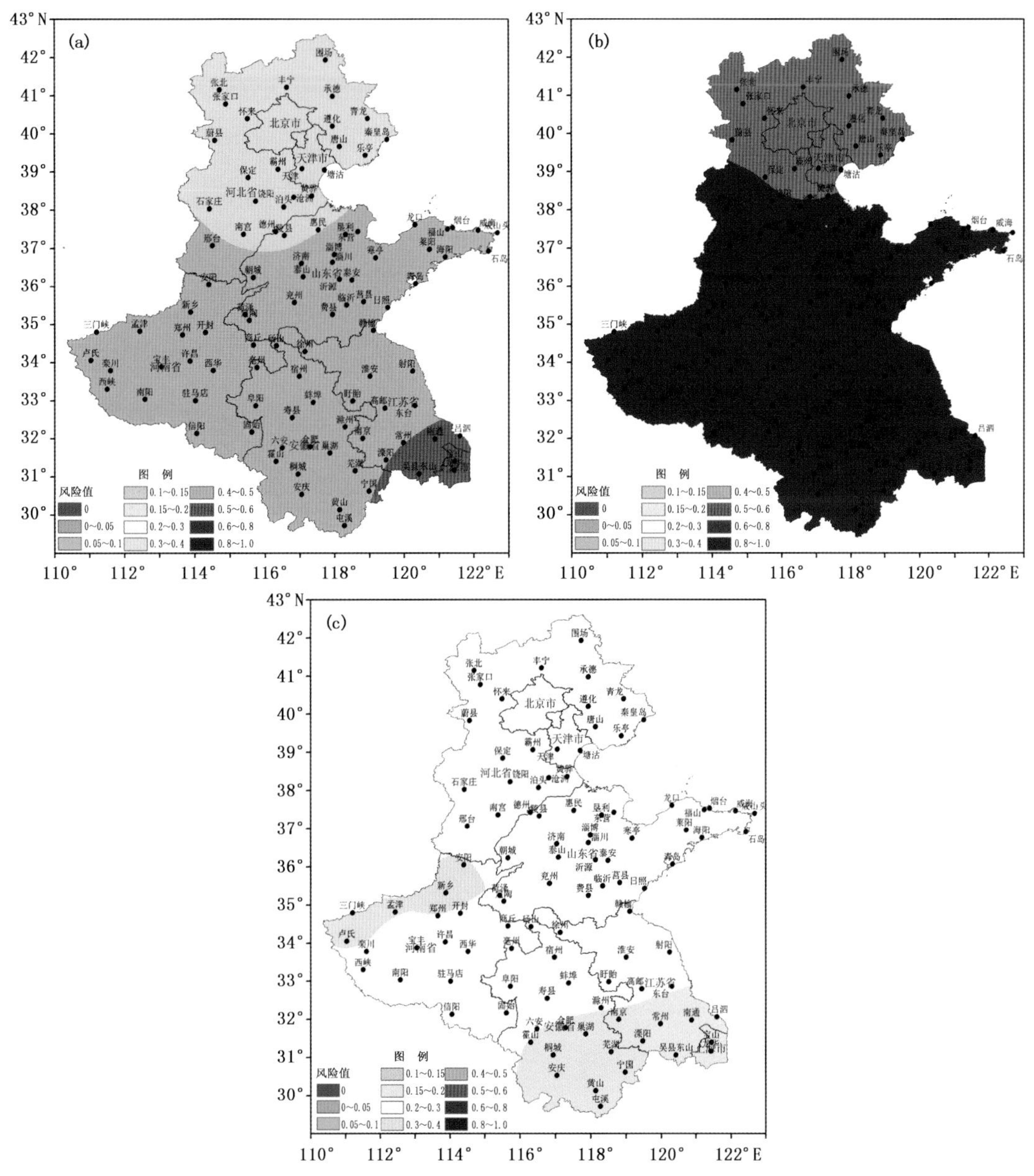

图 2.139　塑料大棚黄瓜苗期低温冷害综合风险分布图

(a. 轻度、b. 中度、c. 重度)

②塑料大棚黄瓜花果期低温冷害综合风险区划

研究表明，七省(市)塑料大棚黄瓜花果期发生轻度低温冷害的风险分布为：整个研究区域除龙华和吕泗两地为中风险区外，其余全部地区为低风险区。

发生中度低温冷害风险分布为：南部区域的新乡－定陶－费县－莒县－海阳一线以南大部以及山东东部地区为高风险区，其他地区为中风险区。

发生重度低温冷害的风险分布为：西峡－南阳－驻马店－寿县－淮安－射阳以南为低风险区，山东中部及北部、河北南部、天津南部为高风险区，河北北部区域为较高风险区，其中北部边界地区为极高风险区，其他地区为中风险区。

综合分析塑料大棚黄瓜花果期低温冷害综合风险分布图(图 2.140)可知,河北和山东大部分地区极易发生重度低温冷害;其他地区则易发生中度冷害,轻度冷害不易发生。

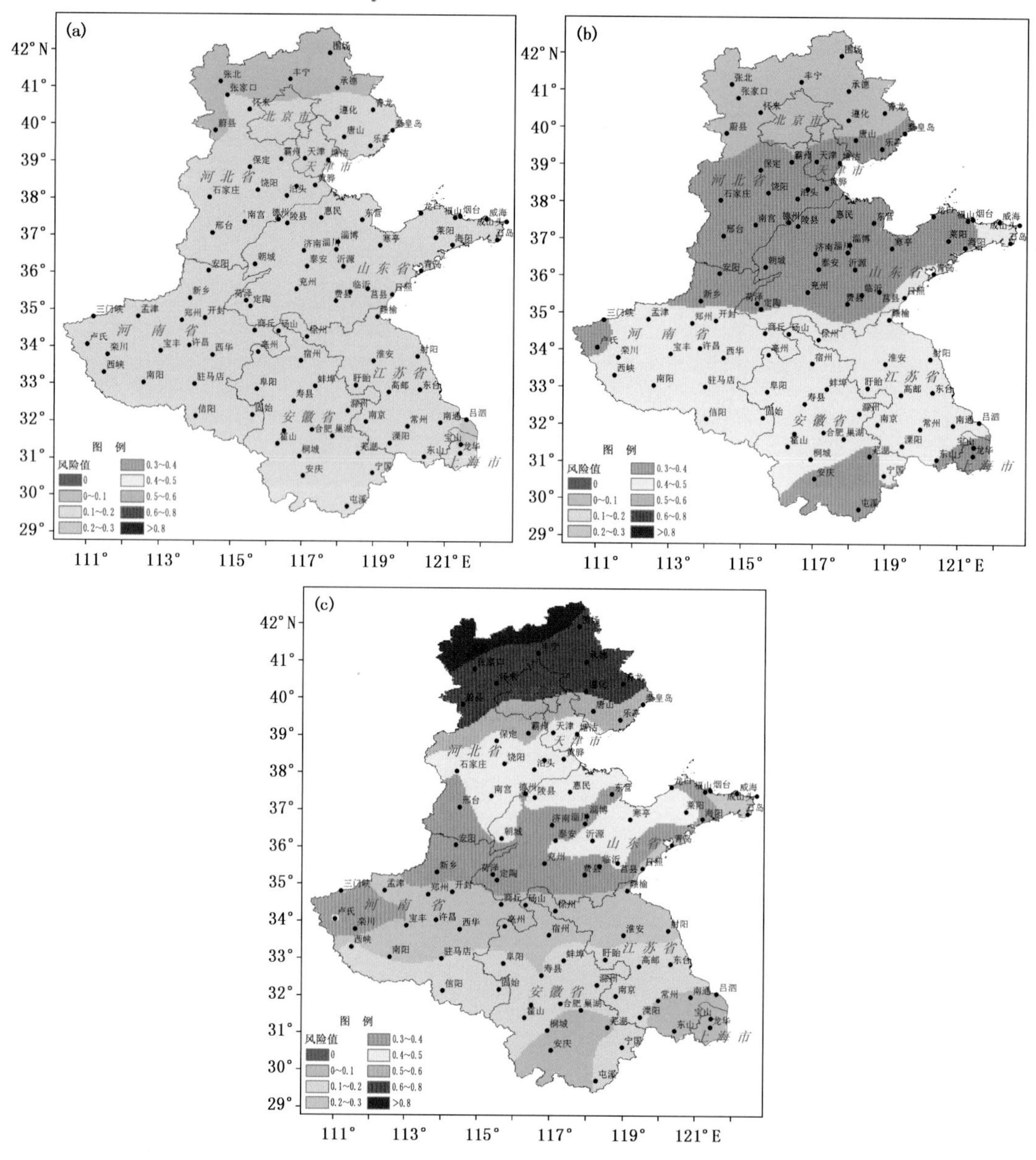

图 2.140 塑料大棚黄瓜花果期低温冷害综合风险分布图

(a. 轻度、b. 中度、c. 重度)

2.2.3 塑料大棚芹菜低温冷害分布规律和风险区划

(1)塑料大棚芹菜低温冷害分布规律

1)塑料大棚芹菜低温冷害各季节分布规律

①塑料大棚芹菜苗期低温冷害各季节分布规律

按照塑料大棚芹菜苗期低温冷害指标,利用区域内各站点 1971—2010 年 40 年气象观测资料,按春、秋、冬 3 个生长季节,分别统计芹菜苗期发生轻、中、重度灾害的总日数。

从塑料大棚芹菜苗期轻度低温冷害日数各季节分布图(图 2.141)上看,研究区南部塑料大棚芹菜轻度低温灾害日数冬季日数最多,北部地区春季发生日数最多。

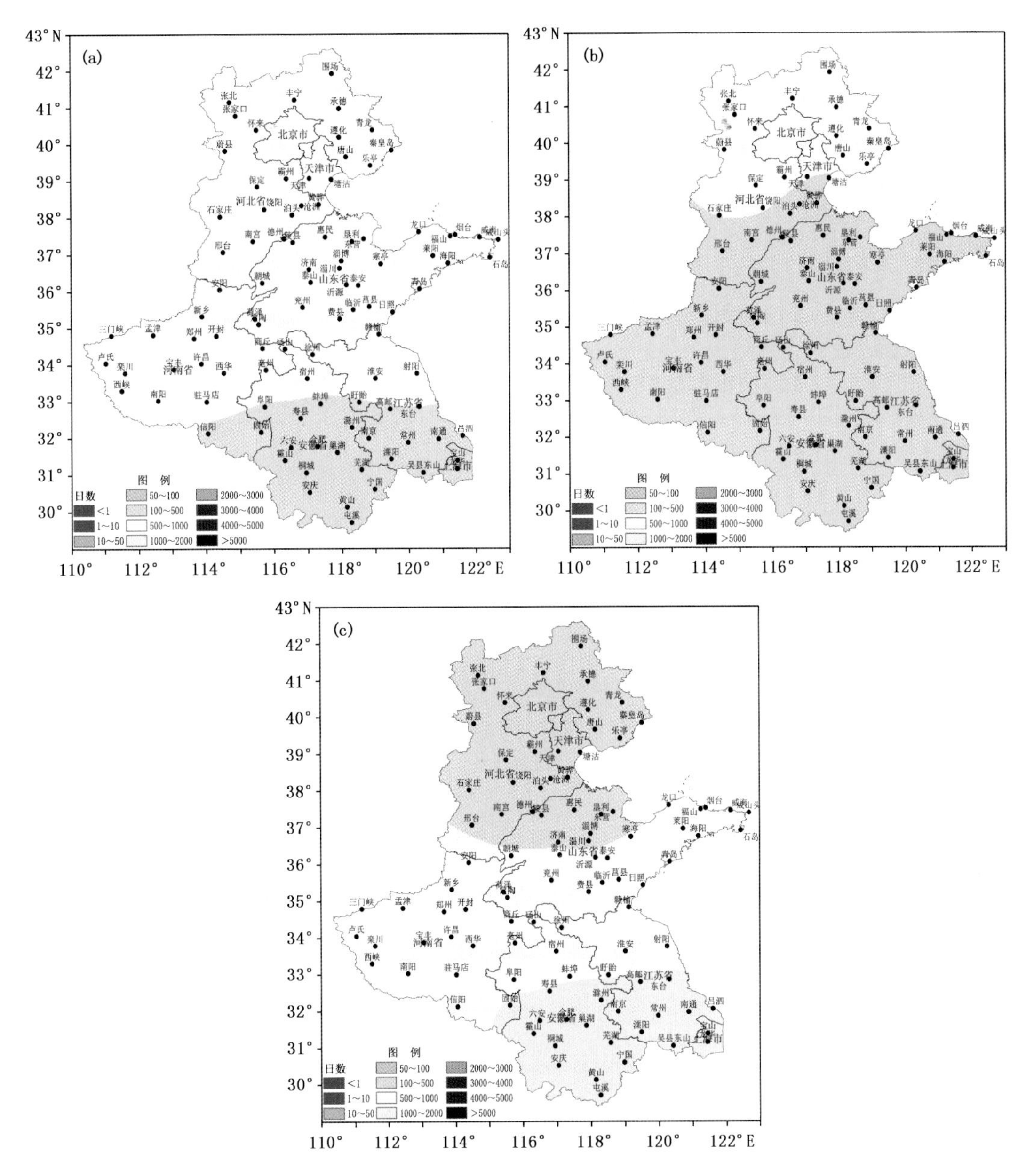

图 2.141　塑料大棚芹菜苗期轻度低温冷害日数各季节分布图(单位:d)
(a. 春季、b. 秋季、c. 冬季)

春季轻度低温冷害信阳—阜阳—蚌埠—盱眙—高邮—东台一线以南在 100～500 d,此线以北在 500～1000 d。

秋季轻度低温冷害除河北和天津北部以及北京地区发生日数在 500～1000 d 外,其他地区均在 100～500 d。

冬季固始—寿县—盱眙—高邮—东台一线以南发生日数在 1000～2000 d；邢台—朝城—济南—淄川—寒亭一线以北在 100～500 d；两线之间发生日数在 500～1000 d。

从塑料大棚芹菜苗期中度低温冷害日数各季节分布图(图 2.142)上看，冬季塑料大棚芹菜苗期中度低温冷害的日数较多，除河北和北京北部地区在 500～1000 d，其他地区在 1000～2000 d。春、秋两季，河北和北京北部地区在 500～1000 d，其他地区在 100～500 d。

综上所述，春、秋、冬季，河北和北京北部地区塑料大棚芹菜苗期中度低温冷害的日数均在 500～1000 d；其他地区秋季塑料大棚芹菜苗期中度低温冷害的日数较春、冬季多。

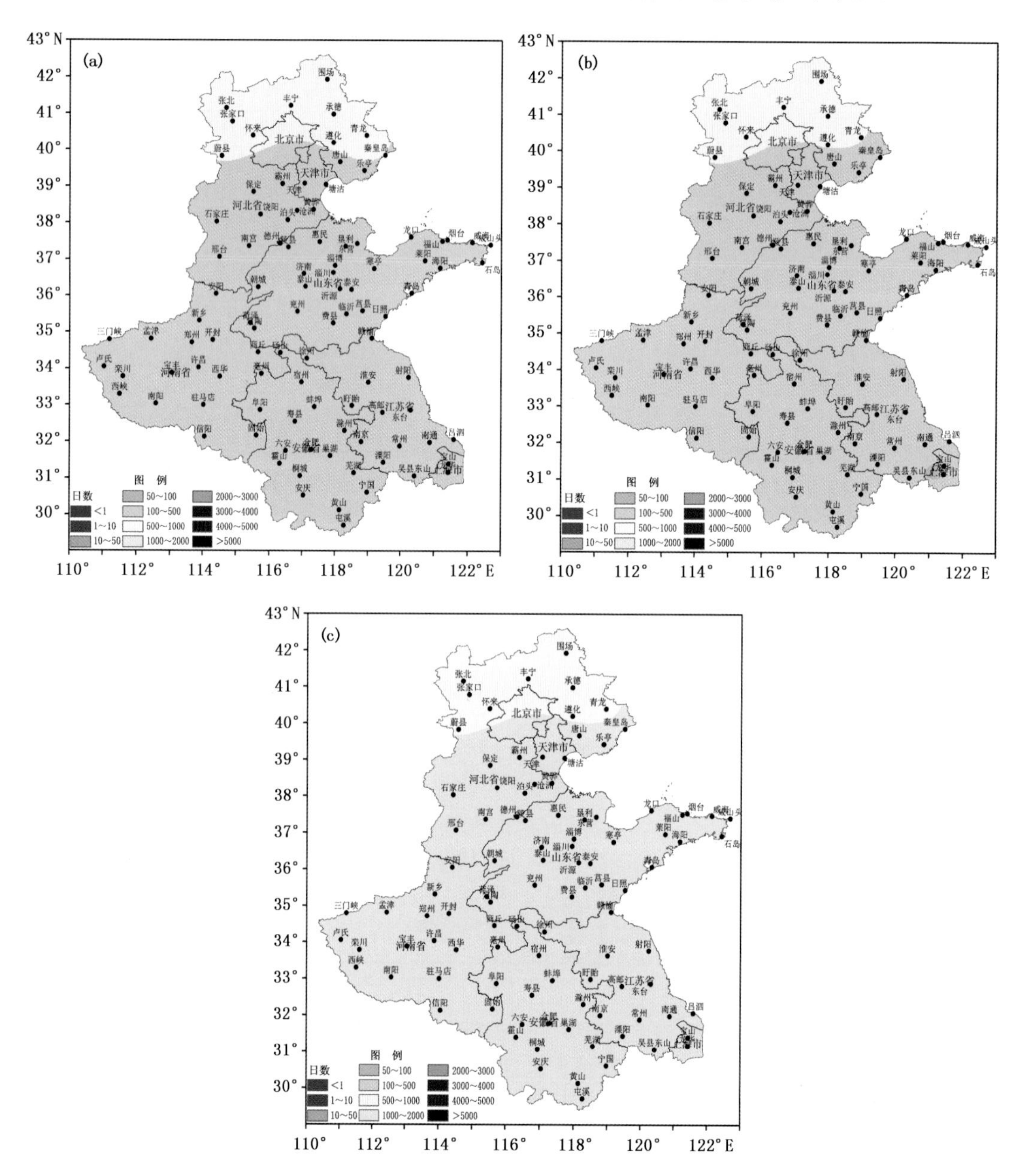

图 2.142　塑料大棚芹菜苗期中度低温冷害日数各季节分布图(单位：d)

(a. 春季、b. 秋季、c. 冬季)

从塑料大棚芹菜苗期重度低温冷害日数各季节分布图(图2.143)上看，春、秋两季研究区塑料大棚芹菜苗期发生重度低温冷害的总日数较少，在0～500 d，北部地区发生日数多于南部地区。

冬季保定—霸州—天津—塘沽一线以北，重度低温冷害发生日数在2000～3000 d；卢氏—孟津—开封—商丘—徐州—赣榆一线以南在1000 d以下，其中安徽和江苏部分以及上海地区在100～500 d；两线之间发生日数在1000～2000 d。

在春、秋两季，塑料大棚芹菜苗期发生重度低温冷害的日数较少，冬季较多。

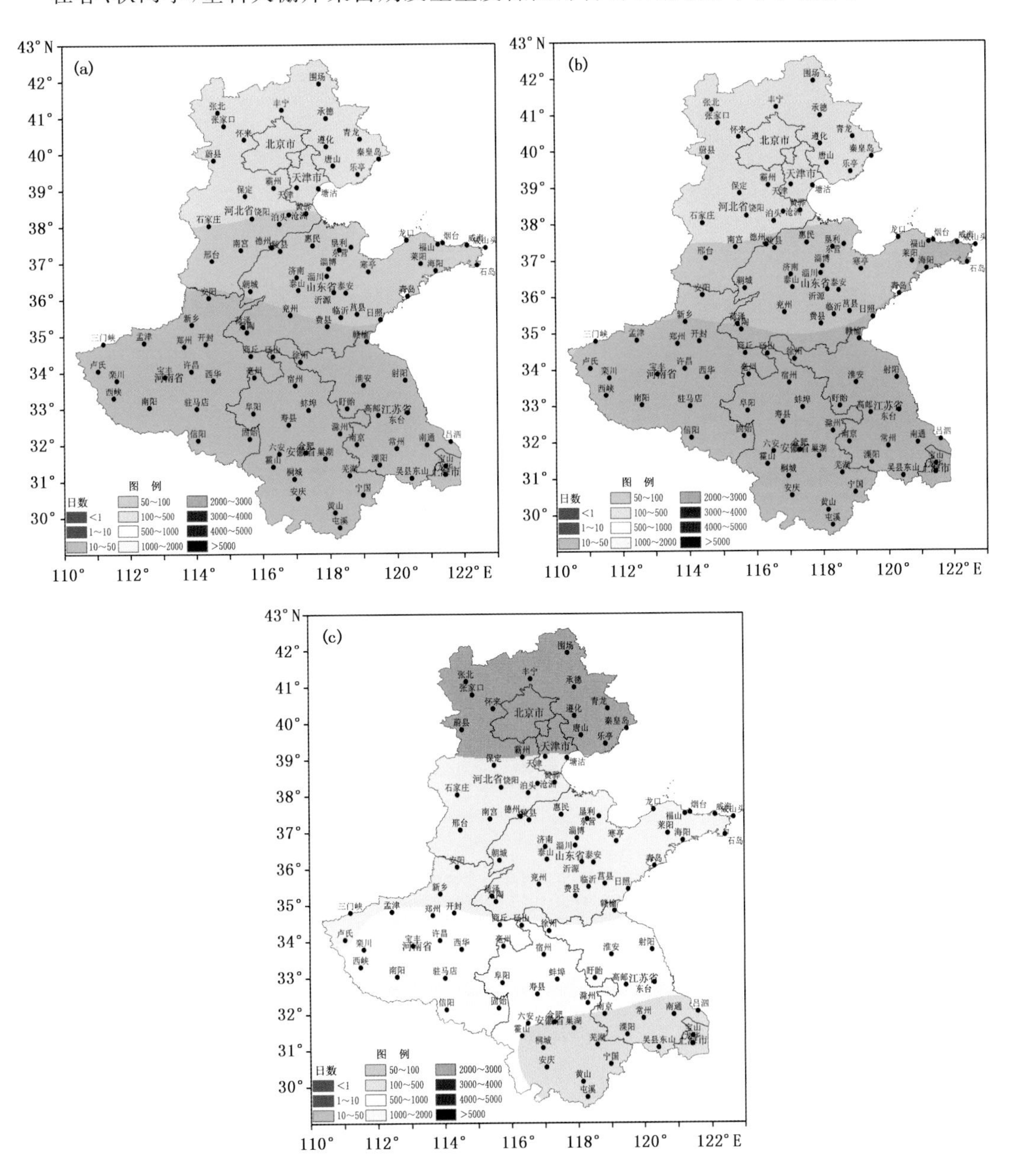

图2.143 塑料大棚芹菜苗期重度低温冷害日数各季节分布图(单位:d)

(a. 春季、b. 秋季、c. 冬季)

总体看来，春、秋两季塑料大棚芹菜苗期轻度低温冷害的发生日数较多，中度次之，重度最少，且北部地区发生日数多于南部地区。冬季北部地区重度低温冷害发生日数最多，中度次之，轻度最少；南部地区则以中度最多，轻度次之，重度最少。

②塑料大棚芹菜丛叶期低温冷害各季节分布规律

按照塑料大棚芹菜丛叶期低温冷害指标，利用区域内各站点 1971—2010 年 40 年气象观测资料，按春、秋、冬 3 个生长季节，分别统计芹菜丛叶期发生轻、中、重度灾害的总日数。

从塑料大棚芹菜丛叶期轻度低温冷害总日数季节变化分布图（图 2.144）上看，塑料大棚芹菜丛叶期轻度低温灾害日数冬季日数最多，春季次之，秋季最少。

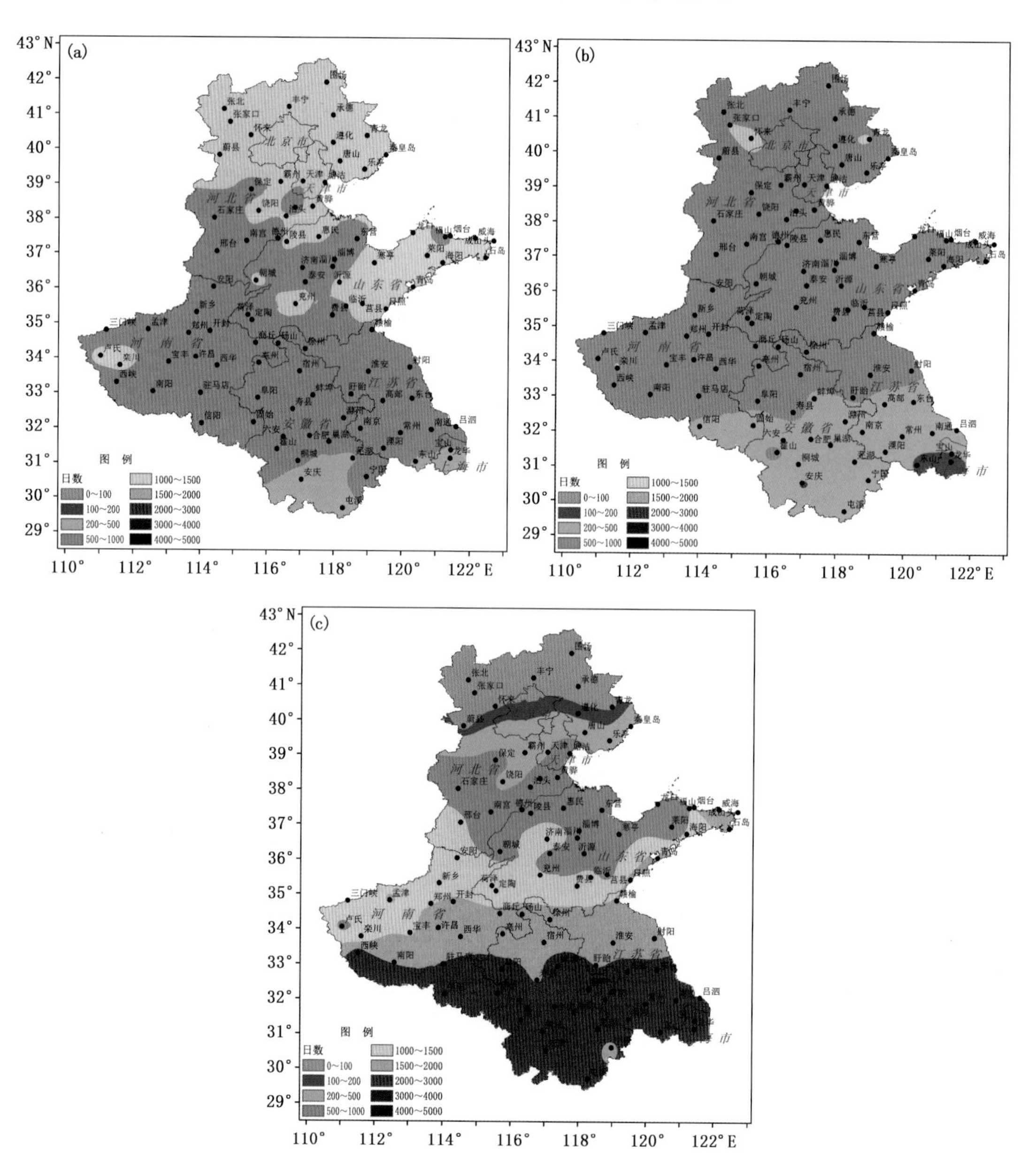

图 2.144　塑料大棚芹菜丛叶期轻度低温冷害日数各季节分布图（单位：d）

（a. 春季、b. 秋季、c. 冬季）

春季轻度低温冷害河北大部、山东部分以及河南局部地区在1000～1500 d；其他地区在1000 d以下，南部局部地区在200～500 d。

秋季信阳—寿县—蚌埠—盱眙—射阳一线以南在500 d以下；其他大部分地区在500～100 d之间；仅河北局部地区发生日数较多，在1000～1500 d。

冬季西峡—南阳—驻马店—阜阳—寿县—蚌埠—盱眙—东台一线以南在2000～3000 d；河北大部和山东部分地区在1000 d以下，其中河北北部地区在100 d以下；其他地区在1000～2000 d。

在春季，河北北部和山东大部分地区轻度低温冷害发生的日数较多；冬季轻度低温冷害的发生则集中在河北北部和山东大部分地区以外的地区；秋季各地发生轻度低温冷害的日数较少。

从塑料大棚芹菜丛叶期中度低温冷害总日数季节变化分布图（图2.145）上看，春、秋两季塑料大棚芹菜丛叶期发生中度低温冷害总日数的分布大体一致，均表现为河北和山东大部、河南局部地区在100 d以上，其中张北地区在500～1000 d；其他地区在0～100 d。

冬季中度低温冷害西峡—驻马店—宿州—淮安—射阳一线以南以及河北和山东大部分地区在1000 d以下，其中河北北部边界地区在100 d以下；其他地区在1000～1500 d。

在春、秋两季，塑料大棚芹菜丛叶期发生中度低温冷害的日数较少；冬季河北南部、河南大部、山东部分以及江苏北部局部地区中度低温冷害的发生日数较多，其他地区发生日数较少。

从塑料大棚芹菜重度低温冷害总日数季节变化分布图（图2.146）上看，春、秋两季大部分地区塑料大棚芹菜发生重度低温冷害的总日数较少，在0～100 d，春季河北北部以及山东局部地区在100 d以上，河北北部边界地区在1000～1500 d；秋季仅河北大部分地区在100 d以上。

冬季重度低温冷害河北和山东大部分地区在1500 d以上，其中河北北部地区在3000 d以上；西峡—南阳—驻马店—阜阳—淮安—射阳一线以南在500 d以下，南部局部地区在100 d以下；其他地区在500～1500 d。

在春、秋两季，塑料大棚芹菜发生重度低温冷害的日数较少；冬季河北、山东以及河南局部地区发生重度低温冷害日数较多，其他地区发生日数较少。

总体看来，春季塑料大棚芹菜丛叶期在河北大部和山东大部分地区轻度低温冷害的发生日数较多；秋季低温冷害的发生日数较少；冬季河北大部和山东大部分地区重度低温冷害的发生日数较多，其他地区轻度低温冷害的发生日数较多。

2）塑料大棚芹菜低温冷害各年代分布规律

①塑料大棚芹菜苗期低温冷害各年代分布规律

按照塑料大棚芹菜苗期低温冷害指标，利用区域内各站点1971—2010年40年气象观测资料，按年代分别统计芹菜苗期发生轻、中、重度灾害的总日数。

从各年代塑料大棚芹菜苗期轻度低温冷害总日数分布图（图2.147）上看，各年代中，除20世纪90年代安徽部分以及河南固始发生日数在500～1000 d外，其他年代整个研究区芹菜苗期发生轻度低温冷害的日数均在100～500 d。

从各年代塑料大棚芹菜苗期中度低温冷害总日数分布图（图2.148）上看，各年代中研究区大部分地区发生日数在500～1000 d；河北和北京北部、安徽和江苏南部以及上海地区在100～500 d。

随着年代的推移，发生日数在100～500 d的范围逐渐扩大，塑料大棚芹菜苗期中度低温冷害发生总日数有所减少。

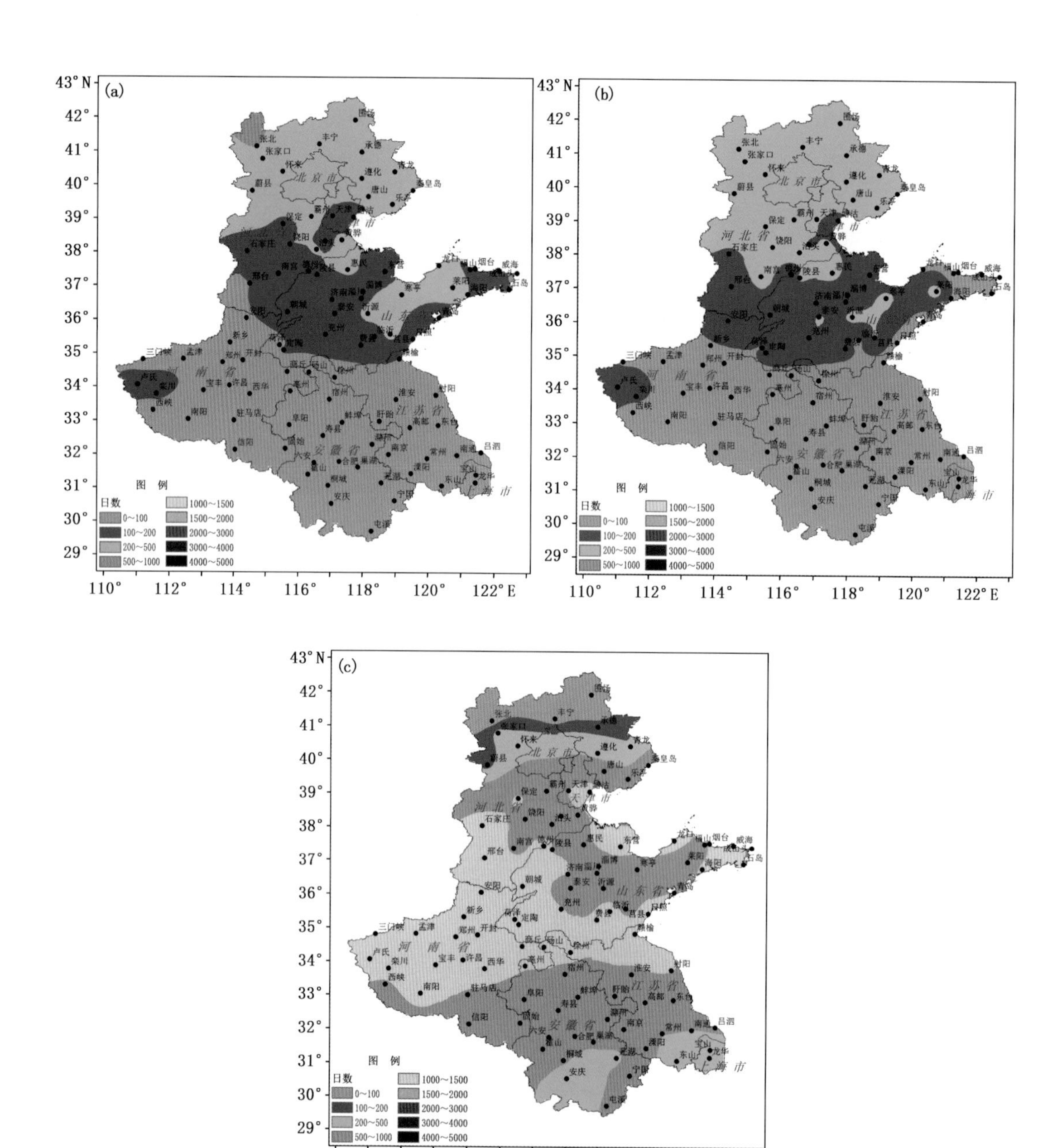

图 2.145　塑料大棚芹菜丛叶期中度低温冷害日数各季节分布图(单位:d)
(a. 春季、b. 秋季、c. 冬季)

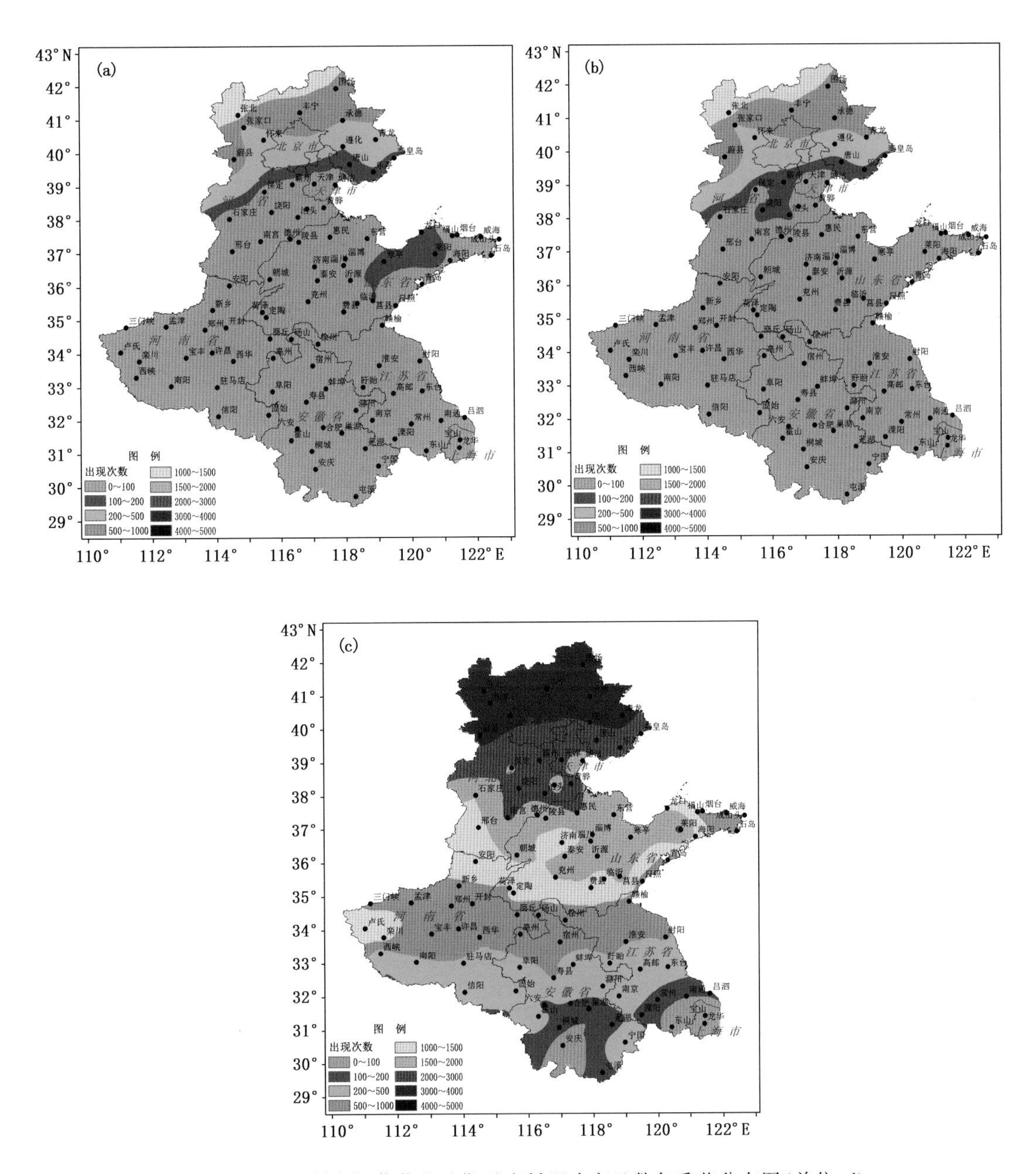

图 2.146　塑料大棚芹菜丛叶期重度低温冷害日数各季节分布图(单位:d)
(a. 春季、b. 秋季、c. 冬季)

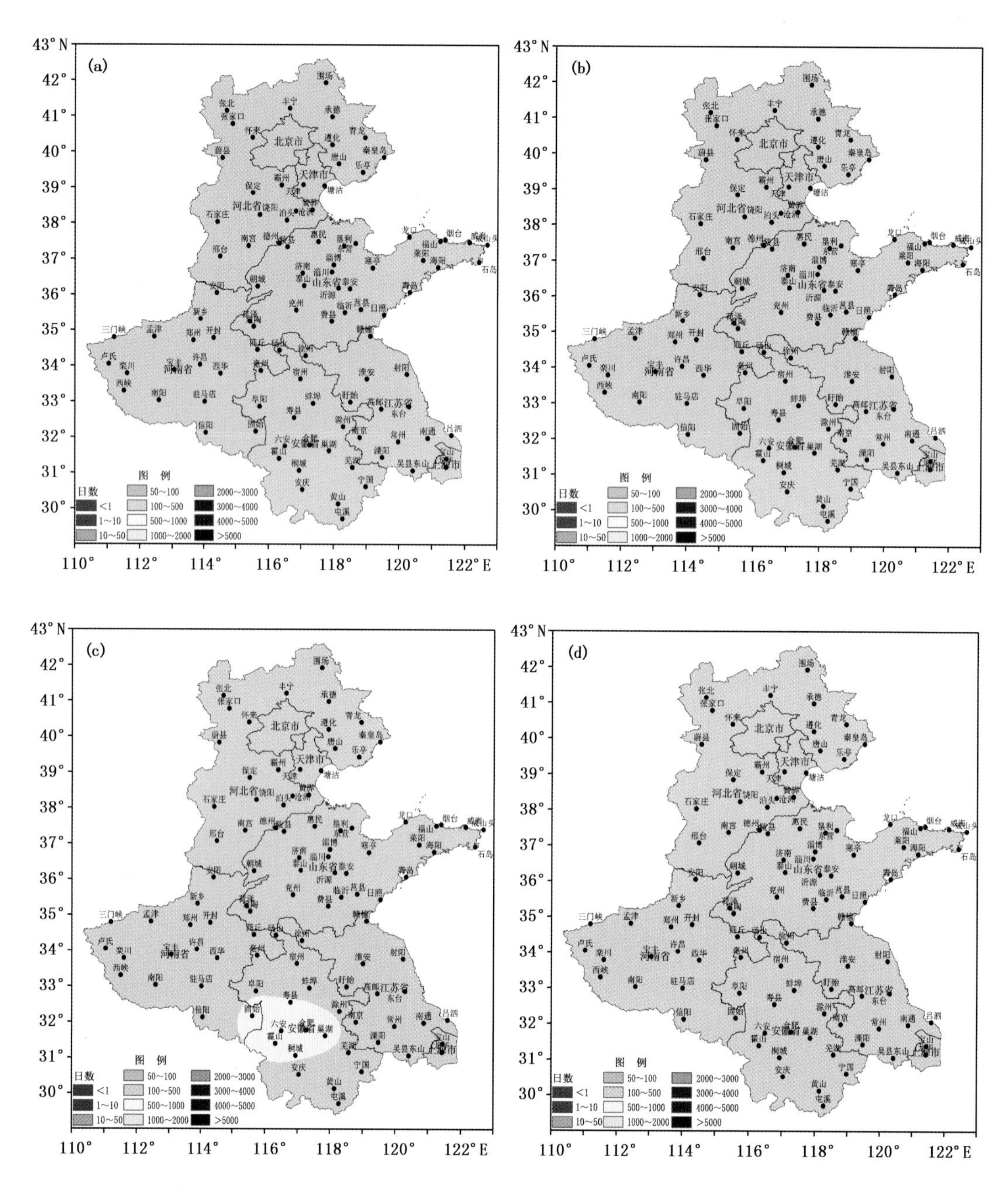

图 2.147　塑料大棚芹菜苗期轻度低温冷害日数各年代分布图(单位:d)

(a. 20 世纪 70 年代、b. 20 世纪 80 年代、c. 20 世纪 90 年代、d. 21 世纪前 10 年)

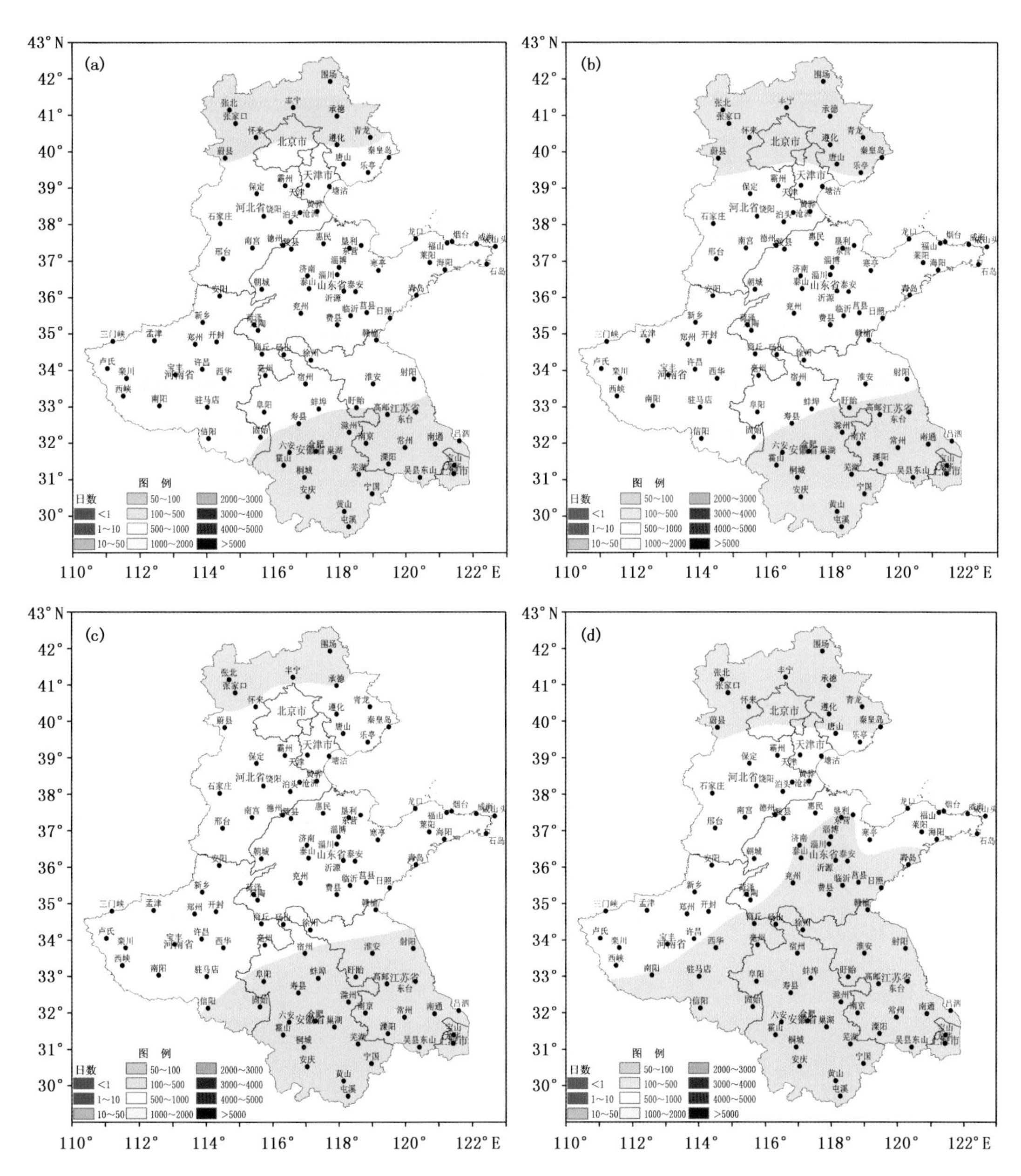

图 2.148　塑料大棚芹菜苗期中度低温冷害日数各年代分布图(单位:d)

(a. 20 世纪 70 年代、b. 20 世纪 80 年代、c. 20 世纪 90 年代、d. 21 世纪前 10 年)

从各年代塑料大棚芹菜苗期重度低温冷害总日数分布图(图 2.149)上看,20 世纪 70 年代,除山东部分、河北大部以及北京、天津地区发生日数在 500～1000 d 外,其他地区发生日数在 100～500 d。

随着年代的推移,重度低温冷害 500 d 以上的区域面积逐渐减少,500 d 以下的面积增加;90 年代南部地区出现发生日数在 50～100 d 的区域,且范围呈扩大趋势,芹菜苗期发生重度低温冷害的总日数呈减少趋势。

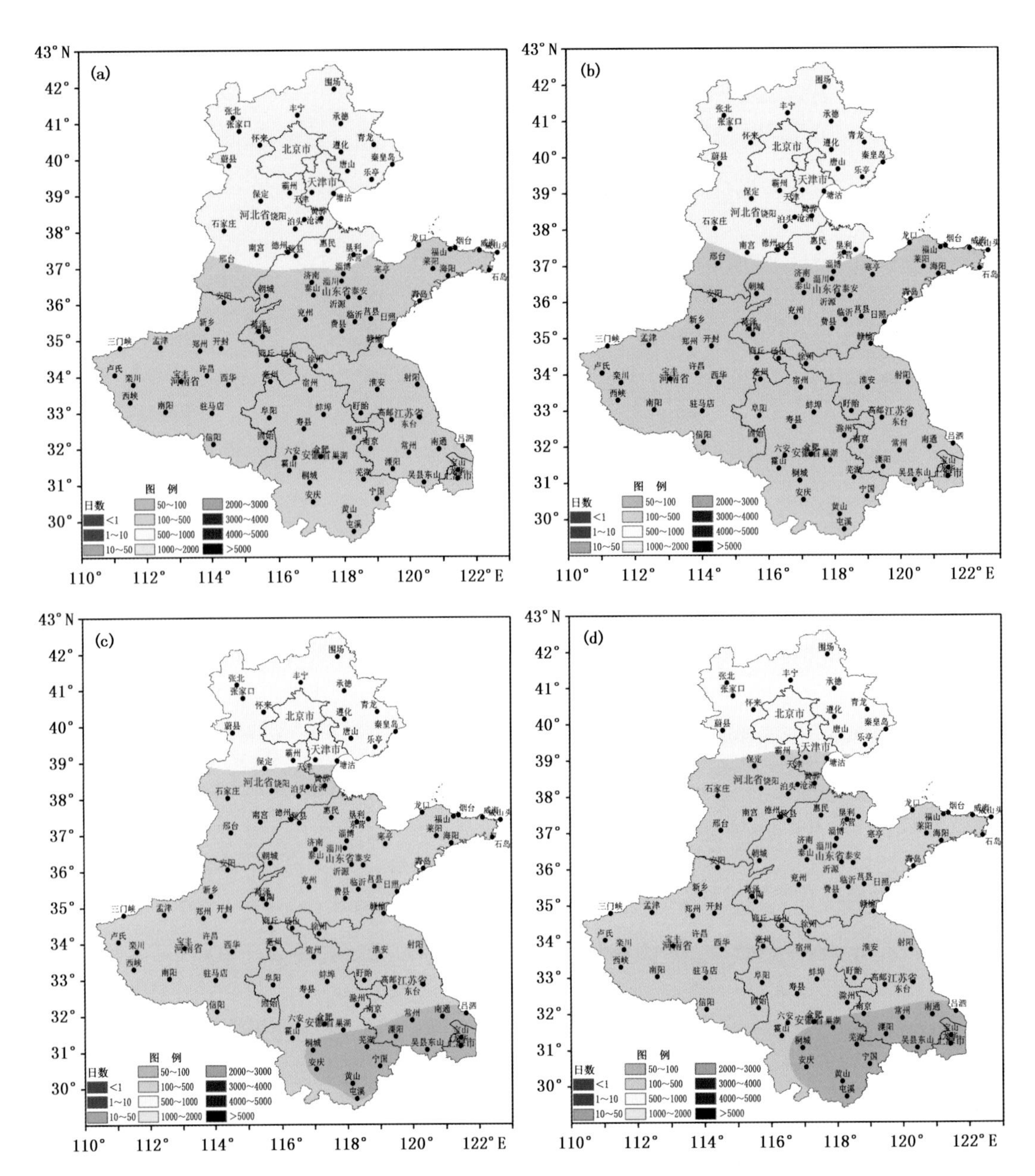

图 2.149　塑料大棚芹菜苗期重度低温冷害日数各年代分布图(单位:d)

(a. 20 世纪 70 年代、b. 20 世纪 80 年代、c. 20 世纪 90 年代、d. 21 世纪前 10 年)

总体看来,北部地区塑料大棚芹菜苗期发生重度冷害的日数较多,中部地区发生中度冷害的日数较多,南部地区各类冷害发生日数均较少,随着年代的推移,研究区各类低温冷害发生日数呈减少趋势。

②塑料大棚芹菜丛叶期低温冷害各年代分布规律

按照塑料大棚芹菜丛叶期低温冷害指标,利用区域内各站点 1971—2010 年 40 年气象观测资料,按年代分别统计芹菜丛叶期发生轻、中、重度灾害的总日数。

从各年代塑料大棚芹菜丛叶期轻度低温冷害总日数分布图(图 2.150)上看,各年代研究区芹菜丛叶期发生轻度低温冷害的日数在 350 d 以上,20 世纪 70 年代,整个研究区发生日数在 350～850 d,其中河北北部局部地区在 350～550 d;80 年代,河南、安徽、江苏和上海局部地区开始出现 850～1200 d 的区域,且到 90 年代该区域面积明显增加,主要分布在河南、安徽和江苏大部分地区以及山东半岛局部地区;21 世纪前 10 年,灾害发生日数明显减少,仅山东半岛成山头极小部分在 850～1200 d,其他大部分地区在 550～850 d,河北北部地区在 350～550 d。

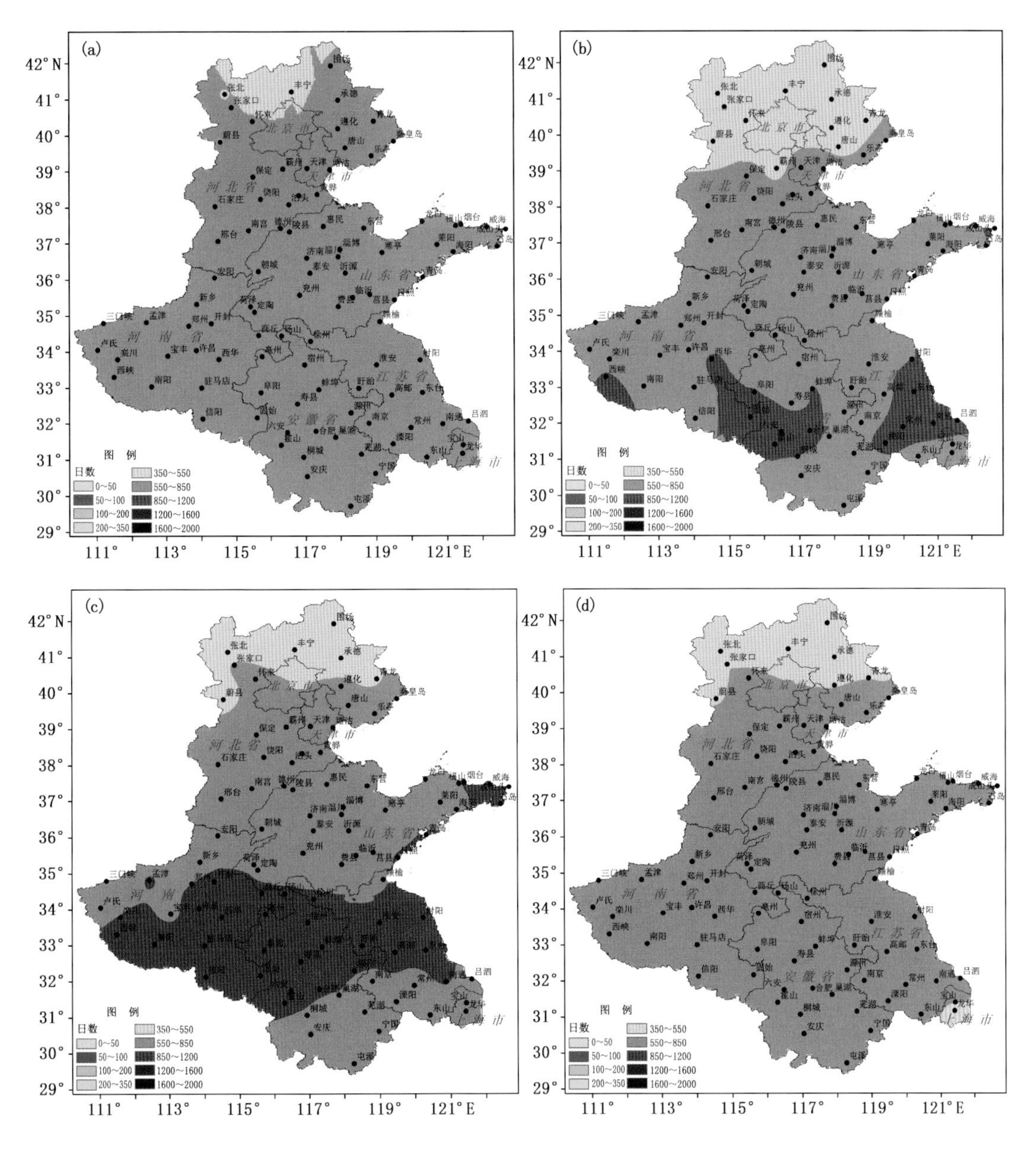

图 2.150　塑料大棚芹菜丛叶期轻度低温冷害日数年代分布图(单位:d)
(a. 20 世纪 70 年代、b. 20 世纪 80 年代、c. 20 世纪 90 年代、d. 21 世纪前 10 年)

从各年代塑料大棚芹菜丛叶期中度低温冷害总日数分布图(图 2.151)上看，各年代研究区芹菜丛叶期发生中度低温冷害的日数在 550 d 以下，大部分地区在 200～350 d，南部部分地区在 200 d 以下。20 世纪 70 年代，仅河南极小部分地区在 350～550 d。

随着年代的推移，北部区域发生日数在 350～550 d 的范围先增加后减少，20 世纪 90 年代达到最大，21 世纪前 10 年又有所减少；200 d 以下的区域逐渐增加，且出现在南部地区。北部地区芹菜丛叶期发生中度低温冷害的日数呈增加趋势，南部地区则呈减少趋势。

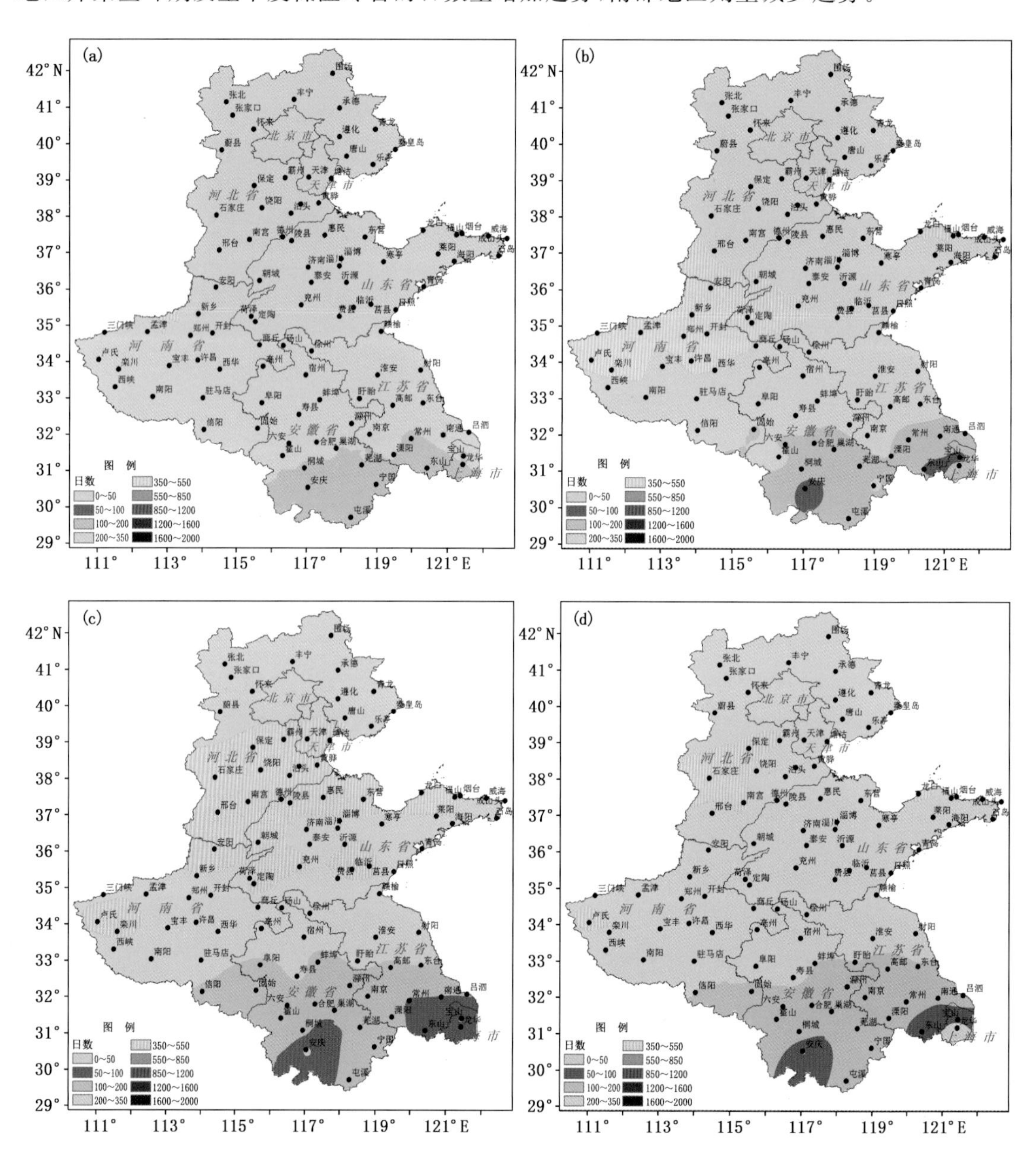

图 2.151　塑料大棚芹菜丛叶期中度低温冷害日数年代分布图(单位:d)

(a.20 世纪 70 年代、b.20 世纪 80 年代、c.20 世纪 90 年代、d.21 世纪前 10 年)

从各年代塑料大棚芹菜重度低温冷害总日数分布图(图2.152)上看,20世纪70年代,河北大部和山东部分地区在550 d以上,其中河北北部边界地区在1200 d以上,张北地区在1600 d以上;新乡—定陶—赣榆一线以南以及山东局部地区在350 d以下,西峡—许昌—西华—蚌埠—淮安—射阳一线以南在200 d以下,南部局部地区在50 d以下;其他地区在350~550 d。

随着年代的推移,550 d以上的区域面积逐渐减少,350 d以下的地区逐渐增加,芹菜发生重度低温冷害的总日数呈减少趋势。

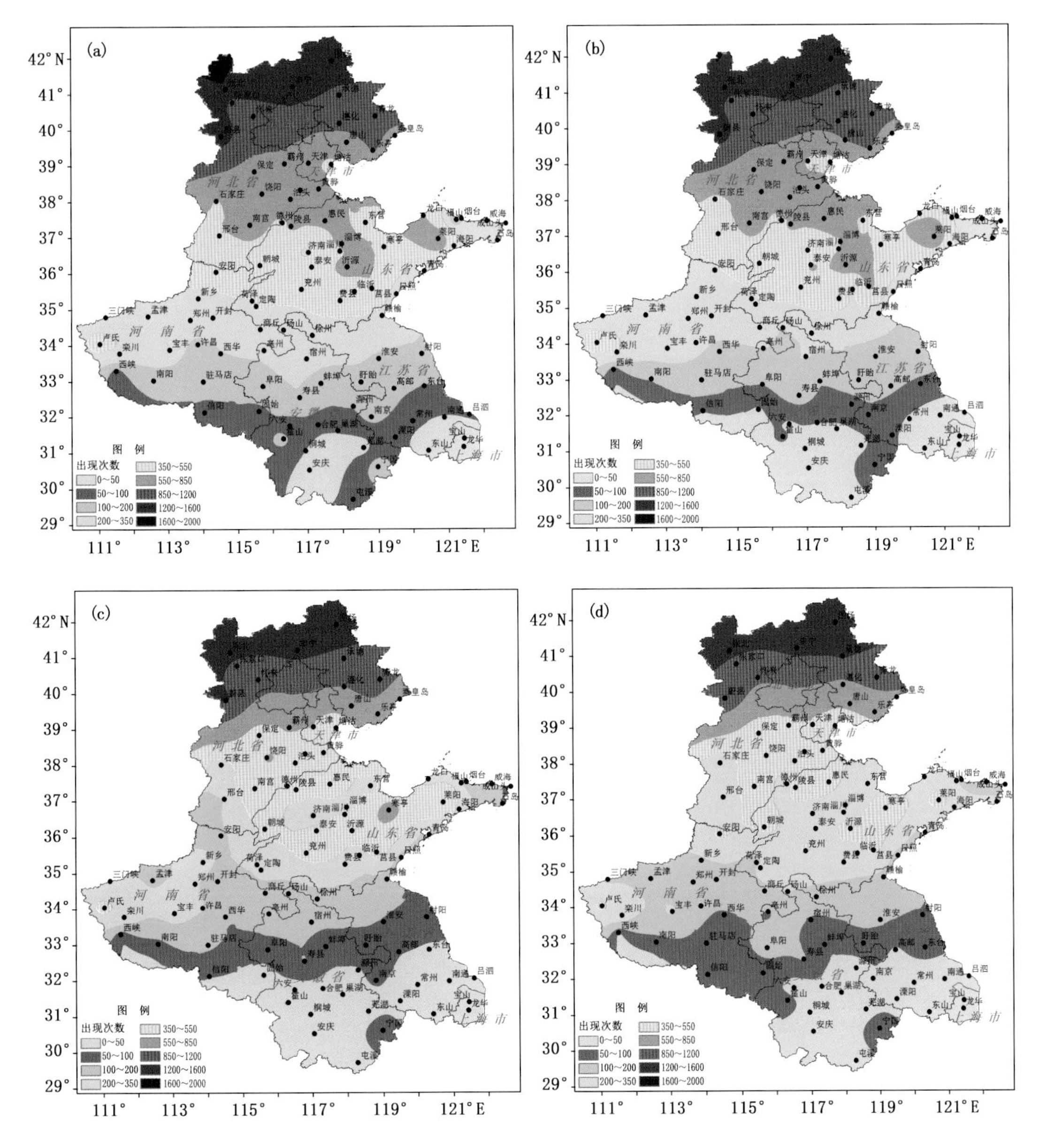

图2.152 塑料大棚芹菜丛叶期重度低温冷害日数年代分布图(单位:d)
(a. 20世纪70年代、b. 20世纪80年代、c. 20世纪90年代、d. 21世纪前10年)

总体看来，塑料大棚芹菜丛叶期在河北和山东大部分地区发生重度和轻度低温冷害的日数较多，其他地区则以轻度低温冷害的发生为主，随着年代的推移，重度低温冷害发生日数较多的区域逐渐减少，轻度和中度低温冷害的发生日数在 20 世纪 80 年代和 90 年代较多，21 世纪前 10 年有所减少。

3)塑料大棚芹菜低温冷害 40 年来总日数分布规律

①塑料大棚芹菜苗期低温冷害 40 年来总日数分布规律

研究表明，七省(市)塑料大棚芹菜苗期发生轻度低温冷害的总日数均在 1000～2000 d。

发生中度低温冷害总日数分布为：蔚县－遵化－青龙和信阳－阜阳－宿州－淮安－射阳两线之间在 2000～3000 d；其他地区在 1000～2000 d。

发生重度低温冷害总日数分布为：河北大部以及北京、天津地区发生日数在 2000 d 以上，其中北部边界地区在 3000～4000 d；栾川－商丘－徐州－赣榆一线以南在 1000 d 以下，其中安徽和江苏部分以及上海地区在 100～500 d；其他地区在 1000～2000 d。

综合分析塑料大棚芹菜苗期低温冷害 40 年来总日数分布规律(图 2.153)可知，研究区北部地区重度低温冷害的发生日数最多，中度次之，轻度最少；南部地区中度冷害发生日数最多，轻度次之，重度最少。

②塑料大棚芹菜丛叶期低温冷害 40 年来总日数分布规律

研究表明，七省(市)塑料大棚芹菜丛叶期发生轻度低温冷害的总日数分布为：河北大部、山东局部地区在 750 d 以下；其他大部分地区在 2500～3500 d；山东成山头极小部分地区在 3500 d 以上。

发生中度低温冷害总日数分布为：研究区绝大部分地区芹菜发生中度低温冷害的次数在 750～1500 d；南部部分地区在 200～750 d；河南局部地区在 1500～2500 d。

发生重度低温冷害总日数分布为：河北大部和山东局部地区在 1500 d 以上，其中河北北部地区在 2500 d 以上，边界地区可达到 5500 d 以上；西峡－许昌－砀山－滁州－赣榆一线以南在 750 d 以下，其中南部部分地区在 200 d 以下；其他地区在 750～1500 d。

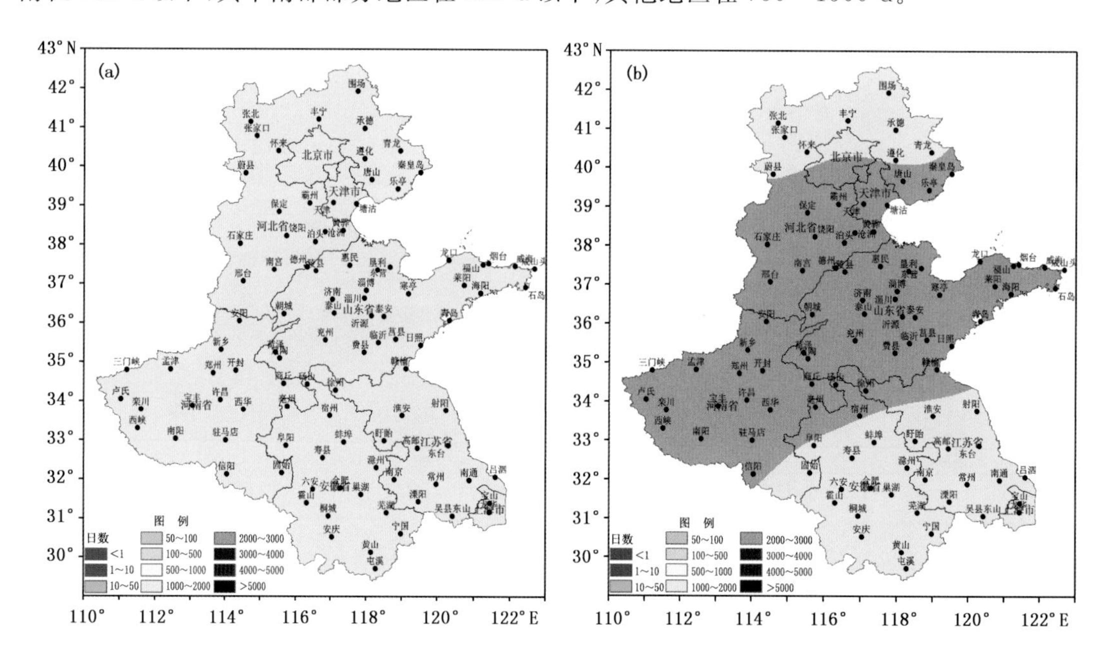

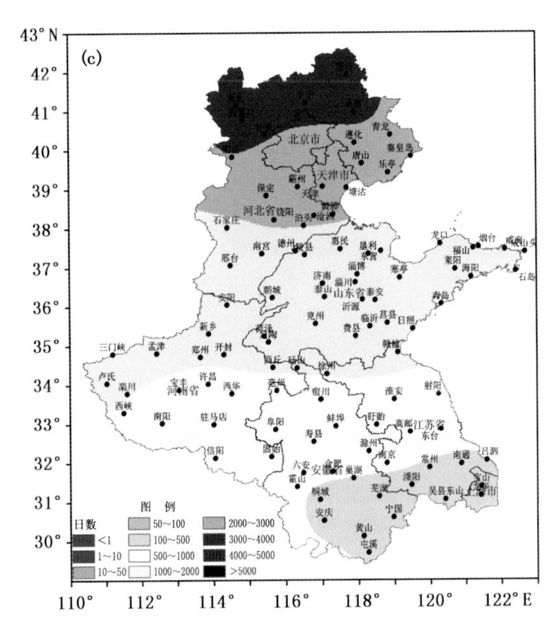

图 2.153　塑料大棚芹菜苗期低温冷害 40 年来总日数分布图(单位:d)
(a. 轻度、b. 中度、c. 重度)

综合分析塑料大棚芹菜丛叶期低温冷害 40 年来总日数分布规律(图 2.154)可知,河北北部地区重度低温冷害的发生日数较多,其他地区发生轻度低温冷害的日数较多,整个研究区塑料大棚芹菜中度低温冷害的发生日数较少。

(2)塑料大棚芹菜低温冷害风险区划

1)塑料大棚芹菜低温冷害各季节风险区划

①塑料大棚芹菜苗期低温冷害各季节风险区划

从塑料大棚芹菜苗期轻度低温冷害风险季节分布图(图 2.155)上看,春季除江苏局部、安徽部分和上海地区为低风险区外,其他地区均为中风险区,其中山东半岛局部地区风险值在 0.3～0.4。

秋季河南部分、山东大部以及河北、北京、天津地区为中风险区,风险值在 0.2～0.3;其他地区为低风险区,其中安徽和江苏部分以及上海地区风险值在 0.1～0.15。

冬季风险值呈南高北低的趋势,其中山东部分、河北大部以及北京、天津地区为低风险区;信阳—阜阳—淮安—射阳一线为高风险区;其他地区为中风险区。

南部地区冬季塑料大棚芹菜苗期发生轻度冷害的风险较大;春、秋两季北部地区风险较大。

从塑料大棚芹菜苗期中度低温冷害风险季节分布图(图 2.156)上看,春、秋两季,整个研究区域均为低风险区,安阳—兖州—费县—赣榆一线以南风险低于 0.1,此线以北在 0.1～0.2。

冬季风险呈现中部高、南部和北部均相对较低的分布趋势,河北部分地区,山东、江苏、安徽大部,以及河南地区为高风险区;其他地区为中风险区。

塑料大棚芹菜苗期在春、秋两季发生轻度低温冷害的风险较小;但在冬季发生轻度低温冷害的风险较大。

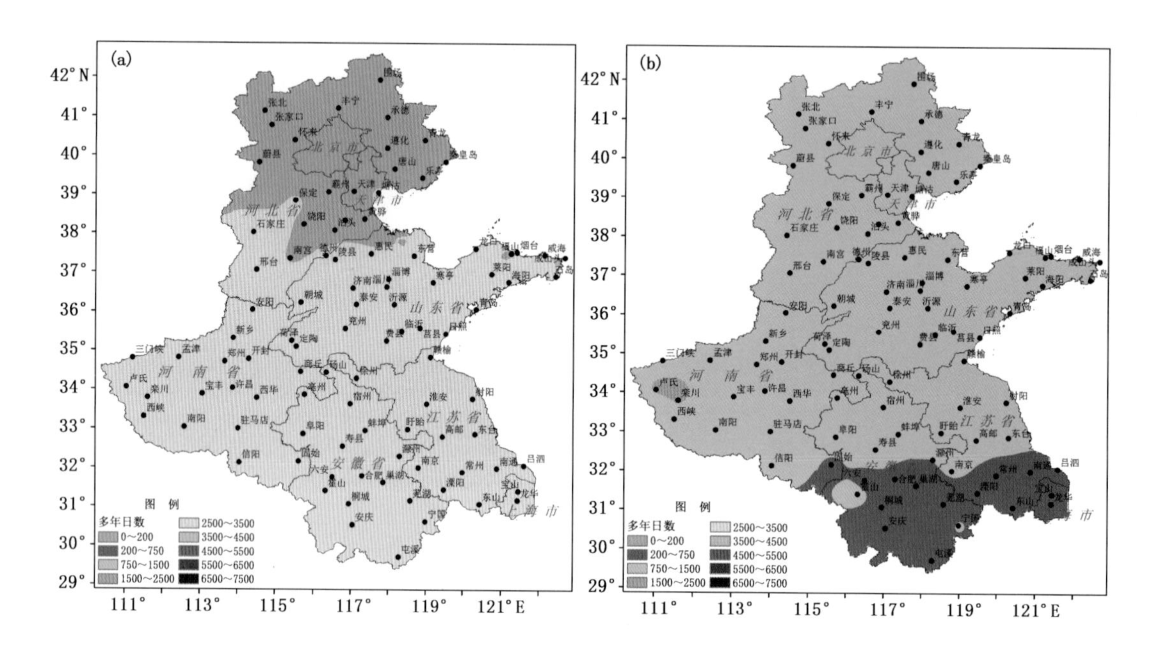

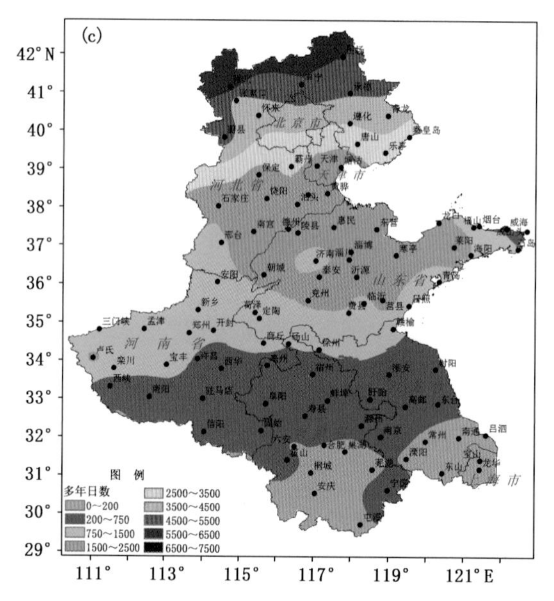

图 2.154　塑料大棚芹菜丛叶期低温冷害 40 年来总日数分布图(单位:d)
(a. 轻度、b. 中度、c. 重度)

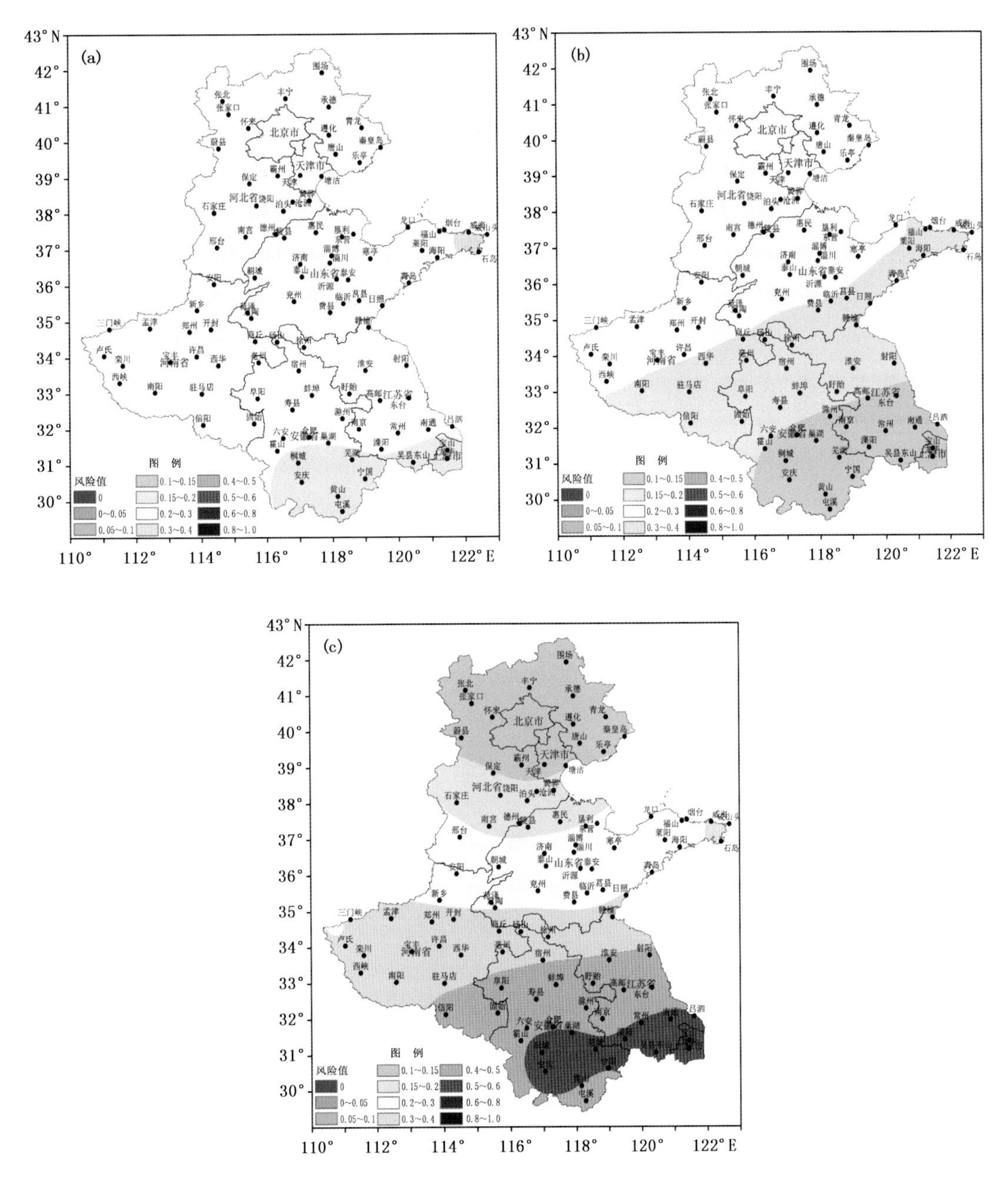

图 2.155　塑料大棚芹菜苗期轻度低温冷害各季节风险分布图
(a. 春季、b. 秋季、c. 冬季)

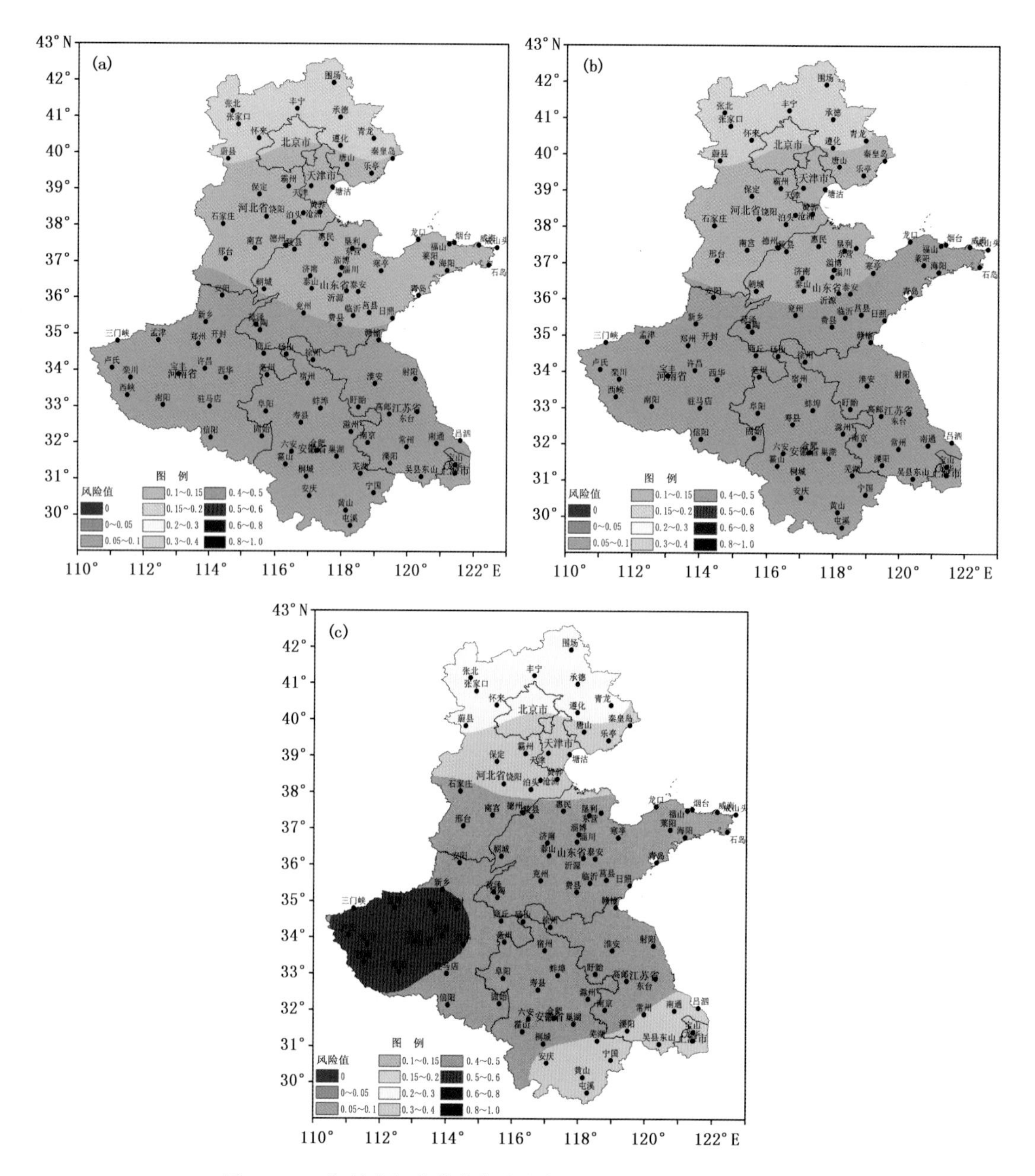

图 2.156　塑料大棚芹菜苗期中度低温冷害各季节风险分布图
(a. 春季、b. 秋季、c. 冬季)

从塑料大棚芹菜苗期重度低温冷害风险季节分布图(图 2.157)上看，春、秋两季研究区均为低风险区。

冬季信阳－阜阳－蚌埠－淮安－射阳一线以南为低风险区；邢台－济南－淄川－寒亭一线以北风险值在 0.4～0.8，为高风险和较高风险区，其中北部边界地区为较高风险区；两线之间为中风险区。

塑料大棚芹菜苗期，在春、秋两季，发生重度低温冷害的风险较大；在冬季，北部地区风险值明显高于南部地区，除河南部分、安徽和江苏大部以及上海地区为低风险区，其他地区发生的风险值均在 0.2 以上。

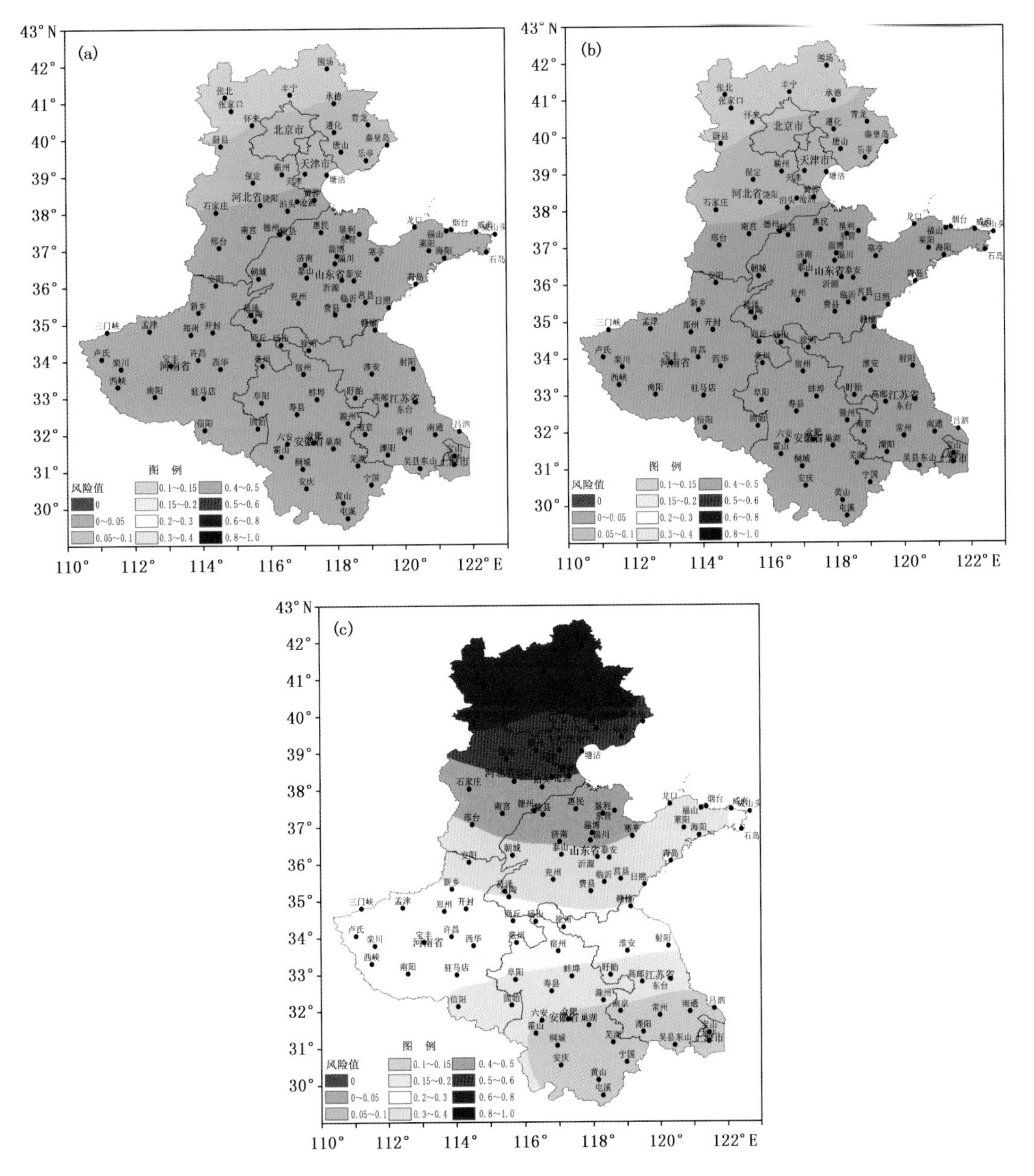

图 2.157　塑料大棚芹菜苗期重度低温冷害各季节风险分布图

（a. 春季、b. 秋季、c. 冬季）

总体看来，春、秋两季塑料大棚芹菜苗期较易发生轻度低温冷害。冬季南部地区发生轻度冷害的风险最大，中度次之，重度最低；北部地区发生重度低温冷害的风险最大，中度次之，轻度最低。

②塑料大棚芹菜丛叶期低温冷害各季节风险区划

从塑料大棚芹菜丛叶期轻度低温冷害风险季节分布图（图 2.158）上看，春季河南南阳和信阳地区、安徽和江苏南部以及上海地区为低风险区；其余地区均为中风险区。

秋季河南南部、安徽、江苏、上海、山东东南沿海地区均为低风险；其余地区为中风险。

冬季河南南阳南部边界、信阳地区、安徽西南部、江苏东南部为较高风险区；河南中南部、安徽大部、江苏大部、上海地区为高风险区；河南西部和北部、河北南部、山东大部为中风险区；河北中部和北部为低风险区。

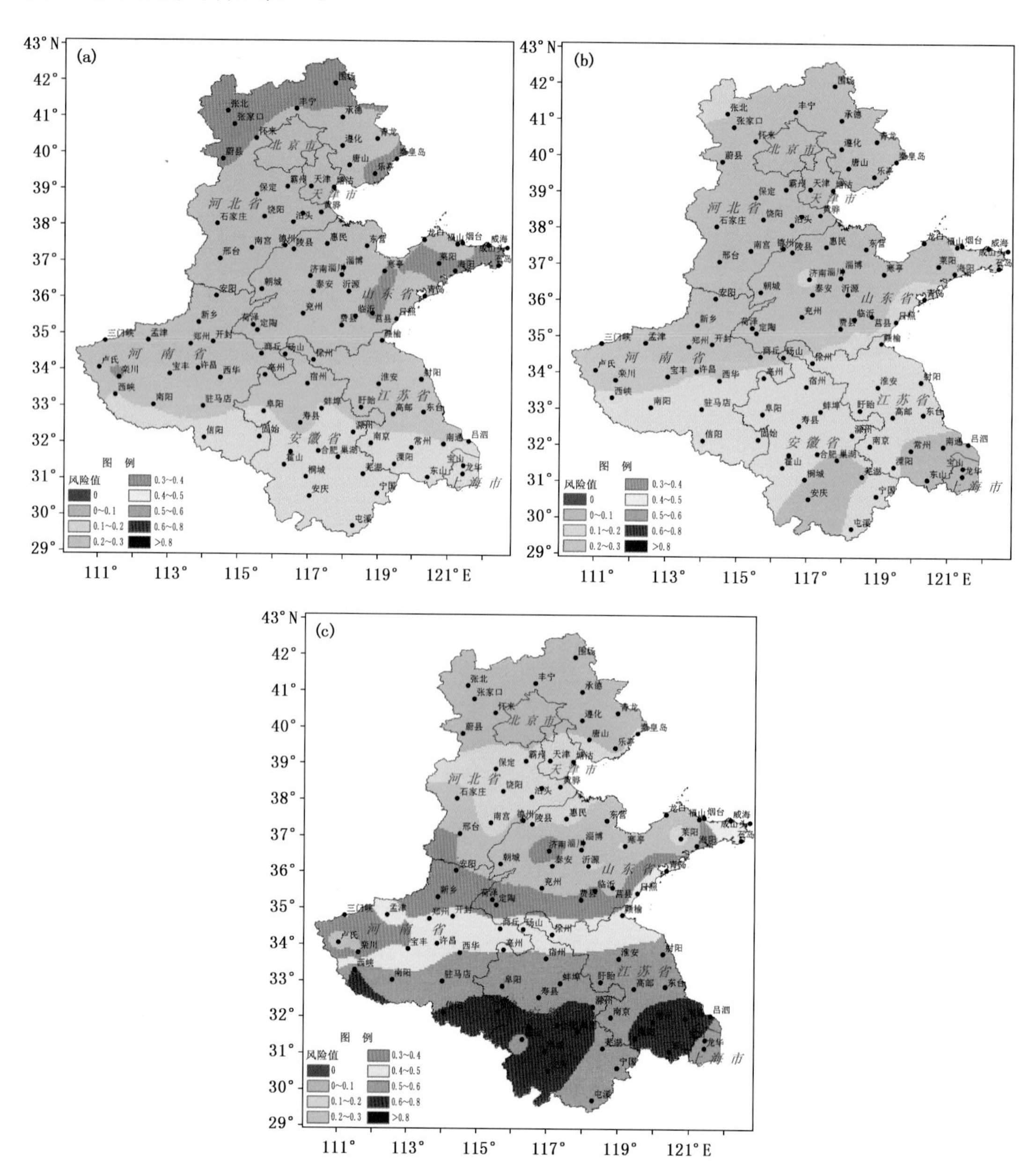

图 2.158　塑料大棚芹菜丛叶期轻度低温冷害各季节风险分布图

(a. 春季、b. 秋季、c. 冬季)

在春季，除上海、河南南部、安徽南部和江苏南部部分地区以外，其他地区塑料大棚芹菜丛叶期发生轻度低温冷害的风险较大；在秋季，天津、河北、山东和河南大部分地区，发生轻度低温冷害的风险较人；冬季除河北人部分地区以外，其他地区，儿其是研究区的南部，发生轻度低温冷害的风险大。

从塑料大棚芹菜丛叶期中度低温冷害风险季节分布图(图 2.159)上看，春季和秋季整个研究区域均为低风险区。

冬季仅河南局部地区为中风险区，其他地区均为低风险区。

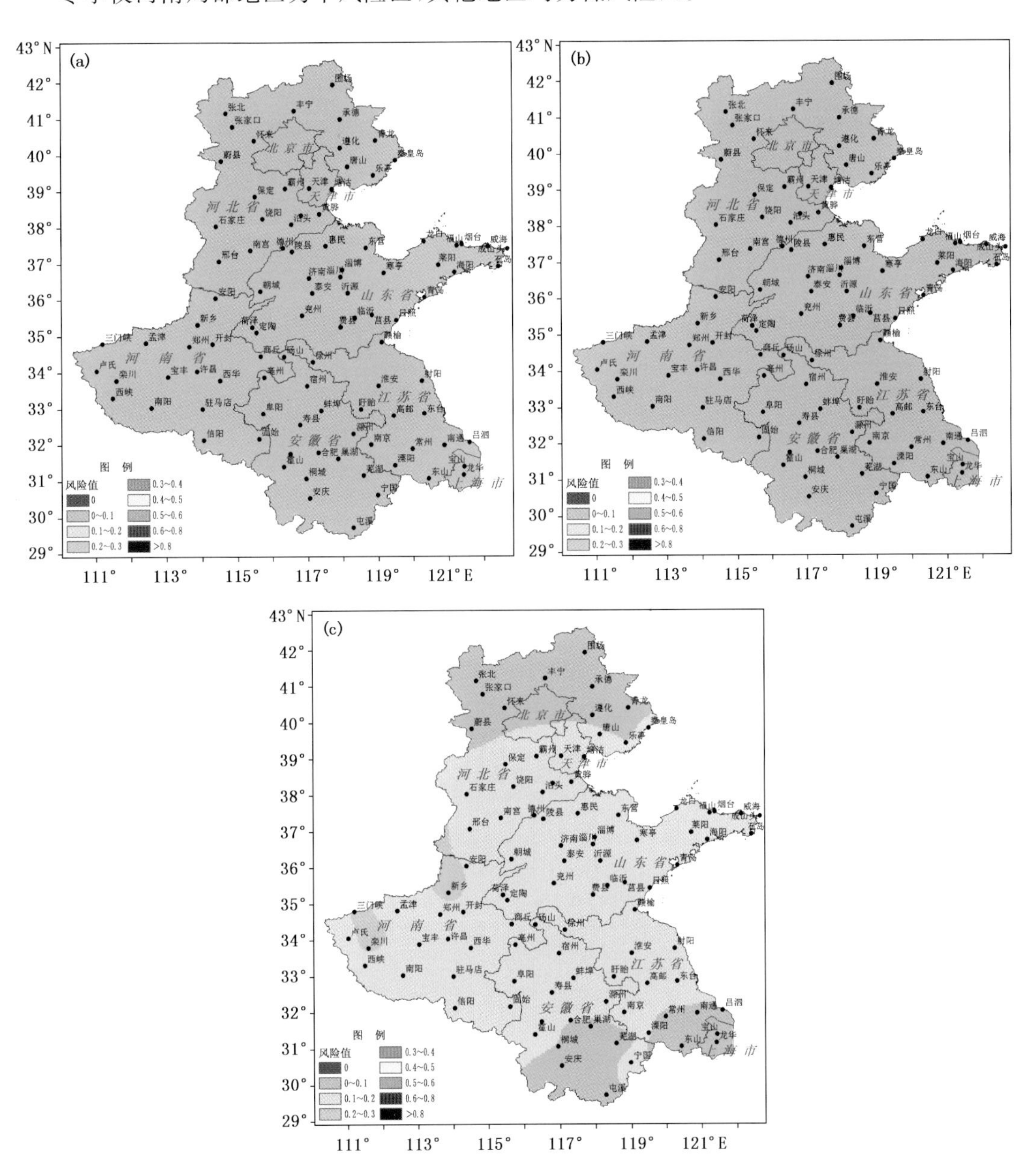

图 2.159　塑料大棚芹菜丛叶期中度低温冷害各季节风险分布图

(a. 春季、b. 秋季、c. 冬季)

总体看来，春、秋、冬 3 个生长季节，塑料大棚芹菜丛叶期发生中度低温冷害的风险均较小。

从塑料大棚芹菜重度低温冷害风险季节分布图(图 2.160)上看，春、秋两季仅河北张北地区为中风险区；其余地区为低风险区。

冬季保定－霸州－天津－唐山－乐亭一线以北为高风险，邢台－安阳－菏泽－费县－临沂－海阳一线以南为低风险区，两线中间地区为中风险区。

塑料大棚芹菜，在春、秋两季，河北北部边界发生重度低温冷害的风险较大；在冬季，除上海、河南南部、安徽南部和江苏南部发生重度低温冷害的风险较小，其他地区发生的风险较大。

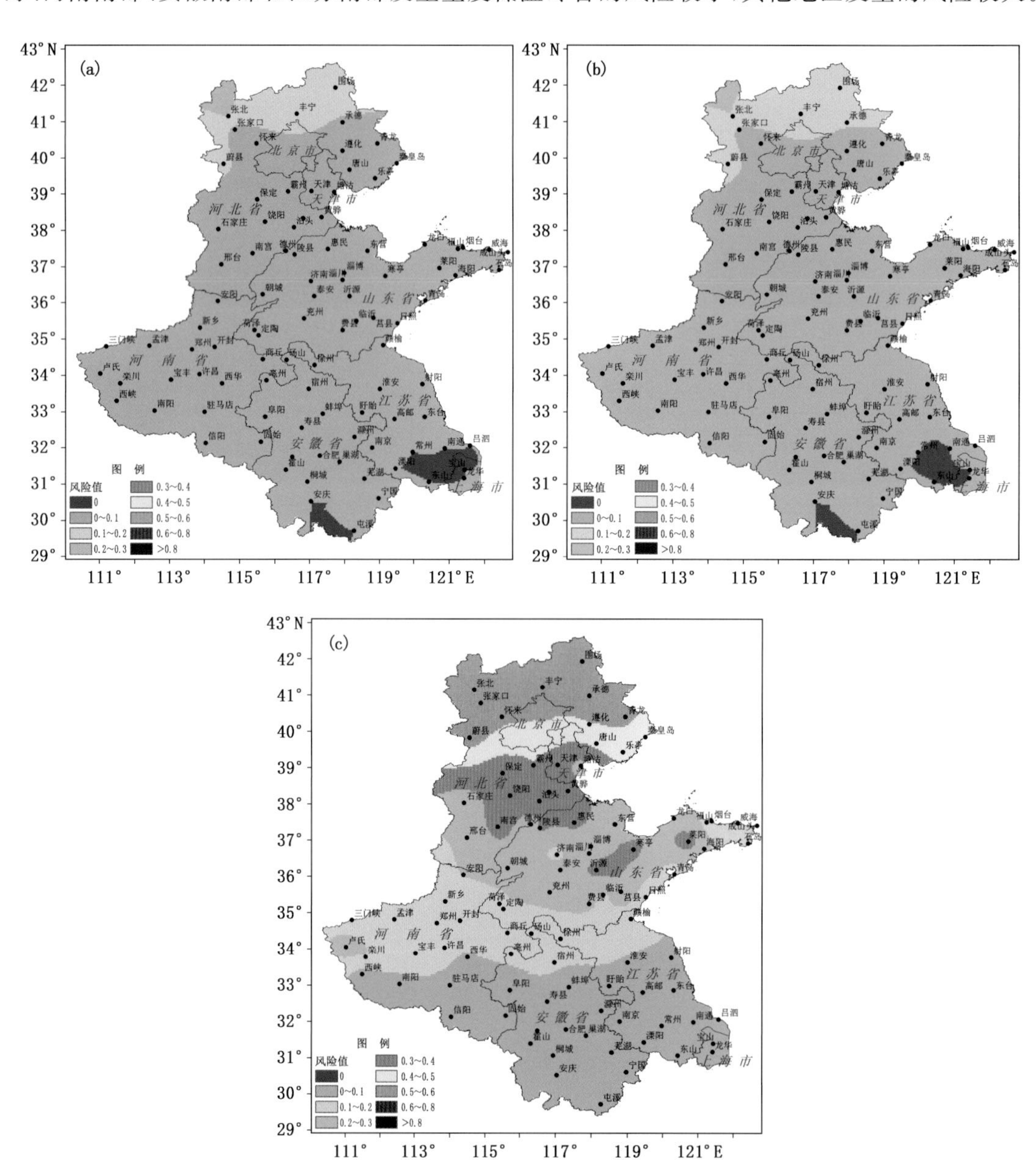

图 2.160　塑料大棚芹菜丛叶期重度低温冷害各季节风险分布图

(a. 春季、b. 秋季、c. 冬季)

总体看来，春、秋两季塑料大棚芹菜丛叶期较易发生轻度低温冷害，其中河北北部边界发生重度低温冷害的可能性也较大。冬季上海、河南南部、安徽南部和江苏南部易发生轻度低温冷害；河北和山东大部分地区易发生重度低温冷害。

2)塑料大棚芹菜低温冷害各年代风险区划

①塑料大棚芹菜苗期低温冷害各年代风险区划

从塑料大棚芹菜苗期轻度低温冷害风险年代分布图(图 2.161)上看：20 世纪 70 年代整个研究区均为高风险区，其中栾川－商丘－砀山－徐州－赣榆一线以南风险值在 0.5～0.6，其他地区风险值在 0.4～0.5。

随着年代的推移，风险值在 0.5～0.6 的区域范围逐渐扩大，到 20 世纪 90 年代，河南局部和安徽部分地区出现较高风险区，风险值在 0.6～0.8。但到 21 世纪前 10 年，风险值呈减小趋势，较高风险区消失；风险值在 0.5～0.6 的区域范围有所减少，在新乡－商丘－砀山－赣榆一线以南。

总体看来，20 世纪 70 年代到 90 年代，研究区塑料大棚芹菜苗期发生轻度低温冷害的风险值呈增大趋势，21 世纪前 10 年又逐渐减小。

从塑料大棚芹菜苗期中度低温冷害风险年代分布图(图 2.162)上看：4 个年代研究区大部分地区风险值均为高风险，其中河南大部、山东部分以及河北局部地区为较高风险区。20 世纪 70 年代到 90 年代，随着年代的推移，研究区北部地区较高风险区域逐渐扩大，南部地区风险值呈减小趋势，90 年代，上海、江苏局部地区变为中风险。21 世纪前 10 年，研究区风险值逐渐减小，较高风险区消失，安徽－芜湖－常州－南通一线以北为高风险区，此线以南为中风险区，风险值在 0.3～0.4。

4 个年代中，研究区南部地区风险值较低，随着年代的推移，中风险区域范围增加。中部地区较高风险区范围从 20 世纪 70 年代到 90 年代逐渐向北扩展，到 21 世纪前 10 年，变为高风险区，风险值在 0.5～0.6。

从塑料大棚芹菜苗期重度低温冷害风险年代分布图(图 2.163)上看：新乡－定陶－赣榆一线以南以及山东半岛局部地区为低风险区，其他地区为中风险区，随着年代的推移，低风险区域界线逐渐北移，范围逐渐扩大，到 21 世纪前 10 年，除山东局部和河北大部以及北京、天津地区为中风险区外，其他地区均为低风险区。

总体分析可知，南部地区轻度低温冷害的发生风险最大，中度次之，重度最小；北部地区中度最大、轻度次之、重度最小。20 世纪 70 年代到 90 年代，轻度和中度低温冷害发生的风险值呈增加趋势，到 21 世纪前 10 年又有所减小。重度低温冷害风险值随着年代推移逐渐减小。

②塑料大棚芹菜丛叶期低温冷害各年代风险区划

从塑料大棚芹菜丛叶期轻度低温冷害风险年代分布图(图 2.164)上看：20 世纪 70 年代，三门峡－孟津－新乡－开封－菏泽－商丘－徐州－赣榆一线以南为高风险区域，70 年代到 90 年代，随着年代的增加该界限北移，高风险区域增加，中风险区域减少；90 年代安徽和江苏南部局部地区开始出现中风险区；21 世纪前 10 年，中风险区域明显增加，仅河南中南部、安徽和江苏北部、山东南部为高风险区，其余为中风险区。

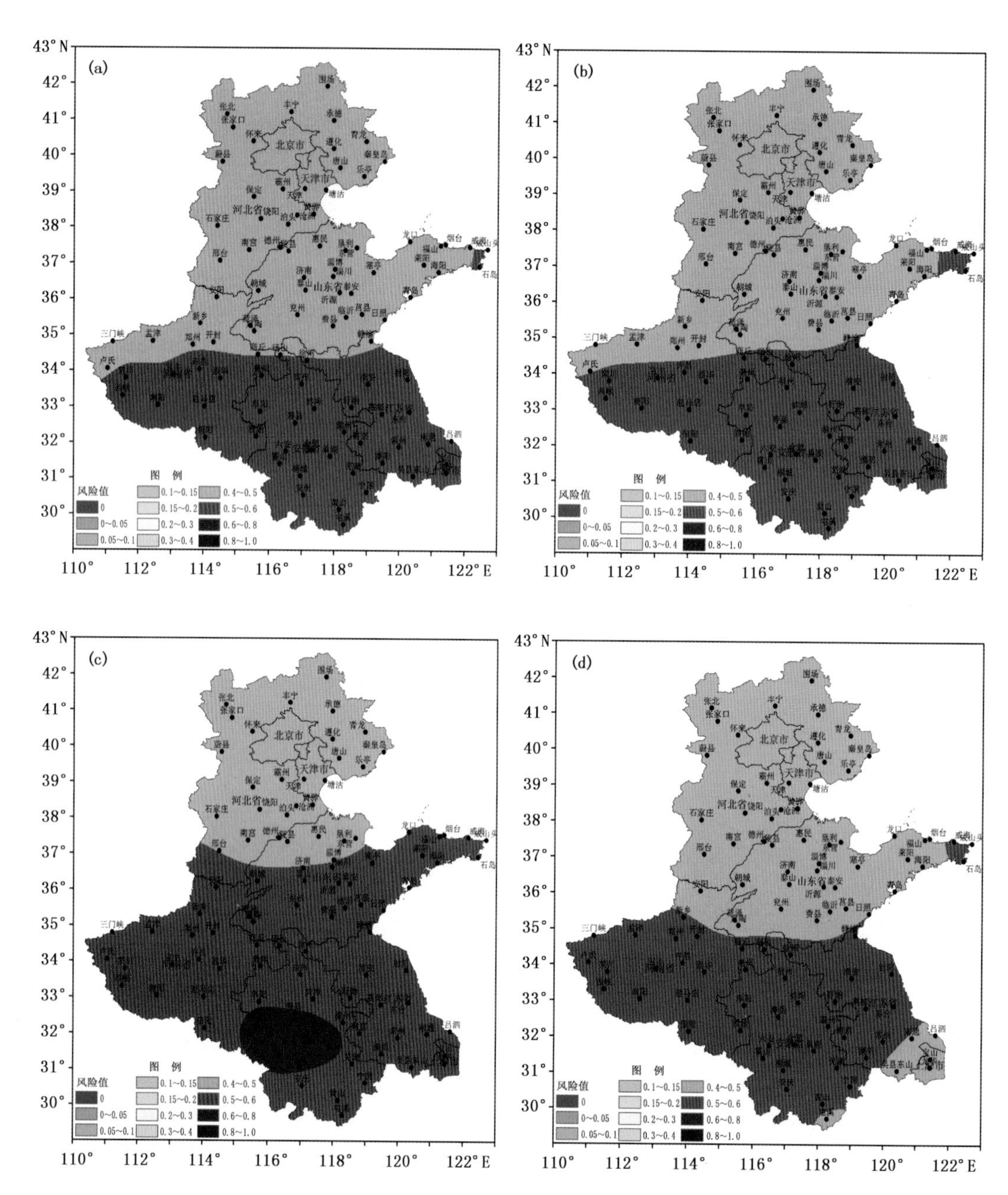

图 2.161　塑料大棚芹菜苗期轻度低温冷害各年代风险分布图

（a. 20 世纪 70 年代、b. 20 世纪 80 年代、c. 20 世纪 90 年代、d. 21 世纪前 10 年）

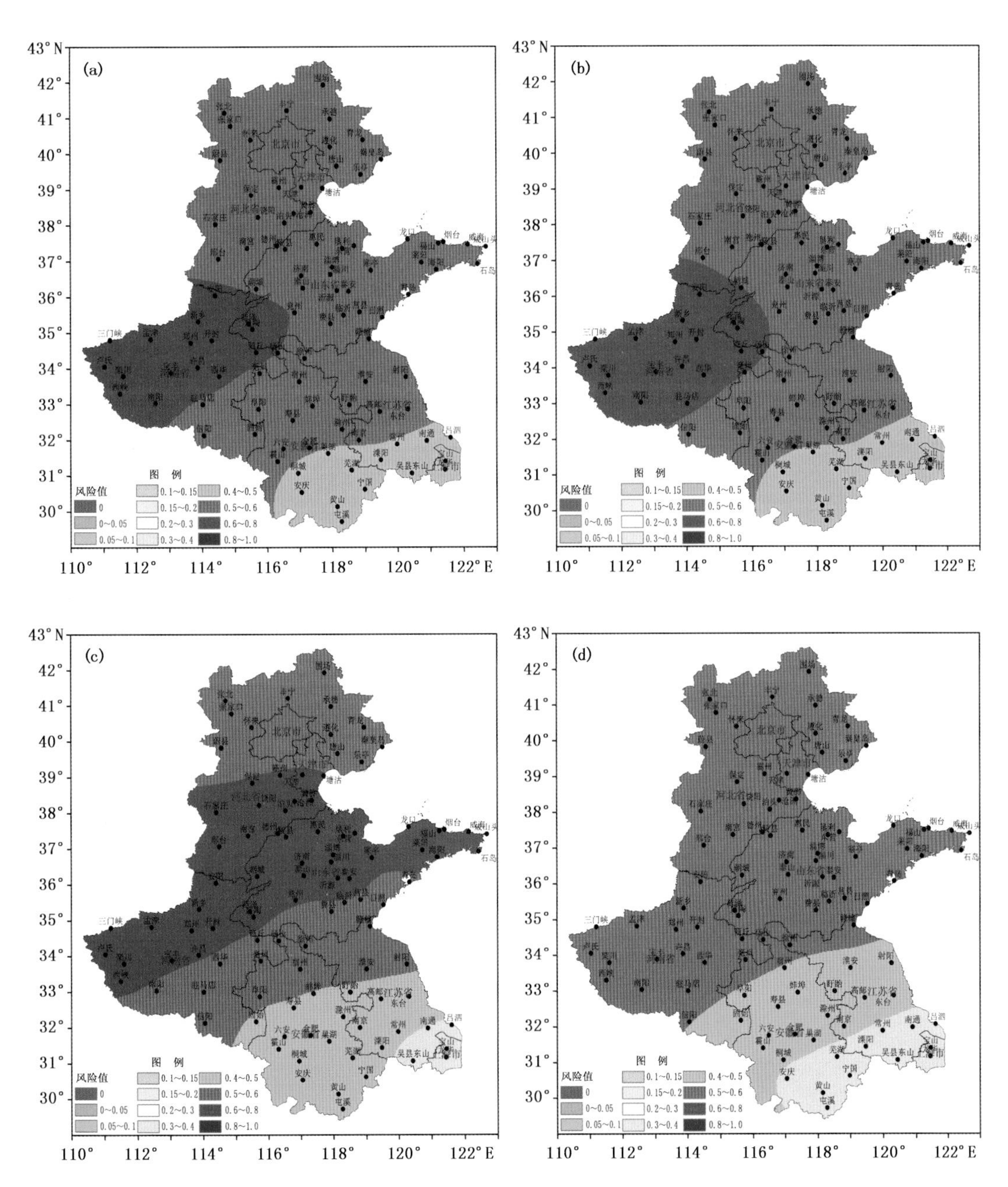

图 2.162　塑料大棚芹菜苗期中度低温冷害各年代风险分布图

（a. 20 世纪 70 年代、b. 20 世纪 80 年代、c. 20 世纪 90 年代、d. 21 世纪前 10 年）

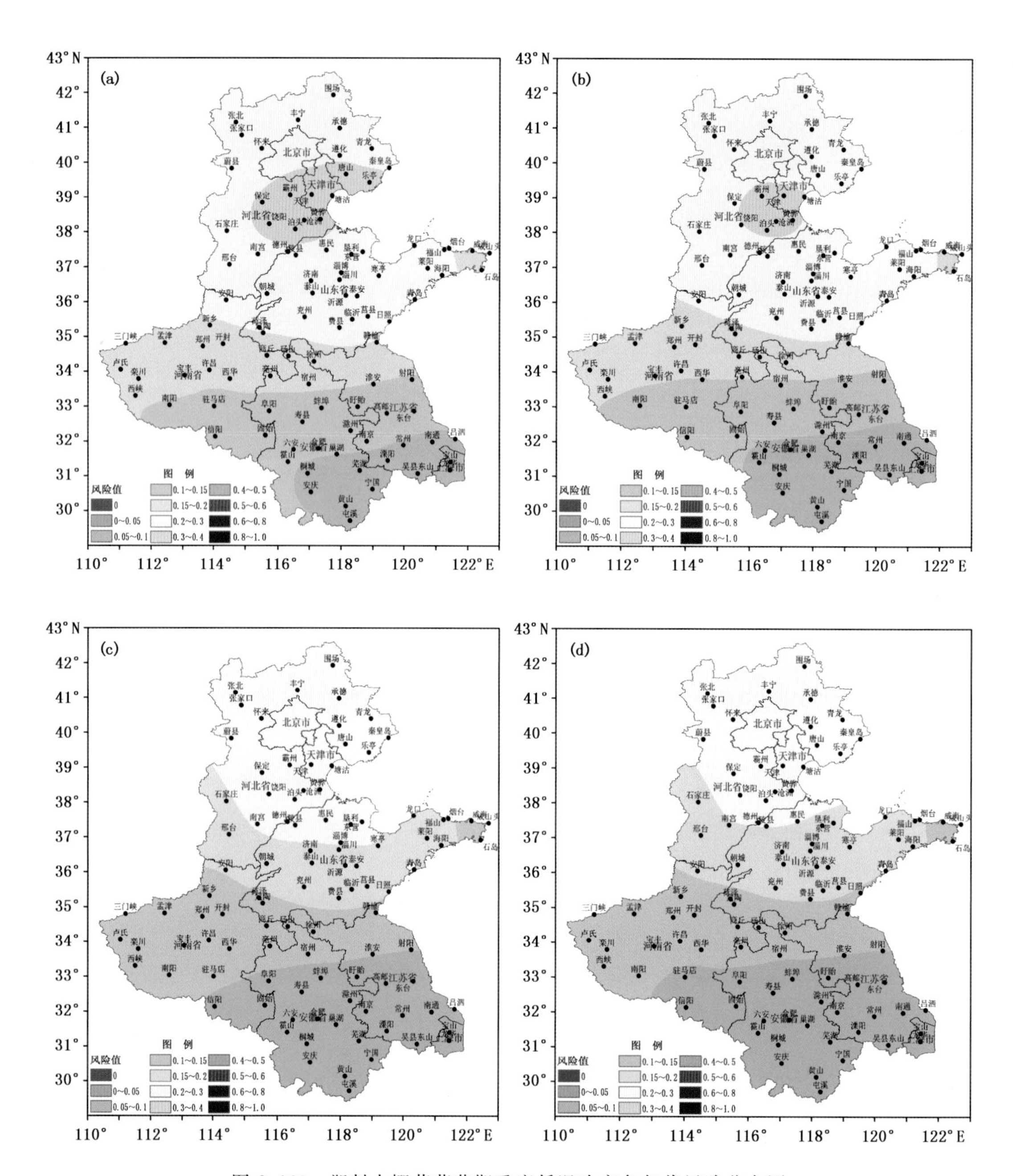

图 2.163　塑料大棚芹菜苗期重度低温冷害各年代风险分布图

(a. 20 世纪 70 年代、b. 20 世纪 80 年代、c. 20 世纪 90 年代、d. 21 世纪前 10 年)

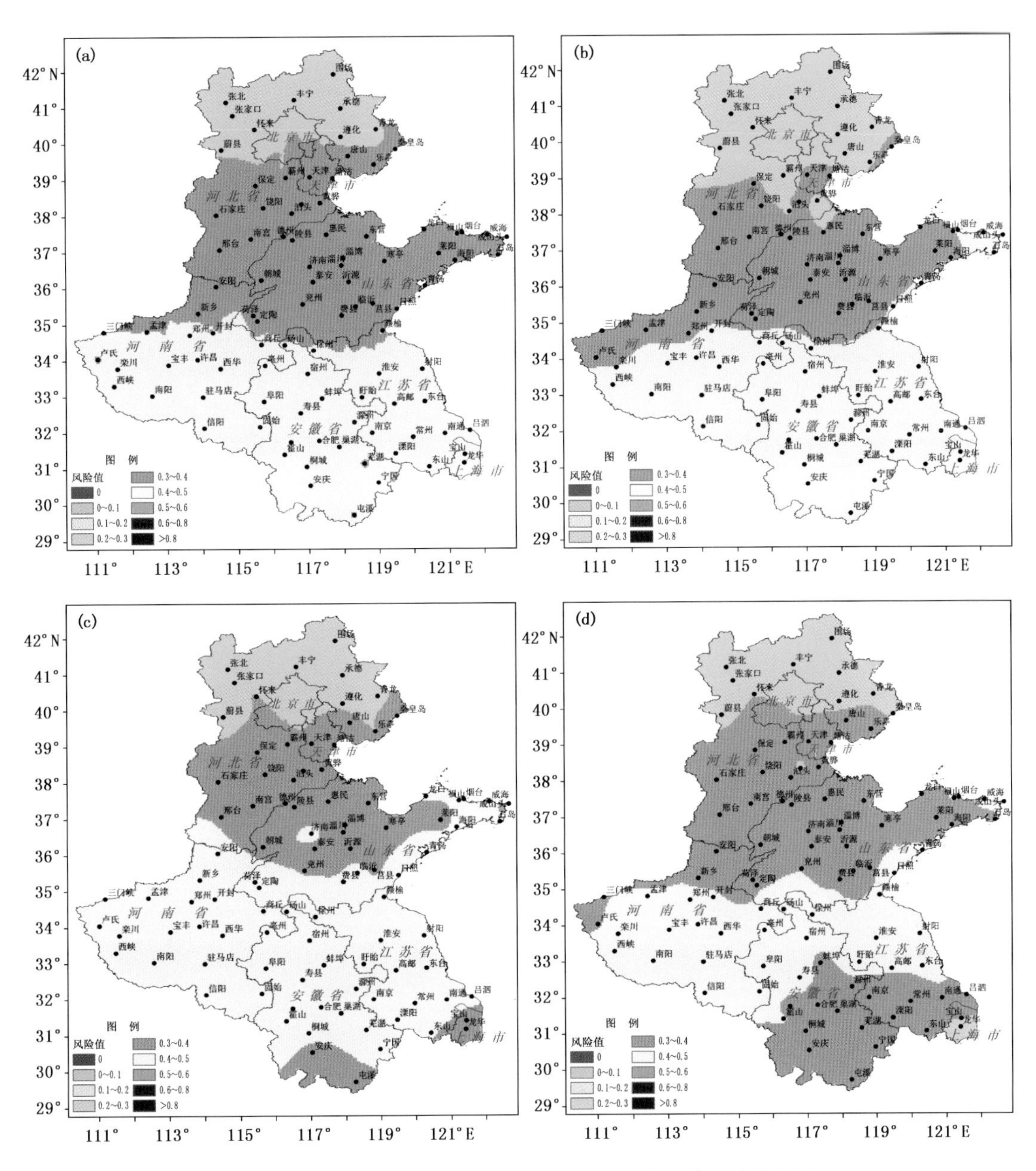

图 2.164　塑料大棚芹菜丛叶期轻度低温冷害年代风险分布图
(a. 20 世纪 70 年代、b. 20 世纪 80 年代、c. 20 世纪 90 年代、d. 21 世纪前 10 年)

从塑料大棚芹菜丛叶期中度低温冷害风险年代分布图(图 2.165)上看:20 世纪 70 年代、80 年代、90 年代和 21 世纪前 10 年,整个研究区域塑料大棚芹菜丛叶期发生中度低温冷害均为低风险。

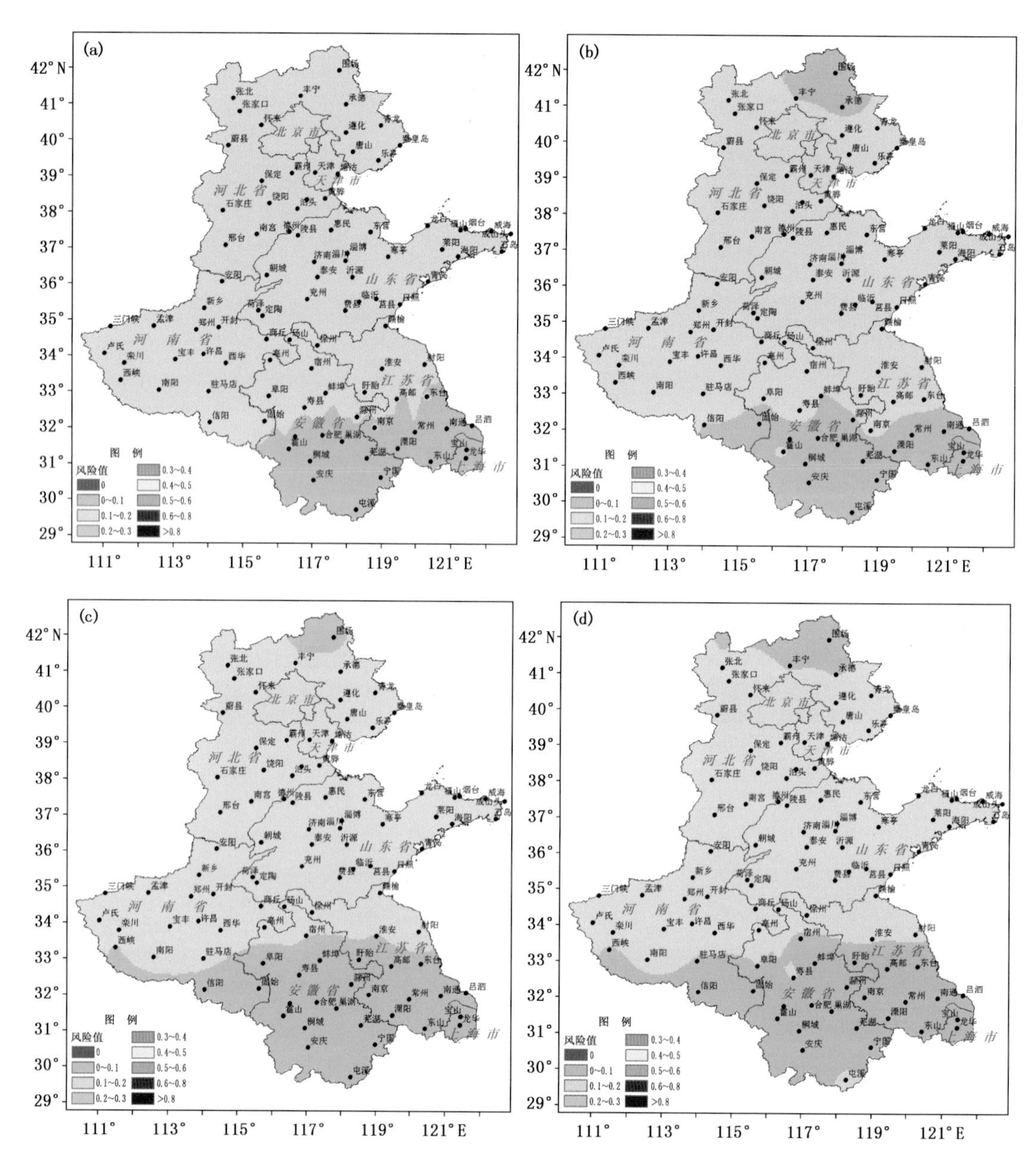

图 2.165 塑料大棚芹菜丛叶期中度低温冷害年代风险分布图

(a. 20 世纪 70 年代、b. 20 世纪 80 年代、c. 20 世纪 90 年代、d. 21 世纪前 10 年)

从塑料大棚芹菜重度低温冷害风险年代分布图(图 2.166)上看:20 世纪 70 年代,河北和山东大部分地区为中风险或以上风险,河北北部边界地区可达较高风险。随着年代的推移,中风险及以上风险区域均逐渐减少,低风险区域增加,尤其是风险值在 0～0.1 的低风险区域增加明显。

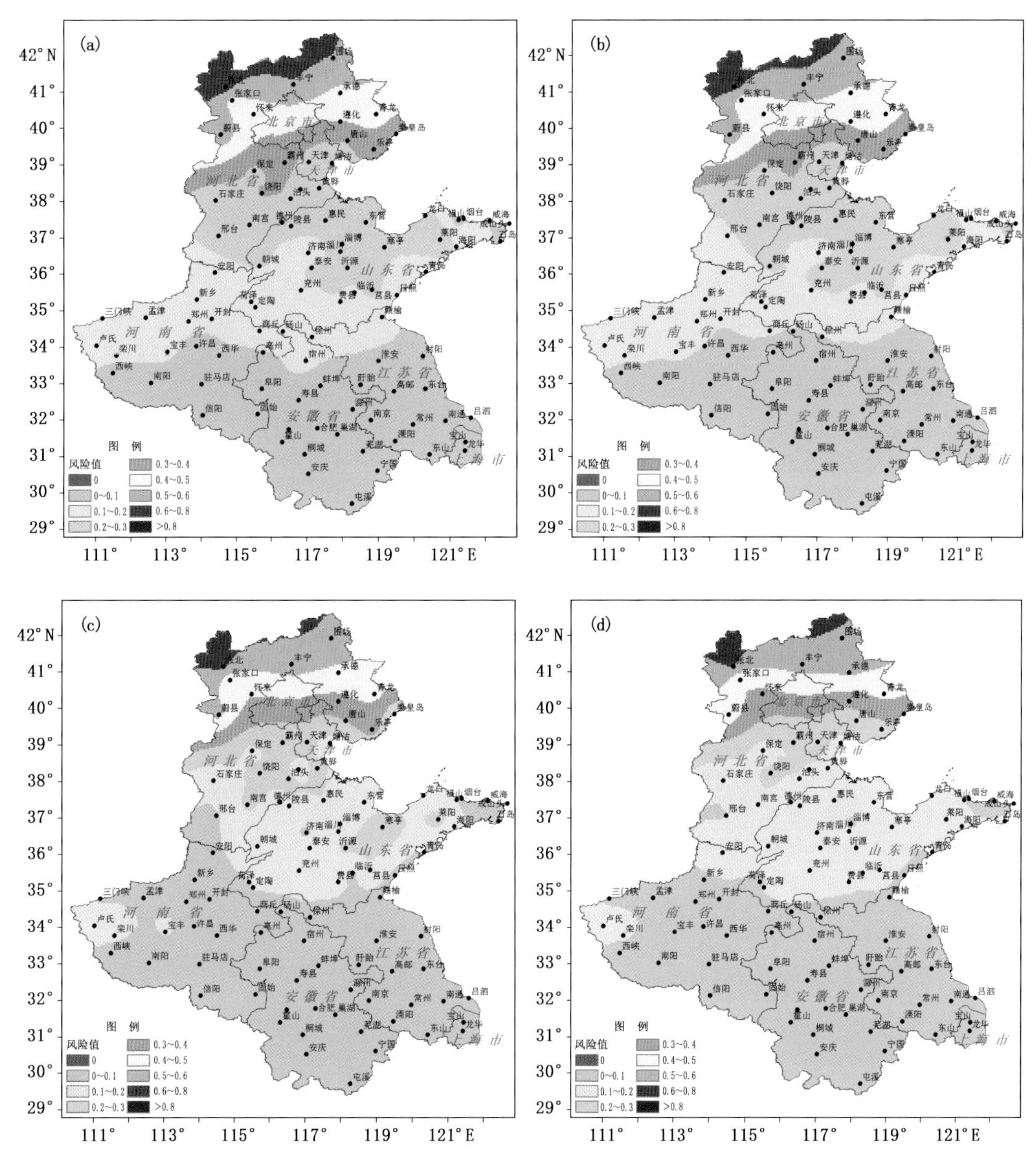

图 2.166 塑料大棚芹菜丛叶期重度低温冷害年代风险分布图

(a. 20 世纪 70 年代、b. 20 世纪 80 年代、c. 20 世纪 90 年代、d. 21 世纪前 10 年)

总体分析可知，各年代河北北部地区，塑料大棚芹菜丛叶期易发生重度低温冷害，其他地区均易发生轻度低温冷害，整个研究区均不易发生中度低温冷害，随着年代的推移，各地区发生低温冷害的风险呈减小趋势。

3)塑料大棚芹菜低温冷害综合风险区划

①塑料大棚芹菜苗期低温冷害综合风险区划

研究表明，七省(市)塑料大棚芹菜苗期发生轻度低温冷害的风险分布为：整个研究区为高风险区，其中新乡—定陶—费县—日照一线以南以及山东半岛局部地区风险值在 0.5～0.6。

发生中度低温冷害的风险分布为:河南部分、山东和河北局部地区为较高风险区;其他地区除上海部分区域为中风险外,均为高风险区。

发生重度低温冷害的风险分布为:除河北和山东大部以及北京、天津地区为中风险区外,其他地区均为低风险区。

综合分析塑料大棚芹菜苗期低温冷害综合风险分布图(图 2.167)可知,南部地区易发生轻度低温冷害、中度次之、重度最不易发生;北部地区发生中度低温冷害的风险最大,轻度次之,重度最低。

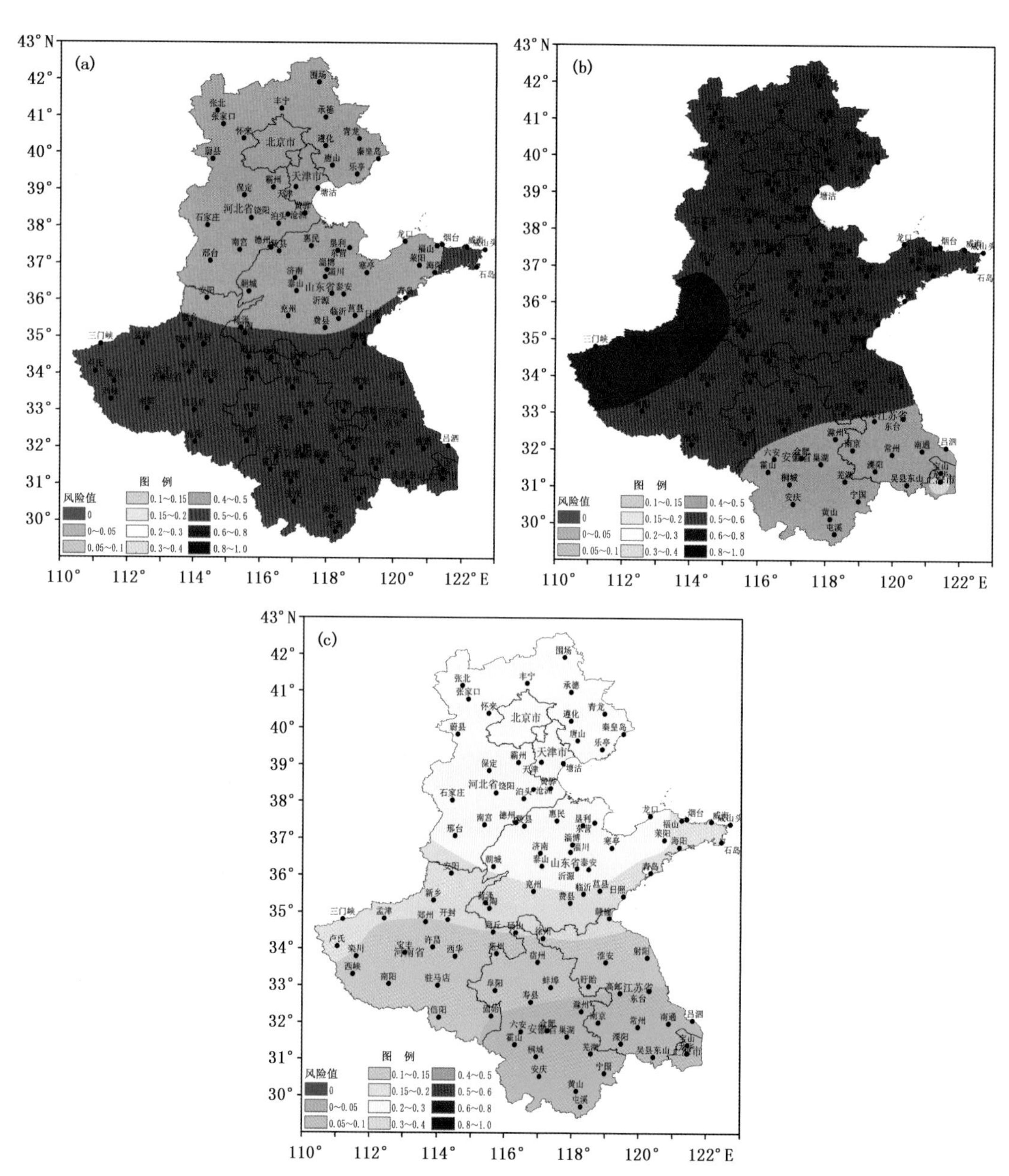

图 2.167　塑料大棚芹菜苗期低温冷害综合风险分布图

(a. 轻度、b. 中度、c. 重度)

②塑料大棚芹菜丛叶期低温冷害综合风险区划

研究表明，七省（市）塑料大棚芹菜发生轻度低温冷害的风险分布为：南部区域的新乡—定陶—费县—莒县—海阳一线以南大部以及山东东部地区为高风险区，其他地区为中风险区。

发生中度低温冷害的风险分布为：整个研究区域发生中度低温冷害的风险全部为低风险。

发生重度低温冷害的风险分布为：河北北部地区为高风险区，其中北部边界为极高风险区，河北中部、山东北部以及中部为中风险区，其他地区为低风险区。

综合分析塑料大棚芹菜低温冷害综合风险分布图（图 2.168）可知，河北北部易发生重度低温冷害；其他地区则易发生轻度低温冷害，整个研究区均不易发生中度低温冷害。

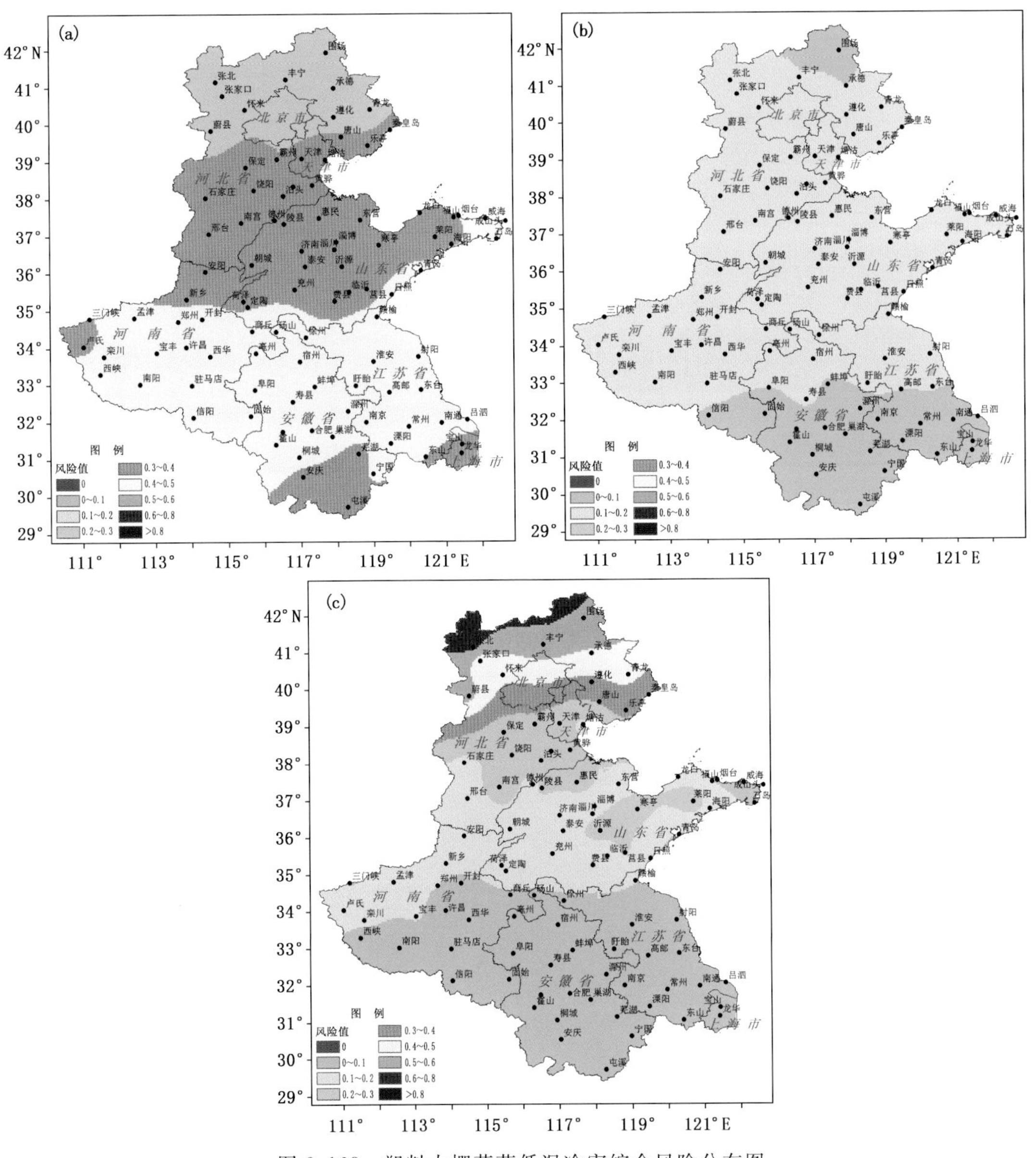

图 2.168　塑料大棚芹菜低温冷害综合风险分布图

（a. 轻度、b. 中度、c. 重度）

第3章　寡照灾害

3.1　番茄寡照灾害

3.1.1　番茄寡照灾害分布规律

(1)番茄寡照灾害各季节分布规律

1)番茄苗期寡照灾害各季节分布规律

按照番茄苗期寡照灾害指标，利用区域内各站点1971—2010年40年气象观测资料，按春、秋、冬3个生长季节，分别统计番茄苗期发生轻、中、重度寡照灾害的总次数。

从番茄苗期轻度寡照次数各季节分布图(图3.1)上看，冬季番茄苗期轻度寡照灾害最严重，其次为春季，秋季较轻，且南部多于北部。

春季河北和山东大部分地区在20次以下；三门峡－孟津－郑州－开封－商丘－砀山－徐州－射阳一线以南在50次以上，南部局部地区在100次以上；其他地区在20～50次。

秋季河北北部和山东半岛局部地区在10次以下；江苏局部、河南和安徽大部分地区在50～100次；其他地区在10～50次。

冬季河北和山东大部分地区在50次以下，其中河北北部和山东半岛局部地区在20次以下；安徽和江苏南部局部地区在100次以上，其他地区在50～100次。

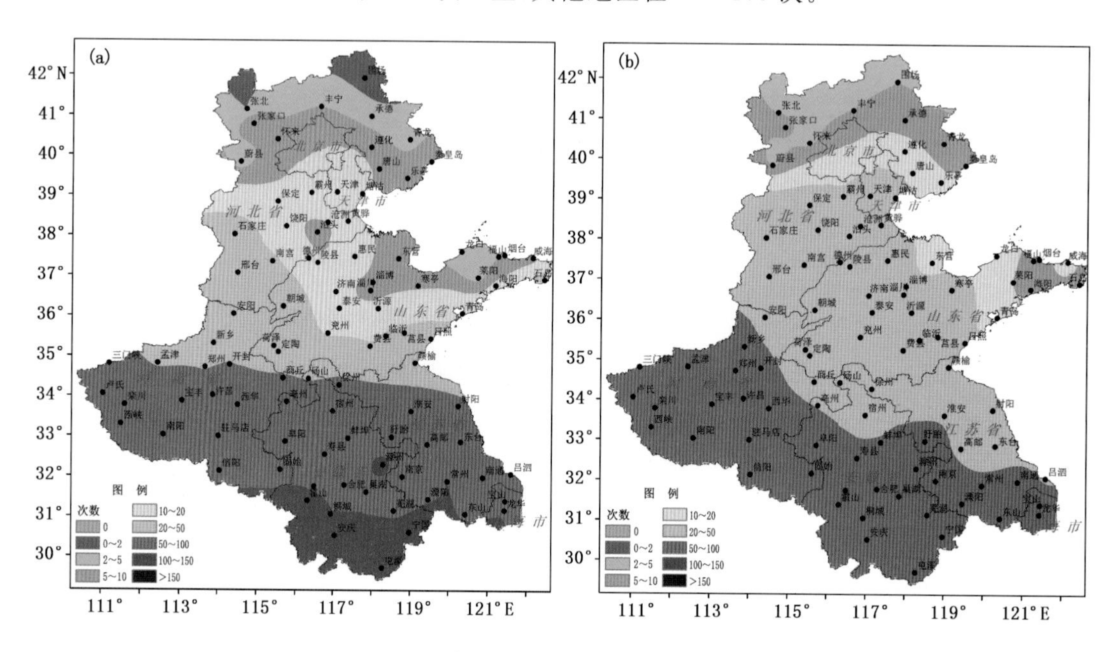

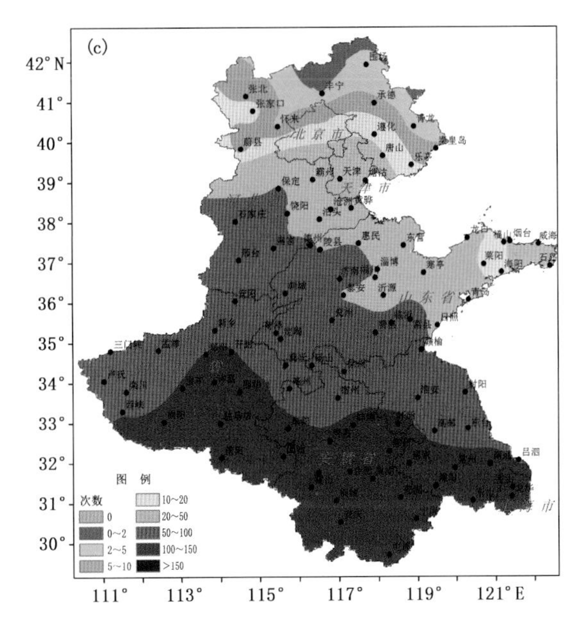

图 3.1　番茄苗期轻度寡照灾害次数各季节分布图(单位:次)
(a. 春季、b. 秋季、c. 冬季)

春、秋两季,在上海、河南、安徽和江苏地区番茄苗期发生轻度寡照灾害的次数较多,春季发生次数较多的区域大于秋季;冬季除河北大部和山东大部分地区发生次数较少,其他地区发生次数均较多。

从番茄苗期中度寡照次数各季节分布图(图 3.2)上看,春季、秋季和冬季番茄苗期中度寡照次数呈现南多北少的空间分布特点,春、秋两季多数站点寡照次数少于 10 次,春季仅研究区南部区域的局部地区在 10～20 次,秋季更少,仅河南局部地区在 10～20 次。

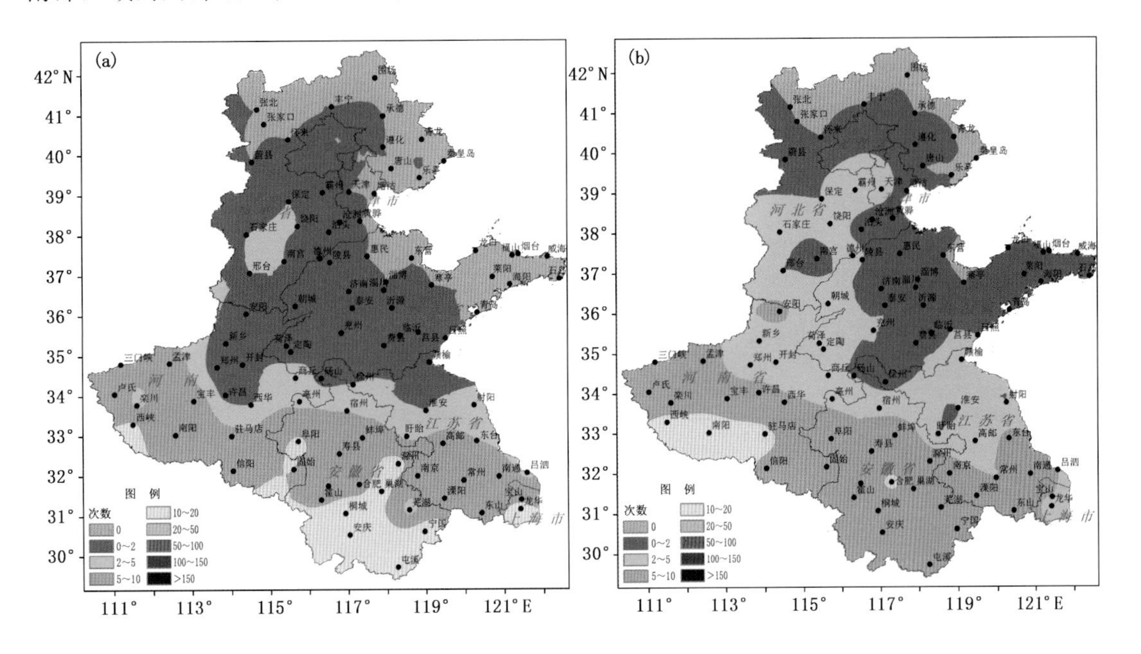

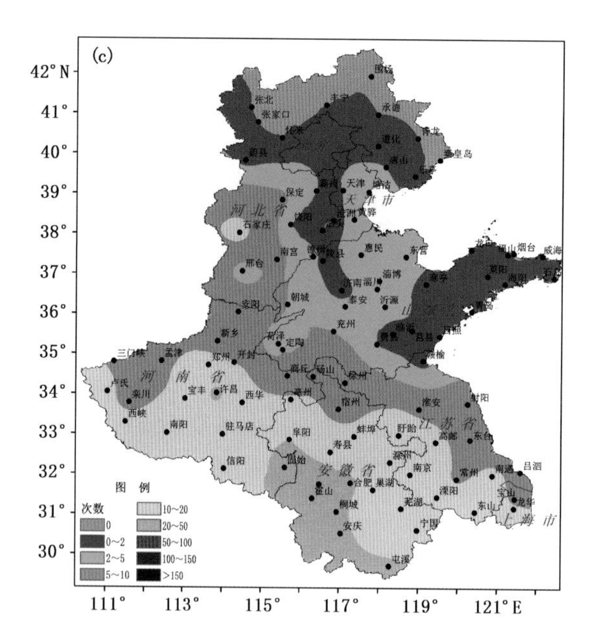

图 3.2　番茄苗期中度寡照灾害次数各季节分布图(单位:次)
(a. 春季、b. 秋季、c. 冬季)

冬季三门峡—栾川—开封—亳州—宿州—淮安—常州—南通—龙华以南在 10 次以上,其他地区均小于 10 次。

仅冬季安徽南部部分地区番茄苗期发生中度寡照的次数相对较多外,春、秋、冬 3 个生长季节,番茄苗期中度寡照灾害的发生次数均较少。

从番茄苗期重度寡照次数各季节分布图(图 3.3)上看,春秋冬 3 个生长季节番茄重度寡照发生次数南方多于北方。

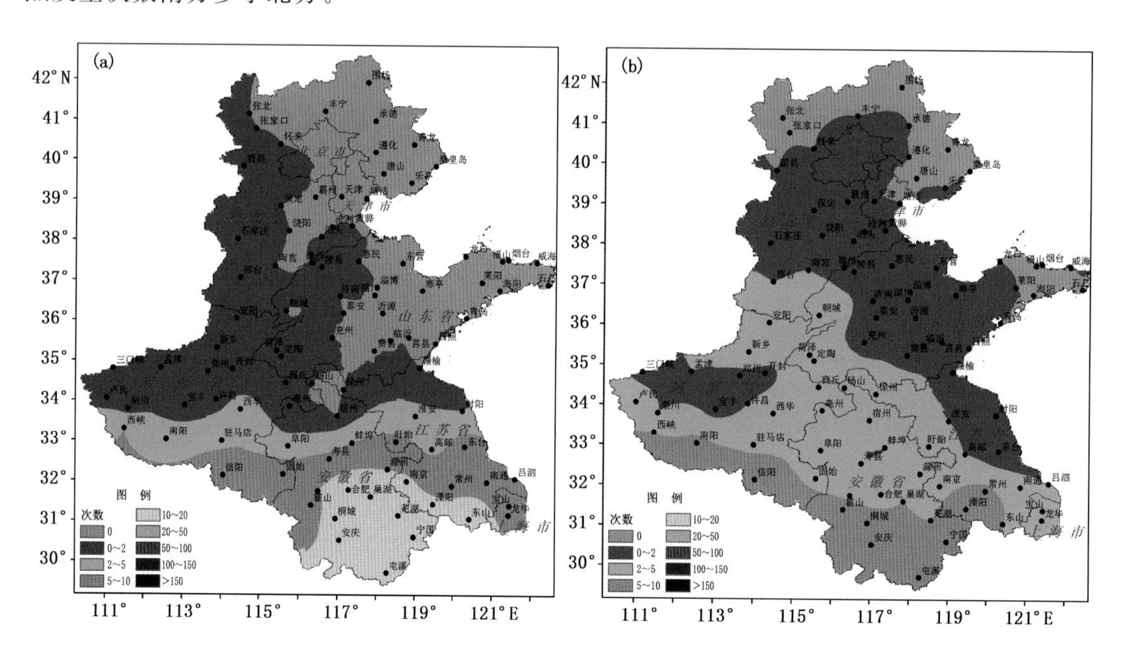

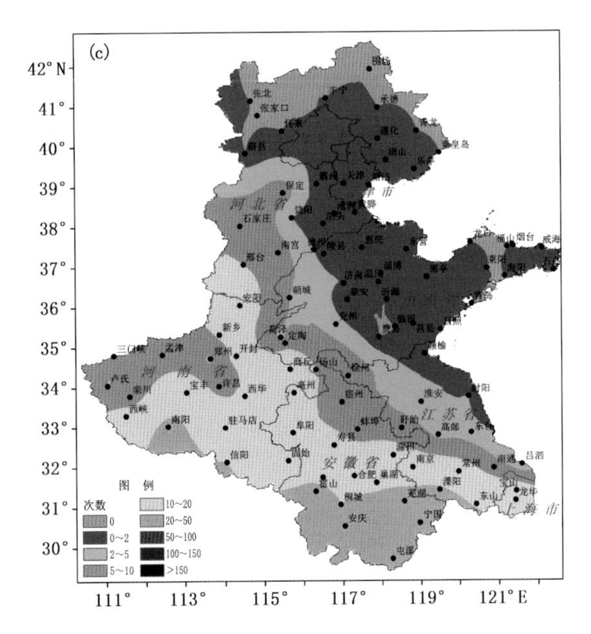

图 3.3　番茄苗期重度寡照灾害次数各季节分布图(单位:次)
(a. 春季、b. 秋季、c. 冬季)

春季仅研究区南部局部地区在 10～20 次,其他地区均小于 10 次。

秋季整个研究区域均在 10 次以下。

冬季河南和安徽大部、江苏部分以及河北邢台地区在 10 次以上,局部地区可达到 20 次以上,其他地区在 10 次以下。

除冬季安徽南部部分地区以及河南局部地区番茄苗期发生重度寡照的次数相对较多外,春、秋、冬 3 个生长季节,番茄苗期重度寡照灾害的发生次数均较少。

总体看来,春、秋、冬 3 个生长季节番茄苗期发生轻度寡照灾害的次数较多,中度和重度寡照灾害的发生次数较少;且轻度灾害在春、秋两季集中在上海、河南南部、安徽南部和江苏南部地区,冬季集中在除河北大部和山东大部分以外的区域。

2)番茄花果期寡照灾害各季节分布规律

按照番茄花果期寡照灾害指标,利用区域内各站点 1971—2010 年 40 年气象观测资料,按春、秋、冬 3 个生长季节,分别统计番茄花果期发生轻、中、重度寡照灾害的总次数。

从番茄花果期轻度寡照次数各季节分布图(图 3.4)上看,番茄花果期轻度寡照发生次数是随纬度变化的,高纬度地区寡照发生次数较少,而低纬度地区寡照发生次数较多,且冬季大于春季,春季大于秋季。

春季河北和山东大部分地区在 20 次以下;三门峡一宝丰一许昌一商丘一徐州一射阳一线以南在 50 次以上,安徽南部局部地区可达 100 次以上;其他地区在 20～50 次。

秋季河北北部和山东半岛局部地区在 10 次以下;江苏局部、河南和安徽大部分地区在 50 次以上;其他地区在 10～50 次。

冬季研究区大部分地区在 50 次以上,南部局部地区可达 100 次以上;河北和山东大部分地区在 50 次以下,其中河北北部地区在 10 次以下。

在春季，上海、河南大部、安徽大部和江苏大部分地区番茄花果期发生轻度寡照灾害的次数较多；秋季上海、河南大部和安徽南部地区发生次数较多；冬季除河北大部和山东大部分地区发生次数较少外，其他地区发生次数均较多。

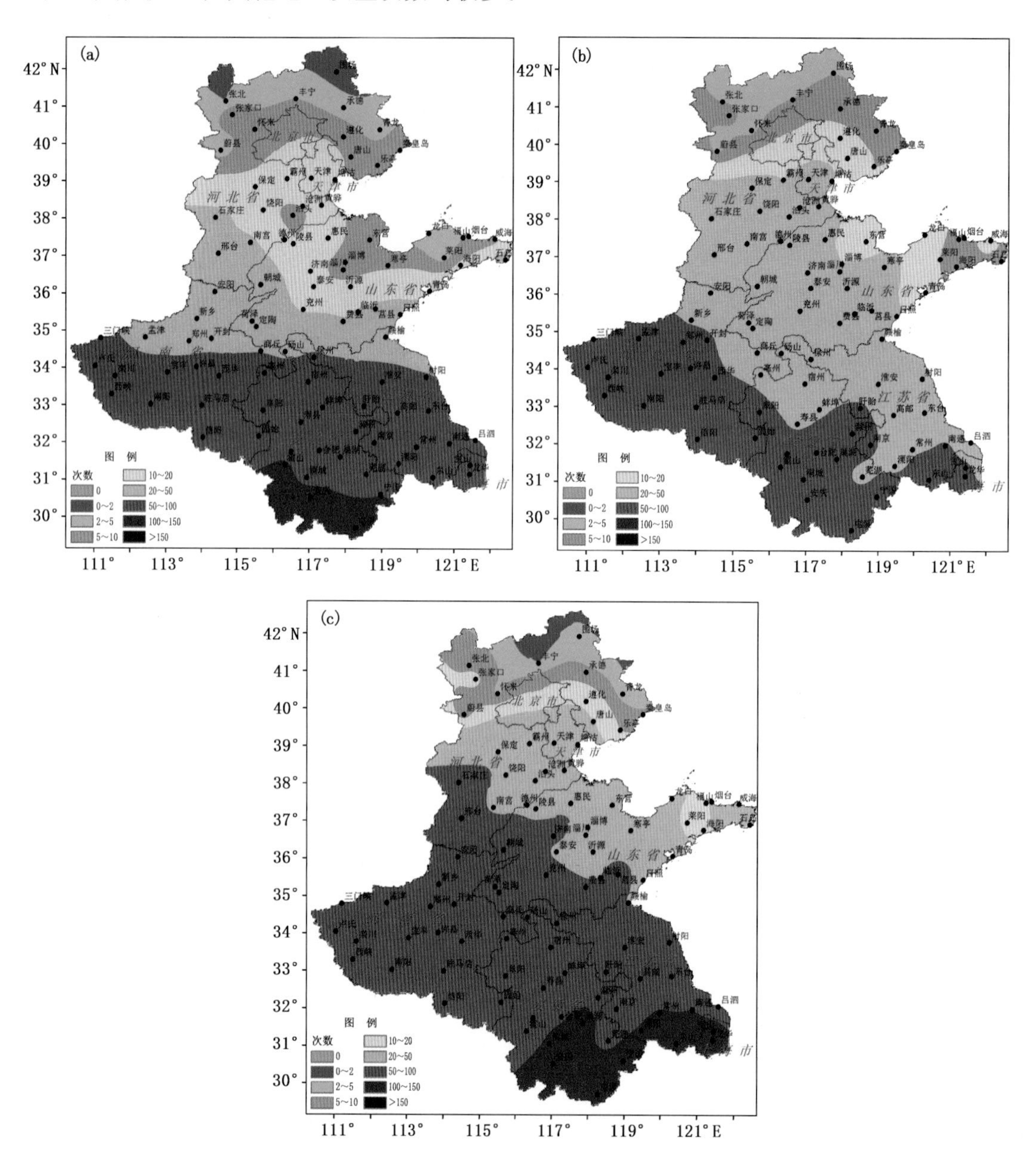

图 3.4 番茄花果期轻度寡照灾害次数各季节分布图(单位:次)
(a. 春季、b. 秋季、c. 冬季)

从番茄花果期中度寡照次数各季节分布图(图 3.5)上看，春、秋、冬 3 个生长季节，南方寡照次数均多于北方，而冬季寡照多于春季，秋季最少。

春季和秋季河南、安徽和江苏大部分地区在 10 次以上；其他地区在 10 次以下。

冬季上海、河南大部、安徽大部和江苏大部分地区在 20 次以上；河北和山东大部分地区在

10 次以下；其他地区在 10～20 次。

番茄花果期中度寡照灾害多发生在冬季，且主要集中在上海、河南大部、安徽大部和江苏大部分地区；春季仅安徽南部部分地区发生次数较多，其他地区发生次数较少；秋季番茄花果期中度寡照灾害的发生次数较少。

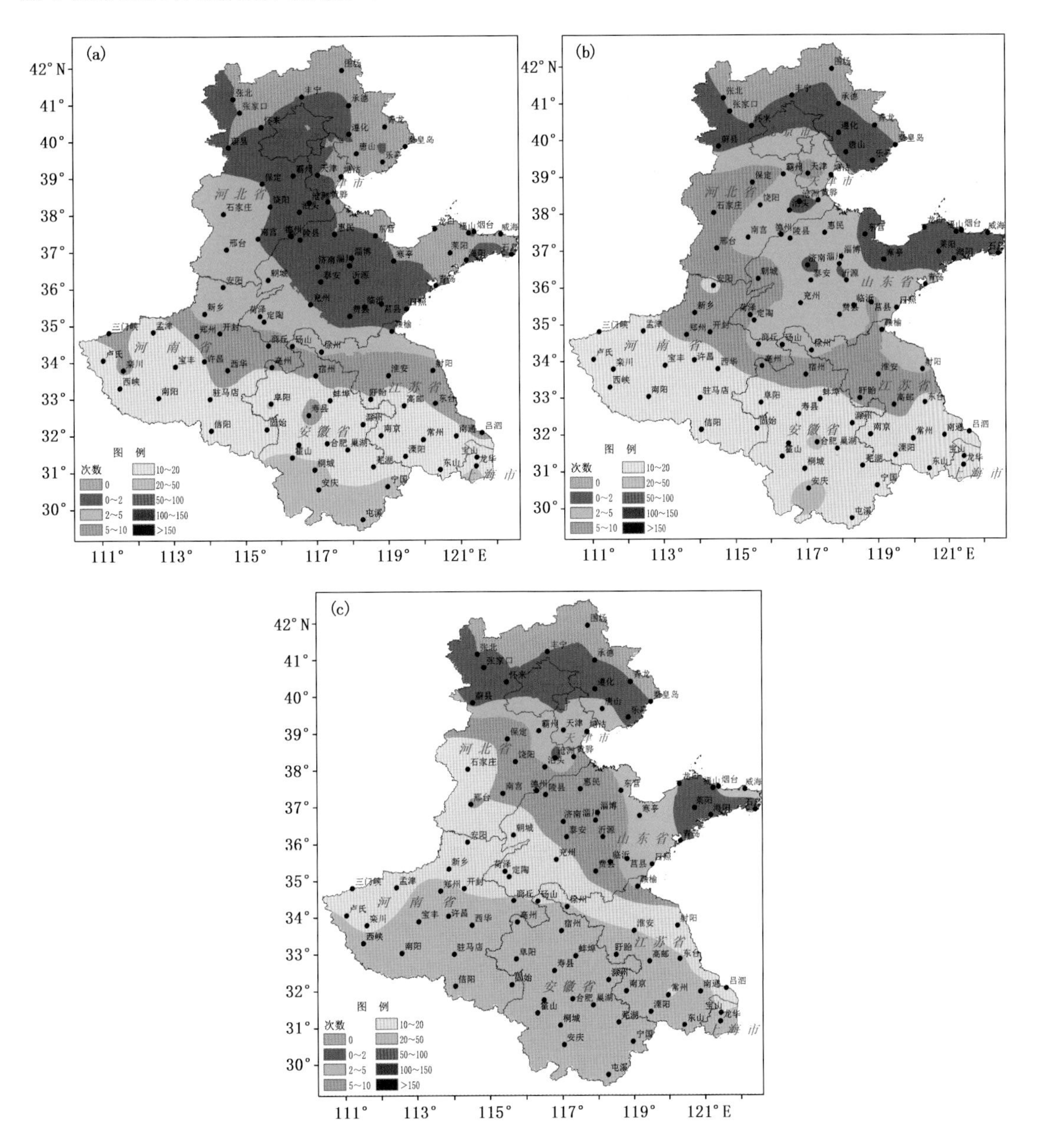

图 3.5　番茄花果期中度寡照灾害次数各季节分布图(单位:次)

(a. 春季、b. 秋季、c. 冬季)

从番茄花果期重度寡照次数各季节分布图(图 3.6)上看，春、秋、冬 3 个生长季节，番茄花果期重度寡照发生次数南方多于北方。

春季仅研究区南部局部地区在 10～20 次，其他地区均小于 10 次。

秋季整个研究区域均在 10 次以下。

冬季河南和安徽大部、江苏部分以及河北邢台地区在 10 次以上,局部地区可达到 20 次以上,其他地区在 10 次以下。

除冬季安徽南部部分地区番茄花果期发生重度寡照的次数相对较多外,春、秋、冬 3 个生长季节,番茄花果期重度寡照灾害的发生次数均较少。

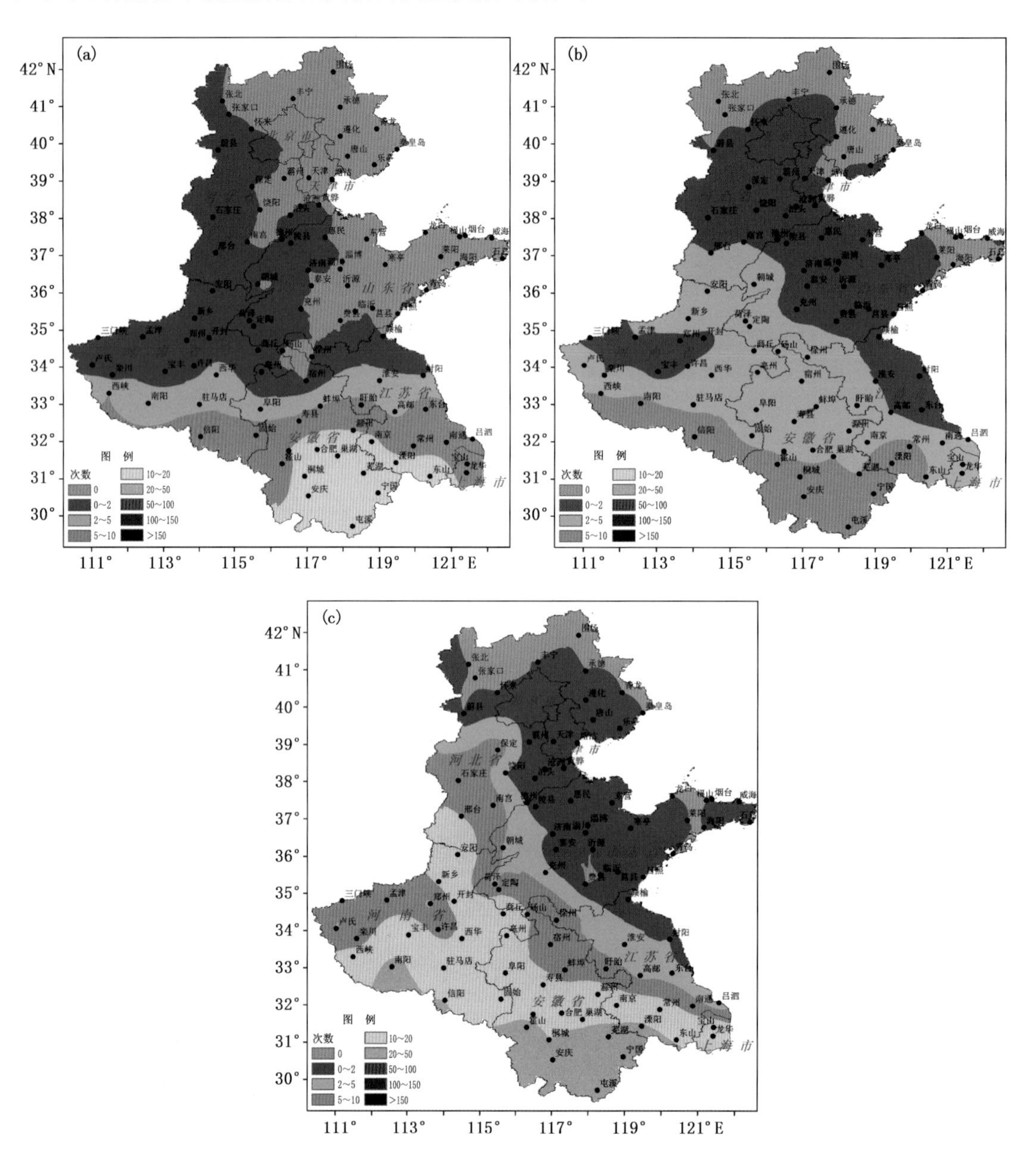

图 3.6　番茄花果期重度寡照灾害次数各季节分布图(单位:次)
(a. 春季、b. 秋季、c. 冬季)

总体看来,春、秋、冬 3 个生长季节番茄花果期发生轻度寡照灾害的次数较多,中度和重度寡照灾害的发生次数较少;且轻度灾害在春、秋两季集中在河南南部、安徽南部和江苏南部地区，冬季集中在除河北大部和山东大部分以外的区域。

(2)番茄寡照灾害各年代分布规律

1)番茄苗期寡照灾害各年代分布规律

按照番茄苗期寡照灾害指标，利用区域内各站点 1971—2010 年 40 年气象观测资料，按年代分别统计番茄苗期发生轻、中、重度寡照灾害的总次数。

从番茄苗期轻度寡照次数各年代分布图(图 3.7)上看，20 世纪 70 年代，卢氏－栾川－宝丰－许昌－西华－阜阳－宿州－徐州－淮安－东台一线以南在 50 次以上，蔚县－遵化－唐山－

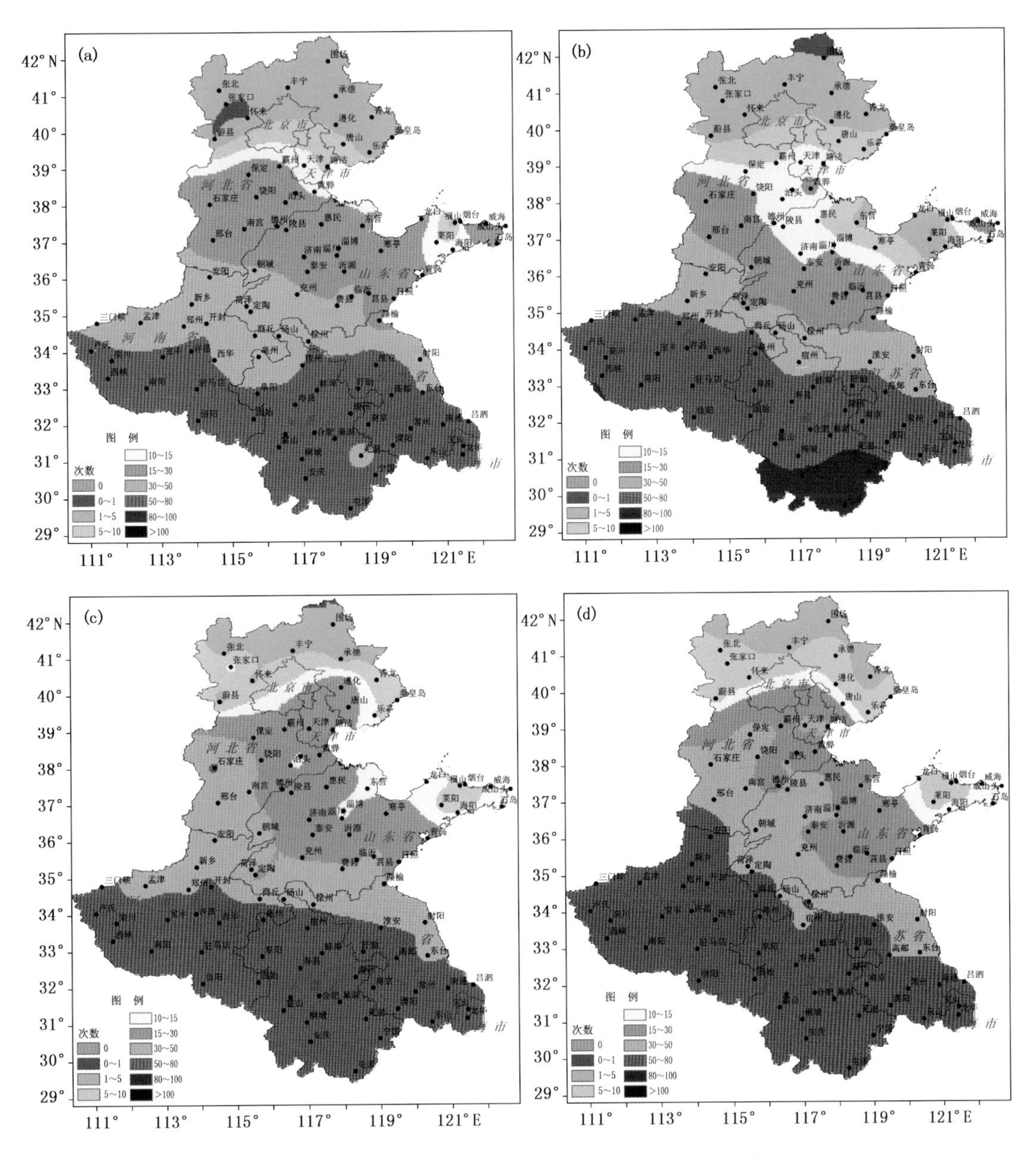

图 3.7　番茄苗期轻度寡照灾害次数各年代分布图(单位:次)

(a. 20 世纪 70 年代、b. 20 世纪 80 年代、c. 20 世纪 90 年代、d. 21 世纪前 10 年)

乐亭一线以北在 5 次以下，随着年代的推移，这两条界限逐渐北移，轻度寡照次数在 50 次以上的区域逐渐增加，5 次以下的区域逐渐缩小，轻度寡照灾害发生次数增多。

从番茄苗期中度寡照次数各年代分布图（图 3.8）上看，整个研究区发生次数均在 30 次以下，且 10～30 次的区域均集中在研究区的南部地区，其他区域均在 10 次以下。

随着年代的推移，发生次数 10～30 次的区域先增加后减少，到 20 世纪 80 年代最大，21 世纪前 10 年，仅出现在许昌、阜阳和桐城三地；发生次数在 5～10 次地区范围增加，1 次以下的区域面积逐渐减少。

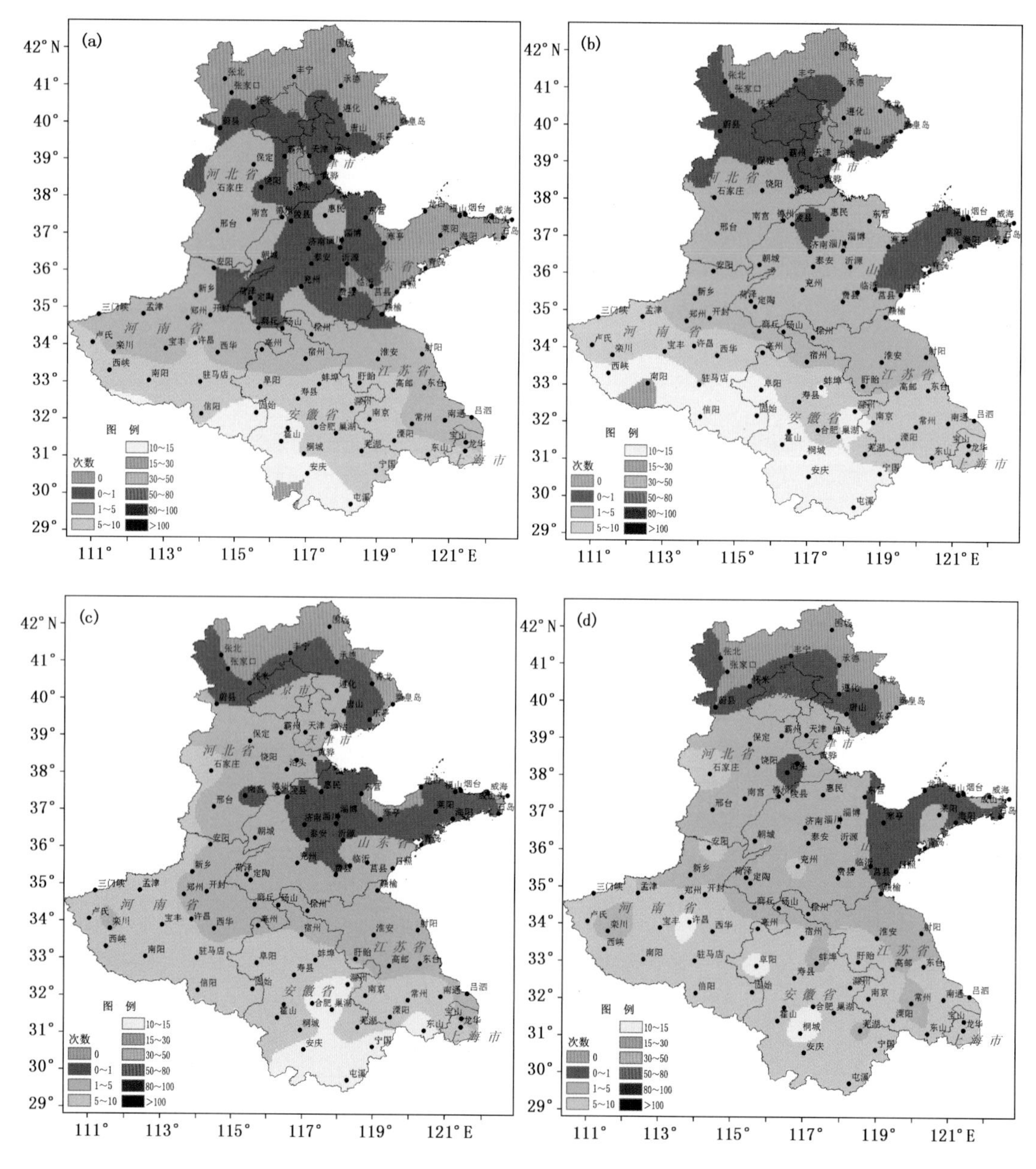

图 3.8　番茄苗期中度寡照灾害次数各年代分布图（单位：次）
（a. 20 世纪 70 年代、b. 20 世纪 80 年代、c. 20 世纪 90 年代、d. 21 世纪前 10 年）

从番茄苗期重度寡照次数各年代分布图(图 3.9)上看,整个研究区发生次数均在 30 次以下,且 10～30 次的区域均集中在研究区的南部地区,其他区域均在 10 次以下。

随着年代的推移,发生次数 10～30 次的区域逐渐增加;发生次数在 1 次以下的区域面积逐渐减少,变为 1～5 次,各地重度寡照灾害的发生次数呈增加趋势。

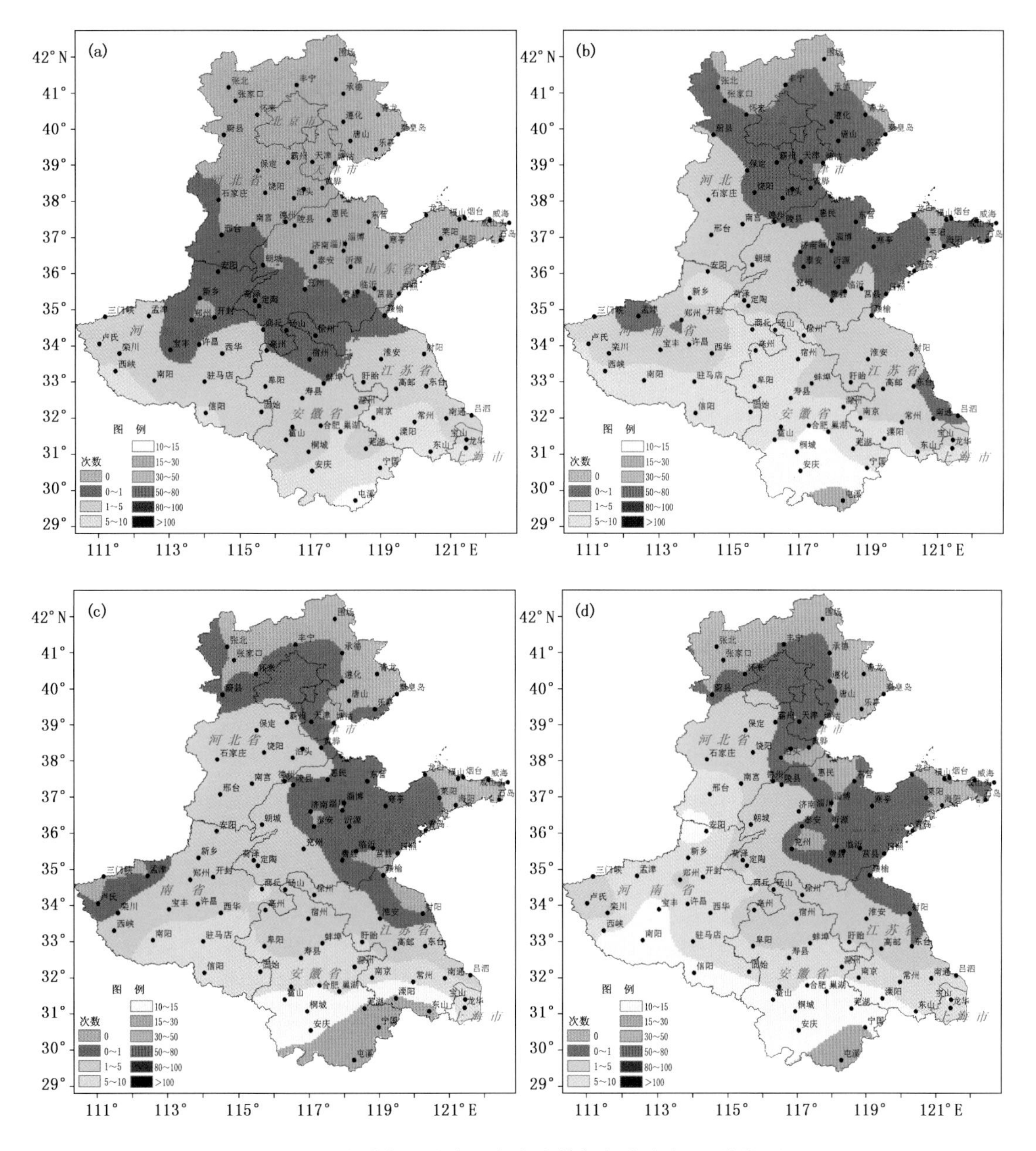

图 3.9　番茄苗期重度寡照灾害次数各年代分布图(单位:次)
(a. 20 世纪 70 年代、b. 20 世纪 80 年代、c. 20 世纪 90 年代、d. 21 世纪前 10 年)

总体分析可知,各年代上海、河南大部、安徽大部和江苏大部分地区番茄苗期发生轻度低温冷害的次数较多,其他地区发生低温冷害的次数较少,随着年代的推移,各地区发生轻度低温冷害的次数有增加的趋势。

2)番茄花果期寡照灾害各年代分布规律

按照番茄花果期寡照灾害指标，利用区域内各站点 1971—2010 年 40 年气象观测资料，按年代分别统计番茄花果期发生轻、中、重度寡照灾害的总次数。

从番茄花果期轻度寡照次数各年代分布图(图 3.10)上看，番茄花果期轻度寡照次数从东北向西南逐渐增加。

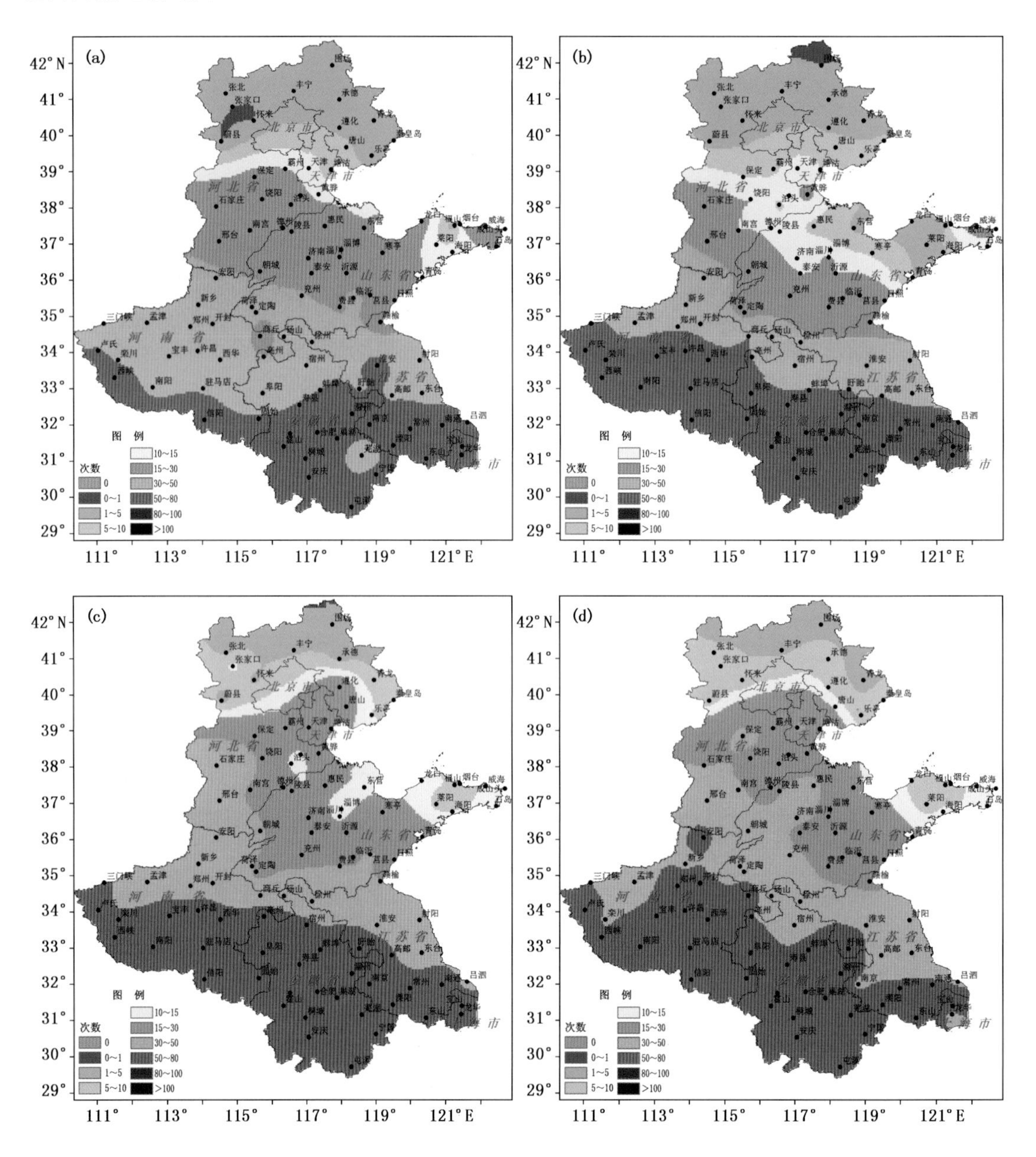

图 3.10　番茄花果期轻度寡照灾害次数各年代分布图(单位:次)

(a. 20 世纪 70 年代、b. 20 世纪 80 年代、c. 20 世纪 90 年代、d. 21 世纪前 10 年)

20 世纪 70 年代，卢氏－栾川－南阳－固始－寿县－蚌埠－高邮－东台一线以南大部分地区在 50 次以上，蔚县－遵化－唐山－乐亭一线以北在 5 次以下；随着年代的推移，这两条界限逐渐北移,轻度寡照次数在 50 次以上的区域逐渐增加,5 次以下的区域逐渐缩小,寡照灾害发生次数增多。

从番茄花果期中度寡照次数各年代分布图(图 3.11)上看,整个研究区,番茄花果期中度寡照发生次数均在 100 次以下,平均最高为每年 2.5 次,且研究区南部所受影响较大,其他大部分地区受影响较小。

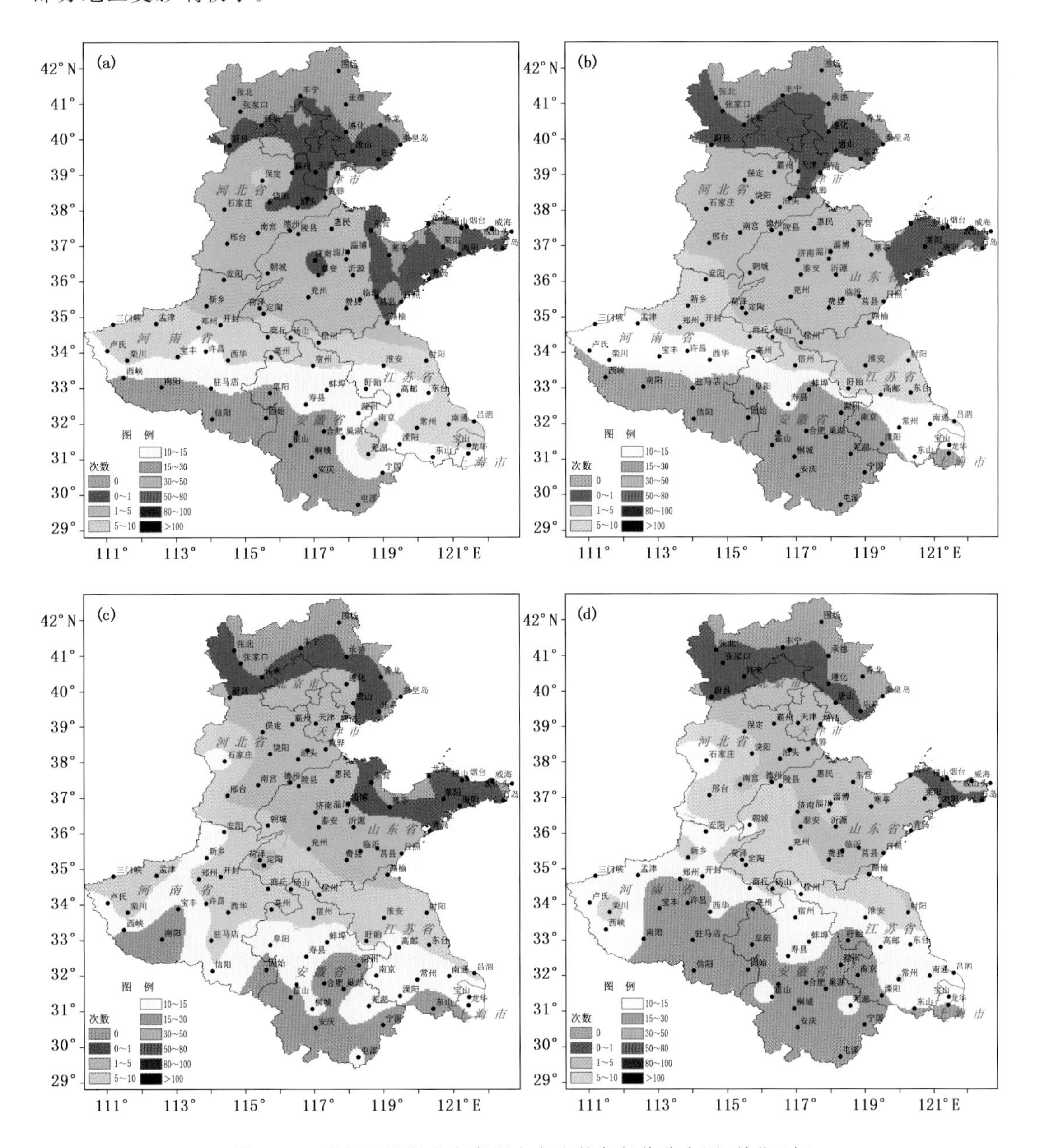

图 3.11　番茄花果期中度寡照灾害次数各年代分布图(单位:次)
(a. 20 世纪 70 年代、b. 20 世纪 80 年代、c. 20 世纪 90 年代、d. 21 世纪前 10 年)

20 世纪 70 年代，卢氏－栾川－宝丰－西华－亳州－宿州－淮安－东台一线以南大部分地区在 10 次以上，随着年代的推移，该界限逐渐北移，10 次以上的区域增加；北部 1 次以下的区域面积逐渐减少，番茄花果期中度寡照次数有增加的趋势。

从番茄花果期重度寡照次数各年代分布图(图 3.12)上看，整个研究区发生次数均在 30 次以下，且 10～30 次的区域均集中在研究区的南部地区，其他区域均在 10 次以下。

随着年代的推移，发生次数 10～30 次的区域逐渐增加；发生次数在 1 次以下的区域面积逐渐减少，变为 1～5 次。

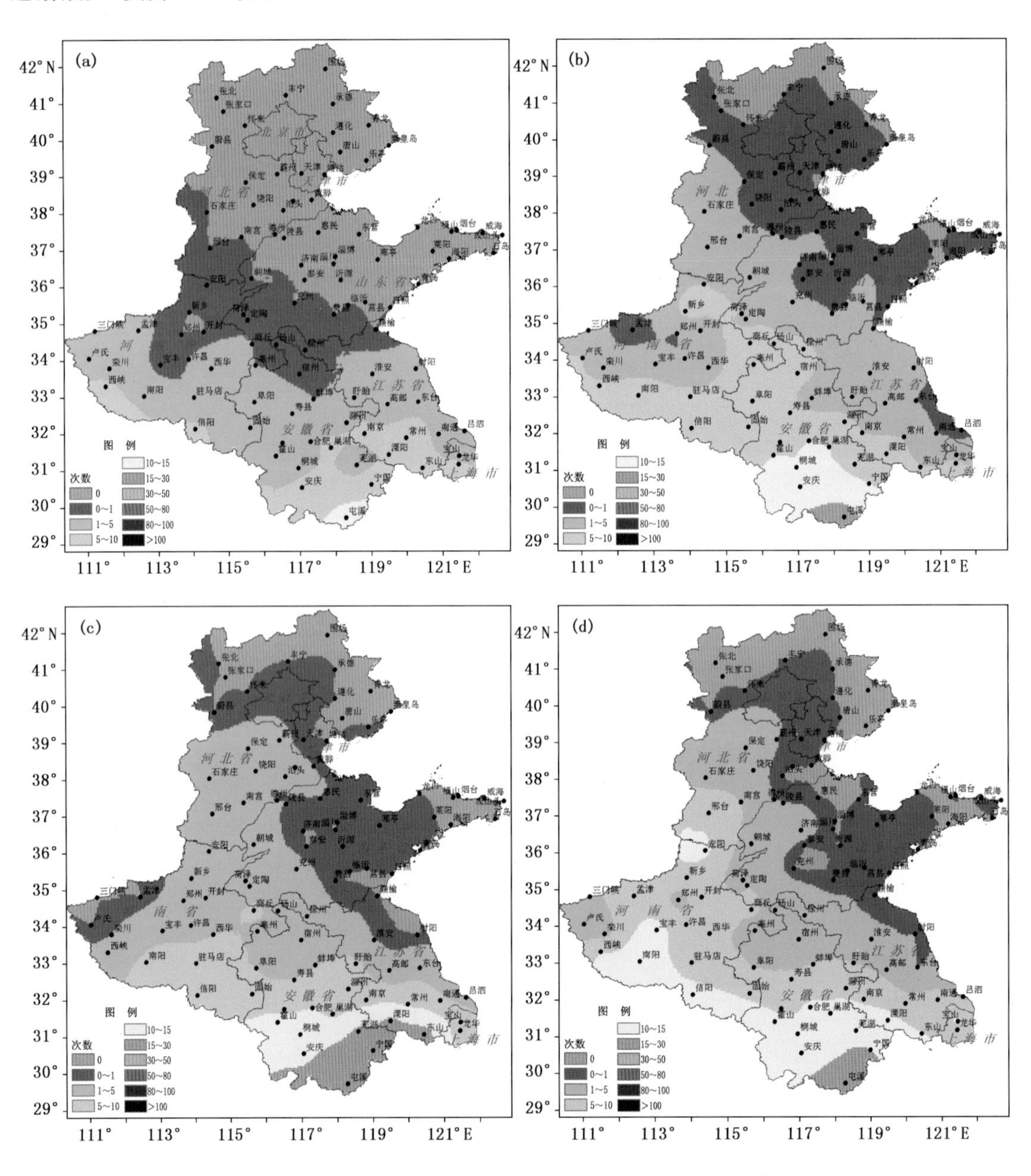

图 3.12　番茄花果期重度寡照灾害次数各年代分布图(单位:次)

(a. 20 世纪 70 年代、b. 20 世纪 80 年代、c. 20 世纪 90 年代、d. 21 世纪前 10 年)

总体分析可知，各年代上海、河南大部、安徽大部和江苏大部分地区番茄花果期发生轻度低温冷害的次数较多，其他地区发生低温冷害的次数较少，随着年代的推移，各地区发生轻度低温冷害的次数有增加的趋势。

(3)番茄寡照灾害 40 年来总次数分布规律

1)番茄苗期寡照灾害 40 年来总次数分布规律

研究表明，40 年来七省(市)番茄苗期发生轻度寡照灾害次数的分布为：三门峡—郑州—亳州—宿州—淮安—东台一线以南在 200 次以上，局部地区在 300 次以上；河北和山东大部分地区在 100 次以下，河北北部地区在 20 次以下；其他地区在 100～200 次。

发生中度寡照灾害次数的分布为：孟津—许昌—西华—亳州—盱眙—高邮—南通一线以南在 20～50 次；河北北部和山东部分地区在 1～5 次；其他地区在 5～20 次。

发生重度寡照灾害次数的分布为：西峡—宝丰—驻马店—寿县—滁州—常州—龙华一线以南在 20 次以上，局部地区在 50 次以上；河北和山东大部分地区在 5 次以下，其中河北北部及山东半岛局部地区无重度灾害发生；其他地区在 5～20 次。

综合分析番茄苗期寡照灾害 40 年来总次数分布规律(图 3.13)可知，番茄苗期以轻度寡照灾害的发生为主，且除河北北部及山东半岛局部地区以外，其他地区轻度灾害的发生次数均较多；中度和重度灾害发生次数较少。

2)番茄花果期寡照灾害 40 年来总次数分布规律

研究表明，40 年来七省(市)番茄花果期发生轻度寡照灾害次数的分布为：卢氏—栾川—宝丰—许昌—西华—蚌埠—高邮—南通一线以南在 200～300 次；河北和山东大部分地区在 100 次以下，其中河北北部地区在 20 次以下；其他地区在 100～200 次。

发生中度寡照灾害次数的分布为：卢氏—西峡—许昌—西华—寿县—盱眙—高邮—常州—龙华一线以南在 50～100 次；河北和山东大部分地区在 20 次以下，其中河北北部和山东半岛局部地区在 5 次以下；其他地区在 20～50 次。

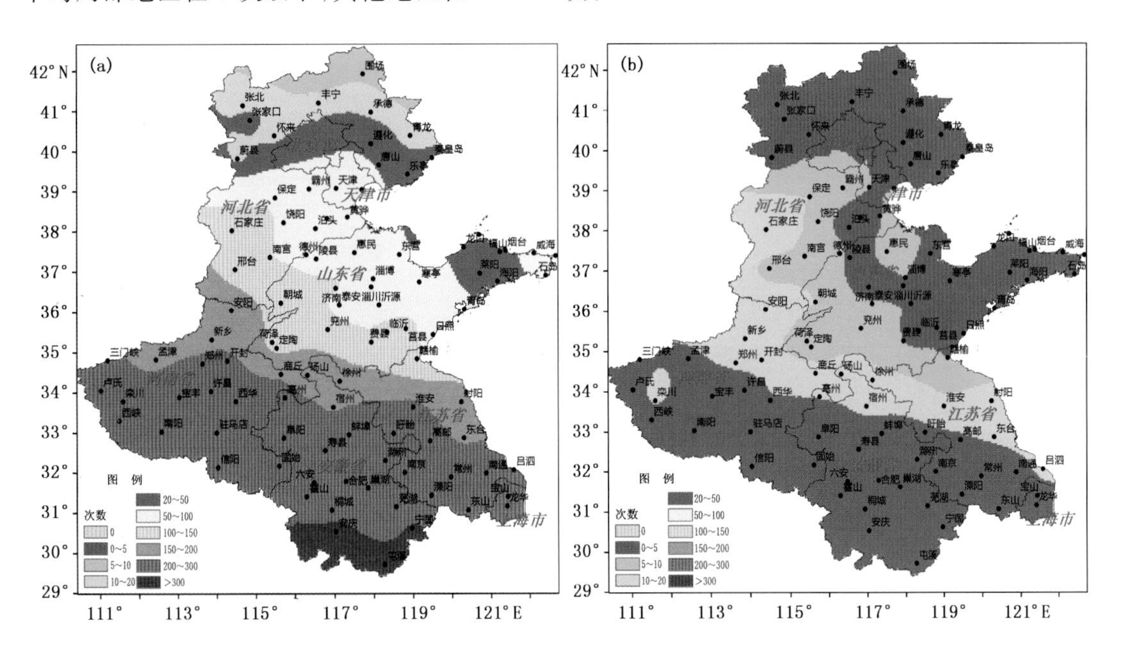

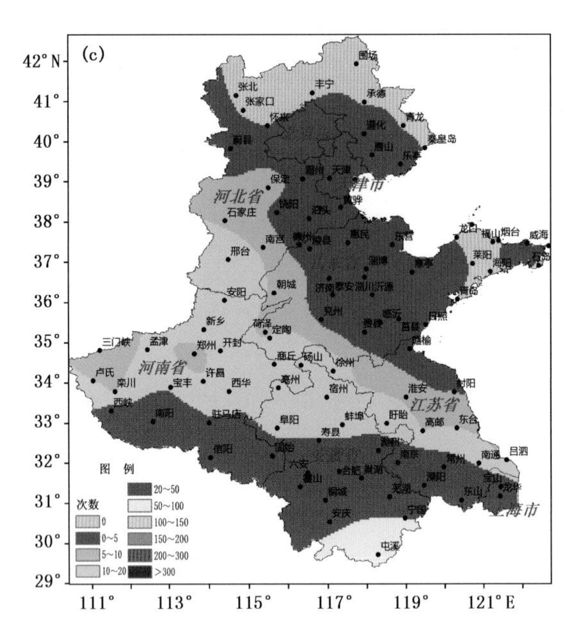

图 3.13　番茄苗期寡照灾害 40 年来总次数分布图(单位:次)

(a. 轻度、b. 中度、c. 重度)

发生重度寡照灾害次数的分布与苗期一致,表现为:西峡—宝丰—驻马店—寿县—滁州—常州—龙华一线以南在 20 次以上,局部地区在 50 次以上;河北和山东大部分地区在 5 次以下,其中河北北部及山东半岛局部地区无重度灾害发生;其他地区在 5～20 次。

综合分析番茄花果期寡照灾害 40 年来总次数分布规律(图 3.14)可知,上海、河南南部和安徽南部地区番茄花果期发生轻度和中度灾害的次数较多,其中安徽南部局部地区发生重度灾害的次数较多;其他地区除河北北部及山东半岛局部地区以外,发生轻度灾害次数较多。

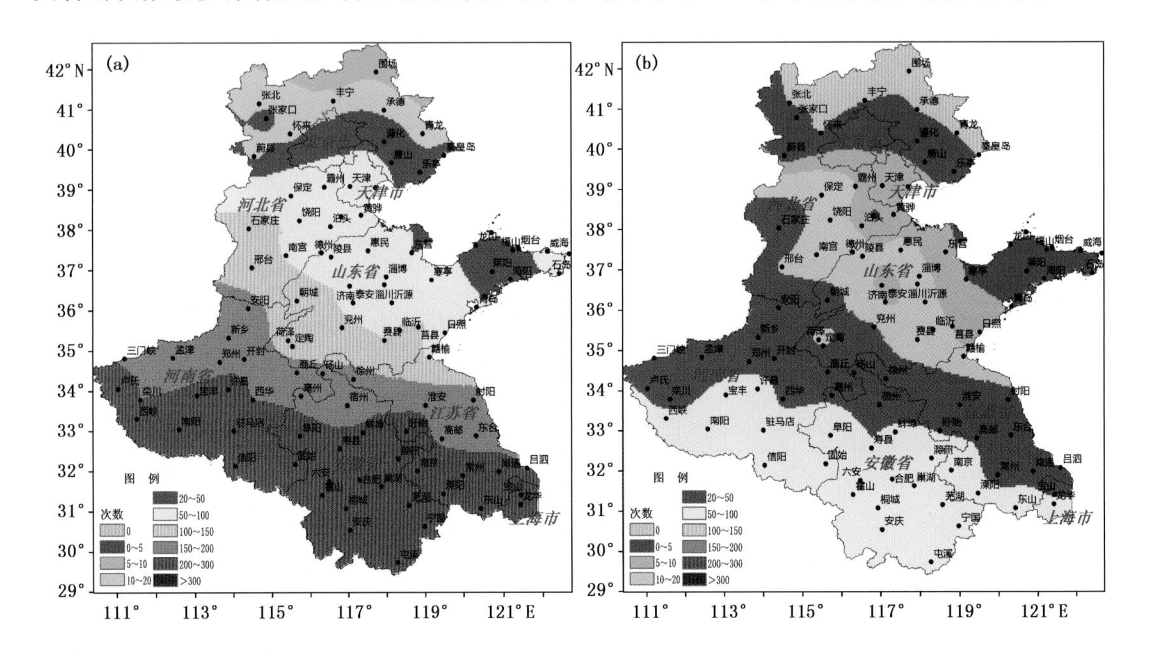

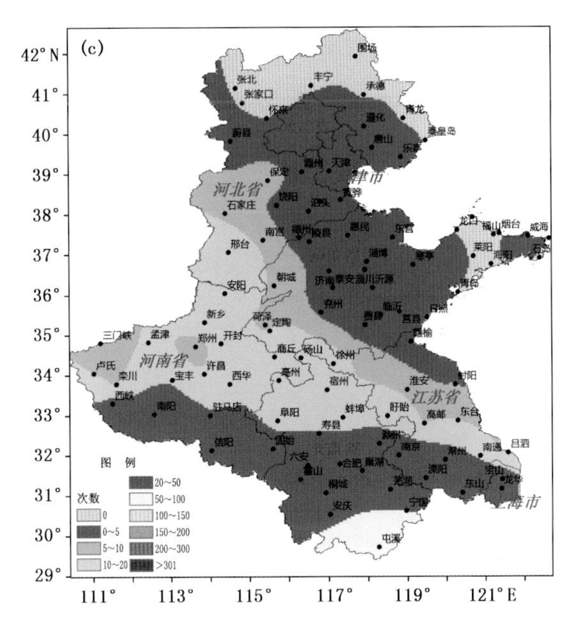

图3.14　番茄花果期寡照灾害40年来总次数分布图(单位:次)
(a.轻度、b.中度、c.重度)

3.1.2　番茄寡照灾害风险区划

(1)番茄寡照灾害各季节风险区划

1)番茄苗期寡照灾害各季节风险区划

从番茄苗期轻度寡照季节风险分布图(图3.15)上看,中风险区的范围冬季最大,其次为春季,秋季最小,且南部区域风险大于北部区域。

春季以三门峡—商丘—徐州—射阳一线以北为低风险区;此线以南为中风险区。

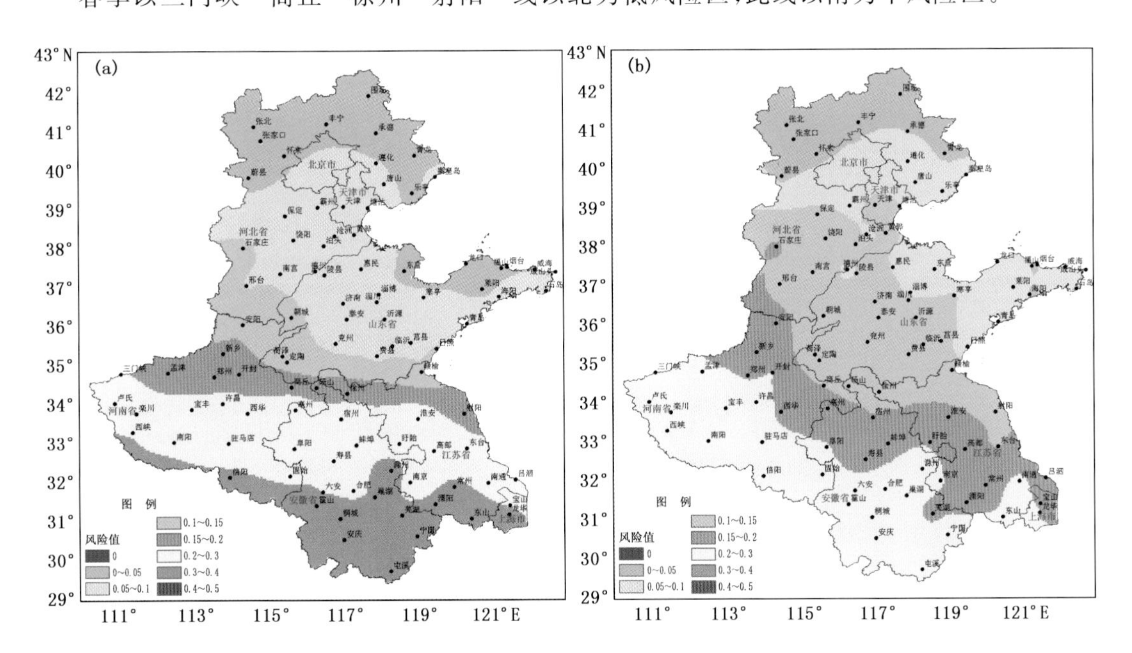

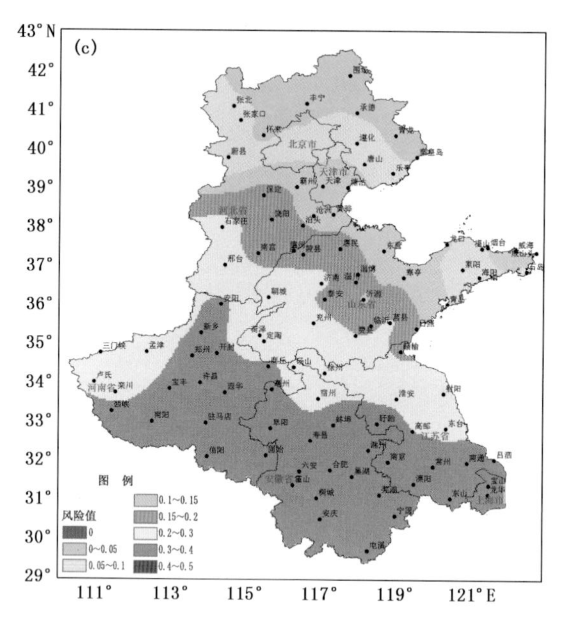

图 3.15　番茄苗期轻度寡照灾害各季节风险分布图

（a. 春季、b. 秋季、c. 冬季）

秋季河南西南部、安徽南部及江苏南部地区为中风险区；其余地区为低风险区。

冬季石家庄—南宫—泰安—临沂—赣榆一线西南方向为中风险；此线东北方向为低风险区。

在春、秋两季，上海、河南南部、安徽南部和江苏南部地区番茄苗期发生轻度寡照灾害的风险较大，但秋季范围较春季小；在冬季，除河北大部和山东大部分地区发生轻度寡照灾害的风险较小外，其他地区发生风险相对较大。

从番茄苗期中度寡照季节风险分布图（图 3.16）上看，各季节全区域风险值均低于 0.1，全部为低风险。

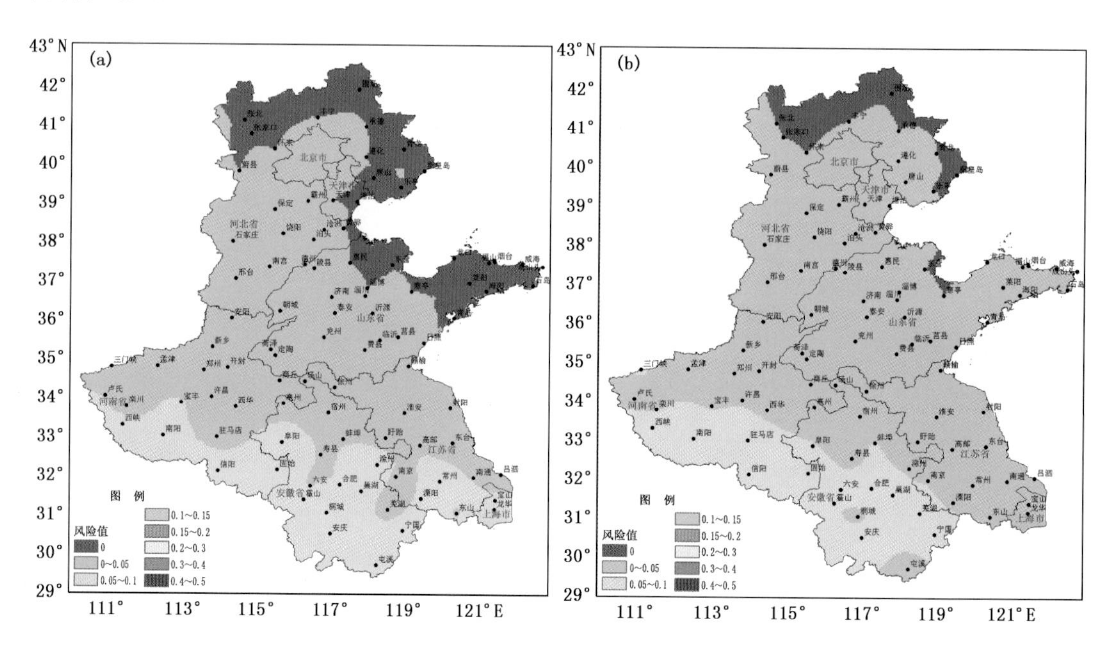

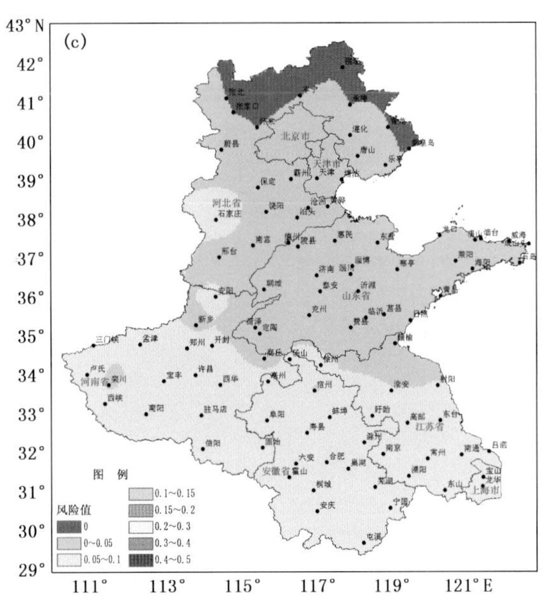

图 3.16　番茄苗期中度寡照灾害各季节风险分布图
(a. 春季、b. 秋季、c. 冬季)

春、秋、冬 3 个生长季节,番茄苗期发生中度寡照灾害的风险均较小,且南部地区风险较北部地区大。

从番茄苗期重度寡照季节风险分布图(图 3.17)上看,各季节重度寡照风险值不高于 0.2,均为低风险。春季和秋季区域风险值在 0.1 以下,冬季安徽南部风险值在 0.1 以上,其中屯溪局部地区可达 0.15~0.2。

春、秋、冬 3 个生长季节,番茄苗期发生重度寡照灾害的风险均较小,且南部地区风险较北部地区大。

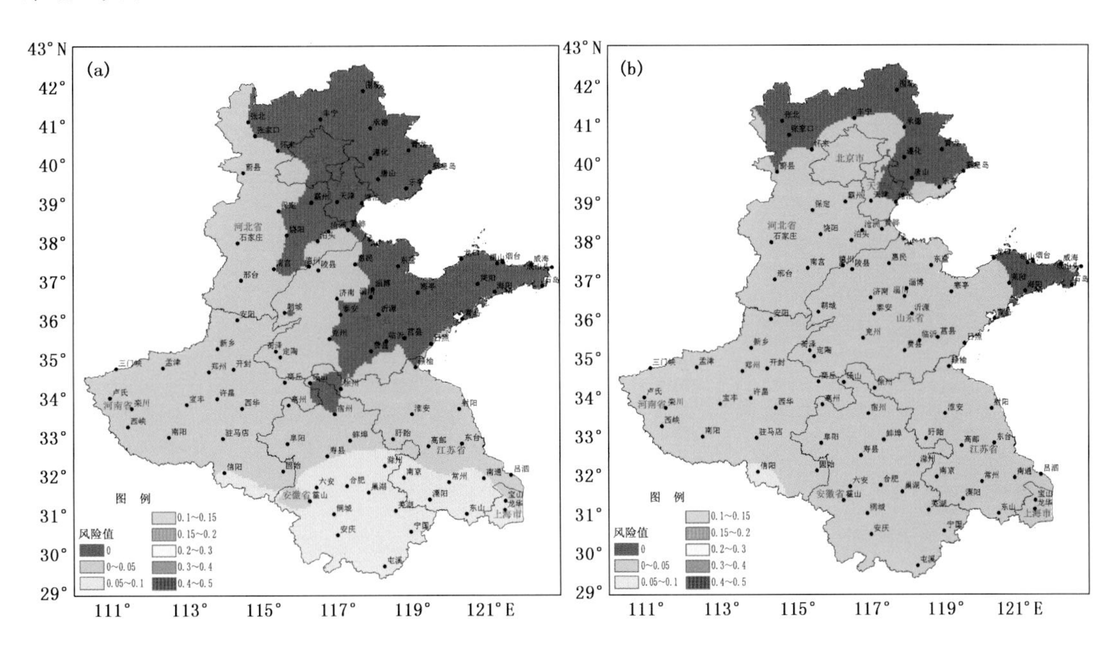

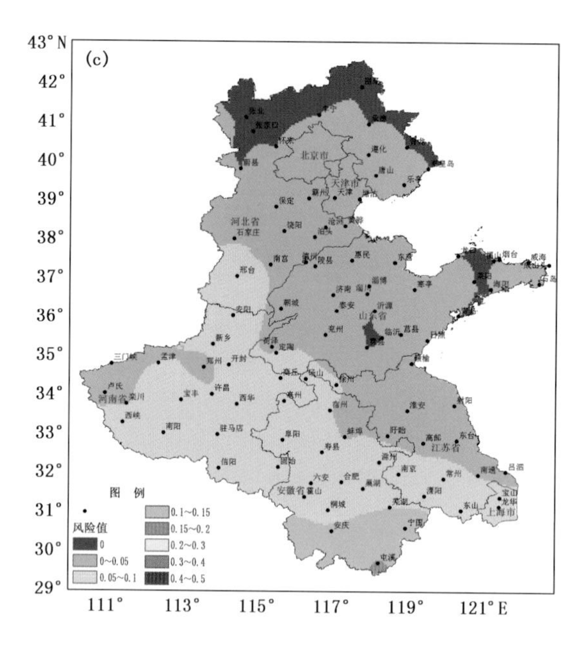

图 3.17 番茄苗期重度寡照灾害各季节风险分布图
(a. 春季、b. 秋季、c. 冬季)

总体看来,番茄苗期寡照灾害以轻度寡照灾害最易发生,不易发生中度和重度灾害;且冬季轻度寡照灾害的易发生区域大于春季,秋季最小。

2)番茄花果期寡照灾害各季节风险区划

从番茄花果期轻度寡照季节风险分布图(图 3.18)上看,研究区域主要为低风险和中风险,其中中风险的范围冬季最大,其次为秋季,春季最小,且南方地区风险大于北方地区。

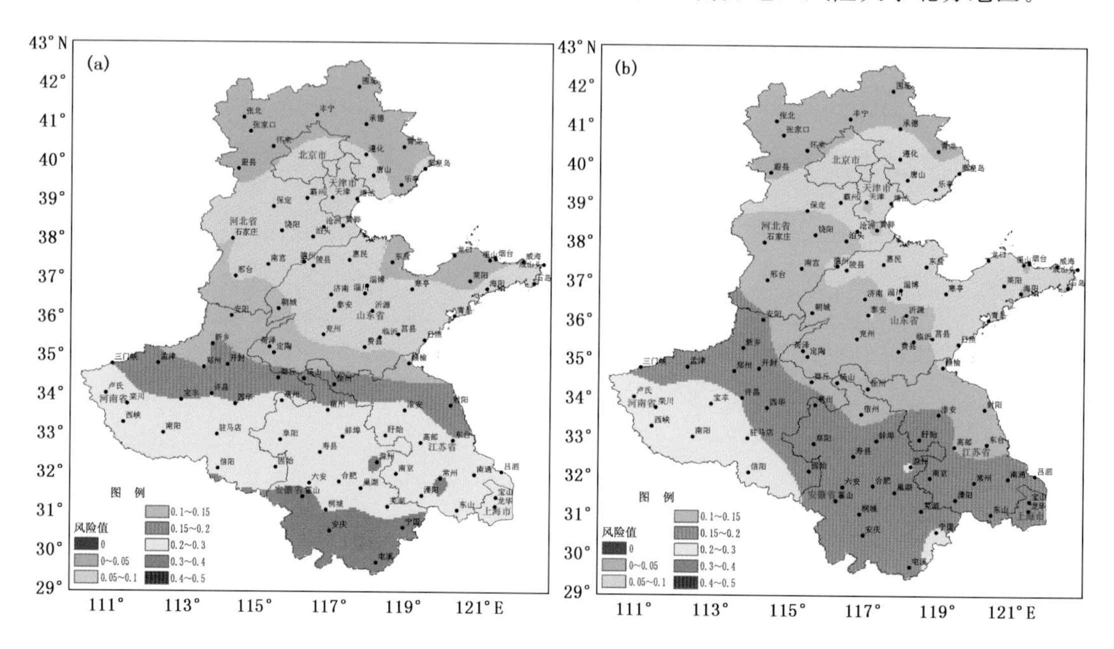

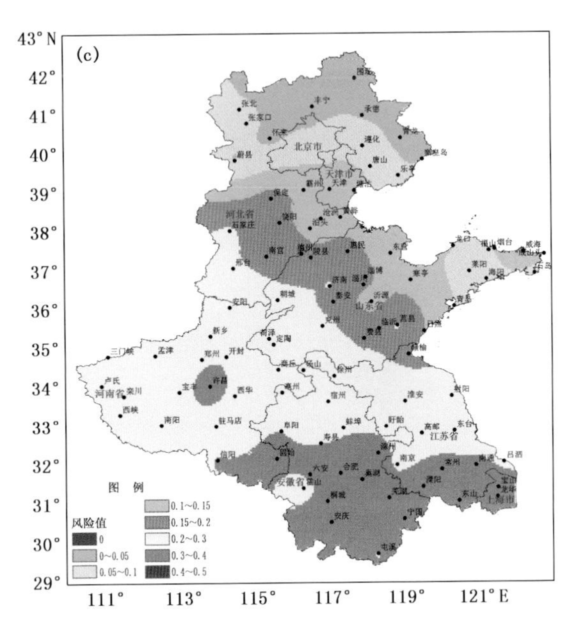

图 3.18　番茄花果期轻度寡照灾害各季节风险分布图

(a. 春季、b. 秋季、c. 冬季)

春季以三门峡—宝丰—许昌—西华—宿州—淮安—东台一线为分界线，以北为低风险；此线以南为中风险。

秋季河南西南部地区为中风险；其余为低风险。

冬季河南、安徽、上海及江苏全境、河北南部和山东西南部为中风险；其余为低风险。

在冬季，除河北大部和山东大部分地区番茄花果期发生轻度寡照灾害的风险较小以外，其他地区风险均相对较大；在春季，上海、河南南部、安徽南部以及江苏南部地区发生风险较大；秋季仅河南南部局部地区发生风险较大，其他地区风险较小。

从番茄花果期中度寡照季节风险分布图(图 3.19)上看，春、秋、冬 3 个生长季节风险值全部在 0.15 以下，全部为低风险，其中秋季风险值全部在 0.1 以下，春季仅屯溪地区风险值高于 0.1，冬季河南和安徽南部、江苏西南部和上海南部风险值高于 0.1。

春、秋、冬 3 个生长季节，番茄花果期发生中度寡照灾害的风险均较小。

从番茄花果期重度寡照季节风险分布图(图 3.20)上看，各季节重度寡照风险值不高于 0.2，均为低风险。春季和秋季区域风险值在 0.1 以下，冬季安徽南部风险值在 0.1 以上，其中屯溪局部地区可达 0.15～0.2。

春、秋、冬 3 个生长季节，番茄花果期发生重度寡照灾害的风险均较小。

总体看来，番茄花果期寡照灾害以轻度寡照灾害最易发生，不易发生中度和重度灾害；且冬季轻度寡照灾害的易发生区域大于春季，秋季最小，大体呈现南方地区风险大于北方地区的趋势。

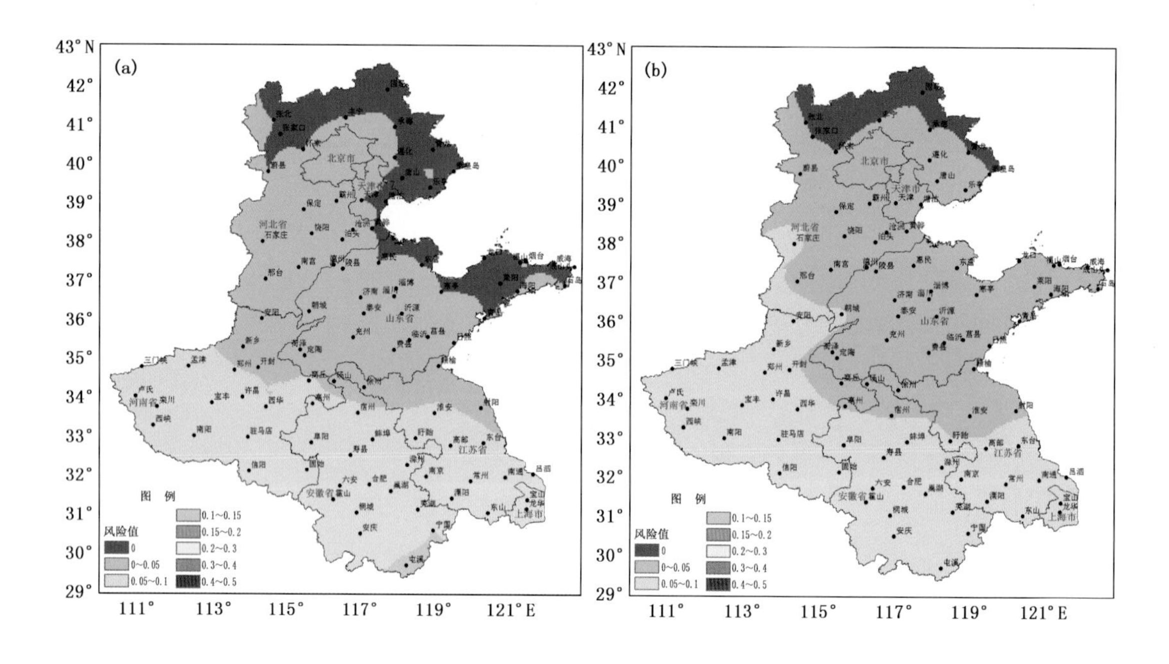

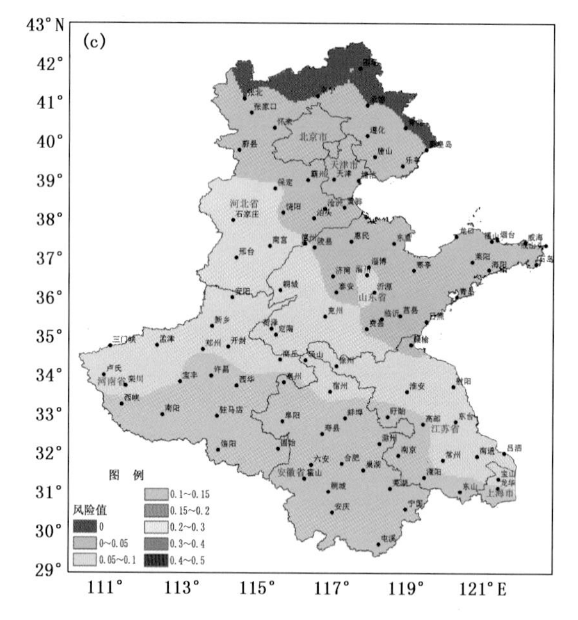

图 3.19　番茄花果期中度寡照灾害各季节风险分布图

(a. 春季、b. 秋季、c. 冬季)

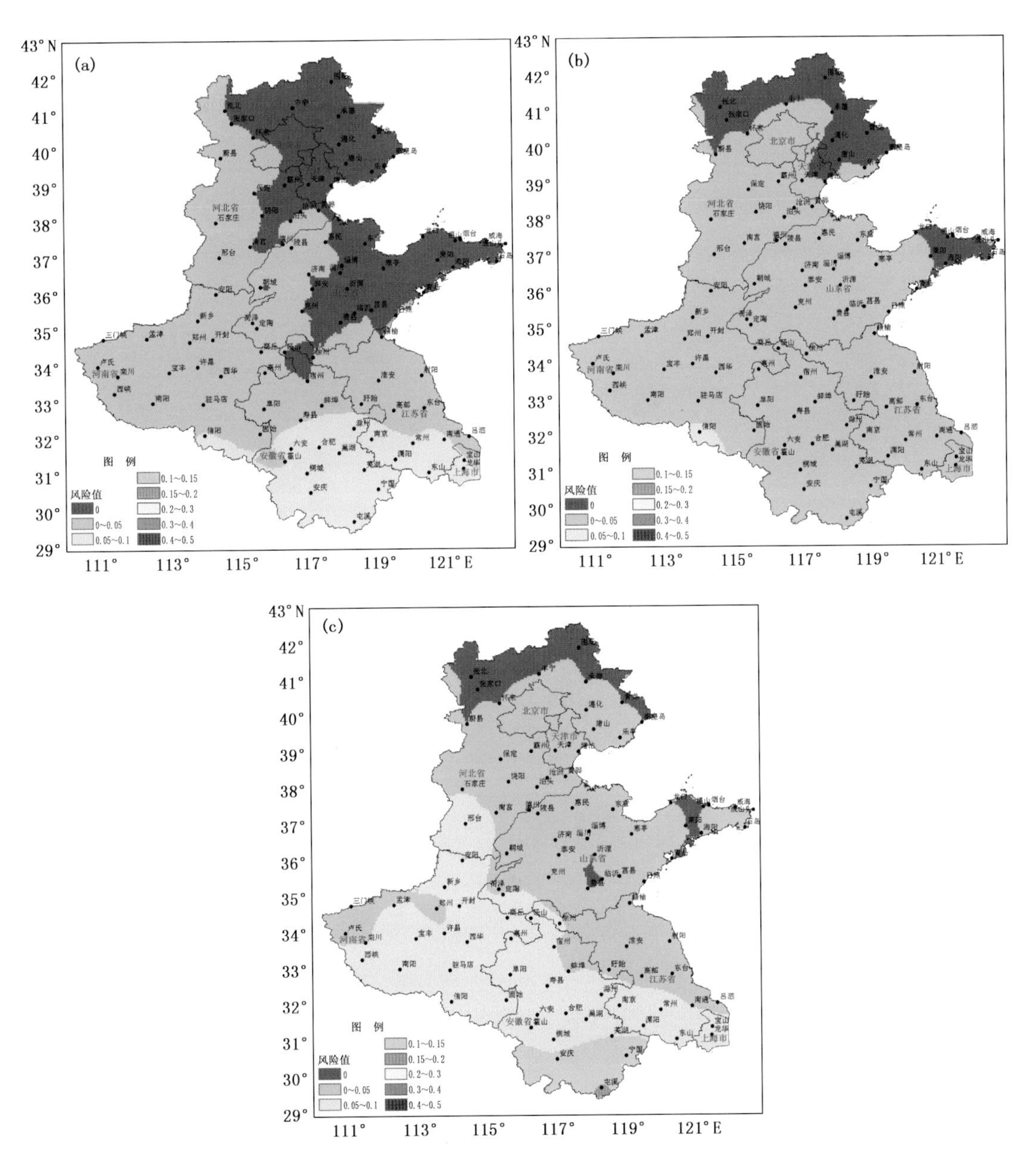

图 3.20 番茄花果期重度寡照灾害各季节风险分布图
(a. 春季、b. 秋季、c. 冬季)

(2)番茄寡照灾害各年代风险区划

1)番茄苗期寡照灾害各年代风险区划

从番茄苗期轻度寡照各年代风险分布图(图 3.21)上看,20 世纪 70 年代,安阳—兖州—费县—赣榆一线以南风险值高于 0.2,为中风险或以上风险,其中安徽和江苏南部部分地区为高风险;此线以北为低风险,随着年代的推移,此界限逐渐北移,中风险区域逐渐增加,低风险区域减少;高风险区域有先增加后减少的趋势,90 年代区域范围达到最大。

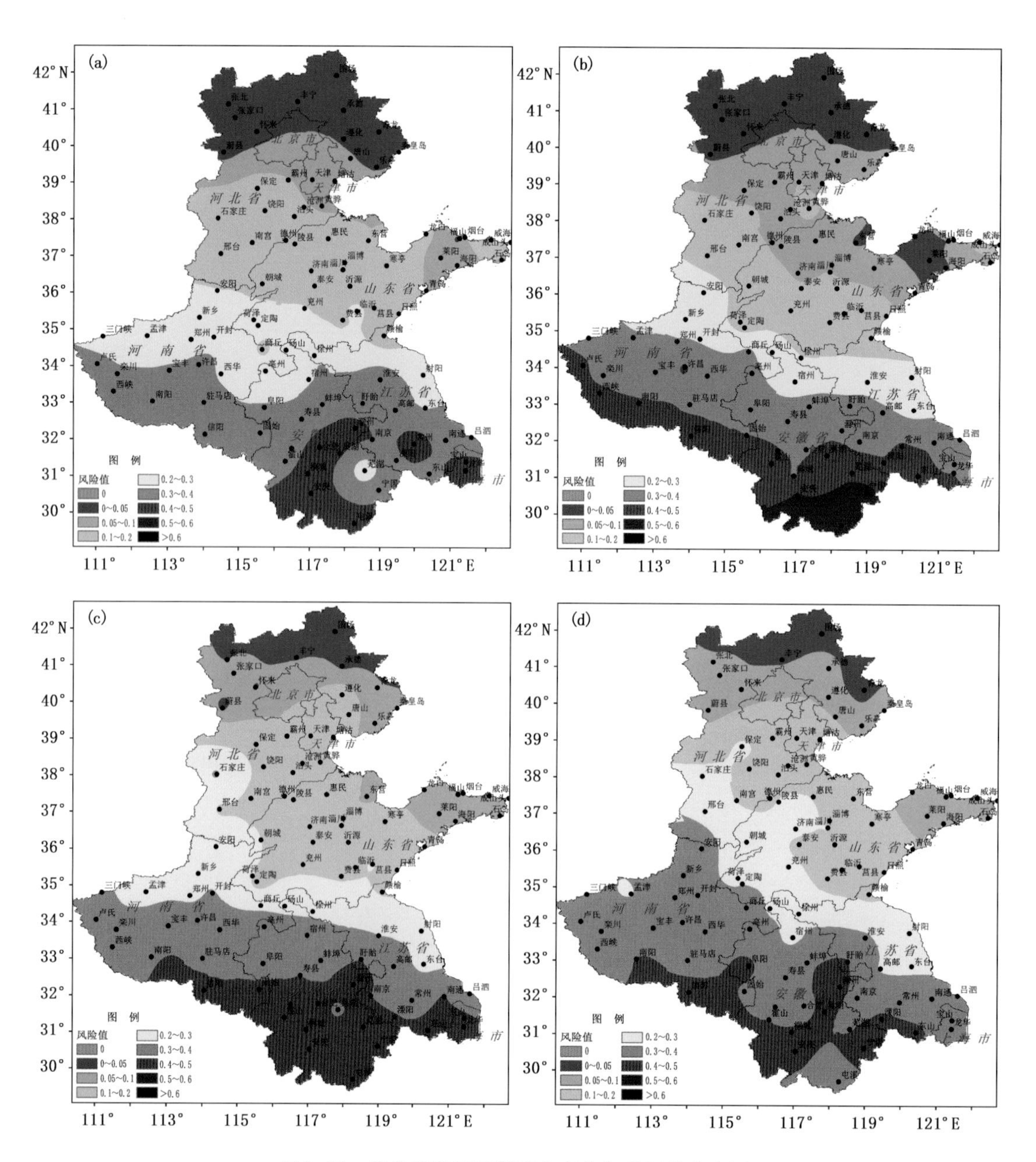

图 3.21　番茄苗期轻度寡照灾害各年代风险分布图

（a. 20 世纪 70 年代、b. 20 世纪 80 年代、c. 20 世纪 90 年代、d. 21 世纪前 10 年）

从番茄苗期中度寡照各年代风险分布图(图 3.22)上看，4 个年代区域风险值均小于 0.2，即全部为低风险，但风险值 0.05 以上区域是随着时间推移逐渐扩大的，番茄苗期发生中度寡照灾害的风险值呈增加趋势。

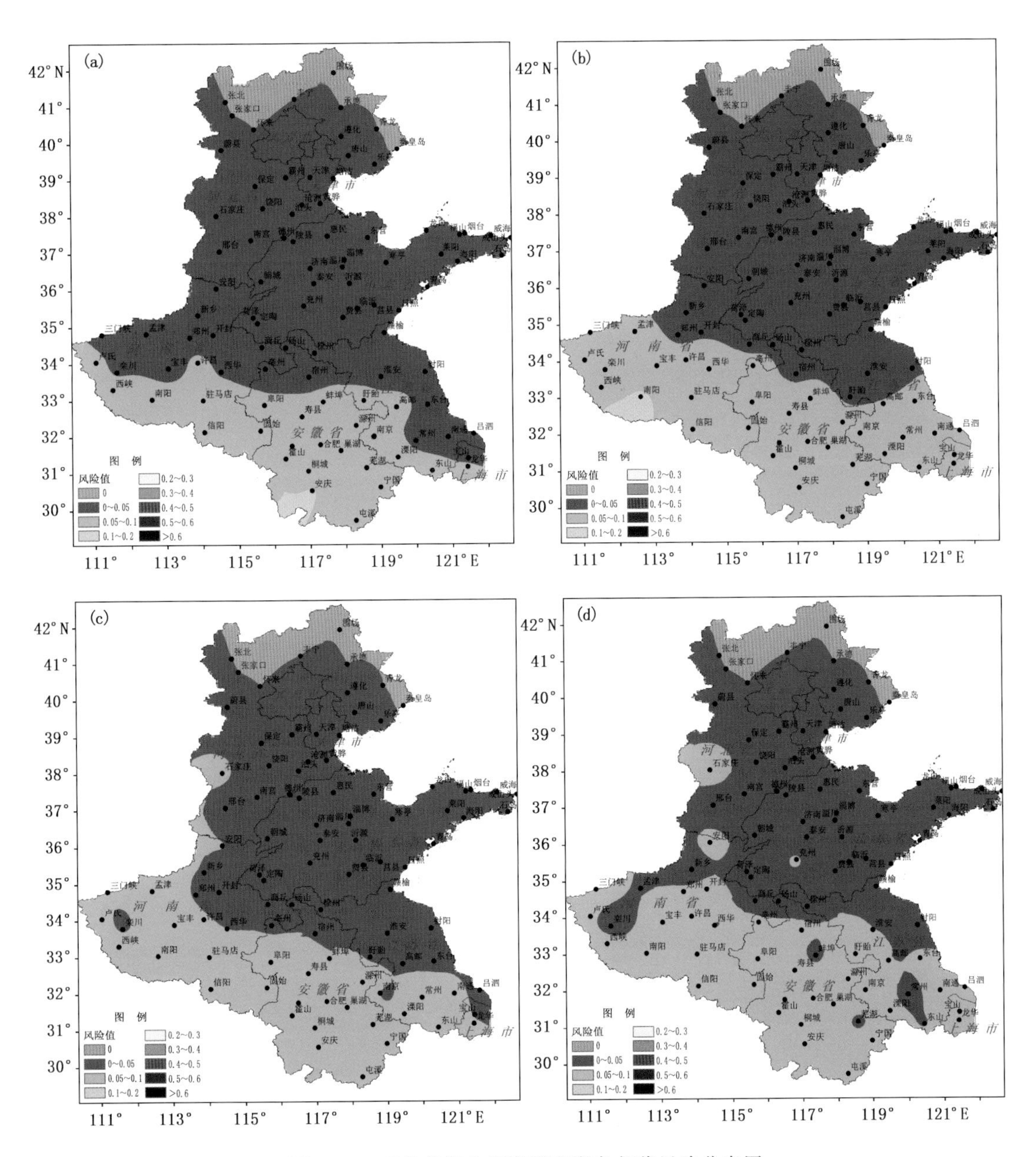

图 3.22 番茄苗期中度寡照灾害各年代风险分布图
(a. 20 世纪 70 年代、b. 20 世纪 80 年代、c. 20 世纪 90 年代、d. 21 世纪前 10 年)

从番茄苗期重度寡照各年代风险分布图(图 3.23)上看,4 个年代区域风险值均小于 0.2,即全部为低风险,但风险值 0.05 以上区域是随着时间推移逐渐扩大的。

总体看来,番茄苗期在上海、河南南部、安徽南部和江苏南部地区易发生轻度寡照灾害,随着年代的推移,轻度灾害的易发生区域逐渐扩展到了河北北部和山东西部地区;各年代其他地区番茄苗期不易发生寡照灾害。

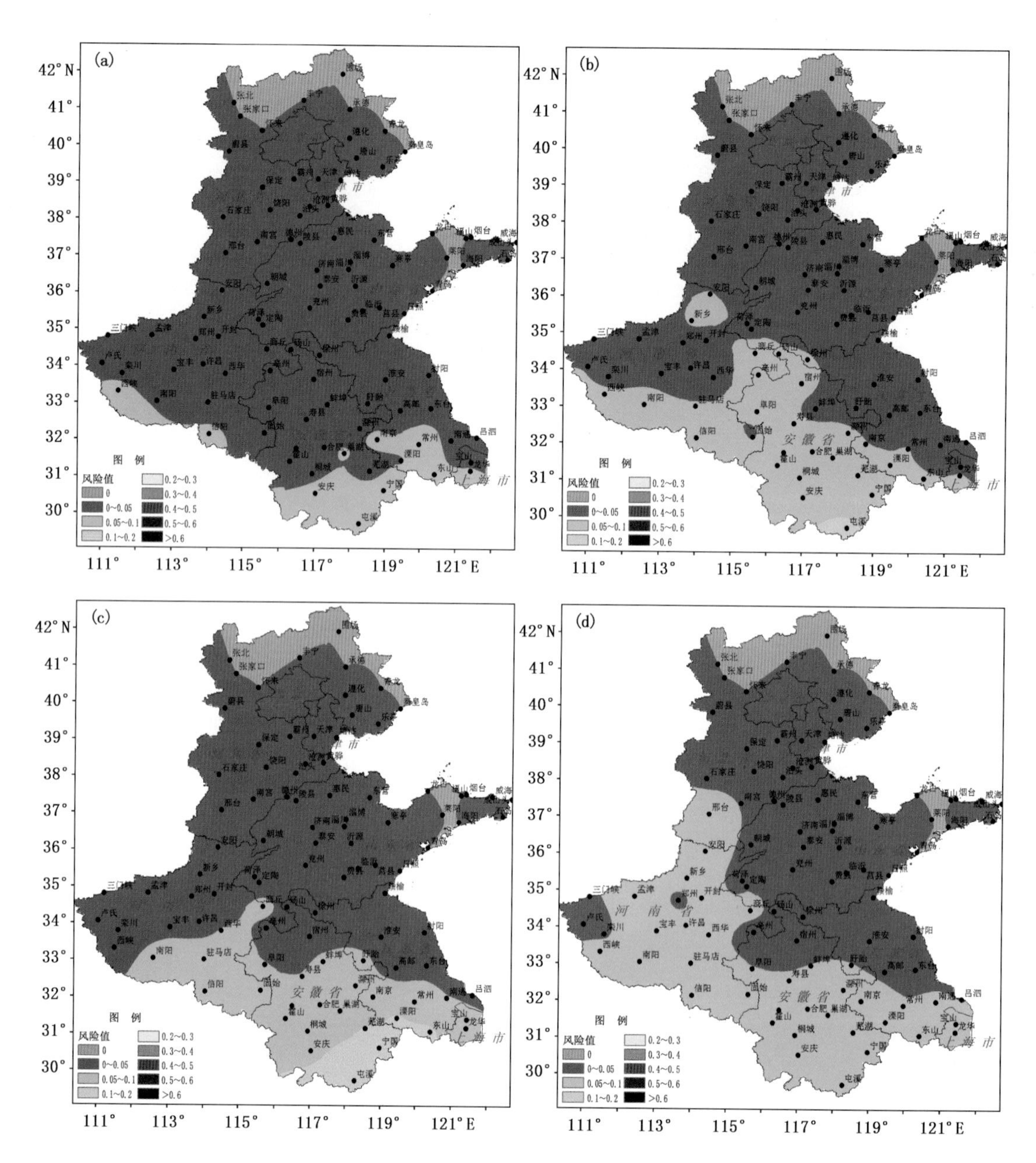

图 3.23 番茄苗期重度寡照灾害各年代风险分布图
(a. 20 世纪 70 年代、b. 20 世纪 80 年代、c. 20 世纪 90 年代、d. 21 世纪前 10 年)

2)番茄花果期寡照灾害各年代风险区划

从番茄花果期轻度寡照各年代风险分布图(图 3.24)上看,安阳－菏泽－亳州－砀山－赣榆一线以南为中风险区或以上风险区,其中安徽和江苏南部局部部分地区为高风险区,此线以北为低风险区,随着年代的推移,此界限逐渐北移,中风险区域逐渐增加,低风险区域减少;高风险区域有先增加后减少的趋势,20 世纪 80 年代区域范围达到最大,但到 21 世纪前 10 年,高风险区域消失。

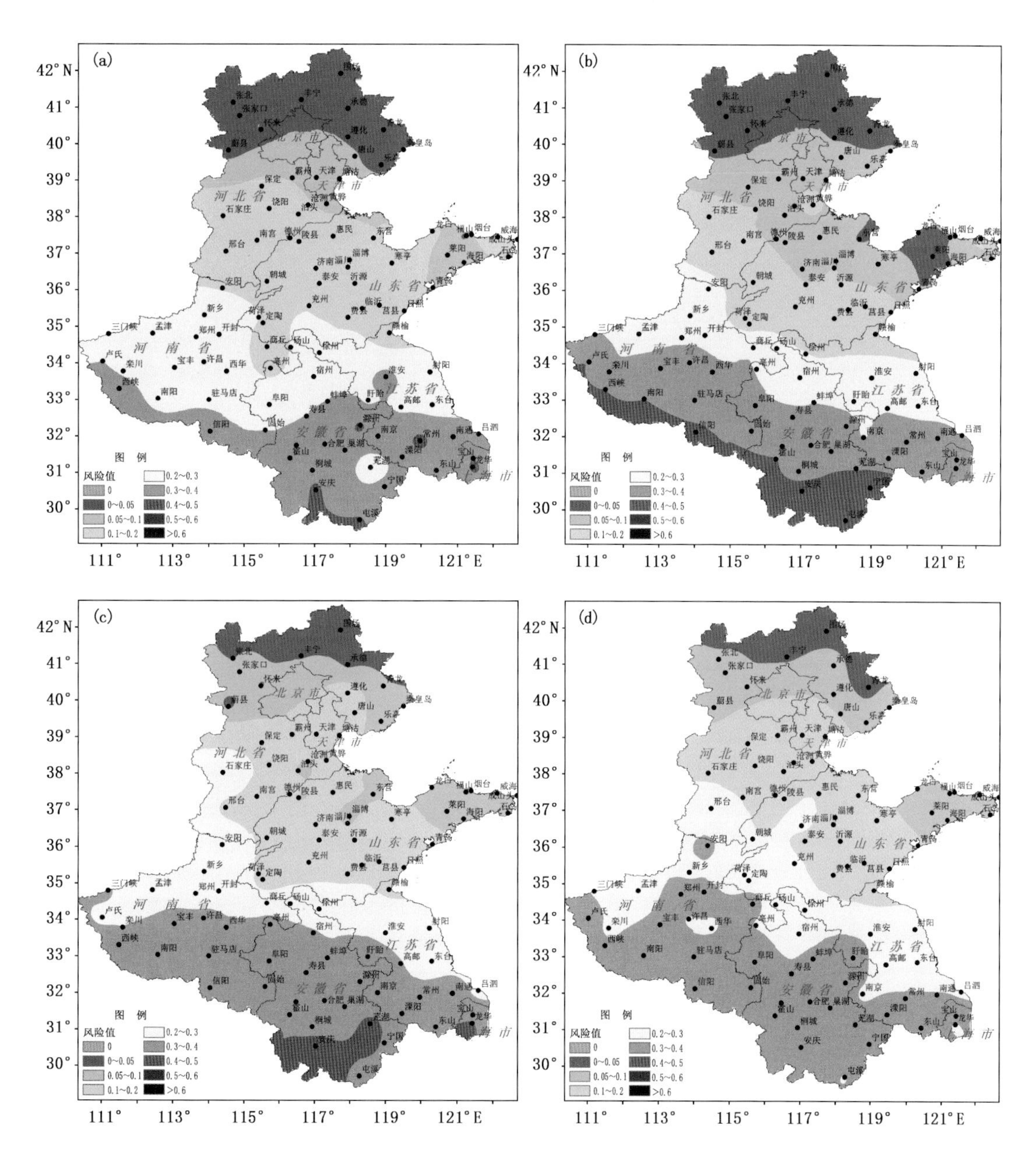

图 3.24　番茄花果期轻度寡照灾害各年代风险分布图

(a. 20 世纪 70 年代、b. 20 世纪 80 年代、c. 20 世纪 90 年代、d. 21 世纪前 10 年)

从番茄花果期中度寡照各年代风险分布图(图 3.25)上看，4 个年代区域风险值均小于 0.2，即全部为低风险，但风险值 0.1 以上的区域是随着时间推移逐渐扩大的。

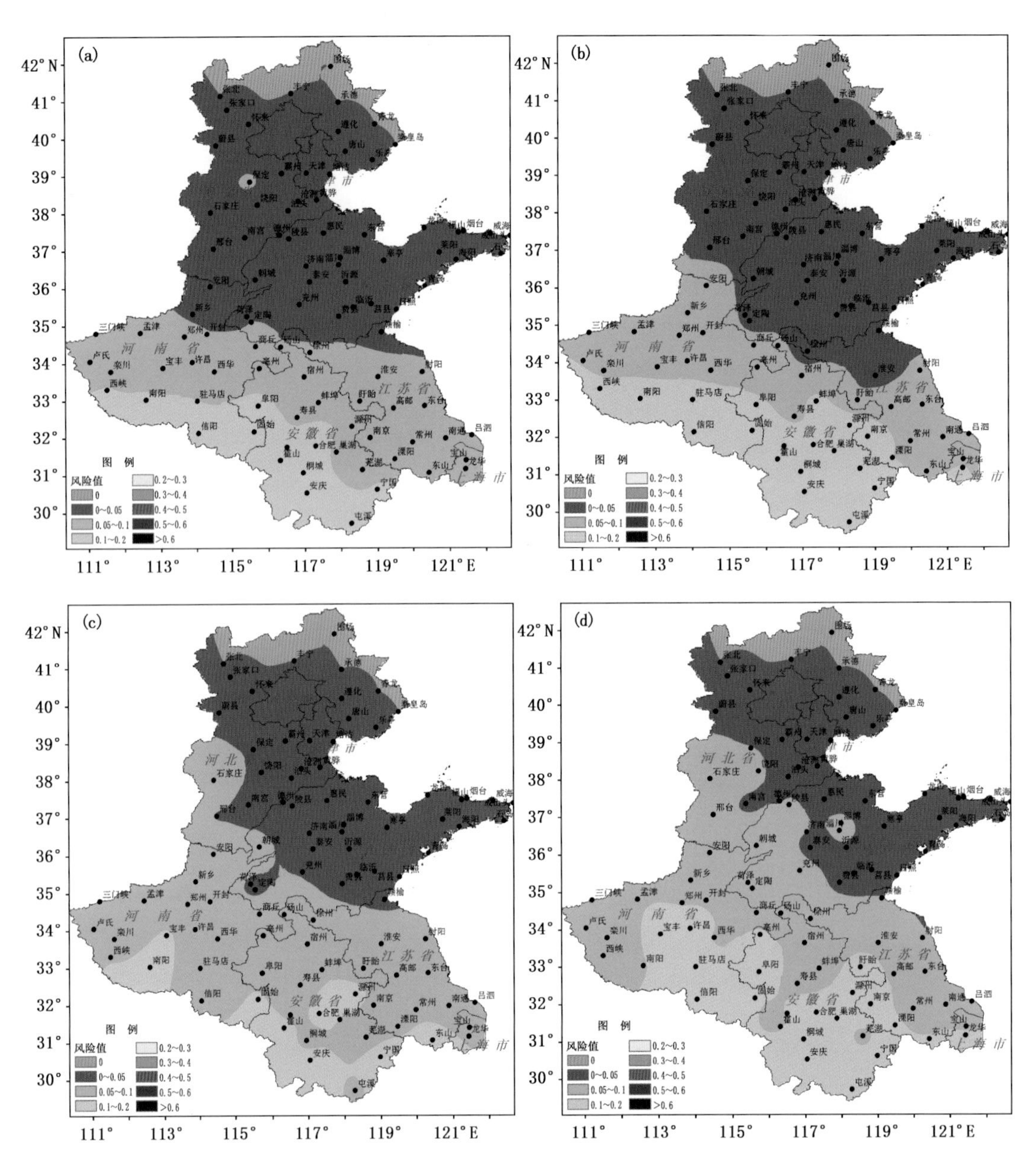

图 3.25　番茄花果期中度寡照灾害各年代风险分布图

（a. 20 世纪 70 年代、b. 20 世纪 80 年代、c. 20 世纪 90 年代、d. 21 世纪前 10 年）

从番茄花果期重度寡照各年代风险分布图（图 3.26）上看，4 个年代区域风险值均小于 0.2，即全部为低风险，但风险值 0.05 以上区域是随着时间推移逐渐扩大的。

总体看来，番茄花果期在上海、河南南部、安徽南部和江苏南部地区易发生轻度寡照灾害，随着年代的推移，轻度灾害的易发生区域逐渐扩展到了河北北部和山东西部地区；各年代其他地区番茄花果期不易发生寡照灾害。

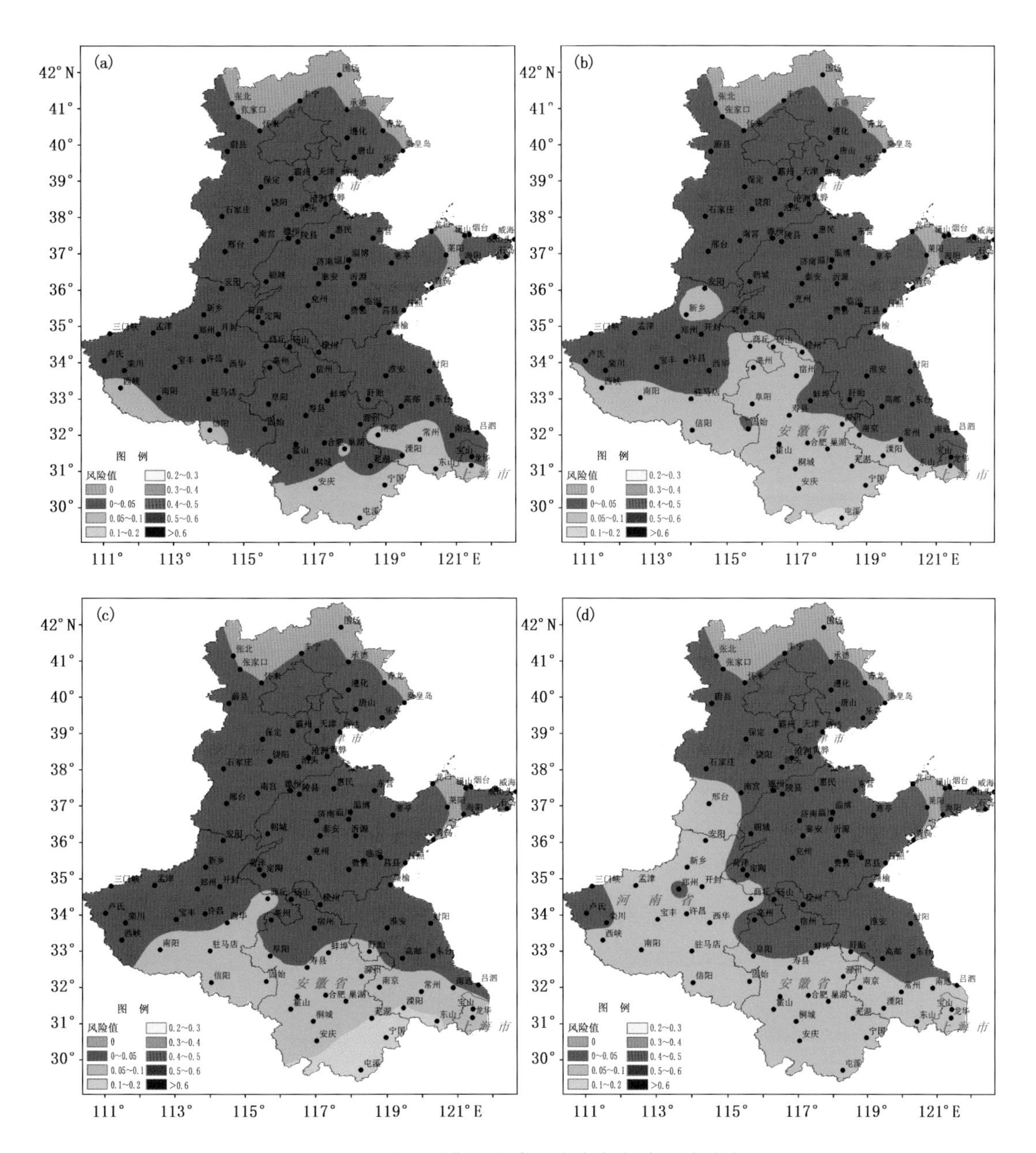

图 3.26　番茄花果期重度寡照灾害各年代风险分布图

（a. 20 世纪 70 年代、b. 20 世纪 80 年代、c. 20 世纪 90 年代、d. 21 世纪前 10 年）

(3)番茄寡照灾害综合风险区划

1)番茄苗期寡照灾害综合风险区划

研究表明，七省(市)番茄苗期发生轻度寡照灾害的风险分布为：石家庄－邢台－朝城－兖州－费县－赣榆一线以北为低风险，信阳－霍山－合肥－滁州－芜湖－溧阳－龙华一线以南为高风险区，两线中间地区为中风险区。

整个研究区域番茄苗期发生中度和重度寡照灾害风险的等级全部为低风险，研究区发生中度和重度寡照灾害的风险较低。

综合分析番茄苗期寡照灾害综合风险分布图(图 3.27)可知，番茄苗期较易发生轻度寡照灾害，不易发生中度和重度灾害；且轻度寡照灾害的发生除河北大部和山东大部分地区风险较小以外，其他地区风险相对较大。

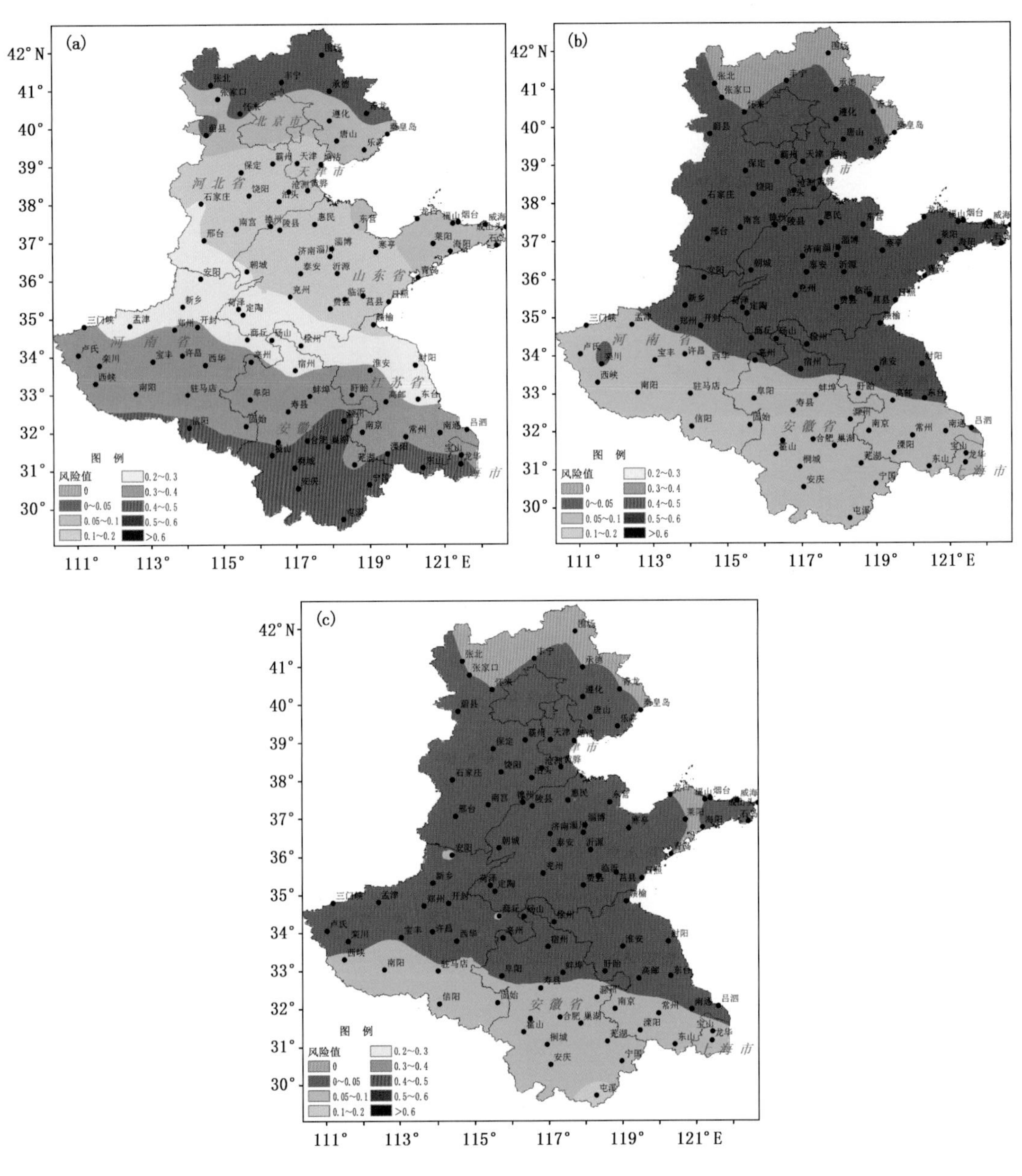

图 3.27　番茄苗期寡照灾害综合风险分布图

(a. 轻度、b. 中度、c. 重度)

2)番茄花果期寡照灾害综合风险区划

研究表明，七省(市)番茄花果期发生轻度寡照灾害的风险分布为：邢台—定陶—兖州—费县—赣榆一线以北为低风险区，此线以南除安庆地区为高风险区外，其他地区均为中风险区。

整个研究区域番茄花果期发生中度和重度寡照灾害风险的等级全部为低风险。

综合分析番茄花果期寡照灾害综合风险分布图(图3.28)可知，番茄花果期较易发生轻度寡照灾害，不易发生中度和重度灾害；且轻度寡照灾害的发生除河北大部和山东大部分地区风险较小以外，其他地区风险相对较大。

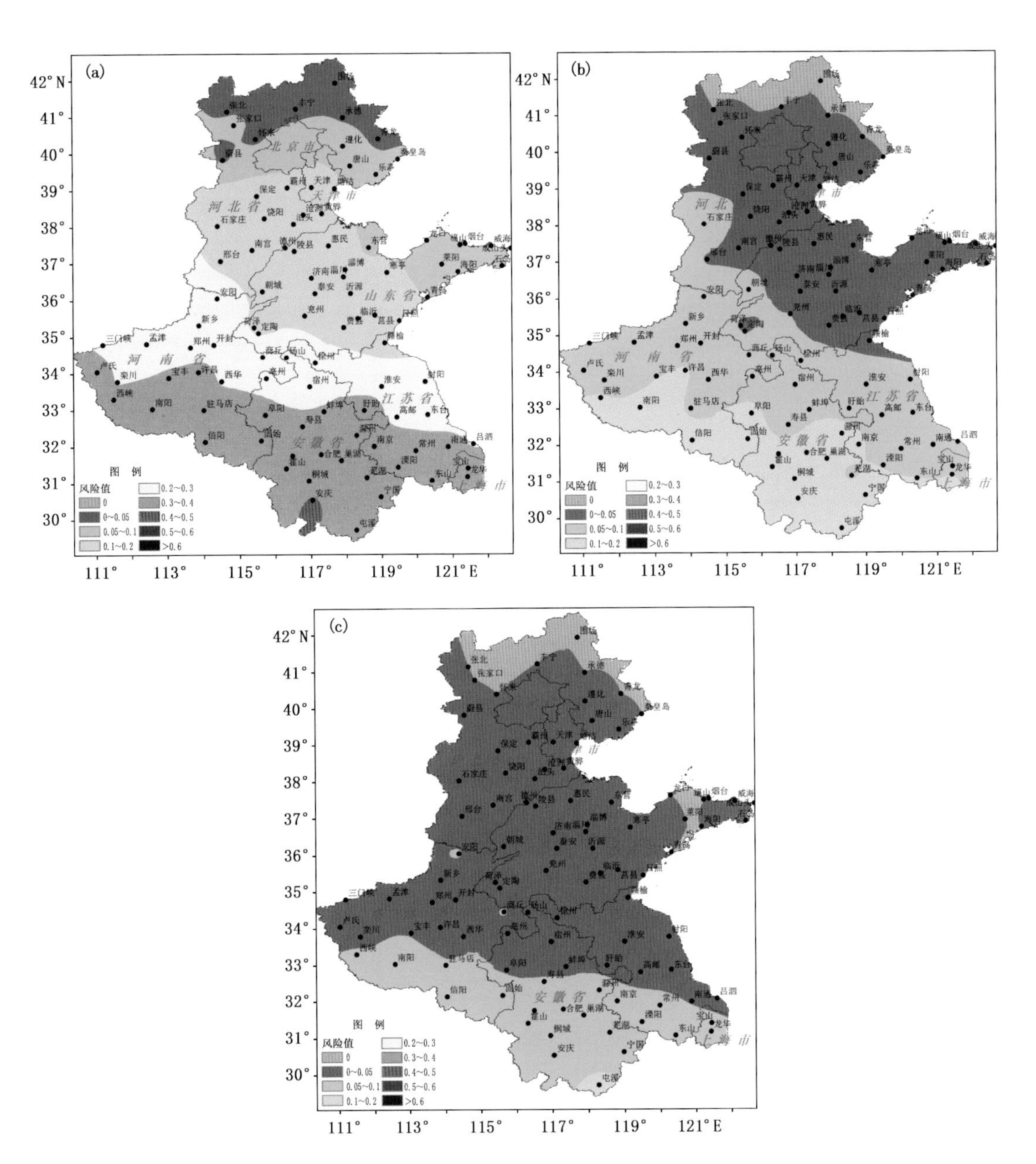

图3.28　番茄花果期寡照灾害综合风险分布图
(a.轻度、b.中度、c.重度)

3.2 黄瓜寡照灾害

3.2.1 黄瓜寡照灾害分布规律

(1)黄瓜寡照灾害各季节分布规律

1)黄瓜苗期寡照灾害各季节分布规律

按照黄瓜苗期寡照灾害指标,利用区域内各站点1971—2010年40年气象观测资料,按春、秋、冬3个生长季节,分别统计黄瓜苗期发生轻、中、重度寡照灾害的总日数。

从黄瓜苗期轻度寡照灾害次数各季节分布图(图3.29)上看,冬季黄瓜苗期轻度寡照灾害最严重,其次为春季,秋季较轻,且南部多于北部。

春季河北和山东大部分地区在20次以下;三门峡—孟津—郑州—开封—商丘—砀山—徐州—射阳一线以南在50次以上,南部局部地区在100次以上;其他地区在20~50次。

秋季河北北部和山东半岛局部地区在10次以下;江苏局部、河南和安徽大部分地区在50~100次;其他地区在10~50次。

冬季河北和山东大部分地区在50次以下,其中河北北部和山东半岛局部地区在20次以下;安徽和江苏南部局部地区在100次以上,其他地区在50~100次。

春、秋两季,在上海、河南、安徽和江苏地区黄瓜苗期发生轻度寡照灾害的次数较多,春季发生次数较多的区域大于秋季;冬季除河北大部和山东大部分地区发生次数较少,其他地区发生次数均较多。

从黄瓜苗期中度寡照灾害次数各季节分布图(图3.30)上看,各季节黄瓜苗期中度寡照发生呈现南部比北部严重的空间分布态势,且冬季最为严重。

春、秋两季多数站点寡照次数少于10次,仅研究区南部区域的部分地区在10次以上,其中春季安徽南部部分地区在20~50次。

冬季山东、河北大部以及江苏东北部局部地区在10次以下,其他大部分地区在10次以上,其中安徽南部局部地区可达50~100次。

在春季,仅安徽南部部分地区黄瓜苗期发生中度寡照灾害的次数较多;在秋季,整个研究区发生中度寡照灾害的次数较少;在冬季,上海、河南南部、安徽南部和江苏南部局部地区发生次数较多,其他地区发生次数较少。

从黄瓜苗期重度寡照灾害次数各季节分布图(图3.31)上看,各季节各地黄瓜苗期重度寡照灾害发生次数均在10次以下,且冬季最多,其次为秋季,春季最少。

春季重度寡照只在河南南部、安徽中南部、江苏南部及上海有发生。

秋季河北和山东大部均无黄瓜重度寡照发生,其他地区在5次以下。

冬季河北、山东和江苏部分地区无灾害发生,其他地区在1~10次,其中安徽南部局部以及河南南阳地区在5~10次。

春、秋、冬3个生长季节,黄瓜苗期发生重度寡照灾害的次数均较少。

总体看来,春、秋、冬3个生长季节黄瓜苗期发生轻度寡照灾害的次数较多,中度和重度寡照灾害的发生次数较少;且轻度灾害在春、秋两季集中在河南南部、安徽南部和江苏南部地区,冬季集中在除河北大部和山东大部分以外的区域。

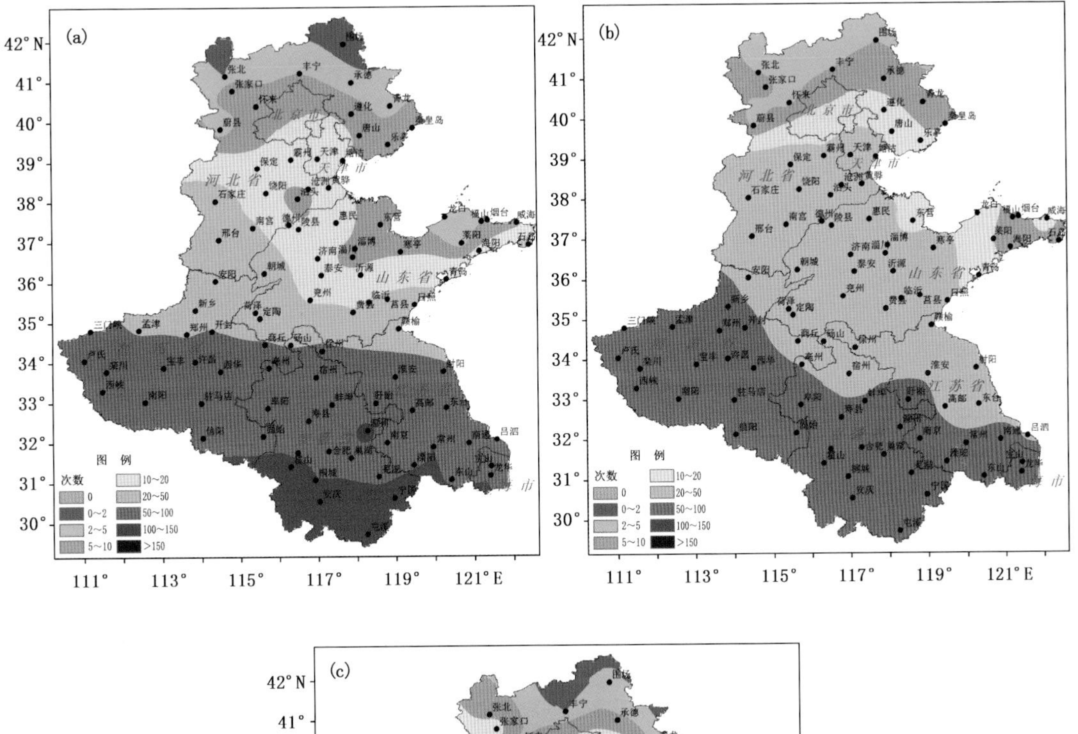

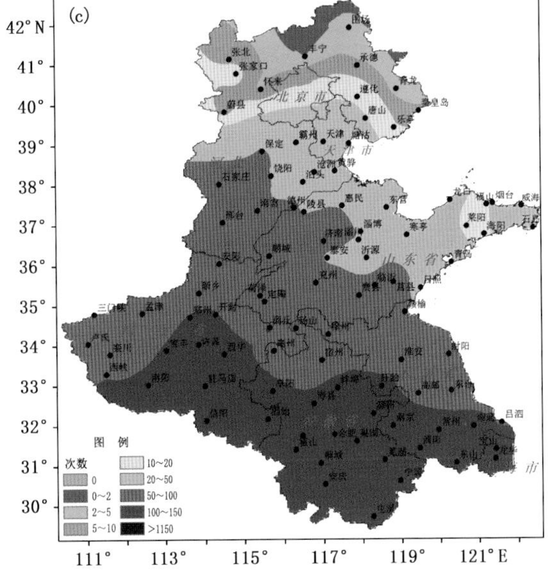

图 3.29　黄瓜苗期轻度寡照灾害次数各季节分布图(单位:次)
(a. 春季、b. 秋季、c. 冬季)

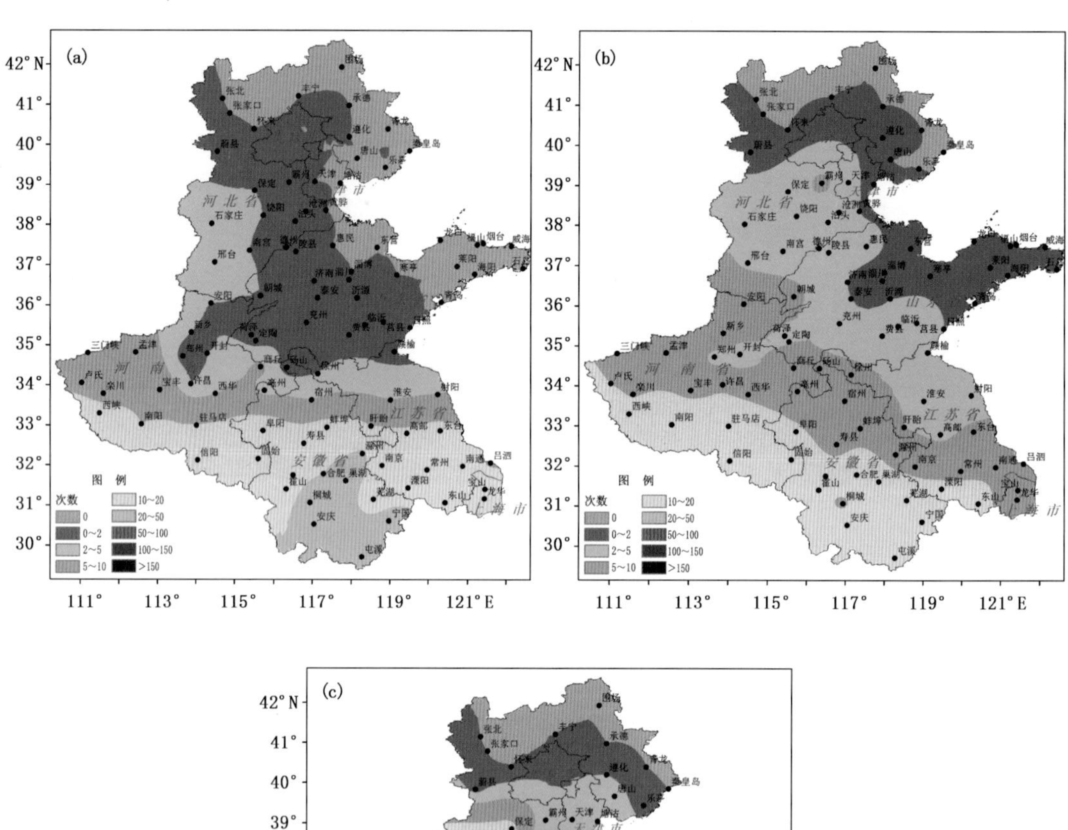

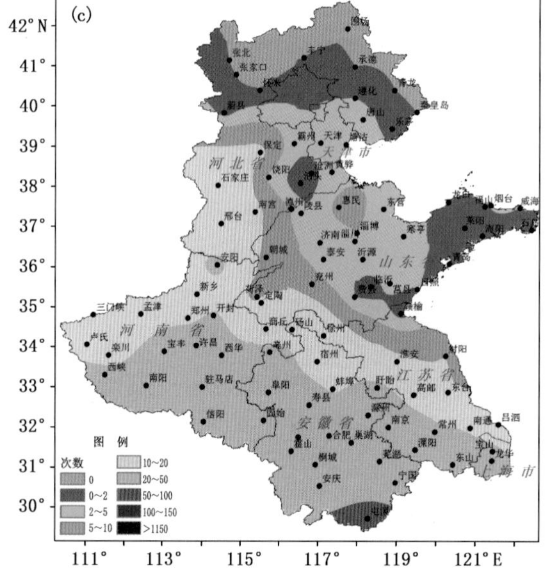

图 3.30 黄瓜苗期中度寡照灾害次数各季节分布图(单位:次)

(a. 春季、b. 秋季、c. 冬季)

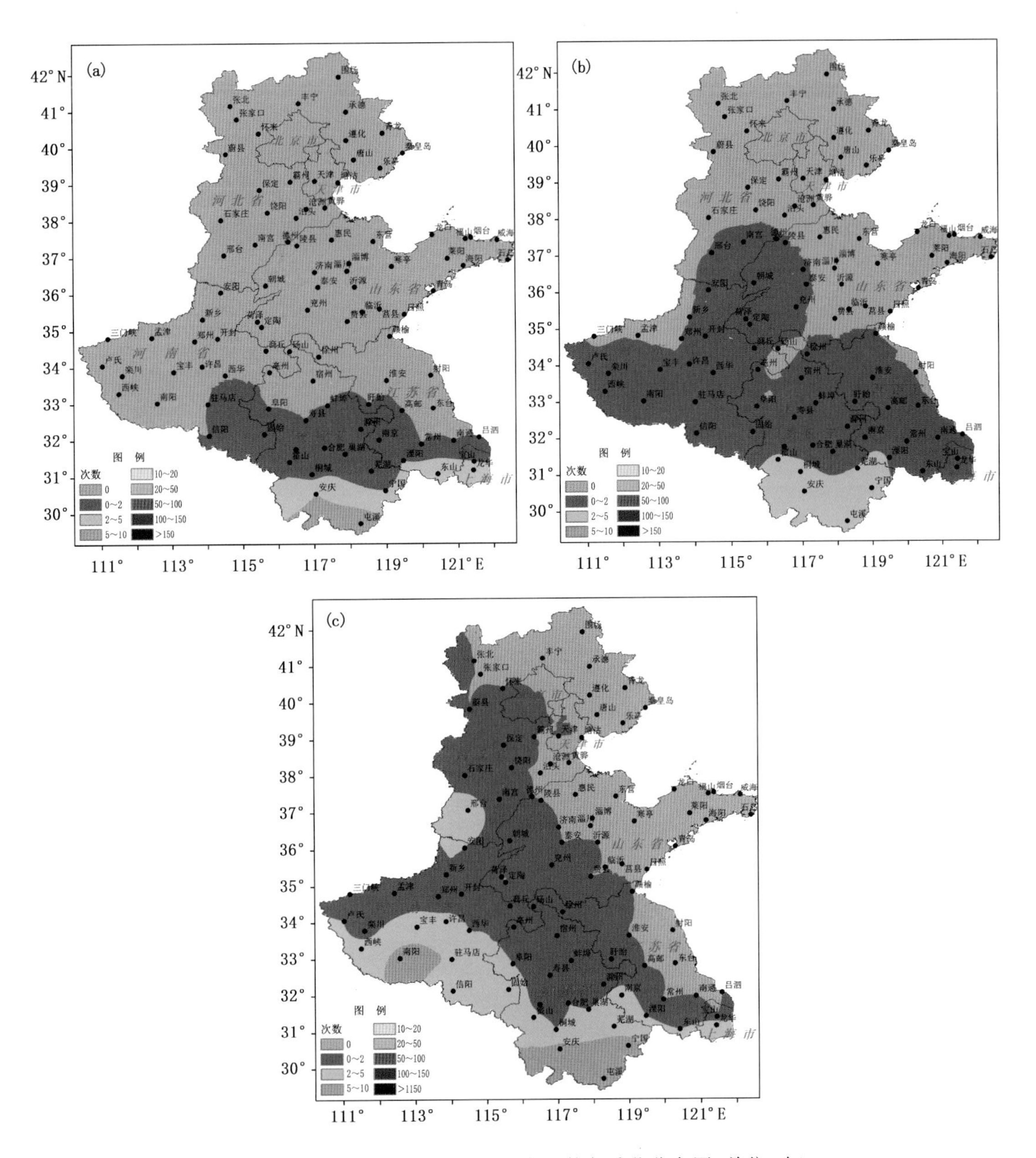

图3.31 黄瓜苗期重度寡照灾害次数各季节分布图(单位:次)
(a. 春季、b. 秋季、c. 冬季)

2)黄瓜花果期寡照灾害各季节分布规律

按照黄瓜花果期寡照灾害指标,利用区域内各站点1971—2010年40年气象观测资料,按春、秋、冬3个生长季节,分别统计黄瓜花果期发生轻、中、重度寡照灾害的总日数。

从黄瓜花果期轻度寡照灾害次数各季节分布图(图3.32)上看,黄瓜花果期轻度寡照发生次数是随纬度变化的,高纬度地区寡照发生次数较少,而低纬度地区寡照发生次数较多,且冬季最多。

春季河北北部和山东部分地区在10次以下;孟津—郑州—开封—商丘—砀山—徐州—射阳一线以南在50次以上,其中南部部分地区在100次以上;其他地区在10～50次。

秋季河北北部和山东半岛局部地区在 10 次以下；河南、安徽和江苏大部分地区在 50～100 次；其他大部分地区在 10～50 次。

冬季河北和山东大部分地区在 50 次以下，其中河北北部地区在 10 次以下；其他地区在 50 次以上，河南、安徽和江苏大部分地区在 100 次以上。

春、秋两季，在上海、河南、安徽和江苏地区黄瓜花果期发生轻度寡照灾害的次数较多，且春季发生次数较多的区域大于秋季；冬季除河北大部和山东大部分地区发生次数较少外，其他地区发生次数均较多。

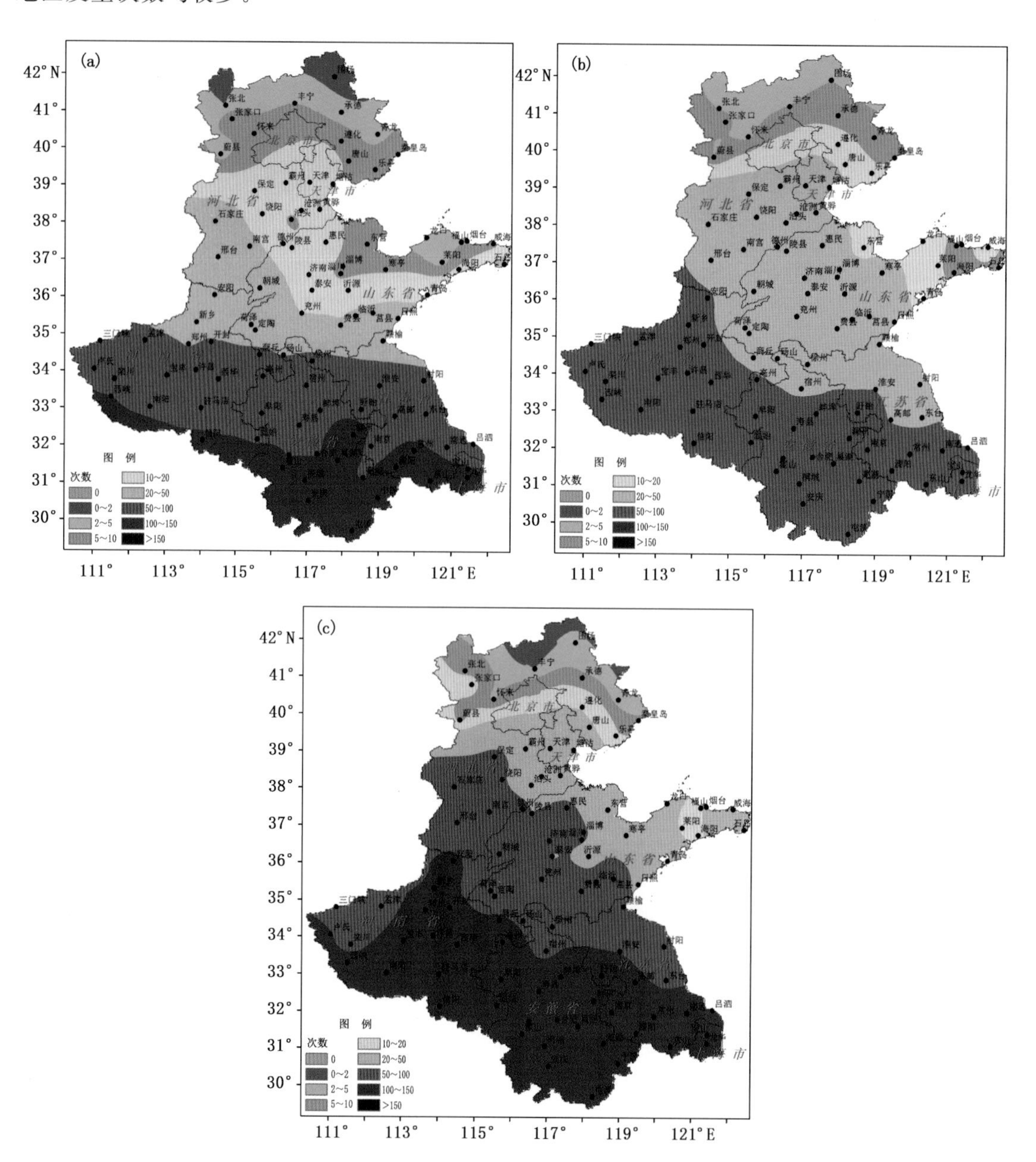

图 3.32 黄瓜花果期轻度寡照灾害次数各季节分布图(单位:次)
(a. 春季、b. 秋季、c. 冬季)

从黄瓜花果期中度寡照灾害次数各季节分布图(图 3.33)上看,研究区东南部黄瓜花果期中度寡照灾害多于西北部,且冬季寡照多于春季,秋季最少。

春季大部分地区在 10 次以下,仅安徽南部局部地区在 10～20 次。

秋季整个研究区域均在 10 次以下。

冬季安徽大部、河南和江苏部分地区在 10 次以上,其中安徽南部局部地区在 20～50 次;其他大部分地区在 10 次以下。

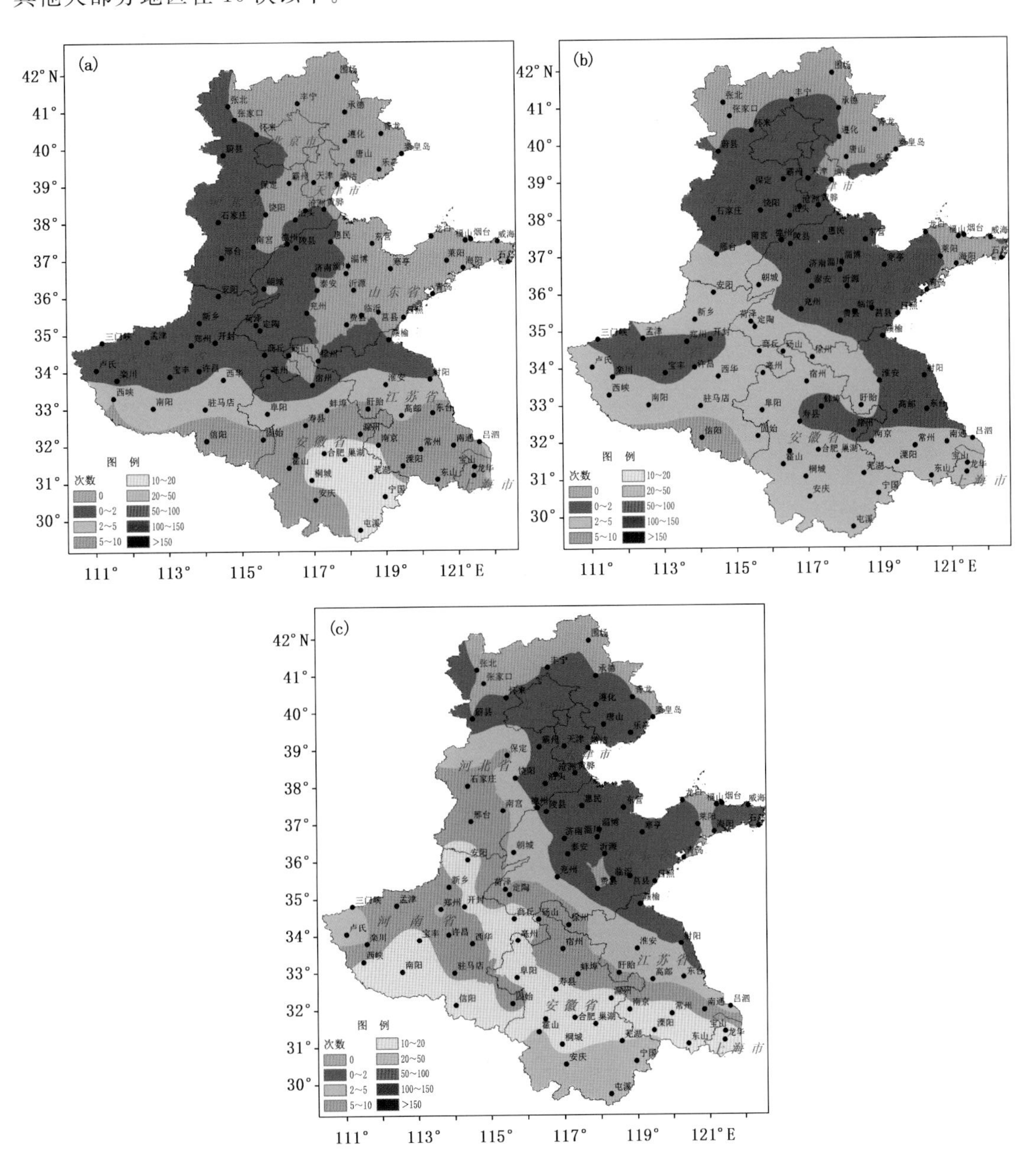

图 3.33　黄瓜花果期中度寡照灾害次数各季节分布图(单位:次)

(a. 春季、b. 秋季、c. 冬季)

除冬季安徽南部部分地区黄瓜花果期发生中度寡照的次数相对较多外，春、秋、冬 3 个生长季节，黄瓜花果期中度寡照灾害的发生次数均较少。

从黄瓜花果期重度寡照灾害次数各季节分布图(图 3.34)上看，各季节各地黄瓜花果期重度寡照灾害发生次数均在 10 次以下，且冬季最多，其次为秋季，春季最少。

春季重度寡照只在河南南部、安徽中南部、江苏南部及上海有发生。

秋季河北和山东大部均无黄瓜重度寡照发生，其他地区在 5 次以下。

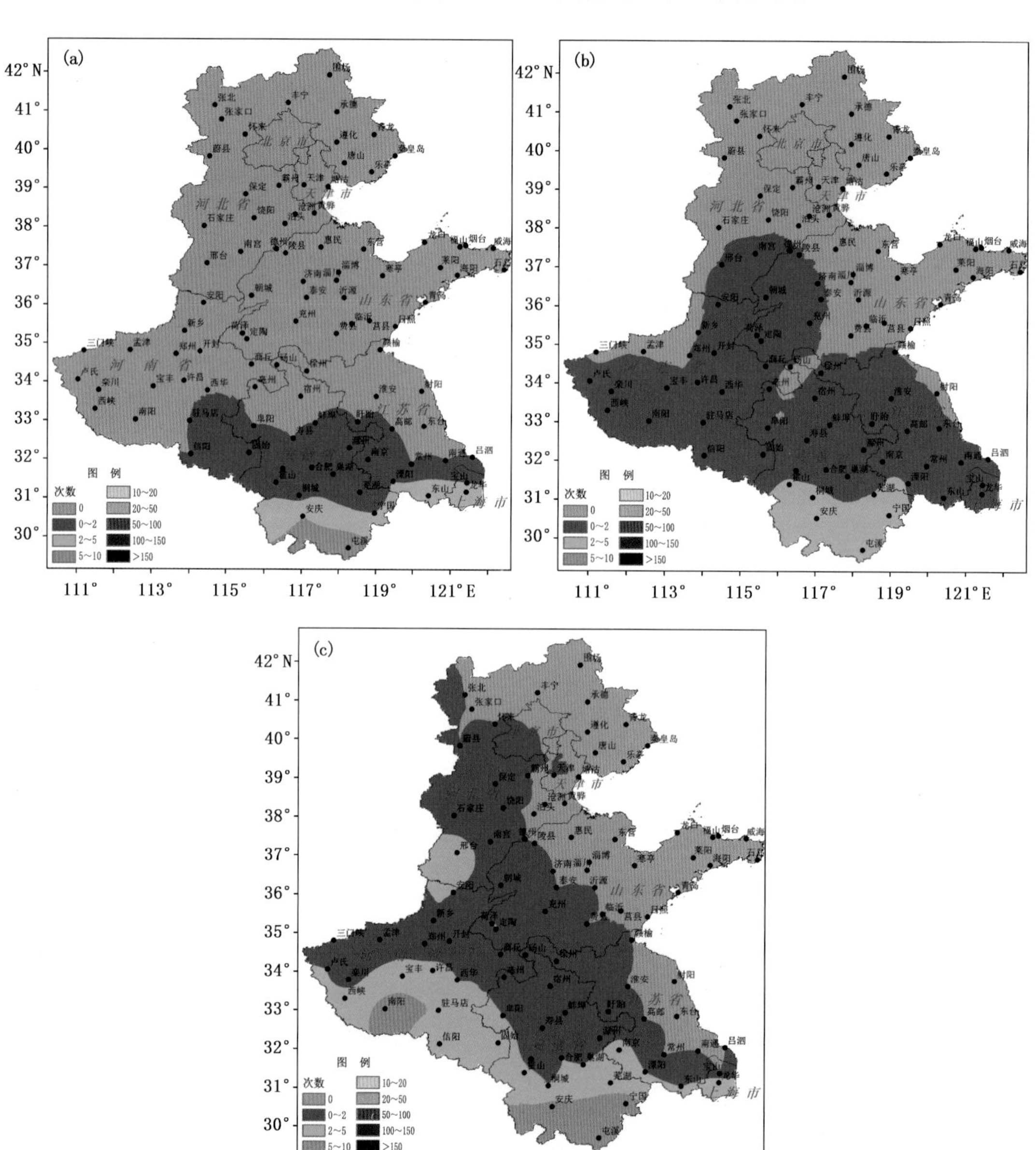

图 3.34　黄瓜花果期重度寡照灾害次数各季节分布图(单位:次)

(a. 春季、b. 秋季、c. 冬季)

冬季河北、山东和江苏部分地区无灾害发生，其他地区在1～10次，其中安徽南部局部以及河南南阳地区在5～10次。

春、秋、冬3个生长季节，黄瓜花果期发生重度寡照灾害的次数均较少。

总体看来，春、秋、冬3个生长季节黄瓜花果期发生轻度寡照灾害的次数较多，中度和重度寡照灾害的发生次数较少；且轻度灾害在春、秋两季集中在河南南部、安徽南部和江苏南部地区，冬季集中在除河北大部和山东大部分以外的区域。

(2)黄瓜寡照灾害各年代分布规律

1)黄瓜苗期寡照灾害各年代分布规律

按照黄瓜苗期寡照灾害指标，利用区域内各站点1971—2010年40年气象观测资料，按年代分别统计黄瓜苗期发生轻、中、重度寡照灾害的总日数。

从黄瓜苗期轻度寡照灾害次数各年代分布图(图3.35)上看，20世纪70年代，卢氏－栾川－宝丰－许昌－西华－阜阳－宿州－徐州－淮安－东台一线以南在50次以上，蔚县－遵化－唐山－乐亭一线以北在5次以下，随着年代的推移，这两条界限逐渐北移，轻度寡照次数在50次以上的区域逐渐增加，5次以下的区域逐渐缩小，寡照灾害发生次数增多。

从黄瓜苗期中度寡照灾害次数各年代分布图(图3.36)上看，整个研究区发生次数均在30次以下，且10～30次的区域均集中在研究区的南部地区，其他区域均在10次以下。

随着年代的推移，发生次数10次以上的区域逐渐增加，1次以下的区域面积逐渐减少，黄瓜苗期中度寡照灾害的发生次数呈增加趋势。

从黄瓜苗期重度寡照灾害次数各年代分布图(图3.37)上看，整个研究区发生次数均在5次以下，大部分地区黄瓜苗期重度寡照灾害发生次数较少，但随着年代的推移，灾害发生次数较多的区域逐渐向北发展，面积不断增大。

总体分析可知，各年代上海、河南大部、安徽大部和江苏部分地区黄瓜苗期发生轻度寡照灾害的次数较多，其他地区发生寡照灾害的次数较少，随着年代的推移，各地区发生轻度寡照灾害的次数有增加的趋势。

2)番茄花果期寡照灾害各年代分布规律

按照黄瓜花果期寡照灾害指标，利用区域内各站点1971—2010年40年气象观测资料，按春、秋、冬3个生长季节，分别统计黄瓜花果期发生轻、中、重度寡照灾害的总日数。

从黄瓜花果期轻度寡照灾害次数各年代分布图(图3.38)上看，20世纪70年代，三门峡－宝丰－开封－西华－徐州－淮安－射阳一线以南大部分地区在50次以上，其中安徽部分地区在80次以上；蔚县－遵化－唐山－乐亭一线以北在5次以下，随着年代的推移，这两条界限逐渐北移，轻度寡照次数在50次以上的区域逐渐增加，5次以下的区域逐渐缩小，寡照灾害发生次数增多。

从黄瓜花果期中度寡照灾害次数各年代分布图(图3.39)上看，整个研究区黄瓜花果期中度寡照发生次数除20世纪90年代安徽屯溪地区在15～30次外，其他各年代均在15次以下。

20世纪70年代，中度寡照发生次数河南、安徽和江苏大部分地区在5次以上，河北和山东大部分地区黄瓜花果期无灾害发生；随着年代的推移，5次以上的区域逐渐增加，无灾害发生区域逐渐缩小，黄瓜花果期中度寡照灾害发生次数呈增加趋势。

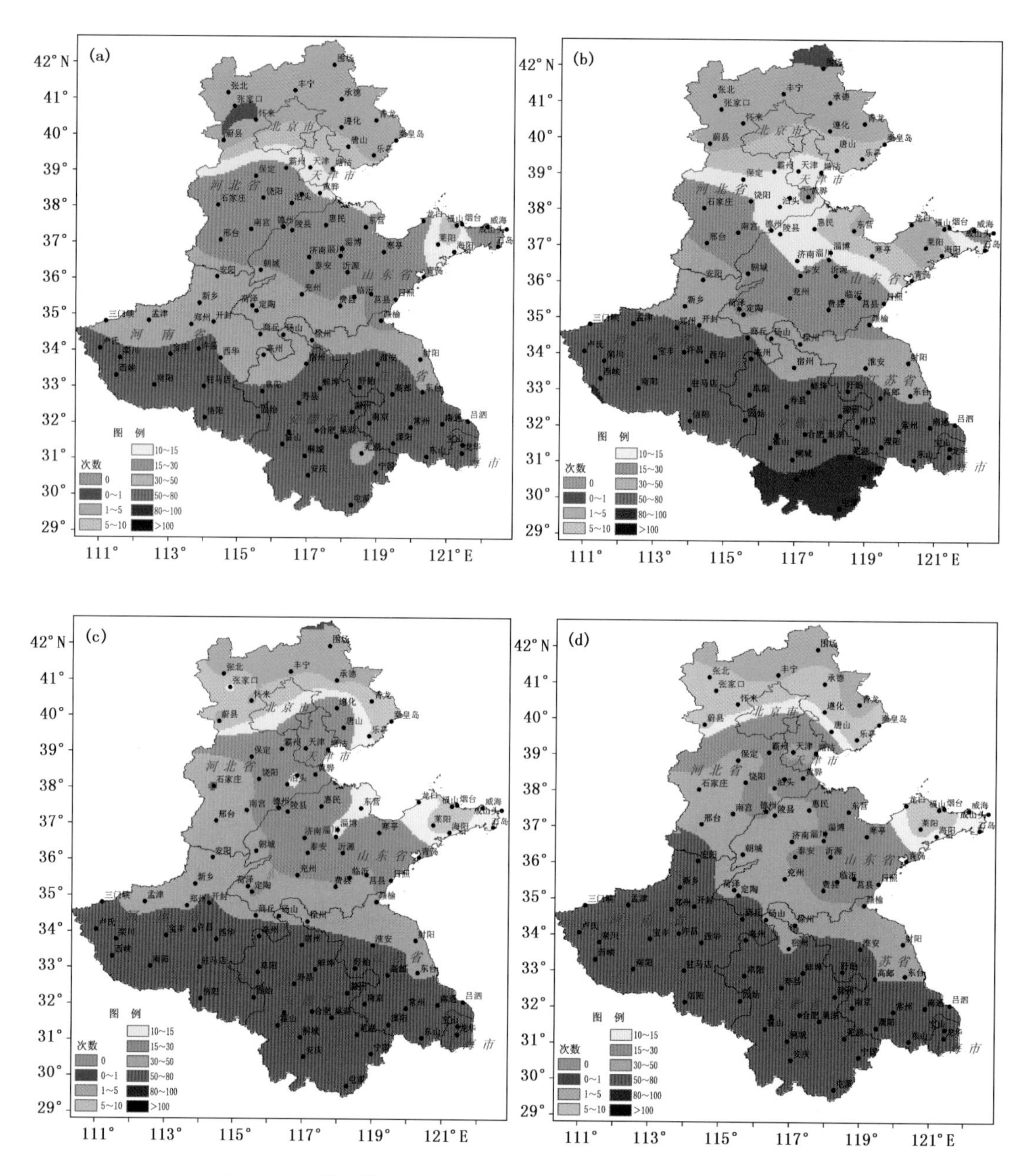

图 3.35 黄瓜苗期轻度寡照灾害次数各年代分布图(单位:次)

(a. 20 世纪 70 年代、b. 20 世纪 80 年代、c. 20 世纪 90 年代、d. 21 世纪前 10 年)

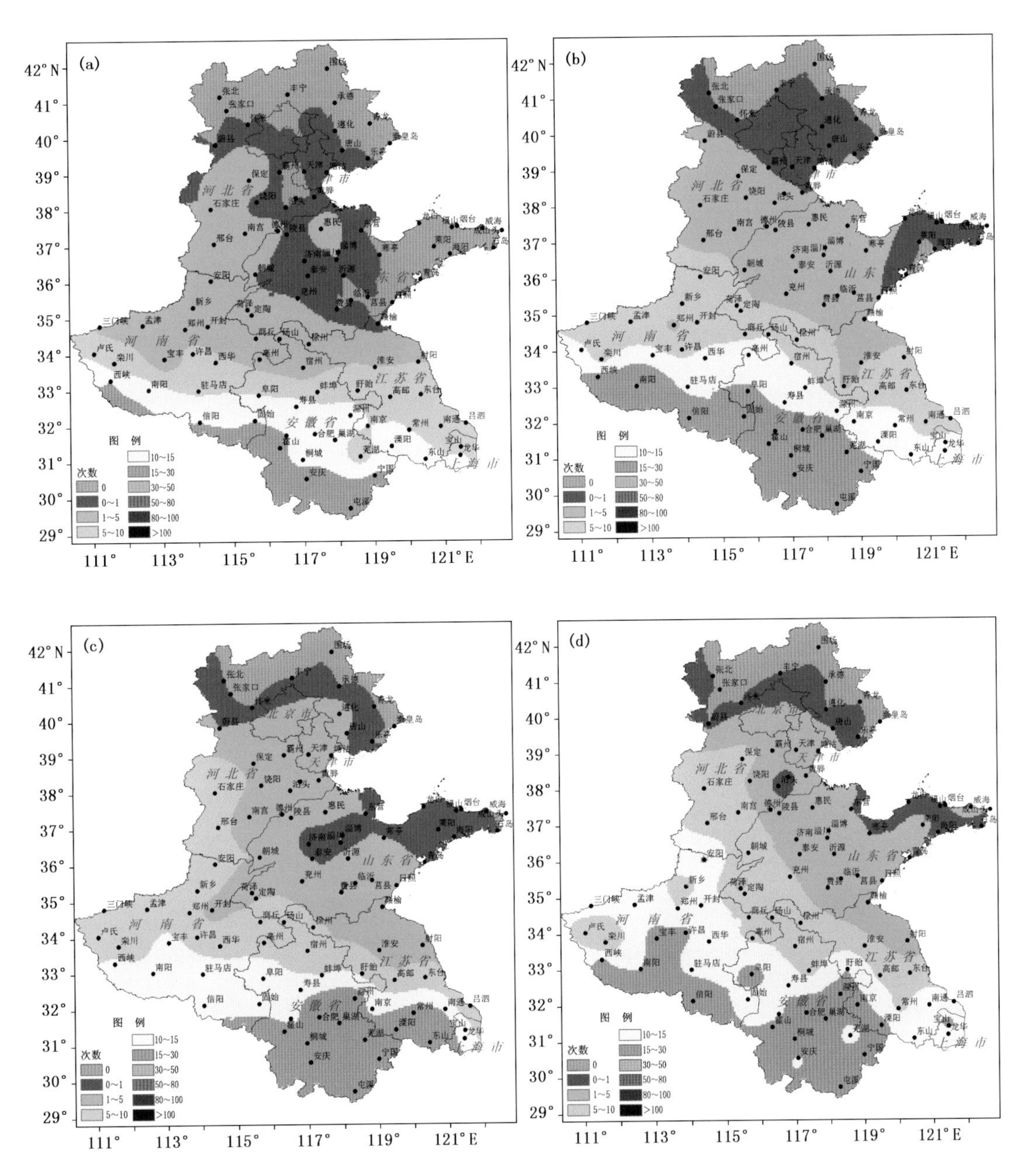

图 3.36　黄瓜苗期中度寡照灾害次数各年代分布图(单位:次)

(a. 20 世纪 70 年代、b. 20 世纪 80 年代、c. 20 世纪 90 年代、d. 21 世纪前 10 年)

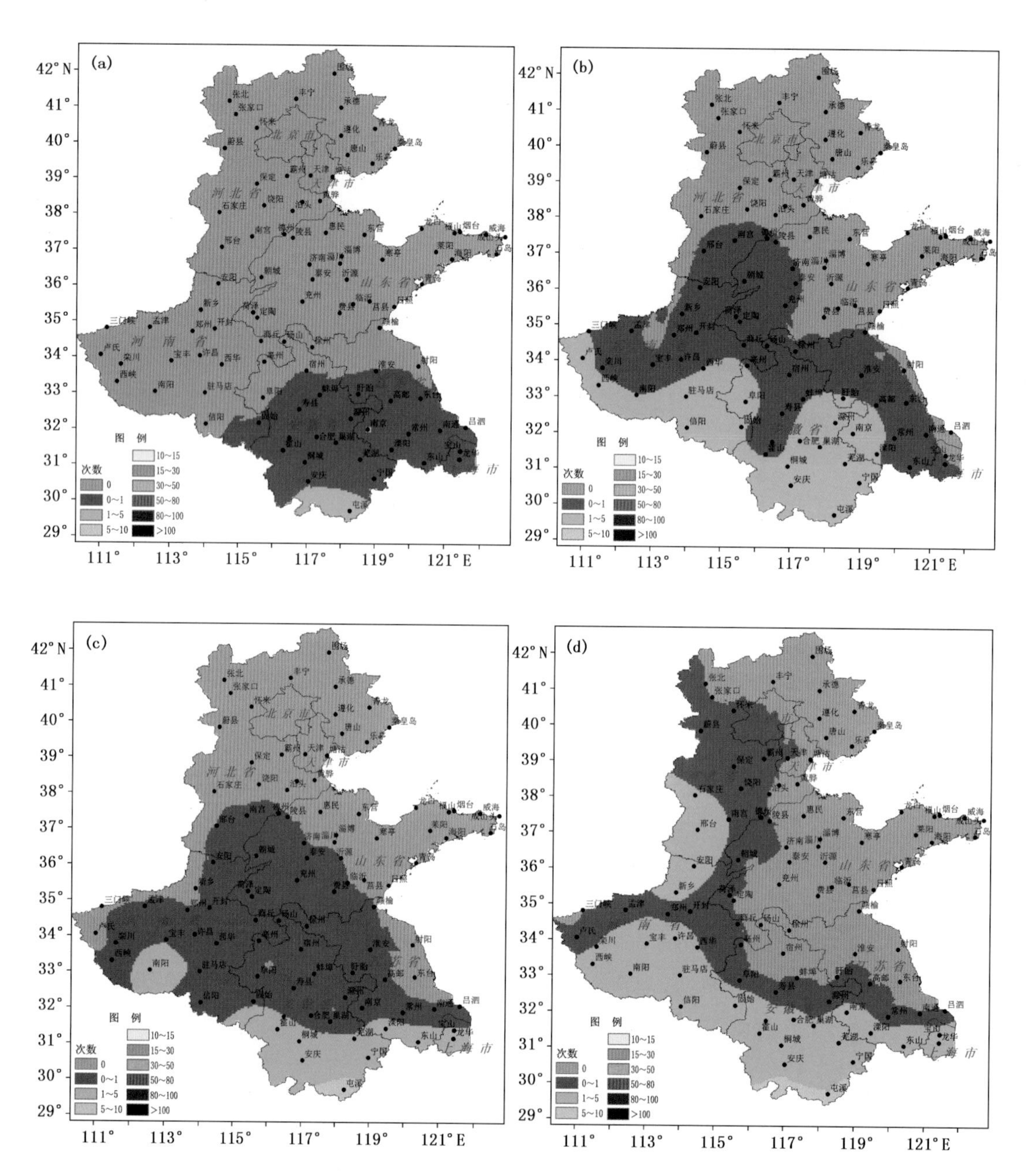

图 3.37 黄瓜苗期重度寡照灾害次数各年代分布图(单位:次)

(a. 20 世纪 70 年代、b. 20 世纪 80 年代、c. 20 世纪 90 年代、d. 21 世纪前 10 年)

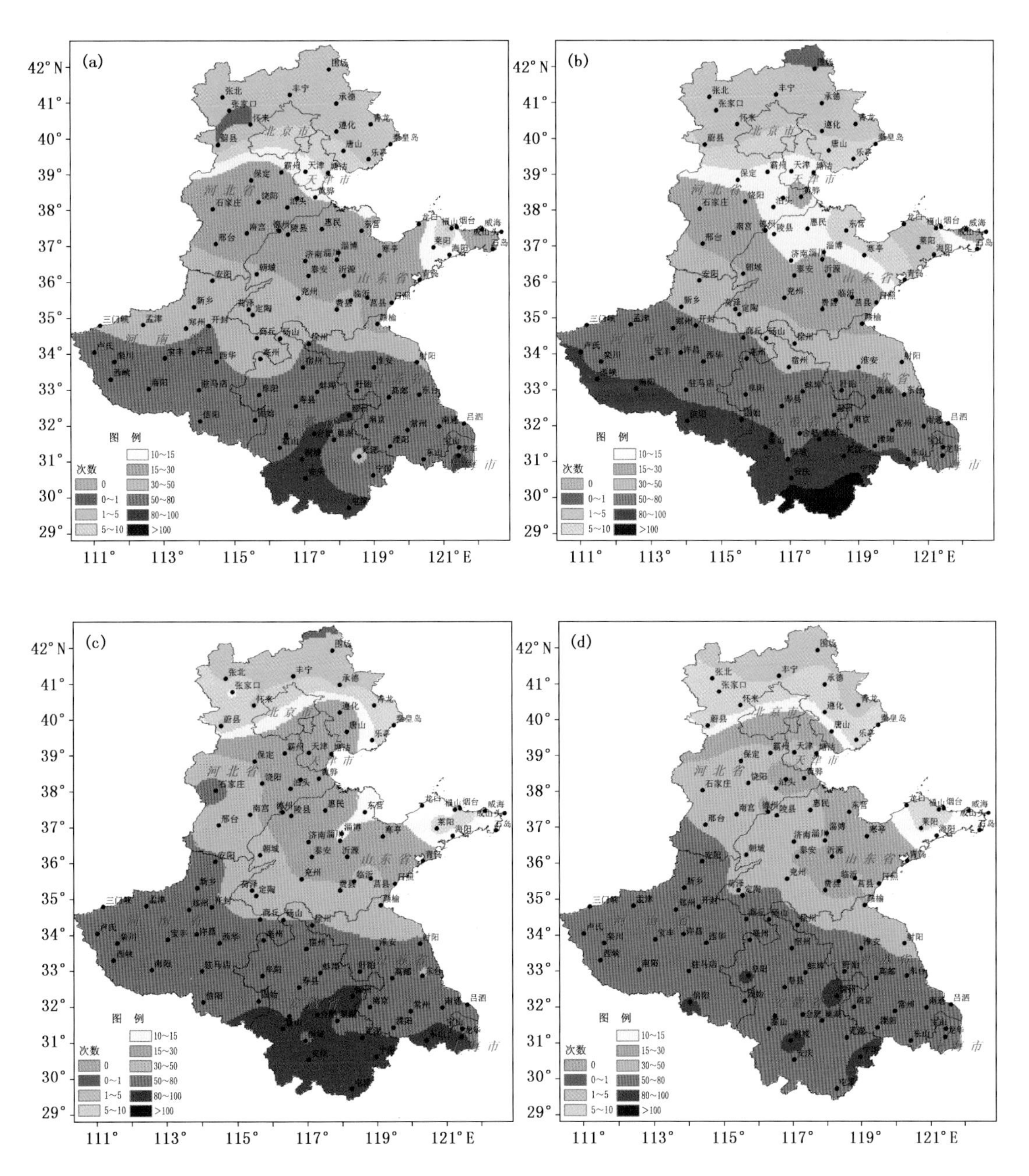

图 3.38　黄瓜花果期轻度寡照灾害次数各年代分布图(单位:次)

(a. 20 世纪 70 年代、b. 20 世纪 80 年代、c. 20 世纪 90 年代、d. 21 世纪前 10 年)

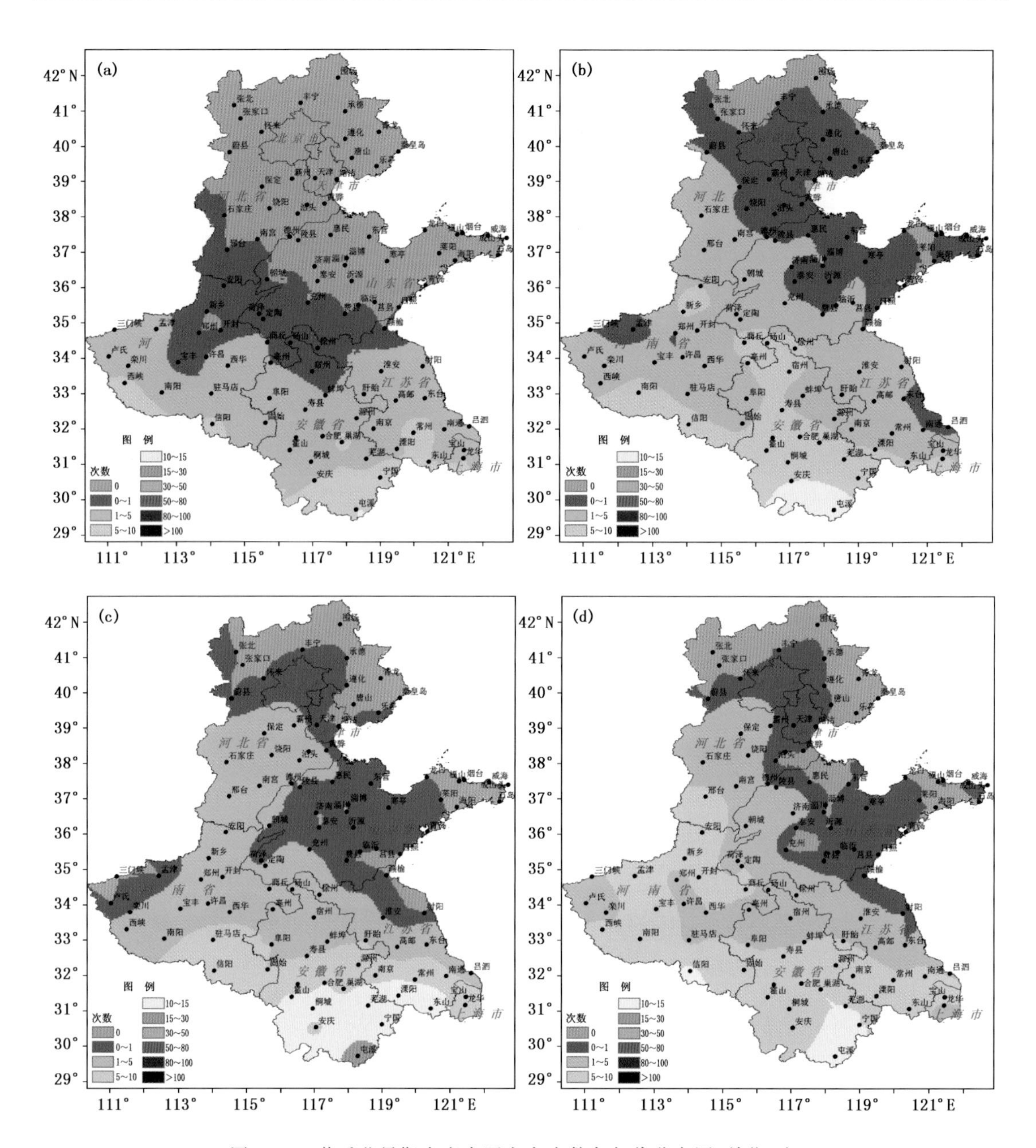

图 3.39　黄瓜花果期中度寡照灾害次数各年代分布图(单位:次)
(a. 20 世纪 70 年代、b. 20 世纪 80 年代、c. 20 世纪 90 年代、d. 21 世纪前 10 年)

从黄瓜花果期重度寡照灾害次数各年代分布图(图 3.40)上看,整个研究区黄瓜花果期重度寡照灾害的发生次数均在 5 次以下,大部分地区重度寡照灾害发生的次数较少,但随着年代的推移,灾害发生次数较多的区域逐渐向北发展,面积不断增大。

总体分析可知,各年代上海、河南大部、安徽大部和江苏部分地区黄瓜花果期发生轻度寡照灾害的次数较多,其他地区发生寡照灾害的次数较少,随着年代的推移,各地区除南部边界地区发生寡照灾害的次数逐渐减少外,其他地区发生次数有增加的趋势。

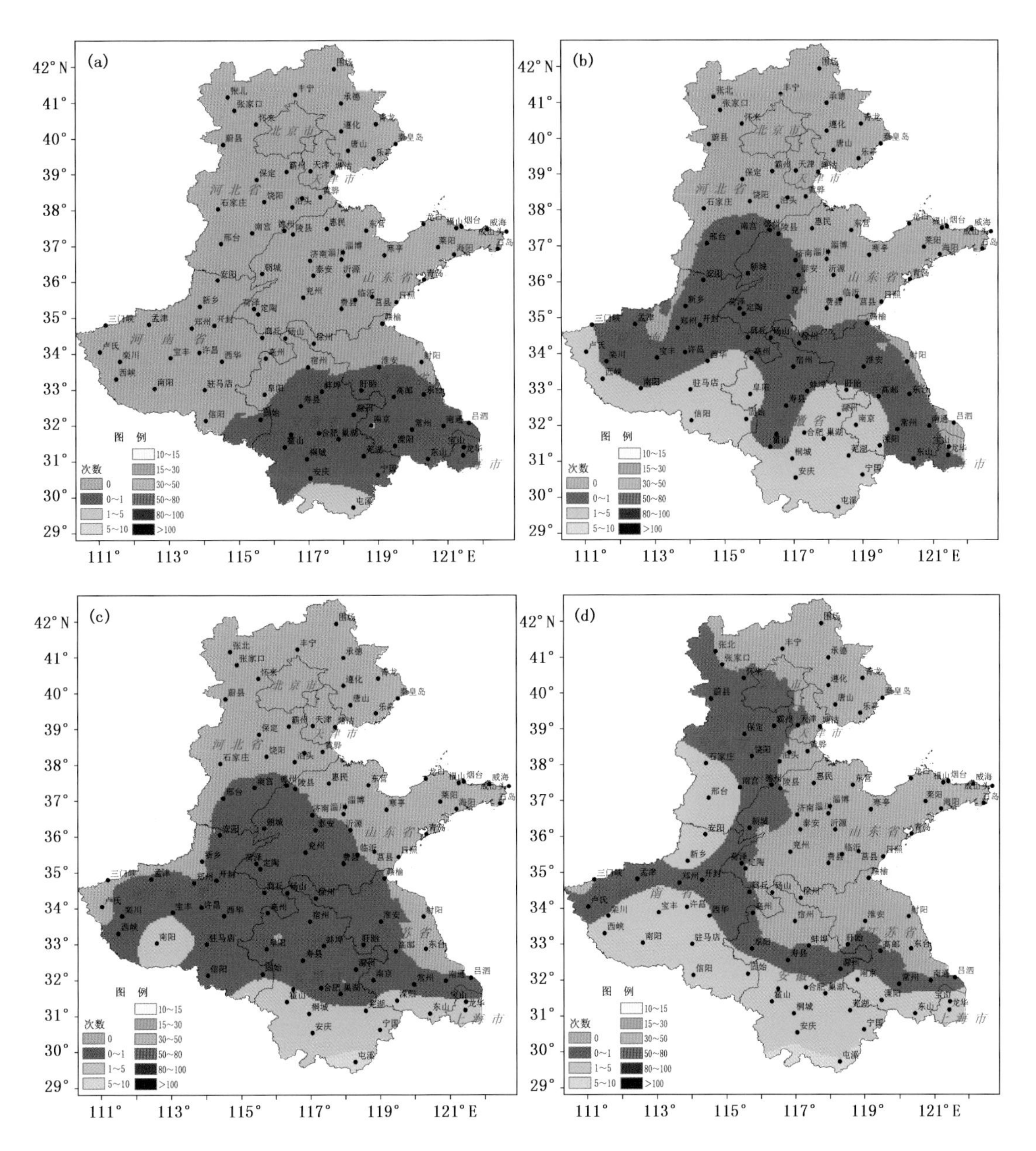

图 3.40　黄瓜花果期重度寡照灾害次数各年代分布图(单位:次)
(a. 20 世纪 70 年代、b. 20 世纪 80 年代、c. 20 世纪 90 年代、d. 21 世纪前 10 年)

(3)黄瓜寡照灾害 40 年来总次数分布规律

1)黄瓜苗期寡照灾害 40 年来总次数分布规律

研究表明,40 年来七省(市)黄瓜苗期发生轻度寡照灾害次数的分布为:三门峡—郑州—亳州—宿州—淮安—东台一线以南在 200 次以上,局部地区在 300 次以上;河北和山东大部分地区在 100 次以下,河北北部地区在 20 次以下;其他地区在 100～200 次。

发生中度寡照灾害次数的分布为:西峡—驻马店—寿县—常州—上海一线以南在 50～100 次;河北和山东大部分地区在 10 次以下;其他地区在 10～50 次。

发生重度寡照灾害次数的分布为：研究区除安徽南部，江苏南京、泽阳、东山以及河南安阳地区在5～20次外，其他大部分地区在5次以下，其中河北和山东大部、江苏部分地区无灾害发生。

综合分析黄瓜苗期寡照灾害40年来总次数分布规律（图3.41）可知，河南南部、安徽南部、江苏局部和上海部分地区，发生轻度和中度寡照灾害的次数均较多，其他地区除河北北部及山东半岛局部地区以外，轻度灾害的发生次数较多。

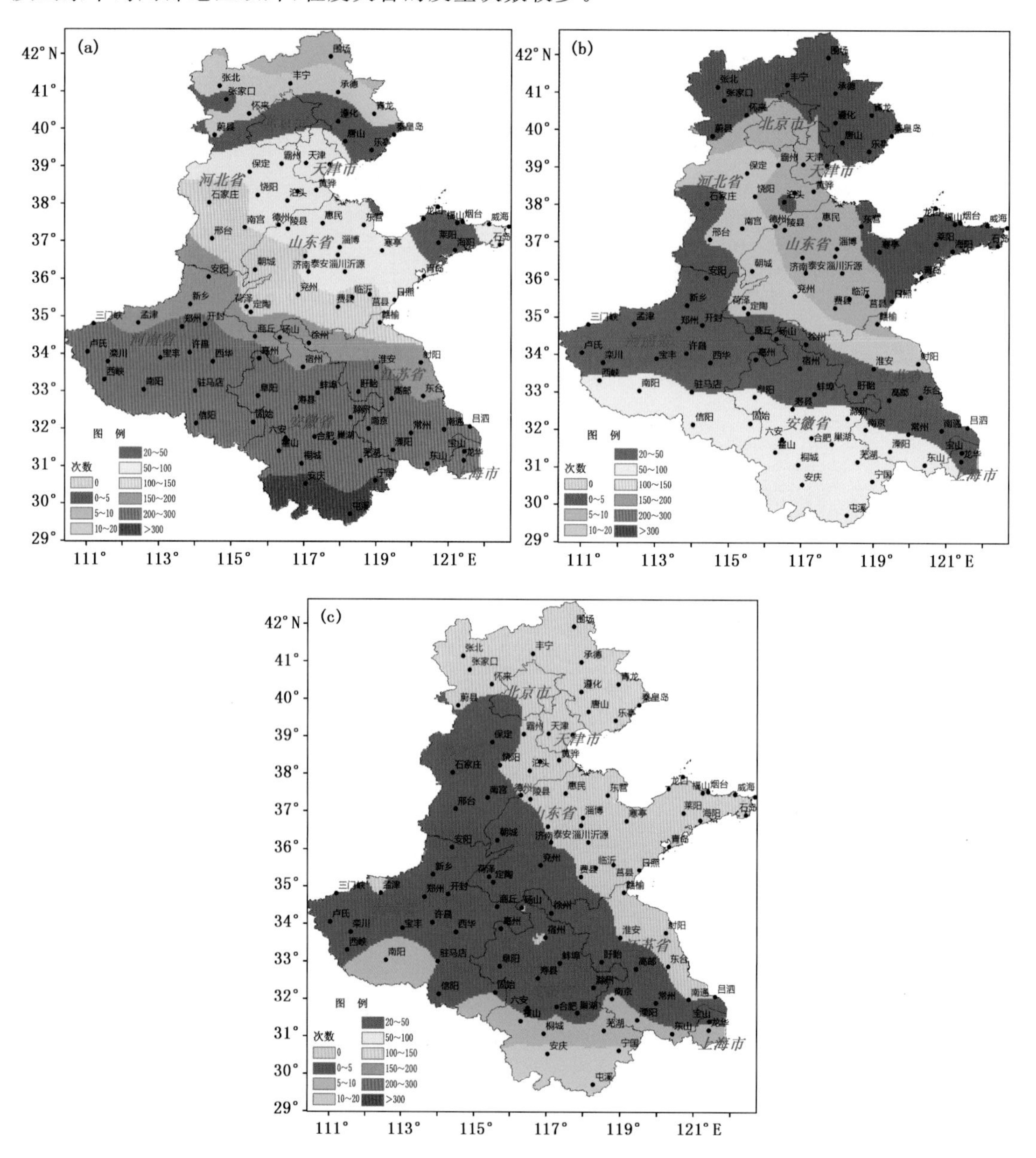

图3.41　黄瓜苗期寡照灾害40年来总次数分布图（单位：次）
（a.轻度、b.中度、c.重度）

2）黄瓜花果期寡照灾害40年来总次数分布规律

研究表明，40年来七省（市）黄瓜花果期发生轻度寡照灾害次数的分布为：新乡－开封－

商丘—宿州—淮安—东台一线以南在 200 次以上，其中南部部分地区在 300 次以上；河北和山东大部分地区在 100 次以下，河北边界地区在 20 次以下；其他地区在 100～200 次。

发生中度寡照灾害次数的分布为：西峡—南阳—寿县—滁州—常州—龙华一线以南在 20 次以上；河北和山东大部、江苏局部地区在 5 次以下；其他地区在 5～20 次。

发生重度寡照灾害的分布为：研究区除安徽南部，江苏南京、泽阳、东山以及河南安阳地区在 5～20 次外，其他大部分地区在 5 次以下，其中河北和山东大部、江苏部分地区无灾害发生。

综合分析黄瓜花果期寡照灾害 40 年来总次数分布规律(图 3.42)可知，黄瓜花果期以轻度寡照灾害的发生为主，且除河北北部及山东半岛局部地区以外，其他地区轻度灾害的发生次数均较多；中度和重度灾害发生次数较少。

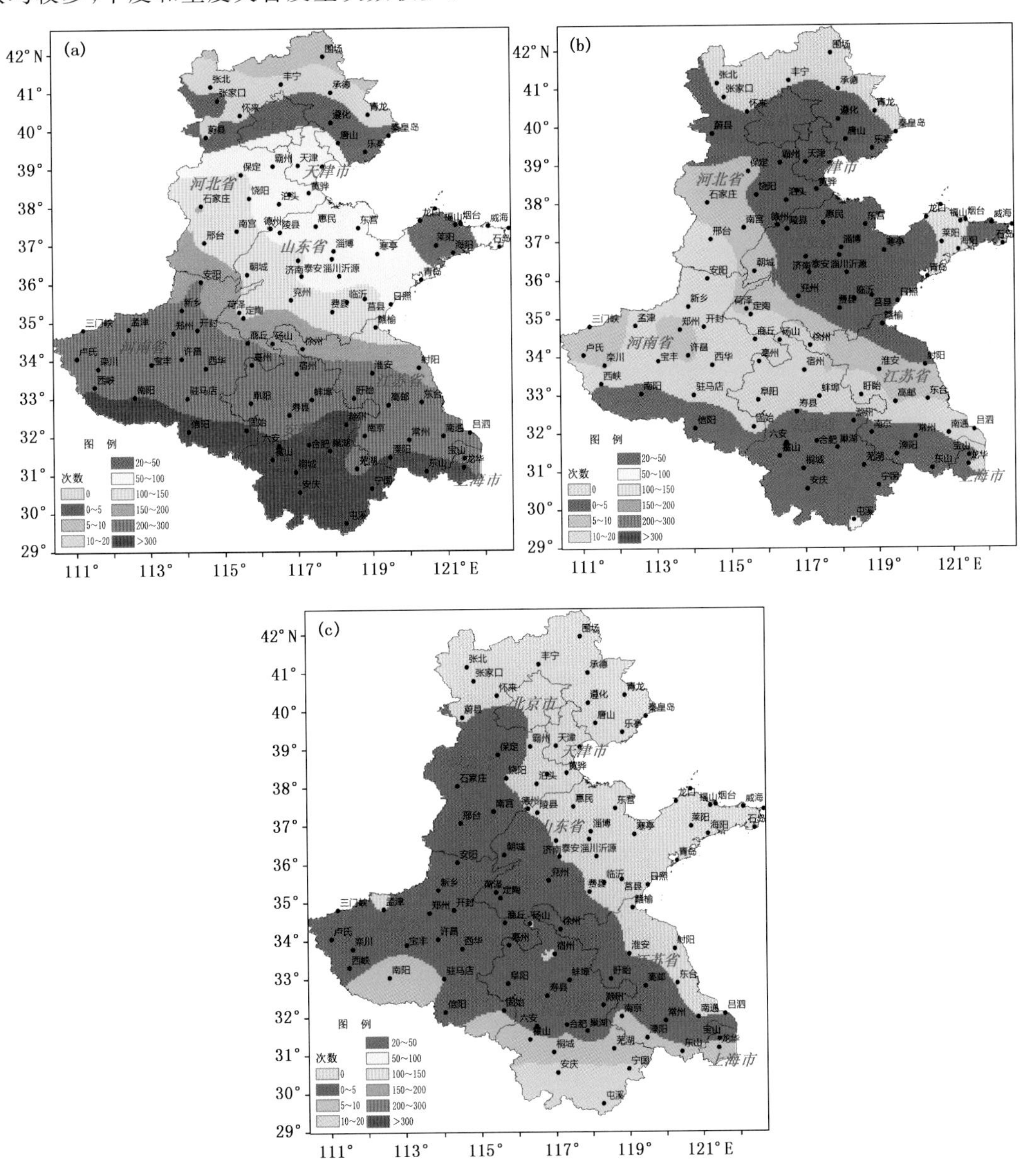

图 3.42　黄瓜花果期寡照灾害 40 年来总次数分布图(单位：次)

(a. 轻度、b. 中度、c. 重度)

3.2.2 黄瓜寡照灾害风险区划

(1)黄瓜寡照灾害各季节风险区划

1)黄瓜苗期寡照灾害各季节风险区划

从黄瓜苗期轻度寡照季节风险分布图(图 3.43)上看,中风险区的范围冬季最大,其次为春季,秋季最小,且南部区域风险大于北部区域。

春季以三门峡—商丘—徐州—射阳一线以北为低风险区;此线以南为中风险区。

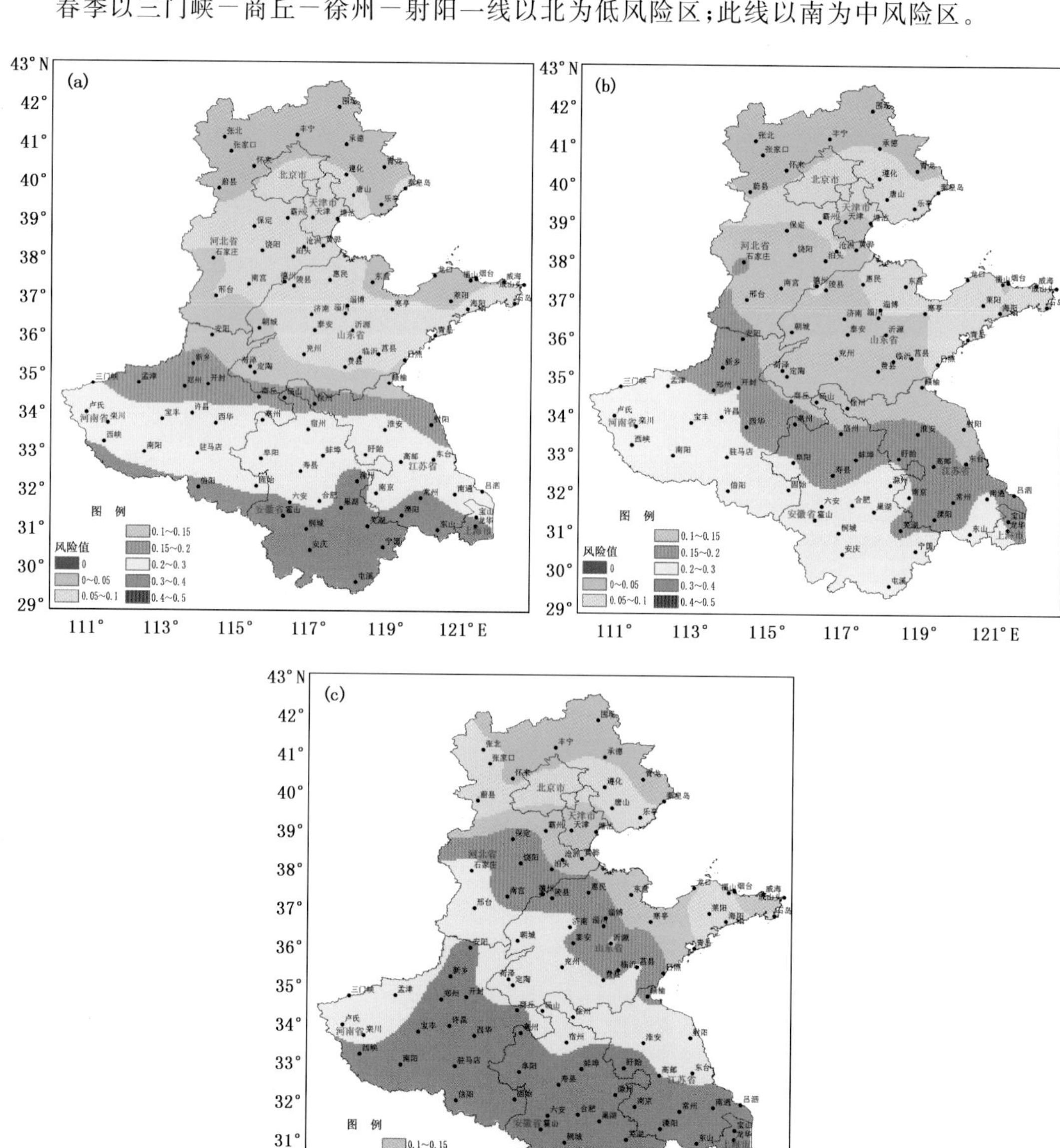

图 3.43 黄瓜苗期轻度寡照灾害各季节风险分布图

(a. 春季、b. 秋季、c. 冬季)

秋季河南西南部、安徽南部及江苏南部地区为中风险区；其余地区为低风险区。

冬季石家庄—南宫—泰安—临沂—赣榆一线西南方向为中风险区；此线东北方向为低风险区。

在春、秋两季，上海、河南南部、安徽南部和江苏南部地区黄瓜苗期发生轻度寡照灾害的风险较大，但秋季范围较春季小；在冬季，除河北大部和山东大部分地区发生轻度寡照灾害的风险较小外，其他地区发生风险相对较大。

从黄瓜苗期中度寡照季节风险分布图(图3.44)上看，各季节黄瓜苗期中度寡照风险值不超过0.2，均为低风险。春季安徽南部最大风险值可达到0.1～0.15，秋季均在0.1以下，冬季安徽南部最大风险值可达0.15～0.2。

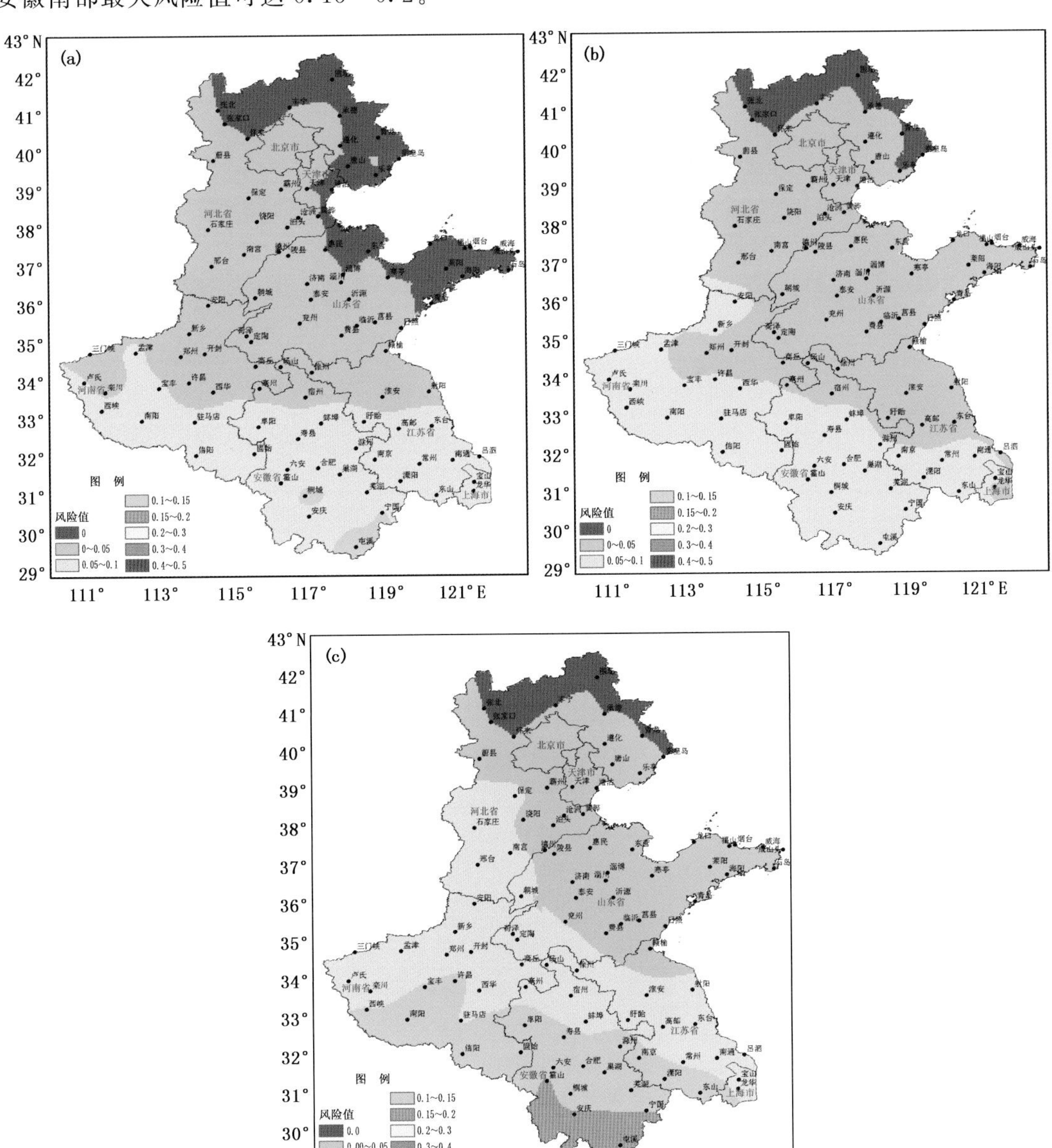

图3.44　黄瓜苗期中度寡照灾害各季节风险分布图
(a. 春季、b. 秋季、c. 冬季)

春、秋、冬 3 个生长季节，黄瓜苗期发生中度寡照灾害的风险均较小。

从黄瓜苗期重度寡照季节风险分布图(图 3.45)上看，各季节黄瓜苗期重度寡照风险均小于 0.05，即全部为低风险区。

春、秋、冬 3 个生长季节，黄瓜苗期发生重度寡照灾害的风险均较小。

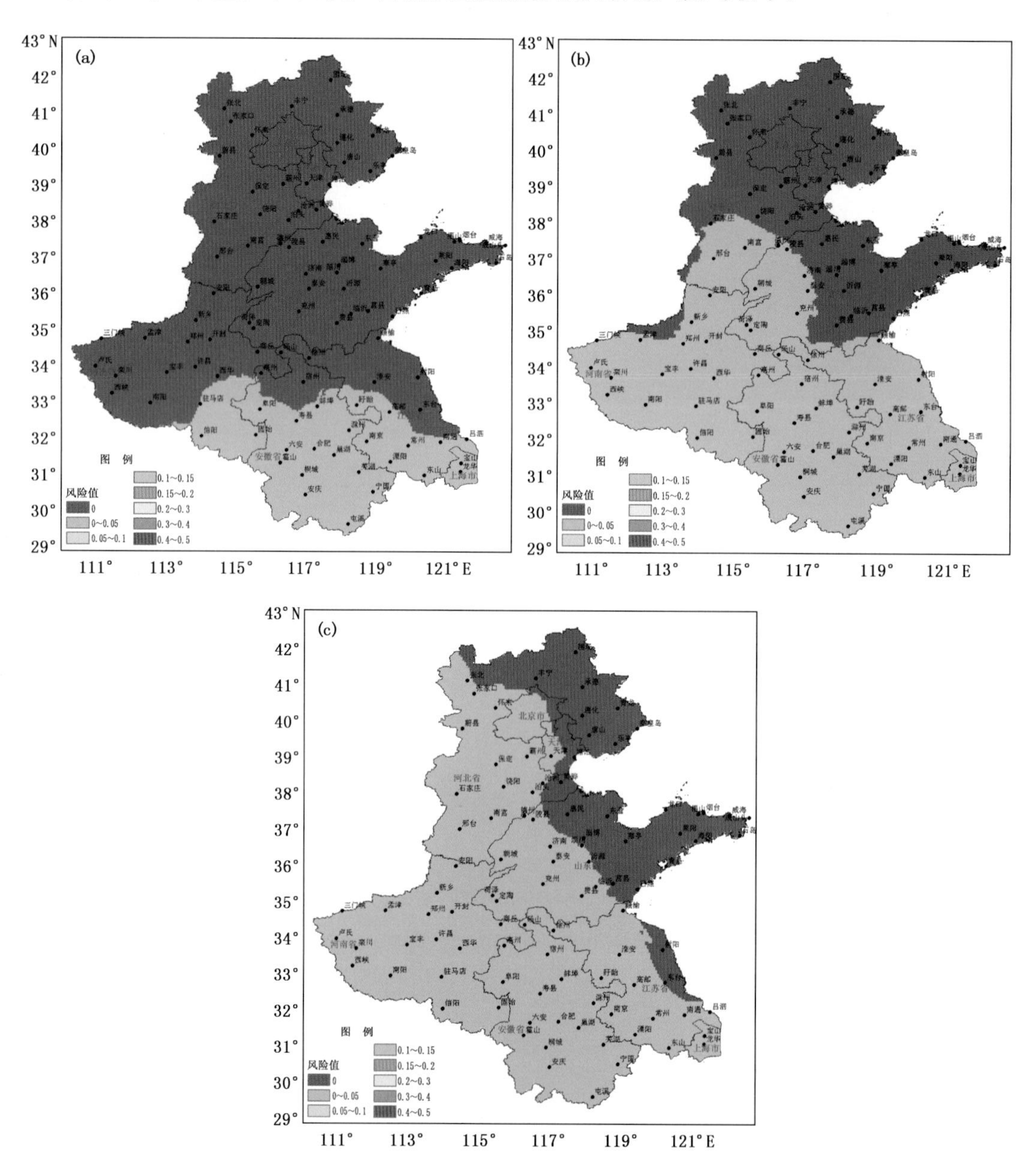

图 3.45　黄瓜苗期重度寡照灾害各季节风险分布图

(a. 春季、b. 秋季、c. 冬季)

总体看来，黄瓜苗期寡照灾害以轻度寡照灾害最易发生，不易发生中度和重度灾害；且冬季轻度寡照灾害的易发生区域大于春季，秋季最小。

2）黄瓜花果期寡照灾害各季节风险区划

从黄瓜花果期轻度寡照季节风险分布图（图3.46）上看，春、秋两季低风险，即风险值低于0.2的区域范围大于冬季。

春季以三门峡—商丘—徐州—射阳一线为分界线，分界线以北为低风险区；安徽南端为高风险区；其余地区为中风险区。

秋季上海、河南西南部、安徽南部及江苏南部地区为中风险区；其余地区为低风险区。

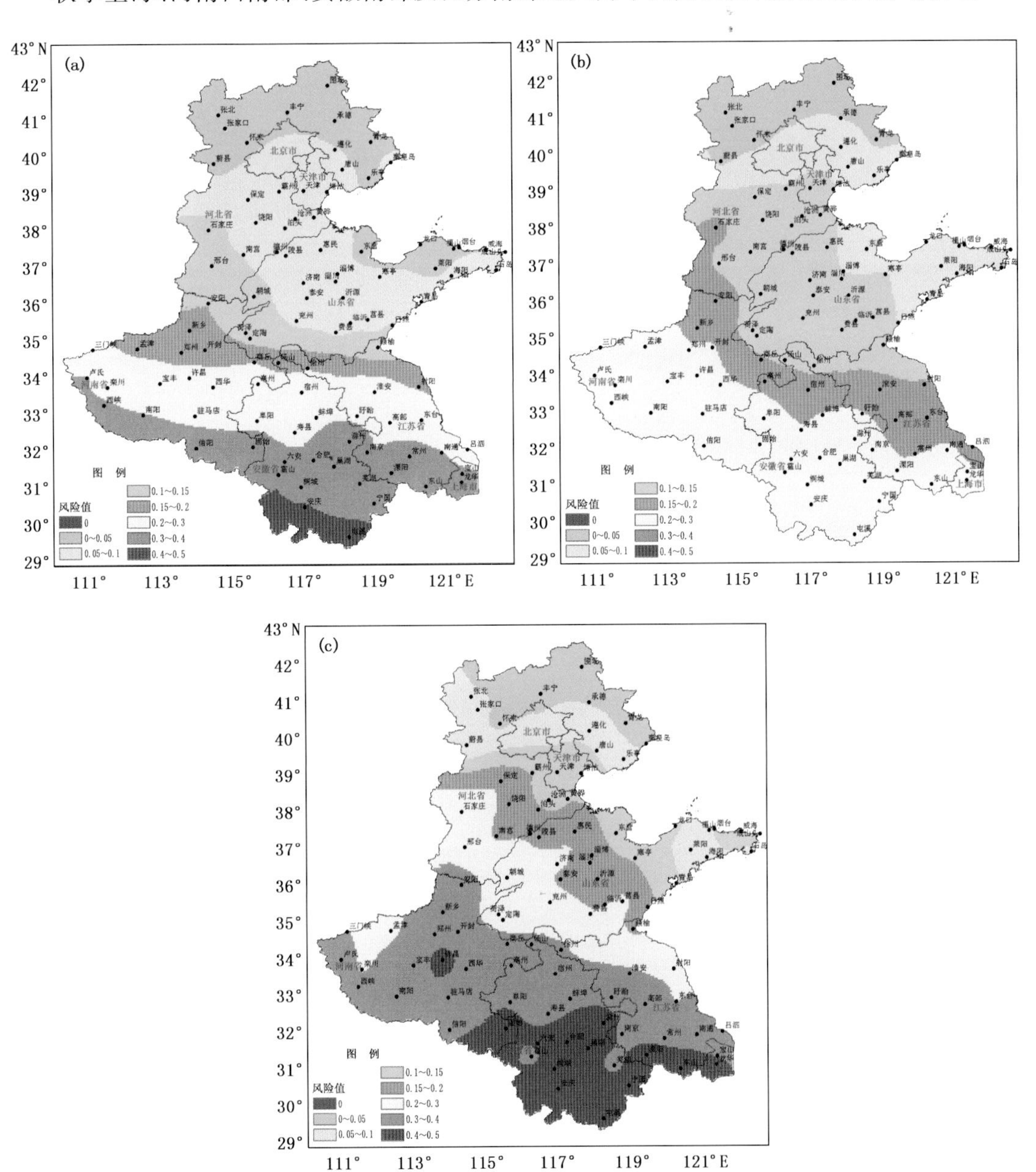

图3.46　黄瓜花果期轻度寡照灾害各季节风险分布图
（a. 春季、b. 秋季、c. 冬季）

冬季石家庄—南宫—泰安—临沂—赣榆一线东北方向为低风险区；河南局部、安徽南部，江苏南部及上海为中风险区。

在春、秋两季，上海、河南南部、安徽南部以及江苏南部地区黄瓜花果期发生轻度寡照的风险较大，其他地区风险较小。在冬季，除河北大部和山东大部分地区发生风险较小以外，其他地区风险均相对较大。

从黄瓜花果期中度寡照季节风险分布图(图 3.47)上看，各季节区域风险值低于 0.15，即全部为低风险，其中秋季仅有信阳局部风险值大于 0.05，而冬季安徽南部地区风险值可达到 0.1～0.15。

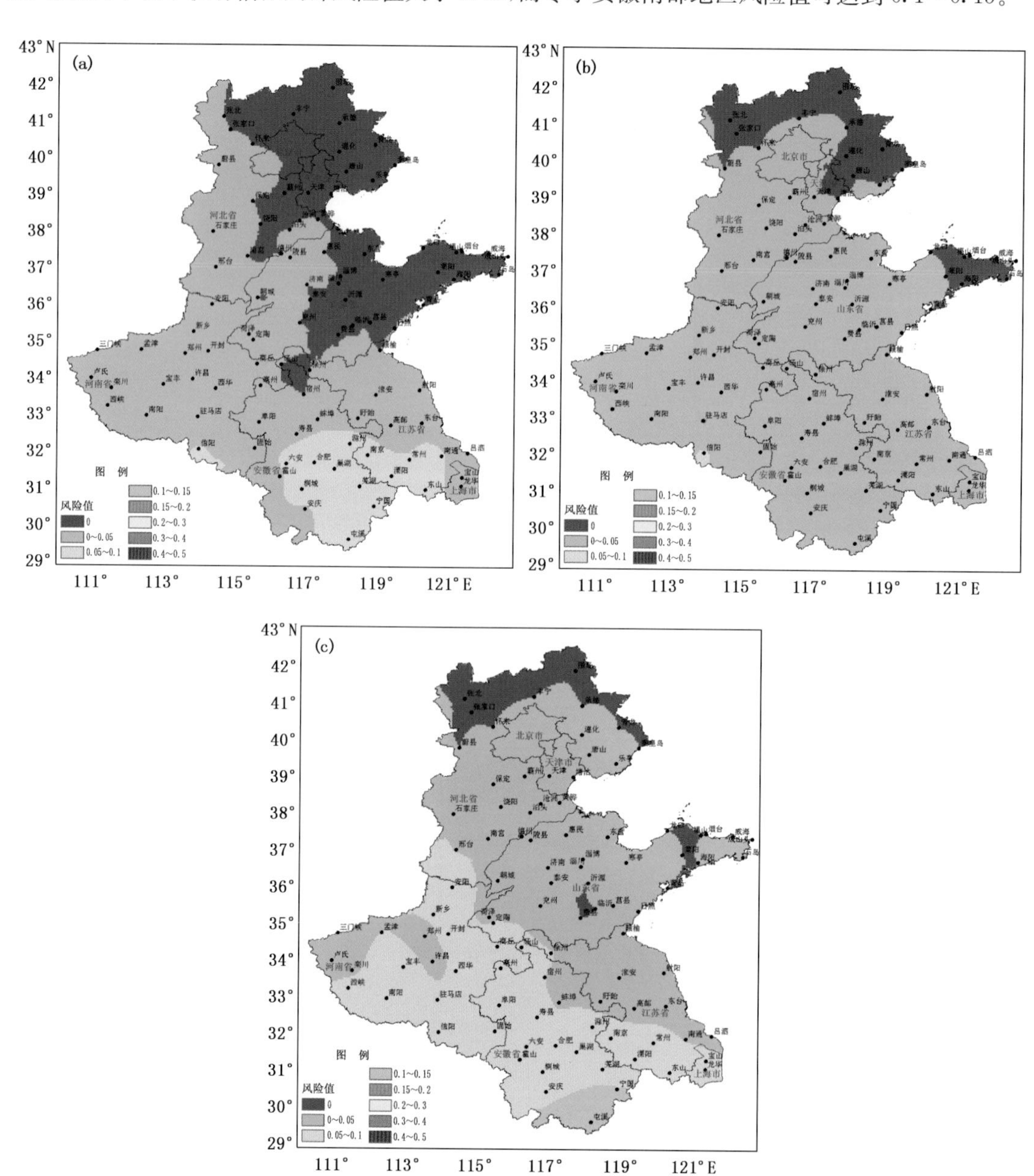

图 3.47　黄瓜花果期中度寡照灾害各季节风险分布图

(a. 春季、b. 秋季、c. 冬季)

春、秋、冬3个生长季节，黄瓜花果期发生中度寡照灾害的风险均较小。

从黄瓜花果期重度寡照季节风险分布图(图3.48)上看，各季节黄瓜花果期重度寡照风险均小于0.05，即全部为低风险区。

春、秋、冬3个生长季节，黄瓜花果期发生重度寡照灾害的风险均较小。

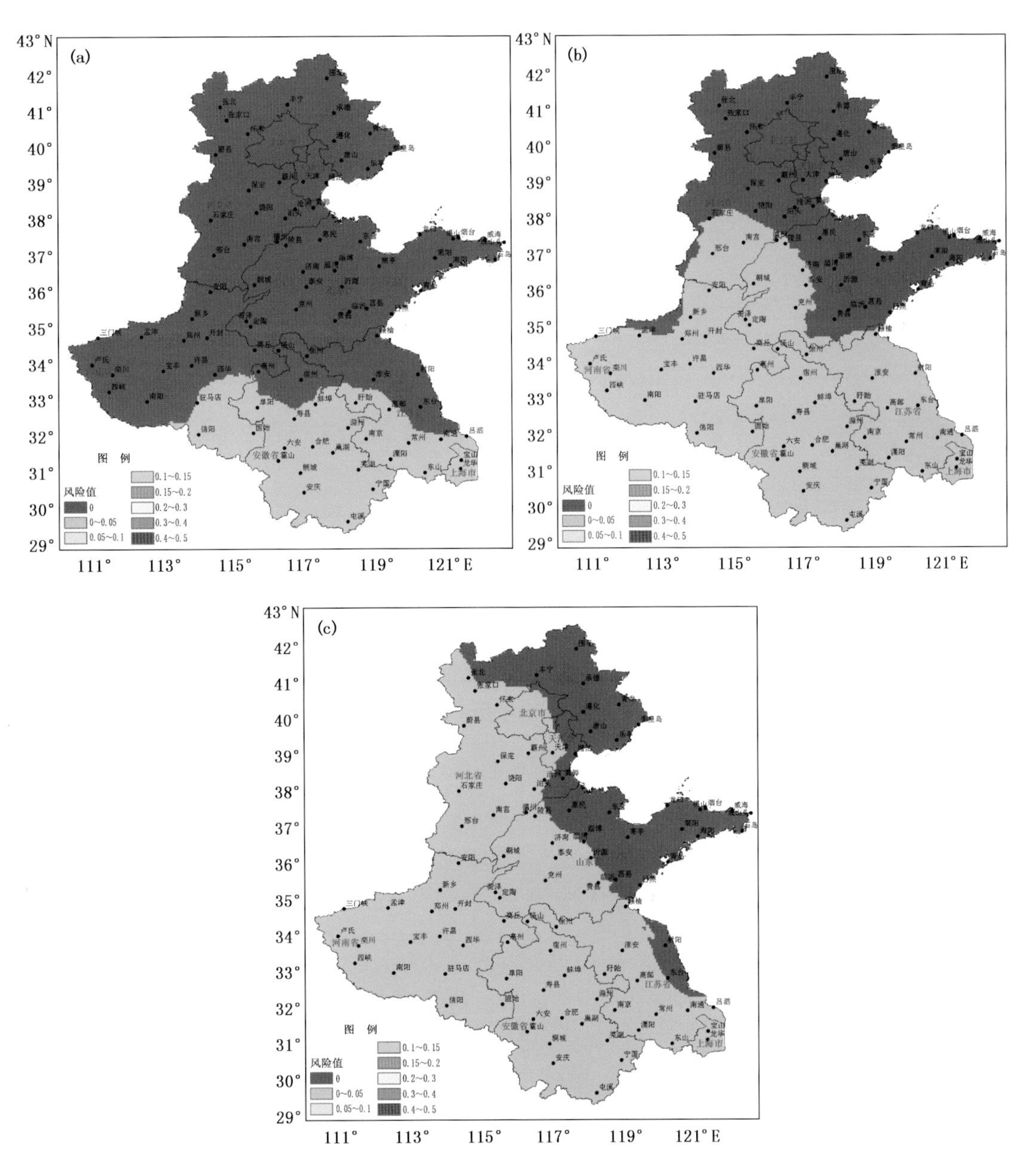

图3.48 黄瓜花果期重度寡照灾害各季节风险分布图

(a. 春季、b. 秋季、c. 冬季)

总体看来，黄瓜花果期寡照灾害以轻度寡照灾害最易发生，不易发生中度和重度灾害；且冬季轻度寡照灾害的易发生区域大于春季，秋季最小，南部区域风险大于北部区域。

(2)黄瓜寡照灾害各年代风险区划

1)黄瓜苗期寡照灾害各年代风险区划

从黄瓜苗期轻度寡照各年代风险分布图(图 3.49)上看,20 世纪 70 年代,安阳—兖州—费县—赣榆一线以南地区风险值高于 0.2,为中风险区或以上风险区,其中安徽和江苏南部部分地区为高风险区;此线以北为低风险,随着年代的推移,此界限逐渐北移,中风险区域逐渐增加,低风险区域减少;高风险区域有先增加后减少的趋势,90 年代区域范围达到最大。

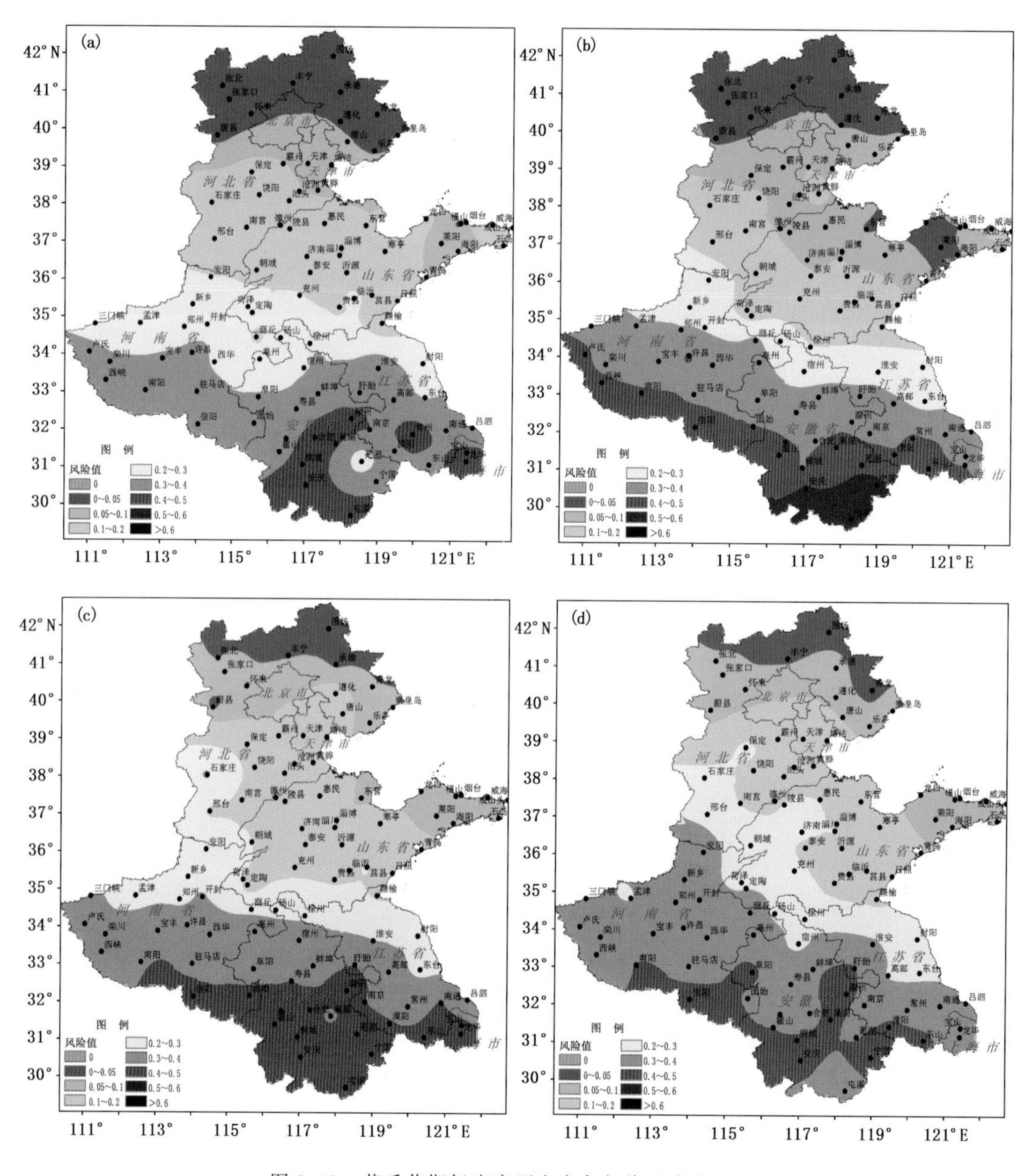

图 3.49　黄瓜苗期轻度寡照灾害各年代风险分布图

(a. 20 世纪 70 年代、b. 20 世纪 80 年代、c. 20 世纪 90 年代、d. 21 世纪前 10 年)

从黄瓜苗期中度寡照各年代风险分布图(图 3.50)上看,4 个年代区域风险值均小于 0.2,即全部为低风险,但风险值 0.05 以上区域是随着年代的推移逐渐扩大的。

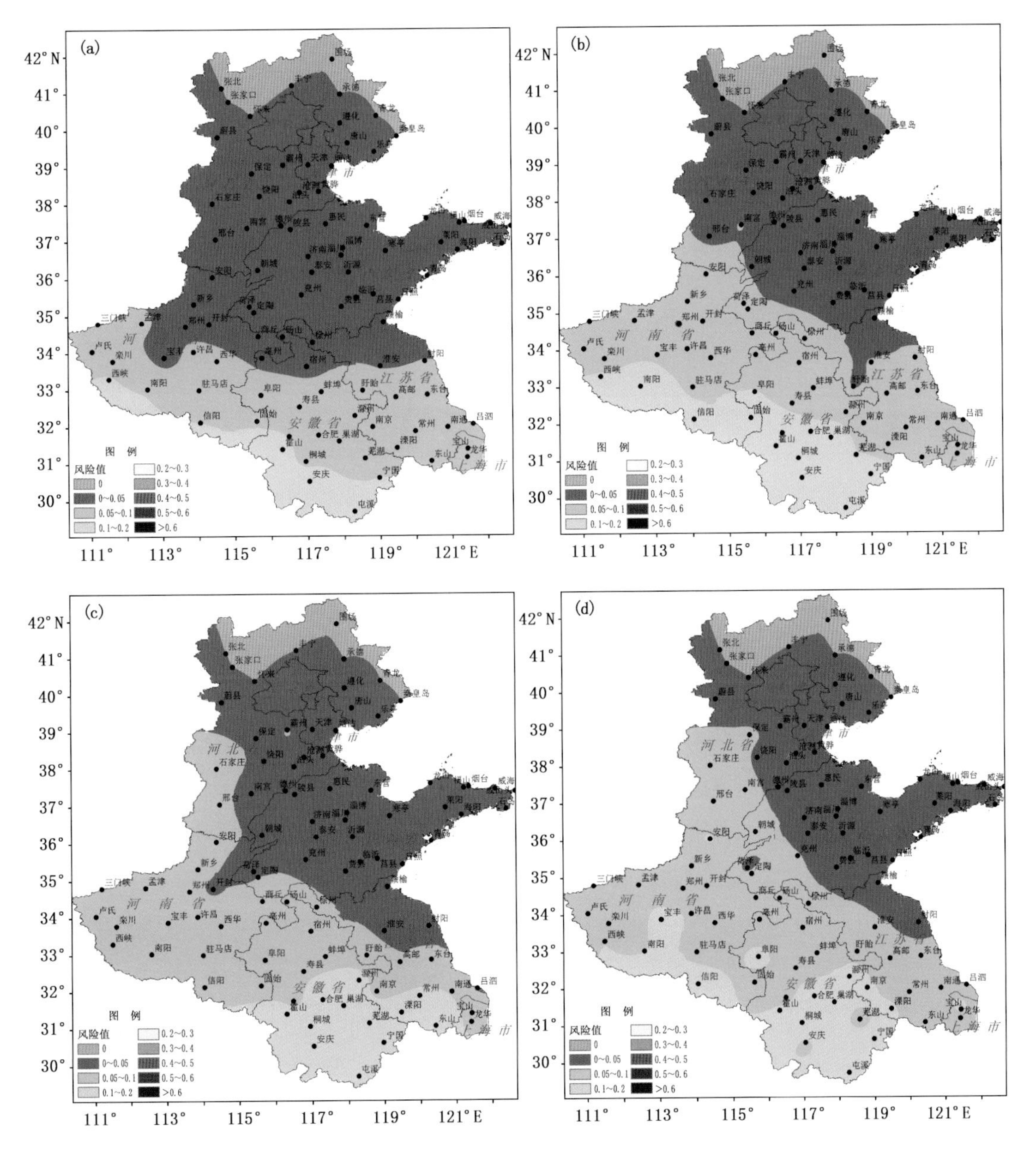

图 3.50　黄瓜苗期中度寡照灾害各年代风险分布图

(a. 20 世纪 70 年代、b. 20 世纪 80 年代、c. 20 世纪 90 年代、d. 21 世纪前 10 年)

从黄瓜苗期重度寡照各年代风险分布图(图 3.51)上看,4 个年代区域风险值均小于 0.2,即全部为低风险,无风险区均集中在河北和山东大部分地区,风险值 0.05 以上区域有随着时间推移逐渐扩大的趋势,但变化不明显。

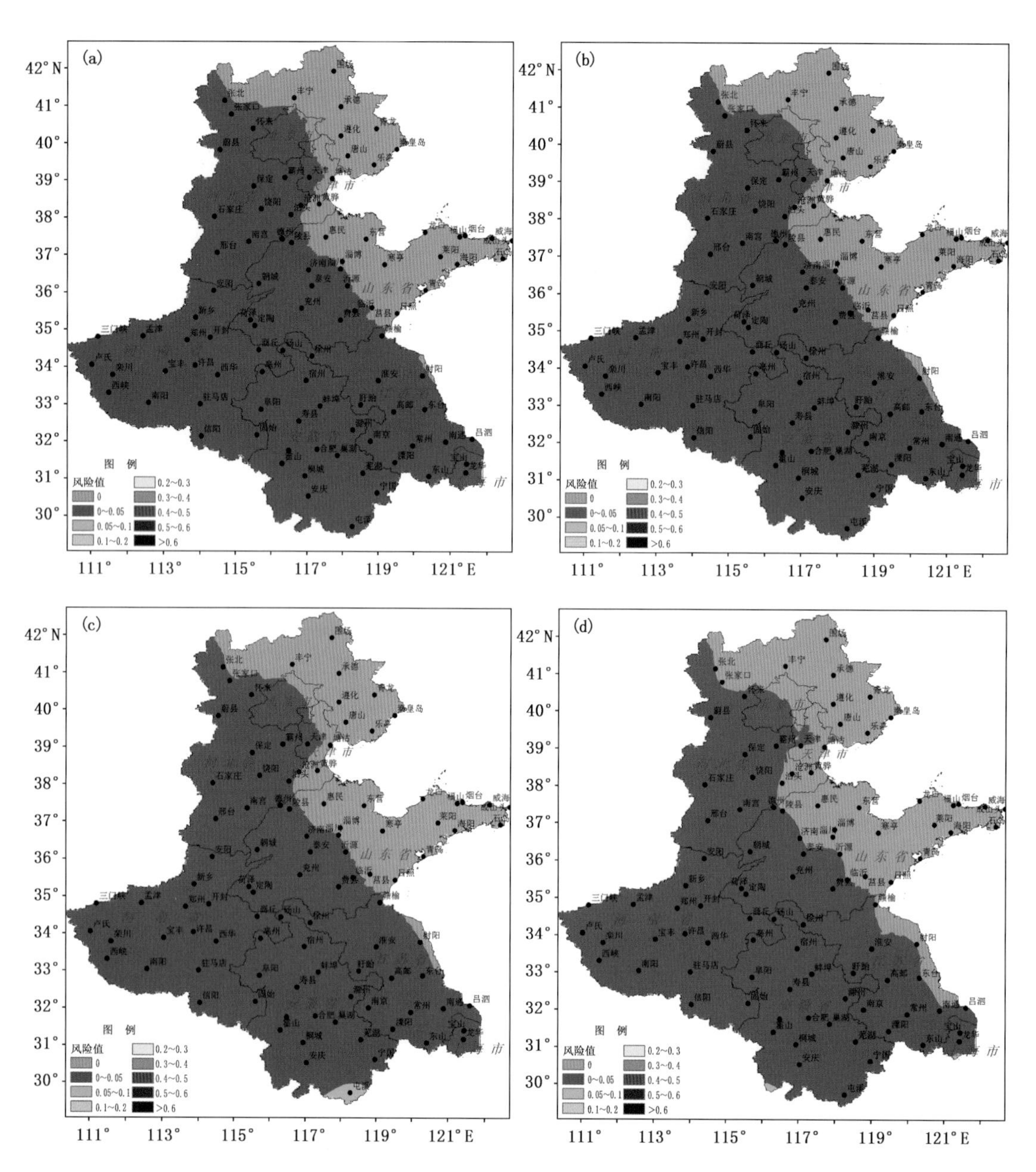

图 3.51　黄瓜苗期重度寡照灾害各年代风险分布图

（a. 20 世纪 70 年代、b. 20 世纪 80 年代、c. 20 世纪 90 年代、d. 21 世纪前 10 年）

总体看来，黄瓜苗期在上海、河南南部、安徽南部和江苏南部地区易发生轻度寡照灾害，随着年代的推移，轻度灾害的易发生区域逐渐扩展到了河北北部和山东西部地区；各年代其他地区黄瓜苗期不易发生寡照灾害。

2）黄瓜花果期寡照灾害各年代风险区划

从黄瓜花果期轻度寡照各年代风险分布图（图 3.52）上看，安阳－兖州－费县－赣榆一线以南为中风险区或以上风险区，其中西峡－南阳－固始－滁州－常州－宝山一线以南为高风险区，其他地区为低风险区，随着年代的推移，这两条界限逐渐北移，中风险及以上风险区域逐渐增加,低风险区域减少。

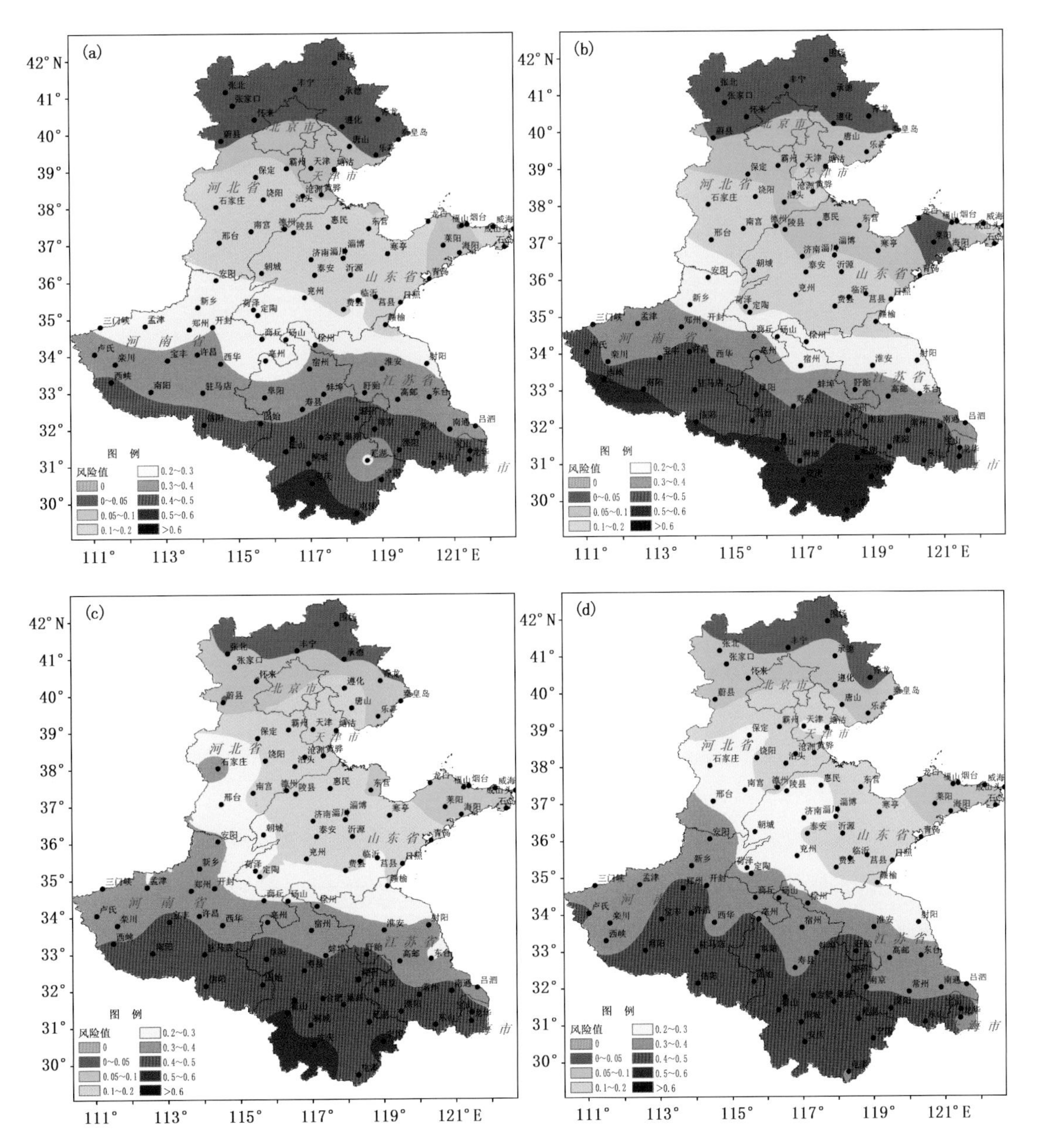

图 3.52　黄瓜花果期轻度寡照灾害各年代风险分布图

(a. 20 世纪 70 年代、b. 20 世纪 80 年代、c. 20 世纪 90 年代、d. 21 世纪前 10 年)

从黄瓜花果期中度寡照各年代风险分布图(图 3.53)上看,4 个年代区域风险值均小于 0.2,即全部为低风险区,但风险值 0.1 以上的区域是随着时间推移逐渐扩大的。

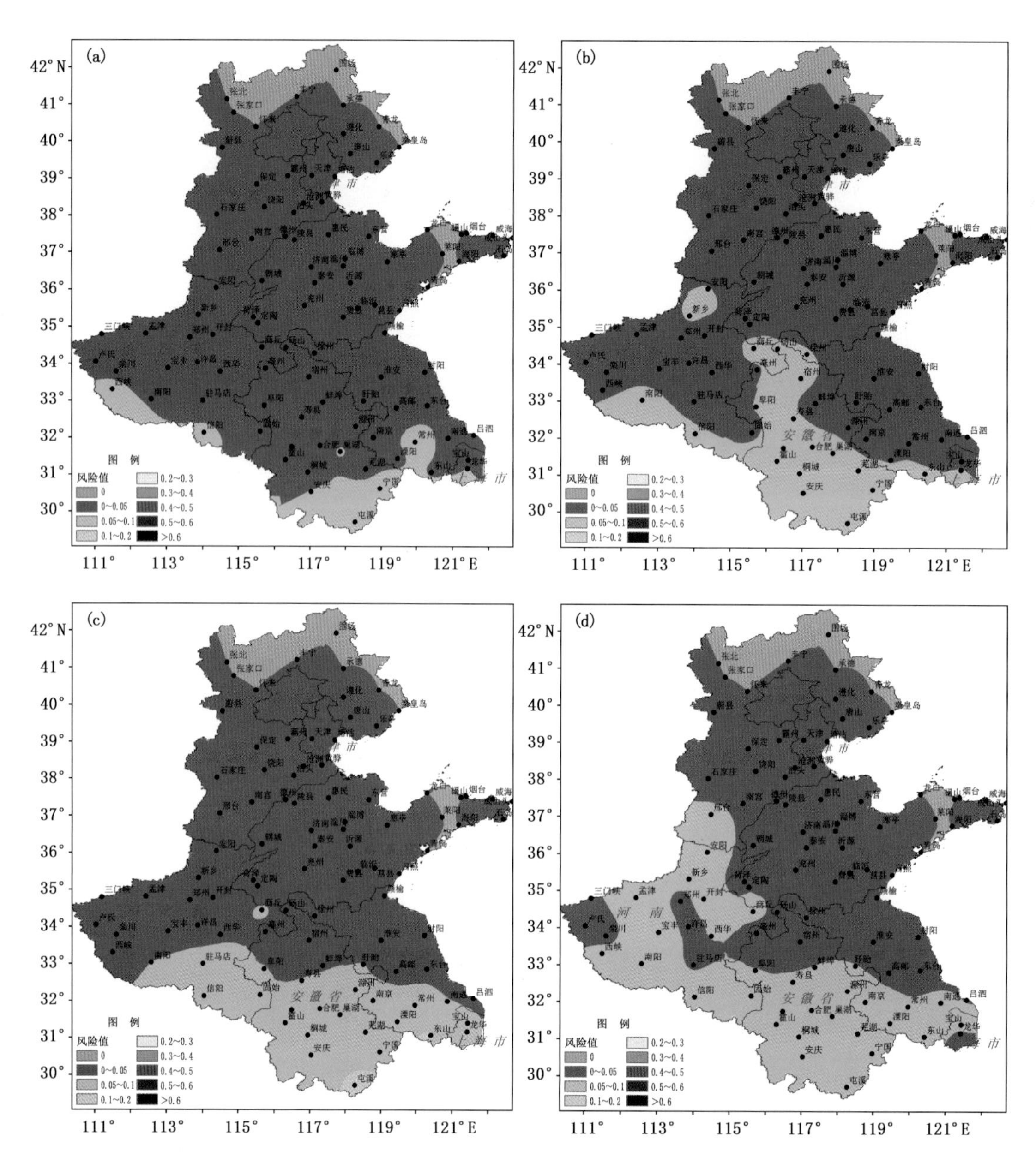

图 3.53　黄瓜花果期中度寡照灾害各年代风险分布图

(a. 20 世纪 70 年代、b. 20 世纪 80 年代、c. 20 世纪 90 年代、d. 21 世纪前 10 年)

从黄瓜花果期重度寡照各年代风险分布图(图 3.54)上看,4 个年代区域风险值均小于 0.2,即全部为低风险区,无风险区均集中在河北和山东大部分地区,风险值 0.05 以上区域有随着时间推移逐渐扩大的趋势,但变化不明显。

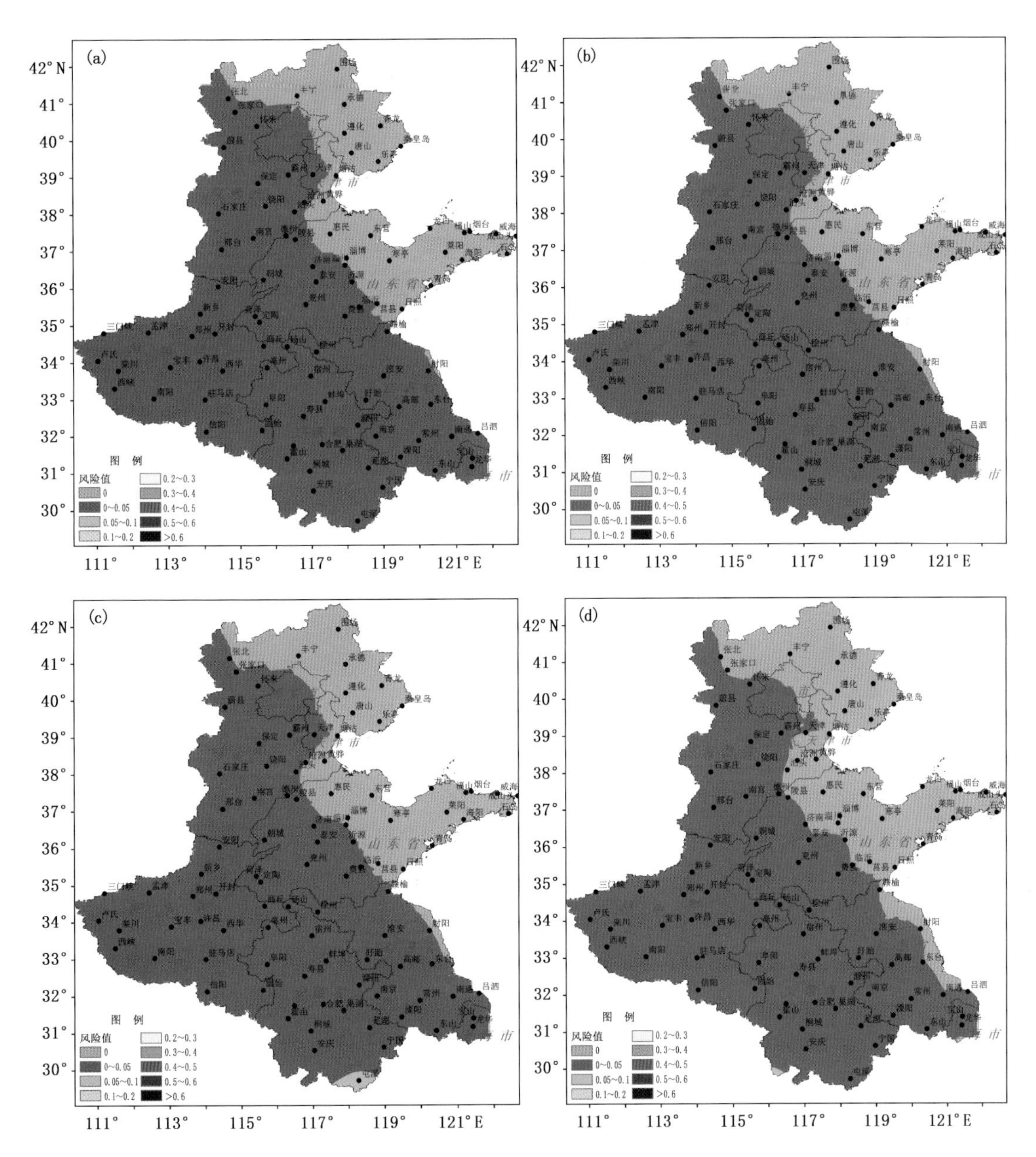

图 3.54　黄瓜花果期重度寡照灾害各年代风险分布图

（a. 20 世纪 70 年代、b. 20 世纪 80 年代、c. 20 世纪 90 年代、d. 21 世纪前 10 年）

总体看来，黄瓜花果期在上海、河南南部、安徽南部和江苏南部地区易发生轻度寡照灾害，随着年代的推移，轻度灾害的易发生区域逐渐扩展到了河北北部和山东西部地区；各年代其他地区黄瓜花果期不易发生寡照灾害。

（3）黄瓜寡照灾害综合风险区划

1）黄瓜苗期寡照灾害综合风险区划

研究表明，七省（市）黄瓜苗期发生轻度寡照灾害的风险分布为：石家庄—邢台—朝城—兖州—费县—赣榆一线以北为低风险区，信阳—霍山—合肥—滁州—芜湖—溧阳—龙华一线以南为高风险区，两线中间地区为中风险区。

整个研究区域黄瓜苗期发生中度和重度寡照灾害风险的等级全部为低风险，研究区发生中度和重度寡照灾害的风险较低。

综合分析黄瓜苗期寡照灾害综合风险分布图(图 3.55)可知，黄瓜苗期较易发生轻度寡照灾害，不易发生中度和重度灾害；且轻度寡照灾害的发生除河北大部和山东大部分地区风险较小以外，其他地区风险相对较大。

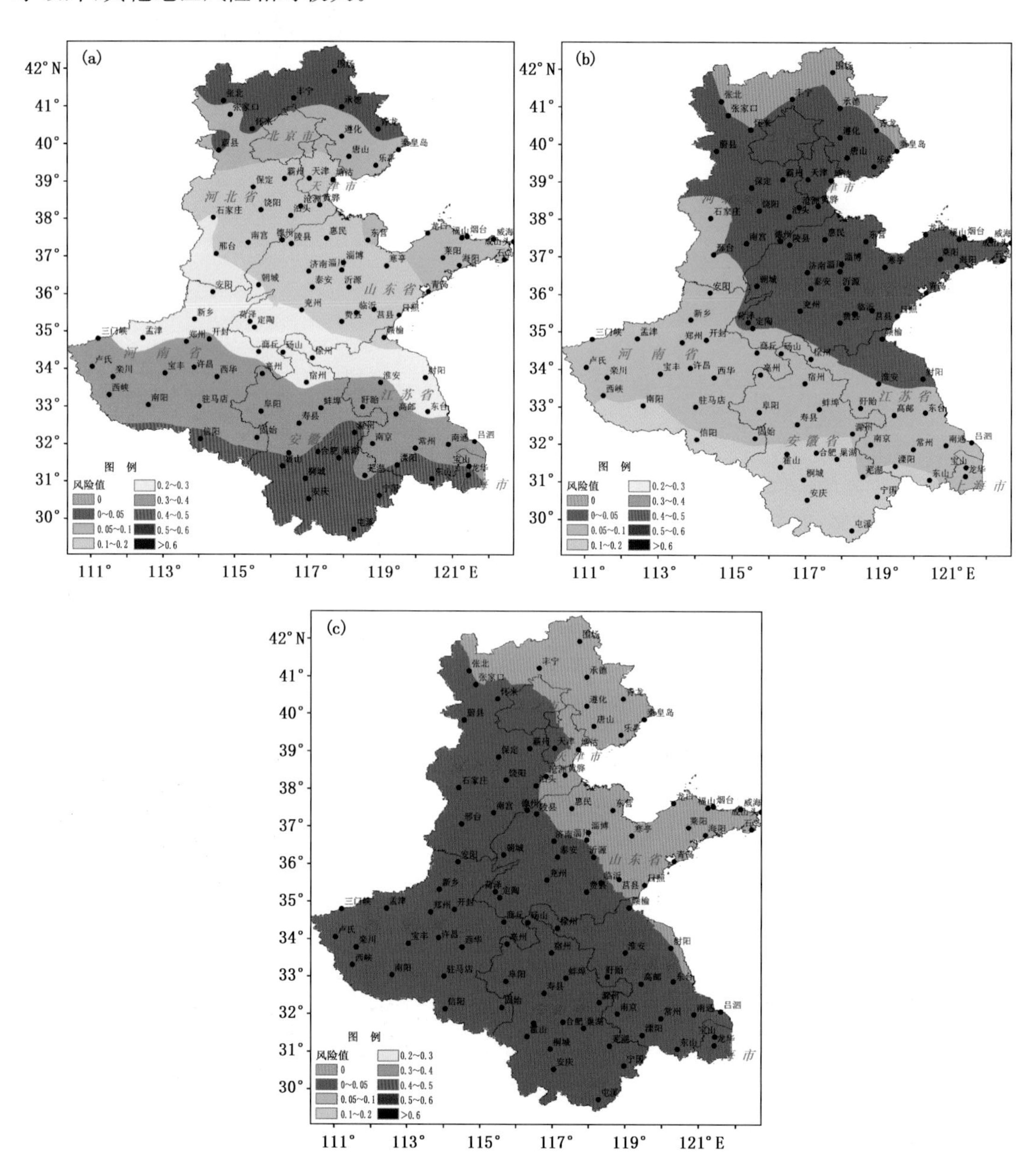

图 3.55　黄瓜苗期寡照灾害综合风险分布图
(a. 轻度、b. 中度、c. 重度)

2)黄瓜花果期寡照灾害综合风险区划

研究表明,七省(市)黄瓜花果期发生轻度寡照灾害的风险分布为:石家庄—邢台—朝城—兖州—费县 赣榆一线以北为低风险区,卢氏—西峡—宝丰—许昌—驻马店—阜阳—寿县—盱眙—常州—南通—宝山一线以南为高风险区,两线中间为中风险区。

整个研究区域黄瓜花果期发生中度和重度寡照灾害风险的等级全部为低风险。

综合分析黄瓜花果期寡照灾害综合风险分布图(图 3.56)可知,黄瓜花果期较易发生轻度寡照灾害,不易发生中度和重度灾害;且轻度寡照灾害的发生除河北大部和山东大部分地区风险较小以外,其他地区风险相对较大。

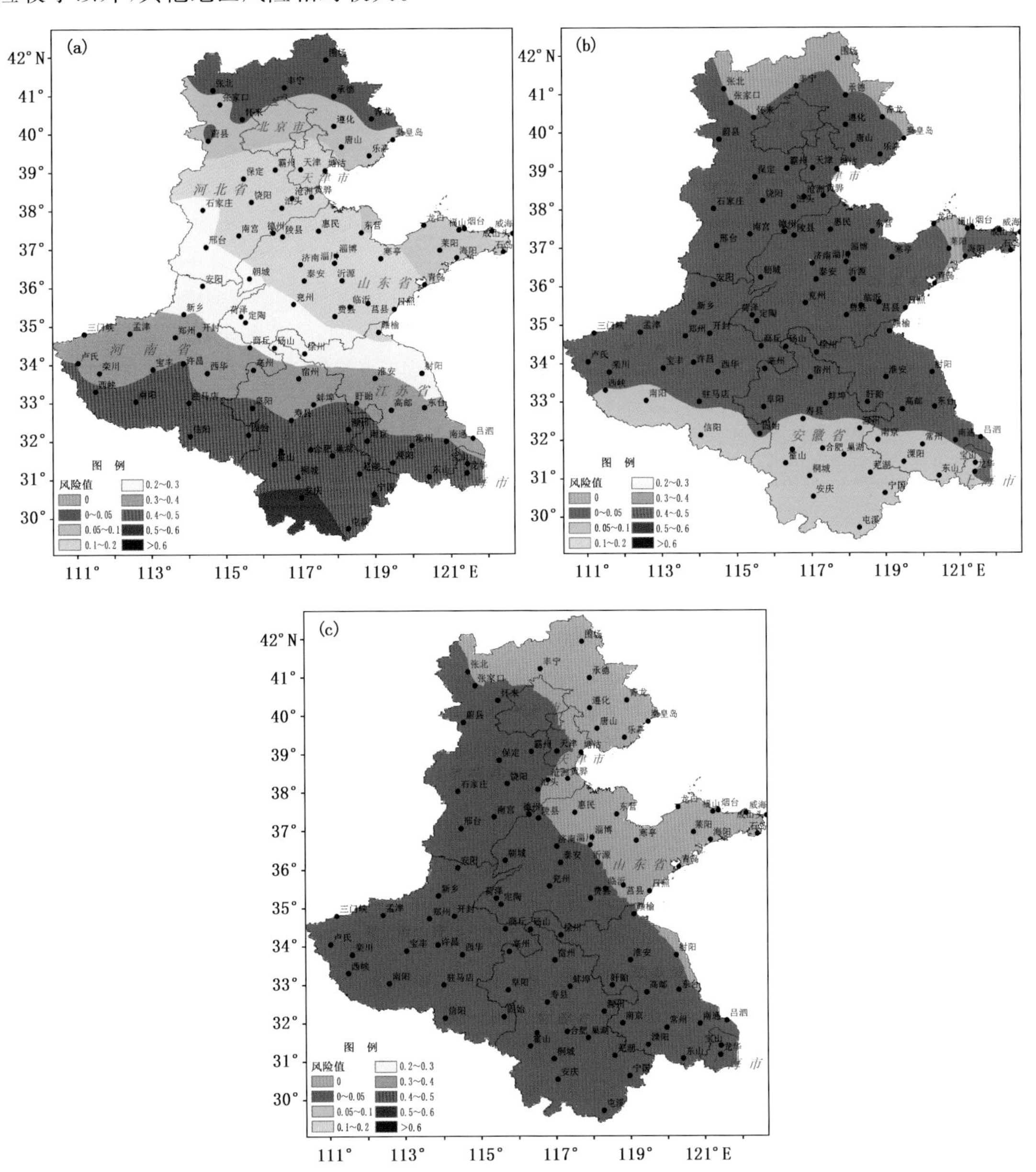

图 3.56　黄瓜花果期寡照灾害综合风险分布图
(a. 轻度、b. 中度、c. 重度)

3.3 芹菜寡照灾害

3.3.1 芹菜寡照灾害分布规律

(1)芹菜寡照灾害各季节分布规律

按照芹菜寡照灾害指标,利用区域内各站点1971—2010年40年气象观测资料,按春、秋、冬3个生长季节,分别统计芹菜发生轻、中、重度寡照灾害的总日数。

从芹菜轻度寡照灾害次数各季节分布图(图3.57)上看,芹菜轻度寡照多发生于区域南部,河北北部基本没有轻度寡照发生。

春季孟津—许昌—西华—亳州—宿州—淮安—射阳一线以南在10次以上,南部部分地区在20～50次;河北和山东大部分地区在2次以下;其他地区在2～10次。

秋季河北和山东大部分地区在5次以下;河北局部,河南、安徽和江苏大部分地区在10次以上,其中河南和安徽局部地区在20～50次;其他地区在5～10次。

冬季河北和山东大部分地区在10次以下;安阳—定陶—徐州—淮安—东台一线以南在20次以上,其他地区在10～20次。

在春季,河南局部、安徽南部、江苏局部以及上海部分地区芹菜发生轻度寡照灾害的次数较多;在秋季,仅河南局部和安徽局部地区发生次数较多;在冬季,发生次数较多的区域较春、秋季多,主要集中在上海、河南大部、安徽大部和江苏大部分地区。

从芹菜中度寡照灾害次数各季节分布图(图3.58)上看,春季全区灾害发生次数均在10次以下,河北全省,山东全省,河南、安徽和江苏局部地区无灾害发生;安徽和江苏部分地区在2次以上,局部地区在5～10次 ;其他地区在2次以下。

秋季全区灾害发生次数在5次以下;河北大部,河南、山东和江苏局部地区无灾害发生。

冬季河北和山东大部、江苏局部地区无灾害发生;河南和安徽局部地区在5次以上,其中安徽局部地区可达10次以上;其他地区在5次以下。

仅冬季安徽南部局部地区芹菜发生中度寡照的次数相对较多外,春、秋、冬3个生长季节,芹菜中度寡照灾害的发生次数均较少。

芹菜重度寡照的指标为连续寡照日数≥30 d。芹菜重度寡照仅在上海龙华站有3次发生,其余站点均无芹菜重度寡照发生。春、秋、冬3个生长季节,芹菜发生重度寡照灾害的次数均较少(图略)。

(2)芹菜寡照灾害各年代分布规律

按照芹菜寡照灾害指标,利用区域内各站点1971—2010年40年气象观测资料,按年代分别统计芹菜发生轻、中、重度寡照灾害的总日数。

从芹菜轻度寡照灾害次数各年代分布图(图3.59)上看,整个研究区发生次数均在50次以下。20世纪70年代,三门峡—宝丰—西华—亳州—宿州—淮安—射阳一线以南在10次以上;山东局部和河北北部地区无灾害发生;其他地区在10次以下。

随着年代的推移,发生次数10次以上的区域逐渐增加,1次以下的区域面积逐渐减少;灾害发生10次以上的区域逐渐增加;无灾害发生区域逐渐缩小,芹菜轻度寡照灾害发生次数呈增加趋势。

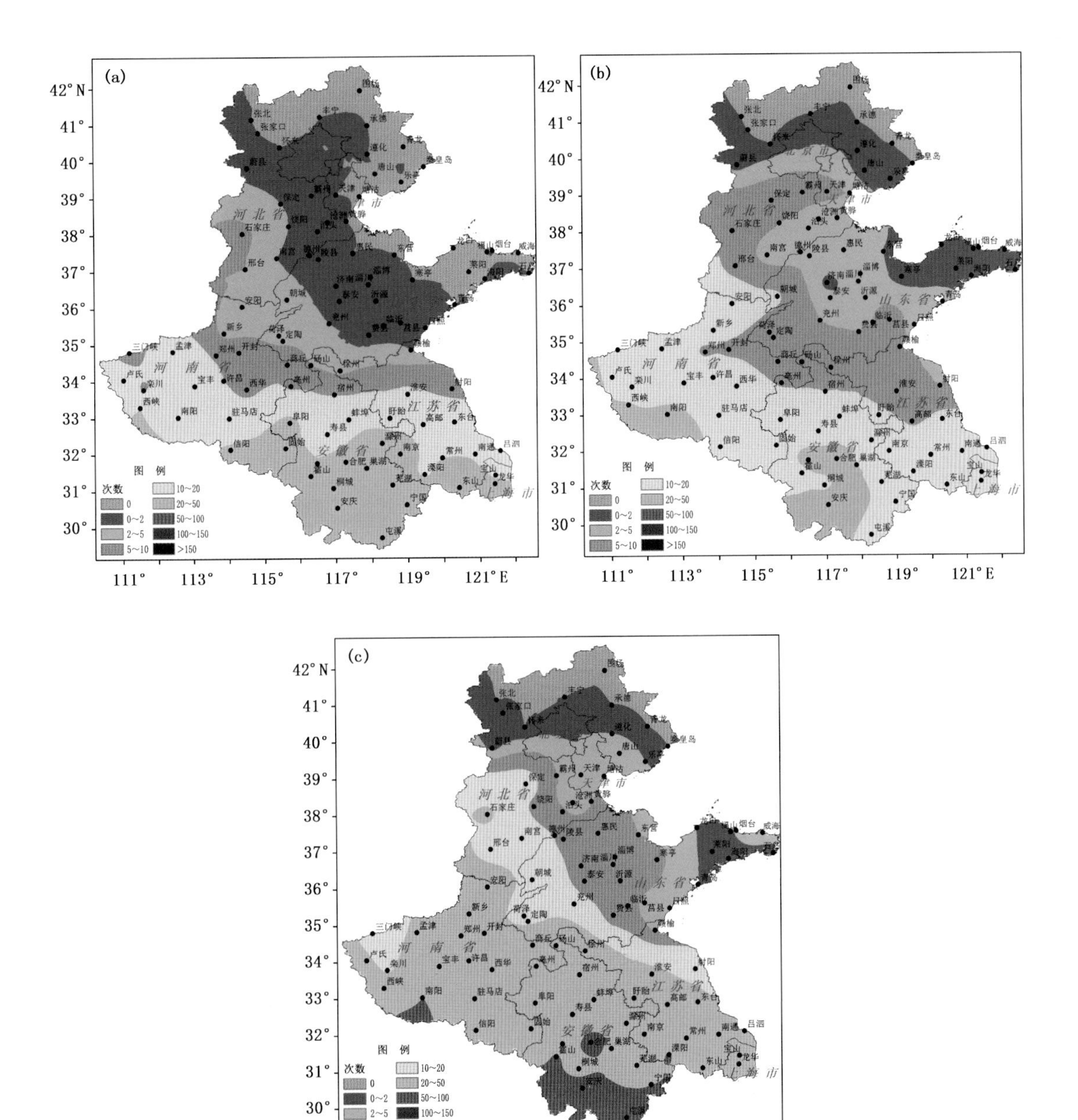

图3.57 芹菜轻度寡照灾害次数各季节分布图(单位:次)
(a. 春季、b. 秋季、c. 冬季)

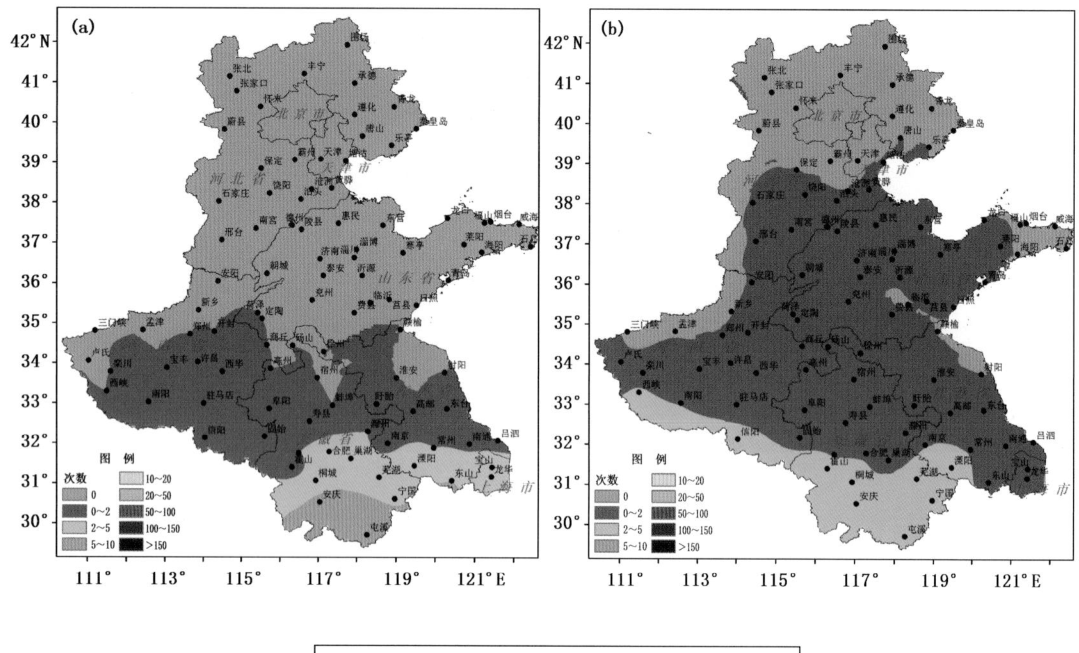

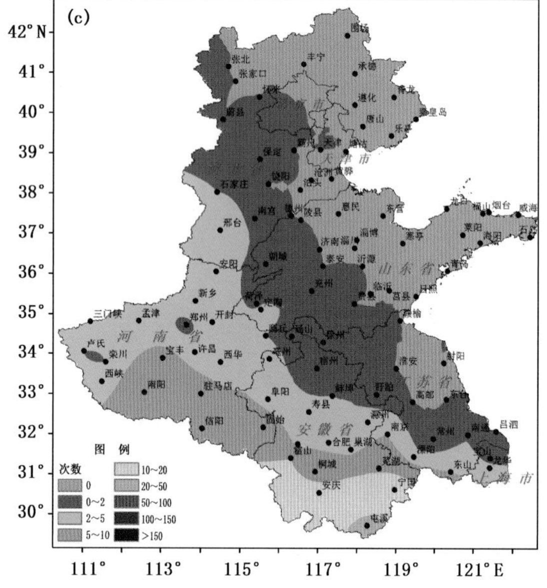

图 3.58　芹菜中度寡照灾害次数各季节分布图(单位:次)

(a. 春季、b. 秋季、c. 冬季)

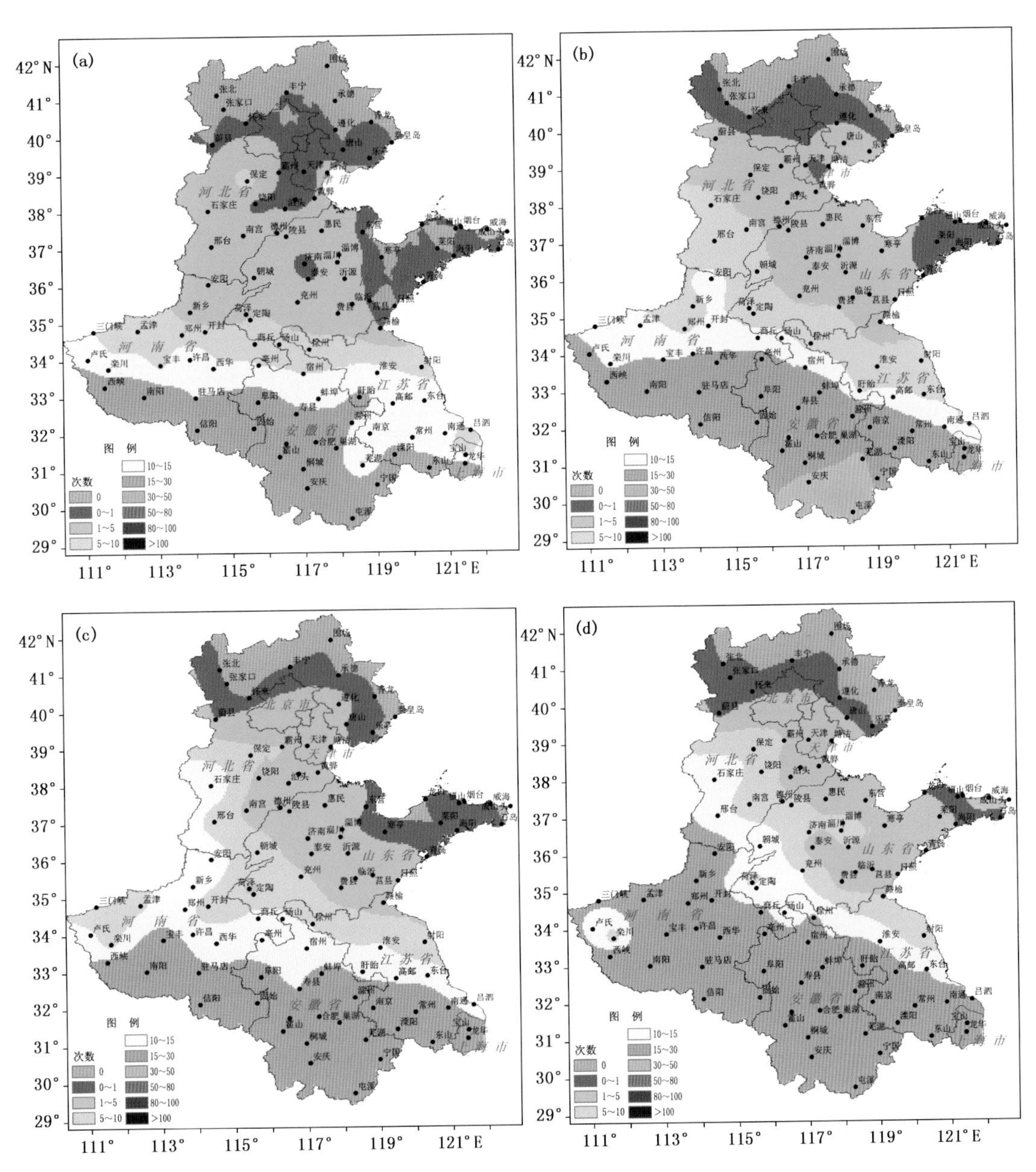

图 3.59　芹菜轻度寡照灾害次数各年代分布图(单位:次)
(a. 20 世纪 70 年代、b. 20 世纪 80 年代、c. 20 世纪 90 年代、d. 21 世纪前 10 年)

从芹菜中度寡照灾害次数各年代分布图(图 3.60)上看，20 世纪 70 年代，河北全省，山东大部，河南、安徽和江苏局部地区无灾害发生，其他地区在 5 次以下。

随着年代的增加，无灾害发生区域先减少后增加，到 20 世纪 90 年代范围最小，从 80 年代开始出现 5～10 次的区域，且范围逐渐增加。

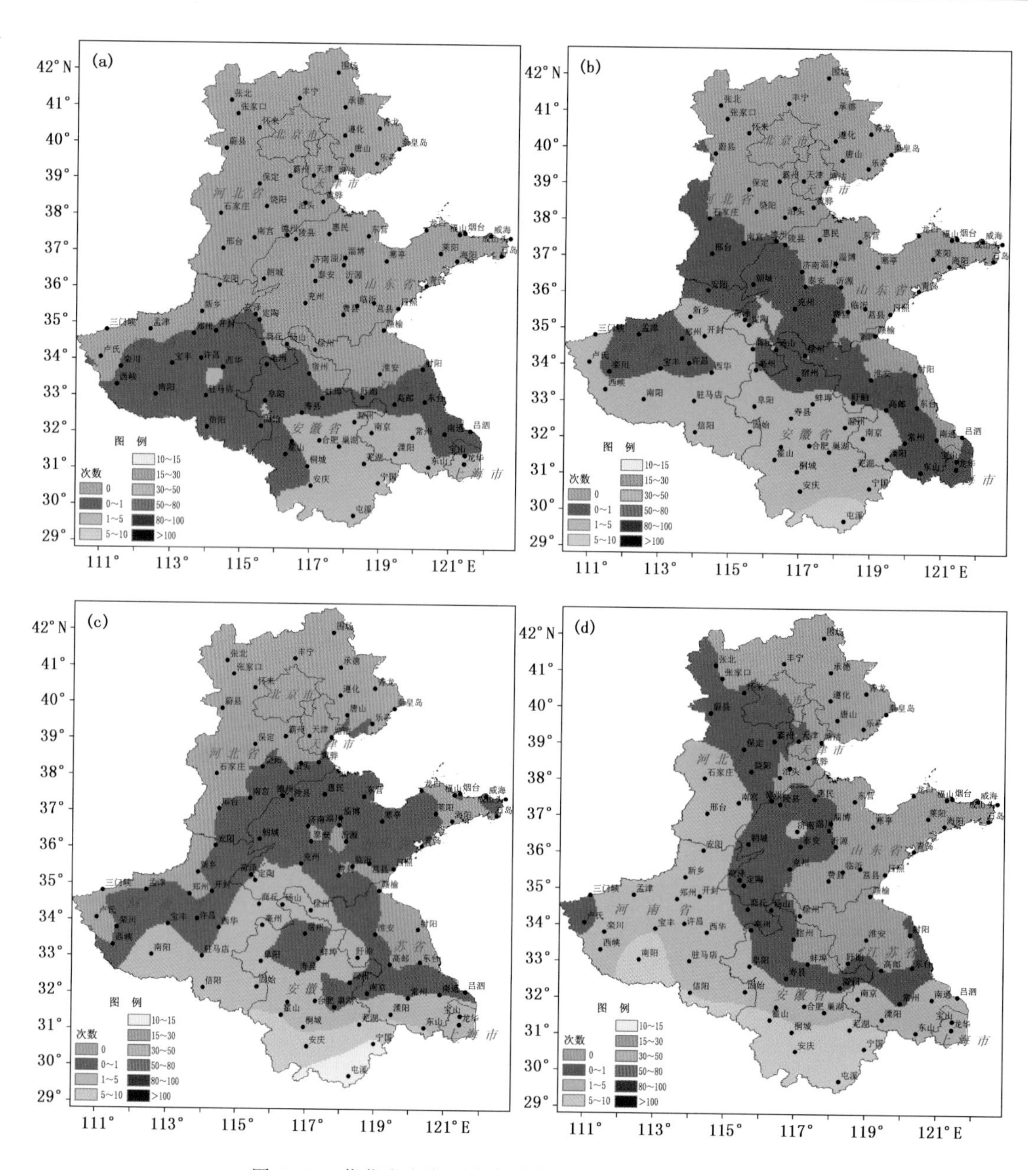

图 3.60　芹菜中度寡照灾害次数各年代分布图(单位:次)
(a. 20 世纪 70 年代、b. 20 世纪 80 年代、c. 20 世纪 90 年代、d. 21 世纪前 10 年)

芹菜重度寡照的指标为连续寡照≥30 次。芹菜重度寡照仅在上海龙华站有 3 次发生,其余站点均无芹菜重度寡照发生(图略)。

总体分析可知,各年代河南南部、安徽南部和江苏南部分地区芹菜发生轻度低温冷害的次数较多,其他地区发生低温冷害的次数较少,随着年代的推移,各地区发生轻度低温冷害的次数有增加的趋势。

(3)芹菜寡照灾害 40 年来总次数分布规律

研究表明,40 年来七省(市)芹菜发生轻度寡照灾害次数的分布为:孟津—郑州—商丘—

宿州—东台一线以南在 50 次以上，安徽南部局部地区在 100 次以上；河北和山东大部分地区在 20 次以下；其他地区在 20～50 次。

发生中度寡照灾害次数的分布为：西峡—宝丰—许昌—西华—寿县—滁州—常州—南通一线以南在 5 次以上；河北大部、山东部分和江苏局部地区无灾害发生；其他地区在 5 次以下。

芹菜重度寡照的指标为连续寡照日数≥30 次。芹菜重度寡照仅在上海龙华站有 3 次发生，其余站点均无芹菜重度寡照发生。

综合分析芹菜寡照灾害 40 年来总次数分布规律（图 3.61）可知，芹菜以轻度寡照灾害的发生为主，且除河北大部及山东大部分地区以外，其他地区轻度灾害的发生次数均较多；中度和重度灾害发生次数较少。

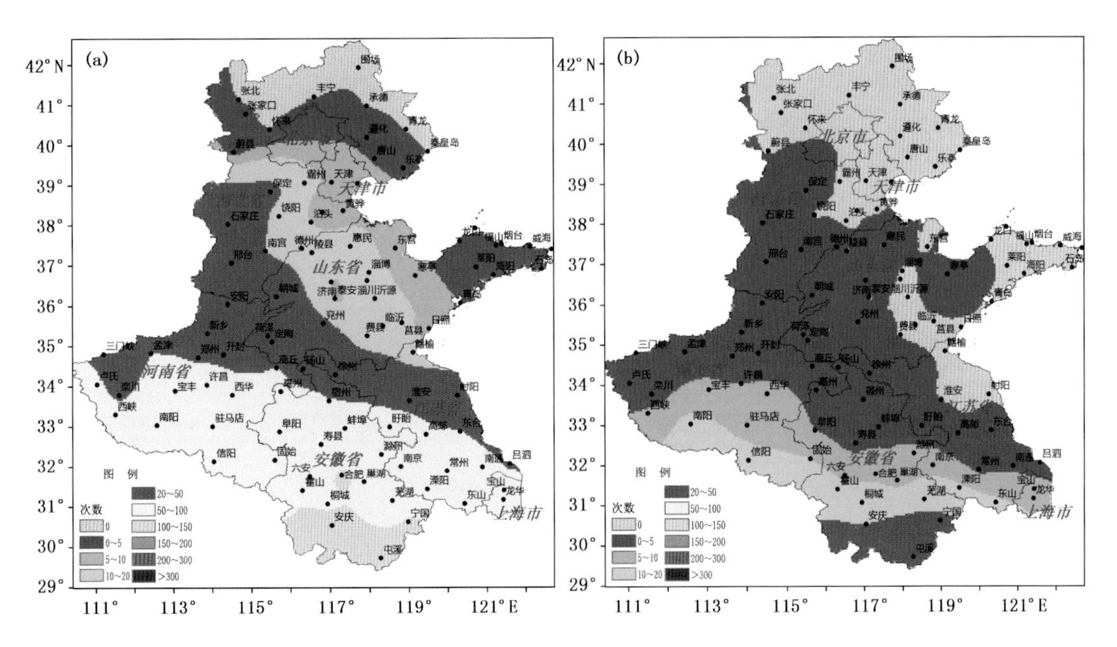

图 3.61　芹菜寡照灾害 40 年来总次数分布图（单位：次）

（a. 轻度、b. 中度）

3.3.2　芹菜寡照灾害风险区划

（1）芹菜寡照灾害各季节风险区划

从芹菜轻度寡照季节风险分布图（图 3.62）上看，各季节研究区域风险值均低于 0.2，即全部为低风险区，仅冬季区域南部有部分地区风险值在 0.15～0.2。

从芹菜中度寡照季节风险分布图（图 3.63）上看，各季节研究区域风险值均低于 0.1，即全部为低风险区，其中秋季区域全部风险值小于 0.05。

芹菜重度寡照指标为连续寡照日数在 30 次以上，根据提取资料结果看，春、秋两季没有芹菜重度寡照灾害出现，冬季仅上海龙华站有 3 次重度寡照过程，均出现在 21 世纪前 10 年，由于样本太少，无法分析其风险性。

综合分析可知，芹菜不易发生寡照灾害。

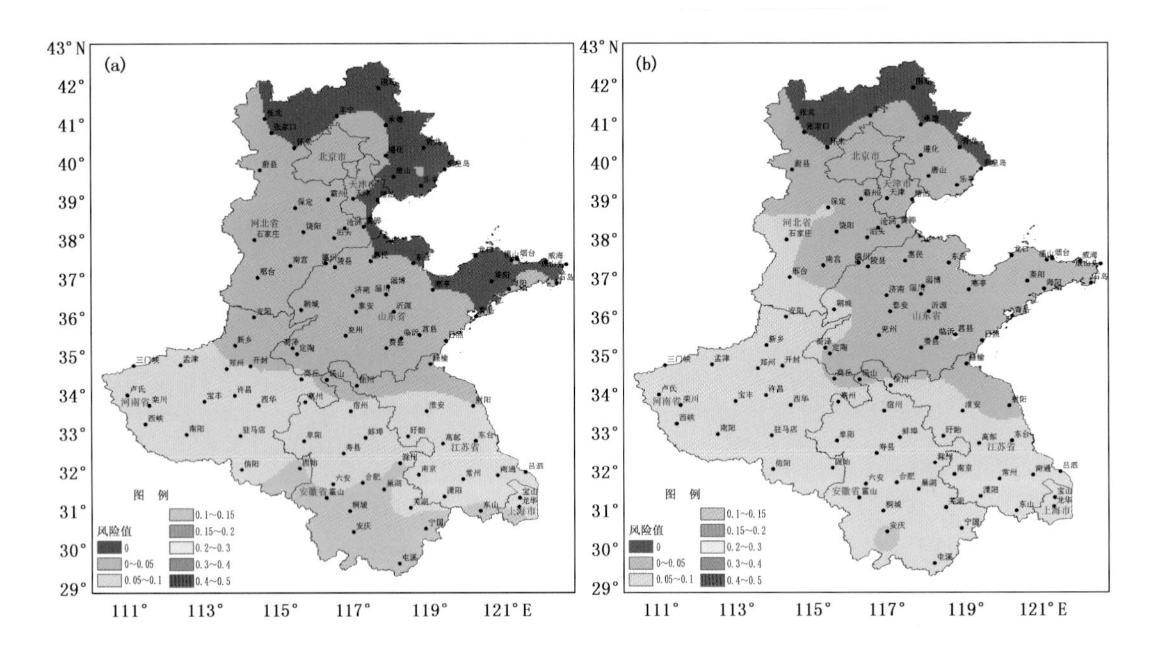

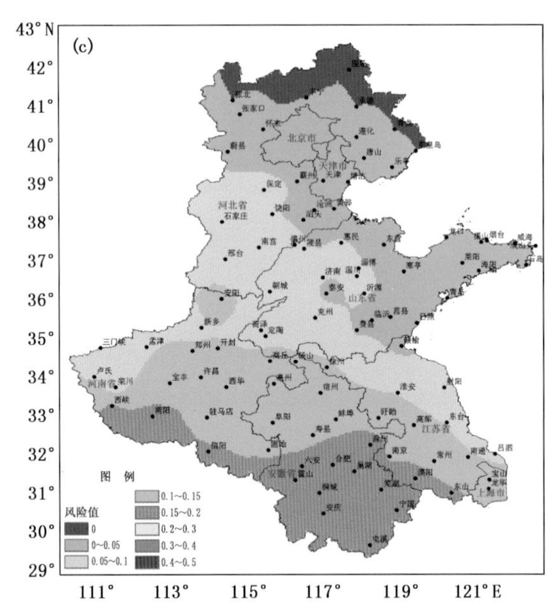

图 3.62　芹菜轻度寡照灾害各季节风险分布图

（a. 春季、b. 秋季、c. 冬季）

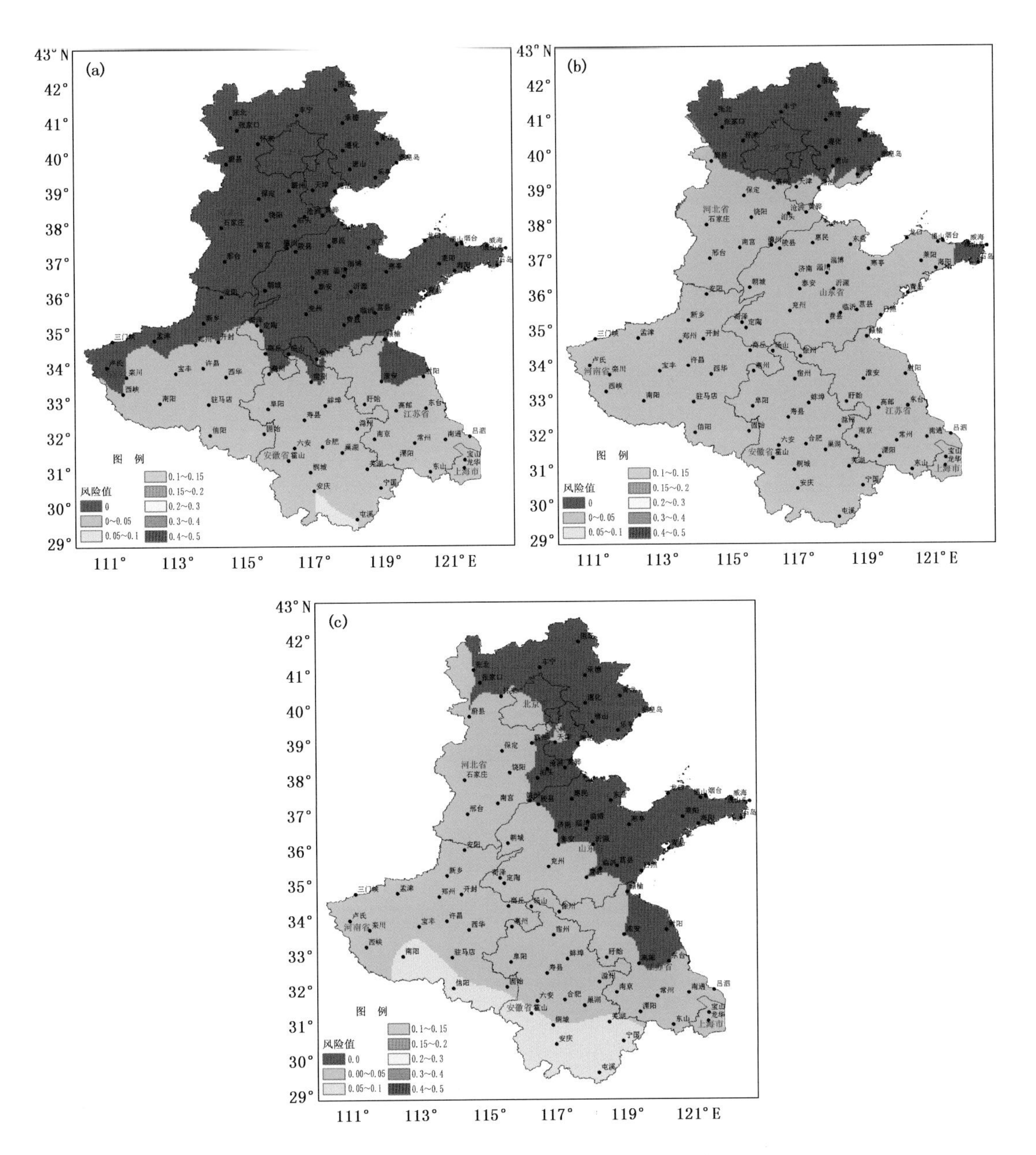

图 3.63　芹菜中度寡照灾害各季节风险分布图
(a. 春季、b. 秋季、c. 冬季)

(2)芹菜寡照灾害各年代风险区划

从芹菜轻度寡照各年代风险分布图(图 3.64)上看,仅 20 世纪 80 年代安徽屯溪地区为中风险,其他各年代各地区均为低风险区,随着年代的推移,各年代研究区风险值大于 0.1 的区域是逐渐增大的。

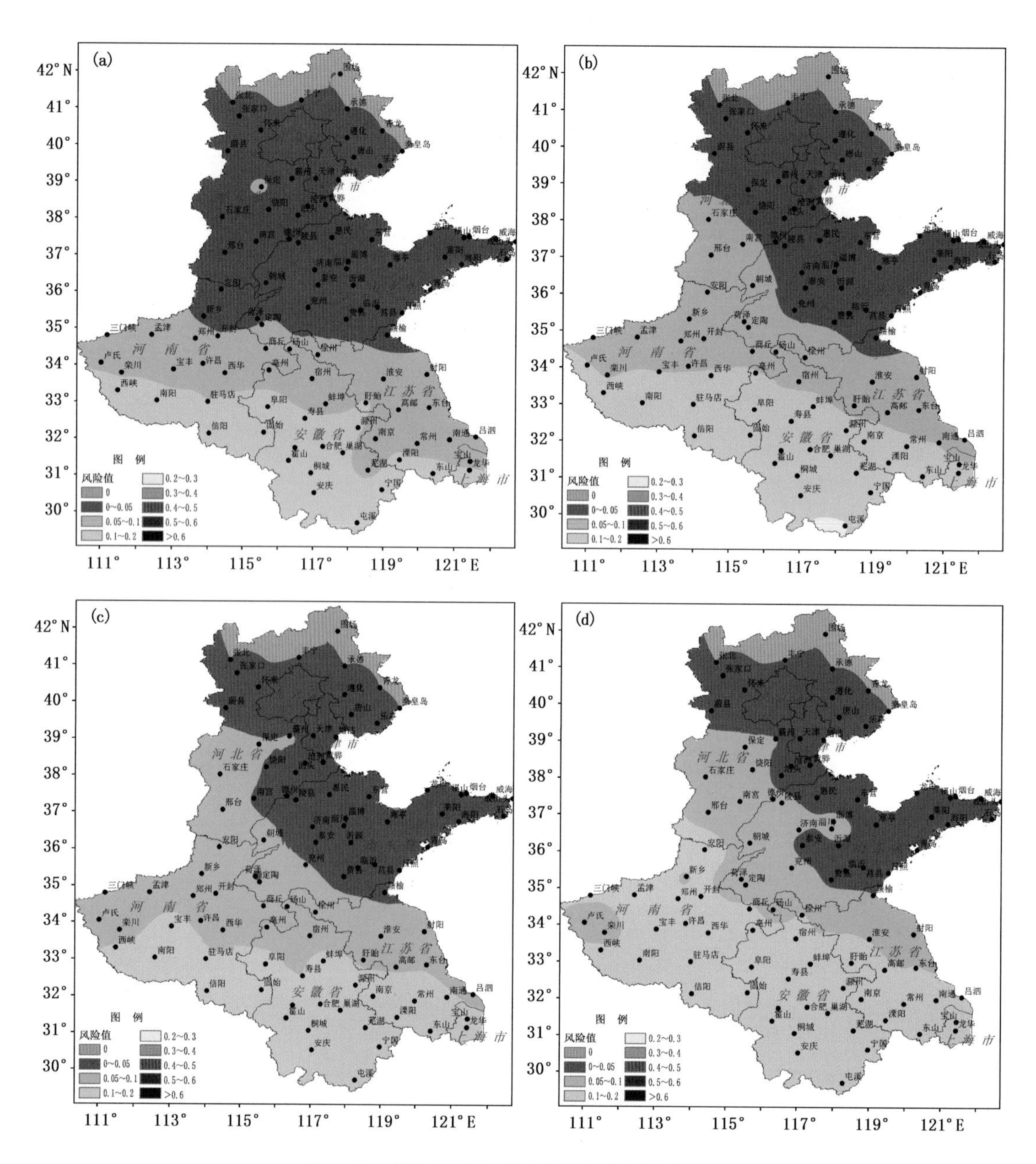

图 3.64　芹菜轻度寡照灾害各年代风险分布图

(a. 20 世纪 70 年代、b. 20 世纪 80 年代、c. 20 世纪 90 年代、d. 21 世纪前 10 年)

从芹菜中度寡照各年代风险分布图(图 3.65)上看，各年代研究区域均为低风险区，即风险值小于 0.2，但总体上风险值大于 0.05 的区域是逐渐增大的。

芹菜重度寡照指标为连续寡照日数在 30 次以上，根据提取资料结果看，春、秋两季没有芹菜重度寡照灾害出现，冬季仅上海龙华站有 3 次重度寡照过程，均出现在 21 世纪前 10 年，由于样本太少，无法分析其风险性。

综合分析可知，各年代芹菜发生各类寡照灾害的风险均较低。

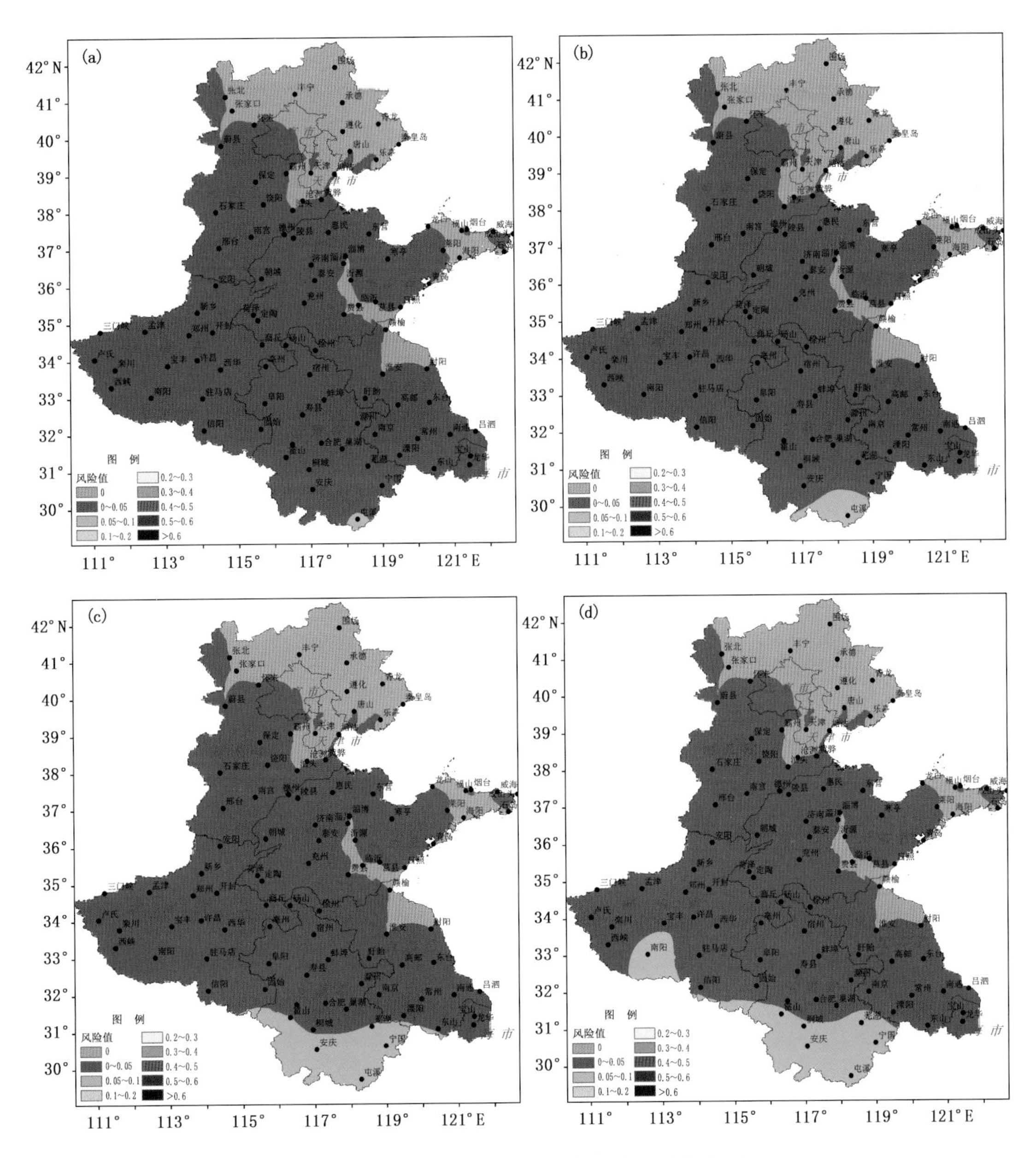

图 3.65 芹菜中度寡照灾害各年代风险分布图

(a. 20 世纪 70 年代、b. 20 世纪 80 年代、c. 20 世纪 90 年代、d. 21 世纪前 10 年)

(3)芹菜寡照灾害综合风险区划

研究表明,七省(市)芹菜发生轻度和中度寡照灾害的风险分布为:整个研究区域全部为低风险区,芹菜发生轻度和中度寡照灾害的风险性较低。

芹菜重度寡照指标为连续寡照日数在 30 次以上,根据提取资料结果看,冬季仅上海龙华站有 3 次重度寡照过程,均出现在 21 世纪前 10 年,由于样本太少,无法分析其风险性。

综合分析芹菜寡照灾害综合风险分布图(图 3.66)可知,芹菜不易发生寡照灾害。

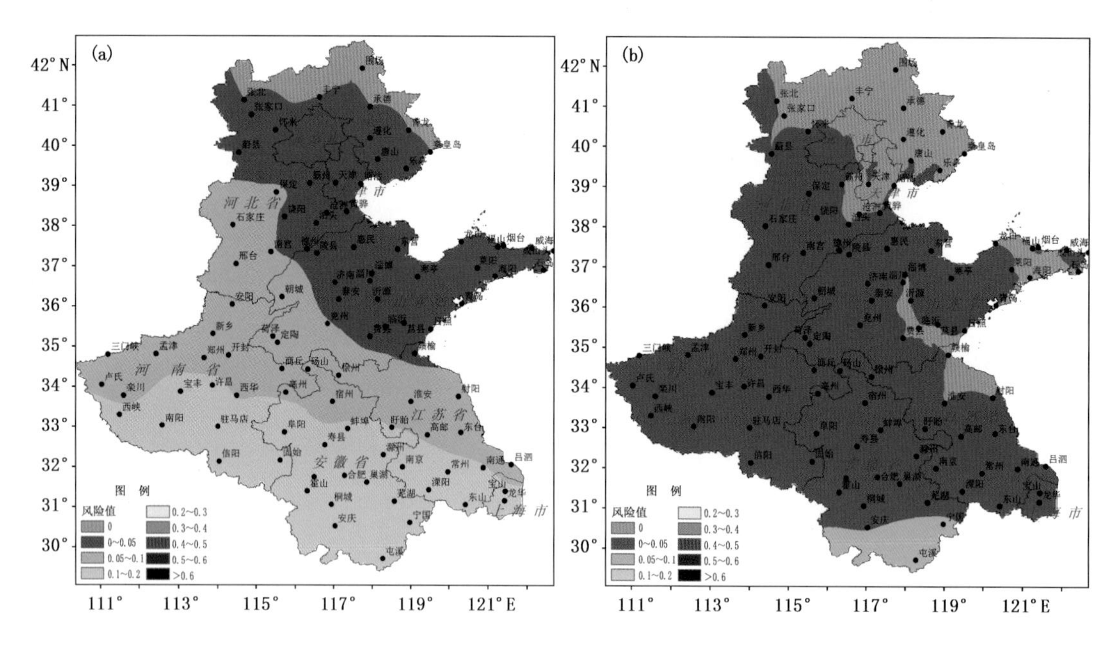

图 3.66　芹菜寡照灾害综合风险分布图

（a. 轻度、b. 中度）

3.4　上海青寡照灾害

3.4.1　上海青寡照灾害分布规律

（1）上海青寡照灾害各季节分布规律

按照上海青寡照灾害指标，利用区域内各站点 1971—2010 年 40 年气象观测资料，按春、秋、冬 3 个生长季节，分别统计上海青发生轻、中、重度寡照灾害的总日数。

从上海青轻度寡照灾害次数各季节分布图（图 3.67）上看，春季和秋季全区寡照次数在 5 次以上，冬季在 2 次以上。

春季卢氏—宝丰—西华—亳州—淮安—射阳一线以南在 100 次以上，局部地区在 150 次以上；河北和山东大部分地区在 50 次以下，其中张北地区在 5～10 次；其他地区在 50～100 次。

秋季安阳—兖州—费县—射阳一线以南在 50～100 次；河北北部地区在 20 次以下，其他地区在 20～50 次。

冬季除河北北部及山东局部地区在 50 次以下外，其他地区在 50 次以上，南方部分地区在 100 次以上。

春、秋两季，除了河北大部和山东大部分地区以外，其他地区上海青发生轻度寡照灾害的次数均较多；冬季发生次数多于春、秋两季，除河北北部和山东局部地区发生次数较少以外，其他地区发生次数较多。

从上海青中度寡照灾害次数各季节分布图（图 3.68）上看，春季河北和山东大部分地区在

10次以下;孟津—开封—商丘—砀山—徐州—射阳一线以南在20次以上;其他地区在10～20次。

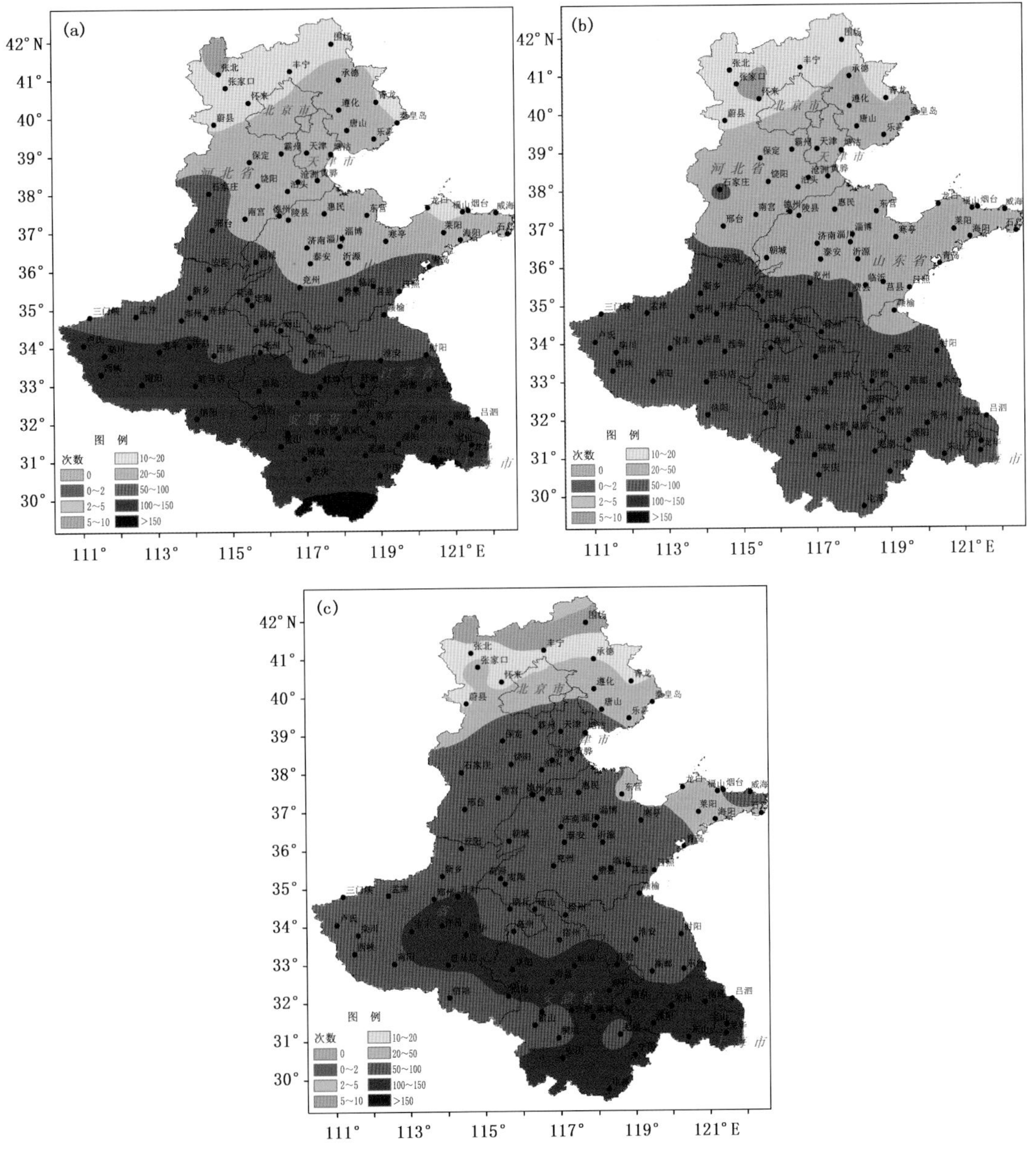

图3.67 上海青轻度寡照灾害次数各季节分布图(单位:次)

(a. 春季、b. 秋季、c. 冬季)

秋季河北和山东大部、江苏局部地区在20次以下;其他地区在20～50次。

冬季河北和山东大部、安徽和江苏局部地区在50次以下,其中河北北部和山东半岛局部地区在10次以下;其他地区在50～100次。

在春季,安徽南部地区上海青发生中度寡照灾害的次数较多;秋季发生次数较少;在冬季,除河北、山东和江苏部分地区发生次数较少外,其他地区发生次数均较多。

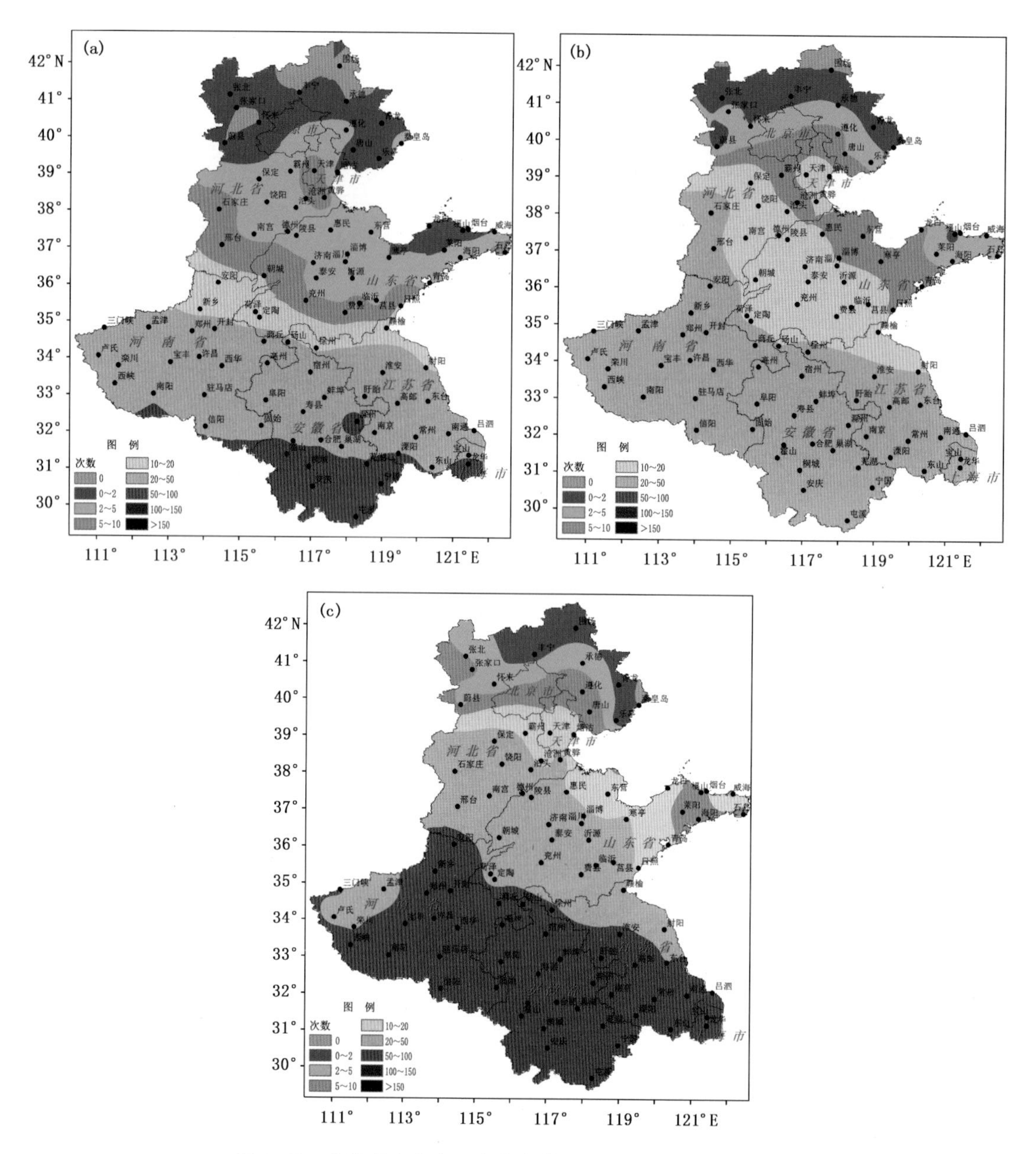

图 3.68　上海青中度寡照灾害次数各季节分布图(单位:次)

(a. 春季、b. 秋季、c. 冬季)

从上海青重度寡照灾害次数各季节分布图(图 3.69)上看,春、秋季河北和山东大部分地区在 2 次以下;安徽、江苏和上海部分地区、河南局部地区在 20～50 次;其他地区在 2～20 次。冬季灾害发生次数较春秋季多,河北和山东大部分地区在 10 次以下;安徽部分、河南和江苏局部地区在 50 次以上;其他地区在 10～50 次。

在春、秋、冬 3 个生长季节,仅冬季河南南部边界和安徽南部部分地区上海青重度寡照灾害的发生次数较多。

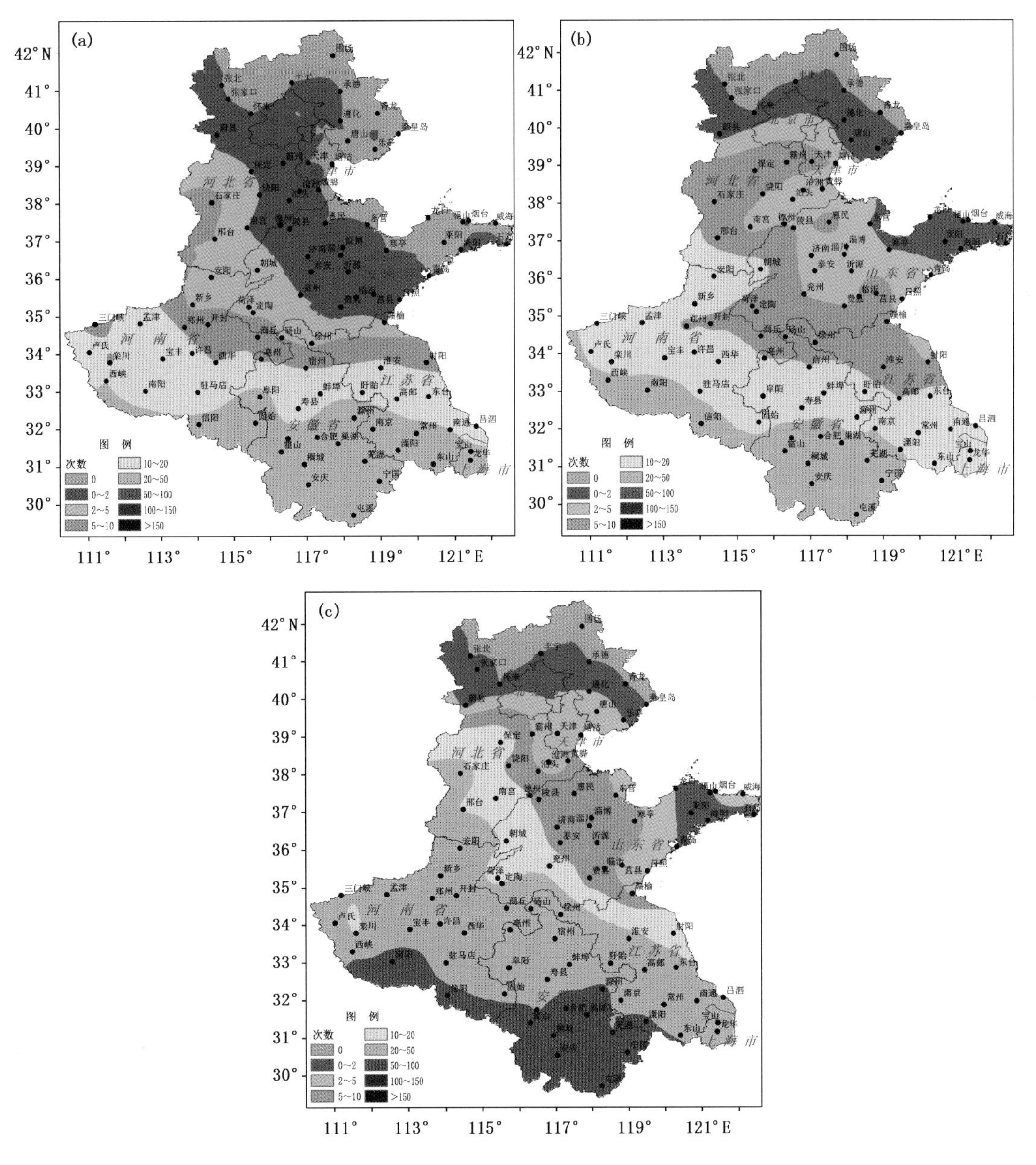

图3.69 上海青重度寡照灾害次数各季节分布图(单位:次)
(a. 春季、b. 秋季、c. 冬季)

(2)上海青寡照灾害各年代分布规律

按照上海青寡照灾害指标,利用区域内各站点1971—2010年40年气象观测资料,按年代分别统计上海青发生轻、中、重度寡照灾害的总日数。

从上海青轻度寡照灾害次数各年代分布图(图3.70)上看,20世纪70年代,三门峡—郑州—商丘—兖州—临沂—赣榆一线以南在50次以上,局部地区在80~100次;河北北部地区在15次以下。

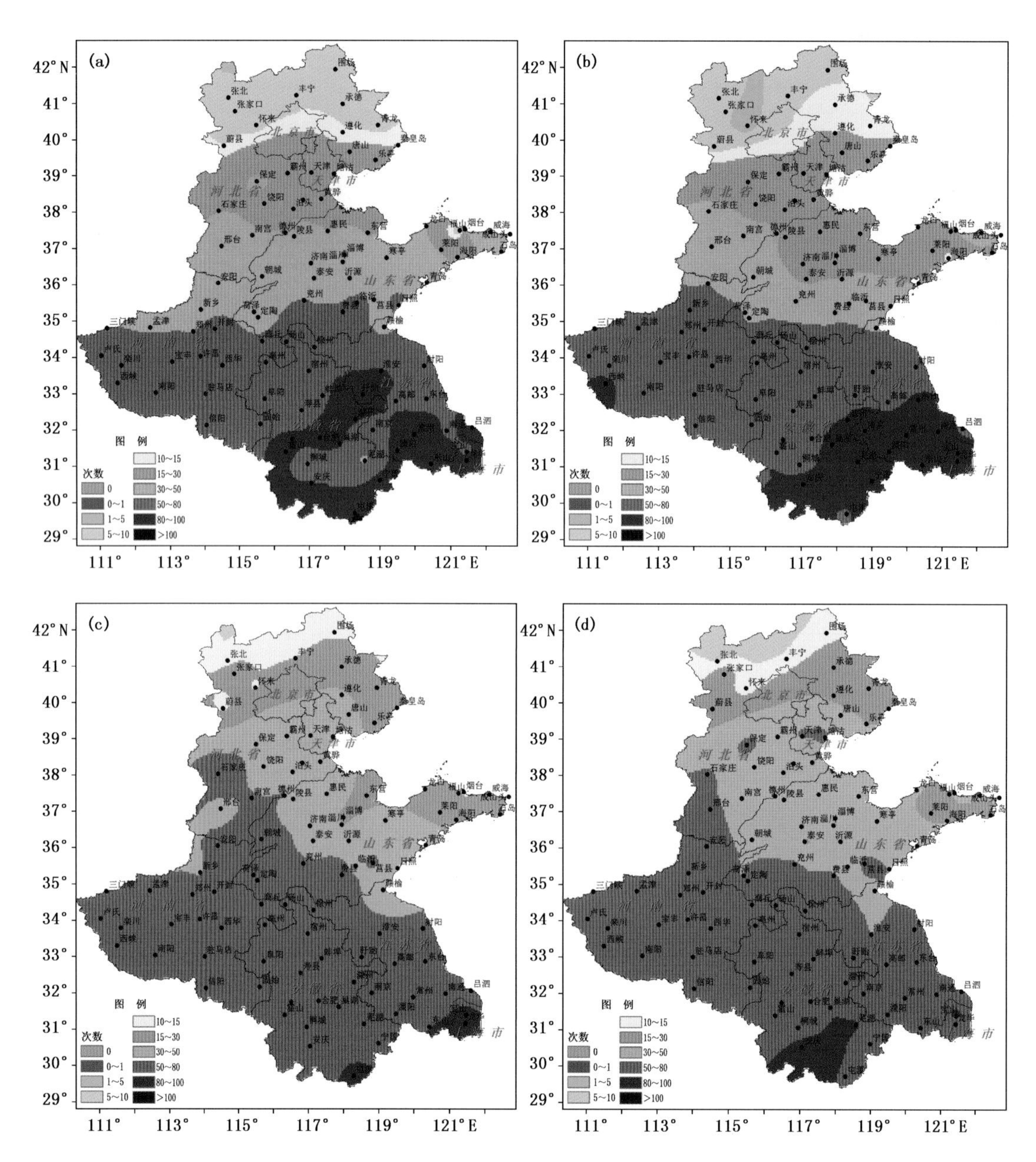

图 3.70 上海青轻度寡照灾害次数各年代分布图(单位:次)

(a. 20 世纪 70 年代、b. 20 世纪 80 年代、c. 20 世纪 90 年代、d. 21 世纪前 10 年)

随着年代的推移,发生次数 30 次以上的区域不断增加;但 50 次以上的区域先增加后减少,20 世纪 90 年代范围最大,21 世纪前 10 年有所减少;15 次以下的区域面积先减少后增加,90 年代最小,21 世纪前 10 年又有所增加。

从上海青中度寡照灾害次数各年代分布图(图 3.71)上看,20 世纪 70 年代,安阳—朝城—兖州—费县—赣榆一线以南在 15 次以上,部分地区在 30~50 次;河北和山东大部分地区在 10 次以下。

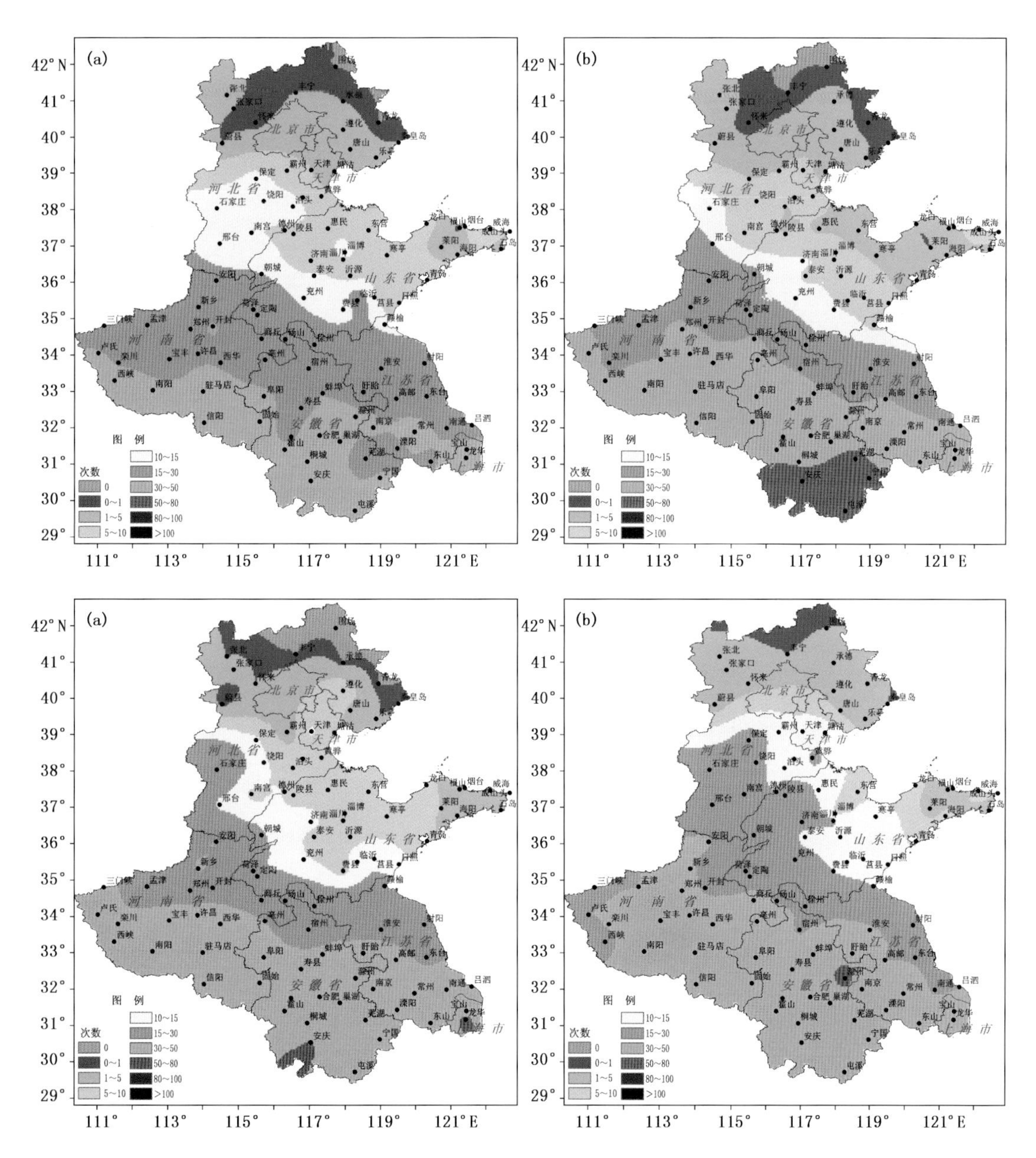

图 3.71 上海青中度寡照灾害次数各年代分布图(单位:次)

(a. 20 世纪 70 年代、b. 20 世纪 80 年代、c. 20 世纪 90 年代、d. 21 世纪前 10 年)

随着年代的推移,发生次数 15 次以上的区域不断增加;10 次以下的区域逐渐减少,灾害发生次数呈增加趋势。

从上海青重度寡照灾害次数各年代分布图(图 3.72)上看,20 世纪 70 年代,三门峡一宝丰一许昌一亳州一宿州一淮安一射阳一线以南在 10 次以上;新乡一定陶一赣榆一线以北在 5 次以下;其他地区在 5~10 次。

随着年代的推移,发生次数 10 次以上的区域不断增加;5 次以下的区域逐渐减少,灾害发生次数呈增加趋势。

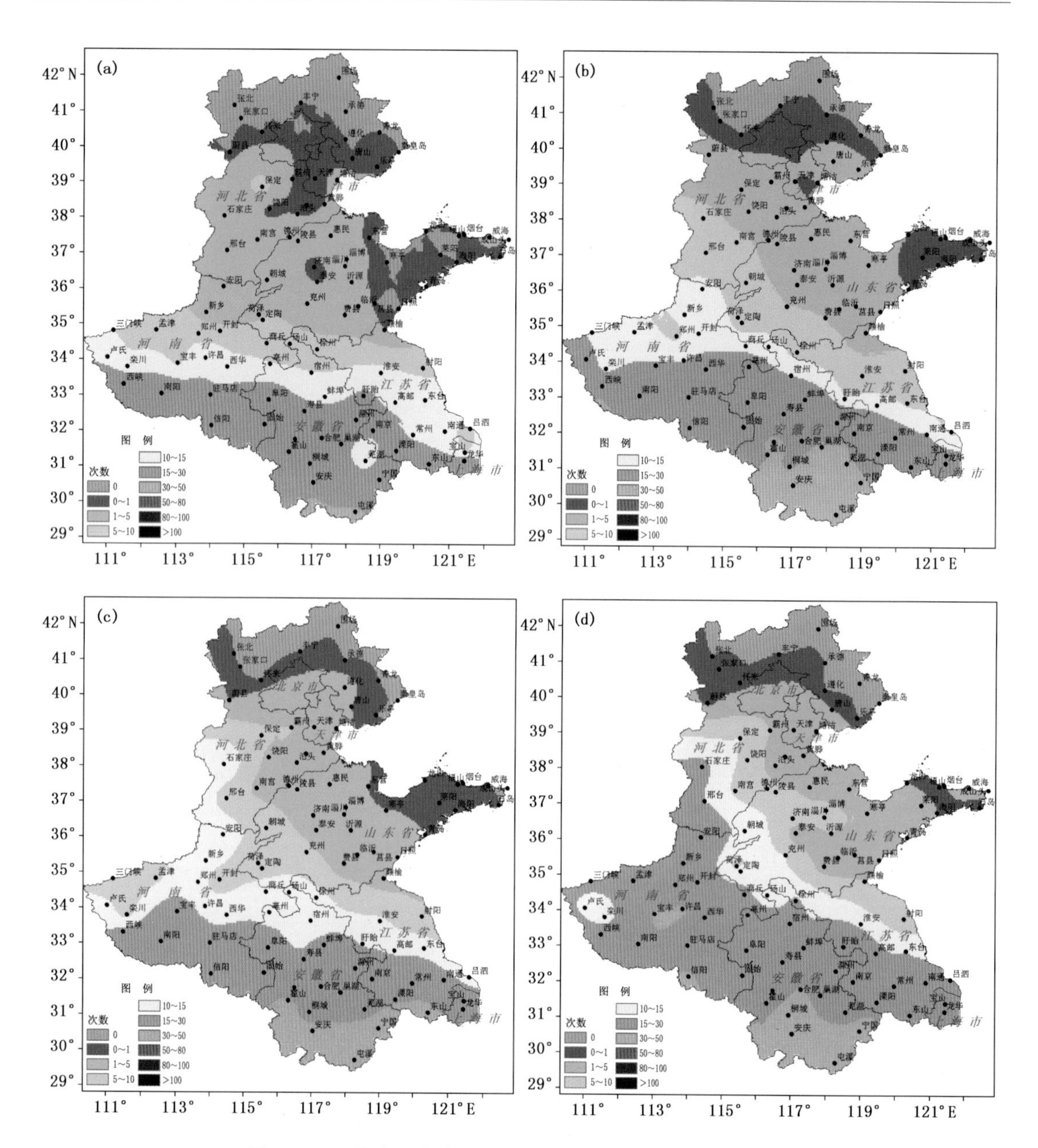

图 3.72　上海青重度寡照灾害次数各年代分布图(单位:次)
(a. 20 世纪 70 年代、b. 20 世纪 80 年代、c. 20 世纪 90 年代、d. 21 世纪前 10 年)

总体分析可知,各年代上海、河南大部、安徽大部、江苏大部和山东局部地区上海青发生轻度低温冷害的次数较多,其他地区发生低温冷害的次数较少,随着年代的推移,各地区发生轻度低温冷害的次数有增加的趋势。

(3)上海青寡照灾害 40 年来总次数分布规律

研究表明,40 年来七省(市)上海青发生轻度寡照灾害次数的分布为:整个研究区域发生次数在 20 次以上,安阳—兖州—费县—赣榆一线以南在 200 次以上,局部地区在 300 次以上;河北和山东大部分地区在 150 次以下;其他地区在 150~200 次。

发生中度寡照灾害次数的分布为：新乡－商丘－砀山－徐州－淮安－东台一线以南在100次以上，部分地区在150～200次；河北和山东大部分地区在50次以下，其中河北北部局部地区在5次以下；其他地区在50～100次。

发生重度寡照灾害次数的分布为：孟津－郑州－商丘－宿州－东台一线以南在50次以上，局部地区在100～150次；山东和河北大部分地区在20次以下，其中河北北部和山东半岛局部地区在5次以下；其他地区在20～50次。

综合分析上海青寡照灾害40年来总次数分布规律(图3.73)可知，上海青以轻度寡照灾害的发生为主，且除河北大部及山东大部分地区以外，其他地区轻度灾害的发生次数均较多；中度和重度灾害发生次数相对较少。

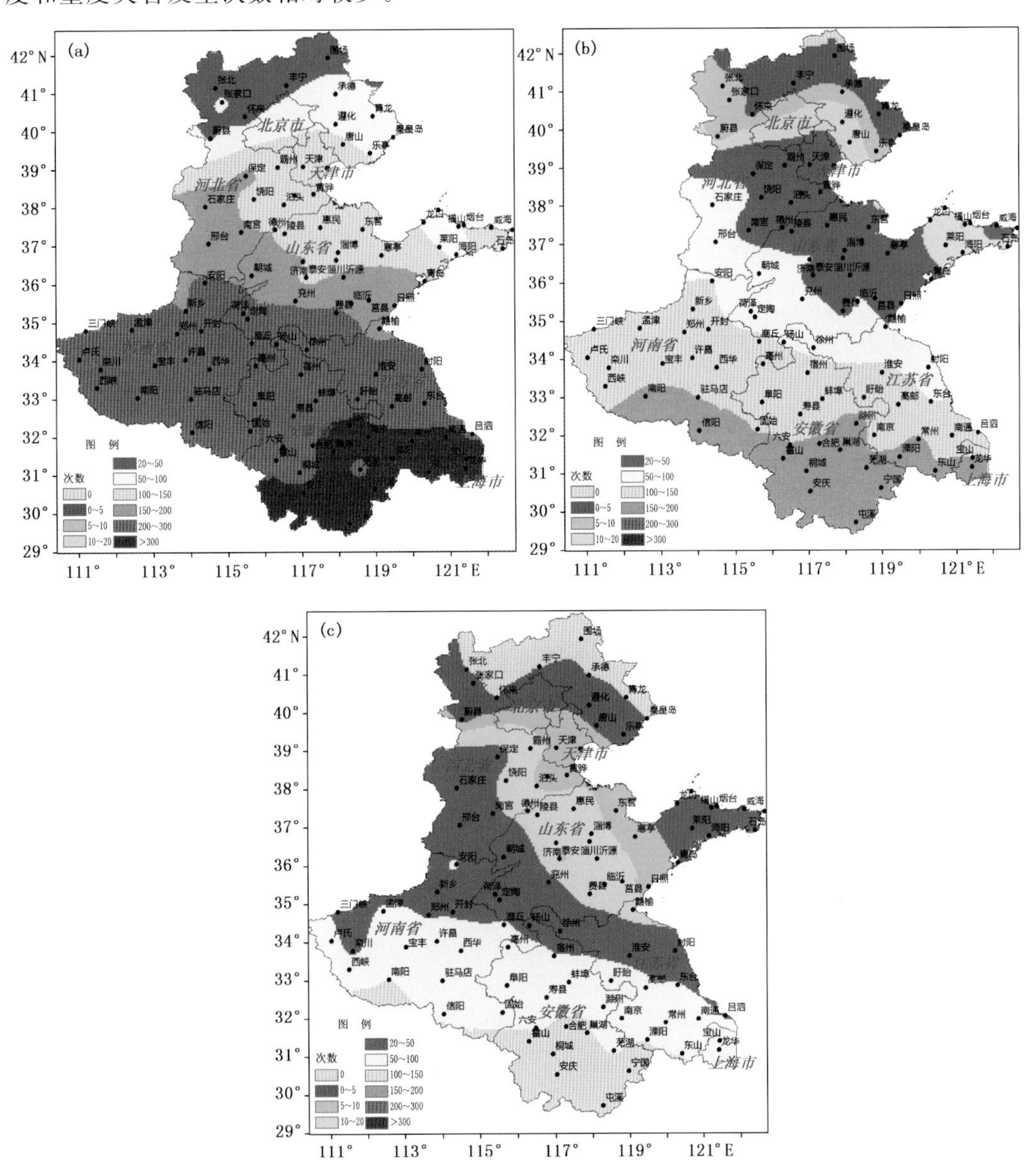

图 3.73　上海青寡照灾害40年来总次数分布图(单位：次)

(a.轻度、b.中度、c.重度)

3.4.2　上海青寡照灾害风险区划

(1)上海青寡照灾害各季节风险区划

从上海青轻度寡照季节风险分布图(图 3.74)上看,各季节研究区域风险值均低于 0.5,且冬季风险值大于 0.2 的区域范围大于春、秋季。

春季和秋季风险分布图一致,即河南大部、安徽、江苏、上海和山东南部为高风险区,其中河南南阳部分地区、安徽南部、江苏南部和上海为较高风险区;天津、河北和山东大部为低风险区。

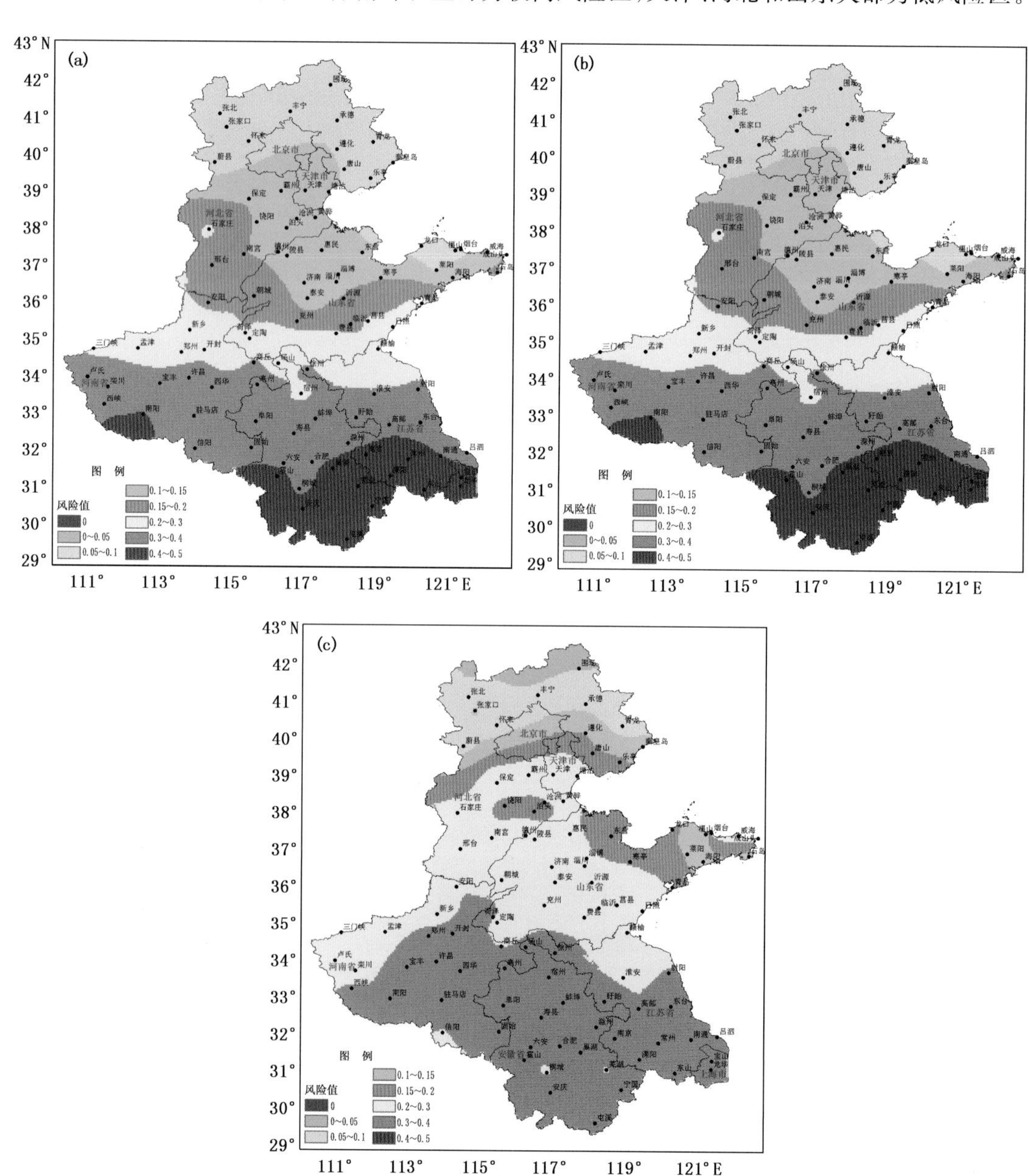

图 3.74　上海青轻度寡照灾害各季节风险分布图
(a. 春季、b. 秋季、c. 冬季)

冬季除河北北部和山东半岛地区为低风险区外，其他地区均为中风险区。

在春、秋两季，除河北大部和山东大部分地区上海青发生轻度寡照灾害的风险较小以外，其他地区，尤其是南部部分地区，风险大；冬季除河北北部和山东半岛地区发生风险较小外，其他地区风险均较大。

从上海青中度寡照季节风险分布图（图 3.75）上看，各季节研究区域风险值均低于 0.3。春季安徽南部为中风险区；其余地区为低风险区。

秋季全部区域为低风险区。

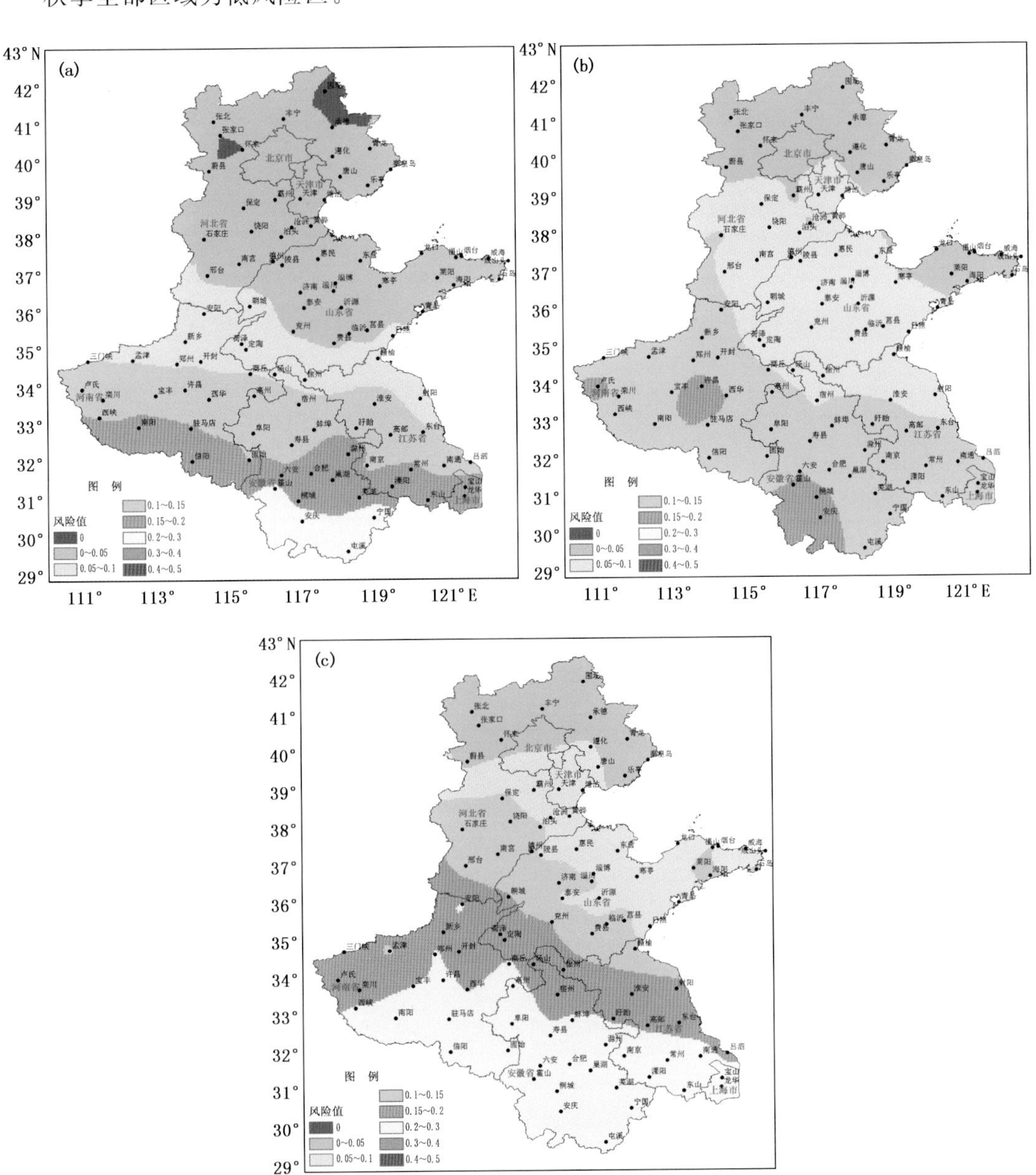

图 3.75　上海青中度寡照灾害各季节风险分布图

（a. 春季、b. 秋季、c. 冬季）

冬季上海、河南南部、安徽大部和江苏南部为中风险区；其余地区为低风险区。

在冬季，上海青发生中度寡照灾害风险较大的区域为上海、河南南部、安徽大部和江苏南部，较春、秋两季范围大；在春季，仅安徽南部发生的风险较大；秋季上海青发生中度寡照灾害的风险较小。

从上海青重度寡照季节风险分布图（图 3.76）上看，各季节研究区域风险值均低于 0.3。春季和秋季区域全部为低风险区。冬季安徽南部为中风险区；其他地区为低风险区。

研究区上海青发生重度寡照灾害的风险较小，仅在冬季，安徽南部局部地区发生风险较大。

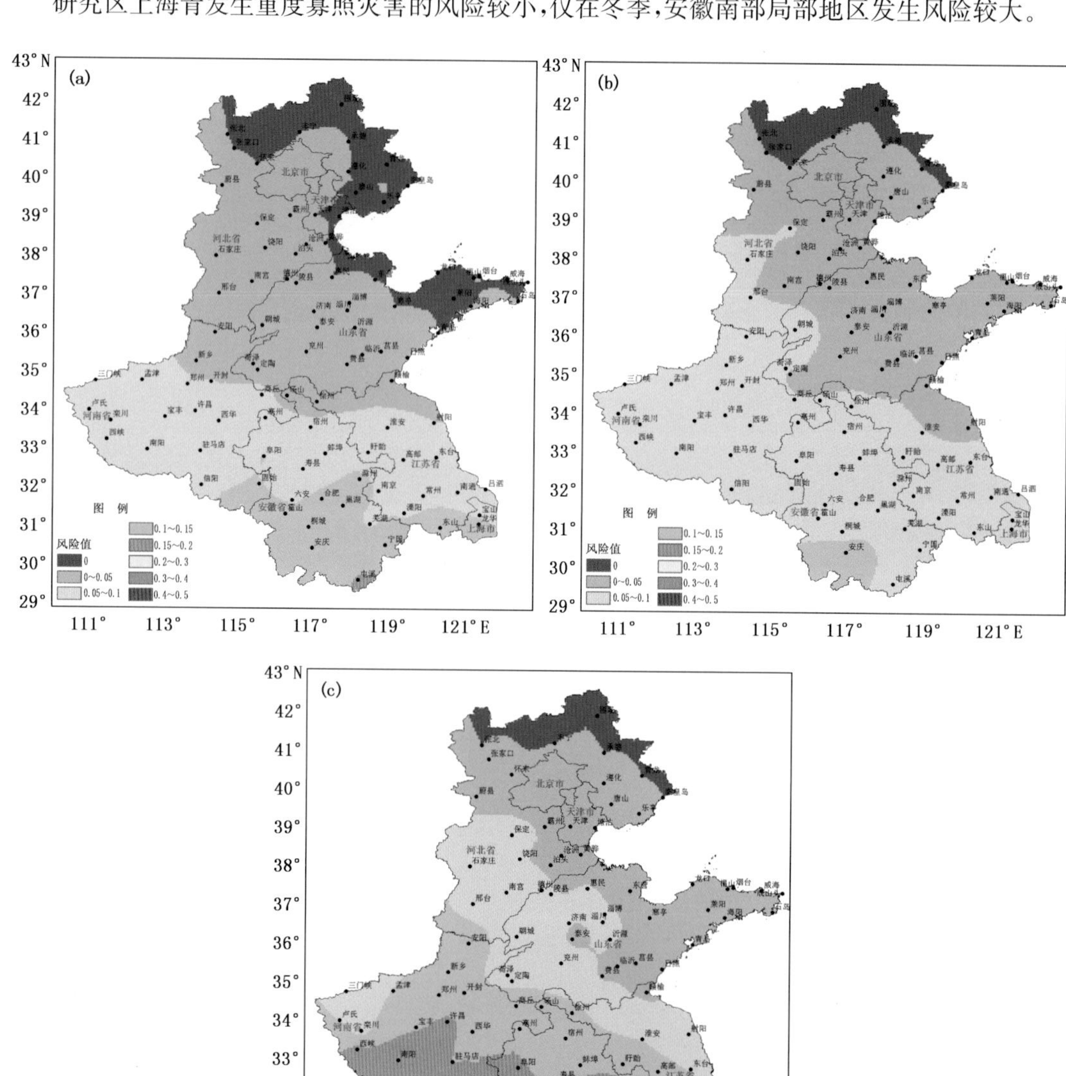

图 3.76　上海青重度寡照灾害各季节风险分布图

（a. 春季、b. 秋季、c. 冬季）

总体看来，在春、秋两季，除河北大部和山东大部分地区上海青易发生轻度寡照灾害。冬季上海、河南南部、安徽大部和江苏南部易发生轻度和中度寡照灾害，其中安徽南部局部地区也易发生重度寡照灾害；其他地区除河北北部和山东半岛地区外，其他地区易发生轻度寡照灾害。

(2)上海青寡照灾害各年代风险区划

从上海青轻度寡照各年代风险分布图(图3.77)上看，20世纪70年代，河北大部和山东局部地区为低风险区；河南部分、安徽大部和江苏大部、整个上海地区为高风险区；其他地区为中风险区。

随着年代的推移，高风险和低风险区域是逐渐减少的，但中风险区域增加。

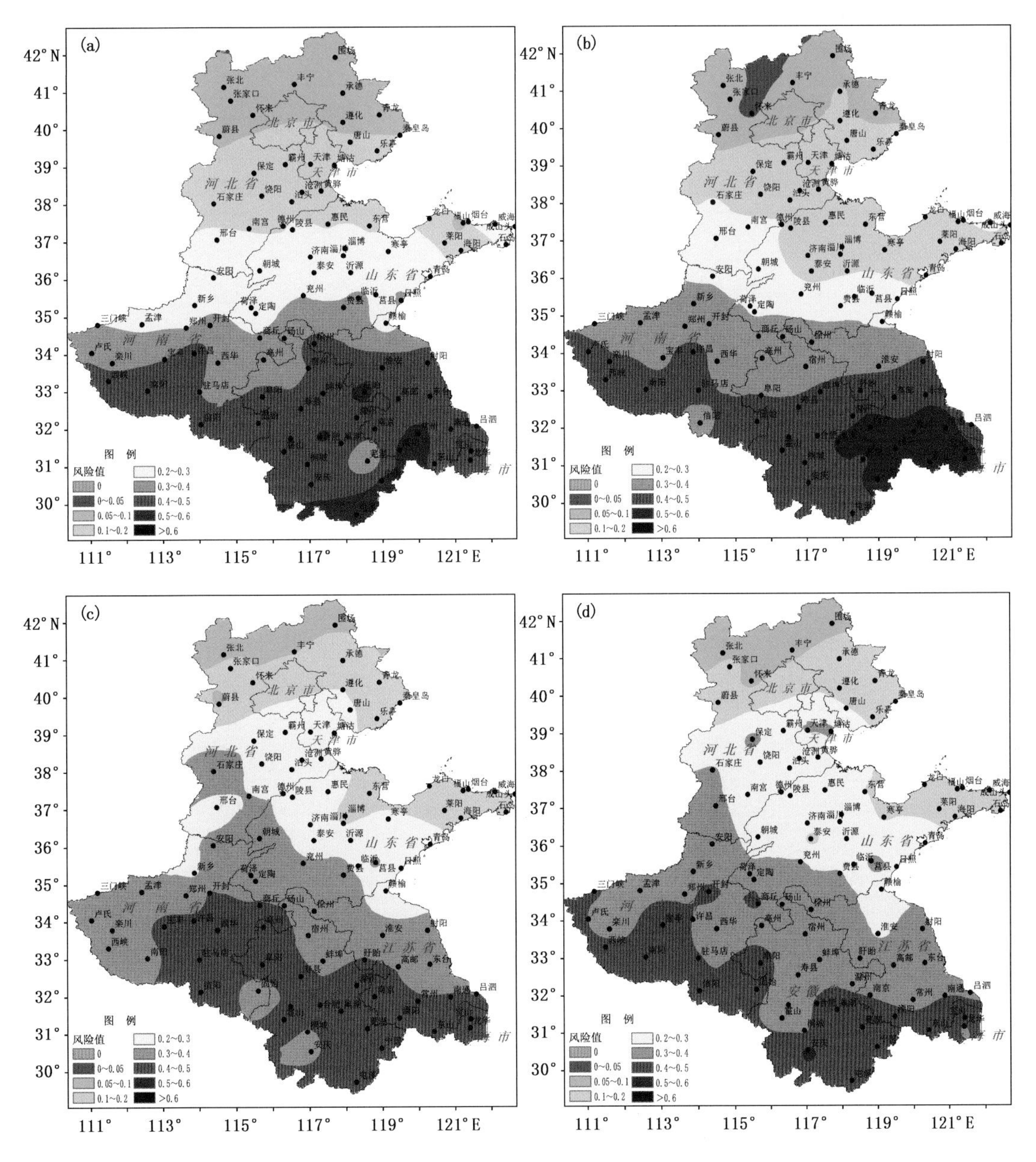

图3.77　上海青轻度寡照灾害各年代风险分布图

(a. 20世纪70年代、b. 20世纪80年代、c. 20世纪90年代、d. 21世纪前10年)

从上海青中度寡照各年代风险分布图(图 3.78)上看,20 世纪 70 年代,南部区域局部地区为中风险区,其他地区为低风险区,随着年代的推移,低风险区域逐渐减少,中风险区域逐渐增加。

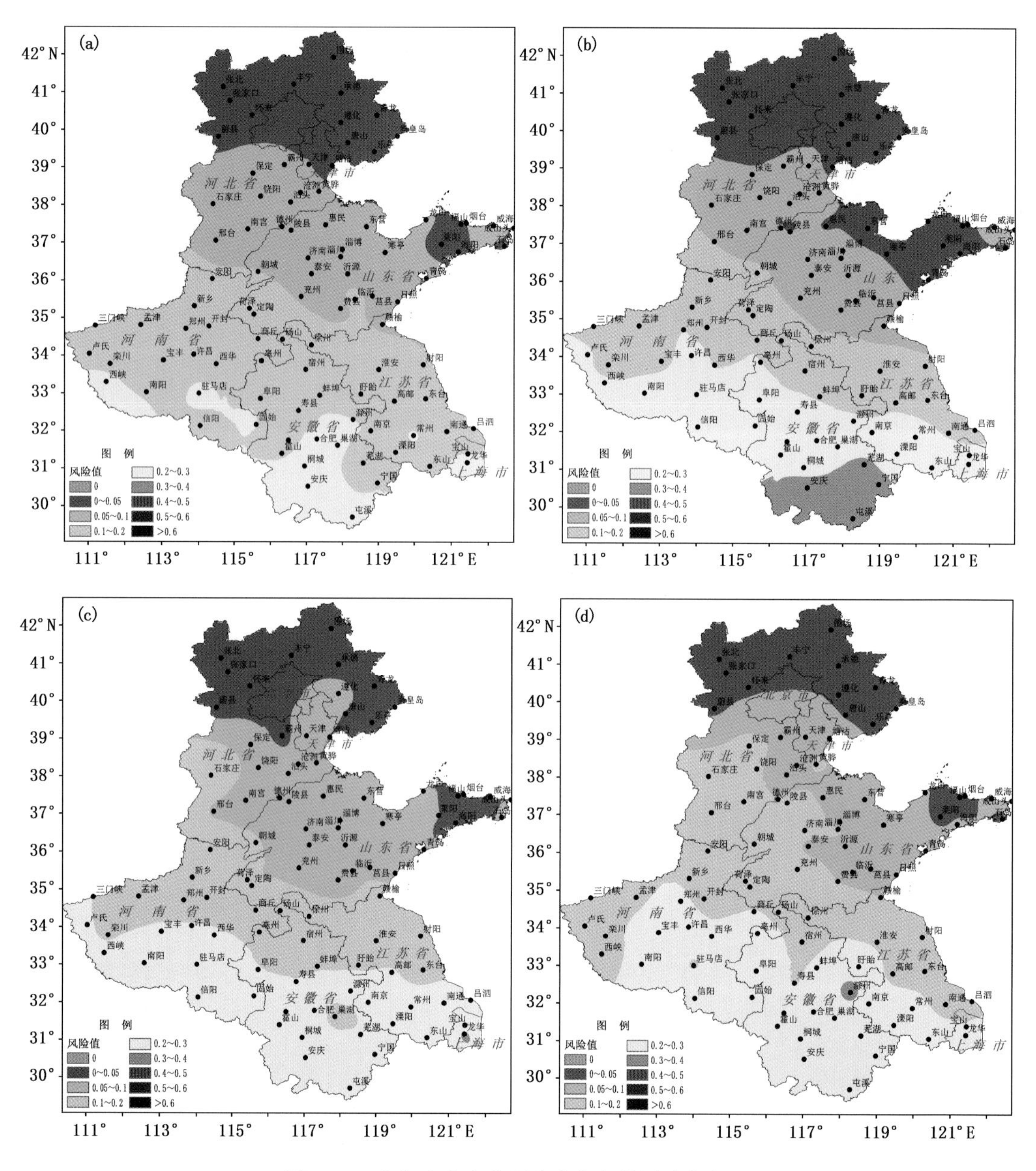

图 3.78 上海青中度寡照灾害各年代风险分布图

(a. 20 世纪 70 年代、b. 20 世纪 80 年代、c. 20 世纪 90 年代、d. 21 世纪前 10 年)

从上海青重度寡照各年代风险分布图(图 3.79)上看,20 世纪 70 年代,整个研究区域均为低风险,80 年代南部局部地区为中风险区,随着年代的推移,中风险区域范围逐渐减少,风险值大于 0.05 的低风险区域增加。

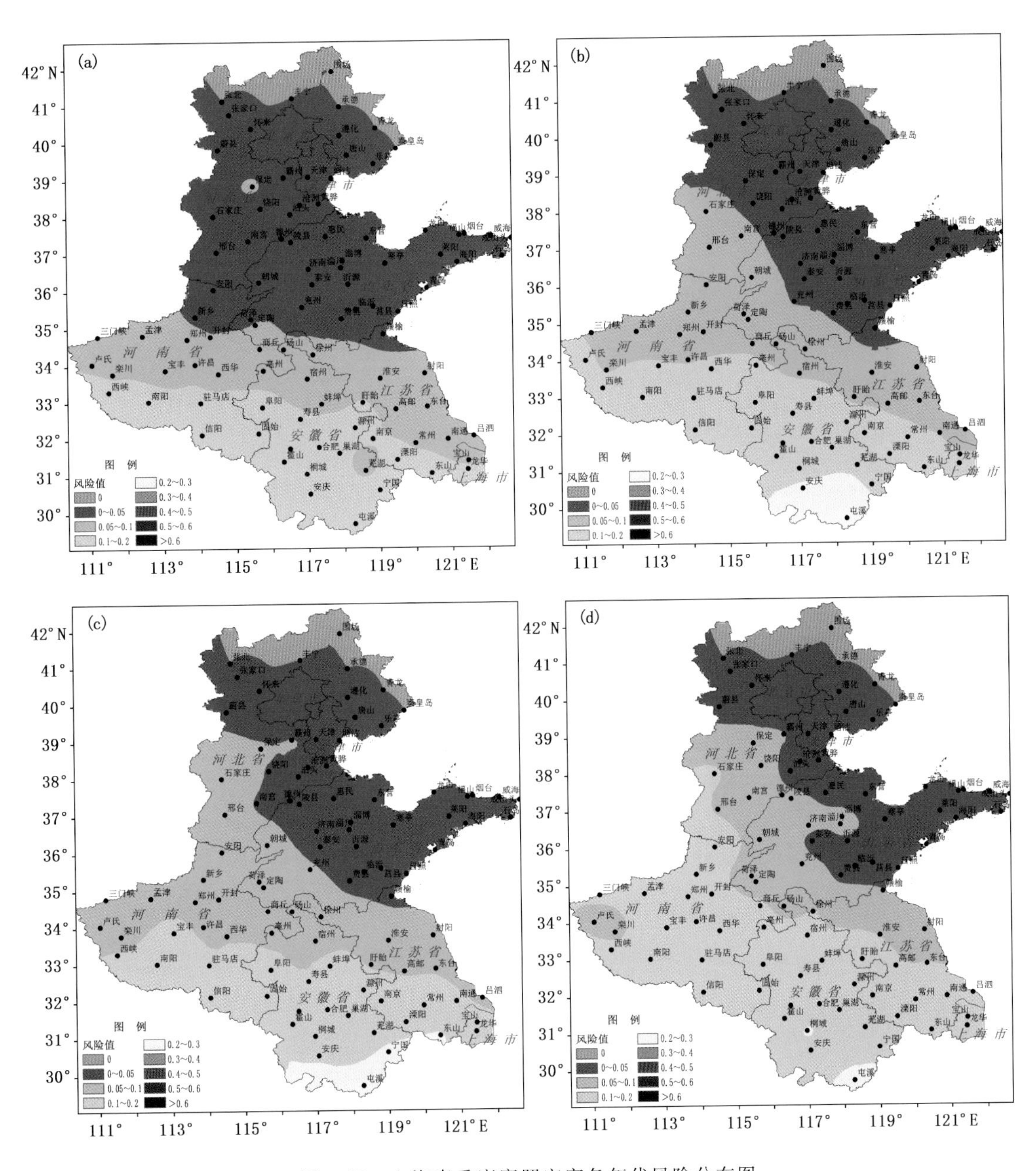

图3.79 上海青重度寡照灾害各年代风险分布图
(a.20世纪70年代、b.20世纪80年代、c.20世纪90年代、d.21世纪前10年)

总体看来,上海青在上海、河南南部、安徽南部和江苏南部地区易发生轻度寡照灾害,随着年代的推移,轻度灾害的易发生区域逐渐扩展到了河北北部和山东局部地区;各年代其他地区上海青不易发生寡照灾害。

(3)上海青寡照灾害综合风险区划

研究表明,七省(市)上海青发生轻度寡照灾害的风险分布为:山东东部和北部、河北东部及北部地区为低风险区,卢氏—西峡—宝丰—许昌—驻马店—阜阳—寿县—蚌埠—盱眙—高邮—东台一线以南为高风险区,其他地区为中风险区。

发生中度寡照灾害的风险分布为:西峡一宝丰一许昌一西华一寿县一蚌埠一盱眙一常州一南通一吕泗一线以南为中风险区,此线以北为低风险区。

发生重度寡照灾害的风险分布为:除屯溪地区为中风险区外,其他地区均为低风险区。

综合分析上海青寡照灾害综合风险分布图(图 3.80)可知,上海、河南南部、安徽大部和江苏南部局部地区易发生轻度和中度寡照灾害;其他地区除河北北部和山东部分地区外,易发生轻度寡照灾害;整个研究区不易发生重度寡照灾害。

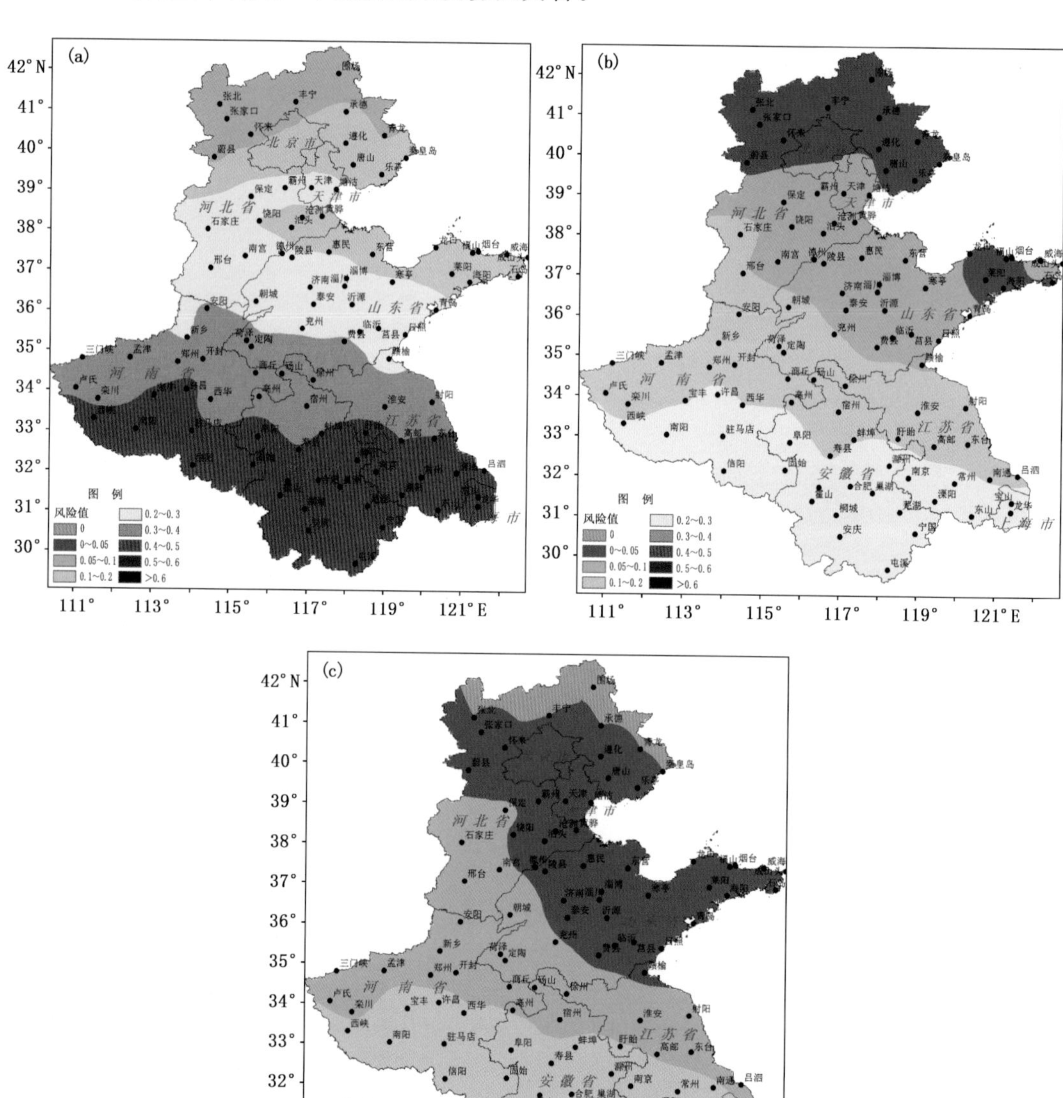

图 3.80　上海青寡照灾害综合风险分布图

(a. 轻度、b. 中度、c. 重度)

第 4 章　大风灾害

4.1　日光温室大风灾害

4.1.1　日光温室大风灾害分布规律

根据风洞试验结果，本研究搜集达到日光温室轻度风灾指标的有 16 个气象站，共出现大风灾害 734 次，其中山东 684 次、河北 32 次、江苏 6 次、天津 6 次、河南 4 次、上海 2 次。单站次数以成山头最多，为 550 次，其次为威海、青岛和张北，次数分别为 74 次、46 次和 30 次，其余 13 站发生次数最大为 6 次，为塘沽。

日光温室轻度大风灾害 40 年来发生次数分布图（图 4.1）显示，日光温室轻度风灾主要发生在沿海地区和高海拔地区。河北北部、山东部分以及江苏局部地区在 20 次以上，其中山东半岛局部地区在 100 次以上；其他地区在 20 次以下。

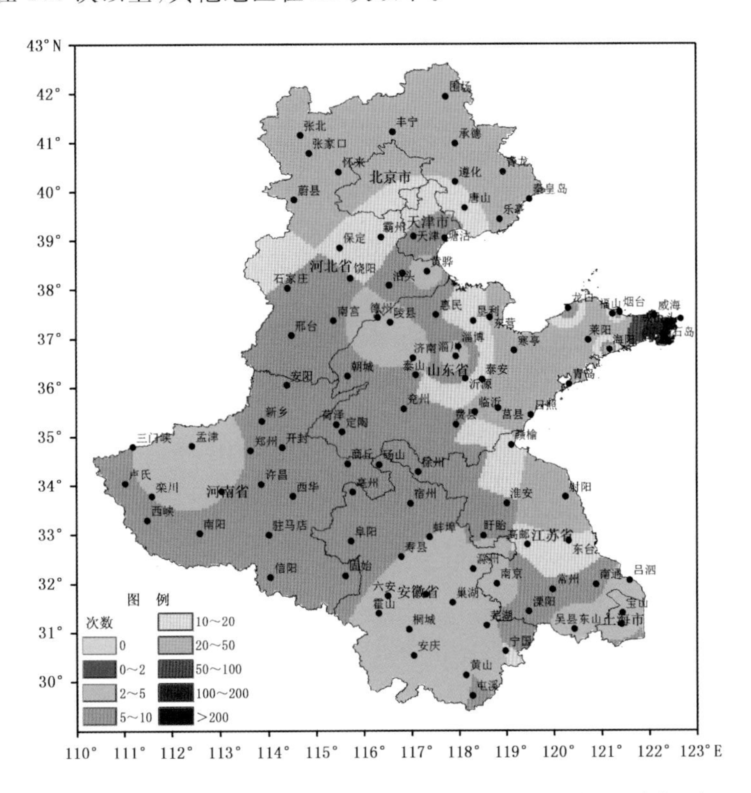

图 4.1　日光温室轻度大风灾害 40 年来发生总次数分布图（单位：次）

本研究区域 40 年仅 24 次气象条件达到日光温室中度风灾指标，均发生在山东省，其中成山头 20 次，威海和青岛分别为 2 次，均为沿海地区。

时间分布显示 24 次风灾气象条件中，12 次发生在 20 世纪 70 年代，6 次在 80 年代，2 次在 90 年代，4 次在 21 世纪 10 年代，其中 1980 年发生次数最多，为 6 次。由于中度风灾发生次数较少，无法做空间分布图。

40 年仅 2 次气象条件达到日光温室重度风灾指标，均发生在山东省长岛站，时间均发生在 1971 年 1 月。由于次数发生较少，无法做空间分布图。

4.1.2　日光温室大风灾害风险区划

研究表明，七省(市)日光温室发生轻度风灾灾害的风险分布(图 4.2)为：仅山东威海局部地区为中风险区外，其他地区均为低风险区。

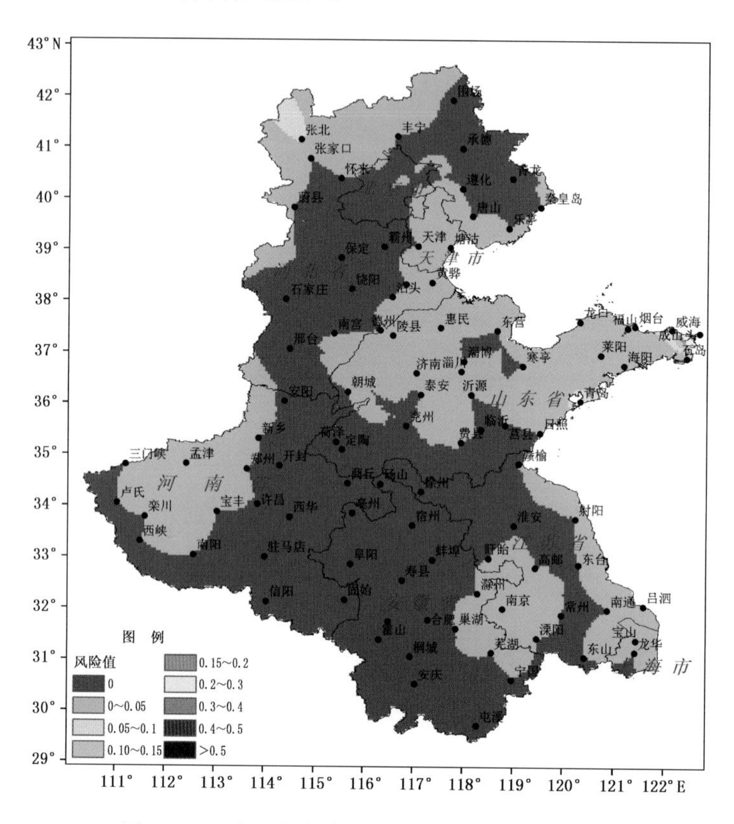

图 4.2　日光温室轻度大风灾害综合风险分布图

研究表明，七省(市)日光温室发生中度风灾灾害的风险分布(图 4.3)为：整个研究区域均为低风险区，发生中度风灾的风险极低。

七省(市)日光温室发生重度风灾灾害的风险分布(图 4.4)为：整个研究区域均为低风险区，发生重度风灾的风险极低。

综合分析可知，研究区日光温室除山东威海局部地区易发生轻度大风灾害外，其他地区不易发生大风灾害。

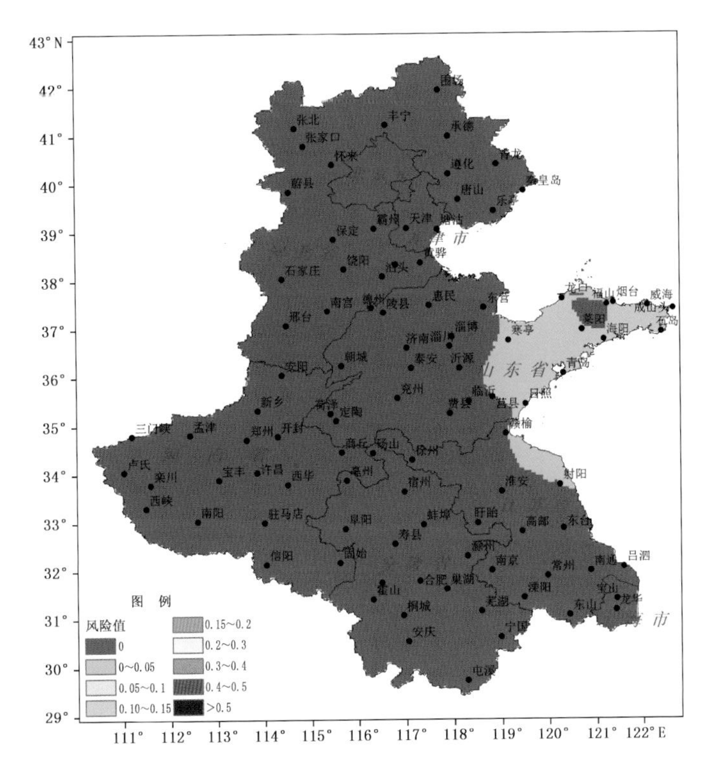

图 4.3 日光温室中度大风灾害综合风险分布图

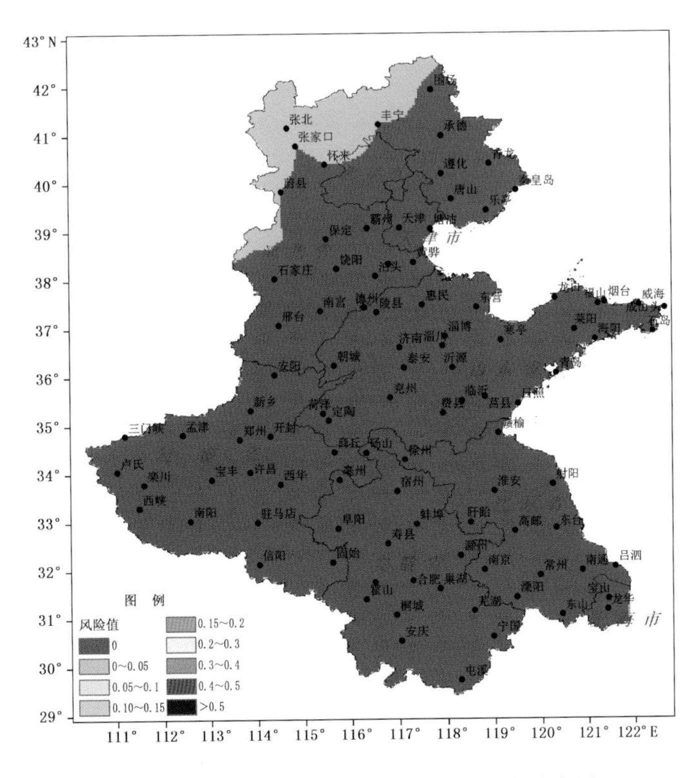

图 4.4 日光温室重度大风灾害综合风险分布图

4.2 塑料大棚大风灾害

4.2.1 塑料大棚大风灾害分布规律

根据风洞试验结果，本研究搜集达到塑料大棚轻度风灾指标有 55 个气象站，共出现大风灾害 2146 次，其中山东 1744 次、河北 182 次、天津 85 次、河南 56 次、江苏 50 次、安徽 17 次、上海 12 次。单站次数以成山头最多，为 956 次，其次为威海、青岛和张北，次数分别为 315 次、243 次和 146 次，其余 51 站发生次数最大为 83 次，为塘沽。

塑料大棚轻度大风灾害 40 年来发生次数分布图(图 4.5)显示，日光温室轻度风灾主要发生在沿海地区和高海拔地区。河北北部、山东部分以及江苏局部地区在 20 次以上，其中河北张北地区、山东半岛局部地区在 100 次以上；其他地区在 20 次以下。

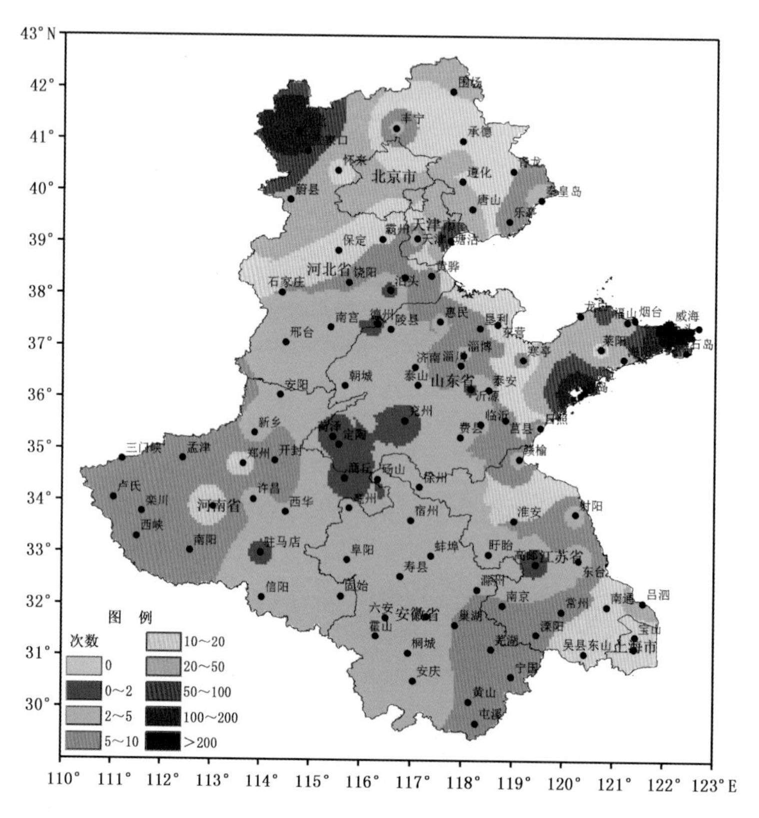

图 4.5 塑料大棚轻度大风灾害 40 年来发生总次数分布图(单位：次)

达到风洞试验塑料大棚中度风灾指标气象条件的共有 10 个气象站 456 次，其中山东 428 次、河北 16 次、天津和江苏省各 4 次、河南和上海各 2 次。单站次数以成山头最多，为 356 次，其次为威海、青岛和张北，次数分别为 40 次、30 次和 16 次，其余 51 站发生次数最大为 4 次，为塘沽。

空间分布(图 4.6)显示，河北北部、山东大部、安徽和江苏部分地区在 20 次以上，山东半岛局部地区在 50 次以上，其他地区在 20 次以下。

达到风洞试验塑料大棚重度风灾指标气象条件的共 88 次，其中成山头 70 次，威海、青岛和张北各 6 次，依然分布于沿海及高海拔地区。

40 年中，20 世纪 70 年代发生 38 次，80 年代发生 23 次，其中发生最多的年份为 1980 年，为 14 次，其余年份均少于 10 次。由于发生次数较少，且地点集中，无法做空间分布图。

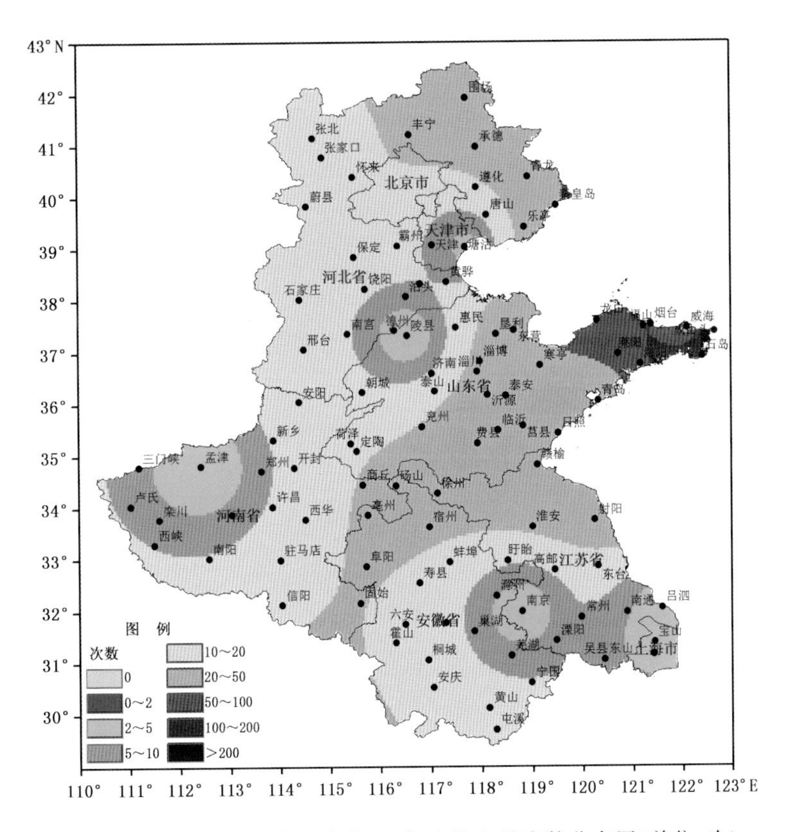

图 4.6　塑料大棚中度大风灾害 40 年来发生总次数分布图(单位:次)

4.2.2　塑料大棚大风灾害风险区划

研究表明。七省(市)塑料大棚发生轻度风灾灾害的风险分布(图 4.7)为:整个研究区域除山东东部沿海地区有中风险和高风险外，其他地区均为低风险。

七省(市)塑料大棚发生中度风灾灾害的风险分布(图 4.8)为:整个研究区域几乎全部为低风险区。

七省(市)塑料大棚发生重度风灾灾害的风险分布(图 4.9)为:整个研究区域全部为低风险区，塑料大棚发生重度风灾灾害的风险极低。

综合分析可知，研究区塑料大棚除山东半岛部分地区易发生轻度大风灾害外，其他地区不易发生大风灾害。

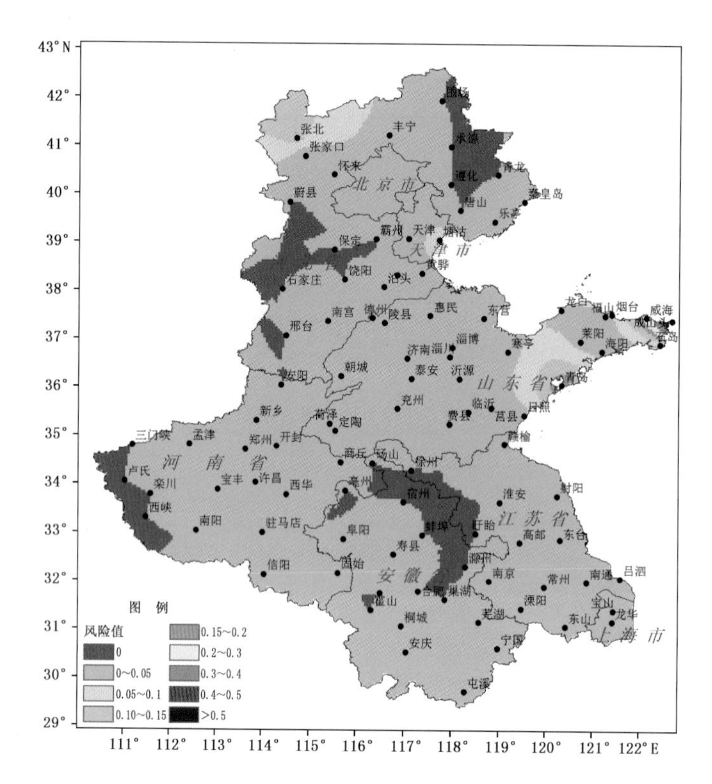

图 4.7　塑料大棚轻度大风灾害综合风险分布图

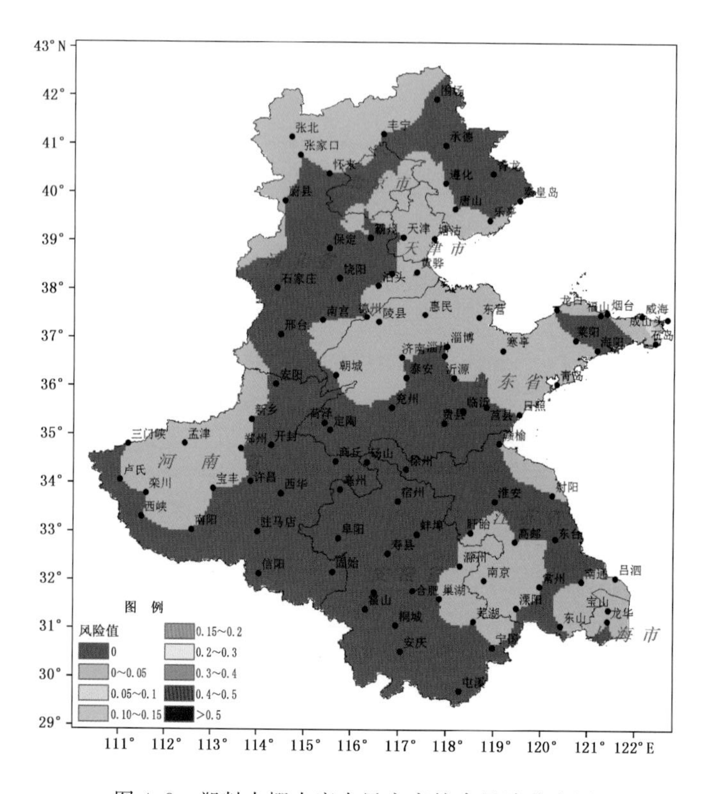

图 4.8　塑料大棚中度大风灾害综合风险分布图

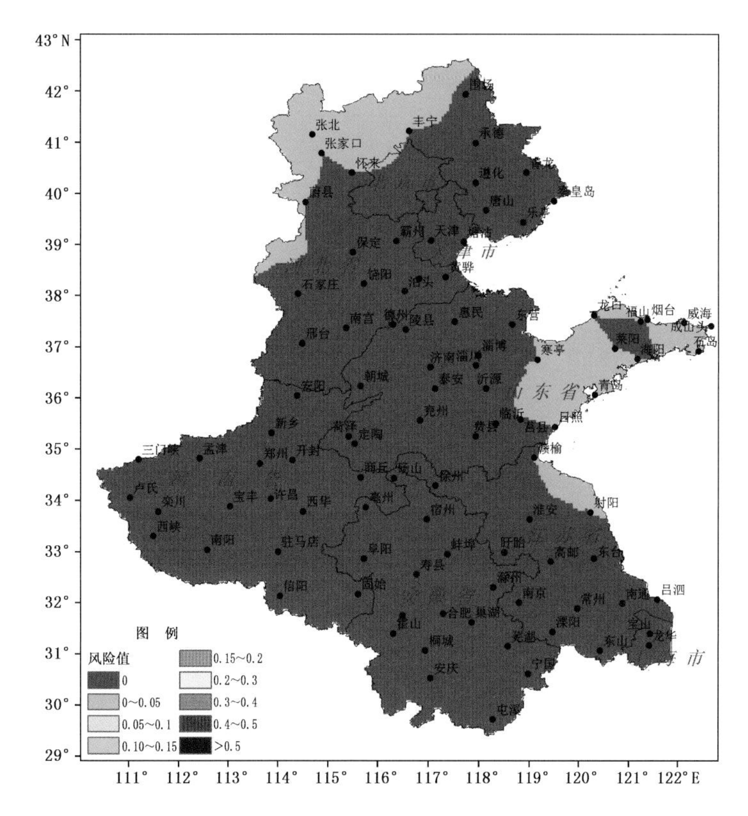

图 4.9　塑料大棚重度大风灾害综合风险分布图

第5章 暴雪灾害

5.1 日光温室暴雪灾害分布规律

根据试验确定的日光温室暴雪灾害指标，40年资料覆盖区域共发生灾害108次，其中河南40次，河北20次，山东12次，安徽27次，江苏9次。河南信阳累计发生7次，为单站发生暴雪最多的站点，其次为栾川，发生6次，河南的宝丰和固始各发生5次，受灾次数前4位的地区均在河南省。各地区日光温室暴雪灾害发生的次数均较少(图5.1)。

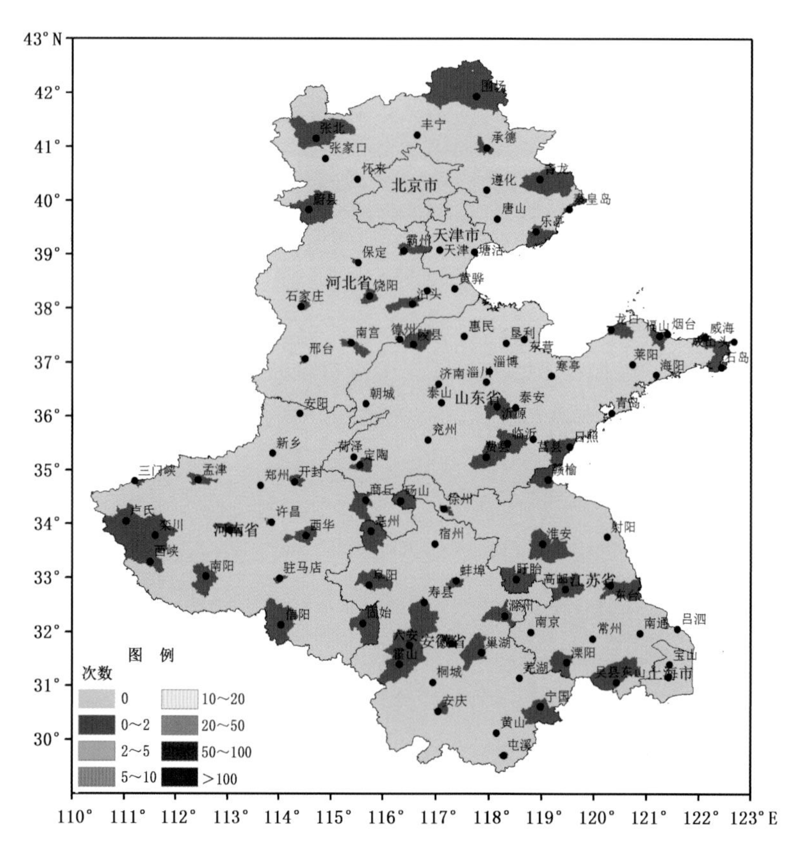

图5.1 日光温室暴雪灾害40年来发生总次数分布图(单位:次)

5.2　塑料大棚暴雪灾害分布规律

根据塑料大棚暴雪灾害指标，40 年来研究区共发生灾害 127 次，其中河南 45 次，河北 23 次，山东 23 次，安徽 27 次，江苏 9 次。河南的栾川和信阳累计各发生 7 次，为单站发生暴雪灾害最多的站点，其次为山东威海发生 6 次，河南的宝丰、固始、驻马店和山东福山均为 5 次，安徽阜阳为 4 次。各地区塑料大棚暴雪灾害发生的次数均较少(图 5.2)。

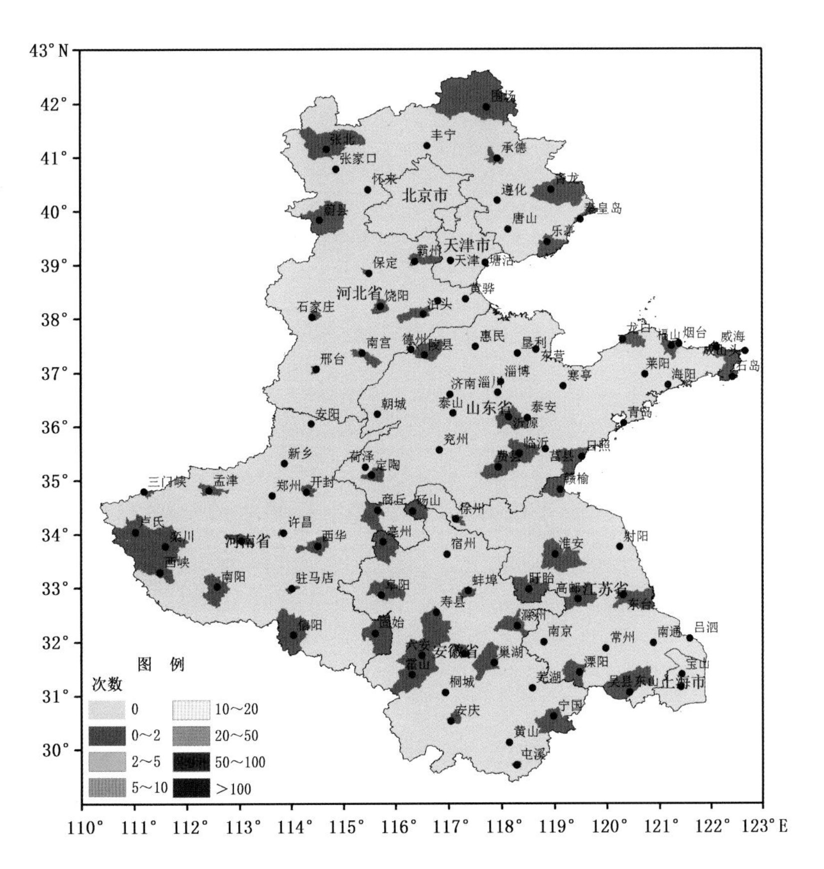

图 5.2　塑料大棚暴雪灾害 40 年来发生总次数分布图(单位:次)

第6章　复合灾害

6.1　低温寡照

6.1.1　日光温室低温寡照灾害分布规律

(1)日光温室番茄低温寡照灾害分布规律

1)日光温室番茄苗期低温寡照灾害分布规律

40年中,区域各站点满足日光温室番茄苗期轻度低温寡照灾害指标的记录共1165次,分布在92个站点中,其中次数最多的站点为河南安阳(49次),其次为河北石家庄(41次),次数较多的站点(20次以上)主要分布在河南西北部及河北西南部,江苏及安徽的东南部、上海地区次数较少。

满足中度低温寡照灾害指标的记录共有47次,分布在25个站中,其中河北石家庄和保定最多(均为5次),中度灾害主要分布在河北、河南和山东,南方的安徽、江苏和上海没有中度灾害发生。

满足重度低温寡照灾害指标的记录共有31次,分布在19个站中,其中河北邢台、保定、河南新乡、栾川最多(均为3次),重度灾害主要分布在研究区域西部,河北东北部、山东中东部、安徽东部及江苏全部、上海全部无重度灾害发生。

综合分析日光温室番茄苗期低温寡照灾害40年来总次数分布图(图6.1)可知,番茄苗期发生轻度低温寡照灾害的次数较多,发生中度和重度灾害的次数较少;且轻度低温寡照灾害的发生集中在河南、河北大部和山东部分地区。

2)日光温室番茄花果期低温寡照灾害分布规律

40年中,区域各站点满足日光温室番茄花果期轻度低温寡照灾害指标的记录共1098次,分布在92个站点中,其中次数最多的站点为河南安阳(44次),其次为河北石家庄(37次),次数较多的站点(20次以上)主要分布在河南西北部及河北西南部,江苏及安徽的东南部、上海地区次数较少。

满足中度低温寡照灾害指标的记录共有114次,分布在46个站中,其中河北石家庄最多(9次),其次为河南郑州(7次),中度灾害主要分布在河南大部、河北南部及山东东北部,其余地区中度灾害在2次以下。

满足重度低温寡照灾害指标的记录共有31次,分布在19个站中,其中河北邢台、保定、河南新乡、栾川最多(均为3次),重度灾害主要分布在研究区域西部,河北东北部、山东中东部、安徽东部及江苏全部、上海全部无重度灾害发生。

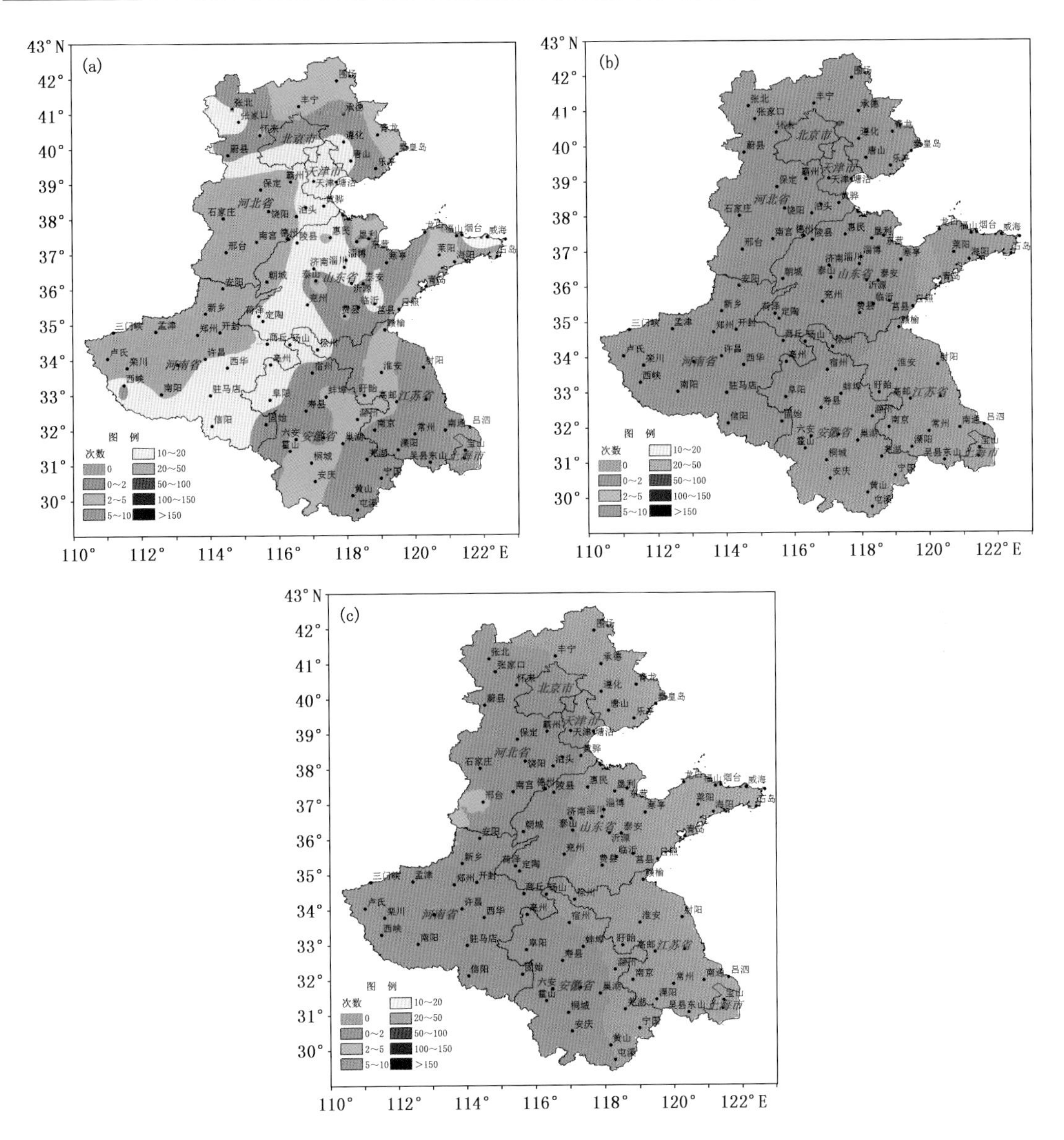

图 6.1　日光温室番茄苗期低温寡照灾害 40 年来总次数分布图(单位:次)
(a. 轻度、b. 中度、c. 重度)

综合分析日光温室番茄花果期低温寡照灾害 40 年来总次数分布图(图 6.2)可知,番茄花果期发生轻度低温寡照灾害的次数较多,发生中度和重度灾害的次数较少;且轻度低温寡照灾害的发生集中在河南、河北大部和山东部分地区。

(2)日光温室黄瓜低温寡照灾害分布规律

1)日光温室黄瓜苗期低温寡照灾害分布规律

40 年中,区域各站点满足日光温室黄瓜苗期轻度低温寡照灾害指标的记录共 1165 次,分布在 92 个站点中,其中次数最多的站点为河南安阳(49 次),其次为河北石家庄(41 次),次数较多的站点(20 次以上)主要分布在河南西北部及河北西南部,江苏及安徽的东南部、上海地区次数较少。

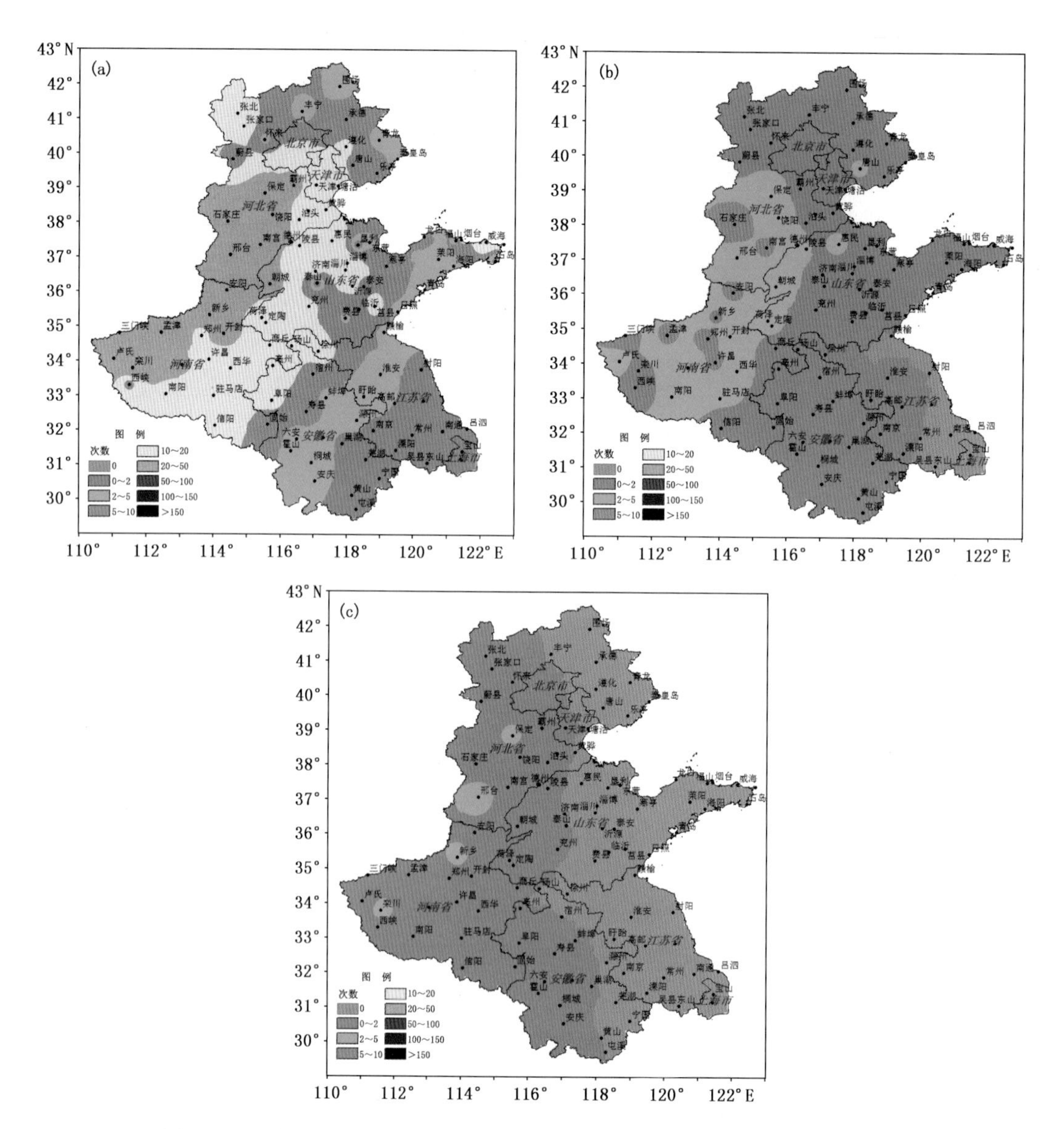

图 6.2　日光温室番茄花果期低温寡照灾害 40 年来总次数分布图(单位:次)
(a.轻度、b.中度、c.重度)

满足中度低温寡照灾害指标的记录共有 73 次,分布在 35 个站中,其中河北保定最多(8 次),其次为邢台(6 次),中度灾害主要分布在河北、河南、山东和安徽西部,安徽东南部、江苏和上海没有中度灾害发生。

满足重度低温寡照灾害指标的记录共有 5 次,河北石家庄、河南安阳、栾川、新乡、西峡各一次,其余站点无重度灾害发生。

综合分析日光温室黄瓜苗期低温寡照灾害 40 年来总次数分布图(图 6.3)可知,黄瓜苗期发生轻度低温寡照灾害的次数较多,发生中度和重度灾害的次数较少;且轻度低温寡照灾害的发生集中在河南、河北大部和山东部分地区。

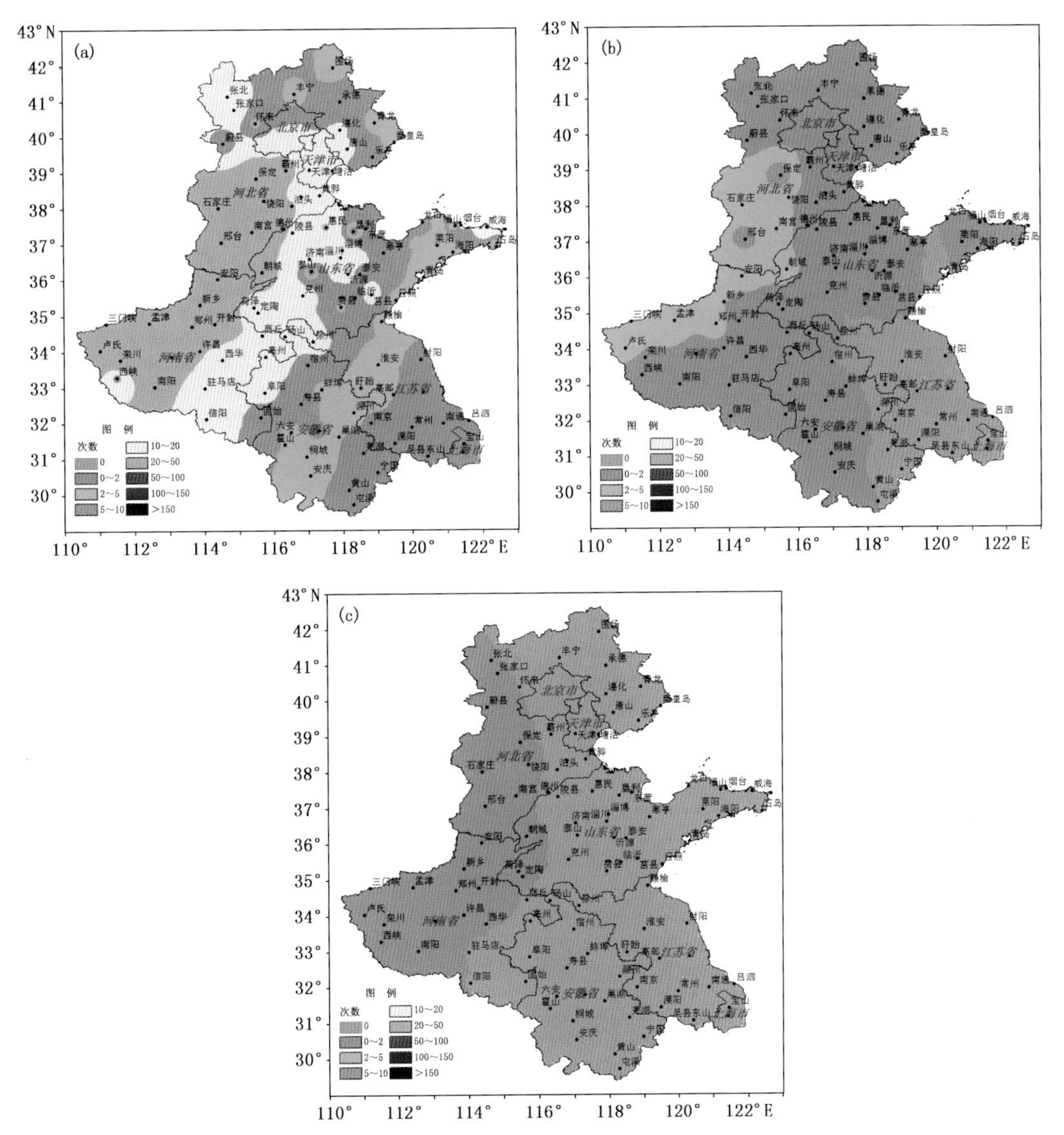

图6.3 日光温室黄瓜苗期低温寡照灾害40年来总次数分布图(单位:次)
(a.轻度、b.中度、c.重度)

2)日光温室黄瓜花果期低温寡照灾害分布规律

40年中,区域各站点满足日光温室黄瓜花果期轻度低温寡照灾害指标的记录共1212次,分布在92个站点中,其中次数最多的站点为河南安阳(50次),其次为河北石家庄(46次),次数较多的站点(20次以上)主要分布在河南西北部及河北西南部,江苏及安徽的东南部、上海地区次数较少。

满足中度低温寡照灾害指标的记录共有26次,分布在17个站中,其中河北保定和邢台最多(各3次),中度灾害主要分布在河北西部、河南、山东西部和安徽西部,河北东北部、安徽东南部、江苏和上海没有中度灾害发生。

满足重度低温寡照灾害指标的记录共有5次,河北石家庄、河南安阳、栾川、新乡、西峡各一次，其余站点无重度灾害发生。

综合分析日光温室黄瓜花果期低温寡照灾害 40 年来总次数分布图（图 6.4）可知，黄瓜花果期发生轻度低温寡照灾害的次数较多，发生中度和重度灾害的次数较少；且轻度低温寡照灾害的发生集中在河南、河北大部和山东部分地区。

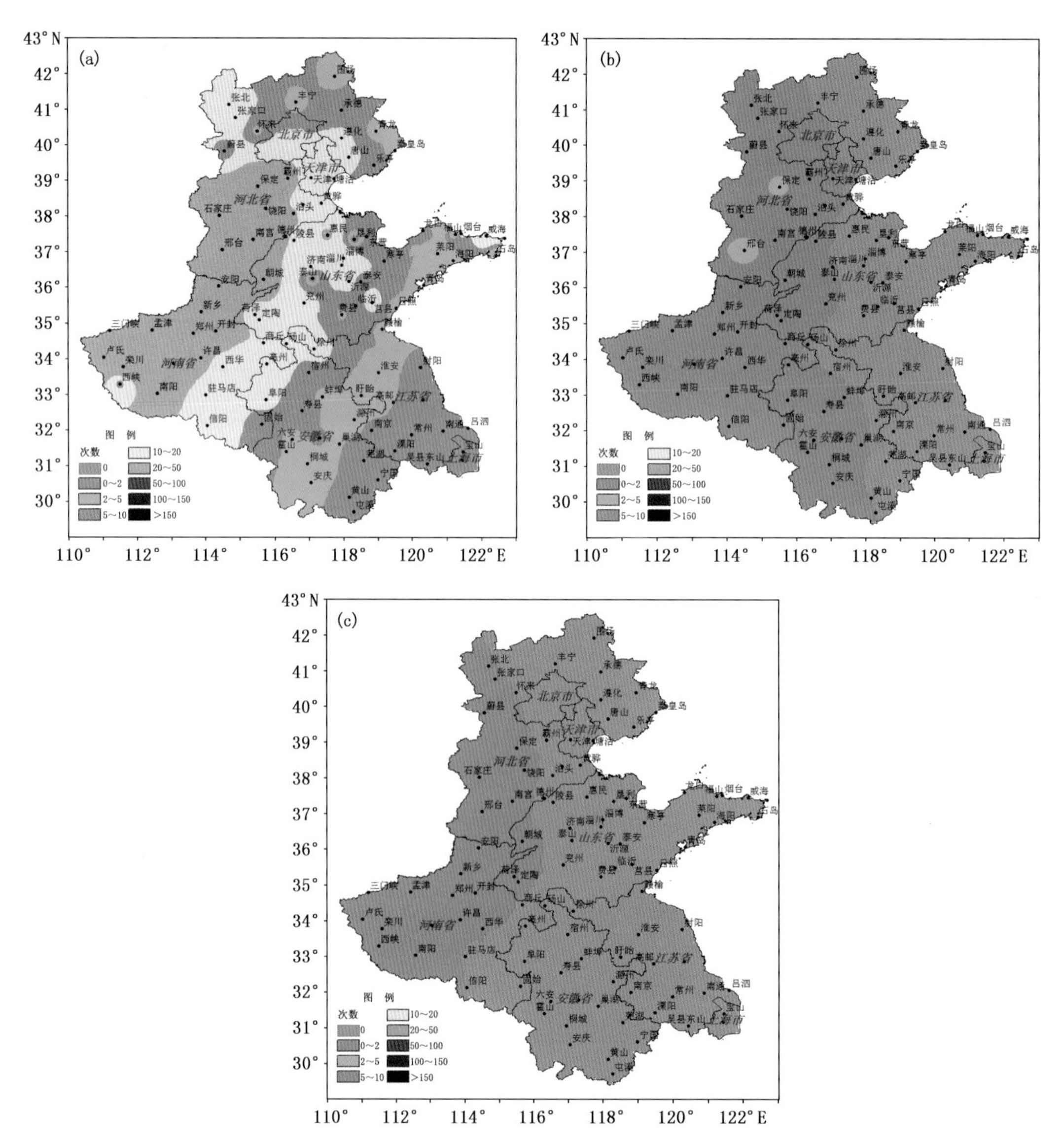

图 6.4　日光温室黄瓜花果期低温寡照灾害 40 年来总次数分布图（单位：次）

（a. 轻度、b. 中度、c. 重度）

（3）日光温室芹菜低温寡照灾害分布规律

40 年中，区域各站点满足日光温室芹菜轻度低温寡照灾害指标的记录共 139 次，分布在 49 个站点中，其中次数最多的站点为河北石家庄（9 次），其次为保定和南宫（8 次），次数较多的站点（2 次以上）主要分布在河南大部及河北西南部，山东西部。

满足中度低温寡照灾害指标的记录共有 6 次，河北石家庄、河南安阳、孟津、新乡、栾川、西峡各 1 次，其余各站无中度灾害发生。

无满足重度低温寡照灾害指标的记录。

综合分析日光温室芹菜低温寡照灾害 40 年来总次数分布图(图 6.5)可知，芹菜发生低温寡照灾害的次数较少，且无重度低温寡照灾害发生。

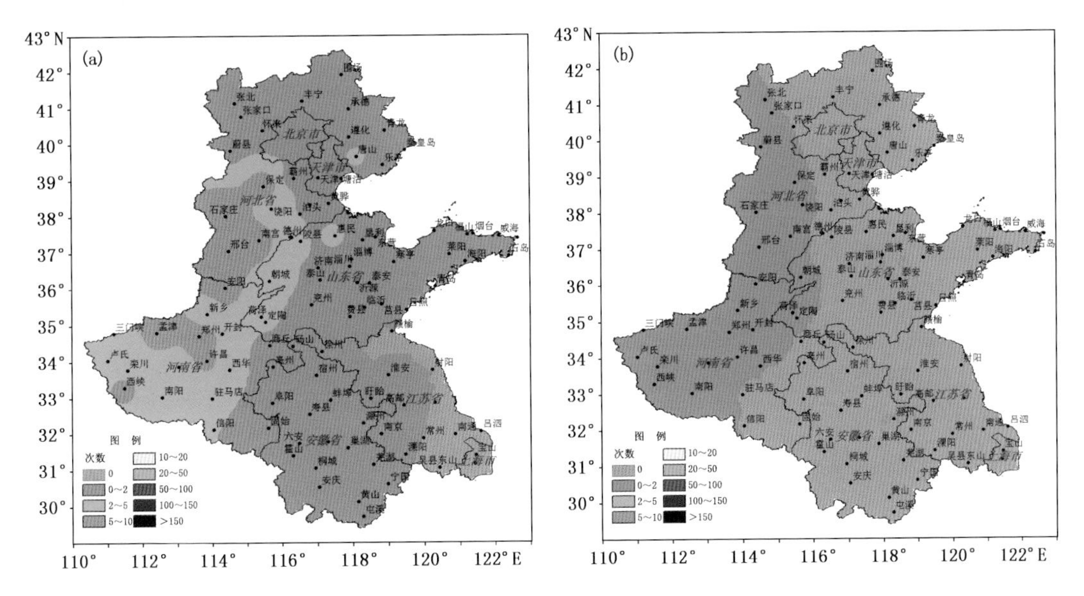

图 6.5 日光温室芹菜低温寡照灾害 40 年来总次数分布图(单位:次)
(a. 轻度、b. 中度)

6.1.2 塑料大棚低温寡照灾害分布规律

(1)塑料大棚番茄低温寡照灾害分布规律

1)塑料大棚番茄苗期低温寡照灾害分布规律

40 年中，区域各站点满足塑料大棚番茄苗期轻度低温寡照灾害指标的记录共 237 次，分布在 62 个站点中，其中次数最多的站点为安徽安庆(19 次)，其次为上海龙华(12 次)，次数较多的站点(10 次以上)主要分布在安徽南部和上海地区。

满足中度低温寡照灾害指标的记录共有 6887 次，分布在 98 个站中，其中安徽桐城、巢湖、安庆、合肥和霍山均在 160 次以上，河南南部、安徽大部、江苏中南部和上海地区次数均在 100 次以上。

满足重度低温寡照灾害指标的记录共有 4762 次，分布在 98 个站中，其中河南安阳、宝丰和许昌均在 100 次以上，重度灾害主要分布在研究区域西部，河南、河北西南部、山东西部、安徽西北部均在 50 次以上。

综合分析塑料大棚番茄苗期低温寡照灾害 40 年来总次数分布图(图 6.6)可知，番茄轻度和中度灾害发生次数呈现由南到北减少的趋势，重度灾害呈现由西向东减少的趋势，且易发生中度和重度灾害。其中河南、安徽西部和南部地区中度和重度灾害的发生次数均较多；安徽中部、江苏、上海和山东南部地区发生中度灾害的次数较多；河北南部和山东西部地区发生重度灾害的次数较多。

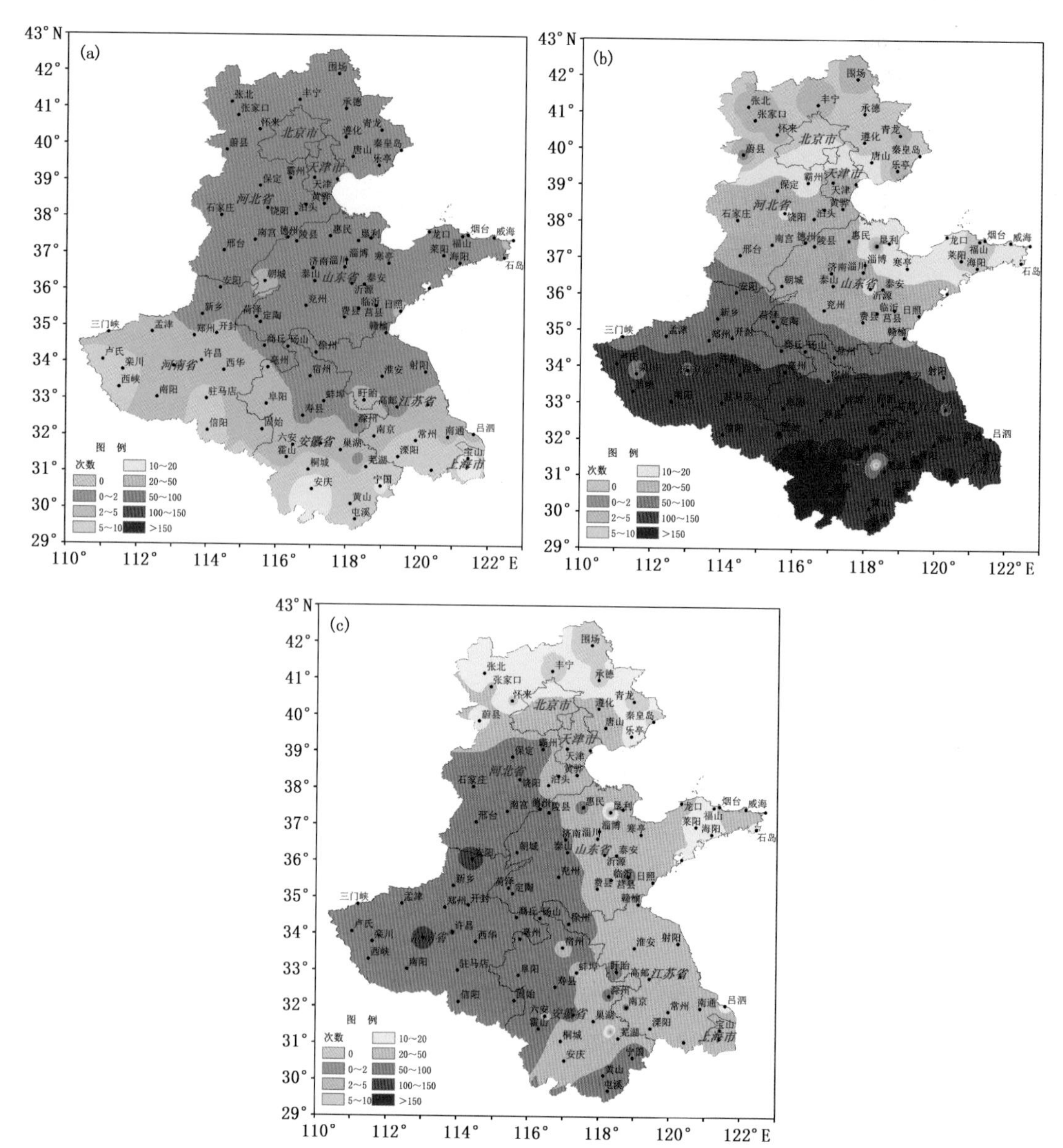

图 6.6　塑料大棚番茄苗期低温寡照灾害 40 年来总次数分布图(单位:次)
(a. 轻度、b. 中度、c. 重度)

2)塑料大棚番茄花果期低温寡照灾害分布规律

40 年中,区域各站点满足塑料大棚番茄花果期轻度低温寡照灾害指标的记录共 227 次,分布在 62 站点中,其中安徽安庆、宁国、上海龙华和宝山次数均在 10 次以上,主要分布在安徽南部和上海地区。

满足中度低温寡照灾害指标的记录共有 6897 次,分布在 98 个站中,安徽的桐城、安庆、巢湖、合肥和霍山均在 160 次以上,次数较多的站点(100 次以上)主要分布在河南南部、安徽大部、江苏中南部和上海。

满足重度低温寡照灾害指标的记录共有 4762 次,分布在 98 个站中,其中河南安阳、宝丰和许昌均在 100 次以上,重度灾害主要分布在研究区域西部,河南、河北西南部、山东西部、安徽西北部均在 50 次以上。

综合分析塑料大棚番茄花果期低温寡照灾害 40 年来总次数分布图(图 6.7)可知,番茄花果期易发生中度和重度灾害,轻度和中度灾害发生次数呈现由南到北减少的趋势,重度灾害呈现由西向东减少的趋势。其中河南、安徽西部和南部地区中度和重度灾害的发生次数均较多;安徽中部、江苏、上海和山东南部地区发生中度灾害的次数较多;河北南部和山东西部地区发生重度灾害的次数较多。

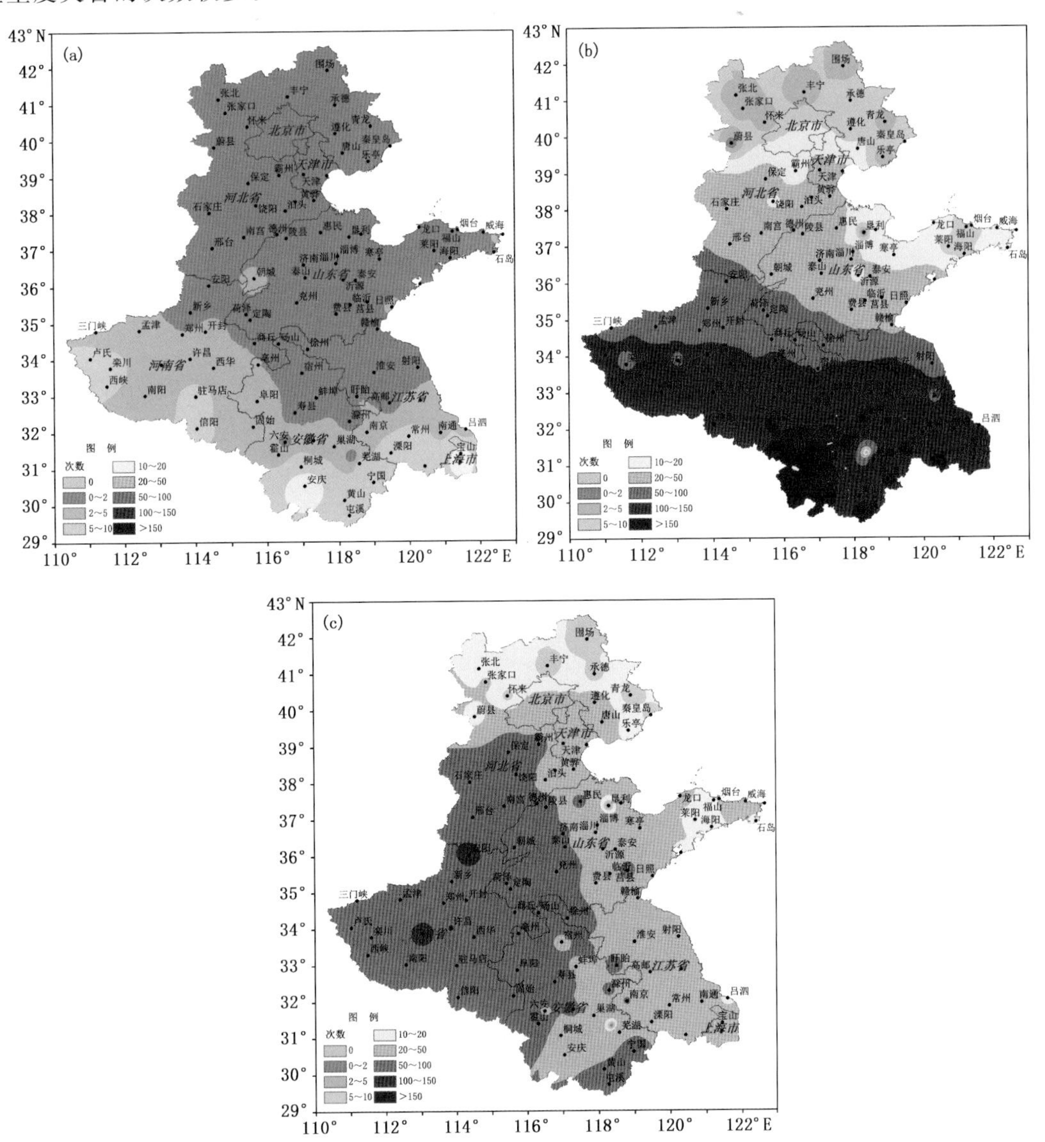

图 6.7　塑料大棚番茄花果期低温寡照灾害 40 年来总次数分布图(单位:次)
(a. 轻度、b. 中度、c. 重度)

(2)塑料大棚黄瓜低温寡照灾害分布规律

1)塑料大棚黄瓜苗期低温寡照灾害分布规律

40 年中,区域各站点满足塑料大棚黄瓜苗期轻度低温寡照灾害指标的记录共 480 次,分布在 71 个站点中，其中安徽安庆最多（28 次），其次为上海宝山（20 次），次数较多的站点（10 次以上）主要分布在河南东南部、安徽南部、江苏南部和上海地区。

满足中度低温寡照灾害指标的记录共有 6056 次，分布在 98 个站中，其中安徽安庆、桐城、屯溪均在 160 次以上，次数较多的站点（100 次以上）主要分布在河南、安徽，江苏和上海。

满足重度低温寡照灾害指标的记录共有 5350 次，分布在 98 个站点中，其中河南宝丰和安阳在 120 次以上，次数较多的站点（50 次以上）主要分布在研究区域西部，河南、河北南部、山东西部、安徽北部和江苏西北部均在 50 次以上。

综合分析塑料大棚黄瓜苗期低温寡照灾害 40 年来总次数分布图（图 6.8）可知，黄瓜易发生中度和重度灾害，轻度和中度灾害发生次数呈现由南到北减少的趋势，重度灾害呈现由西向

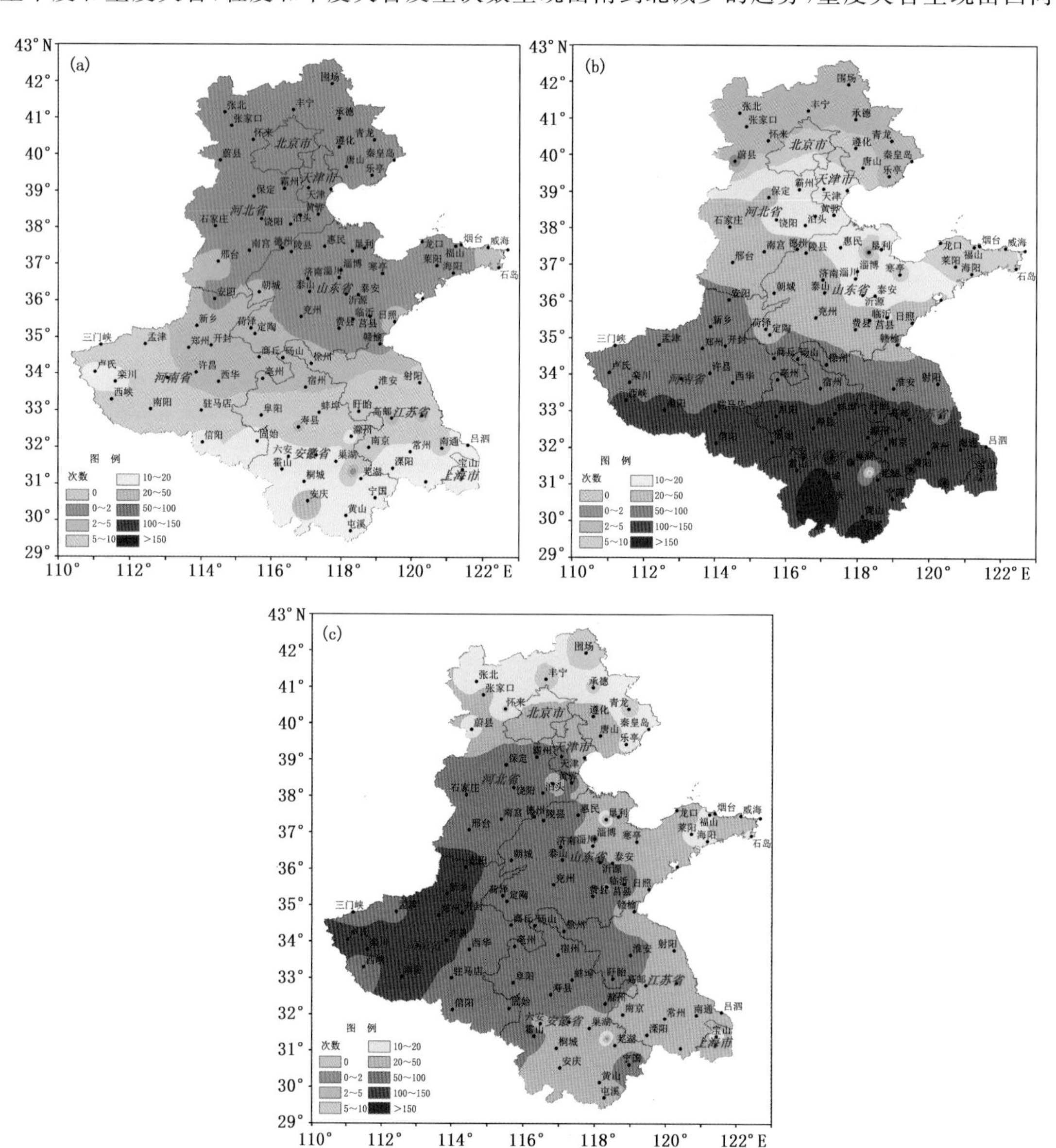

图 6.8　塑料大棚黄瓜苗期低温寡照灾害 40 年来总次数分布图（单位：次）

（a. 轻度、b. 中度、c. 重度）

东减少的趋势。其中河南、安徽北部和江苏西部地区中度和重度灾害的发生次数均较多；上海、安徽南部和江苏南部地区发生中度灾害的次数较多；河北南部和山东西部地区发生重度灾害的次数较多。

2）塑料大棚黄瓜花果期低温寡照灾害分布规律

40 年中，区域各站点满足塑料大棚黄瓜花果期轻度低温寡照灾害指标的记录共 476 次，分布在 70 个站点中，其中次数最多的站点为安徽安庆（26 次），其次为上海宝山（21 次），次数较多的站点（10 次以上）主要分布在河南东南部，江苏及安徽的东南部、上海地区。

满足中度低温寡照灾害指标的记录共有 6048 次，分布在 98 个站中，其中安徽安庆和桐城最多，分别为 166 次和 163 次，次数较多的站点（100 次以上）主要分布在河南南部、安徽大部，江苏南部和上海。

满足重度低温寡照灾害指标的记录共有 5350 次，分布在 98 个站点中，其中河南的宝丰和安阳在 120 次以上，次数较多的站点（50 次以上）主要分布在研究区域西部，河南、河北南部、山东西部、安徽北部和江苏西北部均在 50 次以上。

综合分析塑料大棚黄瓜花果期低温寡照灾害 40 年来总次数分布图（图 6.9）可知，黄瓜花果期易发生中度和重度灾害，轻度和中度灾害发生次数呈现由南到北减少的趋势，重度灾害呈现由西向东减少的趋势。其中河南、安徽北部和江苏西部地区中度和重度灾害的发生次数均较多；上海、安徽南部和江苏南部地区发生中度灾害的次数较多；河北南部和山东西部地区发生重度灾害的次数较多。

（3）塑料大棚芹菜低温寡照灾害分布规律

40 年中，区域各站点满足塑料大棚芹菜轻度低温寡照灾害指标的记录共 1407 次，分布在 80 个站点中，安徽安庆、屯溪和合肥在 50 次以上，河南、安徽、江苏和安徽大部分站点在 10 次以上。

满足中度低温寡照灾害指标的记录共有 814 次，分布在 78 个站点中，安徽宁国、河南南阳和西峡在 30 次以上，河南大部、安徽、江苏西部和上海南部站点在 10 次以上。

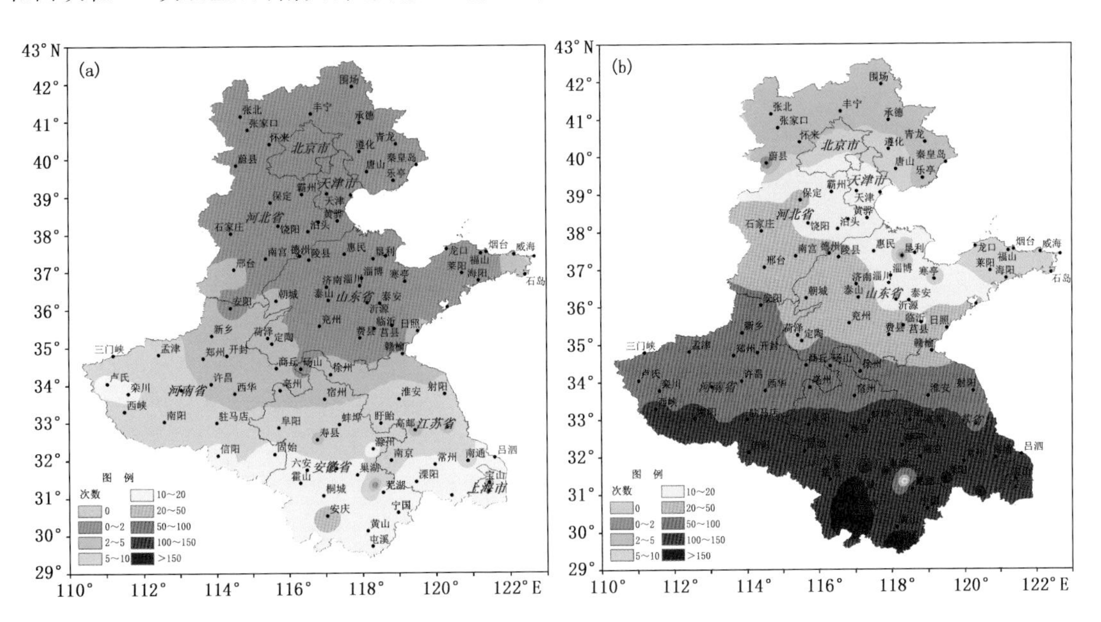

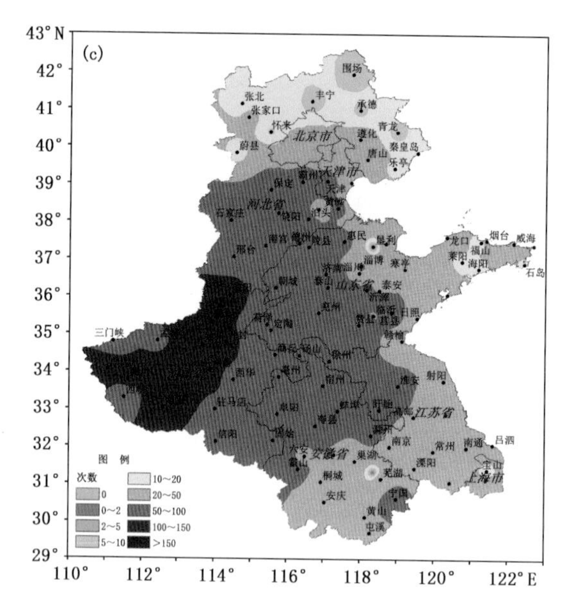

图 6.9　塑料大棚黄瓜花果期低温寡照灾害 40 年来总次数分布图(单位:次)

(a.轻度、b.中度、c.重度)

满足重度低温寡照灾害指标的记录共有 655 次,分布在 84 个站点中,河南安阳、宝丰、许昌和西华在 20 次以上、河南、安徽西北部、山东西部和河北南部大部分站点在 10 次以上。

综合分析,塑料大棚芹菜低温寡照灾害 40 年来总次数分布图(图 6.10)可知,上海、河南南部、安徽南部和江苏南部地区发生轻度低温寡照灾害的次数较多,其中河南南部局部地区发生中度灾害的次数也较多;其他地区塑料大棚芹菜发生轻度低温寡照灾害的次数较少。

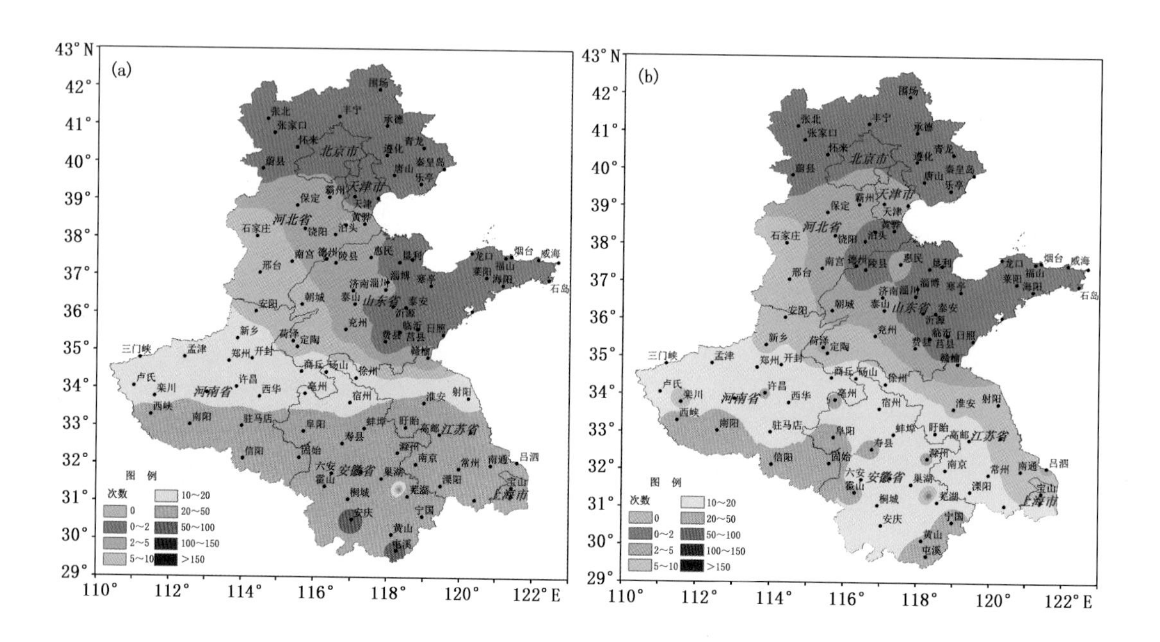

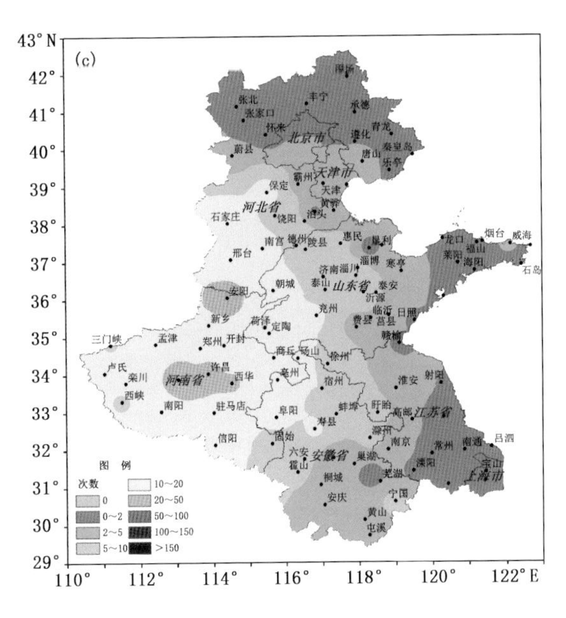

图 6.10　塑料大棚芹菜低温寡照灾害 40 年来总次数分布图(单位:次)
(a. 轻度、b. 中度、c. 重度)

6.2　大风低温

大风低温复合灾害程度(轻度、中度、重度)的划分方法:同种温室类型中,大风灾害等级分为轻度、中度、重度,黄瓜、番茄、芹菜低温灾害等级也分为轻、中、重,对于大风和低温同时出现的复合灾害日,以当日任一灾害、任一作物出现的最高灾害等级作为该类型温室该日大风低温复合灾害的等级。

总体上看,大风低温复合灾害出现次数较少,主要影响山东半岛和河北北部高海拔地区。

6.2.1　日光温室大风低温灾害分布规律

40 年来,日光温室大风低温复合灾害整体上出现次数较少,轻、中、重 3 种等级灾害共出现 198 次。其中 40 年中,符合日光温室大风低温轻度灾害条件的记录共有 79 次,分布在 4 个站中,分别为河北张北 4 次、山东威海 3 次、青岛 7 次、成山头 65 次,其他地方未出现。

符合日光温室大风低温中度灾害条件的记录共有 96 次,分布在 6 个站中,分别为河北张北 1 次、山东烟台 1 次、龙口 1 次、威海 5 次、青岛 6 次、成山头 82 次,其他地方未出现。

符合日光温室大风低温重度灾害条件的记录共有 23 次,分布在 4 个站中,分别为河北张北 7 次、山东威海 3 次、青岛 2 次、成山头 11 次,其他地方未出现。

综合分析日光温室大风低温灾害 40 年来总次数分布图(图 6.11)可知,除山东威海局部地区发生轻度和中度大风低温灾害的次数较多外,其他地区日光温室发大风低温灾害的次数较少。

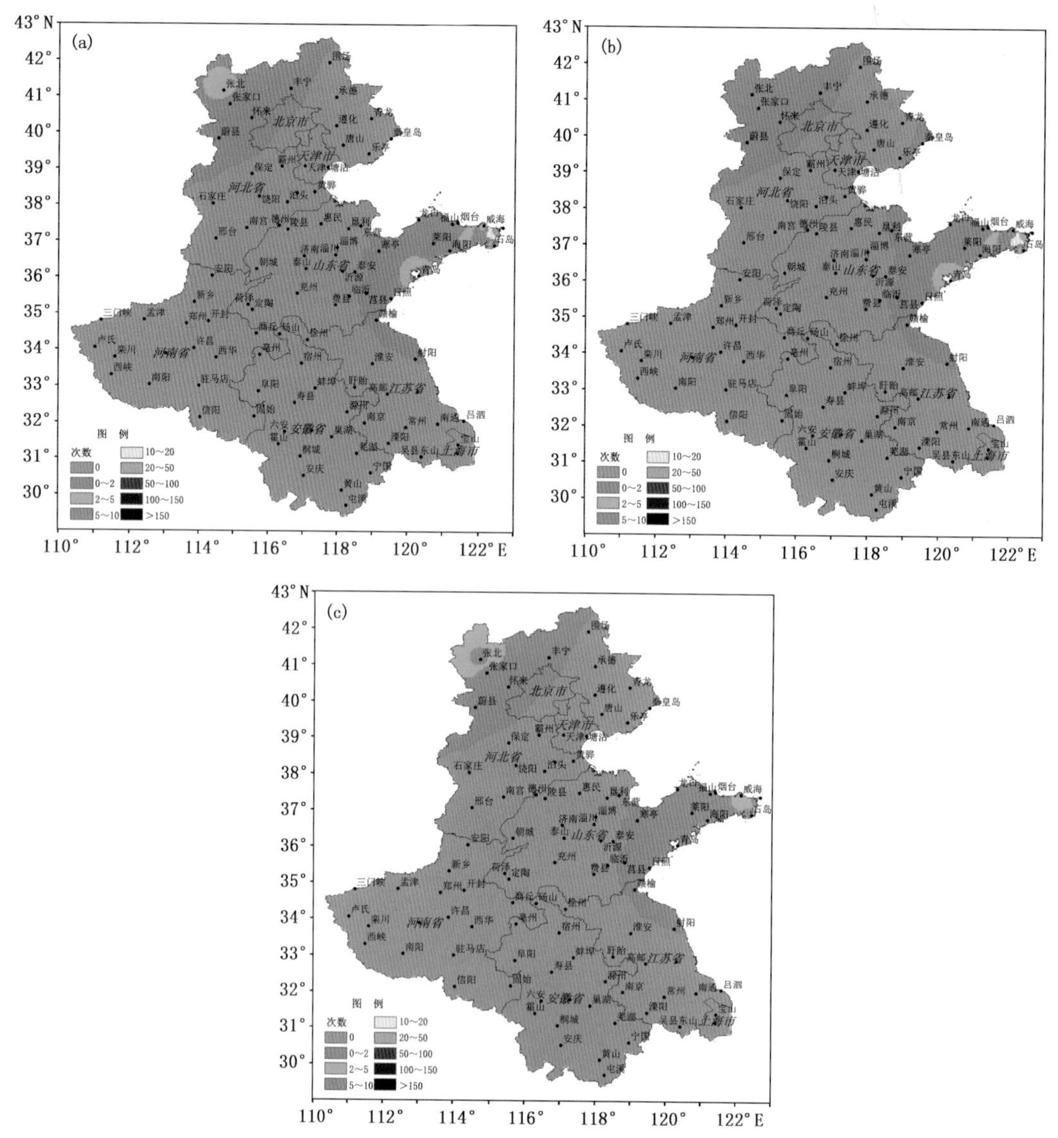

图 6.11　日光温室大风低温灾害 40 年来总次数分布图(单位:次)
(a. 轻度、b. 中度、c. 重度)

6.2.2　塑料大棚大风低温灾害分布规律

40 年来塑料大棚大风低温复合灾害共出现 1832 次,以中度和重度灾害为主,主要分布在山东、河北、天津,对上海、江苏、安徽、江南影响很小。40 年中,符合塑料大棚大风低温轻度灾害条件的记录共有 171 次,分布在 23 个站中,主要分布在山东、天津,其中山东威海 23 次、成山头 81 次、青岛 17 次、天津塘沽 9 次,其他站点小于 5 次。

符合塑料大棚大风低温中度灾害条件的记录共有 754 次,分布在 40 个站中,主要出现在山东、河北、天津,其中山东青岛 82 次、威海 94 次、成山头 408 次,河北张北 27 次,天津塘沽 21 次,其他站点较少。

符合塑料大棚大风低温重度灾害条件的记录共有907次，分布在31个站中，主要出现在山东、河北、天津，其中山东青岛104次、威海108次、成山头451次，河北张北117次，天津塘沽30次，其他站点较少。

综合分析塑料大棚大风低温灾害40年来总次数分布图(图6.12)可知，山东半岛是中度和重度大风低温灾害的多发地，其中山东威海地区，轻度大风低温灾害的发生次数也较多；河北北部地区发生重度的次数较多；其他地区塑料大棚发大风低温灾害的次数较少。

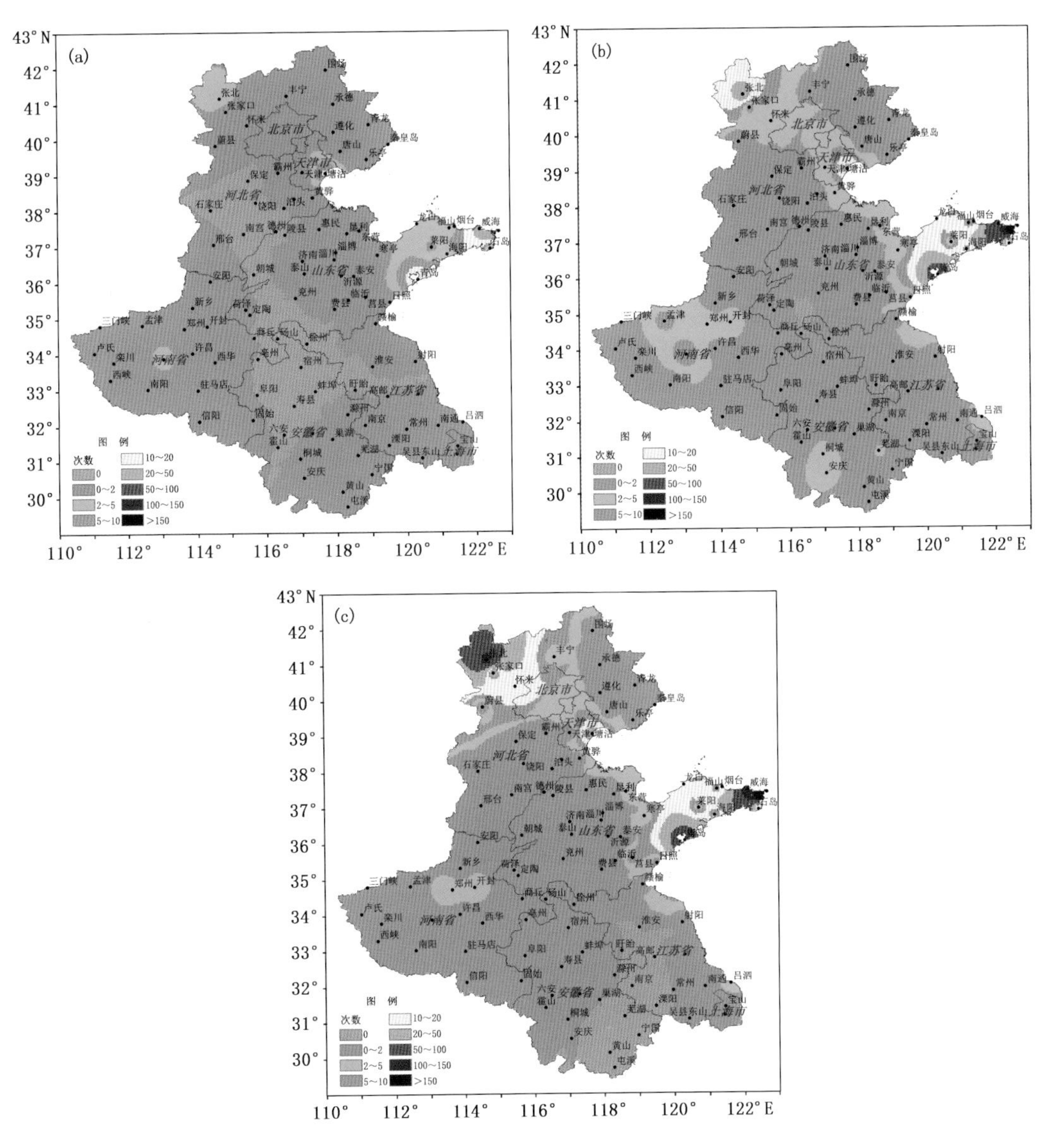

图6.12　塑料大棚大风低温灾害40年来总次数分布图(单位:次)
(a.轻度、b.中度、c.重度)

参考文献

[1] 薛晓萍,李楠,杨再强．日光温室黄瓜低温冷害风险评估技术研究[J]．灾害学,2013,28(3):61-65.

[2] 段若溪,姜会飞．农业气象学[M]．北京:气象出版社,2002.

[3] 毛留喜,魏丽．特色农业气象服务手册[M]．北京:气象出版社,2015.

[4] 张瑛,张甜,王艳,等．设施瓜果类蔬菜耐低温冷害研究进展[J]．江苏农业科学,2018,46(24):23-27.

[5] 张淑杰,杨再强,陈艳秋,等．低温、弱光、高湿胁迫对日光温室番茄花期生理生化指标的影响[J]．生态学杂志,2014,33(11):2995-3001.

[6] 吕星光,周梦迪,李敏．低温胁迫对甜瓜嫁接苗及自根苗光合及叶绿素荧光特性的影响[J]．植物生理学报,2016,52(3):334-342.

[7] 李楠,陈辰,张继波．基于信息扩散理论的山东省日光温室番茄低温冷害风险评估[J]．山东农业科学,2016,48(12):124-128.

[8] 杜子璇,刘忠阳,刘静,等．河南设施农业黄瓜寡照灾害时空分布及风险评价[J]．干旱气象,2015,33(4):694-701.

[9] 李楠,薛晓萍,张继波,等．日光温室番茄寡照灾害等级指标研究[J]．中国农学通报,2015,31(22):99-104.

[10] 魏瑞江,李春强,康西言．河北省日光温室低温寡照灾害风险分析[J]．自然灾害学报,2008,17(3):56-62.

[11] 赵和丽,杨再强．低温和寡照单因素胁迫对温室黄瓜叶片光合、器官干物质分配及果实品质的影响[J]．北方园艺,2008,(10):1-8.

[12] 魏瑞江．日光温室低温寡照灾害指标[J]．气象科技,2003,31(1):50-53.

[13] 熊宇,刁家敏,薛晓萍,等．持续寡照对冬季日光温室黄瓜生长及抗氧化酶活性的影响[J]．中国农业气象,2017,38(9):537-547.

[14] 杨再强,张波,薛晓萍,等．设施塑料大棚风洞试验及风压分布规律[J]．生态学报,2012,32(24):7730-7737.

[15] 李楠,薛晓萍,李鸿怡,等．基于信息扩散理论的山东省日光温室风灾风险评估[J]．气象与环境学报,2018,34(5):149-155.

[16] 黄川容,杨再强,刘洪,等．北京日光温室风灾风险分析及区划[J]．自然灾害学报,2012,21(3):43-49.

[17] 杨再强,张婷华,黄海静,等．北方地区日光温室气象灾害风险评价[J]．中国农业气象,2013,34(3): 342-349.

[18] 陈思宁,黎贞发,刘淑梅．设施农业气象灾害研究综述及研究方法展望[J]．中国农学通报,2014,30(20): 302-307.

[19] 杨再强,李军．设施农业气象服务技术[M]．北京:气象出版社,2016.

[20] 薛晓萍,马俊,李鸿怡．基于GIS的乡镇洪涝灾害风险评估与区划技术—以山东省淄博市临淄区为例[J]．灾害学,2012,27(43): 71-74.

[21] 王春乙,姚董娟,张继权,等．农业气象灾害风险评估研究进展与展望[J]．气象学报,2015,73(1):1-19.

[22] 黄崇福．自然灾害风险评价理论与实践[M]．北京:科学出版社,2005.

[23] 张丽娟,李文亮,张冬有．基于信息扩散理论的气象灾害风险评估方法[J]．地理科学,2009,29(2):250-254.

[24] 黄崇福,白海玲．模糊直方图的概念及其在自然灾害风险分析中的应用[J]．工程数学学报,2000,17(2):71-76.

[25] 王学林,黄琴琴,柳军．基于信息扩散理论的南方双季早稻气象灾害风险评估[J]．中国农业气象,2019,40(11):712-722.